D1722686

Karl Joachim Ebeling

Integrierte Optoelektronik

Wellenleiteroptik
Photonik
Halbleiter

Zweite Auflage mit 288 Abbildungen

Springer-Verlag
Berlin Heidelberg New York
London Paris Tokyo
Hong Kong Barcelona Budapest

Prof. Dr. Karl Joachim Ebeling

Abteilung Optoelektronik
Universität Ulm
Postfach 4066
89069 Ulm

ISBN 3-540-54655-3 2. Aufl. Springer-Verlag Berlin Heidelberg NewYork

ISBN 3-540-51300-0 1. Aufl. Springer-Verlag Berlin Heidelberg NewYork

CIP-Titelaufnahme der Deutschen Bibliothek
Ebeling, Karl Joachim:
Integrierte Optoelektronik : Wellenleiteroptik, Photonik, Halbleiter
Karl Joachim Ebeling. – 2. Aufl.
Berlin ; Heidelberg ; NewYork ; London ; Paris ; Tokyo ; Hong Kong ;
Barcelona ; Budapest : Springer, 1992
ISBN 3-540-54655-3 (Berlin ...)
ISBN 0-387-54655-3 (NewYork ...)

Die Wiedergabe von Gebrauchsnamen, Handelsnamen, Warenbezeichnungen usw. in diesem Werk berechtigt auch ohne besondere Kennzeichnung nicht zu der Annahme, daß solche Namen im Sinne der Warenzeichen- und Markenschutz-Gesetzgebung als frei zu betrachten wären und daher von jedermann benutzt werden dürften.

Sollte in diesem Werk direkt oder indirekt auf Gesetze, Vorschriften oder Richtlinien (z.B. DIN, VDI, VDE) Bezug genommen oder aus ihnen zitiert worden sein, so kann der Verlag keine Gewähr für Richtigkeit, Vollständigkeit oder Aktualität übernehmen. Es empfiehlt sich, gegebenenfalls für die eigenen Arbeiten die vollständigen Vorschriften oder Richtlinien in der jeweils gültigen Fassung hinzuzuziehen.

Druck: Color-Druck Dorfi GmbH, Berlin; Bindearbeiten: Lüderitz & Bauer, Berlin
60/3020-5 4 3 2 1 – Gedruckt auf säurefreiem Papier

Vorwort

Das Buch gibt eine umfassende Einführung in die Wellenleiteroptik und Photonik in Halbleiterkristallen. Im Mittelpunkt stehen integriert-optoelektronische Bauelemente für die Übertragung und Verarbeitung optischer Signale. Diese Bauelemente der optischen Nachrichtentechnik gewinnen zunehmend an Bedeutung für optische Plattenspeichersysteme, für optische Chip-Chip-Verbindungen und natürlich für die Glasfaserübertragung und Vermittlung.

Die Darstellung konzentriert sich auf die technisch wichtigen Halbleitersysteme, die auf Galliumarsenid und Indiumphosphid aufbauen. Im ersten Teil steht die Lichtausbreitung und Dämpfung in optischen Wellenleitern, Modulatoren und Kopplern im Vordergrund. Diskutiert werden auch Wellenleiterübergänge und Modenkonverter. Im zweiten Teil werden die physikalischen Grundlagen der optisch-elektrischen Wandlung in pn-Übergängen unter Einbeziehung quantenmechanischer Überlegungen eingehend behandelt. Der entwickelte einheitliche Formalismus dient zur Beschreibung der Funktionsweisen von Laserdioden, Photodioden oder optisch gesteuerten Modulatoren. Er wird auch herangezogen, um kompliziertere Elemente vorzustellen wie zum Beispiel Halbleiterlaser mit Quantenstruktur, elektronisch durchstimmbare Laserdioden, Photodetektoren mit Übergitterstruktur oder bistabile Elemente zur Speicherung optischer Information. Ein Kapitel über die monolithische Integration optoelektronischer und mikroelektronischer Komponenten rundet die Darstellung ab.

Das Manuskript ist aus einer zweisemestrigen Vorlesung entstanden, die für Studenten der Elektrotechnik und Physik nach dem Vordiplom angeboten wird. Die mathematischen Ableitungen sind ausführlich und detailliert. Zahlreiche Abbildungen und Beispiele zeigen die praktische Anwendung der untersuchten Modelle. Besondere Voraussetzungen sind zum Verständnis nicht erforderlich. Allerdings erleichtern grundlegende Kenntnisse der Maxwellschen Theorie und der Halbleiterelektronik das Lesen.

Die Darstellung eignet sich als vorlesungsbegleitender Text, zum Selbststudium oder zur gründlichen Einarbeitung in ein neues Fachgebiet. Sie richtet sich gleichermaßen an Studenten und in der Praxis stehende Ingenieure und Physiker, die Interesse haben an modernen optoelektronischen Techniken zur Informationsverarbeitung.

An dem Entstehen des Buches haben mehrere Personen mitgewirkt. Frau A. Demmer und Frau L. Schieberle haben die druckfertige Version des Textes erstellt. Frau A. Wegeng, Frau B. Titze und Herr O. Grossmann haben die Zeichnungen angefertigt. Herr Dipl.-Ing. R. Michalzik hat das gesamte Manuskript sorgfältig gelesen, Gleichungen überprüft und zahlreiche Verbesserungsvorschläge gemacht. Herr Prof. Dr.-Ing. Dr.-Ing. E.h. H.-G. Unger hat durch allgemeine Ratschläge sehr geholfen. Allen danke ich für die großartige Unterstützung. Ich danke auch Herrn Dr. Riedesel und dem Springer-Verlag für das Interesse und die gute Zusammenarbeit bei der Fertigstellung des Buches. Mein besonderer Dank aber gilt meiner Frau und meiner Tochter, die mir mit Verständnis und Geduld viel Zeit zum ungestörten Schreiben gelassen haben.

Braunschweig, Mai 1989   K. J. Ebeling

Vorwort zur 2. Auflage

Die erfreuliche Aufnahme des Buches erfordert zwei Jahre nach dem ersten Erscheinen eine Neuauflage. Der Abschnitt über oberflächenemitticrende Laserdioden wurde aktualisiert. Druckfehler wurden beseitigt. Korrekturen waren nur an einigen wenigen Stellen notwendig. Ich danke allen meinen Studenten, Mitarbeitern und Kollegen für wertvolle Hinweise.

Ulm, Juni 1991   K. J. Ebeling

Inhaltsübersicht

6   Richtkoppler   141

7   Elektronen im Halbleiter   171

8 Emission und Absorption 223

11 Photodetektoren 383

Anhänge

Literaturverzeichnis

Verzeichnis wichtiger Formelzeichen

Sachverzeichnis

1 Halbleiterkristalle

1.1 Materialien

Halbleiter sind eine Klasse von Materialien, deren elektrische Leitfähigkeit zwischen denen von Metallen und Isolatoren liegt. Die elektrische Leitfähigkeit von Halbleitern ist abhängig von der Temperatur. Sie kann durch optische Anregung oder das Einbringen von Störstellenatomen über viele Größenordnungen verändert werden. Optische Eigenschaften wie Absorption und Brechungsindex lassen sich durch Änderung der Zusammensetzung der Kristalle gezielt variieren. Die Wechselwirkung von Photonen und Elektronen sorgt außerdem dafür, daß Halbleiter in idealer Weise zur Umwandlung von elektrischen und optischen Signalen geeignet sind.

Elementhalbleiter wie Si und Ge finden sich in der vierten Hauptgruppe des Periodensystems. Verbindungshalbleiter wie GaAs oder InP ergeben sich aus der Kombination von Elementen der dritten und fünften Hauptgruppe. In ähnlicher Weise zeigen auch Verbindungen von Elementen der zweiten und sechsten Gruppe wie z.B. ZnS oder CdTe Halbleitereigenschaften. Darüberhinaus gibt es eine große Gruppe von Mischungshalbleitern wie AlGaAs oder InGaAsP, die aus den Verbindungshalbleitern durch Substitution entstehen. Im Mischungshalbleiter $Al_xGa_{1-x}As$ ist zum Beispiel der Bruchteil x der Ga-Atome durch Al-Atome ersetzt.

Der Elementhalbleiter Si wird vorwiegend in elektronischen Schaltungen eingesetzt. Fortschritte in der Prozeßtechnologie haben dazu geführt, daß man in hochintegrierten Schaltungen zehntausende von Bauelementen wie Dioden und Transistoren auf einer Si-Kristallscheibe unterbringen kann. Fluoreszierende Halbleiter wie ZnS verwendet man bei Fernsehbildschirmen. Photodetektoren können aus einer Vielzahl von Halbleitern wie Si, Ge, GaAs, InP, CdSe usw. aufgebaut werden. Für Leuchtdioden oder Laserdioden sind dagegen Si und Ge nicht geeignet. Man stellt solche optischen Sendeelemente vorwiegend auf der Basis von GaAs- oder InP-Kristallen her.

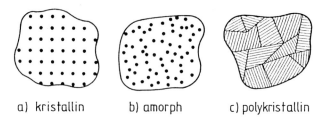

a) kristallin   b) amorph   c) polykristallin

Bild 1.1: Drei Typen von Festkörpern. a) kristallin, b) amorph, c) polykristallin

Halbleiter aus III-V-Verbindungen haben überhaupt eine Reihe hochinteressanter Eigenschaften. Man kann ihre elektrischen Eigenschaften wie bei Si und Ge durch Dotierung mit Störstellenatomen in weiten Grenzen variieren. Dadurch lassen sich zum Beispiel pn-Übergänge für Dioden und Transistoren herstellen. Außerdem kann man zusätzlich durch den Übergang zu Mischungshalbleitern wie etwa $Al_xGa_{1-x}As$ die optischen Eigenschaften verändern. Durch die Zusammensetzung läßt sich die Emissionswellenlänge einer optischen Sendediode oder die Absorptionskante eines Photodetektors verschieben.

Diese Möglichkeiten spiegeln sich wider im Energiebandschema eines Halbleiters. Während bei Si und Ge die Bandlücken, also die verbotenen Bereiche für die Energie eines Kristallelektrons fest vorgegeben sind, hat man in Mischungshalbleitern die Möglichkeit, durch die Zusammensetzung die Bandlückenenergien festzulegen. Diese Bandkantentechnologie eignet sich zur Herstellung extrem schneller Transistoren, für die Optimierung von Laserdioden oder für die Realisierung neuartiger Photodioden mit innerer Verstärkung.

Die elektrischen Eigenschaften eines Halbleiters lassen sich durch Einbringen von Dotieratomen drastisch verändern. Um die elektrischen und optischen Eigenschaften zu verstehen, müssen wir uns zuerst mit dem atomaren Aufbau der Materialien beschäftigen.

1.2   Kristallstruktur

Die Halbleitermaterialien, mit denen wir uns befassen werden, sind Einkristalle, in denen die Atome periodisch angeordnet sind. Dies bedeutet, daß es einen kleinen Bereich von Atomen gibt, der sich durch den ganzen Kristall hindurch immer wiederholt und auf diese Weise den Kristall aufbaut. Wie Bild 1.1 verdeutlicht, sind nicht alle Festkörper kristallin. Amorphe Stoffe besitzen eine völlig

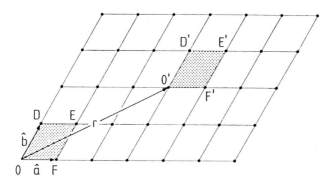

Bild 1.2: Ein zweidimensionales Gitter. Illustriert ist die Translation der Einheitszelle

unregelmäßige atomare Anordnung. Polykristalline Materialien sind aus vielen kleinen kristallinen Bereichen zusammengesetzt.

Die periodische Anordnung von Atomen nennt man Gitter. Atome in einem Kristall sind an bestimmte feste Gitterplätze gebunden. Thermische Schwingungen der Kristallatome erfolgen um die vorgegebenen festen Ruhelagen. In jedem Gitter gibt es einen Bereich, die sogenannte Einheitszelle, die sich regelmäßig im Kristall wiederholt. Bild 1.2 zeigt, daß durch Translationen der Einheitszelle der gesamte Kristall aufgebaut wird. Im dreidimensionalen Fall ist die Einheitszelle durch die Basisvektoren $\hat{a}, \hat{b}$ und $\hat{c}$ definiert. Durch Translationen

$$\mathbf{r} = p\hat{a} + q\hat{b} + s\hat{c} \qquad (1.1)$$

mit ganzzahligen p, q, s läßt sich das Gitter aufspannen.

Die kleinste Zelle, aus der durch Translation das Gitter erzeugt werden kann, heißt primitive Einheitszelle. Die primitive Einheitszelle enthält nur einen Gitterpunkt. Oft benutzt man nichtprimitive, sogenannte konventionelle Einheitszellen, die geometrisch übersichtlicher sind.

Die Bedeutung der Einheitszelle liegt darin begründet, daß wir den Kristall als Ganzes analysieren können, indem wir nur einen repräsentativen Volumenbereich untersuchen. Wir können zum Beispiel den Abstand benachbarter Atome bestimmen und damit die Kräfte berechnen, die den Kristall zusammenhalten. Wichtiger noch ist aber, daß die Eigenschaften des periodischen Kristallgitters die erlaubten Energiebereiche der Elektronen im Kristall festlegen, die ihrerseits für das elektrische und optische Verhalten des Materials maßgeblich sind.

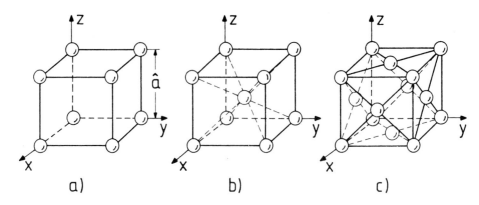

Bild 1.3: Einheitszellen für kubische Gitterstrukturen. a) einfach kubisch, b) kubisch raumzentriert, c) kubisch flächenzentriert

1.3 Kubische Gitter

Bei den einfachsten dreidimensionalen Gittern ist die Einheitszelle ein Kubus, dessen Kantenlänge $\hat{a}$ die Gitterkonstante definiert. Wie aus Bild 1.3 hervorgeht, unterscheidet man drei verschiedene Gittertypen. Die einfache kubische Struktur besitzt ein Atom an jeder Ecke der Einheitszelle. Jedes Atom selbst gehört zu den acht benachbarten Einheitszeilen, so daß die Zahl der Atome pro Einheitszelle gerade Eins ist. Das kubisch raumzentrierte Gitter hat ein zusätzliches Atom im Zentrum des Kubus. Die kubisch flächenzentrierte Einheitszelle hat neben den acht Atomen an den Ecken noch sechs Atome auf den Kubusflächen. Im einfachen kubischen Gitter kristallisiert Polonium, im kubisch raumzentrierten z.B. Natrium oder Wolfram. Kubisch flächenzentrierte Struktur weisen die Metalle Aluminium, Gold, Kupfer oder Platin auf.

Tabelle 1.1 gibt eine Übersicht über einige Eigenschaften kubischer Kristalle. Vorausgesetzt ist, daß sich die Atome wie harte Kugeln verhalten. Die Raumfüllung berechnet sich als Bruchteil der gefüllten Einheitszelle gemäß

$$\text{Raumfüllung} = \frac{\text{Zahl der Kugeln pro Zelle} \times \text{Kugelvolumen}}{\text{Volumen der Einheitszelle}}.$$

Im kubisch flächenzentrierten Gitter ist die maximal erreichbare Packungsdichte von Kugeln gleichen Durchmessers realisiert; seine Raumfüllung von 74 % ist groß im Vergleich zu vielen anderen Gitterstrukturen.

Tabelle 1.1. Einige Eigenschaften kubischer Gitter. Die Gitterkonstante ist mit $\hat{a}$ bezeichnet.

	einfach kubisch	kubisch raumzentriert	kubisch flächenzentriert
Atome pro Einheitszelle	1 (Ecke)	$1 + 1 = 2$ (Ecke) (Zentrum)	$1 + 3 = 4$ (Ecke) (Fläche)
Abstand nächster Nachbarn	$\hat{a}$	$\frac{1}{2}(\hat{a}\sqrt{3})$	$\frac{1}{2}(\hat{a}\sqrt{2})$
Kugelradius	$\hat{a}/2$	$\frac{1}{4}(\hat{a}\sqrt{3})$	$\frac{1}{4}(\hat{a}\sqrt{2})$
Kugelvolumen	$\frac{1}{6}\pi\hat{a}^3$	$\frac{\sqrt{3}}{16}\pi\hat{a}^3$	$\frac{\sqrt{2}}{24}\pi\hat{a}^3$
Raumfüllung	$\frac{\pi}{6} = 52\%$	$\frac{\pi\sqrt{3}}{8} = 68\%$	$\frac{\pi\sqrt{2}}{6} = 74\%$

1.4   Kristallrichtungen und Kristallebenen

Die gebräuchlichen Einheitszellen für kubische Gitter sind in Bild 1.3 dargestellt. Für das einfache kubische Gitter handelt es sich hierbei um eine primitive Einheitszelle, für kubisch raumzentrierte oder kubisch flächenzentrierte Gitter dagegen nicht. Die Einheitszellen werden von drei gleich langen orthogonalen Basisvektoren $\hat{a}$, $\hat{b}$ und $\hat{c}$ aufgespannt. Dies ist in Bild 1.4 dargestellt.

Eine Kristallrichtung wird ausgedrückt durch die drei Komponenten eines Vektors, der in die entsprechende Richtung zeigt. Angegeben werden die Komponenten in ganzzahligen Vielfachen der Basisvektoren, wobei die Zahlentripel soweit reduziert sind, daß sie keine gemeinsamen Teiler enthalten. Zur Bezeichnung der Richtung werden die Zahlentripel in eckige Klammern eingeschlossen. Zum Beispiel ist die Raumdiagonale aus den Vektoren $1\hat{a}$, $1\hat{b}$ und $1\hat{c}$ zusammengesetzt und wird mit [111] gekennzeichnet. Die entgegengesetzte Richtung wird durch [$\bar{1}\bar{1}\bar{1}$] ausgedrückt, wobei negative Vorzeichen der Komponenten als Querstriche erscheinen. In kubischen Kristallen sind mehrere Richtungen gleichwertig. Zum Beispiel sind die Richtungen [100], [$\bar{1}$00] oder [010] äquivalent. Man kennzeichnet äquivalente Richtungen durch spitze Klammern und schreibt $< 100 >$.

Wichtig etwa zur Beschreibung von Beugungsphänomenen ist auch die Kennzeichnung von Kristallebenen. Hierbei erweist es sich als sehr nützlich, die Lage der Ebenen durch die Millerschen Indizes anzugeben, wie sie in Bild 1.5 ermittelt sind. Man bestimmt hierbei die Schnittpunkte der Ebene mit den Achsen $\hat{a}$, $\hat{b}$ und $\hat{c}$ und drückt das Ergebnis in ganzzahligen Vielfachen der Basisvektoren aus. Hierfür kann die Ebene unter Beibehaltung der Orientierung vom Ursprung des Koordinatensystems so weit entfernt werden, bis sich ganzzahlige Achsenabschnitte ergeben. Nun bildet man die Kehrwerte dieser drei Zahlen und sucht

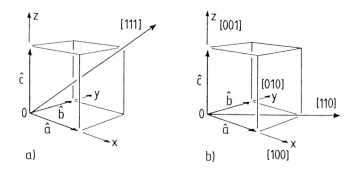

Bild 1.4: Kristallrichtungen im kubischen Gitter

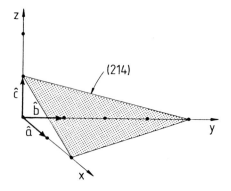

Bild 1.5: Eine (214)-Kristallebene

dann die drei kleinsten ganzen Zahlen, die im selben Verhältnis stehen wie die drei gebrochenen Zahlen. Das Ergebnis sind die Millerschen Indizes, die als (hkl) in runde Klammern gesetzt die Ebene kennzeichnen.

Die Ebene in Bild 1.5 schneidet die Achsen $\hat{a}, \hat{b}$ und $\hat{c}$ bei $2\hat{a}, 4\hat{b}$ und $1\hat{c}$. Die Kehrwerte der Komponenten sind $\frac{1}{2}, \frac{1}{4}$ und $\frac{1}{1}$. Die drei kleinsten ganzen Zahlen, die im selben Verhältnis stehen, erhält man durch Multiplikation mit dem kleinsten gemeinsamen Vielfachen der drei Nenner zu 2,1 und 4 als Millersche Indizes (214).

Liegt ein Schnittpunkt im Unendlichen, ist der zugehörige Index 0. Hat eine Ebene negative Achsenabschnitte, so sind auch die entsprechenden Indizes negativ. Dies wird durch ein Minuszeichen über dem Index angezeigt, z.B. $(h\bar{k}l)$. Die Würfeloberflächen eines kubischen Kristalls sind (100), (010), (001), $(\bar{1}00)$, $(0\bar{1}0)$ und $(00\bar{1})$. Man faßt solche aus Symmetriegründen gleichwertigen Ebenen in einer Gruppe zusammen und kennzeichnet sie durch geschweifte Klammern.

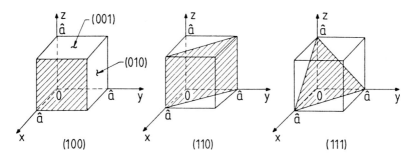

Bild 1.6: Wichtige Ebenen in kubischen Kristallen mit zugehörigen Millerschen Indizes

Die Würfeloberflächen werden demnach durch {100} beschrieben.

Bild 1.6 zeigt wichtige Ebenen kubischer Kristalle. Wenn man von der (200)-Ebene spricht, meint man eine Ebene, die parallel zur (100)-Ebene liegt, aber die â-Achse im Punkt $\frac{1}{2}$â schneidet. In kubischen Kristallen steht die Richtung [hkl] immer senkrecht auf der Ebene (hkl). Diese einfache Beziehung gilt aber nicht allgemein in beliebigen anderen Kristallsystemen.

1.5   Diamant- und Zinkblendestruktur

Einheitszellen des Diamant- und Zinkblendegitters sind in Bild 1.7 dargestellt. Sie bilden die Grundstruktur für viele wichtige Halbleiter. Die Elementhalbleiter Si und Ge kristallisieren in der Diamantstruktur. Die wichtigsten halbleitenden Verbindungen der III. und V. Hauptgruppe des Periodensystems InSb, InAs, InP, GaSb, GaAs, GaP und AlSb kristallisieren in der Zinkblendestruktur.

Die Diamantstruktur ist ein kubisch flächenzentriertes Gitter mit jeweils einem zusätzlichen Atom, das sich im vektoriellen Abstand â/4 + b̂/4 + ĉ/4 von jedem der kubisch flächenzentrierten Atome befindet. Durch diese Konstruktion erhält man vier zusätzliche Atome im Inneren der Einheitszelle. Vektoren von anderen kubisch flächenzentrierten Atomen enden an korrespondierenden Punkten in benachbarten Einheitszellen. Die Konstruktionsmethode impliziert, daß das Diamantgitter aus zwei sich durchdringenden, kubisch flächenzentrierten Gittern aufgebaut ist, die gegeneinander um den Vektor $\left(\frac{1}{4}, \frac{1}{4}, \frac{1}{4}\right)$ in Richtung der Raumdiagonalen verschoben sind. Jedes Atom hat vier nächste Nachbarn in tetraedischer Umgebung. Das Gitter ist also hochsymmetrisch. Zu jeder Ein-

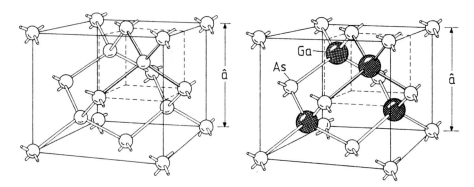

Bild 1.7: Einheitszellen des Diamantgitters (links) und Zinkblendegitters (rechts). Die Gitterkonstante ist mit $\hat{a}$ bezeichnet

heitszelle gehören acht Atome, eines von den 8 Ecken, 3 von den 6 Flächen und 4 aus dem Inneren.

Das Diamantgitter ist verhältnismäßig leer. Der maximale Raumanteil, der von harten Kugeln ausgefüllt werden kann, beträgt nur 0.34. Dies ist nur 46% der dichtesten Kugelpackung im kubisch flächenzentrierten Gitter. Die Diamantstruktur ist eine Folge der kovalenten Bindung der Atome.

Die Zinkblendestruktur unterscheidet sich von der Diamantstruktur dadurch, daß benachbarte Plätze im Gitter von Atomen verschiedener Sorte besetzt sind. So ist zum Beispiel im GaAs jedes Ga-Atom von vier As-Atomen umgeben, die sich auf den Ecken eines regelmäßigen Tetraeders befinden. Die chemische Bindung ist gemischt kovalent-ionogen, da durch die unterschiedliche Elektronenaffinität nächster Nachbarn eine Polarisation der Elektronenhülle auftritt.

Bild 1.8 zeigt die Ansicht eines Zinkblendegitters (GaAs) mit Blick in $[\bar{1}\bar{1}2]$-Richtung. Man erkennt, daß in (110)-Ebenen Ga- und As-Atome nebeneinander vorkommen. In [111]-Richtungen folgen Schichtebenen von Ga- bzw. As-Atomen mit wechselndem Abstand aufeinander. Schneidet man den Kristall senkrecht zur [111]-Richtung, wird man Schichten (111) erzeugen mit Ga-Atomen an der Oberfläche bzw. Schichten $(\bar{1}\bar{1}\bar{1})$ mit As-Atomen an der Oberfläche. Die chemischen Eigenschaften der Schichten unterscheiden sich beträchtlich, besonders hinsichtlich ihrer Reaktion mit Ätzmitteln. Ähnliches gilt für Schichtebenen in [100]-Richtung, wo Schichten mit Ga- bzw. As-Atomen abwechselnd mit äquidistantem Abstand aufeinander folgen. Die größten Abstände zwischen einzelnen Atomlagen findet man in [111]-Richtung. Diese Schichten werden nur mit einer

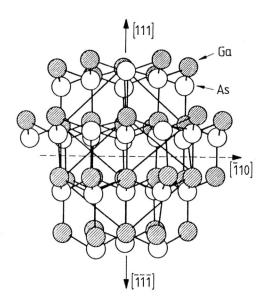

Bild 1.8: Ansicht eines Zinkblendegitters (GaAs) in [$\bar{1}\bar{1}2$]-Richtung

Bindung pro Atom zusammengehalten, ebenso wie die Atomlagen senkrecht zur [110]-Richtung. Der ionische Bindungsanteil in [111]-Richtung führt dazu, daß die Bindungen stärker sind als in [110]-Richtung und infolgedessen {110}-Ebenen als natürliche Spaltebenen auftreten.

Die Halbleiter kubischer Struktur verhalten sich optisch isotrop. Ohne äußeres Magnetfeld sind auch die Transporteigenschaften isotrop. Die Diamantstruktur besitzt ein Inversionszentrum im Mittelpunkt jeder Verbindungslinie zweier nächster Nachbarn. Der Kristall bleibt unverändert, wenn man durch die Inversionsoperation jeden Punkt $\mathbf{r}$ (vom Inversionszentrum gemessen) in den Punkt $-\mathbf{r}$ überführt. Die Zinkblendestruktur besitzt dagegen kein Inversionszentrum. Als Folge davon kann man z.B. lineare elektrooptische Effekte oder quadratische optische Nichtlinearitäten in Zinkblendekristallen beobachten, die in Diamantgittern wegen der Inversionssymmetrie nicht auftreten können.

Aus der Kristallstruktur läßt sich sehr leicht die Massendichte ρ_m bestimmen. Die Einheitszelle des GaAs-Kristalls enthält 4 Ga- und 4 As-Atome. Die Gitterkonstante bei 300 K beträgt $\hat{a} = 5.65 \cdot 10^{-8}$ cm. Die Atomgewichte für Ga bzw. As betragen 69.7 bzw. 74.9 g/mol. Die Avogadro-Konstante ist $6.02 \cdot 10^{23}$ Atome/mol. Die Zahl der Ga- bzw. As-Atome pro cm^3 ist $4/\hat{a}^3 = 2.22 \cdot 10^{22}$ Atome/cm^3, die Dichte ist folglich $\rho_m = 5.33$ g/cm^3.

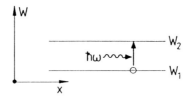

Bild 1.9: Absorption eines Photons (schematisch)

1.6 Energiebänder

Die Elektronen eines isolierten Atoms können sich nur in Bahnen mit bestimmten diskreten Energiewerten aufhalten. Übergänge von Elektronen zwischen zwei Energieniveaus W_1 und W_2 mit der Energiedifferenz $\Delta W = W_2 - W_1$ erfolgen durch Absorption oder Emission eines Photons der Energie

$$\Delta W = \hbar\omega = h\omega/(2\pi) \quad , \tag{1.2}$$

wobei $h = 6.63 \cdot 10^{-34}$ Ws^2 das Plancksche Wirkungsquantum und ω die Lichtkreisfrequenz bezeichnet. Bild 1.9 zeigt schematisch die Absorption eines Photons mit der Energie $\hbar\omega$.

Wir betrachten nun zwei identische Atome. Wenn die beiden Atome weit voneinander entfernt sind, haben Elektronen, die sich in denselben Zuständen des jeweiligen Atoms befinden, genau dieselbe Energie. Wenn sich die Atome annähern, tritt eine Wechselwirkung der in denselben Zuständen befindlichen Elektronen ein. Dadurch spalten die zunächst zweifach entarteten Energieniveaus in zwei Niveaus mit geringem Energieunterschied auf. Bringen wir nun M Atome zusammen, um einen Kristall zu bilden, werden die zunächst M-fach entarteten Energieniveaus aufgrund der Wechselwirkung in M getrennte, eng benachbarte Energieniveaus auffächern. Auf diese Weise bildet sich aus jedem Energieniveau eines Einzelatoms ein quasi-kontinuierliches Band erlaubter Energiezustände im Kristallverband.

Bild 1.10 zeigt schematisch die Ausbildung von Energiebändern im Si-Kristall, so wie sie aus quantenmechanischer Rechnung folgt. Im Si-Atom sind die inneren Schalen $1s, 2s$ und $2p$ gefüllt. In den äußeren Schalen $3s$ und $3p$ befinden sich jeweils 2 Elektronen. An der Wechselwirkung werden hauptsächlich nur Elektronen der äußeren Hülle beteiligt sein. Für M Atome gibt es insgesamt $2M$ Zustände vom Typ $3s$ und $6M$ Zustände vom Typ $3p$, denn in $3s$-Zuständen eines Atoms können sich bekanntlich maximal 2 und in $3p$-Zuständen maximal 6

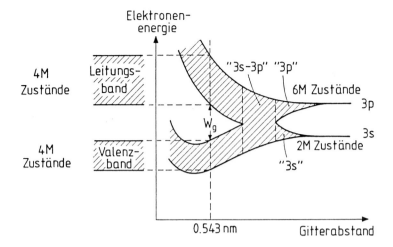

Bild 1.10: Ausbildung von Energiebändern im Si-Kristall (schematisch)

Elektronen befinden.Mit abnehmendem Abstand der Atome spalten die Niveaus in Bänder auf. Die 3s- und 3p-Bänder durchdringen sich und laufen mit weiter abnehmendem interatomaren Abstand wieder auseinander. Es bleibt ein niederenergetisches Band mit insgesamt 4M Zuständen von einem höherenergetischen Band mit ebenfalls 4M Zuständen durch eine Energielücke W_g getrennt. Diese Form der Zustandsverteilung liegt gerade im Gleichgewicht des Si-Kristalls vor, das durch die Gitterkonstante von $\hat{a} = 0.543$ nm charakterisiert ist. Das obere Band wird als Leitungsband, das untere als Valenzband bezeichnet.

Wie bereits oben erwähnt, hat ein Si-Atom 4 Elektronen in den äußeren 3s- und 3p-Schalen. Diese 4 Elektronen werden sich nach der Kristallbildung im Valenzband wiederfinden. Da gerade 4M Zustände im Valenzband vorhanden sind, wird durch M Atome das Valenzband vollständig gefüllt. Das Leitungsband bleibt dagegen leer. Ein Elektron kann durch Absorption eines Photons der Energie

$$\hbar\omega \geq W_g \qquad (1.3)$$

in das Leitungsband gelangen. Ebenso führt thermische Anregung zur Besetzung im Leitungsband. Ein angeregtes Elektron hinterläßt eine Lücke im ansonsten vollbesetzten Valenzband, die man als Loch bezeichnet. Ein Loch ist also ein fehlendes Elektron im Valenzband.

Die Ausbildung von Energiebändern bei Ge-Kristallen verläuft ähnlich wie bei Si. Da auch hier 4 Valenzelektronen in der äußeren Hülle eines Einzelatoms vorliegen, ergibt sich bei der Temperatur 0 K ein vollständig gefülltes Valenzband

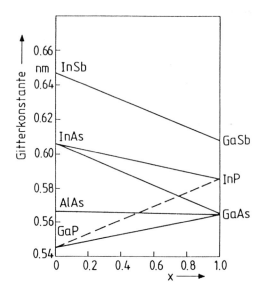

Bild 1.11: Gitterkonstante als Funktion der Zusammensetzung für mehrere III-V-Materialien bei 300 K

und ein leeres Leitungsband. Gitterkonstante und Energielücke sind aber anders als bei Si.

Das bewährte Schema kann man auch auf die Bildung von Verbindungshalbleitern wie GaAs übertragen. Hierbei ist allerdings zu beachten, daß As ein Elektron an das Ga abgibt und dadurch dann Ge-ähnliche Atome den Kristallaufbau bewirken. Die Bandstruktur der III-V-Verbindungen mit Zinkblendegitter ist somit eng verwandt mit der Bandstruktur der Elementhalbleiter Si und Ge. Die Tabelle in Anhang B faßt wichtige Daten einiger binärer Halbleiter zusammen. Wir merken an, daß die Bandlücken oder die Bandabstände in der Größenordnung von 1 eV liegen und die Gitterkonstanten ca. 0.6 nm betragen.

1.7   Mischungshalbleiter

Mischungshalbleiter entstehen, wenn in III-V-Verbindungshalbleitern einzelne Atome durch andere aus derselben Gruppe des Periodensystems ersetzt werden. Beispiele sind ternäre Verbindungen wie $Al_x Ga_{1-x} As$ oder quaternäre Stoffe wie $In_{1-x}Ga_x As_{1-y}P_y$ und $(Al_x Ga_{1-x})_y In_{1-y}As$. Mischungshalbleiter kann man als feste Lösungen ansehen. Die substituierenden Elemente sind regellos im

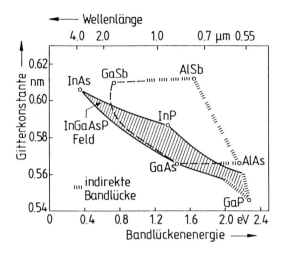

Bild 1.12: Gitterkonstante und Energielücke von III-V-Halbleitern bei 300 K (nach [1.7])

Kristall verteilt, befinden sich aber an den für die betreffende Elementgruppe reservierten Plätzen im Gitter.

In $Al_x Ga_{1-x}$ As ist der Bruchteil x der Ga-Atome durch Al-Atome ersetzt. Mit der Zusammensetzung ändern sich die Eigenschaften. In ternären Lösungen ist die Gitterkonstante im allgemeinen eine lineare Funktion von x. Dieses Verhalten ist in Bild 1.11 dargestellt und wird als Vegardsches Gesetz bezeichnet. Auch in quaternären Stoffen stellt die Annahme einer linearen Abhängigkeit der Gitterkonstante von der Zusammensetzung eine vernünftige Näherung dar.

Mischungshalbleiter lassen sich üblicherweise nur in dünnen kristallinen Schichten, sogenannten Epitaxieschichten auf Wirtskristallen aus III-V-Verbindungshalbleitern erzeugen. Um ein spannungsfreies Aufwachsen der Epitaxieschicht zu gewährleisten, kommt es darauf an, daß eine Gitteranpassung zwischen Substratkristall und ternärer bzw. quaternärer Lösung vorliegt. Aus Bild 1.11 kann man ablesen, daß die ternäre Lösung $In_{0.53}Ga_{0.47}As$ gitterangepaßt ist zum Substratkristall InP. Der Unterschied in der Gitterkonstante zwischen GaAs und AlAs ist so gering, daß Lösungen $Al_x Ga_{1-x}$ As beliebiger Zusammensetzung x auf GaAs-Substratkristallen gitterangepaßt aufwachsen.

Mit der Zusammensetzung ändert sich insbesondere auch die Energielücke des Systems. Bild 1.12 gibt eine Übersicht. In das Diagramm sind Energielücken und Gitterkonstanten der Verbindungshalbleiter als Punkte eingetragen. Linien kennzeichnen ternäre Halbleiter, die zwischen den Verbindungshalbleitern stehen. Der markierte Bereich charakterisiert die Legierung InGaAsP.

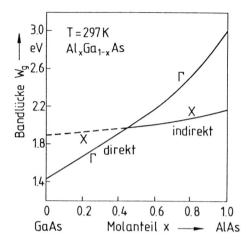

Bild 1.13: Verlauf der Bandlücke in $Al_xGa_{1-x}As$ als Funktion der Zusammensetzung bei 300 K. Die direkte Bandlücke ist mit W_g^Γ bezeichnet, die indirekte mit W_g^X (nach [1.6])

Der Mischungshalbleiter $Al_xGa_{1-x}As$ ist für alle Werte $0 \leq x \leq 1$ gitterangepaßt zu GaAs. Bild 1.13 zeigt die Energielücke als Funktion der Zusammensetzung. Man erkennt einen scharfen Knick bei $x_c \approx 0.45$, der auf den Übergang von einem direkten zu einem indirekten Halbleiter hinweist. Direkte Halbleiter sind für Leuchtdioden oder Laserdioden geeignet, indirekte dagegen nicht. Direkte Bandlücken können eingestellt werden zwischen 1.42 eV und 2.0 eV bei einer Temperatur von 300 K. Der direkte Bandlückenverlauf wird erfaßt durch

$$W_g^\Gamma(x) = \Delta W_0 + \Delta W_1 x \tag{1.4}$$

mit $\Delta W_0 = 1.424$ eV und $\Delta W_1 = 1.247$ eV. Da die direkte Bandlücke und die Emissionswellenlänge λ von Laserdioden über

$$W_g = hc/\lambda \tag{1.5}$$

mit c als Vakuumlichtgeschwindigkeit zusammenhängen, ist in AlGaAs-Schichten Lasertätigkeit im Wellenlängenbereich zwischen 870 und etwa 620 nm möglich.

Der Mischungshalbleiter $(Al_xGa_{1-x})_yIn_{1-y}As$ läßt sich am einfachsten in einem Dreiecksschema nach Bild 1.14 charakterisieren, in dem Gitterkonstanten und Energielücken als Höhenlinien übereinander gelegt werden. Das Material ist interessant, weil man zwischen 0.8 und 1.5 eV Gitteranpassung an InP erreichen kann, ohne daß Phosphor im System vorkommt. Wegen der für Lasertätigkeit notwendigen Bandlückendifferenz zwischen InP und AlGaInAs ist abhängig von

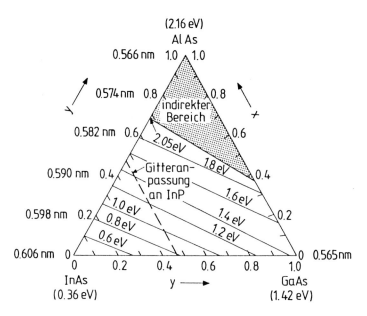

Bild 1.14: Linien konstanter Bandlücke und Gitterkonstante überlagert in der xy-Kompositionsebene für das System $(Al_x Ga_{1-x})_y In_{1-y}As$ (nach [1.6])

der Zusammensetzung Laseremission im Bereich von 0.8 eV ($\lambda = 1.6~\mu m$) bis 1.2 eV ($\lambda = 1.03~\mu m$) möglich. Für $y = 1$ geht das System in AlGaAs über.

Der quaternäre Mischungshalbleiter $In_{1-x}Ga_xAs_yP_{1-y}$ läßt sich an InP- und GaAs-Gitter anpassen. Die Gitterkonstante ergibt sich in guter Übereinstimmung mit dem Vegardschen Gesetz zu

$$\hat{a}(x,y) = xy\hat{a}(GaAs) + x(1-y)\hat{a}(GaP) + (1-x)y\hat{a}(InAs) + (1-x)(1-y)\hat{a}(InP) \tag{1.6}$$

Gitteranpassung zu InP stellt sich unter der Bedingung

$$x = 0.4y + 0.067y^2 \tag{1.7}$$

ein. Für an InP angepaßtes InGaAsP hängt der Bandabstand nach der Beziehung (Bild 1.15)

$$W_g^{\Gamma}(y) = \Delta W_0 - \Delta W_1 y + \Delta W_2 y^2 \tag{1.8}$$

mit $\Delta W_0 = 1.35$ eV, $\Delta W_1 = 0.72$ eV und $\Delta W_2 = 0.12$ eV von der Zusam-

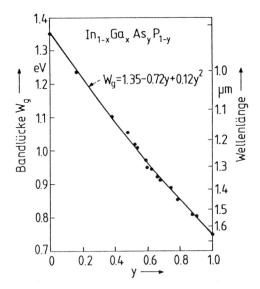

Bild 1.15: Bandabstand des an InP angepaßten Mischungshalbleiters $In_{1-x}Ga_xAs_yP_{1-y}$ als Funktion der Zusammensetzung bei 300 K. Experimentelle Werte sind als Punkte eingetragen (nach [1.10])

mensetzung ab. Der Bandabstand läßt sich damit im Bereich von 0.75 eV (λ = 1.65 μm) und 1.35 eV (λ = 0.92 μm) verändern. Gitteranpassung an GaAs erweist sich als weniger interessant, da die auftretenden Bandabstände bereits vom AlGaAs-System abgedeckt werden. Bild 1.16 gibt eine Übersicht in perspektivischer Darstellung.

Bei allen III-V-Verbindungs- und Mischungshalbleitern nimmt die Bandlücke mit steigender Temperatur ab. Das Verhalten wird durch die empirische Formel

$$W_g(T) = W_g(0) - \varsigma T^2/(T + \Theta) \tag{1.9}$$

beschrieben, wobei T die absolute Temperatur, $W_g(0)$ die Bandlücke bei $T = 0$ K, $\varsigma \approx 5 \cdot 10^{-4}$ eV/K ein empirischer Parameter und $\Theta \approx 200$ K in der Nähe der Debye-Temperatur liegt. Für GaAs ($\Theta_{GaAs} = 204$ K) gilt die Beziehung

$$W_{g\,GaAs}(T) = [1.519 - 5.405 \cdot 10^{-4}T^2/(T + \Theta_{GaAs})]\,\text{eV} \quad , \tag{1.10}$$

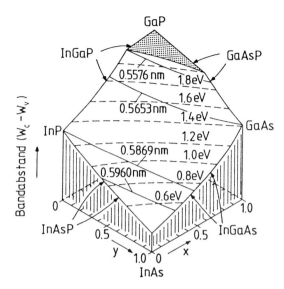

Bild 1.16: Bandabstand und Gitterkonstante im quaternären System $In_{1-x}Ga_xAs_yP_{1-y}$ (nach [1.11])

während für InP ($\Theta_{InP} = 162$ K) mit

$$W_{g\,InP}(T) = [1.421 - 3.63 \cdot 10^{-4}T^2/(T + \Theta_{InP})]\,eV \qquad (1.11)$$

zu rechnen ist.

2 Ausbreitung elektromagnetischer Wellen

In diesem Kapitel behandeln wir die Grundlagen der Wellenausbreitung. Obwohl die abgeleiteten Beziehungen nicht für spezielle Materialien gelten, richten wir unser Hauptinteresse auf III-V-Halbleitermaterialien. Von besonderer Bedeutung sind Frequenzen in der Nähe der Bandlücke, also bei AlGaAs Wellenlängen vom gelb-roten bis zum nahen infraroten Spektralbereich und bei InGaAsP entsprechend auch im infraroten Bereich. Wir bezeichnen die optischen Wellen auch als Lichtwellen.

2.1 Maxwellsche Gleichungen

Die Ausbreitung elektromagnetischer Wellen wird durch die Maxwellschen Gleichungen beschrieben. Im praktischen SI-System lauten die Gleichungen

$$\nabla \times \tilde{\mathbf{E}} = -\frac{\partial \tilde{\mathbf{B}}}{\partial t} \quad , \tag{2.1}$$

$$\nabla \times \tilde{\mathbf{H}} = \tilde{\mathbf{j}} + \frac{\partial \tilde{\mathbf{D}}}{\partial t} \quad , \tag{2.2}$$

$$\nabla \cdot \tilde{\mathbf{D}} = \tilde{\rho} \quad , \tag{2.3}$$

$$\nabla \cdot \tilde{\mathbf{B}} = 0 \quad , \tag{2.4}$$

wobei t die Zeit bezeichnet, ∇ eine Abkürzung für den Nabla-Operator darstellt und $\cdot$ und $\times$ wie üblich Skalar- und Vektorprodukt kennzeichnen. In kartesischen Koordinaten gilt $\nabla = \left(\frac{\partial}{\partial x}, \frac{\partial}{\partial y}, \frac{\partial}{\partial z} \right)$. Die Größen $\tilde{\mathbf{E}}, \tilde{\mathbf{D}}, \tilde{\mathbf{B}}$ und $\tilde{\mathbf{H}}$ sind die orts- und zeitabhängigen Vektoren der elektrischen Feldstärke, der dielektrischen Verschiebung, der magnetischen Induktion und der magnetischen Feldstärke.

Die Quellen des elektromagnetischen Feldes sind die Ladungsdichte $\tilde{\rho}$ und die Stromdichte $\tilde{\mathbf{j}}$. Beide hängen über die Kontinuitätsgleichung zusammen, die sich durch Divergenzbildung unmittelbar aus (2.2) und (2.3) ergibt

$$\nabla \cdot \tilde{\mathbf{j}} = -\frac{\partial \tilde{\rho}}{\partial t} \quad . \tag{2.5}$$

Bei der Ableitung wurde benutzt, daß für einen beliebigen Vektor $\tilde{\mathbf{H}}$ die Gleichung $\nabla \cdot \nabla \times \tilde{\mathbf{H}} \equiv 0$ gilt.

Die Maxwell-Gleichungen in der oben angegebenen Form erfordern nun noch Beziehungen zwischen den einzelnen Feldgrößen. Diese Beziehungen sind durch die Materialeigenschaften festgelegt. Sie gestalten sich besonders einfach, wenn man eine sinusförmige zeitliche Variation der Felder zugrundelegt. Dieser Fall umfaßt die im folgenden anfallenden Probleme, und wir wollen deshalb setzen

$$\tilde{\mathbf{E}}(t) = \mathbf{E}e^{i\omega t} + \mathbf{E}^* e^{-i\omega t} \quad . \tag{2.6}$$

Die Felder $\mathbf{E} = \mathbf{E}(x, y, z)$ sind komplexe, nur vom Ort abhängige Funktionen, die Phasoren genannt werden. Das konjugiert Komplexe ist durch einen Stern gekennzeichnet. Entsprechende Beziehungen sollen für die Größen $\tilde{\mathbf{D}}, \tilde{\mathbf{B}}, \tilde{\mathbf{H}}, \tilde{\rho}$ und $\tilde{\mathbf{j}}$ gelten.

Bei sinusförmiger Zeitabhängigkeit vereinfachen sich die Maxwell-Gleichungen zu

$$\nabla \times \mathbf{E} = -i\omega \mathbf{B} \quad , \tag{2.7}$$

$$\nabla \times \mathbf{H} = \mathbf{j} + i\omega \mathbf{D} \quad , \tag{2.8}$$

$$\nabla \cdot \mathbf{D} = \rho \quad , \tag{2.9}$$

$$\nabla \cdot \mathbf{B} = 0 \quad . \tag{2.10}$$

Die Kontinuitätsgleichung schreibt sich entsprechend

$$\nabla \cdot \mathbf{j} + i\omega \rho = 0 \quad . \tag{2.11}$$

Für Felder hinreichend kleiner Amplitude sind die elektrische Feldstärke $\mathbf{E}$ und die dielektrische Verschiebung $\mathbf{D}$, sowie die magnetische Induktion $\mathbf{B}$ und die magnetische Feldstärke $\mathbf{H}$ durch lineare Relationen miteinander verknüpft

$$\mathbf{D} = \vec{\vec{\epsilon}}\epsilon_0 \mathbf{E} \quad , \tag{2.12}$$

$$\mathbf{B} = \vec{\vec{\mu}}\mu_0 \mathbf{H} \quad . \tag{2.13}$$

Hierbei sind $\epsilon_0 = 8.854 \cdot 10^{-12}$ As/Vm die Dielektrizitätskonstante des freien Raumes $\mu_0 = 4\pi \cdot 10^{-7}$ Vs/Am die Permeabilität des freien Raumes und $\vec{\epsilon}$ bzw. $\vec{\mu}$ bezeichnen Tensoren der relativen Dielektrizitätskonstanten bzw. der relativen Permeabilität. Ohne äußere Felder verhalten sich kubische Kristalle isotrop, und die Tensoren reduzieren sich zu skalaren Größen

$$\mathbf{D} = \epsilon\epsilon_0\mathbf{E} \quad , \tag{2.14}$$

$$\mathbf{B} = \mu\mu_0\mathbf{H} \quad . \tag{2.15}$$

Die Größen $\epsilon = \epsilon(x,y,z,\omega)$ und $\mu = \mu(x,y,z,\omega)$ sind reelle Funktionen des Ortes und der Kreisfrequenz ω. Halbleiterkristalle der III. und V. Gruppe sind unmagnetisch, so daß wir $\mu = 1$ setzen können.

Stromdichte und elektrisches Feld sind durch das Ohmsche Gesetz verknüpft

$$\mathbf{j} = \vec{\sigma}\mathbf{E} \quad , \tag{2.16}$$

wobei der (reelle) Leitfähigkeitstensor $\vec{\sigma} = \vec{\sigma}(x,y,z,\omega)$ sich im isotropen Fall zu einem Skalar vereinfacht. Hierfür gilt

$$\mathbf{j} = \sigma\mathbf{E} \quad . \tag{2.17}$$

Die Gleichungen (2.14), (2.15) und (2.17) charakterisieren Materialeigenschaften des Mediums. (2.8) läßt sich umformen zu

$$\nabla \times \mathbf{H} = (\sigma + i\omega\epsilon\epsilon_0)\mathbf{E} \quad . \tag{2.18}$$

Diese Formulierung legt die Einführung einer relativen komplexen Dielektrizitätskonstante $\tilde{\epsilon} = \epsilon' - i\epsilon''$ nahe, so daß (2.18) geschrieben werden kann als

$$\nabla \times \mathbf{H} = i\omega\epsilon_0(\epsilon - i\frac{\sigma}{\omega\epsilon_0})\mathbf{E} = i\omega\epsilon_0(\epsilon' - i\epsilon'')\mathbf{E} \quad . \tag{2.19}$$

Der Realteil ϵ' der komplexen Dielektrizitätskonstante ist mit der reellen relativen Dielektrizitätskonstante ϵ identisch. Der Imaginärteil $\epsilon'' = \sigma/(\omega\epsilon_0)$ beschreibt die Leitfähigkeit des Mediums und erfaßt damit die Verluste. In einem passiven Medium ist $\sigma \geq 0$. Folglich ist auch $\epsilon'' \geq 0$. Die tiefere Ursache hierfür liegt in der gewählten Zeitabhängigkeit $e^{i\omega t}$ (und nicht $e^{-i\omega t}$).

Die Ausbreitung elektromagnetischer Wellen ist ein kausaler Vorgang. Insbesondere hängt die dielektrische Verschiebung in einem Medium nur von Feldstärkewerten der Vergangenheit, nicht aber von denen der Zukunft ab. Die Kausalität führt zu einer Integralrelation zwischen Real- und Imaginärteil der relativen komplexen Dielektrizitätskonstante

$$\epsilon'(\omega) - 1 = -\frac{2}{\pi}\mathcal{P}\int_0^\infty \frac{\omega'\epsilon''(\omega')}{\omega'^2 - \omega^2}d\omega' \tag{2.20}$$

und

$$\epsilon''(\omega) = \frac{2\omega}{\pi} \, \mathcal{P} \int_0^\infty \frac{\epsilon'(\omega')}{\omega'^2 - \omega^2} \, d\omega' \quad . \tag{2.21}$$

Das Symbol $\mathcal{P}$ bedeutet die Bildung des Cauchyschen Hauptwertes des Integrals an der Stelle der Singularität bei $\omega = \omega'$

$$\mathcal{P} \int_0^\infty = \lim_{a \to 0} \left(\int_0^{\omega - a} + \int_{\omega + a}^\infty \right) \quad . \tag{2.22}$$

Aus (2.20) und (2.21) folgt unmittelbar, daß $\epsilon'(\omega)$ eine gerade Funktion von ω, $\epsilon''(\omega)$ dagegen eine ungerade Funktion von ω ist

$$\epsilon'(\omega) = \epsilon'(-\omega) \quad , \tag{2.23}$$

$$\epsilon''(\omega) = -\epsilon''(-\omega) \quad . \tag{2.24}$$

Die Beziehungen (2.20) und (2.21) bezeichnet man als Kramers-Kronig-Relationen.

2.2   Wellengleichung

Zunächst wollen wir die Wellengleichung für beliebig zeitabhängige Felder ableiten. Wir nehmen an, daß die Dielektrizitätskonstante und die Leitfähigkeit frequenzunabhängig sind. Dann gilt für die zeitabhängigen Felder

$$\tilde{\mathbf{B}} = \mu\mu_0 \tilde{\mathbf{H}} \quad , \tag{2.25}$$

$$\tilde{\mathbf{D}} = \epsilon\epsilon_0 \tilde{\mathbf{E}} \quad , \tag{2.26}$$

$$\tilde{\mathbf{j}} = \sigma \tilde{\mathbf{E}} \quad . \tag{2.27}$$

Bildung der Rotation von (2.1) ergibt

$$\nabla \times (\nabla \times \tilde{\mathbf{E}}) = -\frac{\partial}{\partial t}(\nabla \times \tilde{\mathbf{B}}) \quad , \tag{2.28}$$

was sich unter Beachtung von (2.25) bis (2.27) und (2.2) umschreiben läßt zu

$$\nabla \times (\nabla \times \tilde{\mathbf{E}}) = -\mu\mu_0\sigma \frac{\partial \tilde{\mathbf{E}}}{\partial t} - \mu\mu_0\epsilon\epsilon_0 \frac{\partial^2 \tilde{\mathbf{E}}}{\partial t^2} \quad . \tag{2.29}$$

Die linke Seite läßt sich mit Hilfe der allgemeingültigen Beziehung

$$\nabla \times (\nabla \times \tilde{\mathbf{E}}) = \nabla(\nabla \cdot \tilde{\mathbf{E}}) - (\nabla \cdot \nabla)\,\tilde{\mathbf{E}} \qquad (2.30)$$

weiter vereinfachen, wobei $\nabla \cdot \nabla = \nabla^2$ den Laplace-Operator bezeichnet. Wenn das Ausbreitungsmedium frei von Ladungsträgern ist, also $\tilde{\rho} = 0$, gilt nach (2.3)

$$\nabla \cdot \tilde{\mathbf{D}} = \nabla \cdot \left(\epsilon\epsilon_0 \tilde{\mathbf{E}}\right) = 0 \qquad (2.31)$$

und folglich auch

$$\nabla \cdot \tilde{\mathbf{E}} = -\frac{1}{\epsilon}\tilde{\mathbf{E}} \cdot \nabla\epsilon \quad . \qquad (2.32)$$

Damit reduziert sich (2.29) zu

$$\nabla^2\tilde{\mathbf{E}} + \nabla\left(\frac{1}{\epsilon}\,\tilde{\mathbf{E}} \cdot \nabla\epsilon\right) = \epsilon\epsilon_0\mu\mu_0\frac{\partial^2\tilde{\mathbf{E}}}{\partial t^2} + \mu\mu_0\sigma\frac{\partial\tilde{\mathbf{E}}}{\partial t} \quad . \qquad (2.33)$$

In homogenen Medien ist die Dielektrizitätskonstante vom Ort unabhängig, also $\nabla\epsilon = 0$ und

$$\nabla^2\tilde{\mathbf{E}} = \epsilon\epsilon_0\mu\mu_0\frac{\partial^2\tilde{\mathbf{E}}}{\partial t^2} + \mu\mu_0\sigma\frac{\partial\tilde{\mathbf{E}}}{\partial t} \quad . \qquad (2.34)$$

Wenn nun noch ohmsche Verluste im Material zu vernachlässigen sind ($\sigma \approx 0$), erhält man die bekannte Wellengleichung für das elektrische Feld

$$\nabla^2\tilde{\mathbf{E}} = \epsilon\epsilon_0\mu\mu_0\frac{\partial^2\tilde{\mathbf{E}}}{\partial t^2} \quad . \qquad (2.35)$$

Wenn eine sinusförmige Zeitabhängigkeit der Felder vorliegt, wollen wir die Frequenzabhängigkeit von ϵ, μ und σ nicht unterdrücken. Wir gehen aus von der allgemein gültigen Gleichung (2.7). Bildung der Rotation und Einsetzen der Beziehungen (2.18), (2.14), (2.15) und (2.17) liefert

$$\nabla \times (\nabla \times \mathbf{E}) = (\omega^2\mu\mu_0\epsilon\epsilon_0 - i\omega\mu\mu_0\sigma)\mathbf{E} \quad , \qquad (2.36)$$

wobei ϵ, μ und σ allgemeine orts- und frequenzabhängige Funktionen sind. Einführung der komplexen Dielektrizitätskonstante $\tilde{\epsilon}$ nach (2.19) und Beachtung der Identität (2.30) ergibt

$$\nabla(\nabla \cdot \mathbf{E}) - \nabla^2\mathbf{E} = \omega^2\tilde{\epsilon}\epsilon_0\mu\mu_0\mathbf{E} \quad . \qquad (2.37)$$

In Medien, in denen $\rho = 0$ ist und ϵ nur schwach vom Ort abhängt ($|\nabla\epsilon| \ll \epsilon/\lambda$ mit λ als Wellenlänge), ist der erste Term auf der linken Seite von Gleichung (2.37) zu vernachlässigen (vgl. (2.31) bis (2.33)), und es gilt die einfache

Beziehung

$$\nabla^2 \mathbf{E} + \omega^2 \mu \mu_0 \tilde{\epsilon} \epsilon_0 \mathbf{E} = 0 \quad ,\tag{2.38}$$

die man als Helmholtz-Gleichung bezeichnet.

In kartesischen Koordinaten ist die letzte Gleichung für jede Komponente des Feldvektors $\mathbf{E} = (E_x, E_y, E_z)$ gültig. Der Laplace-Operator hat die einfache Form $\nabla^2 = \frac{\partial^2}{\partial x^2} + \frac{\partial^2}{\partial y^2} + \frac{\partial^2}{\partial z^2}$. Für die Feldkomponente in x-Richtung gilt zum Beispiel

$$(\frac{\partial^2}{\partial x^2} + \frac{\partial^2}{\partial y^2} + \frac{\partial^2}{\partial z^2}) E_x(x, y, z, \omega) + \omega^2 \mu \mu_0 \tilde{\epsilon} \epsilon_0 E_x(x, y, z, \omega) = 0 \quad .\tag{2.39}$$

Hierbei ist zu beachten, daß $\mu = \mu(x, y, z, \omega)$ orts- und frequenzabhängig und $\tilde{\epsilon} = \tilde{\epsilon}(x, y, z, \omega)$ zwar frequenzabhängig, aber nur schwach ortsabhängig sein darf.

2.3   Energiefluß in elektromagnetischen Feldern

Das Verhalten der Felder wird durch die Wellengleichung oder die Helmholtz-Gleichung beschrieben. Oft ist es nützlich, sich über die energetischen Verhältnisse Klarheit zu verschaffen. Wir wollen der Einfachheit halber annehmen, daß die Dielektrizitätskonstante und Permeabilität frequenzunabhängig sind. Wir betrachten ein infinitesimales Volumenelement d^3r. Die in diesem Element pro Zeiteinheit an den elektrischen Ladungsträgern verrichtete Arbeit, also die verbrauchte elektrische Leistung, ist durch

$$\delta W = \tilde{\mathbf{j}} \cdot \tilde{\mathbf{E}}\tag{2.40}$$

gegeben. Mit dem Faradayschen Gesetz (2.2) und der Vektorbeziehung

$$\nabla \cdot (\tilde{\mathbf{E}} \times \tilde{\mathbf{H}}) = \tilde{\mathbf{H}} \cdot (\nabla \times \tilde{\mathbf{E}}) - \tilde{\mathbf{E}} \cdot (\nabla \times \tilde{\mathbf{H}})\tag{2.41}$$

folgt mit dem Induktionsgesetz (2.1)

$$\delta W = -\nabla \cdot (\tilde{\mathbf{E}} \times \tilde{\mathbf{H}}) - \tilde{\mathbf{H}} \cdot \frac{\partial \tilde{\mathbf{B}}}{\partial t} - \tilde{\mathbf{E}} \cdot \frac{\partial \tilde{\mathbf{D}}}{\partial t} \quad .\tag{2.42}$$

Die Materialgleichungen (2.14) und (2.15) führen zu der weiteren Vereinfachung

$$\delta W = -\nabla \cdot (\tilde{\mathbf{E}} \times \tilde{\mathbf{H}}) - \frac{\partial}{\partial t}(\frac{1}{2}\mu \mu_0 \tilde{\mathbf{H}}^2 + \frac{1}{2}\epsilon \epsilon_0 \tilde{\mathbf{E}}^2) \quad .\tag{2.43}$$

Interpretiert man

$$\mathbf{w}_{em} = \frac{1}{2}\epsilon\epsilon_0\tilde{\mathbf{E}}^2 + \frac{1}{2}\mu\mu_0\tilde{\mathbf{H}}^2 \qquad (2.44)$$

als die im Volumenelement d^3r gespeicherte elektromagnetische Energie und den Poynting-Vektor

$$\tilde{\mathbf{S}} = \tilde{\mathbf{E}} \times \tilde{\mathbf{H}} \qquad (2.45)$$

als Energieflußdichtevektor, so beschreibt die Divergenz $\nabla \cdot \tilde{\mathbf{S}}$ die aus dem Volumenelement pro Zeiteinheit herausströmende Energie, und wir erhalten die Energiebilanz

$$-\delta\mathbf{W} = \nabla \cdot \tilde{\mathbf{S}} + \frac{\partial \mathbf{w}_{em}}{\partial t} = -\tilde{\mathbf{j}} \cdot \tilde{\mathbf{E}} \quad . \qquad (2.46)$$

Diese Beziehung drückt den Energieerhaltungssatz aus. Abnahme der Feldenergie im Volumenelement und einströmende Feldenergie werden in elektrische Energie der Ladungsträger umgesetzt. Wenn die einfachen linearen Beziehungen zwischen elektrischem Feld und dielektrischer Verschiebung oder zwischen magnetischem Feld und magnetischer Induktion nicht mehr gültig sind, kommen in (2.46) noch zusätzliche Terme hinzu, die zum Beispiel Hysterese-Verluste erfassen. Wenn kein Strom fließt ($\tilde{\mathbf{j}} = 0$), bestimmt die Energieflußdichte die zeitliche Änderung der Energiedichte. Gleichung (2.46) hat die typische Form einer Kontinuitätsgleichung, wobei $-\tilde{\mathbf{j}} \cdot \tilde{\mathbf{E}}$ als Generationsterm aufzufassen ist.

Die Energiebilanz läßt sich auch für die komplexen Feldgrößen formulieren. Wir gehen aus von den komplexen Maxwell-Gleichungen für ein skalares Medium. Wir multiplizieren (2.7) skalar mit $\mathbf{H}^*$ und das konjugiert Komplexe von (2.8) mit $\mathbf{E}$, bilden die Differenz und erhalten

$$\nabla \cdot (\mathbf{E} \times \mathbf{H}^*) = i\omega(\epsilon\epsilon_0\mathbf{E} \cdot \mathbf{E}^* - \mu\mu_0\mathbf{H} \cdot \mathbf{H}^*) - \mathbf{E} \cdot \mathbf{j}^* \quad , \qquad (2.47)$$

wobei wir bei der Ableitung eine Relation der Form (2.41) benutzt haben. Gleichung (2.47) bezeichnet man als komplexes Poyntingsches Theorem.

Beachtet man $\mathbf{j} = \sigma\mathbf{E}$, so wird deutlich, daß der Realteil von $\nabla \cdot (\mathbf{E} \times \mathbf{H}^*)$ die ohmschen Verluste erfaßt. Der Imaginärteil von $\nabla \cdot (\mathbf{E} \times \mathbf{H}^*)$ ist dagegen, abgesehen von dem Faktor ω, ein Maß für die Differenz der zeitlich gemittelten elektrischen Energiedichte $\epsilon\epsilon_0\mathbf{E} \cdot \mathbf{E}^*$ und der zeitlichen gemittelten magnetischen Energiedichte $\mu\mu_0\mathbf{H} \cdot \mathbf{H}^*$. Die zeitlich gemittelte Energieflußdichte wird durch den Poyntingvektor

$$\mathbf{S} = \mathbf{E} \times \mathbf{H}^* + \mathbf{E}^* \times \mathbf{H} \qquad (2.48)$$

beschrieben. Er charakterisiert die elektromagnetische Leistung, die durch eine

Einheitsfläche hindurchtritt. Die Richtung von $\mathbf{S}$ steht senkrecht auf der durch $\mathbf{E}$ und $\mathbf{H}$ aufgespannten Fläche.

2.4   Ebene Wellen

Wir betrachten ein homogenes, unmagnetisches Medium, in dem $\mu = 1$ gilt und in dem ϵ und σ vom Ort unabhängig sind. Mit Laserlichtquellen lassen sich Wellen anregen, die eine sinusförmige Zeitabhängigkeit besitzen. Einfache Lösungen der Maxwell-Gleichungen sind ebene Wellen

$$\tilde{\mathbf{E}}(x, y, z, t) = \hat{\mathbf{E}} \exp\{i\omega t - i\mathbf{k} \cdot \mathbf{r}\} + c.c. \quad , \tag{2.49}$$

wobei $\mathbf{r} = (x, y, z)$ den Ortsvektor, $\mathbf{k} = (k_x, k_y, k_z)$ den Wellenvektor, $\hat{\mathbf{E}} = (\hat{E}_x, \hat{E}_y, \hat{E}_z)$ die komplexe Amplitude und $c.c.$ eine Abkürzung für das konjugiert Komplexe des ersten Ausdrucks auf der rechten Seite von Gleichung (2.49) bezeichnen. Die ebene Welle (2.49) breitet sich in $\mathbf{k}$-Richtung aus, genauer in Richtung des Realteils von $\mathbf{k}$.

Wir betrachten eine linear in x-Richtung polarisierte ebene Welle, die sich in z-Richtung ausbreitet. Hierfür ist $\hat{\mathbf{E}} = (\hat{E}_x, 0, 0)$ und $\mathbf{k} = (0, 0, k_z)$. Folglich können wir für die elektrische Feldstärke schreiben

$$\tilde{E}_x(x, y, z, t) = \hat{E}_x \exp\{-i\gamma z\} \exp\{i\omega t\} + c.c. \quad , \tag{2.50}$$

und die komplexe elektrische Feldstärke ist einfach

$$E_x(x, y, z) = \hat{E}_x \exp\{-i\gamma z\} \quad . \tag{2.51}$$

In (2.50) und (2.51) haben wir zur Vereinfachung der Schreibweise $k_z = \gamma$ gesetzt. Einsetzen von (2.50) in die Wellengleichung (2.34) oder von (2.51) in die Helmholtz-Gleichung (2.38) liefert die Dispersionsrelation

$$\gamma^2 = \tilde{\epsilon}\omega^2 \mu_0 \epsilon_0 \quad . \tag{2.52}$$

In verlustbehafteten Medien ist die Ausbreitungskonstante γ komplex, und wir definieren

$$\gamma = \sqrt{\epsilon\epsilon_0\mu_0\omega^2 - i\sigma\mu_0\omega} = \beta - i\frac{\alpha}{2} \quad , \tag{2.53}$$

wobei β das Phasenmaß und α den Intensitätsabsorptionskoeffizienten bedeuten.

In verlustfreien Medien ist $\sigma = \alpha = 0$, und folglich gilt für die Wellenzahl

$$\beta = \omega\sqrt{\epsilon\epsilon_0\mu_0} = 2\pi\bar{n}/\lambda \quad , \tag{2.54}$$

wobei wir noch den Brechungsindex $\bar{n}$ des Mediums und die Vakuumwellenlänge λ eingeführt haben. Die Ausbreitungsgeschwindigkeit der Phase der Welle ist demnach

$$v_{ph} = \frac{\omega}{\beta} = (\epsilon\epsilon_0\mu_0)^{-1/2} = \frac{c}{\bar{n}} \quad . \tag{2.55}$$

Hierbei ist c die Ausbreitungsgeschwindigkeit des Lichts im Vakuum, und $\bar{n} = \sqrt{\epsilon}$ ist allgemein gültig in verlustfreien, nichtmagnetischen Materialien.

Aus dem Induktionsgesetz (2.7) erhält man das zum elektrischen Feld gehörige Magnetfeld $\mathbf{H} = (H_x, H_y, H_z)$. Da nur die x-Komponente der elektrischen Feldstärke von Null verschieden ist, folgt sofort $H_x = H_z \equiv 0$, und für die y-Komponente des Magnetfeldes gilt

$$\frac{\partial E_x}{\partial z} = -i\omega\mu_0 H_y \quad . \tag{2.56}$$

Mit (2.51) bekommt man sofort

$$H_y = \frac{\gamma}{\omega\mu_0} E_x = \frac{\gamma}{\omega\mu_0} \hat{E}_x \exp\{-i\gamma z\} \quad . \tag{2.57}$$

In verlustfreien Medien ist die Impedanz

$$Z = \frac{E_x}{H_y} = \frac{1}{\bar{n}}\sqrt{\frac{\mu_0}{\epsilon_0}} \tag{2.58}$$

reell. Elektrische und magnetische Felder sind gleichphasig, stehen aber senkrecht aufeinander und auch senkrecht auf der Wellenausbreitungsrichtung, die in Richtung des Poynting-Vektors zeigt. Bild 2.1 illustriert den Feldverlauf.

In verlustbehafteten Medien führt man einen komplexen Brechungsindex $\bar{\eta} = \bar{n} - i\bar{\kappa}$ ein gemäß

$$\gamma = \beta - i\frac{\alpha}{2} = (\bar{n} - i\bar{\kappa})2\pi/\lambda \quad , \tag{2.59}$$

so daß mit (2.53) und $c = (\epsilon_0\mu_0)^{-1/2}$ folgt

$$\epsilon' - i\epsilon'' = \epsilon - i\frac{\sigma}{\epsilon_0\omega} = \bar{n}^2 - \bar{\kappa}^2 - 2i\bar{\kappa}\bar{n} \quad . \tag{2.60}$$

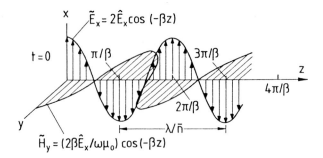

Bild 2.1: Feldverlauf einer linear polarisierten ebenen Welle in einem verlust-freien Medium mit Brechungsindex $\bar{n}$

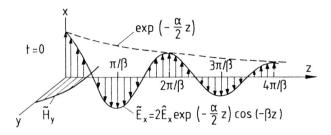

Bild 2.2: Linear polarisierte abklingende ebene Welle in absorbierendem Medium

Hiermit ist ein Zusammenhang zwischen den elektrischen und optischen Konstanten gegeben. Der Extinktionskoeffizient $\bar{\kappa}$ als negativer Imaginärteil des komplexen Brechungsindex erfaßt die Absorption im Medium

$$\alpha = \frac{4\pi\bar{\kappa}}{\lambda} \quad . \tag{2.61}$$

Absorptionskoeffizient und Brechungsindex sind nicht unabhängig. Dies ist eine Folge der Kramers-Kronig-Relation für den Real- und Imaginärteil der komplexen Dielektrizitätskonstante.

Nach Gleichung (2.57) haben elektrisches und magnetisches Feld denselben räumlich abklingenden Verlauf. Da jedoch die Impedanz des Mediums

$$Z = \frac{E_x}{H_y} = \frac{1}{\bar{n} - i\bar{\kappa}}\sqrt{\frac{\mu_0}{\epsilon_0}} \tag{2.62}$$

nicht mehr reell ist, kommt es zu einer Phasenverschiebung zwischen den beiden Feldern. Bild 2.2 illustriert den Feldverlauf.

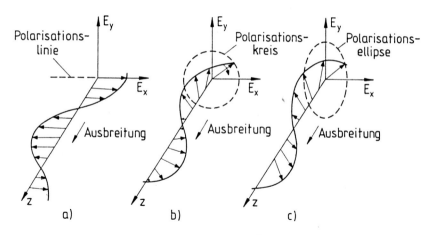

Bild 2.3: Polarisation ebener Wellen. a) lineare Polarisation, b) zirkulare Polarisation, c) elliptische Polarisation

Der Energieflußdichtevektor zeigt in z-Richtung, so daß $\mathbf{S} = (0, 0, S_z)$ gilt. Für den zeitlichen Mittelwert der Energieflußdichte erhält man

$$I = \frac{2\bar{n}}{\bar{n}^2 + \bar{\kappa}^2} \sqrt{\frac{\mu_0}{\epsilon_0}} \, |\hat{H}_y|^2 \, \exp\{-\alpha z\} = 2\bar{n} \sqrt{\frac{\epsilon_0}{\mu_0}} \, |\hat{E}_x|^2 \, \exp\{-\alpha z\} \quad , \qquad (2.63)$$

wobei $S_z = I$ gesetzt wurde. I kennzeichnet die Intensität der Welle. Der Absorptionskoeffizient α charakterisiert den relativen Intensitätsverlust auf der Strecke dz

$$\alpha = -\frac{1}{I}\frac{dI}{dz} \quad . \qquad (2.64)$$

Durch Überlagerung zweier ebener Wellen, die in Richtung der x- bzw. y-Achse polarisiert sind, lassen sich ebene Wellen beliebiger Polarisation erzeugen. Dies ist in Bild 2.3 dargestellt.

Wir überlagern die beiden Wellen $\mathbf{E}_1 = (E_x, 0, 0)$ und $\mathbf{E}_2 = (0, E_y, 0)$ mit

$$E_x = \hat{E}_x \exp\{-i\gamma z\} \qquad (2.65)$$

und

$$E_y = \hat{E}_y \exp\{-i\gamma z + i\theta\} \quad , \qquad (2.66)$$

wobei $\hat{E}_x$ und $\hat{E}_y$ als reelle Amplituden angesetzt werden. Für $\theta = 0$ erhalten wir eine in der Ebene $\hat{E}_x y = \hat{E}_y x$ linear polarisierte Welle. Für $\theta = \pi/2$ und

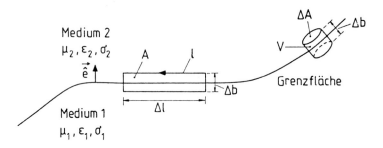

Bild 2.4: Grenzfläche zwischen zwei Materialien. Die Tangentialkomponenten weisen parallel zur Grenzfläche. Normalkomponenten zeigen senkrecht zur Grenzfläche

$\hat{E}_x = \hat{E}_y$ läuft die Spitze des resultierenden Feldstärkevektors auf einer kreisförmigen Spirale um die z-Achse. Man hat zirkular polarisiertes Licht. Im allgemeinen Fall elliptisch polarisierten Lichts läuft die Spitze des Feldstärkevektors auf einer elliptischen Spirale um die z-Achse.

2.5 Randbedingungen

Wir betrachten den Übergang von Wellen über eine Grenzfläche zwischen zwei ansonsten homogenen Medien 1 und 2, die durch ihre Materialeigenschaften $\mu_1, \epsilon_1, \sigma_1$ bzw. $\mu_2, \epsilon_2, \sigma_2$ charakterisiert sind. Wir wollen voraussetzen, daß keine Oberflächenladungen und auch keine Oberflächenströme (also δ-funktionsartige Ladungs- und Stromverteilungen, wie z. B. bei idealen Leitern) an der Grenzfläche auftreten. Wir bezeichnen den Normaleneinheitsvektor auf der Grenzfläche wie in Bild 2.4 dargestellt mit $\hat{e}$. Aus dem Induktionsgesetz (2.7) folgt durch Integration über eine infinitesimal kleine Fläche A

$$\lim_{A \to 0} \int_A (\nabla \times \mathbf{E}) \cdot d\mathbf{a} = -i\omega \lim_{A \to 0} \int_A \mathbf{B} \cdot d\mathbf{a} = 0 \quad , \qquad (2.67)$$

da die Felder nur endliche Werte annehmen können.

Andererseits gilt unter Zuhilfenahme des Stokesschen Satzes

$$\int_A (\nabla \times \mathbf{E}) \cdot d\mathbf{a} = \oint_l \mathbf{E} \cdot d\mathbf{l} = \hat{e} \times (\mathbf{E}_1 - \mathbf{E}_2)\Delta l \quad , \qquad (2.68)$$

wobei l die Berandung der Fläche A bezeichnet und die rechte Gleichheit für endliche Längen Δl, aber Querabmessungen $\Delta b \to 0$ gültig ist. Vergleich von (2.67) und (2.68) liefert die Stetigkeitsbedingung für die Tangentialkomponenten der elektrischen Feldstärke an Grenzflächen

$$\hat{e} \times (\mathbf{E}_1 - \mathbf{E}_2) = 0 \quad . \tag{2.69}$$

Auf ähnliche Weise ergibt sich eine Stetigkeitsbedingung für die Tangentialkomponenten der magnetischen Feldstärke

$$\hat{e} \times (\mathbf{H}_1 - \mathbf{H}_2) = 0 \quad . \tag{2.70}$$

Aus der Divergenzbeziehung (2.9) folgt mit Hilfe des Gaußschen Satzes bei Integration über ein zylinderförmiges Volumen der Höhe Δb mit konstanten Grundflächen ΔA

$$\lim_{\Delta b \to 0} \int_V \nabla \cdot \mathbf{D} d^3 r = \lim_{\Delta b \to 0} \int_V \rho d^3 r = 0 \tag{2.71}$$

und

$$\lim_{\Delta b \to 0} \int_V \nabla \cdot \mathbf{D} dV = \lim_{\Delta b \to 0} \oint_A \mathbf{D} \cdot d\mathbf{a} = \hat{e} \cdot (\mathbf{D}_1 - \mathbf{D}_2) \Delta A \quad . \tag{2.72}$$

Der Vergleich beider Gleichungen liefert die Stetigkeit der Normalkomponente der dielektrischen Verschiebung

$$\hat{e} \cdot (\mathbf{D}_1 - \mathbf{D}_2) = 0 \quad . \tag{2.73}$$

Ebenso folgt die Stetigkeit der Normalkomponenten der magnetischen Induktion

$$\hat{e} \cdot (\mathbf{B}_1 - \mathbf{B}_2) = 0 \quad . \tag{2.74}$$

Durch Einführung von Tangentialvektoren

$$\mathbf{E}_{tan} = (\hat{e} \times \mathbf{E}) \times \hat{e} \tag{2.75}$$

und Normalenvektoren

$$\mathbf{E}_{norm} = (\hat{e} \cdot \mathbf{E})\hat{e} \tag{2.76}$$

lassen sich die Randbedingungen übersichtlich formulieren

$$\mathbf{E}_{1tan} = \mathbf{E}_{2tan} \quad , \tag{2.77}$$

$$\mathbf{H}_{1tan} = \mathbf{H}_{2tan} \quad , \tag{2.78}$$

$$\mathbf{D}_{1norm} = \mathbf{D}_{2norm} \quad , \tag{2.79}$$

$$\mathbf{B}_{1norm} = \mathbf{B}_{2norm} \quad . \tag{2.80}$$

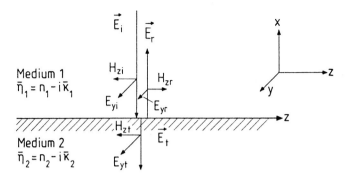

Bild 2.5: Reflexion bei senkrechtem Einfall

2.6   Reflexion bei senkrechtem Einfall

Die Randbedingungen (2.77) bis (2.80) bestimmen Reflexion und Transmission an Grenzflächen. Wir betrachten nach Bild 2.5 zwei Medien, die durch eine ebene Grenzfläche bei $x = 0$ getrennt sind. Wir lassen komplexe skalare Materialkonstanten zu, nehmen aber $\mu = 1$ an. Eine in y-Richtung linear polarisierte Welle $\mathbf{E}_i$ falle senkrecht auf die Grenzfläche auf. Es entstehen eine ungebrochen durch die Grenzfläche hindurchgehende Welle $\mathbf{E}_t$ und eine senkrecht zur Grenzfläche reflektierte Welle $\mathbf{E}_r$. Mit $k = 2\pi/\lambda$ lassen sich die Wellenzahlvektoren der Teilwellen schreiben als

$$\mathbf{k}_i \quad = \quad (k_{ix}, 0, 0) = -\hat{\mathbf{x}}\bar{\eta}_1 k \quad , \tag{2.81}$$

$$\mathbf{k}_r \quad = \quad (k_{rx}, 0, 0) = \hat{\mathbf{x}}\bar{\eta}_1 k \quad , \tag{2.82}$$

$$\mathbf{k}_t \quad = \quad (k_{tx}, 0, 0) = -\hat{\mathbf{x}}\bar{\eta}_2 k \quad , \tag{2.83}$$

wobei $\hat{\mathbf{x}}$ ein Einheitsvektor in x-Richtung ist. Die elektrischen Felder haben demnach die Form

$$\mathbf{E}_i \quad = \quad \hat{\mathbf{y}} E_i \exp\{ik\bar{\eta}_1 x\} \quad , \tag{2.84}$$

$$\mathbf{E}_r \quad = \quad \hat{\mathbf{y}} E_r \exp\{-ik\bar{\eta}_1 x\} \quad , \tag{2.85}$$

$$\mathbf{E}_t \quad = \quad \hat{\mathbf{y}} E_t \exp\{ik\bar{\eta}_2 x\} \quad , \tag{2.86}$$

wobei E_i, E_r, E_t die komplexen Amplituden der Teilwellen darstellen. Die zugehörigen magnetischen Felder erhalten wir sofort aus (2.7)

$$\mathbf{H}_i \quad = \quad -\hat{\mathbf{z}}\sqrt{\frac{\epsilon_0}{\mu_0}}\bar{\eta}_1 E_i \exp\{ik\bar{\eta}_1 x\} \quad , \tag{2.87}$$

$$\mathbf{H}_r \quad = \quad \hat{\mathbf{z}}\sqrt{\frac{\epsilon_0}{\mu_0}}\bar{\eta}_1 E_r \exp\{-ik\bar{\eta}_1 x\} \quad , \tag{2.88}$$

$$\mathbf{H}_t = -\hat{\mathbf{z}}\sqrt{\frac{\epsilon_0}{\mu_0}}\,\bar{\eta}_2 E_t \exp\{ik\bar{\eta}_2 x\} \quad . \tag{2.89}$$

Die Vorfaktoren sind die inversen komplexen Impedanzen der Medien. Die Stetigkeit der tangentialen E- und H-Felder bei $x = 0$ verlangt

$$E_i + E_r = E_t \tag{2.90}$$

und

$$\bar{\eta}_1 E_i - \bar{\eta}_1 E_r = \bar{\eta}_2 E_t \quad . \tag{2.91}$$

Hieraus ergibt sich sofort der komplexe Amplitudenreflexionsfaktor

$$r = \frac{E_r}{E_i} = \frac{\bar{\eta}_1 - \bar{\eta}_2}{\bar{\eta}_1 + \bar{\eta}_2} = -\frac{H_r}{H_i} \quad . \tag{2.92}$$

Die komplexen Amplitudentransmissionsfaktoren erhält man entsprechend

$$\frac{E_t}{E_i} = \frac{2\bar{\eta}_1}{\bar{\eta}_1 + \bar{\eta}_2} \quad , \tag{2.93}$$

$$\frac{H_t}{H_i} = \frac{2\bar{\eta}_2}{\bar{\eta}_1 + \bar{\eta}_2} \quad . \tag{2.94}$$

Die Energieflußdichte läßt sich mit dem Poynting-Vektor bestimmen. Für den Intensitätsreflexionsfaktor als Verhältnis von reflektierter zu einfallender Intensität erhält man

$$R = \frac{|E_r|^2}{|E_i|^2} = \left|\frac{\bar{\eta}_1 - \bar{\eta}_2}{\bar{\eta}_1 + \bar{\eta}_2}\right|^2 \quad . \tag{2.95}$$

Für die Transmission ergeben sich kompliziertere Formeln, da man jetzt Wellen in Beziehung setzt, die sich in verschiedenen Medien befinden. Man erhält als Verhältnis $\tilde{T}$ von transmittierter zu einfallender Energieflußdichte

$$\tilde{T} = \frac{\mathrm{Re}(\bar{\eta}_2)}{\mathrm{Re}(\bar{\eta}_1)}\left|\frac{2\bar{\eta}_1}{\bar{\eta}_1 + \bar{\eta}_2}\right|^2 \quad . \tag{2.96}$$

Wir berechnen als Beispiel die Reflexion an der Grenzfläche zwischen Vakuum ($\bar{n} = 1$) und einem verlustbehafteten Medium $\bar{\eta} = \bar{n} - i\bar{\kappa}$. Wir erhalten

$$R = \frac{(1 - \bar{n})^2 + \bar{\kappa}^2}{(1 + \bar{n})^2 + \bar{\kappa}^2} \quad . \tag{2.97}$$

Die gute Reflexion von Metallen ist auf große Werte des Extinktionskoeffizienten $\bar{\kappa}$ zurückzuführen.

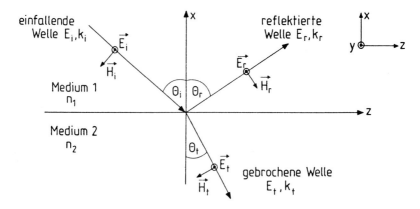

Bild 2.6: Reflexion und Brechung von TE-Wellen an einer ebenen Grenzfläche

2.7 Schräger Einfall: TE-Wellen

Wir betrachten den Durchgang von Wellen durch eine ebene Grenzfläche bei $x = 0$, die zwei ansonsten homogene Medien trennt. Wir beschränken die Diskussion auf verlustfreie Materialien mit $\bar{\kappa} = 0$. Die einfallende ebene Welle wird an der Grenzfläche reflektiert und gebrochen. Die Bezeichnungen sind Bild 2.6 zu entnehmen. Wir untersuchen hier den Fall, daß die Wellen senkrecht zur Einfallsebene polarisiert sind. Die Einfallsebene wird durch die Grenzflächennormale und den Wellenvektor der einfallenden Welle aufgespannt. Das elektrische Feld solcher Wellen steht also immer senkrecht zur Ausbreitungsrichtung. Man nennt die Wellen deshalb transversal elektrische oder kurz TE-Wellen.

Für die Wellenzahlvektoren liest man aus Bild 2.6 ab

$$\mathbf{k}_i = (-n_1 k \cos \Theta_i, 0, n_1 k \sin \Theta_i) \quad , \tag{2.98}$$

$$\mathbf{k}_r = (n_1 k \cos \Theta_r, 0, n_1 k \sin \Theta_r) \quad , \tag{2.99}$$

$$\mathbf{k}_t = (-n_2 k \cos \Theta_t, 0, n_2 k \sin \Theta_t) \quad . \tag{2.100}$$

Die Brechungsindizes der beiden Medien sind mit n_1 und n_2 bezeichnet. Bei TE-Wellen hat man nur eine y-Komponente der elektrischen Feldstärke

$$\mathbf{E}_i = \hat{\mathbf{y}} E_i \, \exp\{i k n_1 x \cos \Theta_i - i k n_1 z \sin \Theta_i\} \quad , \tag{2.101}$$

$$\mathbf{E}_r = \hat{\mathbf{y}} E_r \, \exp\{-i k n_1 x \cos \Theta_r - i k n_1 z \sin \Theta_r\} \quad , \tag{2.102}$$

$$\mathbf{E}_t = \hat{\mathbf{y}} E_t \, \exp\{i k n_2 x \cos \Theta_t - i k n_2 z \sin \Theta_t\} \quad . \tag{2.103}$$

Die magnetische Feldstärke erhält man wieder aus dem Induktionsgesetz (2.7)

$$\mathbf{H}_i = -\sqrt{\frac{\epsilon_0}{\mu_0}} n_1 (\hat{\mathbf{x}} \sin \Theta_i + \hat{\mathbf{z}} \cos \Theta_i) E_i$$

$$\cdot \exp\{ikn_1 x \cos \Theta_i - ikn_1 z \sin \Theta_i\} \quad , \tag{2.104}$$

$$\mathbf{H}_r = -\sqrt{\frac{\epsilon_0}{\mu_0}} n_1 (\hat{\mathbf{x}} \sin \Theta_r - \hat{\mathbf{z}} \cos \Theta_r) E_r$$

$$\cdot \exp\{-ikn_1 x \cos \Theta_r - ikn_1 z \sin \Theta_r\} \quad , \tag{2.105}$$

$$\mathbf{H}_t = -\sqrt{\frac{\epsilon_0}{\mu_0}} n_2 (\hat{\mathbf{x}} \sin \Theta_t + \hat{\mathbf{z}} \cos \Theta_t) E_t$$

$$\cdot \exp\{ikn_2 x \cos \Theta_t - ikn_2 z \sin \Theta_t\} \quad . \tag{2.106}$$

Die Stetigkeitsbedingung für das tangentiale elektrische Feld bei $x = 0$ liefert

$$E_i \exp\{-ikn_1 z \sin \Theta_i\} + E_r \exp\{-ikn_1 z \sin \Theta_r\} = E_t \exp\{-ikn_2 z \sin \Theta_t\} \quad . \tag{2.107}$$

Diese Bedingung muß für alle Werte von z gelten. Dies bedeutet Gleichheit der Phasenfaktoren und damit

$$n_1 \sin \Theta_r = n_1 \sin \Theta_i = n_2 \sin \Theta_t \quad . \tag{2.108}$$

Die linke Gleichung liefert das Reflexionsgesetz

$$\Theta_i = \Theta_r \quad , \tag{2.109}$$

die rechte das Snelliussche Brechungsgesetz

$$n_1 \sin \Theta_i = n_2 \sin \Theta_t \quad . \tag{2.110}$$

Mit Reflexions- und Brechungsgesetz ergibt (2.107) die einfache Beziehung

$$E_i + E_r = E_t \tag{2.111}$$

genau wie bei senkrechtem Einfall, und die Stetigkeit des tangentialen Magnetfeldes bei $x = 0$ liefert noch

$$E_i n_1 \cos \Theta_i - E_r n_1 \cos \Theta_r = E_t n_2 \cos \Theta_t \quad . \tag{2.112}$$

Die vier Gleichungen (2.109) bis (2.112) müssen gleichzeitig erfüllt sein. Wir wollen die reflektierten und transmittierten Felder durch die Größen der einfallenden Welle ausdrücken. Für die reflektierte Welle folgt zunächst

$$E_r = \frac{n_1 \cos \Theta_i - n_2 \cos \Theta_t}{n_1 \cos \Theta_i + n_2 \cos \Theta_t} E_i \quad . \tag{2.113}$$

Hierbei ist

$$\cos \Theta_t = \pm \sqrt{1 - \frac{n_1^2}{n_2^2} \sin^2 \Theta_i} \quad . \tag{2.114}$$

Nur wenn der Radikand nicht negativ ist, ergeben sich reelle Werte für $\cos \Theta_t$. Dies ist sicher für $n_1 < n_2$ der Fall. Man hat das positive Vorzeichen der Wurzel zu nehmen, damit die transmittierte Welle (2.103) die richtige Ausbreitungsrichtung hat. Es gilt $|E_r|^2 \leq |E_i|^2$, so daß die reflektierte Intensität kleiner bleibt als die einfallende. Die Energiedifferenz wird von der gebrochenen Welle E_t abtransportiert. Durch Vergleich der Beziehungen (2.101) bis (2.106) erkennen wir, daß die E- und H-Felder aller Teilwellen, abhängig von der Ausbreitungsrichtung, in Phase oder Gegenphase schwingen.

Wenn der Radikand in (2.114) negativ wird, tritt der wichtige Sonderfall der Totalreflexion auf, der im folgenden Abschnitt behandelt wird.

2.8   Totalreflexion: TE-Wellen

Trifft die einfallende Welle, aus einem optisch dichteren Medium 1 kommend, auf eine Grenzfläche zu einem optisch dünneren Medium 2 ($n_1 > n_2$), so tritt Totalreflexion ein, wenn der Einfallswinkel Θ_i größer ist als der kritische Winkel Θ_c, der durch

$$\sin \Theta_c = n_2/n_1 \tag{2.115}$$

definiert ist. Der kritische Einfallswinkel Θ_c wird als Grenzwinkel der Totalreflexion bezeichnet. Bild 2.7 zeigt den Verlauf von Θ_c in Abhängigkeit von n_2 bei festem $n_1 = 3.6$ für GaAs. Für $\Theta_i > \Theta_c$ wird nach (2.114) $\cos \Theta_t$ rein imaginär

$$\cos \Theta_t = -i \sqrt{\frac{n_1^2}{n_2^2} \sin^2 \Theta_i - 1} \quad , \tag{2.116}$$

und man erhält eine evaneszente Welle in Transmission. Man hat das negative Vorzeichen der Wurzel zu nehmen, damit die transmittierte Welle (2.103) in negative x-Richtung exponentiell abklingt und nicht etwa anwächst. Aus (2.113)

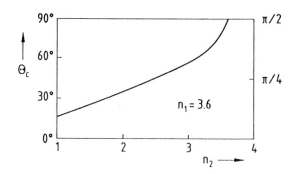

Bild 2.7: Grenzwinkel der Totalreflexion beim Übergang von Licht aus einem Medium 1 mit dem Brechungsindex $n_1 = 3.6$ (GaAs) in ein optisch dünneres Medium 2 mit Brechungsindex n_2

bekommen wir

$$E_r = \frac{n_1 \cos \Theta_i + i\sqrt{n_1^2 \sin^2 \Theta_i - n_2^2}}{n_1 \cos \Theta_i - i\sqrt{n_1^2 \sin^2 \Theta_i - n_2^2}} E_i \quad . \tag{2.117}$$

Offenbar gilt $|E_r|^2 = |E_i|^2$. Die gesamte einfallende Intensität wird reflektiert. Der Vergleich von (2.103) und (2.106) zeigt, daß zwischen E- und H-Feld der transmittierten evaneszenten Welle eine Phasenverschiebung von $\pi/2$ auftritt. Es gibt keinen Netto-Energiefluß in negative x-Richtung. Die Energie schwingt sozusagen im evaneszenten Feld hin und her.

E_i und E_r haben zwar dieselbe Amplitude, unterscheiden sich aber in ihrer Phase. Üblicherweise setzt man an

$$E_r = E_i \exp\{2i\Phi_{TE}\} \quad , \tag{2.118}$$

wobei $2\Phi_{TE}$ als Phasensprung bei der Totalreflexion zu interpretieren ist. Zähler und Nenner in (2.117) sind konjugiert komplex zueinander. Folglich ist

$$\tan \Phi_{TE} = \frac{+\sqrt{n_1^2 \sin^2 \Theta_i - n_2^2}}{n_1 \cos \Theta_i} \quad . \tag{2.119}$$

Der Phasensprung $2\Phi_{TE}$ wächst monoton von $2\Phi_{TE} = 0$ bei $\Theta_i = \Theta_c$ bis $2\Phi_{TE} = \pi$ bei $\Theta_i = \pi/2$.

Die Auswertung der Feldgleichungen (2.101) bis (2.103) für Totalreflexion ergibt überall im Raum ein in z-Richtung mit der Periode $\lambda_z = \lambda/(n_1 \sin \Theta_i)$ sinusförmig variierendes Wellenfeld. Für den Halbraum $x > 0$ erhält man in

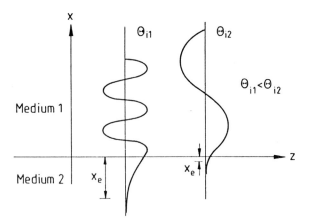

Bild 2.8: Schematischer Feldverlauf bei der Totalreflexion für zwei Einfalls-winkel $\Theta_c < \Theta_{i1} < \Theta_{i2}$

x-Richtung stehende Wellen der Periode $\lambda_x = \lambda/(n_1 \cos \Theta_i)$. Die minimale Peri-odenlänge ist $\lambda_{xmin} = \lambda/\sqrt{n_1^2 - n_2^2}$ für $\Theta_i = \Theta_c$. Für den Halbraum $x < 0$ bekommt man in negativer x-Richtung exponentiell abklingende Wellen mit einem $1/e$-Abfall des Feldes nach der Eindringtiefe

$$x_e = \frac{\lambda}{2\pi\sqrt{n_1^2 \sin^2 \Theta_i - n_2^2}} \quad . \tag{2.120}$$

Bild 2.8 zeigt ein Schema des Feldverlaufs bei Totalreflexion für zwei Einfalls-winkel $\Theta_c < \Theta_{i1} < \Theta_{i2}$. Für $\Theta_i = \Theta_c$ ist die Eindringtiefe unendlich. Für $\Theta_i = \pi/2$ erhält man die minimale Eindringtiefe

$$x_{emin} = \frac{\lambda}{2\pi\sqrt{n_1^2 - n_2^2}} \quad . \tag{2.121}$$

Die minimale Eindringtiefe hängt nur von der Brechzahldifferenz ab. Bild 2.9 zeigt den Verlauf für $n_1 = 3.6$ in Abhängigkeit von n_2.

An der Grenzfläche schließen das stehende und das abklingende Wellenfeld stetig differenzierbar aneinander an. Der Wert der komplexen Feldstärke auf der Grenzfläche ergibt sich aus (2.111) und (2.112) zu

$$E_t = \frac{2n_1 \cos \Theta_i}{n_1 \cos \Theta_i - i\sqrt{n_1^2 \sin^2 \Theta_i - n_2^2}} E_i \quad . \tag{2.122}$$

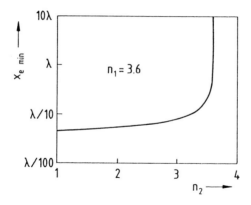

Bild 2.9: Minimale Eindringtiefe als Funktion von n_2

Das relative Feldstärkeamplitudenquadrat ist damit

$$\left|\frac{E_t}{E_i}\right|^2 = \frac{4n_1^2 \cos^2 \Theta_i}{n_1^2 - n_2^2} \quad . \tag{2.123}$$

Wenn $\Theta_i = \Theta_c$ ist, hat man gerade $|E_t|^2 = 4|E_i|^2$. Mit wachsendem Einfallswinkel nimmt $|E_t|$ rasch ab, bis $|E_t|$ bei $\Theta_i = \pi/2$ verschwindet. Zusammen mit dem Verhalten der Eindringtiefe bedeutet dies, daß sich die Welle um so weniger in den Halbraum $x < 0$ ausdehnt, je größer der Einfallswinkel und die Brechzahldifferenz der Medien ist.

2.9 Schräger Einfall: TM-Wellen

Wir betrachten eine ähnliche Geometrie wie in Abschnitt 2.7. Allerdings sollen jetzt die elektrischen Feldvektoren in der Einfallsebene liegen. Die magnetischen Feldvektoren stehen damit senkrecht auf der Einfallsebene und darum in jedem Fall auch senkrecht zur Ausbreitungsrichtung des Energietransports im resultierenden Feld, das durch die Überlagerung von einfallender, reflektierter und transmittierter Welle entsteht. Hierdurch erklärt sich der Name transversal magnetische oder TM-Wellen. Wellen beliebiger Polarisation lassen sich durch Superposition von TE- und TM-Wellen darstellen.

Die Wellenvektoren entnehmen wir Bild 2.6. Sie sind durch die Ausdrücke (2.98) bis (2.100) gegeben. Die E-Felder der Wellen sind

$$\mathbf{E}_i = (\hat{\mathbf{x}}\sin\Theta_i + \hat{\mathbf{z}}\cos\Theta_i)E_i \exp\{ikn_1x\cos\Theta_i - ikn_1z\sin\Theta_i\}, \quad (2.124)$$

$$\mathbf{E}_r = (\hat{\mathbf{x}}\sin\Theta_r - \hat{\mathbf{z}}\cos\Theta_r)E_r \exp\{-ikn_1x\cos\Theta_r - ikn_1z\sin\Theta_r\} \quad (2.125)$$

$$\mathbf{E}_t = (\hat{\mathbf{x}}\sin\Theta_t + \hat{\mathbf{z}}\cos\Theta_t)E_t \exp\{ikn_2x\cos\Theta_t - ikn_2z\sin\Theta_t\}. \quad (2.126)$$

Die zugehörigen Magnetfelder erhält man aus dem Induktionsgesetz (2.7)

$$\mathbf{H}_i = \sqrt{\frac{\epsilon_0}{\mu_0}}\, n_1 \hat{\mathbf{y}} E_i \exp\{ikn_1x\cos\Theta_i - ikn_1z\sin\Theta_i\} \quad , \quad (2.127)$$

$$\mathbf{H}_r = \sqrt{\frac{\epsilon_0}{\mu_0}}\, n_1 \hat{\mathbf{y}} E_r \exp\{-ikn_1x\cos\Theta_r - ikn_1z\sin\Theta_r\} \quad , \quad (2.128)$$

$$\mathbf{H}_t = \sqrt{\frac{\epsilon_0}{\mu_0}}\, n_2 \hat{\mathbf{y}} E_t \exp\{ikn_2x\cos\Theta_t - ikn_2z\sin\Theta_t\} \quad . \quad (2.129)$$

Im Vergleich zu den TE-Wellen sind bei den TM-Wellen die Rollen von E und H vertauscht. Die Randbedingungen für das Magnetfeld liefern unmittelbar das Reflexions- und Brechungsgesetz und außerdem

$$n_1 E_i + n_1 E_r = n_2 E_t \quad . \quad (2.130)$$

Die Stetigkeit der Tangentialkomponente des E-Feldes erfordert

$$E_i \cos\Theta_i - E_r \cos\Theta_i = E_t \cos\Theta_t \quad . \quad (2.131)$$

Die letzten beiden Bedingungen unterscheiden sich von den Gleichungen (2.111) und (2.112). Folglich ist ein verändertes Reflexions- und Transmissionsverhalten zu erwarten. Aus (2.130) und (2.131) folgt

$$E_r = \frac{n_2^2 \cos\Theta_i - n_1\sqrt{n_2^2 - n_1^2 \sin^2\Theta_i}}{n_2^2 \cos\Theta_i + n_1\sqrt{n_2^2 - n_1^2 \sin^2\Theta_i}} E_i \quad . \quad (2.132)$$

Für $\Theta_i < \Theta_c$ ist das positive Vorzeichen der Wurzel zu nehmen, für $\Theta_i \geq \Theta_c$ das negative. Bild 2.10 zeigt ein Beispiel für den Verlauf des Intensitätsreflexionsfaktors $R_{TM} = |E_r/E_i|^2$ für TM-Wellen nach (2.132) und im Vergleich dazu $R_{TE} = |E_r/E_i|^2$ für TE-Wellen nach (2.113). Offenbar ist für alle Einfallswinkel $R_{TM} \leq R_{TE}$ gültig. Für Einfall unter dem Brewster-Winkel Θ_B, der durch

$$\tan\Theta_{iB} = n_2/n_1 \quad (2.133)$$

definiert ist ($\sin\Theta_B = n_2/\sqrt{n_1^2 + n_2^2}$), hat man nach (2.132) sogar $R_{TM} = 0$.

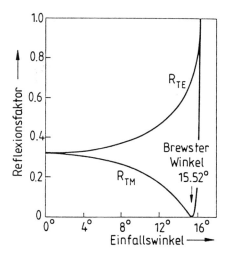

Bild 2.2: Intensitätsreflexionsfaktor als Funktion des Einfallswinkels bei Übergang von GaAs ($n_1 = 3.6$) in Luft ($n_2 = 1$)

Dieser Sonderfall tritt für TE-Wellen nicht auf. Beim Einfall unter dem Brewster-Winkel geht der gesamte Energiefluß durch die Grenzfläche hindurch. Einfall unter dem Brewster-Winkel nutzt man aus, um Polarisatoren aufzubauen oder reflexionsarme Durchtrittsfenster für Lichtstrahlen zu erhalten.

2.10 Totalreflexion: TM-Wellen

Für Einfallswinkel, die größer sind als der kritische Winkel Θ_c, erhält man auch für TM-Wellen Totalreflexion. Für den Phasensprung bei der Totalreflexion ergibt sich aus (2.132)

$$\tan \Phi_{TM} = \frac{n_1^2}{n_2^2} \frac{\sqrt{n_1^2 \sin^2 \Theta_i - n_2^2}}{n_1 \cos \Theta_i} \quad . \tag{2.134}$$

Der Vergleich mit (2.119) zeigt, daß der Phasensprung für TM-Wellen größer ist als für TE-Wellen. Eindringtiefe und Stehwellenperiode haben aber dieselbe Winkelabhängigkeit wie bei TE-Wellen. Für das Verhältnis der Feldstärken ergibt sich aus (2.130) und (2.131) die Beziehung ($\Theta_i \geq \Theta_c$)

$$\left|\frac{E_t}{E_i}\right|^2 = \frac{4n_1^2 n_2^2 \cos^2 \Theta_i}{(n_1^2 - n_2^2)(n_1^2 - (n_1^2 + n_2^2)\cos^2 \Theta_i)} \quad . \qquad (2.135)$$

Der Vergleich mit (2.123) zeigt, daß für $\Theta_i \to \Theta_c$ gilt $|E_t/E_i|_{TM} > |E_t/E_i|_{TE}$, während für $\Theta_i \to \pi/2$ die Ungleichung $|E_t/E_i|_{TM} < |E_t/E_i|_{TE}$ richtig ist. Die relative Feldstärke auf der Grenzfläche ist für TE- und TM-Wellen gerade gleich groß für Einfallswinkel, die

$$\cos \Theta_i = \sqrt{\frac{n_1^2 - n_2^2}{n_1^2 + n_2^2}} \qquad (2.136)$$

erfüllen.

2.11 Absorption in AlGaAs und InGaAsP

Der Absorptionskoeffizient und der Brechungsindex bestimmen die Wellenausbreitung. In diesem Abschnitt betrachten wir beispielhaft die Absorption in den Mischungshalbleitern $Al_x Ga_{1-x} As$ und $In_{1-x} Ga_x As_y P_{1-y}$. Im folgenden Abschnitt gehen wir dann auf den Brechungsindex ein.

Die Absorption von Licht ist immer mit einer Zustandsänderung des am Absorptionsprozeß beteiligten Elektrons verbunden. Durch Absorption eines Photons der Energie $\hbar\omega$, wobei $h = 2\pi\hbar$ das Plancksche Wirkungsquantum und ω die Kreisfrequenz des Lichts bedeuten, wird ein Elektron vom Zustand der Energie W_1 in einen Zustand der Energie W_2 angehoben. Die Energiedifferenz ist gerade gleich $\hbar\omega$.

In einem Halbleiter werden Absorptionsprozesse besonders wahrscheinlich, wenn die Photonenenergie ausreicht, um die Energielücke des Halbleiters zu überwinden. Dies zeigen die Verläufe des Absorptionskoeffizienten α in Bild 2.11. An der Bandkante nimmt der Absorptionskoeffizient sprungartig um mehrere Zehnerpotenzen bis auf Werte von $\alpha \approx 2 \cdot 10^4$ cm^{-1} zu. Absorption, die mit Übergängen vom Valenzband ins Leitungsband verbunden ist, bezeichnet man als fundamentale Absorption. Die fundamentale Absorption ist ein wichtiges Mittel, um Bandlückenenergien zu bestimmen. Durch Änderung der Zusammensetzung läßt sich die Bandlücke und damit auch die Absorptionskante verschieben.

Wenn die Photonenenergie kleiner als die Bandlückenenergie ist, treten Übergänge innerhalb eines Bandes hervor. Die Wahrscheinlichkeit dieser Intrabandübergänge hängt empfindlich von der Besetzungsdichte des Bandes ab. Bild 2.12 zeigt den Absorptionsverlauf für GaAs und InP für verschiedene Störstellenkonzentra-

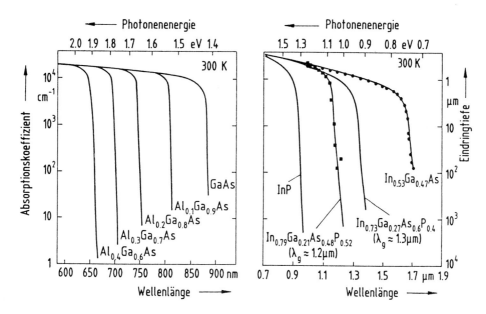

Bild 2.11: Fundamentale Absorption in AlGaAs und InGaAsP, letztere nach [2.10]

tionen vom n-Typ. Für Photonenenergien dicht unterhalb der Bandkante findet man minimale Absorption, die in reinem Material weit unterhalb von $\alpha = 1$ cm^{-1} liegen kann. In ternärem AlGaAs und quaternärem InGaAsP hat man mit ähnlichen Intrabandeffekten zu rechnen.

Den Anstieg der Absorption mit zunehmender Wellenlänge können wir näherungsweise in einem klassischen Modell beschreiben. Wir betrachten einen harmonischen Oszillator eines Elektrons, der durch ein elektrisches Wellenfeld der Kreisfrequenz ω angeregt wird. Im Kristall haben wir eine effektive Elektronenmasse m_e anzusetzen. Außerdem müssen wir die Dämpfung der Schwingung berücksichtigen, was zweckmäßigerweise durch eine Intrabandrelaxationszeit τ_{in} geschieht. Mit Oszillatoreigenfrequenz ω_e und Elementarladung $-q$ lautet die Bewegungsgleichung

$$m_e \frac{d^2x}{dt^2} + \frac{m_e}{\tau_{in}} \frac{dx}{dt} + m_e \omega_e^2 x = -qE_x e^{i\omega t} \quad . \tag{2.137}$$

Hierbei haben wir der Einfachheit halber linear polarisiertes Licht angenommen. Die Elementarladung $q = 1.6 \cdot 10^{-19}$ As wird positiv gezählt. Bei Ansatz einer harmonischen Zeitabhängigkeit für die Auslenkung x ergibt sich als Lösung der

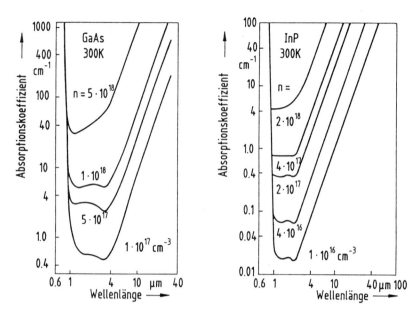

Bild 2.12: Absorptionskoeffizient in n-GaAs und n-InP für verschiedene Elektronenkonzentrationen (nach [2.11] für GaAs und [2.12] für InP)

Differentialgleichung

$$x = \frac{-q}{m_e} \frac{E_x e^{i\omega t}}{\left(\omega_e^2 - \omega^2 + i\omega \tau_{in}^{-1}\right)} \quad . \tag{2.138}$$

Durch $-qx$ ist das Dipolmoment des Oszillators bestimmt. Hat man nun n Oszillatoren pro Volumeneinheit, so ist das Dipolmoment pro Volumen, oder in anderen Worten die Polarisation P_x, gegeben durch

$$P_x e^{i\omega t} = -nqx = \frac{\omega_p^2}{\omega_e^2 - \omega^2 + i\omega \tau_{in}^{-1}} \epsilon_0 E_x e^{i\omega t} \quad . \tag{2.139}$$

Hierbei haben wir die Plasmakreisfrequenz

$$\omega_p = \sqrt{\frac{nq^2}{m_e \epsilon_0}} \tag{2.140}$$

eingeführt. Polarisation und dielektrische Verschiebung hängen über

$$D_x = \epsilon_\infty \epsilon_0 E_x + P_x = \tilde{\epsilon} \epsilon_0 E_x \tag{2.141}$$

zusammen, wobei durch ein reell angenommenes ϵ_∞ Beiträge zur dielektrischen Verschiebung berücksichtigt sind, die durch P_x nicht erfaßt sind. Für die komplexe Dielektrizitätskonstante folgt

$$\tilde{\epsilon} = \epsilon' - i\epsilon'' = \epsilon_\infty + \frac{\omega_p^2}{\omega_e^2 - \omega^2 + i\omega\tau_{in}^{-1}} \quad . \tag{2.142}$$

Mit (2.60) und (2.61) kann diese Beziehung auch durch Brechungsindex $\bar{n}$ und Extinktionskoeffizient $\bar{\kappa}$ bzw. Absorptionskoeffizient α ausgedrückt werden

$$\bar{n}^2 - \bar{\kappa}^2 = \epsilon_\infty + \frac{\omega_p^2(\omega_e^2 - \omega^2)}{(\omega_e^2 - \omega^2)^2 + (\omega\tau_{in}^{-1})^2} \quad , \tag{2.143}$$

$$2\bar{\kappa}\bar{n} = \frac{\sigma}{\epsilon_0\omega} = \frac{\lambda\bar{n}\alpha}{2\pi} = \frac{\omega_p^2\omega\tau_{in}^{-1}}{(\omega_e^2 - \omega^2)^2 + (\omega\tau_{in}^{-1})^2} \quad . \tag{2.144}$$

Wir nehmen nun an, daß die Bindungskräfte der Elektronen sehr klein sind ($\omega_e \ll \omega$), also praktisch freie Ladungsträger vorliegen, und daß die Dämpfung gering ist ($\omega \gg \tau_{in}^{-1}$). Hiermit folgt aus (2.144)

$$\alpha = \frac{\sigma}{c\bar{n}\epsilon_0} = \frac{\omega_p^2}{4\pi^2\bar{n}\tau_{in}c^3}\lambda^2 \quad , \tag{2.145}$$

wobei nach (2.143) für $\omega \gg \omega_p$ getrost $\bar{n} = \sqrt{\epsilon_\infty}$ gesetzt werden kann. Bei geringer Dämpfung erwartet man also für freie Ladungsträger, die sich innerhalb eines Bandes frei bewegen können, eine quadratische Abhängigkeit des Absorptionskoeffizienten von der Wellenlänge und außerdem - über die Plasmafrequenz - eine lineare Zunahme mit der Trägerdichte n. In der Praxis findet man Abweichungen von der quadratischen Wellenlängenabhängigkeit, die erst durch genauere quantenmechanische Modelle erklärt werden können.

Festzuhalten bleibt noch der aus (2.145) folgende einfache Zusammenhang zwischen Leitfähigkeit, effektiver Masse und Relaxationszeit

$$\sigma = \frac{nq^2}{\omega^2 m_e\tau_{in}} \quad . \tag{2.146}$$

2.12 Brechungsindex in AlGaAs und InGaAsP

Ebenso wie der Absorptionskoeffizient ist auch der Brechungsindex stark abhängig von der Zusammensetzung ternärer oder quaternärer Halbleiter. Bild 2.13 zeigt den Brechungsindex als Funktion der Wellenlänge für $Al_xGa_{1-x}As$ bzw.

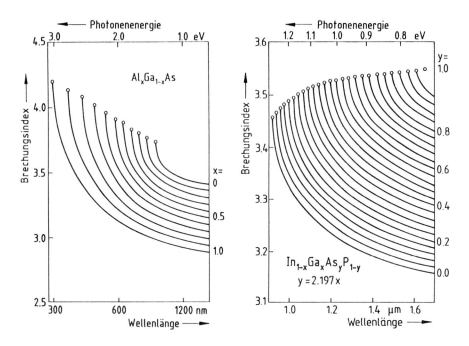

Bild 2.13: Brechungsindex von $Al_xGa_{1-x}As$ (nach [2.13]) und von an InP gitterangepaßtem $In_{1-x}Ga_xAs_yP_{1-y}$ ($y = 2.197x$) (nach [2.9]) bei Raumtemperatur

$In_{1-x}Ga_xAs_yP_{1-y}$, wobei letzteres für $y = 2.197x$ an InP-Substrate gitterangepaßt ist. Die nach empirischen Formeln berechneten Kurven stimmen sehr gut mit Messungen überein, die von verschiedenen Autoren durchgeführt wurden.

In den Materialsystemen kann man für vorgegebene Wellenlänge durch Änderung der Zusammensetzung leicht Brechungsindexänderungen von $\Delta \bar{n} > 0.3$ erzielen. Die durch offene Kreise markierten Endpunkte der Kurven in Bild 2.13 liegen in unmittelbarer Nähe der Bandlückenwellenlänge. Die ausgezogenen Kurven erfassen Wellenlängenbereiche mit schwacher Absorption. Der Brechungsindex nimmt mit steigender Temperatur zu. Für GaAs findet man $\Delta \bar{n}/\Delta T \approx 4 \cdot 10^{-4}$ K^{-1}, für InP $\approx 3 \cdot 10^{-4}$ K^{-1}. Freie Ladungsträger, die etwa durch Injektion oder Dotierung eingebracht werden, reduzieren dagegen den Brechungsindex. Für geringe Dämpfung ($\bar{\kappa} \approx 0$, $\tau_{in}^{-1} \ll \omega$) und schwache Bindung der Elektronen ($\omega_e \ll \omega$) folgt aus (2.143)

$$\bar{n}^2 = \epsilon_\infty - \frac{nq^2}{m_e\epsilon_0\omega^2} \tag{2.147}$$

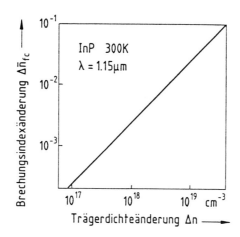

Bild 2.14: Brechungsindexänderung durch freie Ladungsträger

und damit

$$\frac{\Delta \bar{n}_{fc}}{\Delta n} = -\frac{\lambda^2 q^2}{8\pi^2 \epsilon_0 c^2 \bar{n} m_e} \quad .$$

(2.148)

Der Index fc kennzeichnet freie Ladungsträger (free carriers). Gleichung (2.148) kann zur optischen Bestimmung der effektiven Masse m_e herangezogen werden. Bei bekanntem m_e kann man dann aus der Absorption nach (2.145) auf die Relaxationszeit τ_{in} schließen. Bild 2.14 zeigt eine nach (2.148) berechnete Kurve, die auch experimentell recht gut bestätigt wird.

3   Planare Filmwellenleiter

In dielektrischen Wellenleitern werden elektromagnetische Wellen durch Totalreflexion geführt. In diesem Kapitel untersuchen wir eindimensionale Wellenführung in Filmen.

3.1   Wellenleiterstruktur

Die in Bild 3.1 dargestellte Struktur bildet die Grundlage für die zu behandeln-
den Wellenleiterprobleme. Der Wellenleiter besteht aus einem zweidimensionalen planparallelen Film vom Brechungsindex n_f, der unten vom Substrat mit
dem Brechungsindex n_s und oben von einem Deckmaterial vom Brechungsindex
n_c begrenzt ist. Für die Brechungsindexverteilung setzen wir $n_f > n_s \geq n_c$
voraus. Wir legen die x-Achse senkrecht zu den beiden Grenzflächen und betrachten eine ebene Welle im Filmgebiet, die sich unter dem Winkel Θ zur x-
Achse ausbreiten möge. Für kleine Winkel Θ wird die Welle an den beiden
Grenzflächen gebrochen und gelangt in das Substrat und in die Deckschicht.
Man spricht von Raumwellen oder auch Strahlungsmoden. Mit zunehmendem
Einfallswinkel erreicht Θ den Grenzwinkel der Totalreflexion an der Grenzfläche
Film - Deckschicht, und die Welle wird vollständig reflektiert. Im Deckmaterial
bildet sich eine quergedämpfte Welle aus. Energietransport erfolgt vorwiegend
im Film und im Substrat. Man spricht von Substratwellen oder Substrat-
Strahlungsmoden. Ist Θ auch größer als der Grenzwinkel der Totalreflexion
zwischen Film und Substrat, so erfolgt Totalreflexion an beiden Grenzflächen.
Die Welle läuft zick-zack-förmig im Film entlang; in der Deckschicht und im
Substrat ergeben sich exponentiell quergedämpfte Wellen. In diesem Fall liegt
eine Wellenführung vor. Ohne Dämpfung in den Materialien und ohne Streuung
an den Grenzflächen erfolgt die Führung verlustfrei, es gelangt keine Energie aus
dem Filmgebiet heraus. Bei den Raum- und Substratwellen bleibt der Transport
elektromagnetischer Energie dagegen nicht auf den Filmbereich beschränkt.

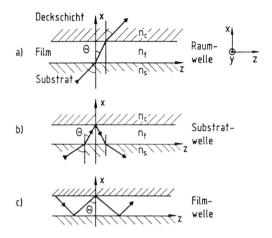

Bild 3.1: Raumwellen a), Substratwellen b) und Filmwellen c) im planaren Wellenleiter, dargestellt im Strahlenmodell

Für die folgenden Betrachtungen ist es zweckmäßig, die z-Achse so zu orientieren, daß der Wellenvektor der Zick-Zack-Welle in der xz-Ebene liegt. Damit kann man die in Kapitel 2 angestellten Überlegungen zur Totalreflexion voll übernehmen. Dies gilt insbesondere für die Klassifizierung in TE- und TM-Wellen.

3.2 Diskrete Natur geführter Wellen

Aus Bild 3.1c) geht hervor, daß man sich geführte Wellen aus zick-zack-förmig hin und her reflektierten ebenen Wellen aufgebaut denken kann. Die Felder der sich überlagernden Wellen sind durch $\exp\{-ikn_f(\pm x\cos\Theta + z\sin\Theta)\}$ gegeben. Die Ausbreitung in z-Richtung wird durch die Wellenvektorkomponente

$$\beta = \omega/v_{ph} = kn_f\sin\Theta \qquad (3.1)$$

charakterisiert, wobei v_{ph} die Phasenausbreitungsgeschwindigkeit in z-Richtung bedeutet. Bei geführten Wellen ist der Einfallswinkel größer als der Grenzwinkel der Totalreflexion

$$\sin\Theta \geq n_s/n_f \geq n_c/n_f \quad . \qquad (3.2)$$

Die Wellenzahl β ist damit durch die Bedingung

$$kn_s \leq \beta \leq kn_f \qquad (3.3)$$

eingeschränkt. Man definiert zweckmäßigerweise den effektiven Brechungsindex

$$n_{eff} = \beta/k = n_f \sin\Theta \quad , \tag{3.4}$$

der der Ungleichung

$$n_s \leq n_{eff} \leq n_f \tag{3.5}$$

genügt.

Durch die Totalreflexion an den Grenzflächen des Films bilden sich in x-Richtung stehende Wellen aus. Bei der Totalreflexion der in $+x$-Richtung laufenden Welle an der Grenzfläche Film - Deckschicht wird die Lage der Knotenfläche der Stehwelle, für die $\mathbf{E} = 0$ gilt, bereits festgelegt. Eine konsistente Ausbreitung und Totalreflexion der in $-x$-Richtung laufenden Welle ist nur dann möglich, wenn deren Stehwellenfeld mit dem von der entgegengesetzt laufenden Welle erzeugten Stehwellenfeld genau zur Deckung kommt. Dies ist nur für bestimmte diskrete Einfallswinkel der Fall. Diese Konsistenzbedingung läßt sich auch in anderer Form ausdrücken. Man setze sich an eine feste z-Koordinate und wandere mit der Welle in x-Richtung zur Grenzfläche Film - Deckschicht, nach der Totalreflexion mit Phasensprung $2\Phi_c$ zurück in $-x$-Richtung zur Grenzfläche Film - Substrat und nach Reflexion mit Phasensprung $2\Phi_s$ wieder in die ursprüngliche Richtung. Damit sich bei einem vollen Umlauf eine eindeutige Phase für die Welle ergibt, muß die gesamte Phasenverschiebung für einen Umlauf ein ganzzahliges Vielfaches von 2π betragen

$$2kn_f h \cos\Theta - 2\Phi_c - 2\Phi_s = m2\pi. \tag{3.6}$$

Hierbei ist h die Dicke des Films und m eine nicht negative ganze Zahl. Die charakteristische Gleichung (3.6) legt die erlaubten Winkel Θ für konstruktive Interferenz fest. Für andere Winkel ist eine Wellenführung im Film nicht möglich, da sich Auslöschung durch destruktive Interferenz einstellt. Zu beachten ist, daß nach den Ausführungen in den Abschnitten 2.8 und 2.10 die Größen Φ_s und Φ_c von dem Einfallswinkel und der Polarisation abhängen. Φ_s und Φ_c sind nach den Gleichungen (2.119) für TE-Wellen und (2.134) für TM-Wellen zu berechnen.

Zur graphischen Lösung der transzendenten Gleichung (3.6) trägt man die Funktionen $(\Phi_s + \Phi_c)$ und $(kn_f h \cos\Theta - m\pi)$ über dem Winkel Θ auf. Dies ist in Bild 3.2 dargestellt. Schnittpunkte der Kurven sind Lösungen von (3.6) und stellen mögliche Filmwellen dar, die durch einen Winkel Θ_m und eine Ausbreitungskonstante $\beta_m = kn_f \sin\Theta_m$ charakterisiert sind. Der Index m kennzeichnet die Zahl der Knoten des Stehwellenfeldes im Film und identifiziert die Ordnung der Mode.

Wir betrachten zunächst den Fall eines symmetrischen Wellenleiters mit $n_s = n_c$. In diesem Fall ist $2\Phi_c = \Phi_s + \Phi_c$, und man findet für $m = 0$ immer einen Schnittpunkt. Mit zunehmender Filmdicke h überstreicht die Funktion

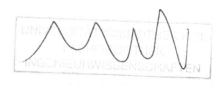

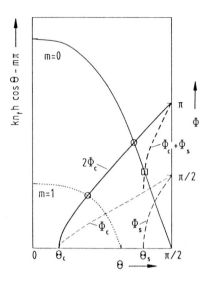

Bild 3.2: Graphische Lösung der charakteristischen Gleichung für Filmwellen. In den dargestellten Beispielen kennzeichnen die beiden Kreise die Moden $m = 0$ und $m = 1$ eines symmetrischen Wellenleiters, während das Quadrat für die Mode $m = 0$ eines asymmetrischen Wellenleiters gültig ist

$kn_f h \cos \Theta$ einen zunehmenden Wertebereich, so daß auch Schnittpunkte der Funktion $kn_f h \cos \Theta - m\pi (m \neq 0)$ mit der Funktion $2\Phi_c$ auftreten. Dies bedeutet, daß neben der Grundmode mit $m = 0$ auch höhere Moden ausbreitungsfähig werden. Beim asymmetrischen Wellenleiter kann es dagegen vorkommen, daß für zu kleine Filmdicken überhaupt kein Schnittpunkt von $kn_f h \cos \Theta$ und $(\Phi_s + \Phi_c)$ vorliegt und damit auch keine Mode ausbreitungsfähig ist.

In AlGaAs- oder InGaAsP-Systemen lassen sich durch geeignete Zusammensetzung gitterangepaßte symmetrische oder asymmetrische Filmwellenleiterstruk-

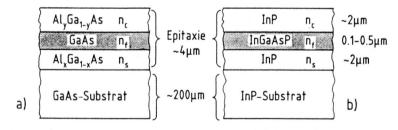

Bild 3.3: Beispiele epitaktischer Filmwellenleiter. a) Asymmetrischer Wellenleiter auf GaAs-Substrat. b) Symmetrischer Wellenleiter auf InP-Substrat

turen verwirklichen. Beispiele sind in Bild 3.3 dargestellt. Substrat- und Deck-schichtbereiche sollten mindestens so dick sein, daß die quergedämpften Wellen genügend abklingen, bevor weitere Grenzflächen auftreten. Typische Filmdicken betragen wenige zehntel Mikrometer, die Berandungen sollten wenigstens 1 bis 2 μm dick sein. Bei geeigneter Wahl der Wellenlänge ist die Materialdämpfung genügend gering, so daß die implizite Voraussetzung verlustfreier Materialien ausreichend gut erfüllt ist.

3.3   Ausbreitungskonstanten von Filmwellen

Die Ausbreitungskonstanten β_m der Filmwellen sind durch die charakteristi-sche Gleichung (3.6) festgelegt. Sie erfüllen zudem die Ungleichung (3.3). Für die Moden gibt es eine von m abhängige Grenzfrequenz $\omega = kc$, oberhalb der die Mode erst ausbreitungsfähig ist. In der Nähe der Grenzfrequenz ist der Ausbreitungswinkel Θ nahe dem Grenzwinkel der Totalreflexion zwischen Film und Substrat, wie aus Bild 3.2 zu entnehmen ist. Das Feld der Welle erstreckt sich tief in das Substrat hinein, und die Ausbreitung wird ganz wesentlich durch den Brechungsindex des Substrats bestimmt. Weit oberhalb der Grenzfrequenz nähert sich Θ dem Grenzwinkel $\pi/2$. Die Filmwelle klingt jenseits der Grenz-fläche im Substrat und Deckmaterial rasch ab. Die Ausbreitung ist durch den Brechungsindex n_f des Films bestimmt. Die Dispersionsrelation $\beta_m = \beta_m(\omega)$ ist qualitativ für $m = 0, 1, 2$ in Bild 3.4 dargestellt. Die untere Grenzfrequenz ist durch offene Kreise markiert. Zusätzlich zu dem diskreten Spektrum der geführten Wellen sind auch die Bereiche für Raumwellen und Substratwellen gekennzeichnet, die ein kontinuierliches Spektrum besitzen. Das dargestellte Diagramm gilt in ähnlicher Weise für TE- und TM-Wellen. Die Ausbreitung beider Polarisationen unterscheidet sich geringfügig wegen der unterschiedlichen Phasensprünge bei der Totalreflexion an den Grenzflächen.

Die genaue Form des ω-β-Dispersionsdiagramms erhält man durch numerische Lösung der charakteristischen Gleichung (3.6). Um die berechneten Kurven universeller zu gestalten, führt man drei normierte Wellenleiterparameter ein. Als erstes definiert man einen Frequenzparameter

$$\bar{V} = kh\sqrt{n_f^2 - n_s^2} \quad , \tag{3.7}$$

der eine normierte Frequenz oder Filmdicke repräsentiert.

Als nächstes führt man den Phasenparameter $\bar{B}$ ein als normierte Ausbreitungs-konstante oder normierten effektiven Brechungsindex

$$\bar{B} = (n_{eff}^2 - n_s^2)/(n_f^2 - n_s^2) \quad . \tag{3.8}$$

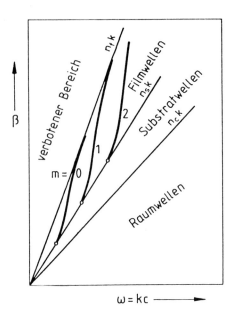

Bild 3.4: Ausbreitungskonstanten von Filmwellen eines planaren dielektrischen Wellenleiters (schematisch). Die Grenzfrequenzen sind durch Kreise markiert

Hierbei gilt definitionsgemäß $n_{eff} = \beta_m/k$. Der Parameter $\bar{B}$ ist null bei der Grenzfrequenz der Mode und nähert sich dem Wert Eins weit oberhalb der Grenzfrequenz. Schließlich definiert man noch einen Asymmetrieparameter für TE-Wellen gemäß

$$a_{TE} = (n_s^2 - n_c^2)/(n_f^2 - n_s^2) \quad . \tag{3.9}$$

Für symmetrische Wellenleiter $(n_s = n_c)$ ist $a_{TE} = 0$, während bei starker Asymmetrie $(n_f \approx n_s$, aber $n_s \neq n_c)$ a_{TE} gegen Unendlich geht.

Mit den Normierungen läßt sich die charakteristische Gleichung (3.6) für TE-Wellen unter Benutzung von (2.119) in die Form

$$\cdot \bar{V}\sqrt{1 - \bar{B}} = m\pi + \arctan\sqrt{\bar{B}/(1 - \bar{B})} + \arctan\sqrt{(\bar{B} + a_{TE})/(1 - \bar{B})} \tag{3.10}$$

bringen. Damit läßt sich der Frequenzparameter $\bar{V}$ sofort als Funktion der Parameter $\bar{B}$ und a_{TE} explizit berechnen.

Bild 3.5 zeigt Kurven für die Moden $m = 0$, 1 und 2. Zu beachten ist, daß normalerweise die Parameter $\bar{V}$ und a_{TE} durch die Struktur und die Arbeitswellenlänge vorgegeben sind und $\bar{B}$ als abhängige Variable zu bestimmen ist.

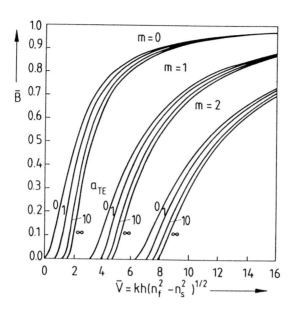

Bild 3.5: Normiertes ω-β-Diagramm für geführte TE-Wellen in einem planaren dielektrischen Wellenleiter (nach [3.6])

Die Grenzfrequenzen $\bar{V}_m$ der Moden ergeben sich aus (3.10) für $\bar{B} = 0$. Für $m = 0$ hat man

$$\bar{V}_0 = \arctan \sqrt{a_{TE}} \quad . \tag{3.11}$$

Die Grenzfrequenz der Grundmode ist also nur beim symmetrischen Wellenleiter gleich Null. Die Grenzfrequenz der höheren Moden ist durch

$$\bar{V}_m = \bar{V}_0 + \pi m \tag{3.12}$$

bestimmt. Hieraus erhält man für $\bar{V}_m \gg \bar{V}_0$ einen einfachen genäherten Ausdruck für die Zahl der ausbreitungsfähigen TE-Wellen

$$m = \bar{V}_m/\pi = 2h\sqrt{n_f^2 - n_s^2}/\lambda \quad . \tag{3.13}$$

Für TM-Moden kann man im allgemeinen keine so universelle Formel wie Gleichung (3.10) aufstellen. Allerdings sind die ω-β-Diagramme ähnlich wie in Bild 3.5. Für die Grenzfrequenz der Grundmode gilt

$$\bar{V}_0 = \arctan \sqrt{a_{TM}} \quad , \tag{3.14}$$

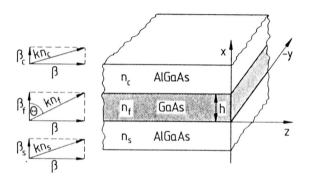

Bild 3.6: Homogener planarer Filmwellenleiter und Phasenkonstanten bei Wellenausbreitung in z-Richtung, AlGaAs als Beispiel

wobei der Asymmetrieparameter durch

$$a_{TM} = \frac{n_f^4(n_s^2 - n_c^2)}{n_c^4(n_f^2 - n_s^2)} \tag{3.15}$$

gegeben ist. Die Gleichungen (3.12) und (3.13) gelten dann entsprechend auch für TM-Wellen. In symmetrischen Wellenleitern stimmen die Grenzfrequenzen von TE- und TM-Moden überein, in asymmetrischen sind die Grenzfrequenzen der TM-Wellen größer.

3.4   Feldverteilung im planaren Wellenleiter

Die Feldverteilung ergibt sich aus der Lösung der Wellengleichung (2.35) bzw. der zugehörigen Helmholtz-Gleichung (2.38) mit den entsprechenden Randbedingungen. Die zugrundeliegende Geometrie ist in Bild 3.6 beispielhaft für das AlGaAs-System dargestellt. Die Materialien werden verlustfrei angenommen.

Die Wellen mögen sich in z-Richtung mit dem Phasenfaktor $\exp\{-i\beta z\}$ ausbreiten. In der Deckschicht bilden sich bei Raumwellen in x-Richtung sinusförmig mit β_c variierende und bei Substrat- und Filmwellen exponentiell mit α_c abklingende Feldverteilungen aus. Die Lösung der Helmholtz-Gleichung erfordert für die Phasenkonstanten in x-Richtung im Deckmaterial $(k_y = 0)$

$$n_c^2 k^2 - \beta^2 = \begin{cases} \beta_c^2 & \text{für} \quad n_c^2 k^2 > \beta^2 \\ -\alpha_c^2 & \text{für} \quad n_c^2 k^2 \leq \beta^2 \end{cases} . \tag{3.16}$$

Im Filmgebiet bauen sich in jedem Fall stehende Wellen auf

$$n_f^2 k^2 - \beta^2 = \beta_f^2 \quad , \tag{3.17}$$

während im Substrat abklingende und stehende Wellen vorkommen

$$n_s^2 k^2 - \beta^2 = \begin{cases} \beta_s^2 & \text{für} \quad n_s^2 k^2 > \beta^2 \\ -\alpha_s^2 & \text{für} \quad n_s^2 k^2 \leq \beta^2 \end{cases} \quad . \tag{3.18}$$

Wir wollen auch den Fall zulassen, daß β rein imaginär wird, also in z-Richtung evaneszente oder blindgedämpfte Wellen vorkommen. Solche Wellenformen treten zum Beispiel auf, wenn der Wellenleiter unterhalb der Grenzfrequenz angeregt wird oder Störungen im Wellenleiter vorhanden sind.

Für TE-Moden ist nur die y-Komponente der elektrischen Feldstärke von Null verschieden, und aus den Maxwell-Gleichungen folgt

$$H_y = E_x = E_z = 0 \quad , \tag{3.19}$$

$$H_x = -E_y \beta / (\omega \mu_0) \quad , \tag{3.20}$$

$$H_z = \frac{i}{\omega \mu_0} \frac{\partial E_y}{\partial x} \quad . \tag{3.21}$$

Die Helmholtz-Gleichung reduziert sich zu der Eigenwertgleichung

$$\partial^2 E_y / \partial x^2 = (\beta^2 - \bar{n}^2 k^2) E_y \quad , \tag{3.22}$$

die im gesamten Bereich unter Berücksichtigung der Randbedingungen zu lösen ist.

Für TM-Wellen ergeben sich die entsprechenden Beziehungen

$$E_y = H_x = H_z = 0 \quad , \tag{3.23}$$

$$E_x = \beta H_y / (\omega \bar{n}^2 \epsilon_0) \quad , \tag{3.24}$$

$$E_z = -\frac{i}{\omega \bar{n}^2 \epsilon_0} \frac{\partial H_y}{\partial x} \quad , \tag{3.25}$$

und die Eigenwertgleichung lautet

$$\partial^2 H_y / \partial x^2 = (\beta^2 - \bar{n}^2 k^2) H_y \quad . \tag{3.26}$$

Wir wollen im folgenden nur TE-Wellen explizit behandeln. Die Diskussion der TM-Wellen verläuft analog. Allerdings ergeben sich in der Regel länglichere Ausdrücke, was letztlich auf die kompliziertere Form der Randbedingungen zurückzuführen ist.

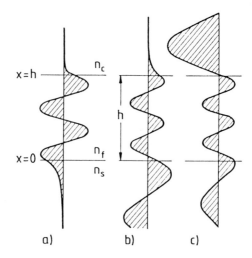

Bild 3.7: Feldverteilung einer Filmwelle a), Substratwelle b) und Raumwelle c) (schematisch)

Die Form der Lösungen ist schematisch in Bild 3.7 dargestellt.

3.4.1   Geführte TE-Filmwellen

Filmwellen klingen im Substrat und Deckbereich exponentiell ab. Lösungen der Helmholtz-Gleichung (3.22) sind für Deckschicht, Film und Substrat

$$E_y = E_c \exp\{-\alpha_c(x-h)\}\exp\{-i\beta z\} \text{ für } h < x \quad,$$

$$E_y = E_f \cos(\beta_f x - \Phi_s)\exp\{-i\beta z\} \quad \text{für } 0 < x < h \quad, \qquad (3.27)$$

$$E_y = E_s \exp\{\alpha_s x\}\exp\{-i\beta z\} \qquad\quad \text{für } x < 0 \quad.$$

E_c, E_f und E_s sind reelle Feldamplituden, und Φ_s ist der (halbe) Phasensprung an der Grenzfläche Film - Substrat. Die Randbedingungen erfordern Stetigkeit von E_y und $\partial E_y/\partial x \propto H_z$ an den Grenzflächen. Stetigkeit bei $x = 0$ liefert

$$\tan\Phi_s = \alpha_s/\beta_f \qquad\qquad (3.28)$$

und

$$E_s^2(n_f^2 - n_s^2) = E_f^2(n_f^2 - n_{eff}^2) \quad . \qquad\qquad (3.29)$$

Stetigkeit bei $x = h$ verlangt

$$\frac{\alpha_c}{\beta_f} = \tan \Phi_c = \tan(\beta_f h - \Phi_s) \quad , \tag{3.30}$$

wobei wir den (halben) Phasensprung Φ_c an der Grenzfläche Film - Abdeckung eingeführt haben, und

$$E_c^2(n_f^2 - n_c^2) = E_f^2(n_f^2 - n_{eff}^2) \quad . \tag{3.31}$$

Aus (3.30) folgt mit der Periodizität der Tangens-Funktion sofort die charakteristische Gleichung, die wir vom Zick-Zack-Modell aus Abschnitt 3.2 kennen

$$\beta_f h - \Phi_s - \Phi_c = m\pi \tag{3.32}$$

mit ganzzahligem m.

Für die zeitlich gemittelte Gesamtleistung P einer Mode in einem Wellenleiterabschnitt der Breite b in y-Richtung erhalten wir als Integral über die Poynting-Vektorkomponente in z-Richtung

$$\begin{aligned}
P &= -2b \int_{-\infty}^{\infty} E_y H_x^* dx = \frac{2\beta b}{\omega \mu_0} \int_{-\infty}^{\infty} |E_y|^2 \, dx \\
&= n_{eff} \sqrt{\epsilon_0/\mu_0} E_f^2 h_{eff} b = E_f H_f \cdot h_{eff} b \quad .
\end{aligned} \tag{3.33}$$

Hierbei berücksichtigt die effektive Höhe des Wellenleiters die Ausdehnung der Felder in den Deck- und Substratbereich durch

$$h_{eff} = h + \frac{1}{\alpha_s} + \frac{1}{\alpha_c} \quad . \tag{3.34}$$

Für eine vorgegebene Lichtleistung P ist das maximale Feldstärkequadrat umgekehrt proportional zu h_{eff} und nicht etwa zu h. Hohe Lichtintensitäten innerhalb des Films erhält man für die Grundmode $m = 0$. Man kann aber durch Verringerung der Filmdicke die Intensität nicht beliebig vergrößern, da sich das Feld dann immer tiefer in das Substrat und den Deckbereich hinein ausdehnt. Numerische Untersuchungen zeigen, daß für den minimalen Wert der Grundmode gilt $h_{eff min} \approx \lambda/\sqrt{n_f^2 - n_s^2}$. Dieser Wert wird für ein ganz bestimmtes Verhältnis β/k erreicht. Bei minimalem h_{eff} erzielt man die höchsten Feldstärken im Wellenleiter, was zum Beispiel für nichtlineare optische Effekte in Wellenleitern von Interesse ist.

3.4.2   Substratmoden

Substratmoden kann man sich entstanden denken aus ebenen Wellen im Substrat, die an der Grenzfläche Film - Substrat gebrochen und teilweise reflektiert und an der Grenzfläche Film - Abdeckung total reflektiert werden. Die Feldverteilung lautet

$$E_y = E_c \exp\{-\alpha_c(x - h)\} \exp\{-i\beta z\} \qquad \text{für } h < x \quad ,$$

$$E_y = E_f \cos\{\beta_f(x - h) + \Phi_c\} \exp\{-i\beta z\} \quad \text{für } 0 < x < h \quad , \qquad (3.35)$$

$$E_y = E_s \cos(\beta_s x + \Phi) \exp\{-i\beta z\} \qquad \text{für } 0 < x \quad .$$

Die Phase Φ berücksichtigt die Phasenverschiebung der aus dem Substrat einfallenden Welle bei der Reflexion an dem System Film - Abdeckung. Die Randbedingungen liefern die Beziehungen

$$\tan \Phi_c = \alpha_c/\beta_f \qquad (3.36)$$

und

$$E_c^2(n_f^2 - n_c^2) = E_f^2(n_f^2 - n_{eff}^2) \quad , \qquad (3.37)$$

sowie

$$\beta_s \tan \Phi = \beta_f \tan(\Phi_c - \beta_f h) \qquad (3.38)$$

und

$$E_s^2 = E_f^2 \left[1 + \frac{n_f^2 - n_s^2}{n_s^2 - n_{eff}^2} \sin^2(\Phi_c - \beta_f h) \right] \quad . \qquad (3.39)$$

Zur Normierung der Moden dient die Kreuzleistung zweier Wellen

$$\bar{P}(\beta_s, \bar{\beta}_s) = -2b \int_{-\infty}^{\infty} E_y(\beta_s) H_x^*(\bar{\beta}_s) dx = \frac{\pi \beta b}{\omega \mu_0} E_s^2 \delta(\beta_s - \bar{\beta}_s) =$$

$$= \pi b E_s H_s \delta(\beta_s - \bar{\beta}_s) \quad , \qquad (3.40)$$

wobei zur Kennzeichnung der Moden die Wellenvektorkomponenten β_s und $\bar{\beta}_s$ im Substrat herangezogen wurden. Die δ-Funktion $\delta(\beta_s - \bar{\beta}_s)$ drückt aus, daß die Kreuzleistung nur für $\beta_s = \bar{\beta}_s$ von Null verschieden ist. Normierte Leistung erfordert $E_s = \sqrt{\omega \mu_0/(\pi \beta b)}$.

3.4.3 Raumwellen

Raumwellen entstehen aus ebenen Wellen, die an den Grenzflächen reflektiert und gebrochen werden, ohne daß eine Totalreflexion stattfindet. Für vorgegebenen Einfalls-, Reflexions- und Brechungswinkel gibt es immer zwei Arten von Lösungen. Bei der einen fällt der Strahl von der Deckschicht ein und wird reflektiert und gebrochen. Bei der anderen erfolgt der Einfall vom Substrat aus. Durch Überlagerung beider unabhängiger Lösungen erhält man Stehwellen in allen drei Bereichen des Wellenleiters, die man durch zwei orthogonale Moden beschreiben kann. Beide Moden sind durch dieselbe Wellenvektorkomponente β_s gekennzeichnet, sie unterscheiden sich aber in ihrer Phase um $\pi/2$. Man bezeichnet sie als ungerade bzw. gerade Moden, weil sie im Falle eines symmetrischen Wellenleiters $(n_s = n_c)$ ungerade bzw. gerade Funktionen um die Symmetrieebene sind.

Im allgemeinen Fall haben ungerade Moden die Feldverteilung

$$E_y = E_c \sin[\beta_c(x - h) + \Phi_c] \exp\{-i\beta z\} \text{ für } h < x \quad,$$

$$E_y = E_f \sin(\beta_f x - \Phi) \exp\{-i\beta z\} \qquad \text{für } 0 < x < h \quad, \qquad (3.41)$$

$$E_y = E_s \sin(\beta_s x - \Phi_s) \exp\{-i\beta z\} \qquad \text{für } x < 0 \quad.$$

Für gerade Moden wird dagegen angesetzt

$$E_y = \bar{E}_c \cos[\beta_c(x - h) + \bar{\Phi}_c] \exp\{-i\beta z\} \text{ für } h < x \quad,$$

$$E_y = \bar{E}_f \cos(\beta_f x - \Phi) \exp\{-i\beta z\} \qquad \text{für } 0 < x < h \quad, \qquad (3.42)$$

$$E_y = \bar{E}_s \cos(\beta_s x - \bar{\Phi}_s) \exp\{-i\beta z\} \qquad \text{für } x < 0 \quad.$$

Für gerade und ungerade Moden sind die Phasenwinkel Φ_s und $\bar{\Phi}_s$ bzw. Φ_c und $\bar{\Phi}_c$ im allgemeinen verschieden. Dagegen hat man denselben Phasenwinkel Φ im Filmbereich.

Wir werten im folgenden nur die Randbedingungen für einen symmetrischen Wellenleiter aus, für den allgemeinen Fall wird auf die Literatur verwiesen [3.2]. Im symmetrischen Wellenleiter gilt $n_s = n_c$ und folglich $\beta_s = \beta_c$. Außerdem sind die Moden symmetrisch bzw. antisymmetrisch um die Ebene $x = h/2$, womit sofort

$$\Phi = \beta_f h/2 \qquad (3.43)$$

und

$$\Phi_s = \Phi_c, \bar{\Phi}_s = \bar{\Phi}_c \qquad (3.44)$$

folgt. Stetigkeit der Felder an den Grenzflächen liefert dann

$$\beta_s \cot \Phi_s = \beta_f \cot(\beta_f h/2) \tag{3.45}$$

und

$$\beta_s \tan \Phi_s = \beta_f \tan(\beta_f h/2) \quad . \tag{3.46}$$

Für die Feldamplituden erhält man

$$E_s^2 = E_c^2 = E_f^2 \left[\sin^2(\beta_f h/2) + \frac{\beta_f^2}{\beta_s^2} \cos^2(\beta_f h/2) \right] \tag{3.47}$$

und

$$\bar{E}_s^2 = \bar{E}_c^2 = \bar{E}_f^2 \left[\cos^2(\beta_f h/2) + \frac{\beta_f^2}{\beta_s^2} \sin^2(\beta_f h/2) \right] \quad . \tag{3.48}$$

Die Kreuzleistung der ungeraden Moden ist

$$\bar{P}(\beta_s, \bar{\beta}_s) = -2d \int_{-\infty}^{\infty} E_y(\beta_s) H_x^*(\bar{\beta}_s) dx = \frac{2\pi\beta d}{\omega\mu_0} E_s^2 \delta(\beta_s - \bar{\beta}_s) \quad , \tag{3.49}$$

und die der geraden Moden

$$\bar{P}(\beta_s, \bar{\beta}_s) = \frac{2\pi\beta d}{\omega\mu_0} \bar{E}_s^2 \delta(\beta_s - \bar{\beta}_s) \quad . \tag{3.50}$$

Alle Moden mit verschiedenem β_s sind orthogonal. Aber es verschwindet auch die Kreuzleistung einer ungeraden und einer geraden Mode mit demselben β_s. Die Felder (3.41) und (3.42) bilden also mit den Bedingungen (3.43) bis (3.48) ein System orthogonaler Moden für die Raumwellen eines symmetrischen Wellenleiters. Diese Moden sind auch orthogonal zu den Substrat- und Filmwellen.

Die durchgeführten Überlegungen lassen sich auf asymmetrische Wellenleiter übertragen.

3.5   Grenzflächendeformationen

In praktisch realisierten Wellenleitern sind die Grenzflächen niemals vollkommen eben oder planparallel. Abweichungen vom idealen Zustand führen dazu, daß sich strahlenoptisch gesehen die Winkel der Zick-Zack- Wellen ändern. Es kann vorkommen, daß bei der Reflexion an einer Störung der Grenzfläche der ausfallende Strahl unter einem Winkel läuft, der einer anderen geführten Mode oder sogar einer Strahlungsmode entspricht. Im ersten Fall spricht man von Modenkonversion, im letzten kommt es zu Verlusten durch Oberflächenstreuung. Die Dämpfung durch Oberflächenstreuung addiert sich zu den Volumenverlusten des Mediums wie Absorption oder Volumenstreuung durch Rayleigh- oder Mie-Streuung. Rayleigh-Streuung erfolgt an Inhomogenitäten des Mediums, deren Größe wesentlich kleiner als die Lichtwellenlänge ist. Bei der Mie-Streuung ist die Ausdehnung der Streuzentren in derselben Größenordnung wie die Lichtwellenlänge. In Abschnitt 2.11 hatten wir gesehen, daß der Absorptionskoeffizient in III-V-Materialien bei niedriger Dotierung für Wellenlängen geringfügig oberhalb der Bandlückenwellenlänge kleiner sein kann als 1 cm^{-1}. In guten epitaktischen Filmen liegen die Volumenstreuverluste noch darunter. Streuungen an Grenzflächen können jedoch zu wesentlich größeren Dämpfungen führen. In diesem Abschnitt werden einfache Vorstellungen entwickelt, die die Auswirkungen von Oberflächendeformationen auf die Ausbreitung einer Filmwelle wenigstens näherungsweise beschreiben.

3.5.1 Beugung an einer deformierten Grenzfläche

Wir untersuchen nach Bild 3.8 die Reflexion einer ebenen Welle an einer sinusförmig deformierten Grenzfläche, die durch ihre Höhenfunktion

$$\Delta h(z) = \Delta h_0 \sin Kz = \Delta h_0 \sin(2\pi z/\Lambda) \qquad (3.51)$$

charakterisiert ist. Wir nehmen an, daß die Amplitude klein gegen die Lichtwellenlänge ($\Delta h_0 \ll \lambda/n_f$), die Periode der Störung dagegen größer als die Wellenlänge ist ($K < kn_f$). Wir legen die Grenzfläche in die Ebene $x = 0$ und betrachten eine in der xz-Ebene unter dem Winkel Θ einfallende Welle. Für $\Delta h_0 = 0$ haben einfallende und spiegelnd reflektierte Wellen die Form

$$E_{yi,r} = \hat{E}_{yi,r} \exp\{\mp ixkn_f \cos \Theta - izkn_f \sin \Theta\}, \qquad (3.52)$$

wobei das Minuszeichen für die einfallende Welle und das Pluszeichen für die reflektierte Welle gilt. Bei deformierter Oberfläche erfährt die reflektierte Welle eine vom Höhenprofil abhängige Phasenverschiebung. Für eine Referenzebene unmittelbar vor der Grenzfläche kann man die Phase der reflektierten Welle näherungsweise ansetzen zu ($|x| \ll \lambda$)

$$E_{yr}(x,z) = \hat{E}_{yr} \exp\{i(x+2\Delta h(z))kn_f \cos \Theta - izkn_f \sin \Theta\} \quad \text{für} \quad x \approx 0 \quad . \quad (3.53)$$

Verlegt man die Referenzebene der Einfachheit halber nach $x = 0$, so kann man mit der Abkürzung

$$\Delta\Phi = 2\Delta h_0 kn_f \cos \Theta \qquad (3.54)$$

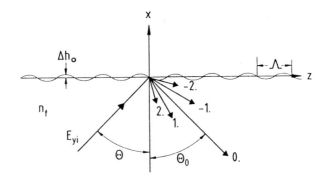

Bild 3.8: Beugung an einer sinusförmig deformierten Grenzfläche

schreiben

$$E_{yr}\,(x=0,z) = \hat{E}_{yr}\,\exp\{i\Delta\Phi\sin Kz\}\exp\{-izkn_f\sin\Theta\} \quad . \qquad (3.55)$$

Dies ist eine in z-Richtung sinusförmig phasenmodulierte Welle. Entwicklung des ersten Faktors in eine Fourier-Reihe liefert

$$E_{yr}\,(x=0,z) = \hat{E}_{yr}\sum_{\nu=-\infty}^{\infty} J_\nu(\Delta\Phi)\exp\{-iz(kn_f\sin\Theta - \nu K)\} \quad , \qquad (3.56)$$

wobei $J_\nu(\Delta\Phi)$ Bessel-Funktionen der Ordnung ν bezeichnen. Die Bessel-Funktionen sind in Bild 3.9 dargestellt. Für die Bessel-Funktionen negativer Ordnung ist

$$J_{-\nu}(\Delta\Phi) = (-1)^\nu J_\nu(\Delta\Phi) \qquad (3.57)$$

zu beachten. Die Beziehung (3.56) stellt das Feld der reflektierten Welle als Überlagerung unendlich vieler ebener Wellen dar, die in z-Richtung die Wellenvektorkomponente

$$k_{z\nu} = kn_f\sin\Theta - \nu K = kn_f\sin\Theta_\nu \qquad (3.58)$$

besitzen. Diese Wellen sind in Bild 3.8 als Beugungsordnungen eingezeichnet. Für die Wellenvektoren gilt nach der Wellen- oder Helmholtz-Gleichung die Dispersionsrelation ($k_{y\nu} = 0$)

$$k_{x\nu}^2 + k_{z\nu}^2 = k^2 n_f^2 \quad . \qquad (3.59)$$

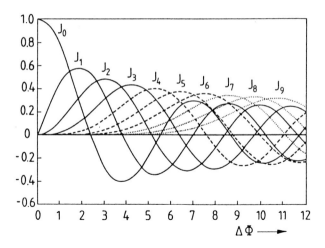

Bild 3.9: Verläufe der Besselfunktionen J_0 bis J_9

Hieraus lassen sich die Wellenvektorkomponenten in x-Richtung bestimmen

$$k_{x\nu} = \sqrt{k^2 n_f^2 - k_{z\nu}^2} \quad . \tag{3.60}$$

Für positive Radikanden hat man das positive Vorzeichen der Wurzel zu nehmen, damit sich in negative x-Richtung ausbreitende Wellen ergeben. Für negative Radikanden erhält man in negative x-Richtung exponentiell abklingende Schwingungen, wenn man das negative Vorzeichen der Wurzel nimmt.

Reflexion an einer sinusförmig deformierten Grenzfläche ergibt also Beugung in diskrete Richtungen, die durch reelle Winkel Θ_ν mit

$$\sin\Theta_\nu = \sin\Theta - \nu K/(kn_f) \tag{3.61}$$

gekennzeichnet sind, und zusätzlich noch evaneszente Wellen, für die Gleichung (3.61) nur durch imaginäre Θ_ν zu erfüllen ist.

Die zeitlich gemittelte Energieflußdichte der ausbreitungsfähigen Teilwellen ist durch

$$S_\nu = 2n_f \sqrt{\epsilon_0/\mu_0} |E_{yr\nu}|^2 = 2n_f \sqrt{\epsilon_0/\mu_0} |\hat{E}_{yr}|^2 J_\nu^2(\Delta\Phi) \tag{3.62}$$

gegeben. Da $\Delta\Phi \ll 1$ vorausgesetzt war, ist die Proportionalität

$$J_\nu(\Delta\Phi) \propto (\Delta\Phi)^\nu \text{ für } \nu \neq 0 \tag{3.63}$$

in guter Näherung gewährleistet, und die nullte Beugungsordnung ist immer sehr viel intensiver als die höheren Beugungsordnungen. In den evaneszenten

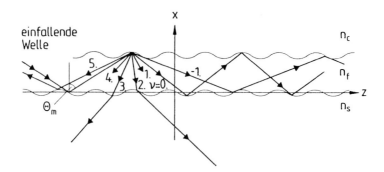

Bild 3.10: Streuung einer Filmwelle in einem Wellenleiter mit sinusförmig deformierten Grenzflächen (schematisch)

Beugungsordnungen wird nur in unmittelbarer Nähe der Grenzfläche Energie transportiert. Für die Bessel-Funktionen gilt streng

$$\sum_{\nu=-\infty}^{\infty} J_\nu^2(\Delta\Phi) = 1 \quad .$$
(3.64)

Dagegen sollte man aus Energieerhaltungsgründen nach (3.62) erwarten, daß die Summe der Quadrate der Bessel-Funktionen ausbreitungsfähiger Moden bereits 1 ergibt. Dies zeigt die Grenzen unseres durch Gleichung (3.53) implizierten Modells. Die Energieerhaltung ist aber um so besser erfüllt, je kleiner $\Delta\Phi$ und K sind.

3.5.2   Wellenleiter mit sinusförmig gewellter Grenzfläche

Wir untersuchen die Streuung einer Filmwelle eines planaren Wellenleiters mit sinusförmig deformierten Grenzflächen nach Bild 3.10. Wir nehmen an, daß die Deformation der Grenzfläche nur sehr schwach ist. Damit erfolgt die Beugung hauptsächlich in die nullte Ordnung, und Mehrfachstreuprozesse sind zu vernachlässigen. Anhand von Bild 3.10 können wir beispielhaft mehrere Fälle diskutieren. Für die Streuwinkel einer Filmmode m gilt

$$k n_f \sin\Theta_\nu = k n_f \sin\Theta_m - \nu K \quad .$$
(3.65)

Wenn Θ_ν wie in Bild 3.10 für $\nu = -1$ mit einem Zick-Zack-Winkel $\Theta_{m'}$ einer Filmmode m' übereinstimmt, so ist diese Beugungsordnung ausbreitungsfähig. Man spricht von Modenkonversion von der Mode m in die Mode m'. Höhere negative Beugungsordnungen liefern imaginäre Beugungswinkel und ergeben deshalb in z-Richtung evaneszente Wellen. Aber auch die $+1$. Beugungsordnung führt zu keiner ausbreitungsfähigen Mode, da die Resonanzbedingung des Filmes

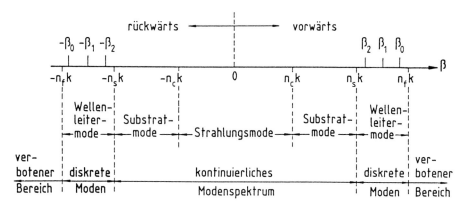

Bild 3.11: Ausbreitungskonstanten verschiedener Modentypen für wellenleitende Strukturen. Die β_i kennzeichnen ausbreitungsfähige Moden

unter diesem Winkel nicht erfüllt ist. Die Beugungswinkel für die 2. und 3. Beugungsordnung produzieren Substrat- oder Raumwellen. Hier sind keine Bedingungen an die Winkel zu stellen, da die Strahlungsmoden ein kontinuierliches Spektrum besitzen. Die 4. Beugungsordnung fällt in den Bereich der Filmwellen, ist aber wie die 1. Ordnung nicht ausbreitungsfähig. Dagegen führt die 5. Beugungsordnung zu einer sich rückwärts ausbreitenden Filmmode. Höhere positive Beugungsordnungen mit reellen Ausbreitungswinkeln sind nicht vorhanden. Bild 3.11 gibt einen Überblick über das Modenspektrum zur Veranschaulichung der dargestellten Beugungsphänomene.

Ganz allgemein ist festzustellen, daß die Beugung in niedrige Ordnungen (nach (3.62)) besonders effektiv ist. Wenn $K \ll k n_f$ gilt, gibt es viele Beugungsordnungen mit reellen Beugungswinkeln. Von diesen fallen die meisten in den Bereich der Substrat- oder Raumwellen und führen zur Abstrahlung geführter Wellen. Wird von einer Filmmode m eine andere Filmmode m' angeregt, so kann die Mode m' offenbar umgekehrt durch Beugung auch Energie in die Mode m überführen. Dies bedeutet einen wechselseitigen Energieaustausch zwischen den Moden. Ein besonders interessanter Fall liegt vor, wenn eine Beugungsordnung genau der anregenden Welle entgegenläuft. Die Grenzflächenstörung wirkt dann wie ein Reflektor für Filmwellen. Man bezeichnet diesen Spezialfall der Modenkonversion als Bragg-Reflexion. Bragg-Reflexion ν-ter Ordnung liegt vor, wenn gilt

$$- \sin \Theta_m = \sin \Theta_m - \nu K/(k n_f) \quad . \tag{3.66}$$

Bei vorgegebener Periode der Grenzflächenstörung kann man die Bragg-Bedingung durch geeignete Wahl der Wellenlänge erfüllen. Bei der Bragg-Beugung höherer Ordnung für $\nu \geq 2$ treten in der Regel Strahlungsverluste auf, da gleichzeitig auch Beugung in Raum- oder Substratmoden erfolgt. Bei der Bragg-

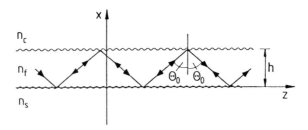

Bild 3.12: Bragg-Reflexion (schematisch)

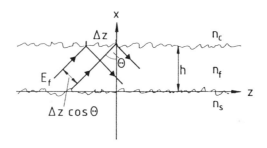

Bild 3.13: Zur Grenzflächenstreuung (nach [3.8])

Beugung 1. Ordnung treten hingegen keine Strahlungsverluste auf. Die Energie der einfallenden Zick-Zack-Welle geht in die rückwärts laufende Welle über und umgekehrt. Dieser Fall ist schematisch in Bild 3.12 dargestellt. Bragg-Reflexion ist die einzige Möglichkeit für polarisationserhaltende Modenkonversion zwischen geführten Wellen in einmodigen Wellenleitern.

3.5.3 Dämpfung durch Streuung an Grenzflächen

Die Streuung an Oberflächenrauhigkeiten führt durch Abstrahlung zur Dämpfung geführter Wellen. Wir wollen hier eine stark vereinfachte, aber sehr anschauliche Theorie für die Streudämpfung entwickeln. Wir nehmen an, daß die Oberflächenrauhigkeit klein ist und daß die Korrelationslänge der Störung groß ist, verglichen mit der Wellenlänge im Film. Lokal können wir die Störung als sinusförmige Deformation auffassen. Wir betrachten eine Filmwelle, die die Leistung

$$P_z = n_f \, \sin\Theta \sqrt{\epsilon_0/\mu_0} \, E_f^2 \, b \, h_{eff} = Z^{-1} E_f^2 b h_{eff} \qquad (3.67)$$

in z-Richtung transportiert, wobei Z den Wellenwiderstand bezeichnet. Denkt man sich die Mode aus ebenen Zick-Zack-Wellen zusammengesetzt, so leitet man aus Bild 3.13 ab, daß auf die Strecke Δz der oberen Grenzfläche die Leistung

$$P_{\Delta zi} = \frac{1}{2} n_f \cos \Theta \sqrt{\epsilon_0/\mu_0} \; E_f^2 \, b \Delta z \tag{3.68}$$

auffällt. Hiervon wird nur der Bruchteil $J_0^2(\Delta \Phi)$ spiegelnd reflektiert, wobei $\Delta \Phi$ nach (3.54) ein Maß ist für die lokale Grenzflächenrauhigkeit. Für $\Delta \Phi \ll 1$ können wir nähern $J_0^2(\Delta \Phi) \approx 1 - \Delta \Phi^2/2$ und erhalten damit einen einfachen Ausdruck für die an der Oberseite auftretenden Streuverluste

$$\begin{aligned} \Delta P_{\Delta z \, Oberseite} &= \frac{1}{2} b \Delta z n_f \cos \Theta \; \sqrt{\epsilon_0/\mu_0} \; E_f^2 (1 - J_0^2(\Delta \Phi)) \\ &\approx \frac{1}{4} \Delta \Phi^2 b \Delta z n_f \cos \Theta \; \sqrt{\epsilon_0/\mu_0} \; E_f^2 \quad . \end{aligned} \tag{3.69}$$

Setzt man voraus, daß die Streuverluste an der Unterseite des Wellenleiters ebenso groß sind wie die Streuverluste an der Oberseite, so erhält man nach (2.64) für den Absorptionskoeffizienten ($\Delta P_{\Delta z} = 2 \Delta P_{\Delta z \, Oberseite}$)

$$\alpha_{Streu} = \frac{\Delta P_{\Delta z}/\Delta z}{P_z} = \frac{1}{2} \cos^2 \Theta \cdot \frac{\cos \Theta}{h_{eff} \sin \Theta} \cdot \left(\frac{4 \pi \Delta h_0 n_f}{\lambda} \right)^2 \quad . \tag{3.70}$$

Hierbei ist $\cos \Theta/(h_{eff} \cdot \sin \Theta)$ gerade die Zahl der Reflexionen der Zick-Zack-Welle pro Längeneinheit, und der letzte Faktor ist ein Maß für die Rauhigkeit. Unter den oben gemachten Voraussetzungen nimmt die Streudämpfung also mit der Varianz des Grenzflächenprofils zu und hängt quadratisch vom Kosinus des Reflexionswinkel ab. Außerdem ist die Streudämpfung proportional zur Zahl der Reflexionen, die wiederum mit wachsender Höhe h_{eff} abnimmt. Von früher her wissen wir, daß Moden höherer Ordnung einen kleineren Strahlwinkel Θ aufweisen als Moden niedriger Ordnung. Moden höherer Ordnung haben demnach üblicherweise erheblich höhere Verluste durch Grenzflächenstreuung. Damit die Streuverluste unter 1 dB/cm bleiben, sollte die Rauhigkeit (charakterisiert durch die Standardabweichung der Höhenfunktion) als Richtwert kleiner als 50 nm sein.

3.5.4 Dämpfung durch Wellenleiterkrümmungen

In gekrümmten Wellenleitern nach Bild 3.14 treten Strahlungsverluste auf. Damit sich eine einheitliche Phasenfront ergibt, muß die Phasengeschwindigkeit der Welle proportional zum Abstand vom Krümmungsmittelpunkt zunehmen, also

$$v_{ph}(x) = (X + x) v_{ph}(X)/X \quad , \tag{3.71}$$

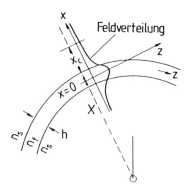

Bild 3.14: Krümmung eines symmetrischen Wellenleiters mit Krümmungsradius X und Modenprofil (schematisch)

wobei $v_{ph}(X) = \omega/\beta = \omega/(kn_f \sin\Theta)$ die Phasengeschwindigkeit auf der Achse
bezeichnet. Am Ort x_{crit} mit

$$v_{ph}(x_{crit}) = \omega/(kn_s) \tag{3.72}$$

ist die Phasengeschwindigkeit des umgebenden Substrats erreicht. Teile der
Welle mit größerer Phasengeschwindigkeit lösen sich von der Filmwelle ab und
führen zu Strahlungsverlusten. Aus (3.71) und (3.72) folgt

$$x_{crit} = X(\beta/(kn_s) - 1) \quad . \tag{3.73}$$

Die Abstrahlung des sich mit Überlichtgeschwindigkeit ausbreitenden Schwanzes
der Welle läßt sich durch einen Intensitätsreflexionsfaktor erfassen

$$R_{eff} = \int_{-\infty}^{x_{crit}} |E_y|^2 dx \Big/ \int_{-\infty}^{\infty} |E_y|^2 dx \quad . \tag{3.74}$$

Da die Felder nach außen exponentiell abfallen, $|E_y|^2 \propto \exp\{-2\alpha_s x\}$, kann man
für $x_{crit} > h/2$ setzen

$$1 - R_{eff} \quad \propto \quad \int_{x_{crit}}^{\infty} \exp\{-2\alpha_s x\} dx$$

$$= \quad \frac{1}{2\alpha_s} \exp\{-2\alpha_s(\beta/(kn_s) - 1)X\} \quad . \tag{3.75}$$

In Analogie zur Ableitung von (3.70) resultiert daraus der Dämpfungskoeffizient

$$\alpha_{Krümmung} \propto \frac{1}{4\alpha_s} \frac{\cos\Theta}{\sin\Theta\, h_{eff}} \exp\{-2\alpha_s(\beta/(kn_s) - 1)X\} \quad . \tag{3.76}$$

Die Krümmungsverluste hängen demnach exponentiell vom Krümmungsradius ab. Da α_s nahe der Grenzfrequenz sehr klein wird, wächst hier die Krümmungsdämpfung besonders an. Ansonsten finden wir wieder die bereits aus (3.70) bekannte Abhängigkeit von der Zahl der Reflexionen der Zick-Zack-Welle pro Längeneinheit, die ebenfalls mit der Ordnungszahl der Mode anwächst.

3.6 Gradientenfilme

Praktische Herstellungsverfahren wie zum Beispiel Diffusion , Ionenimplantation oder Epitaxie von Mischungshalbleitern mit variierender Zusammensetzung führen zu Profilen, bei denen sich der Brechungsindex allmählich über den Wellenleiterquerschnitt ändert. Ausgangspunkt für die Lösung solcher Wellenleiterprobleme ist die Helmholtz-Gleichung für TE-Wellen

$$\frac{\partial^2 E_y}{\partial x^2} + \frac{\partial^2 E_y}{\partial z^2} + \bar{n}^2 k^2 \, E_y = 0 \quad , \tag{3.77}$$

die für schwach führende Wellenleiter gilt und aus (2.38) folgt. Für harmonische Ortsabhängigkeit in z-Richtung gemäß $\exp\{-i\beta z\}$ mit noch zu bestimmender Wellenvektorkomponente β erhält man

$$\frac{d^2 E_y}{dx^2} + \bar{n}^2(x) k^2 \, E_y = \beta^2 E_y \quad . \tag{3.78}$$

Dies ist eine Eigenwertgleichung für β^2. Die Gleichung ist verwandt mit der zeitunabhängigen Schrödinger-Gleichung der Quantenmechanik. Das Brechungsindexprofil $\bar{n}^2(x)$ korrespondiert zum quantenmechanischen Potential, und β^2 entspricht den gesuchten Energieeigenwerten. Bei der Lösung von (3.78) können wir auf die Ergebnisse der Quantenmechanik zurückgreifen.

Wir wollen hier nur das parabolische Profil

$$\bar{n}^2(x) = \begin{cases} n_f^2 - (n_f^2 - n_s^2)(x/d)^2 & \text{für } |x| < d \\ n_s^2 & \text{für } |x| > d \end{cases} \tag{3.79}$$

genauer diskutieren. Das Profil ist in Bild 3.15 aufgetragen. Dargestellt ist auch, daß die Strahlen der geführten Wellen im parabolischen Profil auf sinusförmigen Bahnen verlaufen. Bei einer geführten Welle bleiben der Strahlenverlauf und damit auch die Feldverteilung auf den zentralen Bereich mit erhöhtem Brechungsindex konzentriert.

Für Lösungen der Helmholtz-Gleichung (3.78), deren Felder im wesentlichen auf den Bereich $|x| < d$ beschränkt sind, macht man keinen großen Fehler, wenn man den parabolischen Brechungsindexverlauf formal über den ganzen x-Bereich

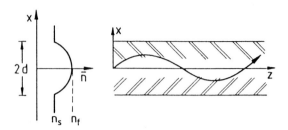

Bild 3.15: Gradientenfilm mit parabolischem Brechzahlprofil und Weg eines geführten Strahls für die Grundmode $m = 0$ (schematisch)

ausdehnt, also

$$\bar{n}^2(x) = n_f^2 - (n_f^2 - n_s^2)(x/d)^2 \quad \text{für alle } x \tag{3.80}$$

annimmt. Man erhält hierfür die Eigenwertgleichung

$$- \frac{d^2 E_y}{dx^2} + \frac{(n_f^2 - n_s^2)k^2}{d^2} x^2 E_y = (n_f^2 k^2 - \beta^2) E_y \quad , \tag{3.81}$$

die der Schrödinger-Gleichung für einen harmonischen Oszillator entspricht. Für $|x| \to \infty$ exponentiell abfallende Lösungen gibt es nur für die Eigenwerte

$$\beta_m^2 = n_f^2 k^2 - (2m + 1) k\sqrt{n_f^2 - n_s^2}/d \tag{3.82}$$

oder

$$n_{eff}^2 = n_f^2 - (m + \frac{1}{2}) \left[\lambda \sqrt{n_f^2 - n_s^2}/(\pi d) \right] \tag{3.83}$$

mit einer nicht negativen ganzen Zahl m. Die Moden liegen damit äquidistant auf der β^2- oder n_{eff}^2-Achse. Die zugehörigen Felder sind Hermitesche Funktionen multipliziert mit dem Phasenfaktor $\exp\{-i\beta z\}$

$$E_{ym}(x, z) = H_m \left(\sqrt{2}x/w\right) \exp\{-x^2/w^2\} \exp\{-i\beta z\} \quad , \tag{3.84}$$

wobei $H_m(u)$ Hermitesche Polynome bezeichnen, die durch

$$H_m(u) = (-1)^m \exp\{u^2\} \frac{d^m}{du^m} \exp\{-u^2\} \tag{3.85}$$

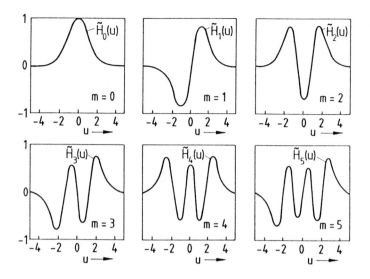

Bild 3.16: Hermitesche Funktionen niedriger Ordnung $\tilde{H}_m(u) = H_m(u)$ $\exp\{-u^2/2\}$ als Feldprofile in parabolischen Gradientenfilmen

definiert sind. Hermitesche Polynome niedriger Ordnung sind

$$
\begin{aligned}
H_0(u) &= 1 \ , \\
H_1(u) &= 2u \ , \\
H_2(u) &= 4u^2 - 2 \ , \\
H_3(u) &= 8u^3 - 12u \ .
\end{aligned}
\tag{3.86}
$$

Die Zahl der Nullstellen der Hermiteschen Funktionen ist mit der Ordnung m identisch. In Bild 3.16 sind Hermitesche Funktionen niedriger Ordnung dargestellt.

Der Parameter w ist durch

$$
w^2 = \lambda d / (\pi \sqrt{n_f^2 - n_s^2})
\tag{3.87}
$$

gegeben und ist ein Maß für den Modenradius. Damit die in (3.80) eingeführte Näherung überhaupt sinnvoll sein kann, muß $d > w$ oder

$$
d > \lambda / (\pi \sqrt{n_f^2 - n_s^2})
\tag{3.88}
$$

gefordert werden. Geführte Wellen gibt es sicher nur, solange $n_{eff} > n_s$ oder

$\beta_m > n_s k$ gilt. Hiermit ergibt sich aus (3.82) oder (3.83) eine Formel für die Zahl der geführten Moden m_s

$$m_s \approx \pi d \sqrt{n_f^2 - n_s^2}/\lambda \quad . \tag{3.89}$$

Für $m = 0$ erhält man die Grundmode mit der größten Ausbreitungskonstanten β_0; die Feldverteilung ist durch die Gaußsche Glockenkurve gegeben. Für $x = w$ ist die Energieflußdichte auf das $1/e^2$-fache des Maximalwertes abgeklungen. Die Größe w heißt deshalb Fleckradius der Grundmode.

Die Grenzfrequenz der Grundmode im symmetrischen parabolischen Profil ist Null, ähnlich wie im symmetrischen Stufenprofil. Dieses Ergebnis steht im Widerspruch zu der aus (3.82) und (3.83) abzuleitenden Grenzfrequenz. Es zeigt damit die Grenzen der gemachten Näherungen auf.

4 Streifenwellenleiter

Streifenwellenleiter entstehen aus planaren Wellenleitern, wenn in der Filmebene für eine zusätzliche seitliche Wellenführung gesorgt wird. Dies erreicht man etwa dadurch, daß nach Bild 4.1 der Brechungsindex des Films nicht homogen ist. Ein zentraler Streifen mit hohem Index n_f ist von Material mit kleinerem Index n_l, n_r eingerahmt ($n_f > n_l, n_r$). Dies hat zur Folge, daß auch an den seitlichen Grenzflächen (zwischen n_f und n_l, n_r) Totalreflexion erfolgen kann und sich geführte Moden ausbilden. Die analytische Berechnung der Modenfelder und Ausbreitungskonstanten ist von wenigen Ausnahmen abgesehen (z.B. runder Wellenleiter in homogener Umgebung) nicht möglich. Man ist deshalb auf Näherungsverfahren angewiesen.

Die Herstellung von Streifenwellenleitern ist technologisch aufwendig. Seitliche Begrenzungen lassen sich in Filmwellenleiter durch Diffusion, Ionenimplantation oder Ätzprozesse einbringen. Wegen der Streuverluste sind hohe Anforderungen an die Güte der Grenzflächen zu stellen.

Einige wichtige Eigenschaften geführter Wellen wie Feldsymmetrien, Energieausbreitungsgeschwindigkeit oder modale Feldentwicklungen lassen sich unabhängig von der Wellenleitergeometrie angeben. Deshalb werden in diesem Kapitel neben der Behandlung spezieller Streifenwellenleiter allgemeine Aspekte der Theorie geführter Wellen diskutiert.

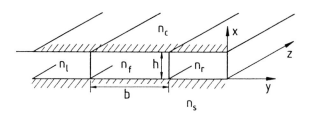

Bild 4.1: Entstehung eines Streifenleiters aus einem Filmwellenleiter

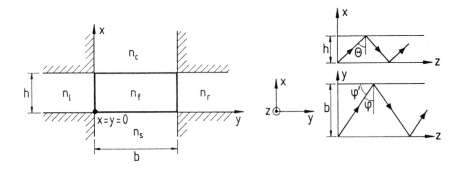

Bild 4.2: Rechteckförmiger Wellenleiter

4.1 Rechteckförmige Wellenleiter

4.1.1 Wellenführung im Zick-Zack-Modell

Ein rechteckförmiger Streifenwellenleiter mit Brechungsindex n_f ist nach Bild 4.2 von Material mit geringerem Brechungsindex umgeben. Bei der Diskussion der Wellenausbreitung gehen wir aus von einer planaren TE-Filmwelle, die sich im Wellenleiter unter dem Winkel $\varphi' = (\pi/2 - \varphi)$ zur z-Achse ausbreitet. Ist der Winkel φ größer als der Grenzwinkel der Totalreflexion zwischen n_f und n_l, n_r, so erfolgt Totalreflexion an den beiden Grenzflächen $y = 0$ und $y = b$. Es kann sich eine Stehwelle in y-Richtung ausbilden, wenn die transversale Phasenbedingung erfüllt ist. Zu beachten ist, daß der transversal elektrische Charakter der Filmwelle aufgehoben wird, da die schräg zur z-Achse laufende Welle eine nicht verschwindende Feldkomponente in z-Richtung hat. So ergeben sich aus TE-Filmwellen sogenannte HE_{mp}-Wellen. Der erste Index m gibt die Zahl der Knoten der (ursprünglichen) TE-Filmwelle in x-Richtung an, der Index p kennzeichnet die Zahl der Knoten in y-Richtung.

Ganz entsprechend ergeben sich nach denselben Überlegungen aus TM-Filmwellen sogenannte EH_{mp}-Wellen des rechteckförmigen Streifenleiters. Die HE- und EH-Wellentypen entsprechen den beiden orthogonalen Polarisationen des Wellenleiters. Die Ordnung der Mode wird entsprechend den beiden transversalen Resonanzbedingungen in x- und y-Richtung durch zwei Indizes bestimmt. Grundwellen mit den jeweils größten Ausbreitungskonstanten in z-Richtung β_{mp} sind die HE_{00}- bzw. die EH_{00}-Wellen. Bild 4.3 zeigt die Feldverteilung der Moden.

Da der Brechungsindexunterschied zwischen Wellenleiter und Umgebung klein ist $(n_f \approx n_s, n_c, n_l, n_r)$, ist der Winkel zwischen der z-Achse und den Ausbreitungsrichtungen der Zick-Zack-Wellen ebenfalls klein. Dies hat zur Folge, daß

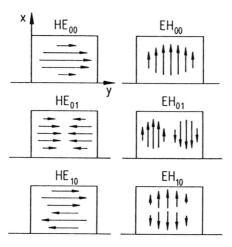

Bild 4.3: Feldverteilung von HE_{mp}- und EH_{mp}-Moden niedriger Ordnung. Die Pfeile markieren das transversale elektrische Feld

in HE-Wellen die Größe E_y die dominierende elektrische Feldstärkekomponente darstellt. Entsprechend dominiert in EH-Wellen die magnetische Komponente H_y und damit die elektrische Feldstärke in x-Richtung. Wir haben also

$$\left.\begin{array}{l} |E_y| \gg \quad |E_x|, |E_z| \\ |H_x| \gg \quad |H_y|, |H_z| \end{array}\right\} \text{für HE-Wellen} \qquad (4.1)$$

und

$$\left.\begin{array}{l} |E_x| \gg \quad |E_y|, |E_z| \\ |H_y| \gg \quad |H_x|, |H_z| \end{array}\right\} \text{für EH-Wellen} \quad . \qquad (4.2)$$

4.1.2 Feldverteilung im rechteckförmigen Wellenleiter

Man kann einfache Ausdrücke für die Felder geführter Moden angeben, wenn man annimmt, daß die Feldstärke in den in Bild 4.2 gestrichelt markierten Eckbereichen klein genug ist, so daß es genügt, die Randbedingungen auf der Berandungsfläche des rechteckförmigen Wellenleiters zu erfüllen. Die Annahme ist sicher sinnvoll, wenn die Mode weit oberhalb der Grenzfrequenz schwingt und damit die Felder im Außenbereich rasch abklingen. Wir setzen in den einzelnen Bereichen abklingende Wellen bzw. Stehwellen als Lösungen der Helmholtz-Glei-

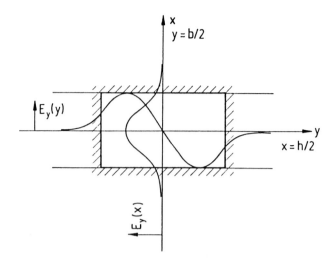

Bild 4.4: Feldverlauf der HE_{01}-Mode (schematisch)

chung an. Diese lauten für geführte HE-Wellen

$$E_y = \exp\{-i\beta z\} \cdot \begin{cases} E_f \cos(\beta_{fx}x - \Phi_s)\cos(\beta_{fy}y - \Phi_l) & \text{für } 0 < x < h, \\ & 0 < y < b \\ E_c \exp\{-\alpha_c(x-h)\}\cos(\beta_{fy}y - \Phi_l) & \text{für } h < x, 0 < y < b \\ E_s \exp\{\alpha_s x\}\cos(\beta_{fy}y - \Phi_l) & \text{für } x < 0, 0 < y < b \\ E_r \cos(\beta_{fx}x - \Phi_s)\exp\{-\alpha_r(y-d)\} & \text{für } 0 < x < h, b < y \\ E_l \cos(\beta_{fx}x - \Phi_s)\exp\{\alpha_l y\} & \text{für } 0 < x < h, y < 0 \\ 0 & \text{sonst.} \end{cases}$$

$$(4.3)$$

Die Querschnittsfeldverteilung ist das Produkt zweier eindimensionaler Feldverläufe $E_y(x,y) = E_y^{(x)}(x)E_y^{(y)}(y)$, sie ist separierbar. Bild 4.4 zeigt schematisch den Feldverlauf für die Mode HE_{01}.

In den einzelnen Bereichen haben die Ausbreitungskonstanten die folgenden Dispersionsrelationen zu erfüllen

$$\begin{aligned} \beta_{fx}^2 + \beta_{fy}^2 + \beta^2 &= n_f^2 k^2, \\ -\alpha_c^2 + \beta_{fy}^2 + \beta^2 &= n_c^2 k^2, \\ -\alpha_s^2 + \beta_{fy}^2 + \beta^2 &= n_s^2 k^2, \\ \beta_{fx}^2 - \alpha_r^2 + \beta^2 &= n_r^2 k^2, \\ \beta_{fx}^2 - \alpha_l^2 + \beta^2 &= n_l^2 k^2, \end{aligned}$$

$$(4.4)$$

wobei $\beta_{fx} = kn_f \cos\Theta$ und $\beta_{fy} = kn_f \cos\varphi$ gilt. Wenn die Brechungsindexunterschiede zwischen Wellenleiter und Umgebung klein sind, gilt sicher

$$k^2 \gg \beta_{fx}^2, \beta_{fy}^2, \alpha_c^2, \alpha_s^2, \alpha_r^2, \alpha_l^2 \quad .$$

$$(4.5)$$

Unter Beachtung von (4.1) kann man damit näherungsweise setzen

$$\frac{\partial E_x}{\partial y} \approx \frac{\partial E_x}{\partial z} \approx \frac{\partial E_z}{\partial x} \approx \frac{\partial E_z}{\partial y} \approx 0 \qquad (4.6)$$

und

$$\frac{\partial H_y}{\partial x} \approx \frac{\partial H_y}{\partial z} \approx \frac{\partial H_z}{\partial x} \approx \frac{\partial H_z}{\partial y} \approx 0 \quad . \qquad (4.7)$$

Aus den Maxwell-Gleichungen (2.7) und (2.8) ergeben sich damit folgende Näherungen für die Feldkomponenten von HE-Wellen

$$E_x \approx 0, \; H_y \approx 0 \quad , \qquad (4.8)$$

$$H_x = -\frac{\beta \epsilon_0 \omega}{k^2} E_y \quad , \qquad (4.9)$$

$$H_z = \frac{i}{\omega \mu_0} \frac{\partial E_y}{\partial x} \quad , \qquad (4.10)$$

$$E_z = \frac{-i\beta}{n_\nu^2 k^2} \frac{\partial E_y}{\partial y} \; \text{für} \; \nu = f, s, c, r, l \quad . \qquad (4.11)$$

Stetigkeit der tangentialen Felder bei $x = 0$ und $x = h$ für $0 < y < b$ liefert unter Beachtung von $|E_z| \ll |E_y|$ wie in Abschnitt 3.4 für TE-Filmwellen die Beziehungen

$$\tan \Phi_{s\,TE} = \frac{\alpha_s}{\beta_{fx}} \; , \; \tan \Phi_{c\,TE} = \frac{\alpha_c}{\beta_{fx}} \qquad (4.12)$$

und die Resonanzbedingung

$$\beta_{fx} h - \Phi_{s\,TE} - \Phi_{c\,TE} = m\pi \quad . \qquad (4.13)$$

Der Index TE wurde angefügt, um deutlich zu machen, daß $\Phi_s = \Phi_s(\Theta)$ bzw. $\Phi_c = \Phi_c(\Theta)$ den halben Phasensprung bei der Totalreflexion von TE-Wellen bedeuten. Die Randbedingungen bei $y = 0$ und $y = b$ für $0 < x < h$ ergeben

$$\tan \Phi_{l\,TM} = \frac{n_f^2}{n_l^2} \frac{\alpha_l}{\beta_{fy}} \; , \; \tan \Phi_{r\,TM} = \frac{n_f^2}{n_r^2} \frac{\alpha_r}{\beta_{fy}} \qquad (4.14)$$

und die Resonanzbedingung

$$\beta_{fy} b - \Phi_{l\,TM} - \Phi_{r\,TM} = p\pi \quad , \qquad (4.15)$$

wobei $\Phi_l = \Phi_l(\varphi)$ bzw. $\Phi_r = \Phi_r(\varphi)$ den halben Phasensprung bei der Totalreflexion von TM-Filmwellen bezeichnen.

Wie der Ansatz (4.3) bereits deutlich macht und jetzt auch die Resonanzbedingungen zeigen, ergeben sich unter den eingeführten Näherungen die HE-Moden des Rechteckwellenleiters als Produkt von TE-Filmwellen in der x-Richtung und TM-Wellen in der y-Richtung.

Man führt nun effektive Wellenleiterabmessungen ein, die die Ausdehnung der abklingenden Felder erfassen. In x-Richtung für TE-Felder schreibt man wie früher

$$h_{eff} = h + \frac{1}{\alpha_s} + \frac{1}{\alpha_c} \quad . \tag{4.16}$$

In y-Richtung für TM-Wellen hat man dagegen

$$b_{eff} = b + \frac{1}{\alpha_l \, q_l} + \frac{1}{\alpha_r \, q_r} \tag{4.17}$$

zu setzen, wobei

$$q_l = \left(1 + \frac{n_f^2}{n_l^2}\right) \cos^2 \varphi' - 1 \approx 1 \quad , \tag{4.18}$$

und

$$q_r = \left(1 + \frac{n_f^2}{n_r^2}\right) \cos^2 \varphi' - 1 \approx 1 \tag{4.19}$$

Korrekturgrößen sind, die bei kleinen Brechungsindexunterschieden zwischen Wellenleiter und Berandung nahezu Eins sind. Mit den effektiven Ausdehnungen erhält man einen einfachen Ausdruck für die im zeitlichen Mittel im Wellenleiter transportierte Leistung

$$P = -2 \int \int E_y H_x^* dx dy = E_f H_f h_{eff} b_{eff} = \frac{\beta}{\omega \mu_0} E_f^2 h_{eff} b_{eff} \quad . \tag{4.20}$$

Die dargestellte Ableitung gilt für HE-Wellen. Sie kann für EH-Wellen ganz analog durchgeführt werden.

4.1.3   Beispiele für rechteckförmige Streifenwellenleiter

Mit dem im vorangehenden Abschnitt vorgestellten Verfahren kann die Wellenausbreitung in einer Reihe praktisch wichtiger Strukturen näherungsweise berechnet werden. Bild 4.5 zeigt einen aufliegenden Streifen, einen bündig versenkten Streifen und einen ganz versenkten Streifen. In der Praxis gibt es natürlich Abweichungen von der idealen Form. Dann ist mit Streuverlusten durch Grenz-

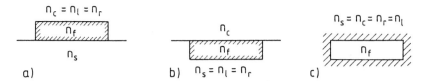

Bild 4.5: Beispiele für rechteckförmige Streifenleiter. a) aufliegender Streifen, b) bündig versenkter Streifen, c) vollständig versenkter Streifen

flächenrauhigkeiten zu rechnen. Diese fallen um so stärker ins Gewicht, je größer die Brechungsindexunterschiede zwischen Wellenleiter und Umrandung sind.

Ein aufliegender Streifenleiter kann etwa durch Abätzen eines epitaktischen Filmwellenleiters hergestellt werden. Problematisch kann es sein, hinreichend glatte Kanten zu erzeugen. Epitaktische Überwachung eines Streifenwellenleiters in einem zweiten Epitaxieschritt führt zu einem vollständig versenkten Streifen.

Bei der Bestimmung der Ausbreitungskonstanten β_{mp} einer Mode geht man folgendermaßen vor. Man ermittelt aus den transversalen Resonanzbedingungen (4.13) und (4.15) die Ausbreitungskonstanten β_{fx} und β_{fy} für vorgegebenes m und p. Hieraus gewinnt man dann nach der ersten der Gleichungen (4.4) das gesuchte β_{mp}. Um die Ergebnisse universeller zu gestalten, benutzt man wie in Abschnitt 3.3 den Phasenparameter

$$\bar{B} = \frac{\beta_{mp}^2 - n_s^2 k^2}{n_f^2 k^2 - n_s^2 k^2} \tag{4.21}$$

und den Frequenzparameter

$$\bar{V} = kh\sqrt{n_f^2 - n_s^2} \quad . \tag{4.22}$$

Bild 4.6 zeigt die Ausbreitungskonstanten eines vollständig versenkten Streifenleiters mit kleiner Brechungsindexdifferenz zwischen Wellenleiter und Umgebung $(n_f^2 - n_s^2 \ll n_f^2)$, was zur Entartung der HE- und EH-Wellen führt. Dargestellt sind Dispersionskurven für Moden niedriger Ordnung. Die Teilbilder behandeln verschiedene Breiten-Höhen-Verhältnisse $b/h = 1, 2, 4$. Die durchgezogenen Kurven wurden nach der dargestellten Theorie berechnet. Die gestrichelten Kurven folgen aus einer genaueren numerischen Berechnung. Abweichungen treten nur nahe der Grenzfrequenz der Moden bei $\bar{B} = 0$ auf, wenn die evaneszenten Felder weit in die Umrandung hineinreichen. Besonders auffällig ist, daß die vorgestellte Theorie die Grenzfrequenz der Grundmoden HE_{00} und EH_{00} nicht

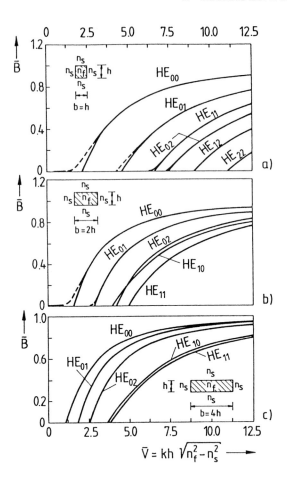

Bild 4.6: Phasenparameter $\bar{B} = (\beta_{mp}^2 - n_s^2 k^2)/(n_f^2 k^2 - n_s^2 k^2)$ als Funktion des Frequenzparameters $\bar{V} = kh(n_f^2 - n_s^2)^{1/2}$ für vollständig versenkte Wellenleiter mit kleiner Brechzahldifferenz $n_f^2 - n_s^2 \ll n_f^2$. Die Teilbilder behandeln verschiedene Breiten-Höhen-Verhältnisse $b/h = 1, 2, 4$ (nach [4.6,7]). Die durchgezogenen Kurven wurden nach der vorgestellten Theorie berechnet, die gestrichelten Kurven für HE_{00} und HE_{01} in a) und b) nach einem genaueren numerischen Verfahren

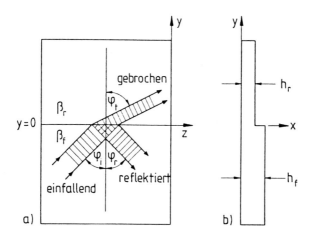

Bild 4.7: Reflexion und Brechung einer Filmwelle an einem Sprung in der Filmdicke. a) Aufsicht, b) Seitenansicht

richtig wiedergibt, welche im symmetrischen Wellenleiter unabhängig von den Abmessungen und Brechungsindexverhältnissen immer $\bar{V} = 0$ beträgt.

4.2 Wellenführung durch Höhenprofile

Filmwellen werden gebrochen und reflektiert, wenn sich die Dicke des Films sprunghaft ändert. Ist der Einfallswinkel genügend groß, kann auch Totalreflexion der Filmwellen erfolgen. Dieser Effekt wird zur seitlichen Führung von Filmwellen ausgenutzt.

4.2.1 Reflexion und Brechung von Filmwellen

Wir betrachten nach Bild 4.7 einen Sprung in der Filmdicke, der sich entlang der z-Achse erstreckt. Wir nehmen vereinfachend an, daß im Film nur die Grundmode $m = 0$ ausbreitungsfähig ist. Die Filmdicke springt vom Wert h_f in der Halbebene $y < 0$ auf den Wert $h_r < h_f$ im Bereich $y > 0$. Die Ausbreitungskonstante β ist im dickeren Film größer als im dünneren ($\beta_f > \beta_r$), und dasselbe gilt für den effektiven Brechungsindex $n_{eff} = \beta/k$. Flächen konstanter Phase haben demnach im dünneren Film einen größeren Abstand als im dickeren. Trifft eine einfallende Welle auf die Sprungstelle, so wird sie gestreut. Phasenanpassung (oder auch Spuranpassung) der einfallenden Welle mit einer transmittierten

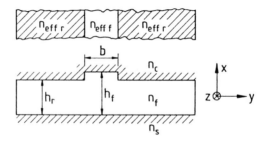

Bild 4.8: Rippenwellenleiter (unten) und zugehöriger verallgemeinerter Filmwellenleiter (oben)

Welle im dünneren Film liegt gerade vor, wenn gilt

$$\beta_f \sin\varphi_i = \beta_r \sin\varphi_t \qquad (4.23)$$

oder

$$n_{eff\,f} \sin\varphi_i = n_{eff\,r} \sin\varphi_t \quad . \qquad (4.24)$$

Phasenanpassung mit einer reflektierten Welle erhält man für

$$\beta_f \sin\varphi_i = \beta_f \sin\varphi_r \text{ oder } \varphi_i = \varphi_r \quad . \qquad (4.25)$$

In die durch (4.23) und (4.25) gegebenen Richtungen fließt bei der Streuung die einfallende Energie hauptsächlich ab. Daneben treten durchaus unerwünschte Streuverluste auf. Die Gleichungen (4.24) und (4.25) beinhalten das Reflexions- und Brechungsgesetz. Anstelle des gewöhnlichen Brechungsindex tritt der effektive Brechungsindex auf. Für $n_{eff\,f} > n_{eff\,r}$ und Einfallswinkel $\varphi_i > \varphi_{crit} = \arcsin(n_{eff\,r}/n_{eff\,f})$ tritt Totalreflexion der Filmwelle auf. Die transmittierte Filmwelle klingt exponentiell quergedämpft ab und nimmt keine Energie auf.

Filmwellen lassen sich demnach nach den Brechungsgesetzen behandeln, wenn man den effektiven Brechungsindex verwendet. Prismen und Linsen für Filmwellen sind als Höhenprofil im Film zu realisieren. Streuverluste kann man reduzieren, wenn man für allmähliche Übergänge der Filmdicke sorgt.

4.2.2 Rippenwellenleiter und Effektiv-Index-Methode

Der Wellenleiter ist schematisch in Bild 4.8 dargestellt. Zur Herstellung kann man einen dickeren Film durch Ätzen abtragen, wobei ein Streifen der Breite b stehengelassen wird. Der Bereich der Rippe hat einen höheren effektiven

Brechungsindex als der Rest des Films. Läuft eine Filmwelle im Rippenbereich unter einem Winkel $\varphi > \varphi_{crit}$, so kommt es zur Totalreflexion an der Stufe im Film. Eine Stehwelle in y-Richtung bildet sich aus, wenn die transversale Resonanzbedingung

$$kn_{eff\,f}b\,\cos\varphi - 2\Phi = p\pi \tag{4.26}$$

erfüllt ist. Der Term 2Φ berücksichtigt den halben Phasensprung von jeweils Φ an der linken und rechten Berandung der Rippe. Geht man von EH-Moden aus, die sich bei der Ausbreitung in y-Richtung wie TE-Filmwellen verhalten, hat man für den halben Phasensprung ähnlich wie früher die Beziehung

$$\tan\Phi_{TE} = \sqrt{n_{eff\,f}^2\,\sin^2\varphi - n_{eff\,r}^2}\Big/\left(n_{eff\,f}\,\cos\varphi\right) \tag{4.27}$$

anzusetzen, wobei jetzt allerdings der effektive Index zu nehmen ist.

Die Ausbreitung von Wellen im Rippenwellenleiter ist damit zurückgeführt auf die Ausbreitung von Filmwellen in der in Bild 4.8 oben dargestellten Struktur. Man bezeichnet die Vorgehensweise als Effektiv-Index-Methode.

Zur Berechnung der Ausbreitungskonstante einer geführten Welle vorgegebener Ordnung bestimmt man zunächst die effektiven Indizes $n_{eff\,f} = n_f\,\sin\Theta_f$ und $n_{eff\,r} = n_f\,\sin\Theta_r$ der Filme der Dicken h_f und h_r, die den verallgemeinerten Filmwellenleiter (Bild 4.8 oben) aufbauen. Hierzu gehört der verallgemeinerte Filmparameter

$$\bar{V} = kb\sqrt{n_{eff\,f}^2 - n_{eff\,r}^2} \tag{4.28}$$

für die Wellenführung in y-Richtung. Die normierte Ausbreitungskonstante ist dann in Analogie zum früher behandelten Filmwellenleiter

$$\bar{B} = (n_{eff}^2 - n_{eff\,r}^2)/(n_{eff\,f}^2 - n_{eff\,r}^2) \quad , \tag{4.29}$$

wobei $\beta = kn_{eff}$ die Ausbreitungskonstante in z-Richtung des Rippenwellenleiters ist. Zur Auswertung ist das allgemeine Diagramm in Bild 3.4 für symmetrische Wellenleiter zu verwenden.

Das dargestellte Näherungsverfahren ist um so genauer, je kleiner der Höhensprung im Filmprofil ist. Bei kleinen Unterschieden ist nämlich die Anpassung der Felder im Rippenbereich und im restlichen Teil des Films besonders gut. In mehrmodigen Filmen kann an der Stufe eine Streuung in Filmwellen höherer oder tieferer Ordnung auftreten, die im dünneren Teil des Films ausbreitungsfähig oder nicht ausbreitungsfähig sein können. Diese Verkomplizierungen treten nicht auf, wenn der Filmwellenleiter überall einmodig ist. Von Konversion einer TE- in eine TM-Welle an der Stufe wollen wir hier absehen.

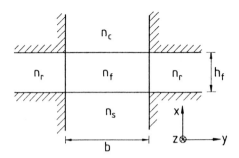

Bild 4.9: Der zum Rippenwellenleiter in Bild 4.8 äquivalente Rechteckwellenleiter $(n_f^2 - n_r^2 = n_{eff\,f}^2 - n_{eff\,r}^2)$

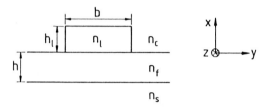

Bild 4.10: Wellenleiter mit dielektrischem Laststreifen mit $n_l \approx n_f$

Im übrigen ist die Effektiv-Index-Methode natürlich auch zur Behandlung eines rechteckförmigen Wellenleiters geeignet. Umgekehrt kann der Rippenwellenleiter in einen äquivalenten rechteckförmigen Wellenleiter transformiert werden, wobei der Brechungsindex des Films außerhalb der Rippe n_r kleiner ist als n_f. Aus den Beziehungen für den effektiven Brechungsindex ergibt sich (vgl. auch (4.3))

$$n_f^2 - n_r^2 = n_{eff\,f}^2 - n_{eff\,r}^2 \quad . \tag{4.30}$$

Der zum Rippenwellenleiter in Bild 4.8 äquivalente Rechteckwellenleiter ist in Bild 4.9 skizziert.

4.2.3   Streifenbelastete Filmwellenleiter

Bringt man nach Bild 4.10 auf einen Film einen dünnen Laststreifen auf, dessen Brechungsindex n_l sich nur wenig vom Filmindex n_f unterscheidet ($n_s < n_l < n_f$), so entsteht eine dem Rippenleiter verwandte Struktur. Die Berechnung der Ausbreitungskonstanten der Moden erfolgt am einfachsten nach der Effektiv-Index-Methode. Bei der Bestimmung der Filmwellenparameter im Bereich des Laststreifens vernachlässigen wir die Brechung und teilweise Reflexion beim

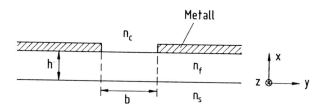

Bild 4.11: Wellenleiter mit metallischen Laststreifen

Übergang Film-Laststreifen und erhalten die transversale Resonanzbedingung in x-Richtung

$$(n_f h + n_l h_l)k\cos\Theta - \Phi_{fs} - \Phi_{lc} = m\pi \quad , \qquad (4.31)$$

aus der sich der effektive Brechungsindex ergibt. Die Winkel Φ_{fs} und Φ_{lc} bezeichnen den halben Phasensprung bei der Totalreflexion an der durch den Index angegebenen Grenzfläche. Im übrigen verläuft die Berechnung wie beim Rippenwellenleiter.

Seitliche Wellenführung kann nach Bild 4.11 auch durch Aufbringen von Metallelektroden auf den Film im Außenbereich des eigentlichen Wellenleiters erreicht werden. Wenn man Sperrschicht- und Verspannungseffekte vernachlässigen kann, wird der effektive Brechungsindex unterhalb der Elektroden abgesenkt. An idealen Metallelektroden mit unendlicher Leitfähigkeit erfahren TE-Filmwellen bei der Reflexion einen Phasensprung um π, der in die transversale Resonanzbedingung eingeht

$$\beta_{fx} h - \Phi_{fs} - \pi/2 = m\pi \quad . \qquad (4.32)$$

Man erhält eine vergrößerte transversale Phasenkonstante β_{fx} unterhalb der Metallelektrode und damit einen kleineren effektiven Brechungsindex als im unbelasteten Bereich. Die seitliche Wellenführung läßt sich wieder mit der Effektiv-Index-Methode berechnen.

Wellenleiter mit Laststreifen aus Metall lassen sich besonders einfach durch Aufdampfen herstellen. Damit kann man ohne zusätzlichen Aufwand ein elektrisches Feld in den wellenführenden Bereich einprägen. Beim Aufbringen der Metallelektrode muß man darauf achten, daß keine mechanischen Verspannungen entstehen, die den Brechungsindex des Films verändern. Außerdem können Verarmungszonen unter Schottky-Kontakten den Brechungsindex unerwünscht erhöhen, und es kann weiterhin durch Absorption an den Metallflächen zu erhöhter Dämpfung kommen.

Eine Brechungsindexabsenkung im Film kann man auch durch Implantation oder Eindiffusion von Störstellenatomen erzielen, wobei der Einfluß freier Ladungsträ-

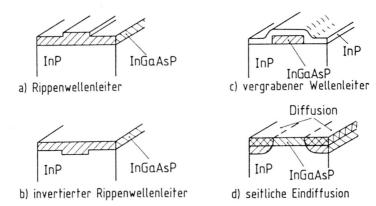

a) Rippenwellenleiter

b) invertierter Rippenwellenleiter

c) vergrabener Wellenleiter

d) seitliche Eindiffusion

Bild 4.12: Verschiedene Wellenleitertypen im InGaAsP-System

ger für den Effekt verantwortlich ist. Ebenso führen mechanische Verspannungen zu Brechungsindexänderungen, die für seitliche Wellenführung in Epitaxieschichten auszunutzen sind. Bild 4.12 gibt einige Beispiele für Streifenwellenleitertypen, die sich in Verbindung mit Epitaxieschichten gut realisieren lassen.

4.3 Theorie allgemeiner dielektrischer Wellenleiter

In den vorangehenden Abschnitten dieses Kapitels haben wir spezielle Wellenleiterstrukturen untersucht, um uns mit der Materie vertraut zu machen. Wir haben gesehen, daß man geschlossene analytische Lösungen nur in wenigen Ausnahmefällen erhalten kann. In diesem Abschnitt wollen wir untersuchen, welche Aussagen für Wellenleiter beliebiger Struktur gültig bleiben.

Ein Wellenleiter ist, wie in Bild 4.13 dargestellt, charakterisiert durch ein Brechungsindexprofil

$$\epsilon = \bar{n}^2(x, y) \quad , \tag{4.33}$$

das unabhängig von der z-Koordinate ist. Wir wollen voraussetzen, daß das Medium keine Verluste aufweist, der Brechungsindex also eine reelle Größe ist. Aus der Wellengleichung lesen wir ab, daß in der Struktur ausbreitungsfähige Wellen der Form

$$\mathbf{E}(x, y, z) = \mathbf{E}_m(x, y) \exp\{-i\beta_m z\} \quad ,$$

$$\mathbf{H}(x, y, z) = \mathbf{H}_m(x, y) \exp\{-i\beta_m z\} \quad , \tag{4.34}$$

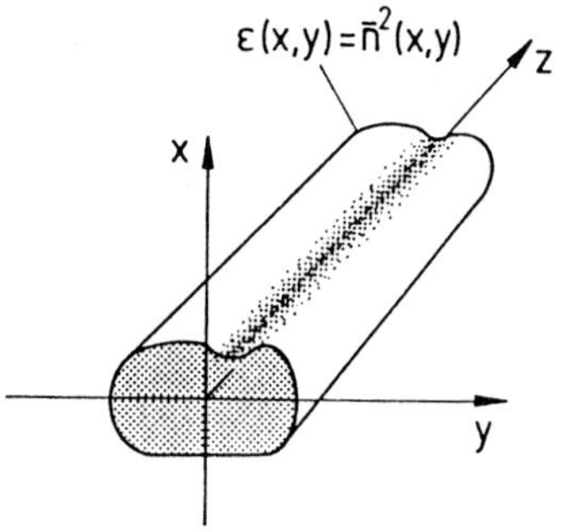

Bild 4.13: Allgemeiner dielektrischer Wellenleiter mit von z unabhängiger Brechungsindexverteilung $\bar{n}(x,y)$

aber auch exponentiell abklingende Wellen der Form

$$\mathbf{E}(x,y,z) = \mathbf{E}_m(x,y) \exp\{-\alpha_m z\} \ ,$$

$$\mathbf{H}(x,y,z) = \mathbf{H}_m(x,y) \exp\{-\alpha_m z\} \tag{4.35}$$

vorkommen, die die Moden des Wellenleiters darstellen. Der Index m kennzeichnet die Ordnung der Mode. Er steht stellvertretend für das Zweiertupel (m,p), das die Moden in einer zweidimensionalen Lösungsmannigfaltigkeit eines Kanalwellenleiters kennzeichnet. Ausgehend von den zuvor behandelten speziellen Wellenleitern erwarten wir, daß es auch im allgemeinen Fall ein diskretes Spektrum geführter Moden und ein kontinuierliches Spektrum von Strahlungsmoden gibt. Hinzu kommen noch die evaneszenten Wellen.

4.3.1 Transversale und longitudinale Felder

Die Form der Felder (4.34) und (4.35) legt es nahe, transversale Feldvektoren

$$\mathbf{E}_t = (E_x, E_y, 0) \ , \ \mathbf{H}_t = (H_x, H_y, 0) \tag{4.36}$$

und longitudinale Feldvektoren

$$\mathbf{E}_z = (0, 0, E_z) \ , \ \mathbf{H}_z = (0, 0, H_z) \tag{4.37}$$

mit $\mathbf{E} = \mathbf{E}_t + \mathbf{E}_z$ und $\mathbf{H} = \mathbf{H}_t + \mathbf{H}_z$ getrennt zu untersuchen. Bezeichnet man mit $\hat{\mathbf{z}}$ einen Einheitsvektor in z-Richtung und führt einen transversalen Gradientenoperator

$$\nabla_t = (\partial/\partial x, \partial/\partial y, 0) \tag{4.38}$$

ein, so lassen sich die Maxwell-Gleichungen folgendermaßen formulieren

$$\nabla_t \times \mathbf{E}_t = -i\omega\mu_0 \mathbf{H}_z \quad , \qquad (4.39)$$

$$\nabla_t \times \mathbf{H}_t = i\omega\epsilon\epsilon_0 \mathbf{E}_z \quad , \qquad (4.40)$$

$$\nabla_t \times \mathbf{E}_z + \hat{\mathbf{z}} \times \partial\mathbf{E}_t/\partial z = -i\omega\mu_0 \mathbf{H}_t \quad , \qquad (4.41)$$

$$\nabla_t \times \mathbf{H}_z + \hat{\mathbf{z}} \times \partial\mathbf{H}_t/\partial z = i\omega\epsilon\epsilon_0 \mathbf{E}_t \quad . \qquad (4.42)$$

Für ausbreitungsfähige Moden nach (4.34) erhält man

$$\nabla_t \times \mathbf{E}_{tm} = -i\omega\mu_0 \mathbf{H}_{zm} \quad , \qquad (4.43)$$

$$\nabla_t \times \mathbf{H}_{tm} = i\omega\epsilon\epsilon_0 \mathbf{E}_{zm} \quad , \qquad (4.44)$$

$$\nabla_t \times \mathbf{E}_{zm} - i\beta_m\hat{\mathbf{z}} \times \mathbf{E}_{tm} = -i\omega\mu_0 \mathbf{H}_{tm} \quad , \qquad (4.45)$$

$$\nabla_t \times \mathbf{H}_{zm} - i\beta_m\hat{\mathbf{z}} \times \mathbf{H}_{tm} = i\omega\epsilon\epsilon_0 \mathbf{E}_{tm} \quad . \qquad (4.46)$$

4.3.2 Phasenbeziehungen zwischen den Feldkomponenten

Wir gehen aus von einer Lösung $\tilde{\mathbf{E}}_1(x, y, z, t)$ und $\tilde{\mathbf{H}}_1(x, y, z, t)$ der reellen Maxwell-Gleichungen (2.1) bis (2.4) und bilden durch Zeitumkehr $t \to -t$ die Funktionen

$$\tilde{\mathbf{E}}_2(x, y, z, t) = \tilde{\mathbf{E}}_1(x, y, z, -t), \quad \tilde{\mathbf{H}}_2(x, y, z, t) = -\tilde{\mathbf{H}}_1(x, y, z, -t) \quad . \qquad (4.47)$$

Diese Funktionen sind offenbar wieder Lösungen der Maxwell-Gleichungen zu denselben Randbedingungen. Für die komplexen Amplituden folgt

$$\mathbf{E}_2(x, y, z) = \mathbf{E}_1^*(x, y, z), \quad \mathbf{H}_2(x, y, z) = -\mathbf{H}_1^*(x, y, z) \quad . \qquad (4.48)$$

Beschreibt $\tilde{\mathbf{E}}_1$ eine vorwärts laufende Welle mit der Ausbreitungskonstante β_m, so ist $\tilde{\mathbf{E}}_2$ eine rückwärts laufende Welle mit der Ausbreitungskonstante $-\beta_m$. Eine in positive z-Richtung mit $\exp\{-\alpha z\}$ abklingende Welle bleibt auch nach der Zeitumkehr in Vorwärtsrichtung mit demselben Faktor gedämpft. Eindeutigkeit der räumlichen Feldverteilung erfordert dann bei evaneszenten Moden nach (4.48)

$$\mathbf{E}_m(x, y) = \mathbf{E}_m^*(x, y), \quad \mathbf{H}_m(x, y) = -\mathbf{H}_m^*(x, y) \quad . \qquad (4.49)$$

Damit haben wir eine evaneszente Mode mit reellem elektrischen und imaginärem magnetischen Feld. Die elektrischen und magnetischen Felder einer evaneszenten Mode haben eine Phasenverschiebung von $\pi/2$. Sie können deshalb im zeitlichen Mittel keine Energie in z-Richtung transportieren.

Durch Umkehr der z-Koordinate der Lösung $\tilde{\mathbf{E}}_1(x, y, z, t)$ und $\tilde{\mathbf{H}}_1(x, y, z, t)$ können wir auch neue Lösungen $\tilde{\mathbf{E}}_3$ und $\tilde{\mathbf{H}}_3$ der Form

$$\mathbf{E}_{t3}(x, y, z) = \mathbf{E}_{t1}(x, y, -z), \quad \mathbf{E}_{z3}(x, y, z) = -\mathbf{E}_{z1}(x, y, -z) \quad , \quad (4.50)$$

$$\mathbf{H}_{t3}(x, y, z) = -\mathbf{H}_{t1}(x, y, -z), \quad \mathbf{H}_{z3}(x, y, z) = \mathbf{H}_{z1}(x, y, -z) \quad (4.51)$$

erzeugen. Für eine vorwärts mit β_m laufende Welle $\mathbf{E}_1$ führt die Konstruktion zu einer mit $-\beta_m$ rückwärts laufenden Welle $\mathbf{E}_3$. Eindeutigkeit verlangt, daß die Wellen $\mathbf{E}_2$ und $\mathbf{E}_3$ identisch sind. Vergleich von (4.48) mit (4.50) und (4.51) liefert damit für ausbreitungsfähige Moden

$$\mathbf{E}_{tm}(x, y) = \mathbf{E}_{tm}^*(x, y), \quad \mathbf{H}_{tm}(x, y) = \mathbf{H}_{tm}^*(x, y) \quad , \quad (4.52)$$

$$\mathbf{E}_{zm}(x, y) = -\mathbf{E}_{zm}^*(x, y), \quad \mathbf{H}_{zm}(x, y) = -\mathbf{H}_{zm}^*(x, y) \quad . \quad (4.53)$$

Dies bedeutet, daß die Transversal- und Longitudinalkomponenten des elektrischen und magnetischen Feldes einer laufenden Welle für sich jeweils in Phase, gegeneinander jedoch um $\pi/2$ phasenverschoben sind.

4.3.3 Leistungsfluß, Energie und Gruppengeschwindigkeit

Die Leistungsflußdichte in einem elektromagnetischen Feld ist durch den Poynting-Vektor gegeben. Für Moden $\mathbf{E}_m, \mathbf{H}_m$ eines Wellenleiters schreibt sich der zeitlich gemittelte Poynting-Vektor

$$\mathbf{S}_m(x, y) = \mathbf{E}_m \times \mathbf{H}_m^* + \mathbf{E}_m^* \times \mathbf{H}_m \quad . \quad (4.54)$$

Aus der Symmetrie-Relation (4.49) folgt sofort, daß in evaneszenten Wellen im zeitlichen Mittel keine Energie fließt. Die im Wellenleiter fließende Leistung ist damit

$$P_m = \int \int_{-\infty}^{\infty} S_{mz}(x, y)\, dx\, dy \quad . \quad (4.55)$$

Ausgehend von der modalen Energiedichte in nichtdispersiven Medien ($\partial \epsilon / \partial \omega = 0$)

$$w_m(x, y) = \epsilon \epsilon_0\, \mathbf{E}_m \cdot \mathbf{E}_m^* + \mu_0\, \mathbf{H}_m \cdot \mathbf{H}_m^* \quad (4.56)$$

erhält man für die im Wellenleiter pro Längeneinheit gespeicherte elektromagnetische Energie

$$W_m = \int \int_{-\infty}^{\infty} w_m(x, y)\, dx\, dy \quad . \quad (4.57)$$

Wir fragen nach einem Zusammenhang zwischen P_m und W_m. Wir gehen aus von den Maxwell-Gleichungen

$$\nabla \times \mathbf{E} = -i\omega\mu_0\mathbf{H} \quad , \quad \nabla \times \mathbf{H} = i\omega\epsilon\epsilon_0\mathbf{E} \quad , \tag{4.58}$$

die für kleine Variationen der Felder $\delta\mathbf{E}$ und $\delta\mathbf{H}$ aufgrund von Frequenzänderungen oder Änderungen der Dielektrizitätskonstante übergehen in

$$\nabla \times \delta\mathbf{E} = -i\omega\mu_0\,\delta\mathbf{H} - i\mu_0\,\mathbf{H}\,\delta\omega \quad ,$$

$$\nabla \times \delta\mathbf{H} = i\omega\epsilon\epsilon_0\delta\mathbf{E} + i\epsilon_0\,\mathbf{E}\,\delta(\omega\epsilon) \quad . \tag{4.59}$$

Multiplikation des konjugiert Komplexen der Gleichungen (4.58) mit $\delta\mathbf{H}$ bzw. $\delta\mathbf{E}$ und der Gleichung (4.59) mit $\mathbf{H}^*$ bzw. $\mathbf{E}^*$ liefert unter Ausnutzung der allgemeinen Vektorrelation

$$\nabla \cdot (\mathbf{a} \times \mathbf{b}) = \mathbf{b} \cdot (\nabla \times \mathbf{a}) - \mathbf{a} \cdot (\nabla \times \mathbf{b}) \tag{4.60}$$

dann das Variationstheorem ($\mu = 1$)

$$\nabla \cdot (\mathbf{E}^* \times \delta\mathbf{H} + \delta\mathbf{E} \times \mathbf{H}^*) = -i\epsilon_0\delta(\omega\epsilon)\,\mathbf{E} \cdot \mathbf{E}^* - i\mu_0\,\delta\omega\,\mathbf{H} \cdot \mathbf{H}^* \quad . \tag{4.61}$$

Die linke Seite ist bis auf einen Faktor 2 mit der Divergenz der Änderung des Poynting-Vektors identisch (vgl. (2.47)).

Für ausbreitungsfähige Moden nach (4.34) gilt

$$\delta\mathbf{E} = (\delta\mathbf{E}_m - iz\,\delta\beta_m\,\mathbf{E}_m)\,\exp\{-i\beta_m z\} \tag{4.62}$$

und

$$\delta\mathbf{H} = (\delta\mathbf{H}_m - iz\,\delta\beta_m\,\mathbf{H}_m)\,\exp\{-i\beta_m z\} \quad . \tag{4.63}$$

Definieren wir nun einen Vektor

$$\mathbf{g}_m = \mathbf{E}_m^* \times \delta\mathbf{H}_m + \delta\mathbf{E}_m \times \mathbf{H}_m^* - iz\delta\beta_m\,\mathbf{S}_m \quad , \tag{4.64}$$

so können wir das Variationstheorem (4.61) umschreiben in

$$\nabla_t \cdot \mathbf{g}_m - i\delta\beta_m\,S_{mz} = -i\epsilon_0\delta(\omega\epsilon)\,\mathbf{E}_m \cdot \mathbf{E}_m^* - i\mu_0\,\delta\omega\,\mathbf{H}_m \cdot \mathbf{H}_m^* \quad . \tag{4.65}$$

Wir nutzen nun die Integralbeziehung ($\mathbf{a} = (a_x(x,y), a_y(x,y))$)

$$\int\!\!\int_A (\partial a_x/\partial x + \partial a_y/\partial y)dxdy = \oint_C \mathbf{a} \cdot \hat{\mathbf{s}}\,ds \quad , \tag{4.66}$$

die man als Gaußschen Satz in zwei Dimensionen bezeichnen kann. Hierbei ist A eine Fläche, C die geschlossene Randkurve der Fläche A und $\hat{s}$ ein auf C senkrecht stehender, nach außen weisender Einheitsvektor. Anwendung des Theorems (4.66) ergibt

$$\int\int_{-\infty}^{\infty} \nabla_t \cdot \mathbf{g}_m \, dx dy = 0 \quad , \tag{4.67}$$

da die Felder geführter Moden exponentiell nach außen abfallen. Integration von (4.65) über die ganze xy-Ebene liefert die recht übersichtliche Relation

$$\delta\beta_m P_m = \int\int_{-\infty}^{\infty} [\delta(\omega\epsilon)\epsilon_0 \, \mathbf{E}_m \cdot \mathbf{E}_m^* + \delta\omega \, \mu_0 \mathbf{H}_m \cdot \mathbf{H}_m^*] \, dx dy \quad . \tag{4.68}$$

Für $\delta\epsilon = 0$ erhalten wir unmittelbar

$$P_m = \frac{d\omega}{d\beta_m} W_m = v_{gm} W_m \quad , \tag{4.69}$$

wobei v_{gm} die Gruppengeschwindigkeit der Mode m bedeutet. Die Gruppengeschwindigkeit charakterisiert die Signalausbreitung. Das Produkt aus pro Längeneinheit gespeicherter elektromagnetischer Energie und Gruppengeschwindigkeit ergibt den Energiefluß der Mode. Die Relation (4.69) erlaubt eine anschauliche Interpretation im Photonenbild. Bezeichnet

$$N_m = w_m/(\hbar\omega) \tag{4.70}$$

die örtliche Photonendichte der Mode m, so ist mit (4.57) der Energiefluß einfach

$$P_m = v_{gm} \hbar\omega \int\int_{-\infty}^{\infty} N_m(x,y) dx dy \quad . \tag{4.71}$$

Wichtig hierbei ist, daß nicht die Phasengeschwindigkeit $v_{ph\,m} = \omega/\beta_m$, sondern die Gruppengeschwindigkeit den Fluß der Photonen bestimmt.

4.3.4   Phasengeschwindigkeit

Wir definieren in Analogie zu (4.57) eine Energie pro Längeneinheit für die Transversal- und Longitudinalkomponenten gemäß

$$W_{tm} = \int\int_{-\infty}^{\infty} [\epsilon\epsilon_0 \, \mathbf{E}_{tm} \cdot \mathbf{E}_{tm}^* + \mu_0 \, \mathbf{H}_{tm} \cdot \mathbf{H}_{tm}^*] \, dx dy \quad , \tag{4.72}$$

$$W_{zm} = \int\int_{-\infty}^{\infty} [\epsilon\epsilon_0 \, \mathbf{E}_{zm} \cdot \mathbf{E}_{zm}^* + \mu_0 \, \mathbf{H}_{zm} \cdot \mathbf{H}_{zm}^*] \, dx dy \quad . \tag{4.73}$$

Skalare Multiplikation von (4.46) mit $\mathbf{E}_{tm}^*$ ergibt unter Ausnutzung von (4.43) und der Relation (4.60) sowie der Beziehung

$$(\hat{\mathbf{z}} \times \mathbf{H}_{tm}) \cdot \mathbf{E}_{tm}^* = \hat{\mathbf{z}} \cdot (\mathbf{H}_{tm} \times \mathbf{E}_{tm}^*) \tag{4.74}$$

den Zusammenhang

$$\nabla_t \cdot (\mathbf{E}_{tm} \times \mathbf{H}_{zm}^*) + i\beta_m \hat{\mathbf{z}} \cdot (\mathbf{E}_{tm} \times \mathbf{H}_{tm}^*) = i\omega\epsilon\epsilon_0 \mathbf{E}_{tm} \mathbf{E}_{tm}^* - i\omega\mu_0 \mathbf{H}_{zm} \mathbf{H}_{zm}^* \quad . \tag{4.75}$$

Entsprechend ergibt sich aus (4.45) nach Multiplikation mit $\mathbf{H}_{tm}^*$ die Gleichung

$$\nabla_t \cdot (\mathbf{E}_{zm} \times \mathbf{H}_{tm}^*) - i\beta_m \hat{\mathbf{z}} \cdot (\mathbf{E}_{tm} \times \mathbf{H}_{tm}^*) = i\omega\epsilon\epsilon_0 \mathbf{E}_{zm} \mathbf{E}_{zm}^* - i\omega\mu_0 \mathbf{H}_{tm} \mathbf{H}_{tm}^* \quad . \tag{4.76}$$

Integrieren wir (4.75) und (4.76) über die ganze xy-Ebene, so verschwinden wie im vorangehenden Abschnitt die Integrale über die jeweils ersten Terme. Nach Integration und Subtraktion beider Gleichungen erhalten wir dann den einfachen Ausdruck

$$P_m = \frac{\omega}{\beta_m}(W_{tm} - W_{zm}) = v_{ph\,m}(W_{tm} - W_{zm}) \quad , \tag{4.77}$$

wobei $v_{ph\,m}$ die Phasengeschwindigkeit der Mode m bezeichnet. Bei der Herleitung von (4.77) wurden neben (4.54) und (4.55) noch die Symmetrierelationen (4.52) benutzt. Nach (4.77) hängt die Differenz aus transversaler und longitudinaler Energie über die Phasengeschwindigkeit mit dem Energiefluß zusammen. Der Vergleich mit (4.69) zeigt, daß die Phasengeschwindigkeit immer größer gleich der Gruppengeschwindigkeit ist. Wenn die longitudinalen Feldkomponenten verschwinden, stimmen Phasen- und Gruppengeschwindigkeit überein. Es gilt allgemein

$$v_{ph}/v_g = (W_t + W_z)/(W_t - W_z) \geq 1 \quad . \tag{4.78}$$

4.3.5 Phasenmodulation

Wir betrachten nach Bild 4.14 den Abschnitt Δz eines Wellenleiters. Wir nehmen an, daß durch Temperaturänderung, Ladungsträgereffekte oder ein äußeres elektrisches oder magnetisches Feld eine Variation des Brechungsindexprofils $\Delta \bar{n}^2 = \Delta\epsilon$ eintritt. Lassen wir die Lichtfrequenz ungeändert ($\delta\omega = 0$), so ergibt sich aus dem Variationssatz (4.68) die zugehörige Variation der Ausbreitungskonstanten

$$\Delta\beta_m = \frac{\omega\epsilon_0}{P_m} \int \int_{-\infty}^{\infty} \Delta\epsilon(x,y)|\mathbf{E}_m(x,y)|^2 \, dx dy \quad , \tag{4.79}$$

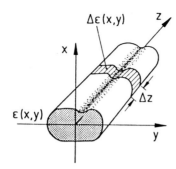

Bild 4.14: Änderung des Brechungsindexprofils im Abschnitt Δz

die sich wegen $\Delta\epsilon = 2\bar{n}\,\Delta\bar{n}$ auch aus Brechungsindexänderungen $\Delta\bar{n}(x,y)$ bestimmen läßt. Die zugehörige Phasenänderung der Welle ist durch

$$\Delta\phi_m = \Delta\beta_m\,\Delta z \tag{4.80}$$

gegeben.

Verteilt sich die Störung des Brechungsindexprofils über eine längere Strecke z, so ergibt sich die resultierende Phasenverschiebung ϕ_m durch Integration

$$\phi_m = \int_0^z \Delta\beta_m(z)\,dz \quad . \tag{4.81}$$

Bei dieser Aufsummierung ist vorausgesetzt, daß die Mode an den induzierten Brechungsindexänderungen nur so schwach gestreut wird, daß sie Form und Amplitude wie im ungestörten Fall beibehält. Die Gleichungen (4.81) zusammen mit (4.79) bilden die grundlegenden Beziehungen für Wellenleiter-Phasenmodulatoren.

4.4 Moden

Alle Moden eines Wellenleiters, die voneinander verschiedene Ausbreitungskonstanten β_m besitzen, sind orthogonal zueinander. Die Orthogonalität der Wellenleitermoden berührt zunächst nur die transversalen Feldkomponenten. Beliebige Felder eines Wellenleiters lassen sich als Linearkombination der Modenfelder darstellen. Dies entspricht der Entwicklung einer Schwingungskurve nach den Eigenschwingungen. Es kann vorkommen, daß mehrere Moden dieselbe Ausbreitungskonstante besitzen. Man sagt, die Moden sind entartet. In der Feldentwicklung sind alle entarteten Moden zu berücksichtigen. Die Feldentwicklung bezieht sich nur auf die Transversalkomponenten der Felder. Die Longitudinalkomponenten ergeben sich aber unmittelbar aus (4.43) und (4.44).

Moden eines Wellenleiters sind Feldverteilungen, die bei der Ausbreitung entlang des Wellenleiters, abgesehen von einem Phasenfaktor $\exp\{-i\beta z\}$ oder einem
Abklingfaktor $\exp\{-\alpha z\}$, ihre Form nicht ändern. Eine Entwicklung nach Moden
charakterisiert eine Welle nach den Anteilen formstabiler Komponenten. Während Moden einfachen Ausbreitungsgesetzen unterliegen, ergeben sich bei der
Überlagerung mehrerer Moden üblicherweise komplizierte Querschnittsfeldver-
teilungen, die sich mit dem Laufweg z rasch verändern.

Wenn alle Moden eines Wellenleiters nicht entartet sind, gibt es eine eindeutige
Modenentwicklung. Haben zwei Moden dieselbe Ausbreitungskonstante, kann
man durch Addition und Subtraktion linear unabhängige Felder konstruieren.

Modenentwicklungen werden ausgiebig genutzt, um die Wellenausbreitung in
gestörten Wellenleitern zu diskutieren. Durch die Störung geht Energie von einer
Mode in eine andere über. Quantenmechanisch entspricht dies dem Übergang
zwischen zwei Energiezuständen, der im einfachsten Fall mit der Emission oder
Absorption eines Photons verbunden ist. Modenkonversion wird im nächsten
Kapitel ausführlich untersucht.

Im folgenden wird zunächst gezeigt, daß die Moden eines Wellenleiters ortho-
gonal sind. Danach werden Feldentwicklungen nach Eigenwellen vorgestellt und
Formeln für die Entwicklungskoeffizienten angegeben. Ausgangspunkt ist das
Reziprozitätstheorem.

4.4.1   Reziprozitätstheorem

Wir gehen aus von den komplexen Maxwell-Gleichungen (2.7) und (2.8) für den
stromlosen Fall und betrachten zwei Lösungen

$$\nabla \times \mathbf{E}_1 \;=\; -i\omega\mu_0\,\mathbf{H}_1 \quad, \tag{4.82}$$

$$\nabla \times \mathbf{H}_2^* \;=\; -i\omega\epsilon\epsilon_0\,\mathbf{E}_2^* \quad. \tag{4.83}$$

Skalare Multiplikation von (4.82) mit $\mathbf{H}_2^*$ und von (4.83) mit $\mathbf{E}_1$ und Subtraktion
der Ergebnisse liefert unter Ausnutzung von (4.60)

$$\nabla \cdot (\mathbf{E}_1 \times \mathbf{H}_2^*) = i\omega(\epsilon\epsilon_0\,\mathbf{E}_1 \cdot \mathbf{E}_2^* - \mu_0\,\mathbf{H}_1 \cdot \mathbf{H}_2^*) \quad. \tag{4.84}$$

Dieses ist das komplexe Poyntingsche Theorem (2.47), wenn die Indizes 1 und 2
identisch sind. Tauscht man die Felder 1 und 2 aus und addiert das konjugiert
Komplexe davon zu (4.84), folgt

$$\nabla \cdot (\mathbf{E}_1 \times \mathbf{H}_2^* + \mathbf{E}_2^* \times \mathbf{H}_1) = 0 \quad. \tag{4.85}$$

Ersetzt man jetzt in (4.85) das Feld 2 durch sein zeitinverses, ergibt sich mit den Symmetrierelationen (4.48)

$$\nabla \cdot (\mathbf{E}_2 \times \mathbf{H}_1 - \mathbf{E}_1 \times \mathbf{H}_2) = 0 \quad . \tag{4.86}$$

Dies ist das Reziprozitäts- oder Umkehrtheorem von Lorentz für quellenfreie Gebiete des Raumes, wie wir es für das weitere Vorgehen benötigen.

4.4.2 Orthogonalität

Wir wenden (4.85) auf zwei ausbreitungsfähige Moden

$$\begin{aligned} \mathbf{E}_1 &= \mathbf{E}_m(x,y)\,\exp\{-i\beta_m z\} \quad , \\ \mathbf{E}_2 &= \mathbf{E}_p(x,y)\,\exp\{-i\beta_p z\} \end{aligned} \tag{4.87}$$

an. Für positives $\beta_{m,p}$ handelt es sich um in positive z-Richtung laufende Wellen, für negatives $\beta_{m,p}$ entsprechend um rücklaufende Wellen. Einsetzen in (4.85) ergibt

$$\nabla_t \cdot (\mathbf{E}_m^* \times \mathbf{H}_p + \mathbf{E}_p \times \mathbf{H}_m^*)_t - i(\beta_p - \beta_m)(\mathbf{E}_{tp} \times \mathbf{H}_{tm}^* + \mathbf{E}_{tm}^* \times \mathbf{H}_{tp})_z = 0 \quad . \tag{4.88}$$

Bei der Integration über die gesamte xy-Ebene verschwindet wie in Abschnitt 4.3.3 das Integral über die Divergenz. Dies ist sofort einsichtig, wenn $\mathbf{E}_m$ oder $\mathbf{E}_p$ eine geführte Mode bedeutet, die nach außen exponentiell abfällt. Sind dagegen $\mathbf{E}_m$ und $\mathbf{E}_p$ Strahlungsmoden, so sind die Argumente komplizierter. Üblicherweise führt man die Integration über ein großes, aber endliches Quadrat der xy-Ebene aus und postuliert periodische Randbedingungen für die Felder. Damit verschwindet das Integral über die Divergenz, was man nach Umwandlung in ein Kurvenintegral nach dem Gaußschen Satz (4.66) erkennen kann. Alles in allem folgt für $\beta_m \neq \beta_p$

$$\int\int_{-\infty}^{\infty} (\mathbf{E}_{tp} \times \mathbf{H}_{tm}^* + \mathbf{E}_{tm}^* \times \mathbf{H}_{tp})\,dx\,dy = 0 \quad . \tag{4.89}$$

Dies ist eine Form der Orthogonalitätsrelation. Bedeutung hat nur die z-Komponente der Vektorgleichung, da x- und y-Komponenten von Kreuzprodukten transversaler Vektoren automatisch verschwinden. Eine (4.89) entsprechende Gleichung leitet man auch ab, wenn $\mathbf{E}_m$ oder $\mathbf{E}_p$ oder beide evaneszente Wellen bedeuten. Orthogonalität gilt demnach allgemein für Moden mit verschiedener Ausbreitungskonstante in z-Richtung.

Die Relation (4.89) läßt sich noch weiter vereinfachen. Wir wenden (4.89) auf eine Mode $-m$ an, deren Ausbreitungskonstante gerade $\beta_{-m} = -\beta_m$ bzw.

$\alpha_{-m} = -\alpha_m$ erfüllt, also

$$\int\int_{-\infty}^{\infty} (\mathbf{E}_{t,p} \times \mathbf{H}_{t,-m}^* + \mathbf{E}_{t,-m}^* \times \mathbf{H}_{t,p}) \, dxdy = 0 \quad . \qquad (4.90)$$

Wellen mit negativer Ausbreitungskonstante erzeugt man einfach durch Umkehr der z-Achse. Es gelten die Beziehungen (4.50) und (4.51), so daß

$$\mathbf{E}_{t,-m}(x,y) = \mathbf{E}_{t,m}(x,y) \quad , \qquad (4.91)$$

$$\mathbf{H}_{t,-m}(x,y) = -\mathbf{H}_{t,m}(x,y) \quad . \qquad (4.92)$$

Eingesetzt in (4.90) ergibt dies

$$\int\int_{-\infty}^{\infty} (-\mathbf{E}_{t,p} \times \mathbf{H}_{t,m}^* + \mathbf{E}_{t,m}^* \times \mathbf{H}_{t,p}) \, dxdy = 0 \quad . \qquad (4.93)$$

Vergleich mit (4.89) liefert dann die Orthogonalitätsrelation

$$\int\int_{-\infty}^{\infty} \mathbf{E}_{t,p} \times \mathbf{H}_{t,m}^* \, dxdy = 0 \, , \quad \beta_m \neq \beta_p; \alpha_m \neq \alpha_p \qquad (4.94)$$

für zwei Moden mit verschiedenen Ausbreitungskonstanten β_m, β_p bzw. α_m, α_p. Es ist dabei vorausgesetzt, daß die beiden Moden nicht durch Inversion der z-Achse auseinander hervorgehen, wie etwa vor- und rücklaufende Moden derselben Ordnung.

4.4.3   Normierung

Für das weitere Vorgehen ist es nützlich, die Felder einer Mode auf einen einheitlichen Leistungsfluß zu normieren. Hierbei stößt man auf Schwierigkeiten. Bei geführten Wellen kann man sofort den Gesamtleistungsfluß angeben. Strahlungsmoden haben dagegen einen divergierenden Gesamtleistungsfluß, und man kann nur den Energiefluß pro Flächeneinheit angeben. Evaneszente Moden transportieren im zeitlichen Mittel überhaupt keine Energie. Außerdem haben geführte Moden diskrete Ausbreitungskonstanten, Strahlungsmoden und evaneszente Wellen dagegen ein kontinuierliches Spektrum. Man benötigt zwei Indizes, um eine Mode zu kennzeichnen. Für kontinuierliche Moden bieten sich Wellenvektorkomponenten in x- und y-Richtung zur Charakterisierung an.

Die zeitlich gemittelte Leistung einer geführten Mode $\mathbf{E}_{mp}$ ist

$$P_{mp} = 2 \int\int_{-\infty}^{\infty} (\mathbf{E}_{tmp} \times \mathbf{H}_{tmp}^*)_z \, dxdy \quad . \qquad (4.95)$$

Sie ist nach der Symmetrierelation (4.52) reell, positiv für vorwärts laufende und negativ für rückwärts laufende Wellen. Wir definieren normierte Modenfelder durch

$$\hat{\mathbf{E}}_{tmp} = \mathbf{E}_{tmp}/\sqrt{|P_{mp}|} \quad ,$$

$$\hat{\mathbf{H}}_{tmp} = \mathbf{H}_{tmp}/\sqrt{|P_{mp}|} \quad . \tag{4.96}$$

Strahlungsmoden kennzeichnen wir wie in Abschnitt 3.4.2 durch ihre transversalen Ausbreitungskonstanten β_x, β_y. Die Kreuzleistung zweier Moden ist

$$\bar{P}(\beta_x, \bar{\beta}_x, \beta_y, \bar{\beta}_y) = 2 \int\int_{-\infty}^{\infty} (\mathbf{E}_t(\beta_x, \beta_y) \times \mathbf{H}_t^*(\bar{\beta}_x, \bar{\beta}_y))_z \, dx dy$$

$$= \pm | < S_z(\beta_x, \beta_y) > | \delta(\beta_x - \bar{\beta}_x) \, \delta(\beta_y - \bar{\beta}_y) \quad , \tag{4.97}$$

wobei $< S_z(\beta_x \beta_y) >$ eine über den Querschnitt gemittelte Energieflußdichte in z-Richtung bedeutet. Sie ist positiv für vorwärts laufende und negativ für rückwärts laufende Wellen. Wir definieren normierte Strahlungsmodenfelder durch

$$\hat{\mathbf{E}}_t(\beta_x, \beta_y) = \mathbf{E}_t(\beta_x, \beta_y)/\sqrt{| < S_z(\beta_x, \beta_y) > |} \quad ,$$

$$\hat{\mathbf{H}}_t(\beta_x, \beta_y) = \mathbf{H}_t(\beta_x, \beta_y)/\sqrt{| < S_z(\beta_x, \beta_y) > |} \quad . \tag{4.98}$$

Diese Definition normierter Modenfelder kann auch für evaneszente Wellen übernommen werden. Allerdings gilt wegen der Feldsymmetrie (4.49) jetzt

$$2 \int\int_{-\infty}^{\infty} (\mathbf{E}_t(\beta_x, \beta_y) \times \mathbf{H}_t^*(\bar{\beta}_x, \bar{\beta}_y))_z \, dx dy \tag{4.99}$$

$$= \pm i | < S_z(\beta_x, \beta_y) > | \delta(\beta_x - \bar{\beta}_x) \delta(\beta_y - \bar{\beta}_y) \quad .$$

Durch das Vorzeichen wird zwischen exponentiell anwachsenden und abfallenden Wellen unterschieden.

4.4.4 Feldentwicklung nach Eigenwellen

Wir können jetzt darangehen, eine beliebige Wellenform $\mathbf{E}_t(x, y, z), \mathbf{H}_t(x, y, z)$ des Wellenleiters als Überlagerung von Moden darzustellen. Um alle möglichen Felder zu erfassen, müssen wir sicher auch Strahlungsmoden und evaneszente Wellen in die Superposition mit einbeziehen. Für einen vorgegebenen Querschnitt $z = const$ des Wellenleiters erwarten wir deshalb Überlagerungen der

Form

$$\mathbf{E}_t(x,y,z) \;=\; \sum_m \sum_p a_{mp}(z)\hat{\mathbf{E}}_{tmp}(x,y)$$

$$+\; \int\!\!\int a(\beta_x,\beta_y;z)\hat{\mathbf{E}}_t(\beta_x,\beta_y;x,y)d\beta_x d\beta_y \qquad (4.100)$$

mit diskreten Koeffizienten a_{mp} und einer kontinuierlichen Koeffizientenfunktion $a(\beta_x,\beta_y)$, die beide noch von der z-Koordinate abhängen. In der Schreibweise (4.100) ist berücksichtigt, daß geführte Wellen ein diskretes, Strahlungsmoden und evaneszente Wellen dagegen ein kontinuierliches Spektrum besitzen. Summation und Integration soll vor- und rücklaufende Wellen ebenso berücksichtigen wie alle evaneszenten Wellen und Wellen verschiedener Polarisation. Eine der Gleichung (4.100) entsprechende Darstellung gilt für das magnetische Feld $\mathbf{H}_t(x,y,z)$.

Zur Vereinfachung der Schreibweise kennzeichnen wir die Moden fortan nur noch mit einem verallgemeinerten Index m. Wir reservieren positive Indizes für in positive z-Richtung laufende bzw. abklingende Wellen und entsprechend negative Indizes für in negative z-Richtung laufende bzw. abklingende Wellen. Addition und Integration fassen wir in einer verallgemeinerten Summe zusammen. Hierbei approximieren wir

$$\int\!\!\int_{-\infty}^{\infty} a(\beta_x,\beta_y;z)\hat{\mathbf{E}}_t(\beta_x,\beta_y;x,y)d\beta_x d\beta_y \approx \sum_m \sum_p a_{mp}(z)\hat{\mathbf{E}}_{tmp}(x,y) \quad ,$$

$$(4.101)$$

wobei $a_{mp}(z) = a(\beta_{xm},\beta_{yp};z)\Delta\beta_x\Delta\beta_y$ und $\hat{\mathbf{E}}_{tmp}(x,y) = \hat{\mathbf{E}}_t(\beta_{xm},\beta_{yp};x,y)$ gilt.

Wir ersetzen dann das Zweiertupel (m,p) durch den verallgemeinerten Index m und schreiben

$$\mathbf{E}_t(x,y,z) = \sum_m (a_m(z) + a_{-m}(z))\hat{\mathbf{E}}_{tm}(x,y) \quad , \qquad (4.102)$$

bzw.

$$\mathbf{H}_t(x,y,z) = \sum_m (a_m(z) - a_{-m}(z))\hat{\mathbf{H}}_{tm}(x,y) \quad . \qquad (4.103)$$

Hierbei haben wir vor- und rücklaufende Wellen unterschieden und dabei die z-Inversionssymmetrie nach (4.50) und (4.51) berücksichtigt. Die Vektoren $\hat{\mathbf{E}}_{tm}(x,y) = (\hat{E}_{mx}(x,y),\hat{E}_{my}(x,y),0)$ und $\hat{\mathbf{H}}_{tm}(x,y) = (\hat{H}_{mx}(x,y),\hat{H}_{my}(x,y),0)$ bezeichnen normierte transversale Modenprofile.

Die Orthogonalitätsrelation (4.94) zusammen mit den Normierungsbedingungen des Abschnitts 4.4.3 ergeben Ausdrücke für die Entwicklungskoeffizienten. Für laufende Wellen erhält man

$$a_{\pm m}(z) = \int\int_{-\infty}^{\infty} (\mathbf{E}_t \times \hat{\mathbf{H}}_{tm}^* \pm \hat{\mathbf{E}}_{tm}^* \times \mathbf{H}_t)_z \, dx dy \quad , \qquad (4.104)$$

für evaneszente Wellen dagegen

$$i a_{\pm m}(z) = \int\int_{-\infty}^{\infty} (\mathbf{E}_t \times \hat{\mathbf{H}}_{tm}^* \mp \hat{\mathbf{E}}_{tm}^* \times \mathbf{H}_t)_z \, dx dy \quad . \qquad (4.105)$$

Wir können damit für jede vorgegebene transversale Feldverteilung $\mathbf{E}_t(x, y, z)$, $\mathbf{H}_t(x, y, z)$, die natürlich Lösung der Maxwell-Gleichungen für die Wellenleitergeometrie sein muß, eine explizite Feldentwicklung für jeden Querschnitt z angeben. Man sagt, die Moden bilden ein vollständiges Orthonormalsystem.

Bei bekannter Entwicklung der Transversalkomponenten erhält man die Longitudinalkomponenten sofort aus den Maxwell-Gleichungen (4.39) und (4.40).

4.4.5 Ortsabhängigkeit der Entwicklungskoeffizienten

Wir kennen nun das Feld auf einer festen Querschnittsfläche $z = const$. Die Frage stellt sich nach der Ausbreitung der Wellen. Wir gehen aus von dem Reziprozitätstheorem (4.85). Wir integrieren über die xy-Querschnittsebene und erhalten unter Benutzung des Gaußschen Satzes wie in Abschnitt 4.3.3

$$\int\int_{-\infty}^{\infty} \frac{\partial}{\partial z} (\mathbf{E}_1 \times \mathbf{H}_2^* + \mathbf{E}_2^* \times \mathbf{H}_1)_z \, dx dy = 0 \quad . \qquad (4.106)$$

Die Ableitung im Integranden wird von der z-Komponente des Vektors genommen, für die nur die Transversalkomponenten der Felder in den Kreuzprodukten von Bedeutung sind. Wir wählen

$$\mathbf{E}_1 = \mathbf{E}_t(x, y, z) = \sum_m (a_m(z) + a_{-m}(z))\hat{\mathbf{E}}_{tm}(x, y) \quad , \qquad (4.107)$$

$$\mathbf{H}_1 = \mathbf{H}_t(x, y, z) = \sum_m (a_m(z) - a_{-m}(z))\hat{\mathbf{H}}_{tm}(x, y) \qquad (4.108)$$

und zunächst eine vorwärts laufende normierte Mode für $\mathbf{E}_2, \mathbf{H}_2$ (siehe (4.34))

$$\mathbf{E}_2 = \hat{\mathbf{E}}_m(x, y) \exp\{-i\beta_m z\} \quad , \qquad (4.109)$$

$$\mathbf{H}_2 = \hat{\mathbf{H}}_m(x, y) \exp\{-i\beta_m z\} \quad . \qquad (4.110)$$

Einsetzen in (4.106) ergibt unter Ausnutzung der Orthogonalitätsrelation (4.94) und der Normierung der Moden

$$\frac{da_m(z)}{dz} + i\beta_m \, a_m(z) = 0 \quad .$$

(4.111)

Entsprechende Differentialgleichungen bekommt man auch für rückwärts laufende und evaneszente Wellen, so daß

$$a_{\pm m}(z) = a_{\pm m}(z = 0) \, \exp\{\mp i\beta_{\pm m}z\}$$

(4.112)

für laufende Wellen und

$$ia_{\pm m}(z) = ia_{\pm m}(z = 0) \, \exp\{\mp \alpha_{\pm m}z\}$$

(4.113)

für evaneszente Wellen gilt. Die Entwicklungskoeffizienten haben demnach eine einfache exponentielle z-Abhängigkeit.

4.4.6   Leistung

Die im Wellenleiter transportierte Leistung P wird nur von den geführten Moden bestimmt. Die Energie anderer Moden klingt entweder ab oder strahlt ab. Die zeitlich gemittelte Leistung erhält man durch Integration der z-Komponente des Poynting-Vektors über den Wellenleiterquerschnitt. Es gilt

$$P = \int\int_{-\infty}^{\infty} (\mathbf{E}_t \times \mathbf{H}_t^* + \mathbf{E}_t^* \times \mathbf{H}_t)_z dx dy = \sum_m (|a_m|^2 - |a_{-m}|^2) \quad ,$$

(4.114)

wobei die Summe nur über alle geführten Moden zu erstrecken ist. Bei der Herleitung haben wir die Entwicklungen (4.102) und (4.103) benutzt und bei der Auswertung des Integrals Orthogonalität und Normierung der Moden herangezogen. Die Einheit der quadrierten Entwicklungskoeffizienten $|a_m|^2$ ist offenbar die einer Leistung, im Einklang mit (4.104). Wegen (4.112) ist die Leistung unabhängig von der z-Koordinate, wie es für einen verlustfreien ungestörten Wellenleiter sein muß.

4.5   Übergänge

Wir wenden nun die in den Abschnitten 4.3 und 4.4 abgeleiteten allgemeinen Ergebnisse an, um Querschnittsänderungen, Wellenleiterrundungen und die Einkopplung in Wellenleiter zu behandeln.

4.5.1 Stirnseitige Einkopplung

Zur Anregung einer Mode kann man eine fokussierte Strahlwelle wie in Bild 4.15 direkt auf die ebene Stirnfläche eines Wellenleiters auffallen lassen. Eine Antireflexbeschichtung wird die Reflexion an der Oberfläche vermindern, und die Welle wird in dem System aus Substrat, Wellenleiterbereich und Deckmaterial weiterlaufen. Die Aufteilung der Energie in Wellenleitermoden und Strahlungsmoden ergibt sich aus der Entwicklung des einfallenden Feldes $\mathbf{E}_i$ bei $z = 0$ an der Oberfläche in die Wellenleitermoden gemäß (4.102).

Wir wollen annehmen, daß die einfallende Welle linear polarisiert ist und nur die y-Komponente des elektrischen Feldes wesentlich von Null verschieden ist. Damit werden nach (4.1) praktisch nur HE-Wellen im Wellenleiter angeregt, und wir können nach (4.8) mit $E_x \approx 0$ und $H_y \approx 0$ rechnen. Die Feldverteilung der einfallenden fokussierten Welle mit gaußförmigem Profil läßt sich in der Fokalebene, die senkrecht zur z-Achse liegt, durch

$$E_{iy}(z = 0) = E_{iy}(x = 0, y = 0) \exp\left\{-\frac{x^2 + y^2}{w^2}\right\} \; ; \; E_{ix}(z = 0) = 0 \quad (4.115)$$

beschreiben. Hierbei ist w ein Maß für den Fokusdurchmesser. Unter Beachtung von (4.8) und (4.9) läßt sich die Leistung der Mode m nach (4.95) durch

$$P_m = 2n_f \sqrt{\frac{\epsilon_0}{\mu_0}} \int \int_{-\infty}^{\infty} |E_{my}(x,y)|^2 dx dy \quad (4.116)$$

ausdrücken, wobei $E_{my}(x,y)$ die y-Komponente des elektrischen Feldes in der Mode m bezeichnet und $\beta \approx kn_f$ gesetzt wurde. Die normierte Modenfeldkomponente ist damit gemäß (4.96) durch

$$\hat{E}_{my}(x,y) = E_{my}(x,y)/\sqrt{|P_m|} \quad (4.117)$$

gegeben. Für die Entwicklungskoeffizienten der Wellenleitermoden folgt aus (4.104)

$$a_{+m}(z = 0) = \left(1 + \frac{n_l}{n_f}\right) n_f \sqrt{\frac{\epsilon_0}{\mu_0}} \int \int_{-\infty}^{\infty} E_{iy} \hat{E}_{my}^* dx dy \quad , \quad (4.118)$$

wobei wir wieder $\beta \approx kn_f$ benutzt haben und n_l den Brechungsindex vor der Stirnseite des Wellenleiters bezeichnet. Bei einem Antireflexbelag kann man mit $n_l \approx n_f$ rechnen.

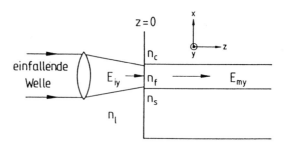

Bild 4.15: Stirnseitige Einkopplung in einen Wellenleiter

Das Verhältnis η_m von in die Mode eingekoppelter Leistung zu der insgesamt einfallenden Leistung ist durch den Einkopplungswirkungsgrad

$$|\eta_m|^2 = \frac{|a_{+m}|^2}{2n_f\sqrt{\frac{\varepsilon_0}{\mu_0}}\int\int_{-\infty}^{\infty}|E_{iy}|^2dxdy} = \frac{|\int\int_{-\infty}^{\infty}E_{iy}E_{my}^*dxdy|^2}{\int\int_{-\infty}^{\infty}|E_{iy}|^2dxdy \cdot \int\int_{-\infty}^{\infty}|E_{my}|^2dxdy}$$

(4.119)

gegeben, wobei wir $n_l = n_f$ gesetzt haben. Auf der rechten Seite steht der Korrelationskoeffizient der beiden Feldprofile E_{iy} und E_{my}. Die Einkopplung ist immer dann besonders groß, wenn die beiden Feldverläufe sehr ähnlich sind und damit das Überlappungsintegral von E_{iy} und E_{my} einen großen Wert annimmt. Für effektive Einkopplung muß man also für gute Feldanpassung sorgen. Auswertung von (4.119) für die Felder (4.115) und (4.3) ergibt quantitative Resultate.

4.5.2 Wellenleiterknicke und Rundungen

Ein Wellenleiterknick ist schematisch in Bild 4.16 dargestellt. Eine Wellenleiterrundung kann man idealisiert durch einen Wellenleiterknick beschreiben.

Wir betrachten wiederum nur linear polarisierte Wellen. Im linken Wellenleiter möge die Mode m mit der Feldverteilung $E_{my}(x,y)$ einfallen. Sie regt im rechten Wellenleiter, der um den Winkel φ verdreht ist, eine Mode derselben Ordnung an, die wir mit $E_{my'}(x',y')$ bezeichnen. In der Ebene $z' = 0$ können wir die einfallende Welle für kleine Winkel $\varphi < \lambda/(bn_f)$ im Bereich $-b/2 < y' < b/2$ durch

$$E_{iy'}(x',y',z'=0) \approx E_{my}(x=x',y=y')\exp\{i\beta y'\varphi\}$$

$$\approx E_{my'}(x',y')\exp\{i\beta y'\varphi\}$$

(4.120)

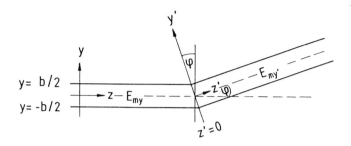

Bild 4.16: Zur Behandlung eines Wellenleiterknicks

approximieren. Für den Koppelwirkungsgrad erhalten wir damit

$$|\eta_m|^2 = \frac{|\int\int_{-\infty}^{\infty} E_{iy'} E_{my'}^* dx' dy'|^2}{\int\int_{-\infty}^{\infty} |E_{iy'}|^2 dx' dy' \cdot \int\int_{-\infty}^{\infty} |E_{my'}|^2 dx' dy'}$$

$$\approx \frac{|\int_{-b/2}^{b/2}\int_{-\infty}^{\infty} E_{iy'} E_{my'}^* dx' dy'|^2}{\int_{-b/2}^{b/2}\int_{-\infty}^{\infty} |E_{iy'}|^2 dx' dy' \cdot \int_{-b/2}^{b/2}\int_{-\infty}^{\infty} |E_{my'}|^2 dx' dy'} \qquad (4.121)$$

unter der Annahme, daß das Feld im Außenraum des Wellenleiters rasch abklingt und zu vernachlässigen ist. Für separierbare Modenfelder

$$E_{my'}(x', y') = E_{my'}^{(x)}(x') \cdot E_{my'}^{(y)}(y') \quad , \qquad (4.122)$$

wie zum Beispiel in (4.3), folgt unter Beachtung von (4.120) weiter

$$|\eta_m|^2 = \frac{|\int_{-b/2}^{b/2} |E_{my'}^{(y)}|^2 \exp\{i\beta y'\varphi\} dy'|^2}{\left(\int_{-b/2}^{b/2} |E_{my'}^{(y)}|^2 dy'\right)^2} \quad . \qquad (4.123)$$

Setzt man für die Grundmode $m = 0$ die Feldverteilung

$$E_{0y'}^{(y)}(y') = E_{0y'}^{(y)}(y' = 0) \cos(\pi y'/b) \quad \text{für} \quad -b/2 < y' < b/2 \qquad (4.124)$$

an, so folgt unter Beachtung von $\varphi \ll \lambda/(bn_f)$ näherungsweise

$$|\eta_0|^2 = \left(\frac{\sin(\beta\varphi b/2)}{\beta\varphi b/2}\right)^2 \quad . \qquad (4.125)$$

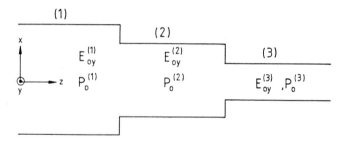

Bild 4.17: Schema einer stufenweisen Querschnittsänderung eines Wellenleiters. $P_0^{(i)}$ bezeichnet die Leistung der Grundmode $m = 0$ im Abschnitt i

Der 3 dB-Abfall erfolgt bei dem Winkel

$$\varphi_{3dB} = \frac{2.8}{\beta b} = \frac{1.4\lambda}{\pi n_f b} \quad . \tag{4.126}$$

Für $\lambda = 1\,\mu$m, $n_f = 3.5$ und $b = 3\,\mu$m hat man zum Beispiel $\varphi_{3dB} = 0.04 = 2.4°$. Dieser Wert ist als Abschätzung zu verstehen. Er besagt aber, daß Knickwinkel in Wellenleitern möglichst unter 1° bleiben sollten, damit die Verluste der geführten Welle nicht zu groß werden.

4.5.3 Querschnittsänderungen und Taper

Bei Querschnittsveränderungen nach Bild 4.17 kommt es an den Übergangsstellen zur Streuung in Filmwellen anderer Ordnung, und es werden auch Strahlungsmoden angeregt. Außerdem bilden sich evaneszente Wellen aus, die aber in z-Richtung exponentiell abklingen. Die Übergänge sollen so weit auseinander liegen, daß evaneszente Wellen nicht von einem Übergang auf den nächsten übergreifen. Wir nehmen wieder linear polarisierte Wellen an und interessieren uns für die Ausbreitung der Grundmode. Mit der Querschnittsverteilung ändert sich jeweils auch das Profil der Grundmode, das wir für $m = 0$ in den Abschnitten 1, 2, ... mit $E_{0y}^{(1)}(x, y), E_{0y}^{(2)}(x, y)$, usw. bezeichnen. Das Feld der Grundmode nach der ersten Querschnittsänderung ist abgesehen von einem konstanten Phasenfaktor durch

$$E_{0y}^{(2)}(x, y) = \sqrt{P_0^{(1)}}|\eta_{12}|\hat{E}_{0y}^{(2)}(x, y) \tag{4.127}$$

gegeben, wobei $\hat{E}_{0y}^{(2)}(x, y)$ ein nach (4.117) normiertes Feld darstellt, $P_0^{(1)}$ die (positive) Leistung der Grundmode im ersten Abschnitt bezeichnet und der Amplitudenkopplungswirkungsgrad durch

$$\eta_{12} = \frac{\int \int_{-\infty}^{\infty} E_{0y}^{(1)} E_{0y}^{(2)*} dxdy}{\left(\int \int_{-\infty}^{\infty} |E_{0y}^{(1)}|^2 dxdy \int \int_{-\infty}^{\infty} |E_{0y}^{(2)}|^2 dxdy \right)^{1/2}} \qquad (4.128)$$

gegeben ist. Die Leistung der Grundmode im zweiten Abschnitt ist offenbar

$$P_0^{(2)} = P_0^{(1)} |\eta_{12}|^2 \quad . \qquad (4.129)$$

Das Feld der Grundmode im dritten Abschnitt wird damit

$$E_{0y}^{(3)}(x,y) = \sqrt{P_0^{(2)}} |\eta_{23}| \hat{E}_{0y}^{(3)}(x,y) = \sqrt{P_0^{(1)}} |\eta_{12}\eta_{23}| \hat{E}_{0y}^{(3)}(x,y) \quad , \qquad (4.130)$$

und die Grundmodenleistung ist entsprechend

$$P_0^{(3)} = P_0^{(1)} |\eta_{12}|^2 |\eta_{23}|^2 \quad . \qquad (4.131)$$

Um die Beziehung (4.128) geschlossen auswerten zu können, nehmen wir an, daß der Wellenleiter in y-Richtung eine konstante Breite b und in x-Richtung ein parabolisches Profil besitzt. Die Grundmode hat dann nach Abschnitt 3.6 die Querschnittsfeldverteilung

$$E_{0y}^{(l)}(x,y) = \begin{cases} E_{0y}^{(l)}(x=0, y=0) \exp\{-x^2/w_l^2\} & \text{für} \quad 0 \leq y \leq b \\ 0 & \text{sonst} \end{cases} \quad .$$

$$\qquad (4.132)$$

Hierbei bezeichnet w_l die charakteristische Weite der Grundmode im Abschnitt l. Für den Amplitudenkopplungswirkungsgrad erhalten wir damit

$$\eta_{12} = \frac{\int_{-\infty}^{\infty} \exp\{-(1/w_1^2 + 1/w_2^2)x^2\} dx}{\left(\int_{-\infty}^{\infty} \exp\{-2x^2/w_1^2\} dx \int_{-\infty}^{\infty} \exp\{-2x^2/w_2^2\} dx \right)^{1/2}} = \sqrt{\frac{2w_1 w_2}{w_1^2 + w_2^2}} \quad , \qquad (4.133)$$

und der Kopplungswirkungsgrad ist

$$|\eta_{12}|^2 = \left[\frac{1}{2} \left(\frac{w_1}{w_2} + \frac{w_2}{w_1} \right) \right]^{-1} \quad . \qquad (4.134)$$

Der Kopplungswirkungsgrad ist nur für $w_1 = w_2$ gleich Eins, sonst aber kleiner. Wählt man die Querschnittsänderungen so, daß

$$w_l = w_0 \exp\{\pm l\Delta w\} \quad \text{für} \quad l = 1, 2, 3, \dots \qquad (4.135)$$

gilt, die Querschnittsweiten also exponentiell zu- oder abnehmen, dann hat man

$$|\eta_{12}|^2 = (\cosh \Delta w)^{-1} \quad . \qquad (4.136)$$

Ebenso folgt $|\eta_{23}|^2 = (\cosh \Delta w)^{-1}$ und $|\eta_{13}|^2 = [\cosh(2\Delta w)]^{-1}$ und damit

$$|\eta_{12}\eta_{23}|^2/|\eta_{13}|^2 = \cosh(2\Delta w)/\cosh^2 \Delta w > 1 \quad . \tag{4.137}$$

Aus der letzten Beziehung geht hervor, daß bei einem zweistufigen Übergang von w_1 über w_2 nach w_3 mehr Leistung in die Grundmode des dritten Abschnitts übertragen wird als bei einem abrupten Übergang von w_1 nach w_3. Offenbar kann man durch einen allmählichen Übergang, mit anderen Worten durch Anpassung, die Modenleistung zwischen Wellenleitern verschiedenen Querschnittprofils verlustarm übertragen. Zerlegt man den Übergang in L Abschnitte mit $w_1/w_L = \exp\{(L-1)\Delta w\}$ oder $\Delta w = \ln(w_1/w_L)/(L-1)$, ergibt sich

$$P_0^{(L)}/P_0^{(1)} = 1/\cosh^{(L-1)}\{\ln(w_1/w_L)/(L-1)\} \overset{L\to\infty}{\longrightarrow} 1 \quad . \tag{4.138}$$

Dieses Beispiel belegt, daß man durch einen allmählichen Übergang, der auch Taper genannt wird, die Modenleistung verlustfrei transformieren kann.

5 Kopplung von Moden

5.1 Behandlung gekoppelter Moden

In Wellenleitern, deren Brechungsindexprofile unabhängig von der z-Koordinate sind, bleibt die Energie einer Mode über die gesamte Länge konstant. Die Superposition zweier ausbreitungsfähiger Moden a und b gleicher Frequenz läßt sich schreiben als

$$\mathbf{E}(x,y,z) = A \exp\{\mp i\beta_a z\}\hat{\mathbf{E}}_a(x,y) + B \exp\{\mp i\beta_b z\}\hat{\mathbf{E}}_b(x,y) \quad . \tag{5.1}$$

Hierbei sind A und B komplexe Amplituden, und die Plus- und Minuszeichen kennzeichnen rück- und vorlaufende Wellen. Sind Störungen im Wellenleiter vorhanden, die zu einem von z abhängigen Brechungsindexprofil führen, kommt es zu Streuung der Energie aus der Mode.

Früher hatten wir bereits gesehen, daß Streuung zu Verlusten führen kann. Hier wollen wir speziell den Fall der Streuung einer Mode a in eine andere Mode b untersuchen. Über die Ursache der Störungen werden keine Voraussetzungen gemacht. Grenzflächendeformationen werden ebenso erfaßt wie Änderungen des Brechungsindex durch elektrische oder mechanische Effekte. Zeitabhängige Steuerung der Störung führt unmittelbar zu Wellenleitermodulatoren.

Wenn die Streuung nur schwach ist, kann man näherungsweise annehmen, daß das Modenprofil erhalten bleibt, die Amplitude sich aber entlang der Wellenleiterachse ändert und folglich $A = A(z), B = B(z)$ gilt. Setzen wir voraus, daß sich nur die beiden Moden a und b im Wellenleiter ausbreiten, gilt für die komplexen Amplituden

$$\frac{dA}{dz} = \kappa_{ab} B e^{-2i\delta z} \quad ,$$

$$\frac{dB}{dz} = \kappa_{ba} A e^{2i\delta z} \quad . \tag{5.2}$$

Diese Beziehungen werden wir im Abschnitt 5.2 ableiten. Die Phasenabweichung 2δ hängt mit der Differenz der Ausbreitungskonstanten der beiden Moden und der räumlichen Variation der Störung zusammen. Die Größen κ_{ab} und κ_{ba} werden als Koppelfaktoren bezeichnet. Sie sind ein Maß für die Kopplungsstärke. Gemäß der Normierung der Wellenleitermoden drücken $|A|^2$ und $|B|^2$ die in den entsprechenden Moden transportierte elektromagnetische Energie aus. Die Erhaltung der Gesamtleistung erfordert

$$\frac{d}{dz}\left(|A|^2 \pm |B|^2\right) = 0 \quad , \tag{5.3}$$

wobei das Pluszeichen für gleichsinnig laufende Moden und das Minuszeichen für in Gegenrichtung laufende Moden gilt.

5.1.1   Kodirektionale Kopplung

Für kodirektionale Kopplung gilt das Pluszeichen in Gleichung (5.3). Leistungserhaltung erfordert damit wegen (5.2)

$$\kappa_{ab} = -\kappa_{ba}^* \quad , \tag{5.4}$$

also im symmetrischen Fall ($\kappa_{ab} = \kappa_{ba}$) rein imaginäre Koppelfaktoren. Trifft eine einfallende Mode B bei $z = 0$ auf einen im Abschnitt $0 < z < L$ gestörten Wellenleiter, so hat man als Anfangsbedingung

$$A(z = 0) = 0, \quad B(z = 0) = B_0 \quad . \tag{5.5}$$

Lösungen des Differentialgleichungssystems (5.2) sind damit

$$A(z) = \frac{\kappa_{ab}B_0}{\sqrt{\kappa^2 + \delta^2}}\exp\{-i\delta z\}\sin\left(z\sqrt{\kappa^2 + \delta^2}\right) \quad ,$$

$$B(z) = B_0\exp\{i\delta z\}\left[\cos\left(z\sqrt{\kappa^2 + \delta^2}\right) - \frac{i\delta}{\sqrt{\kappa^2 + \delta^2}}\sin\left(z\sqrt{\kappa^2 + \delta^2}\right)\right] \quad ,$$

$$\tag{5.6}$$

wobei $\kappa = |\kappa_{ab}| = |\kappa_{ba}|$ gesetzt wurde. Die Modenleistungen sind in Bild 5.1 als Funktion des Ortes dargestellt. Es gibt einen räumlich periodischen Energieaustausch, der durch die inverse Koppellänge

$$L_c^{-1} = \frac{2}{\pi}\sqrt{\kappa^2 + \delta^2} \tag{5.7}$$

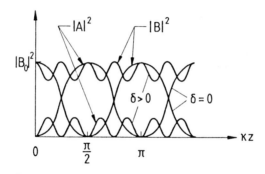

Bild 5.1: Energieaustausch bei der Kopplung zweier kodirektionaler Moden

bestimmt ist. Vollständiger Energieaustausch erfolgt nur bei Phasenanpassung $\delta = 0$. Hierfür gilt einfach

$$A(z) \;=\; B_0 \left(\kappa_{ab}/\kappa \right) \sin \kappa z \quad,$$

$$B(z) \;=\; B_0 \cos \kappa z \quad. \tag{5.8}$$

Energieaustausch der Form (5.6) findet man zum Beispiel auch in der Quantenmechanik beim Übergang von Elektronen zwischen zwei Energiezuständen. Hierbei handelt es sich allerdings um den Einfluß einer zeitabhängigen Störung und dementsprechend um einen zeitlich periodischen Energieaustausch. Allgemein kann man sagen, daß (5.6) aus einem Störungsansatz hervorgeht.

5.1.2 Kontradirektionale Kopplung

Eine räumlich periodische Störung im Wellenleiter kann eine rückwärts laufende Welle anregen. Aus der Leistungserhaltung (5.3), für die jetzt das Minuszeichen zutrifft, folgt zusammen mit (5.2) für die Koppelfaktoren

$$\kappa_{ab} = \kappa_{ba}^{*} \quad, \tag{5.9}$$

die also im symmetrischen Fall $(\kappa_{ab} = \kappa_{ba})$ rein reell sind. Wie in Bild 5.2 dargestellt ist, soll sich die Störung über den Bereich $0 < z < L$ ausdehnen. Fällt eine Welle B von links ein, so wird für die gestreute Welle A gelten $A(L) = 0$, denn diese Welle wird erst durch die Störung erzeugt. Mit den Randbedingungen $A(L) = 0, B(0) = B_0$ erhält man für (5.2) die Lösungen

$$A(z) \;=\; \frac{i\kappa_{ab} \sinh\left[(z - L)\sqrt{\kappa^2 - \delta^2} \right] \exp\{-i\delta z\} B_0}{-\delta \sinh(L\sqrt{\kappa^2 - \delta^2}) + i\sqrt{\kappa^2 - \delta^2} \cosh(L\sqrt{\kappa^2 - \delta^2})} \quad,$$

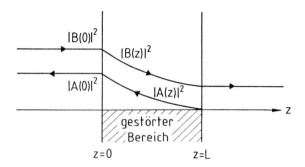

Bild 5.2: Energieaustausch zwischen einfallender Welle $B(z)$ und reflektierter Welle $A(z)$ bei Phasenanpassung $\delta = 0$

$$
B(z) \;=\; \frac{\delta \sinh[(z-L)\sqrt{\kappa^2 - \delta^2}] + i\sqrt{\kappa^2 - \delta^2}\cosh[(z-L)\sqrt{\kappa^2 - \delta^2}]}{-\delta \sinh(L\sqrt{\kappa^2 - \delta^2}) + i\sqrt{\kappa^2 - \delta^2}\cosh(L\sqrt{\kappa^2 - \delta^2})}
$$

$$
B_0 \exp\{i\delta z\} \quad . \tag{5.10}
$$

Besonders übersichtlich wird der funktionale Verlauf für den Fall der Phasenanpassung $\delta = 0$. Hierfür hat man

$$
A(z) \;=\; B_0 \left(\frac{\kappa_{ab}}{\kappa}\right) \frac{\sinh[\kappa(z-L)]}{\cosh(\kappa L)} \quad ,
$$

$$
B(z) \;=\; B_0 \frac{\cosh[\kappa(z-L)]}{\cosh(\kappa L)} \quad . \tag{5.11}
$$

Bild 5.2 zeigt den Verlauf der Modenleistungen $|A(z)|^2$ und $|B(z)|^2$ für den Fall der Phasenanpassung $\delta = 0$. Die einfallende Welle klingt monoton, nahezu exponentiell ab. Die rücklaufende Welle nimmt die Energie auf und wächst in geeigneter Weise an. Die Form der Lösungen ändert sich von exponentiellem zu schwingungsähnlichem Verlauf, wenn die Phasenabweichung δ größer wird als der Koppelfaktor κ. Denn hierfür wird die Wurzel in (5.10) imaginär. Offenbar kommt es jetzt zu einem wechselseitigen Energieaustausch zwischen hin- und rücklaufender Welle, dessen Vorzeichen sich wegen der Fehlanpassung entlang der z-Achse periodisch ändert. Mit wachsender Fehlanpassung nimmt die Amplitude der rücklaufenden Welle aber immer mehr ab. Es gilt $|A|^2 \to 0$ für $|\delta| \gg \kappa$.

5.1.3 Filter

Kontradirektionale Koppler bieten sich insbesondere als Frequenz- oder Wellenlängenfilter in einmodigen Wellenleitern an. Die Phasenabweichung δ läßt sich durch Frequenz- und Vakuumwellenlängenänderung $\Delta\omega$ bzw. $\Delta\lambda$ ausdrücken

$$\delta \approx \frac{d\beta}{d\omega}\Delta\omega = \Delta\omega/v_g = -\frac{2\pi c}{\lambda^2 v_g}\Delta\lambda \quad , \tag{5.12}$$

wobei $\beta = \beta(\omega)$ die Ausbreitungskonstante der Mode und c die Vakuumlichtgeschwindigkeit bedeuten. Das Verhältnis $r = A(z = 0)/B(z = 0)$ kann man nach Bild 5.2 als Amplitudenreflexionsfaktor auffassen. Aus (5.10) erhält man für den Intensitätsreflexionsfaktor

$$|r|^2 = \begin{cases} \dfrac{\kappa^2}{\delta^2 + (\kappa^2 - \delta^2)\coth^2(L\sqrt{\kappa^2 - \delta^2})} & \text{für} \quad \delta < \kappa \\ \dfrac{\kappa^2}{\delta^2 + (\delta^2 - \kappa^2)\cot^2(L\sqrt{\delta^2 - \kappa^2})} & \text{für} \quad \delta > \kappa \end{cases} \quad . \tag{5.13}$$

Bild 5.3 zeigt den Reflexionsfaktor als Funktion der Wellenlängenänderung $\Delta\lambda$, die über (5.12) mit der Phasenabweichung δ zusammenhängt. Für Phasenanpassung gilt

$$|r|^2 = \tanh^2(\kappa L) \quad . \tag{5.14}$$

Diese Formel bestimmt die maximal überzukoppelnde Leistung. Für hinreichend großes Koppelfaktor-Längen-Produkt $\kappa L \gg 1$ erhält man demnach $|r|^2 \approx 1$ für $\delta = 0$. Für $\delta = \kappa$ gilt immerhin noch

$$|r|^2 = \frac{L^2\kappa^2}{L^2\kappa^2 + 1} \quad , \tag{5.15}$$

für $\delta = \sqrt{\kappa^2 + \pi^2/L^2}$ hat man dagegen bereits die erste Nullstelle im Reflexionsfaktor. Wir definieren die Breite der Reflexionsfunktion $r = r(\Delta\lambda)$ durch

$$\delta_r = 2\sqrt{\kappa^2 + \pi^2/L^2} \tag{5.16}$$

und haben nach (5.12) mit $v_g \approx c/\bar{n}$

$$\Delta\lambda_r = \frac{\lambda^2}{\pi\bar{n}}\sqrt{\kappa^2 + \pi^2/L^2} \approx \frac{\lambda^2\kappa}{\pi\bar{n}} \quad , \tag{5.17}$$

wobei die Näherung auf der rechten Seite für $\kappa L \gg 1$ richtig ist. Mit einem Koppelfaktor von $\kappa = 10$ cm^{-1} und einer Wechselwirkungslänge von 3 mm kann man bei einer Wellenlänge $\lambda = 1$ μm bei $\bar{n} = 3.5$ eine Reflexionskurve mit einer Breite von $\Delta\lambda_r \approx 0.1$ nm erzeugen.

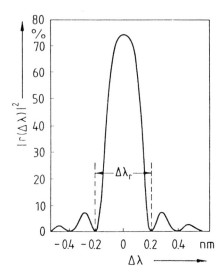

Bild 5.3: Wellenlängenabhängige Reflexion bei kontradirektionaler Kopplung für $\kappa = 17$ cm^{-1}, $L = 0.8$ mm, $\lambda = 1$ μm und $\bar{n} = 3.5$ (nach [5.3])

Wir sehen damit, daß sich schmalbandige Filter im Prinzip in integriert optischen Kopplern realisieren lassen. Im folgenden werden wir uns mit der Theorie gekoppelter Moden befassen, um dann die so wichtigen Koppelfaktoren berechnen zu können.

5.2   Theorie der Modenkopplung

Wir wollen einen verlustlosen Wellenleiter betrachten, der durch ein Brechungsindexprofil $\epsilon(x,y) = \bar{n}^2(x,y)$ charakterisiert ist. Diese vorgegebene Verteilung hängt mit der Polarisation **P** des Mediums über die Beziehung

$$\mathbf{D} = \epsilon_0 \mathbf{E} + \mathbf{P} = \epsilon \epsilon_0 \mathbf{E} \qquad (5.18)$$

zusammen und charakterisiert eine ungestörte Mode. Zusätzlich wollen wir jetzt annehmen, daß noch eine zusätzliche Polarisation $\mathbf{P}_{pert}$ vorhanden ist. Diese Zusatzpolarisation stört die Ausbreitung von Eigenmoden, denn sie führt als Quelle zur Erzeugung neuer Wellen. Die Störpolarisation geht als antreibender Quellterm in die Maxwell-Gleichungen ein. Für sinusförmige Zeitabhängigkeit nimmt das Faradaysche Gesetz (2.8) die Form an

$$\nabla \times \mathbf{H} = i\omega \epsilon \epsilon_0 \mathbf{E} + i\omega \mathbf{P}_{pert} \quad . \qquad (5.19)$$

Das Induktionsgesetz (2.7) bleibt dagegen ungeändert, da magnetische Änderungen weiterhin nicht betrachtet werden ($\mu = 1$)

$$\nabla \times \mathbf{E} = -i\omega\mu_0\mathbf{H} \quad . \tag{5.20}$$

5.2.1 Reziprozität bei Vorhandensein von Quellen

Wir betrachten wie in Abschnitt 4.4 zwei Felder 1 und 2, die Lösungen der Maxwell-Gleichungen (5.19) und (5.20) sind. Zusätzlich berücksichtigen wir zwei Störpolarisationen $\mathbf{P}_1 = \mathbf{P}_{pert1}(x,y,z)$ und $\mathbf{P}_2 = \mathbf{P}_{pert2}(x,y,z)$ als Quellen. Wie früher leiten wir ab

$$\nabla \cdot (\mathbf{E}_1 \times \mathbf{H}_2^* + \mathbf{E}_2^* \times \mathbf{H}_1) = -i\omega\mathbf{P}_1 \cdot \mathbf{E}_2^* + i\omega\mathbf{P}_2^* \cdot \mathbf{E}_1 \quad . \tag{5.21}$$

Dies ist das Reziprozitätstheorem bei Vorhandensein zusätzlicher Quellterme. Identifizieren wir das Feld 2 mit einer Mode des Wellenleiters, so ist $\mathbf{P}_2 = 0$. Integration über den Wellenleiterquerschnitt liefert dann unter Anwendung des Gaußschen Satzes ähnlich wie bei der Ableitung der Orthogonalitätsrelation

$$\int\int_{-\infty}^{\infty} \frac{\partial}{\partial z}(\mathbf{E}_1 \times \mathbf{H}_2^* + \mathbf{E}_2^* \times \mathbf{H}_1)_z\,dxdy = -i\omega\int\int_{-\infty}^{\infty}\mathbf{P}_1 \cdot \mathbf{E}_2^*dxdy \quad , \tag{5.22}$$

wobei

$$\begin{aligned}
\mathbf{E}_2 &= \hat{\mathbf{E}}_m(x,y)\exp\{-i\beta_m z\} \quad , \\
\mathbf{H}_2 &= \hat{\mathbf{H}}_m(x,y)\exp\{-i\beta_m z\}
\end{aligned} \tag{5.23}$$

ausbreitungsfähige (normierte) Moden des Wellenleiters sind. $\mathbf{E}_1$ und $\mathbf{H}_1$ sind dagegen beliebige Feldverteilungen.

5.2.2 Differentialgleichungen für die Entwicklungskoeffizienten

Wir entwickeln das Feld 1 in Beziehung (5.22) nach den Moden des Wellenleiters. Hierbei ist zu beachten, daß die Feldentwicklungen nach (4.102) und (4.103) nur für die transversalen Komponenten der Felder gültig sind. Wir schreiben

$$\begin{aligned}
\mathbf{E}_{1t}(x,y,z) &= \sum_m (a_m(z) + a_{-m}(z))\hat{\mathbf{E}}_{tm}(x,y) \quad , \\
\mathbf{H}_{1t}(x,y,z) &= \sum_m (a_m(z) - a_{-m}(z))\hat{\mathbf{H}}_{tm}(x,y) \quad .
\end{aligned} \tag{5.24}$$

Setzen wir diese Feldentwicklungen in (5.22) ein, beachten (5.23) und die Orthogonalität und Normierung der Moden, erhalten wir die wichtige Beziehung

$$\frac{da_{\pm m}}{dz} \pm i\beta_{\pm m} a_{\pm m} = \mp i\omega \int \int_{-\infty}^{\infty} \mathbf{P} \cdot \hat{\mathbf{E}}_{\pm m}^* \, dx dy \qquad (5.25)$$

für die z-Abhängigkeit der Entwicklungskoeffizienten. Hierbei ist zu beachten, daß vom elektrischen Feld $\hat{\mathbf{E}}_{\pm m}(x, y)$ im Integranden auf der rechten Seite alle drei Komponenten von Bedeutung sind. Außerdem haben wir zur Abkürzung für die Störpolarisation $\mathbf{P} = \mathbf{P}_1(x, y, z)$ gesetzt. Wenn keine Quellen vorhanden sind (Störpolarisation $\mathbf{P} = 0$), ist (5.25) mit (4.111) identisch. Durch die Transformation

$$a_{\pm m}(z) = A_{\pm m}(z) \exp\{\mp i\beta_{\pm m} z\} \qquad (5.26)$$

läßt sich (5.25) noch vereinfachen. Hierbei sind $A_{\pm m}(z)$ die in Abschnitt 5.1 betrachteten komplexen Amplituden. Man erhält

$$\frac{dA_{\pm m}}{dz} = \mp i\omega \exp\{\pm i\beta_{\pm m} z\} \int \int_{-\infty}^{\infty} \mathbf{P}(x, y, z) \cdot \hat{\mathbf{E}}_{\pm m}^*(x, y) dx dy \quad . \qquad (5.27)$$

Die Überlappung des Modenfeldes mit den Quellen bestimmt die Änderung der Amplitude. Als Quellen sind dabei Abweichungen der Polarisation von der des ungestörten Wellenleiters anzusetzen. Zur quantitativen Auswertung von (5.27) muß die Störpolarisation $\mathbf{P}(x, y, z)$ bekannt sein. Allerdings kann man auch ohne genaue Kenntnis der Störpolarisation schon wichtige Aussagen treffen. Dehnt sich der gestörte Bereich über viele Wellenlängen in z-Richtung aus, kommt es nur dann zu einer merklichen Änderung der Amplitude $A_{\pm m}$, wenn die schnellen Schwankungen des Vorfaktors $\exp\{\pm i\beta_{\pm m} z\}$ von der z-Abhängigkeit der Störpolarisation kompensiert werden. Für effizienten Energieübertrag muß die Störpolarisation eine Fourier-Komponente besitzen, die proportional zum Ausbreitungsfaktor $\exp\{-i\beta_m z\}$ der Mode m ist. Wenn diese Synchronisation vorliegt, spricht man von Phasenanpassung.

5.2.3   Quellenverteilungen

Die Störpolarisation $\mathbf{P}(x, y, z)$ kann durch eine Vielzahl von physikalischen Effekten hervorgerufen werden. Der einfachste Fall ist sicher eine skalare Abweichung $\Delta\epsilon(x, y, z)$ der Dielektrizitätskonstanten vom Nominalwert $\epsilon(x, y)$. Ursache können elektrische oder magnetische Felder, aber auch mechanische Verspannungen oder Grenzflächendeformationen sein. Die Abweichung von der Nominalverteilung erzeugt die Störpolarisation

$$\mathbf{P} = \Delta\epsilon\epsilon_0 \mathbf{E} \quad , \qquad (5.28)$$

wobei $\mathbf{E}$ die komplexe Feldstärke des Lichts im Wellenleiter ist. Verluste im Wellenleiter können durch ein imaginäres skalares $\Delta\epsilon$ beschrieben werden. Anisotrope Störungen werden durch einen Dielektrizitätstensor

$$(\Delta\epsilon_{ij}(x,y,z)) = \begin{pmatrix} \Delta\epsilon_{11} & \Delta\epsilon_{12} & \Delta\epsilon_{13} \\ \Delta\epsilon_{21} & \Delta\epsilon_{22} & \Delta\epsilon_{23} \\ \Delta\epsilon_{31} & \Delta\epsilon_{32} & \Delta\epsilon_{33} \end{pmatrix} \tag{5.29}$$

erfaßt, wobei die Indizes 1,2,3 mit x, y, z zu identifizieren sind. Die Komponenten der Störpolarisation sind dann gegeben durch

$$P_i = \epsilon_0 \sum_{j=1}^{3} \Delta\epsilon_{ij} E_j \quad \text{für} \quad i = 1,2,3 \quad , \tag{5.30}$$

wobei E_j die Komponenten des Lichtfeldvektors bezeichnet. Nichtdiagonalelemente in (5.29) können für TE-TM-Modenkonversion sorgen.

Auch nichtlineare optische Effekte verursachen eine Störpolarisation. Effekte zweiter Ordnung führen zu Elementen des Dielektrizitätstensors der Form

$$\Delta\epsilon_{ij} = \sum_{k=1}^{3} \chi_{ijk}^{(2)} E_k \quad , \tag{5.31}$$

die selbst von der Lichtfeldstärke abhängen. Die Größen $\chi_{ijk}^{(2)}$ sind die Elemente des nichtlinearen Suszeptibilitätstensors zweiter Ordnung, und E_k sind Lichtfeldkomponenten. Dielektrizitätskonstanten nach (5.31) führen zu Polarisationen, die mit der doppelten Lichtfrequenz schwingen und diese Frequenzen dann auch selbst anregen. Man erhält höhere Harmonische der Lichtfrequenz.

Wir sehen, daß die Störpolarisation eng mit dem elektrischen Feld der Lichtwelle zusammenhängt. Dies wird in der weiteren Auswertung von (5.27) ausgenutzt.

5.2.4 Koppelfaktoren für skalare Störungen

Bei skalaren Störungen ist die Zusatzpolarisation durch (5.28) gegeben. Die transversalen Komponenten können nach den Eigenwellen entwickelt werden

$$\mathbf{P}_t(x,y,z) = \epsilon_0 \Delta\epsilon(x,y,z) \sum_m (a_m + a_{-m}) \hat{\mathbf{E}}_{tm} \quad . \tag{5.32}$$

Die longitudinale Komponente erhalten wir aus dem Faradayschen Gesetz (4.40)

$$\nabla_t \times \mathbf{H}_t = i\omega(\epsilon + \Delta\epsilon)\epsilon_0 \mathbf{E}_z \quad . \tag{5.33}$$

Wir stellen folgende Gleichungssequenz auf

$$
\begin{aligned}
P_z &= \Delta\epsilon\epsilon_0 E_z \\[2mm]
&= \frac{\Delta\epsilon}{\epsilon + \Delta\epsilon}\frac{1}{i\omega}(\nabla_t \times \mathbf{H}_t)_z = \frac{\Delta\epsilon}{\epsilon + \Delta\epsilon}\frac{1}{i\omega}\sum_m (a_m - a_{-m})(\nabla_t \times \hat{\mathbf{H}}_{tm})_z \\[2mm]
&= \epsilon_0\Delta\epsilon\frac{\epsilon}{\epsilon + \Delta\epsilon}\sum_m (a_m - a_{-m})\hat{E}_{zm} \quad .
\end{aligned}
\tag{5.34}
$$

Die Entwicklung der z-Komponente unterscheidet sich von der Entwicklung der Transversalkomponente durch das Auftreten des Minuszeichens vor dem Entwicklungskoeffizienten a_{-m} für rücklaufende Wellen und den Vorfaktor $\epsilon/(\epsilon + \Delta\epsilon)$. Man ist geneigt, den Vorfaktor durch Eins zu approximieren. Dies ist jedoch für Probleme, die insbesondere mit Grenzflächendeformationen zusammenhängen, keine gute Näherung. Da wir bislang überhaupt noch keine Näherungen in diesem Kapitel gemacht haben, berücksichtigen wir den Vorfaktor auch weiterhin.

Wir definieren Koppelkoeffizienten der Moden μ und m

$$
K^x_{\mu m}(z) = \omega\epsilon_0 \int\int_{-\infty}^{\infty} \Delta\epsilon\hat{E}_{x\mu}\hat{E}^*_{xm}\,dxdy \quad ,
$$

$$
K^y_{\mu m}(z) = \omega\epsilon_0 \int\int_{-\infty}^{\infty} \Delta\epsilon\hat{E}_{y\mu}\hat{E}^*_{ym}\,dxdy \quad ,
$$

$$
K^z_{\mu m}(z) = \omega\epsilon_0 \int\int_{-\infty}^{\infty} \frac{\epsilon\Delta\epsilon}{\epsilon + \Delta\epsilon}\hat{E}_{z\mu}\hat{E}^*_{zm}\,dxdy \quad ,
\tag{5.35}
$$

die im allgemeinen von der z-Koordinate abhängig sind. Zu beachten ist, daß die Modenfelder in den Beziehungen (5.35) normiert sind. Wegen der Feldsymmetrien gilt für reelle $\Delta\epsilon$

$$
K^x_{\mu m} = (K^x_{m\mu})^* = (K^x_{\mu m})^*
\tag{5.36}
$$

und entsprechend für die y- und z-"Komponenten" der Koppelkoeffizienten.

Einsetzen der Feldentwicklungen (5.32) und (5.34) in (5.27) liefert mit den Koppelkoeffizienten (5.35) für vorwärts laufende Wellen

$$
\begin{aligned}
\frac{dA_m}{dz} = &-i\sum_\mu \left[A_\mu(K^x_{\mu m} + K^y_{\mu m} + K^z_{\mu m})\exp\{-i(\beta_\mu - \beta_m)\,z\} \right. \\[2mm]
&\left. + A_{-\mu}(K^x_{\mu m} + K^y_{\mu m} - K^z_{\mu m})\exp\{i(\beta_\mu + \beta_m)z\} \right] \quad ,
\end{aligned}
\tag{5.37}
$$

wobei noch (5.26) beachtet wurde. Für rückwärts laufende Wellen ergibt sich, wenn man in den Ausdrücken für die Koppelkoeffizienten die Symmetrierelation

$$\hat{\mathbf{E}}_{-\mu} = \left(\hat{E}_{-\mu x}, \hat{E}_{-\mu y}, \hat{E}_{-\mu z}\right) = \left(\hat{E}_{\mu x}, \hat{E}_{\mu y}, -\hat{E}_{\mu z}\right) \tag{5.38}$$

beachtet

$$\frac{dA_{-m}}{dz} = i \sum_{\mu}[A_\mu(K^x_{\mu m} + K^y_{\mu m} - K^z_{\mu m})\exp\{-i(\beta_\mu + \beta_m)z\}$$

$$+ A_{-\mu}(K^x_{\mu m} + K^y_{\mu m} + K^z_{\mu m})\exp\{i(\beta_\mu - \beta_m)z\}] \quad . \tag{5.39}$$

Die Gleichungen (5.37) und (5.39) bilden die Grundlage für die Behandlung vieler Streuprobleme. Die Änderung der komplexen Amplitude einer Mode wird ausgedrückt durch die Störung $\Delta\epsilon(x, y, z)$, die modalen Verteilungen $\hat{\mathbf{E}}_m(x, y)$ und die Amplituden in den Moden. Ganz wichtig ist, daß die Beiträge mit einem Phasenfaktor $\exp\{\pm i(\beta_\mu \pm \beta_m)z\}$ gewichtet werden, in den die Differenz der Phasenkonstanten der beiden betrachteten Moden eingeht. Eine Energieübertragung über längere Strecken z ist nur zwischen Moden zu erwarten, bei denen das Produkt aus Phasenfaktor und Koppelkoeffizient sich mit z nur sehr langsam ändert, oder anders gesagt, im Mittel über die Störungslänge nicht verschwindet. Für solche Moden liegt Phasenanpassung vor.

5.2.5 Synchronisation

Die Diskussion am Ende des letzten Abschnitts hat gezeigt, daß Phasenanpassung ganz entscheidend für einen Energieaustausch zwischen den Moden ist. Maßgeblich für die Anpassung ist die z-Abhängigkeit der Koppelkoeffizienten. Synchronisation liegt in der Praxis nur zwischen ganz wenigen geführten Moden vor. Meistens ist es schwer, überhaupt Phasenanpassung zu erzielen.

Bei der folgenden Betrachtung konzentrieren wir uns nur auf synchrone Moden und nehmen nur solche in der Entwicklung (5.37) bzw. (5.39) mit. Der allereinfachste Fall liegt vor, wenn der Koppelkoeffizient unabhängig von z ist und alle Moden verschiedene Ausbreitungskonstanten besitzen. Für die Mode m erfüllt nur der m-te Summand auf der rechten Seite der Gleichung (5.37) die Phasenanpassung, und wir erhalten

$$\frac{dA_m}{dz} = -i(K^x_{mm} + K^y_{mm} + K^z_{mm})A_m \quad . \tag{5.40}$$

Für reelles $\Delta\epsilon$ sind auch die Koppelkoeffizienten reell, und die Störung führt zu einer Phasendrehung der komplexen Amplitude, wie wir es auch nach Gleichung (5.27) erwarten. Für imaginäres $\Delta\epsilon$ kommt es zur Dämpfung oder gegebenenfalls - wie in Lasern - auch zur Verstärkung der Welle.

Wenn Phasenanpassung zwischen zwei Moden mit verschiedenen Ausbreitungskonstanten vorliegt, so berücksichtigen wir nur diese beiden Moden in den Ent-
wicklungen (5.37) bzw. (5.39) und vernachlässigen alle anderen Terme. Wir
müssen jetzt zwei Fälle unterscheiden. Es können zwei Moden koppeln, die
in dieselbe Richtung laufen, aber es können auch zwei Moden koppeln, die
gegeneinander laufen. Dies entspricht der in Abschnitt 5.1 diskutierten kodi-
rektionalen und kontradirektionalen Kopplung. Phasenanpassung zwischen zwei
Moden mit verschiedenen Ausbreitungskonstanten erfordert periodisch mit der
z-Koordinate variierende Koppelkoeffizienten. Für zwei kodirektional gekoppelte
Moden A_m und A_l folgt aus (5.37)

$$\frac{dA_m}{dz} = -i\,A_l\big(K^x_{lm} + K^y_{lm} + K^z_{lm}\big)\exp\{-i(\beta_l - \beta_m)z\} \quad,$$

$$\frac{dA_l}{dz} = -i\,A_m\big(K^x_{ml} + K^y_{ml} + K^z_{ml}\big)\exp\{-i(\beta_m - \beta_l)z\} \quad. \qquad (5.41)$$

Für reelles $\Delta\epsilon$ ist der Koppelkoeffizient $K_{lm}(z) = K^x_{lm} + K^y_{lm} + K^z_{lm}$ eine reelle
Funktion der Ortskoordinate z. Es gilt $K_{lm}(z) = K^*_{ml}(z)$. Wir entwickeln
$K_{lm}(z)$ in eine Fourier-Reihe

$$K_{lm}(z) = \sum_{\mu=1}^{\infty} \kappa_\mu\, e^{i\mu K z} + \kappa^*_\mu e^{-i\mu K z} \qquad (5.42)$$

mit komplexen Koppelfaktoren $\kappa_\mu = \kappa_{lm\mu}$ und reellen Raumfrequenzen K. Wir
wollen annehmen, daß der erste Term der Fourier-Reihe zur Synchronisation
führt. Wir vernachlässigen die nichtsynchronen Terme und erhalten aus (5.41)

$$\frac{dA_m}{dz} = -i\kappa_1 A_l \exp\{-i(\beta_l - \beta_m - K)z\} \quad,$$

$$\frac{dA_l}{dz} = -i\kappa^*_1 A_m \exp\{i(\beta_l - \beta_m - K)z\} \quad. \qquad (5.43)$$

Mit

$$2\delta = \beta_l - \beta_m - K \qquad (5.44)$$

und $\kappa_{ab} = -i\kappa_1$ ist dies genau das in Aschnitt 5.1.1 diskutierte Differentialgleichungssystem für kodirektionale Kopplung. Die Schreibweise (5.44) deutet an,
daß wir kleine Fehlanpassungen zulassen. Wir wissen aber bereits, daß effiziente
Kopplung nur für $|\delta| \ll |\kappa_1| = \kappa$ zu erzielen ist.

Für zwei gegenläufige gekoppelte Moden A_m und A_l folgt aus (5.37) und (5.39)
$(\beta_l = -\beta_{-l})$

$$\frac{dA_m}{dz} = -iA_{-l}\big(K^x_{lm} + K^y_{lm} - K^z_{lm}\big)\exp\{i(\beta_l + \beta_m)z\} \quad,$$

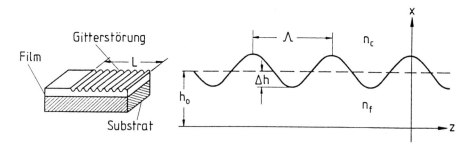

Bild 5.4: Filmwellenleiter mit sinusförmig deformierter Oberfläche

$$\frac{dA_{-l}}{dz} = iA_m(K_{lm}^x + K_{lm}^y - K_{lm}^z)\exp\{-i(\beta_l + \beta_m)z\} \quad . \quad (5.45)$$

Wir sehen wieder den ersten Term einer Reihenentwicklung für $K_{lm}(z) = K_{lm}^x + K_{lm}^y - K_{lm}^z$ gemäß (5.42) als verantwortlich für die Kopplung an und erhalten

$$\frac{dA_m}{dz} = -i\kappa_1^* A_{-l}\exp\{i(\beta_l + \beta_m - K)z\} \quad ,$$

$$\frac{dA_{-l}}{dz} = i\kappa_1 A_m\exp\{-i(\beta_l + \beta_m - K)z\} \quad . \quad (5.46)$$

Dies ist mit

$$2\delta = \beta_l + \beta_m - K \quad (5.47)$$

in voller Übereinstimmung mit Abschnitt 5.1.2.

5.2.6 Streuung an periodischen Störungen

Wir betrachten periodische Störungen entlang der Wellenleiterachse, die sich durch Änderung der skalaren Dielektrizitätskonstante $\Delta\epsilon(x, y, z)$ beschreiben lassen. Hierzu zählen mechanische Verspannungen und Grenzflächendeformationen. Solche Strukturen dienen als Filter. Wir studieren im folgenden Streuung an Grenzflächendeformationen eines Filmwellenleiters etwas genauer. Bild 5.4 illustriert die Geometrie. Die Höhenschwankungen des Filmwellenleiters seien gegeben durch

$$h(z) = h_0 + \Delta h \cos Kz \quad , \quad (5.48)$$

wobei $\Lambda = 2\pi/K$ die Gitterkonstante der Störung ist. Die Grenzflächendeformation erzeugt eine Änderung der Dielektrizitätskonstante gegenüber dem planaren

Filmwellenleiter, die gegeben ist durch

$$\Delta\epsilon(x,y,z) = \begin{cases} \left(n_f^2 - n_c^2\right) & \text{für} \quad h(z) > x > h_0 \\ -\left(n_f^2 - n_c^2\right) & \text{für} \quad h(z) < x < h_0 \end{cases} \quad . \tag{5.49}$$

Wir betrachten eine einfallende TE-Welle mit E_y als einziger nicht verschwindender Feldstärkekomponente. Wir erhalten nach (5.28) nur eine nicht verschwindende y-Komponente P_y der Störpolarisation und folglich auch nur gestreute TE-Wellen. Wir wählen die Gitterperiode so, daß Streuung in die rückwärts laufende Mode $m = -l$ erfolgt. Da $K^x_{m,-m} = K^z_{m,-m} = 0$ ist, folgt

$$K^y_{m,-m} = \omega\epsilon_0 \int \int_{-\infty}^{\infty} \Delta\epsilon \hat{E}_{ym} \hat{E}^*_{ym} dx dy = \frac{\omega\epsilon_0 \int_{-\infty}^{\infty} \Delta\epsilon E_y^2 dx}{\frac{2\beta}{\omega\mu_0} \int_{-\infty}^{\infty} E_y^2 dx} \quad . \tag{5.50}$$

Hierbei haben wir bei der rechten Gleichheit aktuelle Felder des planaren Filmwellenleiters nach (3.27) verwendet und die Normierung der Modenfelder in Rechnung gestellt. Wir setzen

$$\int_{-\infty}^{\infty} \Delta\epsilon E_y^2 dx \approx E_c^2 \int_{-\infty}^{\infty} \Delta\epsilon dx = E_c^2 (n_f^2 - n_c^2)\Delta h \cos Kz \quad , \tag{5.51}$$

wobei das Feld in der Nähe der Grenzfläche durch den konstanten Wert E_c approximiert wurde. Mit

$$\frac{2\beta}{\omega\mu_0} \int_{-\infty}^{\infty} E_y^2 dx = n_{eff}\sqrt{\frac{\epsilon_0}{\mu_0}} E_f^2 h_{eff} \tag{5.52}$$

und (3.31) folgt dann

$$K^y_{m,-m} = \frac{\pi}{\lambda}\frac{\Delta h}{h_{eff}}\frac{n_f^2 - n_{eff}^2}{n_{eff}}\left(e^{iKz} + e^{-iKz}\right) \quad . \tag{5.53}$$

Nach (5.42) ergibt sich damit der Koppelfaktor zu

$$\kappa = \frac{\pi}{\lambda}\frac{\Delta h}{h_{eff}}\frac{n_f^2 - n_{eff}^2}{n_{eff}} \quad , \tag{5.54}$$

und die Phasenabweichung ist

$$2\delta = 2\beta_m - K \quad . \tag{5.55}$$

Mit diesen Ausdrücken können wir in die in den Abschnitten 5.1.2 und 5.1.3 abgeleiteten Ergebnisse eingehen und erhalten insbesondere die in Bild 5.3 dargestellte Filterkurve. Im Resonanzfall ist $\delta = 0$, und Gleichung (5.55) ist nichts anderes als die Bragg-Bedingung für Streuung an einer periodischen Struktur. Es ist bemerkenswert, daß in der Formel für κ Brechungsindizes n_s oder n_c für

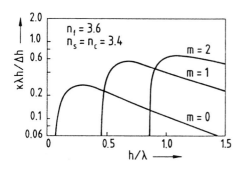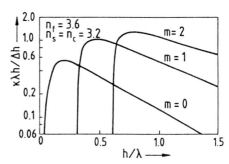

Bild 5.5: Normierter Koppelfaktor $\kappa_{norm} = \kappa\lambda h/\Delta h$ als Funktion der normierten Wellenleiterhöhe h/λ für einen symmetrischen Filmwellenleiter mit sinusförmig deformierter Grenzfläche und $n_s = n_c \approx n_f$. Dargestellt ist die Abhängigkeit für die drei TE-Moden niedrigster Ordnung für typische Parameter eines GaAs-AlGaAs-Wellenleiters $n_f = 3.6$, $n_s = n_c = 3.4$ (links) und $n_f = 3.6$, $n_s = n_c = 3.2$ (rechts)

Substrat oder Deckschicht nicht explizit auftreten. Demnach ist es bei kleinen Variationen $\Delta h \ll h_{eff}$ gleichgültig, ob die Grenzflächendeformation an der Substrat- oder Deckschichtseite angebracht wird.

Für eine Abschätzung des Koppelfaktors nach (5.54) ist es nützlich, den effektiven Brechungsindex $n_{eff} = \beta_m/k$ mit Hilfe von (3.8) durch den Phasenparameter $\bar{B}$ auszudrücken und Werte für $\bar{B}$ aus Bild 3.4 zu entnehmen. Für h_{eff} kann man weit oberhalb der Grenzfrequenz $h_{eff} = h$ setzen. Die minimale effektive Filmdicke der Grundmode ist dagegen durch $h_{eff} \approx \lambda/\sqrt{n_f^2 - n_s^2}$ gegeben. Bild 5.5 zeigt die Abhängigkeit des normierten Koppelfaktors von der Filmdicke für die drei Moden niedrigster Ordnung m eines symmetrischen AlGaAs-Filmwellenleiters. Maximale Kopplung findet man bei höheren Moden in der Nähe der Grenzfrequenz, wenn $n_{eff} \approx n_s$ gilt, und bei der Grundmode, wenn die effektive Höhe h_{eff} minimal wird. Hier wird das Gitter von den zickzack-förmig laufenden Wellen sozusagen am besten wahrgenommen.

Um die Bragg-Rückstreuung an Grenzflächendeformationen für TM-Wellen zu berechnen, können wir in derselben Weise wie für TE-Wellen vorgehen. Allerdings treten jetzt Längsfeldkomponenten auf, und die Rechnungen werden weitaus mühsamer. Wir verzichten hier auf ihre Durchführung.

5.2.7 Streuung an Ultraschallwellen

Auch Störungen durch akustische Raum- und Oberflächenwellen lassen sich auf die beschriebene Art behandeln. Hier kommt es zu Änderungen $\Delta\epsilon$ aufgrund des photoelastischen Effektes. Man nimmt dabei näherungsweise an, daß die

Störung isotrop ist, so daß die skalare Theorie anwendbar ist. Genaugenommen hat man natürlich den tensoriellen Charakter des photoelastischen Effekts zu berücksichtigen.

Die skalare Beschreibungsweise ergibt aber als wichtiges Ergebnis bereits die Frequenzverschiebung der Bragg-reflektierten Welle. Für eine in z-Richtung laufende Ultraschallwelle (oder auch Oberflächenwelle) erhalten wir für TE-Wellen einen zeitabhängigen Koppelkoeffizienten der Gestalt

$$K^y_{\mu,-\mu}(z) \propto \left(e^{iKz - i\Omega t} + e^{-iKz + i\Omega t} \right) \quad , \tag{5.56}$$

wobei $\Lambda = 2\pi/K$ die Wellenlänge und Ω die Kreisfrequenz der Schallwelle bezeichnen. Mitnahme der synchronen Terme beim Übergang von (5.45) nach (5.46) ergibt den Koppelfaktor

$$\kappa_1 = \kappa_0 e^{-i\Omega t} \quad . \tag{5.57}$$

Die Zeitabhängigkeit des Koppelfaktors bewirkt nach (5.10), daß die rückgestreute Lichtwelle (durch den Doppler-Effekt) in der Frequenz um die Schallfrequenz Ω verschoben ist. Laufen einfallende Lichtwelle und Schallwelle in dieselbe Richtung, ist die Frequenzverschiebung negativ. Bei gegenlaufenden Wellen erfährt die reflektierte Welle dagegen eine positive Frequenzverschiebung. Für die Phasenabweichung gilt wieder (5.55).

Dieses Ergebnis erhält man auch, wenn man die Bragg-Reflexion als Streuprozeß oder Stoßprozeß von Photonen und Phononen beschreibt. Bei dem Prozeß wird bei gleichsinnig laufenden Licht- und Schallwellen ein Phonon generiert, sonst absorbiert. Die Gesamtenergie muß vor und nach dem Stoß konstant bleiben, so daß für Phononenabsorption

$$\underbrace{\hbar\omega_{Streu}}_{\text{nach dem Stoß}} = \underbrace{\hbar\omega + \hbar\Omega}_{\text{vor dem Stoß}} \tag{5.58}$$

gilt, während bei Phononengeneration

$$\underbrace{\hbar\omega_{Streu} + \hbar\Omega}_{\text{nach dem Stoß}} = \underbrace{\hbar\omega}_{\text{vor dem Stoß}} \tag{5.59}$$

zu schreiben ist. Hierbei ist $\hbar\Omega$ die Energie eines Phonons und $\hbar\omega$ und $\hbar\omega_{Streu}$ sind Photonenenergien. Für den elementaren Streuprozeß muß auch der Impulssatz gelten. Dies bedeutet

$$\underbrace{-\hbar\beta_{Streu}}_{\text{nach dem Stoß}} = \underbrace{\hbar\beta - \hbar K}_{\text{vor dem Stoß}} \quad , \tag{5.60}$$

wenn einfallende Lichtwelle und Schallwelle gegeneinander laufen und ein Phonon absorbiert wird. Hierbei sind $\hbar\beta_{Streu}$ und $\hbar\beta$ z-Komponenten der Photonen-impulse und $\hbar K$ ist die z-Komponente des Phononenimpulses. Für Phononen-generation hat man hingegen

$$\underbrace{-\hbar\beta_{Streu} + \hbar K =}_{\text{nach dem Stoß}} \quad \underbrace{\hbar\beta}_{\text{vor dem Stoß}} \quad . \tag{5.61}$$

Aus den Impulssätzen (5.60) und (5.61) folgt unmittelbar die Bedingung für Phasenanpassung

$$K = \beta + \beta_{Streu} \quad . \tag{5.62}$$

5.3 Modenkopplung in anisotropen Medien

Wellenausbreitung in anisotropen Medien eignet sich zur Umwandlung von TE- in TM-Moden. Wir untersuchen hier insbesondere den linearen elektroopti-schen Effekt in Halbleitern mit Zinkblendestruktur. Dieser Effekt wird in vielen Modulatoren und Schaltern erfolgreich ausgenutzt.

Man bezeichnet den linearen elektrooptischen Effekt auch als Pockels-Effekt. Die Änderung der Dielektrizitätskonstante $\Delta\epsilon$ ist hierbei proportional zum an-gelegten "niederfrequenten" (reellen) elektrischen Feld $\tilde{F}$, was sich formal durch

$$\Delta\epsilon \propto \tilde{F} \tag{5.63}$$

ausdrücken läßt. Unberücksichtigt geblieben sind in der Kurzform (5.63) Ab-hängigkeiten von Richtungen. Der Pockels-Effekt kann nur auftreten in Kristal-len, die keine Inversionssymmetrie besitzen, wie zum Beispiel GaAs, InP, nicht dagegen Si und Ge. Der quadratische Kerr-Effekt

$$\Delta\epsilon \propto \tilde{F}^2 \tag{5.64}$$

tritt dagegen auch in isotropen Materialien auf. Er ist üblicherweise viel schwä-cher als der lineare Effekt.

Die Größe des zu messenden Effekts hängt entscheidend von der Richtung des angelegten Feldes und von der Lichtausbreitungsrichtung im Kristall ab. In isotropen Kristallen wie GaAs und InP induziert das angelegte Feld eine Aniso-tropie. Wir wollen deshalb zunächst die Lichtausbreitung in anisotropen Kristal-len allgemein behandeln und danach die durch den Pockels-Effekt induzierte Modenkonversion in Wellenleitern untersuchen. Auf den Kerr-Effekt werden wir nicht weiter eingehen.

5.3.1 Lichtausbreitung und Indikatrix

In anisotropen Medien hängen die reelle elektrische Feldstärke $\tilde{\mathbf{E}}$ des Lichts und die zugehörige dielektrische Verschiebung $\tilde{\mathbf{D}}$ über die Tensorrelation

$$
\begin{pmatrix} \tilde{D}_1 \\ \tilde{D}_2 \\ \tilde{D}_3 \end{pmatrix} = \epsilon_0 \begin{pmatrix} \epsilon_{11} & \epsilon_{12} & \epsilon_{13} \\ \epsilon_{21} & \epsilon_{22} & \epsilon_{23} \\ \epsilon_{31} & \epsilon_{32} & \epsilon_{33} \end{pmatrix} \begin{pmatrix} \tilde{E}_1 \\ \tilde{E}_2 \\ \tilde{E}_3 \end{pmatrix} \tag{5.65}
$$

zusammen, wobei $1 = x, 2 = y, 3 = z$ bedeuten. In verlustfreien Stoffen ist der Dielektrizitätstensor symmetrisch. Die elektrische Energiedichte des Feldes ist

$$
w_E = \frac{1}{2}\tilde{\mathbf{E}} \cdot \tilde{\mathbf{D}} = \frac{1}{2}\epsilon_0 \sum_{i,j=1}^{3} \epsilon_{ij} \tilde{E}_i \tilde{E}_j \quad . \tag{5.66}
$$

Im Hauptachsensystem x', y', z' hat der Dielektrizitätstensor Diagonalgestalt

$$
\begin{pmatrix} \tilde{D}_{x'} \\ \tilde{D}_{y'} \\ \tilde{D}_{z'} \end{pmatrix} = \epsilon_0 \begin{pmatrix} \epsilon_{x'x'} & 0 & 0 \\ 0 & \epsilon_{y'y'} & 0 \\ 0 & 0 & \epsilon_{z'z'} \end{pmatrix} \begin{pmatrix} \tilde{E}_{x'} \\ \tilde{E}_{y'} \\ \tilde{E}_{z'} \end{pmatrix} \quad . \tag{5.67}
$$

In unmagnetischen Stoffen gilt die Maxwell-Relation

$$
\epsilon_{x'x'} = n_{x'}^2, \epsilon_{y'y'} = n_{y'}^2, \epsilon_{z'z'} = n_{z'}^2 \quad , \tag{5.68}
$$

wobei zum Beispiel $n_{x'}$ der Brechungsindex für die x'-Feldkomponente ist. Die Energiedichte schreibt sich damit

$$
2\epsilon_0 w_E = \frac{\tilde{D}_{x'}^2}{n_{x'}^2} + \frac{\tilde{D}_{y'}^2}{n_{y'}^2} + \frac{\tilde{D}_{z'}^2}{n_{z'}^2} \quad . \tag{5.69}
$$

Setzt man nun

$$
x' = \frac{\tilde{D}_{x'}}{\sqrt{2\epsilon_0 w_E}}, y' = \frac{\tilde{D}_{y'}}{\sqrt{2\epsilon_0 w_E}}, z' = \frac{\tilde{D}_{z'}}{\sqrt{2\epsilon_0 w_E}} \quad , \tag{5.70}
$$

so erhält man die übliche Form der Indikatrix

$$
\frac{x'^2}{n_{x'}^2} + \frac{y'^2}{n_{y'}^2} + \frac{z'^2}{n_{z'}^2} = 1 \quad . \tag{5.71}
$$

Dies ist die Gleichung eines Ellipsoids mit den Hauptachsenlängen $2n_{x'}$, $2n_{y'}$ und $2n_{z'}$. Im Nicht-Hauptachsensystem sind die Ellipsenachsen gegen die Koordinatenachsen gedreht, der Mittelpunkt liegt immer im Ursprung.

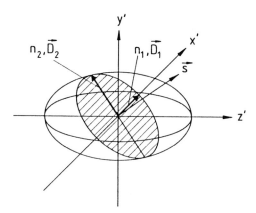

Bild 5.6: Indexellipsoid und Richtungen verschiedener Feldgrößen. x', y', z' sind die Koordinaten eines Hauptachsensystems

Für eine vorgegebene Ausbreitungsrichtung $\mathbf{s}$ einer ebenen Welle $\exp\{-i\omega\frac{\bar{n}}{c}\mathbf{s}\cdot\mathbf{r}\}$ gibt es in einem anisotropen verlustfreien Medium zwei senkrecht zueinander linear polarisierte Wellen, die sich mit den Phasengeschwindigkeiten $v_{Ph1} = c/n_1$ bzw. $v_{Ph2} = c/n_2$ ausbreiten. Hierbei sind n_1 und n_2 gegeben als Hauptachsen der Ellipse, die sich als Schnitt der Indikatrix (5.71) mit der Ebene

$$\mathbf{s}\cdot\mathbf{r}' = s_x x' + s_y y' + s_z z' = 0 \tag{5.72}$$

ergibt. Die Polarisationsrichtungen der beiden linear polarisierten Wellen $\tilde{\mathbf{D}}_1$ und $\tilde{\mathbf{D}}_2$ sind gerade durch die Hauptachsen der Ellipse gegeben. Der Vektor $\tilde{\mathbf{D}}$ steht senkrecht auf $\mathbf{s}$. Man kann zeigen, daß $\tilde{\mathbf{E}}$ und $\tilde{\mathbf{E}} \times \tilde{\mathbf{H}}$ in der durch $\mathbf{s}$ und $\tilde{\mathbf{D}}$ aufgespannten Ebene liegen. Bild 5.6 illustriert die Zusammenhänge.

5.3.2 Der lineare elektrooptische Effekt

In Kristallen ohne Inversionssymmetrie wie GaAs oder InP kommt es in einem elektrischen Feld zu Verschiebungen der Gitteratome, deren Ursache durch ionische Bindungsanteile begründet ist. Als Folge davon ändert sich der Dielektrizitätstensor und damit auch das Indexellipsoid.

Wir gehen aus von einem Hauptachsensystem, dessen Koordinaten x', y', z' parallel zu den Kristallachsen $\hat{a}, \hat{b}, \hat{c}$ liegen. Die Wirkung eines äußeren elektrischen Feldes $\tilde{\mathbf{F}}$ auf die Indikatrix wird beschrieben durch den elektrooptischen Tensor

(r_{ij}). Mit Feld lautet die Gleichung der Indikatrix

$$\frac{x'^2}{n_1^2} + \frac{y'^2}{n_2^2} + \frac{z'^2}{n_3^2} + \Delta\left(\frac{1}{n^2}\right)_1 x'^2 + \Delta\left(\frac{1}{n^2}\right)_2 y'^2 + \Delta\left(\frac{1}{n^2}\right)_3 z'^2$$

$$+ 2\Delta\left(\frac{1}{n^2}\right)_4 y'z' + 2\Delta\left(\frac{1}{n^2}\right)_5 x'z' + 2\Delta\left(\frac{1}{n^2}\right)_6 x'y' = 1 \quad ,(5.73)$$

wobei die Änderungen definitionsgemäß gegeben sind durch

$$\begin{pmatrix} \Delta(\frac{1}{n^2})_1 \\ \Delta(\frac{1}{n^2})_2 \\ \Delta(\frac{1}{n^2})_3 \\ \Delta(\frac{1}{n^2})_4 \\ \Delta(\frac{1}{n^2})_5 \\ \Delta(\frac{1}{n^2})_6 \end{pmatrix} = \begin{pmatrix} r_{11} & r_{12} & r_{13} \\ r_{21} & r_{22} & r_{23} \\ r_{31} & r_{32} & r_{33} \\ r_{41} & r_{42} & r_{43} \\ r_{51} & r_{52} & r_{53} \\ r_{61} & r_{62} & r_{63} \end{pmatrix} \begin{pmatrix} \tilde{F}_1 \\ \tilde{F}_2 \\ \tilde{F}_3 \end{pmatrix} \quad . \qquad (5.74)$$

In Kristallen mit Inversionssymmetrie verschwinden alle elektrooptischen Module: $r_{ij} = 0$. Dies folgt unmittelbar aus Symmetrieüberlegungen. Um zum Beispiel zu zeigen, daß $r_{11} = 0$ gilt, nehmen wir an, daß ein (reelles) elektrisches Feld $\tilde{\mathbf{F}} = (\tilde{F}_1, 0, 0)$ anliegt. Es folgt $\Delta(\frac{1}{n^2})_1 = r_{11}\tilde{F}_1$. Eine Drehung des Feldes um 180° ergibt $\tilde{\mathbf{F}} = (-\tilde{F}_1, 0, 0)$ und damit $\Delta(\frac{1}{n^2})_1 = -r_{11}\tilde{F}_1$. Wegen der vorausgesetzten Symmetrie erhält man dieselbe Geometrie, wenn man statt des Feldes den Kristall dreht. Hierfür erwarten wir aber $\Delta(\frac{1}{n^2})_1 = r_{11}\tilde{F}_1$. Somit folgt $r_{11}\tilde{F}_1 = -r_{11}\tilde{F}_1$, was nur für $r_{11} = 0$ richtig sein kann.

Durch ähnliche Symmetrieüberlegungen läßt sich zeigen, daß Kristalle mit Zinkblendestruktur besonders einfache elektrooptische Tensoren der Form

$$(r_{ij}) = \begin{pmatrix} 0 & 0 & 0 \\ 0 & 0 & 0 \\ 0 & 0 & 0 \\ r_{41} & 0 & 0 \\ 0 & r_{41} & 0 \\ 0 & 0 & r_{41} \end{pmatrix} \qquad (5.75)$$

besitzen. Größen der elektrooptischen Module sind $r_{41} = 1.2 \cdot 10^{-12}$ m/V für GaAs und $r_{41} = 1.3 \cdot 10^{-12}$ m/V für InP für Wellenlängen, für die der Kristall nicht absorbiert. Das Indexellipsoid nimmt damit eine besonders einfache Gestalt an $(\bar{n} = n_1 = n_2 = n_3)$

$$\frac{x'^2}{\bar{n}^2} + \frac{y'^2}{\bar{n}^2} + \frac{z'^2}{\bar{n}^2} + 2r_{41}\tilde{F}_{x'}y'z' + 2r_{41}\tilde{F}_{y'}x'z' + 2r_{41}\tilde{F}_{z'}x'y' = 1 \quad . \qquad (5.76)$$

Um die Ausbreitung von Wellen zu berechnen, muß das deformierte Indexellipsoid zunächst auf neue Hauptachsen transformiert werden.

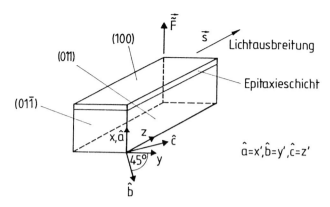

Bild 5.7: Lage der Hauptachsen in GaAs- bzw. InP-Kristallen bei anliegendem elektrischen Feld in [100]-Richtung

5.3.3 Spezialfälle elektrooptisch induzierter Anisotropie

Die natürlichen Spaltflächen in GaAs- und InP-Kristallen sind die $\{110\}$-Ebenen. Wachstumsebene ist häufig die (100)-Ebene. Die Kristallachsen sind in Bild 5.7 dargestellt. Interessant ist die Wellenausbreitung senkrecht zur $(01\bar{1})$-Spaltfläche, da hierfür die Einkopplung besonders einfach ist. Wir untersuchen im folgenden zwei wichtige Spezialfälle, wobei das elektrische Feld im ersten Fall parallel zur [100]-Richtung und im zweiten Fall parallel zur [011]-Richtung anliegt.

Fall 1: Feld parallel zur [100]-Richtung. Es ist $\tilde{\mathbf{F}} = (\tilde{F}_x, 0, 0)$ im x', y', z'-Koordinatensystem, das mit dem Kristallachsensystem identisch ist. Die Indikatrix lautet

$$\frac{x'^2 + y'^2 + z'^2}{\bar{n}^2} + 2r_{41}\tilde{F}_x y'z' = 1 \quad . \tag{5.77}$$

Durch die Hauptachsentransformation

$$x' = x \quad ,$$

$$y' = y\cos\pi/4 - z\sin\pi/4 \quad ,$$

$$z' = y\sin\pi/4 + z\cos\pi/4 \tag{5.78}$$

auf neue Hauptachsen x, y, z, die, wie in Bild 5.7 dargestellt, um 45^0 um die x'-Achse gegen die Kristallachsen gedreht sind, folgt aus (5.77)

$$\frac{x^2}{\bar{n}^2} + \left(\frac{1}{\bar{n}^2} + r_{41}\tilde{F}_x\right)y^2 + \left(\frac{1}{\bar{n}^2} - r_{41}\tilde{F}_x\right)z^2 = 1 \quad . \tag{5.79}$$

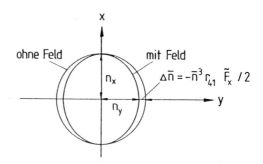

Bild 5.8: Schnitt der Indikatrix mit der zur Wellenausbreitung in z-Richtung senkrechten Ebene durch den Ursprung für ein anliegendes elektrisches Feld in x-Richtung [100]

Damit sind die Brechungsindizes für die neuen Hauptachsenrichtungen

$$\frac{1}{n_x^2} = \frac{1}{\bar{n}^2} \, ,$$

$$\frac{1}{n_y^2} = \frac{1}{\bar{n}^2} + r_{41}\tilde{F}_x \, ,$$

$$\frac{1}{n_z^2} = \frac{1}{\bar{n}^2} - r_{41}\tilde{F}_x \tag{5.80}$$

oder näherungsweise ($|r_{41}\tilde{F}_x| \ll \bar{n}^{-2}$)

$$n_x = \bar{n} \, ,$$

$$n_y = \bar{n} - \bar{n}^3 r_{41}\tilde{F}_x/2 \, ,$$

$$n_z = \bar{n} + \bar{n}^3 r_{41}\tilde{F}_x/2 \, . \tag{5.81}$$

Das Feld $\tilde{F}_x$ bewirkt demnach für eine in z-Richtung laufende TE-Welle mit nicht verschwindender $\tilde{E}_y$-Feldkomponente eine Brechungsindexänderung um $\Delta\bar{n} = -\bar{n}^3 r_{41}\tilde{F}_x/2$. Bild 5.8 zeigt die zugehörige Indikatrix. Nach dem Laufweg L erfährt die Welle eine Phasenverschiebung von (näherungsweise) $\Delta\varphi = k\Delta\bar{n}L$. Für eine TM-Filmwelle ist die x-Komponente der elektrischen Feldstärke dominierend. Vernachlässigt man die kleine z-Komponente, kann man aus (5.81) ablesen, daß $\Delta\bar{n} \approx 0$ gilt. Die TM-Welle erfährt eine vernachlässigbar kleine Phasenverschiebung.

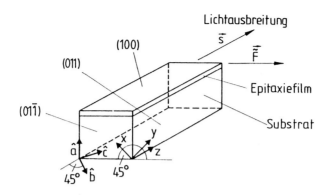

Bild 5.9: Lage der Hauptachsen für ein anliegendes elektrisches Feld in [011]-Richtung

Fall 2: Feld senkrecht zur s-Richtung in der Epitaxieschicht. Wir haben $\tilde{\mathbf{F}} = \frac{\tilde{F}}{\sqrt{2}}(0,1,1)$ im x', y', z'-Kristallachsen-Koordinatensystem. Die Indikatrix ist

$$\frac{x'^2 + y'^2 + z'^2}{\bar{n}^2} + \sqrt{2}r_{41}\tilde{F}x'z' + \sqrt{2}r_{41}\tilde{F}x'y' = 1 \quad . \tag{5.82}$$

Transformation auf neue Hauptachsen x, y, z wird erreicht durch

$$x' = x \sin\frac{\pi}{4} + y \cos\frac{\pi}{4} \quad ,$$

$$y' = -x \cos^2\frac{\pi}{4} + y \cos\frac{\pi}{4}\sin\frac{\pi}{4} - z \sin\frac{\pi}{4} \quad ,$$

$$z' = -x \sin\frac{\pi}{4}\cos\frac{\pi}{4} + y \sin^2\frac{\pi}{4} + z \cos\frac{\pi}{4} \quad ,$$

$$x = x' \sin\frac{\pi}{4} - y' \cos^2\frac{\pi}{4} - z' \sin\frac{\pi}{4}\cos\frac{\pi}{4} \quad ,$$

$$y = x' \cos\frac{\pi}{4} + y' \sin\frac{\pi}{4}\cos\frac{\pi}{4} + z' \sin^2\frac{\pi}{4} \quad ,$$

$$z = -y' \sin\frac{\pi}{4} + z' \cos\frac{\pi}{4} \quad . \tag{5.83}$$

Die Lage der Hauptachsen ist in Bild 5.9 skizziert. Die z-Achse weist in Ausbreitungsrichtung s. Die x- und y-Achse liegen in der $(01\bar{1})$-Ebene. Sie sind um 45° gegen die (100)-Filmebene gedreht. Die Indikatrix im neuen Hauptachsensystem ist gegeben durch

$$\left(\frac{1}{\bar{n}^2} - r_{41}\tilde{F}\right)x^2 + \left(\frac{1}{\bar{n}^2} + r_{41}\tilde{F}\right)y^2 + \frac{z^2}{\bar{n}^2} = 1 \quad . \tag{5.84}$$

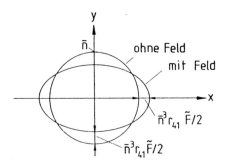

Bild 5.10: Indexellipsoid in der xy-Ebene für Ausbreitung in z-Richtung nach Bild 5.9 und anliegendes Feld in [011]-Richtung

Der Schnitt des Indexellipsoids mit der xy-Ebene ist in Bild 5.10 dargestellt. Die Brechungsindizes für die Hauptachsenrichtungen sind

$$\frac{1}{n_x^2} = \frac{1}{\bar{n}^2} - r_{41}\tilde{F} \quad ,$$

$$\frac{1}{n_y^2} = \frac{1}{\bar{n}^2} + r_{41}\tilde{F} \quad ,$$

$$\frac{1}{n_z^2} = \frac{1}{\bar{n}^2} \tag{5.85}$$

oder näherungsweise $\left(|r_{41}F| \ll \bar{n}^{-2}\right)$

$$n_x = \bar{n} + \bar{n}^3 r_{41}\tilde{F}/2 \quad ,$$

$$n_y = \bar{n} - \bar{n}^3 r_{41}\tilde{F}/2 \quad ,$$

$$n_z = \bar{n} \quad . \tag{5.86}$$

Eine ebene Lichtwelle, die sich in s-, also z-Richtung ausbreitet und senkrecht zur [100]-Richtung linear polarisiert ist (TE-Welle), erfährt eine Doppelbrechung. Wir zerlegen die Welle in Komponenten in x- und y-Richtung, wie in Bild 5.11 angedeutet. Für die x-Komponente wirkt der Brechungsindex n_x, für die y-Komponente n_y. Nach dem Laufweg L gelte für die Phasenverschiebung $\Delta\varphi$ zwischen den beiden Komponenten

$$\Delta\varphi = k(n_x - n_y)L = \pi \quad . \tag{5.87}$$

Die resultierende Welle hat ihre ursprüngliche Polarisationsrichtung um 90° gedreht. Dies entspricht einer TE-TM-Modenkonversion für frei ausbreitungs-

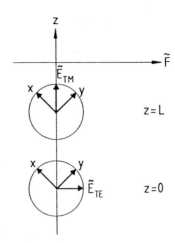

Bild 5.11: Doppelbrechung einer Welle in einem elektrischen Feld in Richtung [011], das senkrecht zur Ausbreitungsrichtung [0$\bar{1}$1] der Welle weist

fähige Wellen. Auf dem Weg von $z = 0$ bis $z = L$ durchläuft die Welle elliptische Polarisationszustände. Für $z = L$ erfolgt eine vollkommene Umwandlung der TE-Welle in eine TM-Welle. Bei geführten Wellen ist die Umwandlung im allgemeinen nicht vollständig, wenn beide Wellentypen verschiedene Ausbreitungskonstanten β besitzen. Die Berechnung der Modenkopplung erfolgt mit Hilfe der Störpolarisation $\tilde{\mathbf{P}}_{pert}$.

5.3.4 Elektrooptischer und dielektrischer Tensor

Zur Berechnung der Störpolarisation, die sich durch Einwirkung des äußeren elektrischen Feldes $\tilde{\mathbf{F}}$ ergibt, müssen wir den Dielektrizitätstensor kennen. Da der elektrooptische Tensor über die Indikatrix definiert ist, suchen wir zuerst eine Darstellung der elektrischen Energiedichte als Funktion der dielektrischen Verschiebung. Hierzu benötigen wir das Inverse

$$(g_{ij}) = (\epsilon_{ij})^{-1} \tag{5.88}$$

des Dielektrizitätstensors. Übliche Regeln der Matrixinversion ergeben unter Beachtung von

$$|\epsilon_{ij}| \ll \epsilon_{ii} \text{ für } i \neq j \tag{5.89}$$

einfache Ausdrücke für die Elemente des Tensors

$$g_{ij} = \begin{cases} 1/\epsilon_{ii} & \text{für } i = j \\ -\epsilon_{ij}/(\epsilon_{ii}\epsilon_{jj}) & \text{für } i \neq j \end{cases} \quad . \tag{5.90}$$

Für verlustfreie Medien sind die Tensoren (ϵ_{ij}) und (g_{ij}) symmetrisch. Es ist

$$\epsilon_0 \tilde{E}_i = \sum_{j=1}^{3} g_{ij} \tilde{D}_j \quad , \tag{5.91}$$

und für die elektrische Energiedichte erhalten wir nach (5.66)

$$2\epsilon_0 w_E = \frac{\tilde{D}_1^2}{\epsilon_{11}} + \frac{\tilde{D}_2^2}{\epsilon_{22}} + \frac{\tilde{D}_3^2}{\epsilon_{33}} - 2\frac{\epsilon_{23}}{\epsilon_{22}\epsilon_{33}}\tilde{D}_2\tilde{D}_3$$

$$-2\frac{\epsilon_{13}}{\epsilon_{11}\epsilon_{33}}\tilde{D}_1\tilde{D}_3 - 2\frac{\epsilon_{12}}{\epsilon_{11}\epsilon_{22}}\tilde{D}_1\tilde{D}_2 \quad . \tag{5.92}$$

Mit der Normierung (5.70) bekommt man hieraus

$$\frac{x'^2}{\epsilon_{11}} + \frac{y'^2}{\epsilon_{22}} + \frac{z'^2}{\epsilon_{33}} - 2\frac{\epsilon_{23}}{\epsilon_{22}\epsilon_{33}}y'z' - 2\frac{\epsilon_{13}}{\epsilon_{11}\epsilon_{33}}x'z' - 2\frac{\epsilon_{12}}{\epsilon_{11}\epsilon_{22}}x'y' = 1 \quad . \tag{5.93}$$

Der Vergleich mit (5.73) liefert für Kristalle mit Zinkblendestruktur unter Beachtung von (5.74) und (5.75)

$$(\epsilon_{ij}) = \begin{pmatrix} \bar{n}^2 & -\bar{n}^4 r_{63}\tilde{F}_3 & -\bar{n}^4 r_{52}\tilde{F}_2 \\ -\bar{n}^4 r_{63}\tilde{F}_3 & \bar{n}^2 & -\bar{n}^4 r_{41}\tilde{F}_1 \\ -\bar{n}^4 r_{52}\tilde{F}_2 & -\bar{n}^4 r_{41}\tilde{F}_1 & \bar{n}^2 \end{pmatrix} \quad . \tag{5.94}$$

Die Zusatzpolarisation durch das angelegte Feld $\tilde{F}$ ist damit

$$\tilde{P}_{pert} = \begin{pmatrix} \tilde{P}_1 \\ \tilde{P}_2 \\ \tilde{P}_3 \end{pmatrix} = \epsilon_0 \begin{pmatrix} 0 & -\bar{n}^4 r_{41}\tilde{F}_3 & -\bar{n}^4 r_{41}\tilde{F}_2 \\ -\bar{n}^4 r_{41}\tilde{F}_3 & 0 & -\bar{n}^4 r_{41}\tilde{F}_1 \\ -\bar{n}^4 r_{41}\tilde{F}_2 & -\bar{n}^4 r_{41}\tilde{F}_1 & 0 \end{pmatrix} \begin{pmatrix} \tilde{E}_1 \\ \tilde{E}_2 \\ \tilde{E}_3 \end{pmatrix} \quad .$$

$$\tag{5.95}$$

Diese Beziehung gilt unter Zugrundelegung eines x', y', z'-Kristallachsensystems. Da die Hauptdiagonale der Matrix nur Nullen enthält, ruft eine Lichtfeldkomponente $\tilde{E}_i$ nur dazu senkrechte Störpolarisationen hervor. Die Polarisation erzeugt ihrerseits ein elektrisches Wechselfeld, dessen Polarisierung noch vom Feld $\tilde{F}$ abhängt.

Die Polarisation für die in Abschnitt 5.3.3 behandelten Beispiele läßt sich nun rasch bestimmen. Eine in $s = (0, -1, 1)$-Richtung laufende Welle hat bei TE-Polarisation die Komponenten $\tilde{E}_{TE} = (0, \tilde{E}/\sqrt{2}, \tilde{E}/\sqrt{2})$, und bei TM-Wellen gilt bei Vernachlässigung der schwachen Komponente in Ausbreitungsrichtung

$\tilde{\mathbf{E}}_{TM} = (\tilde{E}, 0, 0)$. Zugrundegelegt ist immer das Kristallachsensystem. Liegt das Feld in [100]-Richtung $\tilde{\mathbf{F}} = (\tilde{F}, 0, 0)$, folgt aus (5.95)

$$\tilde{\mathbf{P}}_{TE} = \begin{pmatrix} \tilde{P}_1 \\ \tilde{P}_2 \\ \tilde{P}_3 \end{pmatrix} = \epsilon_0 \begin{pmatrix} 0 \\ -\bar{n}^4 r_{41} \tilde{F} \tilde{E} / \sqrt{2} \\ -\bar{n}^4 r_{41} \tilde{F} \tilde{E} / \sqrt{2} \end{pmatrix} \quad . \tag{5.96}$$

Die Polarisation ist parallel zum anregenden Feld. Es kommt unter Feldeinwirkung zu Phasendrehungen. Die TM-Welle erfährt dagegen keine Phasenänderung

$$\tilde{\mathbf{P}}_{TM} = \begin{pmatrix} \tilde{P}_1 \\ \tilde{P}_2 \\ \tilde{P}_3 \end{pmatrix} = 0 \quad . \tag{5.97}$$

Der Polarisationszustand der Wellen bleibt erhalten.

Liegt das Feld $\tilde{\mathbf{F}} = (0, \tilde{F}/\sqrt{2}, \tilde{F}/\sqrt{2})$ quer zur Ausbreitungsrichtung, folgt

$$\tilde{\mathbf{P}}_{TE} = \begin{pmatrix} \tilde{P}_1 \\ \tilde{P}_2 \\ \tilde{P}_3 \end{pmatrix} = \begin{pmatrix} -\epsilon_0 \bar{n}^4 r_{41} \tilde{F} \tilde{E} \\ 0 \\ 0 \end{pmatrix} \tag{5.98}$$

und

$$\tilde{\mathbf{P}}_{TM} = \begin{pmatrix} \tilde{P}_1 \\ \tilde{P}_2 \\ \tilde{P}_3 \end{pmatrix} = \begin{pmatrix} 0 \\ -\epsilon_0 \bar{n}^4 r_{41} \tilde{F} \tilde{E} / \sqrt{2} \\ -\epsilon_0 \bar{n}^4 r_{41} \tilde{F} \tilde{E} / \sqrt{2} \end{pmatrix} \quad . \tag{5.99}$$

Die TE-Welle erzeugt eine Polarisation zur Anregung einer TM-Welle und umgekehrt. Modenkonversion tritt auf. Die vorgestellten Beispiele sind in voller Übereinstimmung mit Abschnitt 5.3.3.

5.3.5 Störpolarisation in praktisch wichtigen Koordinaten

Wie in den Bildern 5.7 und 5.9 bereits angedeutet, steht die z-Achse als Wellenausbreitungsrichtung in vielen praktisch wichtigen Fällen senkrecht auf der $(01\bar{1})$-Spaltebene. Dies gilt insbesondere für auf der (100)-Ebene gewachsene Epitaxieschichten. Die $\hat{b}$- und $\hat{c}$-Kristallachsen sind um 45° (um die x-Achse) gegenüber der y- und z-Achse verdreht. Die Transformation der im Kristallachsensystem gültigen Beziehung (5.76) auf x, y, z-Koordinaten, die in Bild 5.12 definiert sind,

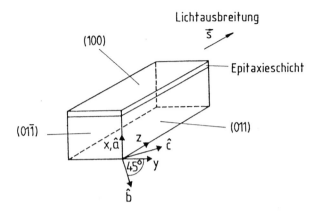

Bild 5.12: Lage des praktischen xyz-Koordinatensystems

erfolgt mit

$$\tilde{T} = \begin{pmatrix} 1 & 0 & 0 \\ 0 & \cos \pi/4 & \sin \pi/4 \\ 0 & -\sin \pi/4 & \cos \pi/4 \end{pmatrix} = \begin{pmatrix} 1 & 0 & 0 \\ 0 & 1/\sqrt{2} & 1/\sqrt{2} \\ 0 & -1/\sqrt{2} & 1/\sqrt{2} \end{pmatrix} \quad . \qquad (5.100)$$

Damit hat man

$$\begin{pmatrix} \tilde{P}_x \\ \tilde{P}_y \\ \tilde{P}_z \end{pmatrix} = \tilde{T} \begin{pmatrix} \tilde{P}_1 \\ \tilde{P}_2 \\ \tilde{P}_3 \end{pmatrix}, \begin{pmatrix} \tilde{E}_x \\ \tilde{E}_y \\ \tilde{E}_z \end{pmatrix} = \tilde{T} \begin{pmatrix} \tilde{E}_1 \\ \tilde{E}_2 \\ \tilde{E}_3 \end{pmatrix}, \begin{pmatrix} \tilde{F}_x \\ \tilde{F}_y \\ \tilde{F}_z \end{pmatrix} = \tilde{T} \begin{pmatrix} \tilde{F}_1 \\ \tilde{F}_2 \\ \tilde{F}_3 \end{pmatrix},$$

$$(5.101)$$

und für die Störpolarisation, ausgedrückt in Komponenten des xyz-Koordinatensystems, erhält man mit (5.95)

$$\begin{pmatrix} \tilde{P}_x \\ \tilde{P}_y \\ \tilde{P}_z \end{pmatrix} = \tilde{T}\epsilon_0 \begin{pmatrix} 0 & -\bar{n}^4 r_{41} \tilde{F}_3 & -\bar{n}^4 r_{41} \tilde{F}_2 \\ -\bar{n}^4 r_{41} \tilde{F}_3 & 0 & -\bar{n}^4 r_{41} \tilde{F}_1 \\ -\bar{n}^4 r_{41} \tilde{F}_2 & -\bar{n}^4 r_{41} \tilde{F}_1 & 0 \end{pmatrix} \tilde{T}^{-1} \begin{pmatrix} \tilde{E}_x \\ \tilde{E}_y \\ \tilde{E}_z \end{pmatrix},$$

$$(5.102)$$

wobei für die Elemente der Matrix noch

$$\begin{pmatrix} \tilde{F}_1 \\ \tilde{F}_2 \\ \tilde{F}_3 \end{pmatrix} = \tilde{T}^{-1} \begin{pmatrix} \tilde{F}_x \\ \tilde{F}_y \\ \tilde{F}_z \end{pmatrix} \qquad (5.103)$$

einzusetzen ist. Durchführung der Transformation ergibt einfache Beziehungen für die Komponenten der Störpolarisation

$$\tilde{P}_x = \epsilon_0 \bar{n}^4 r_{41} (\tilde{F}_z \tilde{E}_z - \tilde{F}_y \tilde{E}_y) \quad,$$

$$\tilde{P}_y = -\epsilon_0 \bar{n}^4 r_{41} (\tilde{F}_y \tilde{E}_x + \tilde{F}_x \tilde{E}_y) \quad, \tag{5.104}$$

$$\tilde{P}_z = \epsilon_0 \bar{n}^4 r_{41} (\tilde{F}_z \tilde{E}_x + \tilde{F}_x \tilde{E}_z) \quad.$$

Für eine TE-Welle $\tilde{\mathbf{E}} = (0, \tilde{E}_y, 0)$ und ein äußeres Feld in x-Richtung $\tilde{\mathbf{F}} = (\tilde{F}_x, 0, 0)$ folgt $\tilde{P}_y = -\epsilon_0 \bar{n}^4 r_{41} \tilde{F}_x \tilde{E}_y$. Für eine TM-Welle folgt $\tilde{\mathbf{P}} = 0$, wenn man die kleine $\tilde{E}_z$-Komponente vernachlässigt. Weist das äußere Feld in y-Richtung $\tilde{\mathbf{F}} = (0, \tilde{F}_y, 0)$, so ist $\tilde{P}_x = -\epsilon_0 \bar{n}^4 r_{41} \tilde{F}_y \tilde{E}_y$ für TE-Wellen und $P_y = \epsilon_0 \bar{n}^4 r_{41} \tilde{F}_y \tilde{E}_x$ für eine TM-Welle. Wie bereits früher festgestellt, bietet sich die letzte Geometrie an, um TE-Wellen in TM-Wellen umzuwandeln und umgekehrt.

5.3.6 TE-TM-Modenkonversion

Wir benutzen den in Abschnitt 5.2 eingeführten Formalismus gekoppelter Moden zur Behandlung der Modenkonversion durch den elektrooptischen Effekt. Wir legen die Geometrie von Bild 5.12 zugunde. Das äußere elektrische Feld $\tilde{\mathbf{F}} = (0, \tilde{F}_y, 0)$ weise in y-Richtung. Wir nehmen an, daß nur zwei geführte Moden mit vernachlässigbaren Feldanteilen in den Berandungen im Wellenleiter vorhanden sind, eine TE-Mode $\hat{\mathbf{E}}_E(x, y)$ und eine TM-Mode $\hat{\mathbf{E}}_M(x, y)$. Die zugehörigen Amplituden seien $A_E(z)$ bzw. $A_M(z)$ und die Ausbreitungskonstanten β_E bzw. β_M. Für die TE- bzw. TM-Mode können wir ansetzen

$$\hat{\mathbf{E}}_E = (0, \hat{E}_{Ey}, 0)$$

$$\hat{\mathbf{E}}_M = (\hat{E}_{Mx}, 0, 0) \quad, \tag{5.105}$$

wobei wir kleine Feldkomponenten in Ausbreitungsrichtung vernachlässigt haben. Das gesamte Feld im Wellenleiter ist

$$\mathbf{E}(x, y, z) = A_E(z) \hat{\mathbf{E}}_E(x, y) \exp\{-i\beta_E z\} + A_M(z) \hat{\mathbf{E}}_M(x, y) \exp\{-i\beta_M z\} \quad. \tag{5.106}$$

Die von der TE-Mode induzierte Störpolarisation hat nur eine x-Komponente

$$P_x = -\epsilon_0 \bar{n}^4 r_{41} \tilde{F}_y A_E \hat{E}_{Ey} \exp\{-i\beta_E z\} \quad, \tag{5.107}$$

die von der TM-Mode induzierte Störpolarisation hat nur eine y-Komponente

$$P_y = -\epsilon_0 \bar{n}^4 r_{41} \tilde{F}_y A_M \hat{E}_{Mx} \exp\{-i\beta_M z\} \quad. \tag{5.108}$$

Die gesamte Störpolarisation ist

$$\mathbf{P} = (P_x, P_y, 0) \quad. \tag{5.109}$$

Mit (5.27) erhalten wir damit für die Amplitudenänderung

$$\frac{dA_E}{dz} = i\kappa A_M \exp\{-i(\beta_M - \beta_E)z\} \quad,$$

$$\frac{dA_M}{dz} = i\kappa A_E \exp\{i(\beta_M - \beta_E)z\} \quad, \tag{5.110}$$

wobei der Koppelfaktor durch

$$\kappa = \epsilon_0 \bar{n}^4 r_{41} \tilde{F}_y \omega \int\int_{-\infty}^{\infty} \hat{E}_{Mx} \hat{E}_{Ey}^* dx dy = \epsilon_0 \bar{n}^4 r_{41} \tilde{F}_y \omega \int\int_{-\infty}^{\infty} \hat{E}_{Mx}^* \hat{E}_{Ey} dx dy \tag{5.111}$$

gegeben ist. Setzen wir noch

$$2\delta = \beta_M - \beta_E \quad, \tag{5.112}$$

so erkennen wir die Übereinstimmung von (5.110) mit den Grundgleichungen (5.2) für kodirektionale Kopplung. Effizienter Energieaustausch findet nur statt, wenn die Phasenfehlanpassung klein ist im Vergleich zum Koppelfaktor. Dies wurde im einzelnen bereits in Abschnitt 5.1.1 diskutiert. Die Überlappungsintegrale in (5.111) erstrecken sich über leistungsnormierte Modenfelder. In vielen Fällen haben TE- und TM-Wellen derselben Ordnung sehr ähnliche Profile, so daß (vgl. Abschnitt 3.4.1)

$$\int\int_{-\infty}^{\infty} \hat{E}_{Mx} \hat{E}_{Ey}^* dx dy \approx \frac{1}{2c\bar{n}\epsilon_0} = \frac{1}{2\bar{n}}\sqrt{\frac{\mu_0}{\epsilon_0}} \tag{5.113}$$

gesetzt werden kann. Damit erhält man für den Koppelfaktor

$$\kappa = \bar{n}^3 k r_{41} \tilde{F}_y / 2 \quad. \tag{5.114}$$

Als Beispiel berechnen wir den Koppelfaktor für GaAs für $\lambda = 1~\mu$m und $\tilde{F}_y = 100$ kV/cm. Es ist $\bar{n} \approx 3.3$ und $r_{41} = 1.2 \cdot 10^{-10}$ cm/V und damit $\kappa = 1.35$ mm^{-1}. Wenn Phasenanpassung zwischen TE- und TM-Welle vorliegt, also $\delta = 0$ gilt, erhält man nach Gleichung (5.7) für die Koppellänge $L_c = \pi/(2\kappa) = 1.16$ mm. Feldstärken von 100 kV/cm lassen sich besonders leicht in der Sperrschicht eines pn-Übergangs erzeugen. Bei Phasenverstimmung gibt es keine vollständige Überkopplung der Moden, und für $|\delta| \gg \kappa$ ist die Kopplung der Moden zu vernachlässigen.

5.3.7   Phasenanpassung für TE-TM-Konversion

Im Falle $\beta_E \neq \beta_M$ läßt sich die Phasenanpassung durch eine geeignete Formgebung des äußeren Feldes $\tilde{\mathbf{F}}$ erzwingen. Man erreicht dies durch eine periodische

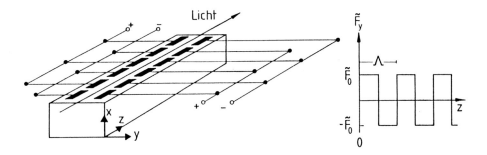

Bild 5.13: Elektrodenanordnung und Feldverlauf zur Erzeugung von Phasenanpassung bei TE-TM-Modenkonversion (schematisch)

Umkehrung der Feldrichtung entlang der z-Achse, wie es durch die Elektrodenanordnung in Bild 5.13 schematisch dargestellt ist.

Das Feld $\tilde{\mathbf{F}}(z) = (0, \tilde{F}_y(z), 0)$ wechselt nach der Periode Λ sein Vorzeichen. Die räumliche Rechteckimpulsfolge des Feldes läßt sich als Fourier-Reihe darstellen

$$
\begin{aligned}
\tilde{F}_y(z) &= \frac{4\tilde{F}_0}{\pi} \sum_{m=1}^{\infty} \frac{1}{2m-1} \sin(2\pi(2m-1)z/\Lambda) \\
&= \frac{2\tilde{F}_0}{i\pi} \sum_{m=1}^{\infty} \frac{1}{2m-1} \left(e^{2\pi i(2m-1)z/\Lambda} - e^{-2\pi i(2m-1)z/\Lambda} \right) \quad . (5.115)
\end{aligned}
$$

Der Koppelfaktor weist damit nach (5.114) dieselbe periodische z-Abhängigkeit auf. Wir wählen nun die Periode Λ so, daß gilt

$$
|\beta_M - \beta_E| = 2\pi/\Lambda \quad . \tag{5.116}
$$

Damit liegt Phasenanpassung vor. Wir nehmen in (5.114) mit dem Feld (5.115) nur noch Terme mit, die synchron sind, und können schreiben

$$
\kappa(z) = \frac{\bar{n}^3 k r_{41} \tilde{F}_0}{i\pi} \left(e^{2\pi i z/\Lambda} - e^{-2\pi i z/\Lambda} \right) \quad . \tag{5.117}
$$

Setzen wir diesen Ausdruck für den Koppelfaktor in (5.110) ein und berücksichtigen nur synchrone Terme, ergibt sich

$$
\begin{aligned}
\frac{dA_E}{dz} &= \frac{\bar{n}^3 k r_{41} \tilde{F}_0}{\pi} A_M \quad , \\
\frac{dA_M}{dz} &= -\frac{\bar{n}^3 k r_{41} \tilde{F}_0}{\pi} A_E \quad . \tag{5.118}
\end{aligned}
$$

Dies sind die Differentialgleichungen für kodirektionale Kopplung bei Phasenanpassung. Gegenüber dem Fall eines konstanten Feldes $\tilde{F}_y$ hat die Kopp-
lungsstärke zwar um den Faktor $\pi/2$ abgenommen, dafür liegt aber bei richtiger
Wahl der Periode Λ Phasenanpassung vor.

Die Einstellung von Phasenanpassung ist für vollständige Überkopplung unbedingt erforderlich. Das hier vorgestellte elegante Prinzip ist unabhängig von
der Kristallrichtung und nicht nur bei der TE-TM-Modenkonversion erfolgreich
einzusetzen. Ein anderer Weg, Phasenanpassung zu erzielen, ist zum Beispiel das
Aufsuchen bestimmter Kristallrichtungen, in denen die beiden wechselwirkenden
Wellen dieselbe Ausbreitungskonstante besitzen.

6 Richtkoppler

Richtkoppler bestehen aus eng benachbarten Wellenleitern, zwischen denen ein Energieaustausch stattfinden kann. Richtkoppler lassen sich einsetzen zur Leistungsteilung, zur Modulation oder zum Schalten von Lichtsignalen, aber auch als Wellenlängenfilter oder als Polarisationsselektor. Die Behandlung von Richtkopplern erfolgt mit der Theorie gekoppelter Moden.

6.1 Funktionsweise

Bild 6.1 zeigt die Aufsicht auf einen Richtkoppler. Über die Kopplerlänge L werden zwei Wellenleiter in so engen Kontakt gebracht, daß sie sich über ihre jeweiligen in den Außenraum reichenden quergedämpften Felder gegenseitig beeinflussen. Ein typischer Wert für den Abstand ist $s = 3\ \mu$m. Außerhalb des Koppelbereichs laufen die Wellenleiter auseinander. Wenn die beiden Wellenleiter dieselbe Ausbreitungskonstante besitzen und die Energie nur in einen Wellenleiter einfällt, wird sie nach der Transferlänge $L_c = \pi/(2\kappa)$ vollständig auf den anderen Wellenleiter übergehen. Der Koppelfaktor κ nimmt üblicherweise exponentiell mit dem Abstand s der Wellenleiter im Koppelbereich ab.

6.1.1 Theoretisches Modell

Wir betrachten zwei Wellenleiter a und b im Koppelbereich. Wie in Bild 6.2 dargestellt, setzt sich die Brechungsindexverteilung $n_c(x,y)$ aus den Profilen $n_a(x,y) = n_s + \Delta n_a(x,y)$ und $n_b(x,y) = n_s + \Delta n_b(x,y)$ additiv zusammen. Es gilt

$$n_c(x,y) = n_s + \Delta n_c(x,y) = n_s + \Delta n_a(x,y) + \Delta n_b(x,y) \quad , \qquad (6.1)$$

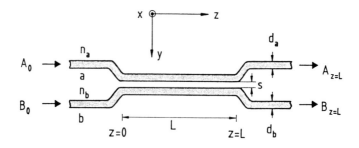

Bild 6.1: Aufsicht auf einen Richtkoppler

wobei n_s den konstanten Brechungsindex der Umgebung beschreibt. Wir vernachlässigen im folgenden die (kleinen) Feldkomponenten in z-Ausbreitungsrichtung. Wir bezeichnen die normierten transversalen Modenfeldverteilungen der ungestörten Wellenleiter (wie in Abschnitt 4.4.5) mit $\hat{\mathbf{E}}_m^{(a)}(x,y)$ und $\hat{\mathbf{E}}_\mu^{(b)}(x,y)$, die Phasenkonstanten mit $\beta_m^{(a)}$ und $\beta_\mu^{(b)}$ und die Amplituden mit A_m und B_μ. Die elektrischen Felder der ungestörten Wellenleiter sind damit

$$\mathbf{E}^{(a)}(x,y,z) = \mathbf{E}_t^{(a)}(x,y,z) = A_m \hat{\mathbf{E}}_m^{(a)}(x,y) \exp\{-i\beta_m^{(a)}z\} \qquad (6.2)$$

und

$$\mathbf{E}^{(b)}(x,y,z) = \mathbf{E}_t^{(b)}(x,y,z) = B_\mu \hat{\mathbf{E}}_\mu^{(b)}(x,y) \exp\{-i\beta_\mu^{(b)}z\} \quad . \qquad (6.3)$$

Durch die Störung im Koppelbereich ändern sich die Phasenkonstanten der beiden vorwärts in z-Richtung laufenden Moden, und wegen des Energieaustauschs auch deren Amplituden. Für das Feld im Koppelbereich setzen wir deshalb an

$$\begin{aligned}\mathbf{E}(x,y,z) = \ & A_m(z)\hat{\mathbf{E}}_m^{(a)}(x,y) \exp\{-i\beta_m^{(a)}z\} \\ + \ & B_\mu(z)\hat{\mathbf{E}}_\mu^{(b)}(x,y) \exp\{-i\beta_\mu^{(b)}z\} \quad , \end{aligned} \qquad (6.4)$$

wobei $A_m(z)$ und $B_\mu(z)$ sowohl Amplituden- wie Phasenänderungen erfassen.

6.1.2 Differentialgleichungen für die Feldamplituden

Die Anwesenheit des Wellenleiters b bewirkt im Koppelbereich eine Störung für den Wellenleiter a, die durch

$$\Delta\epsilon_a(x,y) = n_c^2(x,y) - n_a^2(x,y) \qquad (6.5)$$

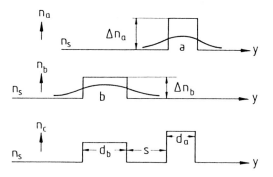

Bild 6.2: Brechungsindexverlauf $n_c(x,y)$ im Koppelbereich als Summe der Brechungsindizes $n_a(x,y)$ und $n_b(x,y)$ der ungestörten Wellenleiter

zu charakterisieren ist. Entsprechend gilt

$$\Delta\epsilon_b(x,y) = n_c^2(x,y) - n_b^2(x,y) \quad . \tag{6.6}$$

Eine Mode m im Wellenleiter a erzeugt demnach die Störpolarisation

$$\mathbf{P}^{(a)}(x,y,z) = \Delta\epsilon_a(x,y)\epsilon_0 A_m(z)\hat{\mathbf{E}}_m^{(a)}(x,y)\exp\{-i\beta_m^{(a)}z\} \quad , \tag{6.7}$$

wobei wie in (5.28) skalare Verhältnisse angenommen wurden. Entsprechend erzeugt die Mode μ im Wellenleiter b die Störpolarisation

$$\mathbf{P}^{(b)}(x,y,z) = \Delta\epsilon_b(x,y)\epsilon_0 B_\mu(z)\hat{\mathbf{E}}_\mu^{(b)}(x,y)\exp\{-i\beta_\mu^{(b)}z\} \quad . \tag{6.8}$$

Die gesamte Störpolarisation

$$\mathbf{P}(x,y,z) = \mathbf{P}^{(a)}(x,y,z) + \mathbf{P}^{(b)}(x,y,z) \tag{6.9}$$

wirkt als Quellverteilung und beeinflußt ganz wesentlich die Ausbreitung der Wellen. Gemäß (5.27) gilt für die Mode im Wellenleiter a

$$\frac{dA_m}{dz} = -i\omega\exp\{i\beta_m^{(a)}z\}\int\int_{-\infty}^{\infty}\mathbf{P}(x,y,z)\cdot\hat{\mathbf{E}}_m^{(a)*}(x,y)dxdy \quad . \tag{6.10}$$

Die Auswertung des Integrals liefert mit den Abkürzungen für die Änderung der Phasenkonstante (vgl. (4.79))

$$\delta\beta_m^{(a)} = \omega\epsilon_0\int\int_{-\infty}^{\infty}\Delta\epsilon_a(x,y)|\hat{\mathbf{E}}_m^{(a)}(x,y)|^2dxdy \tag{6.11}$$

und für den Koppelfaktor ($\Delta\epsilon_a, \Delta\epsilon_b \ll \epsilon$, vgl. (5.35) und (5.42))

$$\kappa_{ab} = \omega\epsilon_0 \int \int_{-\infty}^{\infty} \Delta\epsilon_b(x,y)\hat{\mathbf{E}}_\mu^{(b)}(x,y) \cdot \hat{\mathbf{E}}_m^{(a)*}(x,y)dxdy \qquad (6.12)$$

die Beziehung

$$\frac{dA_m}{dz} = -i\delta\beta_m^{(a)}A_m - i\kappa_{ab}\exp\{i(\beta_m^{(a)} - \beta_\mu^{(b)})z\}B_\mu \qquad (6.13)$$

in Übereinstimmung mit (5.37). Mit den Abkürzungen

$$\delta\beta_\mu^{(b)} = \omega\epsilon_0 \int \int_{-\infty}^{\infty} \Delta\epsilon_b(x,y)|\hat{\mathbf{E}}_\mu^{(b)}(x,y)|^2 dxdy \qquad (6.14)$$

und

$$\kappa_{ba} = \omega\epsilon_0 \int \int_{-\infty}^{\infty} \Delta\epsilon_a(x,y)\hat{\mathbf{E}}_m^{(a)}(x,y)\hat{\mathbf{E}}_\mu^{(b)*}(x,y)dxdy \qquad (6.15)$$

gilt entsprechend

$$\frac{dB_\mu}{dz} = -i\delta\beta_\mu^{(b)}B_\mu - i\kappa_{ba}\exp\{-i(\beta_m^{(a)} - \beta_\mu^{(b)})z\}A_m \quad . \qquad (6.16)$$

Durch die Transformation

$$A_m = A_m'\exp\{-i\delta\beta_m^{(a)}z\} \quad ,$$

$$B_\mu = B_\mu'\exp\{-i\delta\beta_\mu^{(b)}z\} \qquad (6.17)$$

läßt sich das Differentialgleichungssystem (6.13), (6.16) in die Form der Gleichungen (5.2) für kodirektionale Kopplung überführen. Die Phasenabweichung

$$2\delta = \beta_\mu^{(b)} + \delta\beta_\mu^{(b)} - \beta_m^{(a)} - \delta\beta_m^{(a)} \approx \Delta n_{eff}k \qquad (6.18)$$

läßt sich näherungsweise durch den Unterschied Δn_{eff} der effektiven Brechungsindizes ausdrücken. Man kann schreiben

$$\frac{dA_m'}{dz} = -i\kappa_{ab}B_\mu'\exp\{-i2\delta z\} \quad ,$$

$$\frac{dB_\mu'}{dz} = -i\kappa_{ba}A_m'\exp\{i2\delta z\} \quad . \qquad (6.19)$$

Besonders übersichtliche Lösungen dieses Differentialgleichungssystems erhält man für $i\kappa_{ab} = -(i\kappa_{ba})^*$. Dieser Fall wurde bereits in Abschnitt 5.1.1 diskutiert. Zur Lösung des allgemeinen Falls bemerken wir, daß sich das System (6.19) durch die Transformation

$$A''_m = A'_m e^{i\delta z}, B''_\mu = B'_\mu e^{-i\delta z} \tag{6.20}$$

in das lineare Differentialgleichungssystem mit konstanten Koeffizienten

$$\frac{d}{dz} A''_m - i\delta A''_m = -i\kappa_{ab} B''_\mu \quad ,$$

$$\frac{d}{dz} B''_\mu + i\delta B''_\mu = -i\kappa_{ba} A''_m \tag{6.21}$$

überführen läßt. Die Größen A''_m und B''_μ sind mit z langsam veränderliche Amplituden der in den Wellenleitern a und b laufenden Wellen, deren jeweilige Leistung durch

$$P^{(a)}_m(z) = |A''_m(z)|^2 \quad ,$$

$$P^{(b)}_\mu(z) = |B''_\mu(z)|^2 \tag{6.22}$$

gegeben ist.

6.1.3 Amplitudenverlauf im symmetrischen Richtkoppler

Symmetrische Richtkoppler sind durch die Bedingung $\kappa = \kappa_{ab} = \kappa_{ba}$ gekennzeichnet. Gleichheit der Koppelfaktoren erhält man beispielsweise für gleichgeformte Wellenleiter a und b. Für beliebige Amplituden $A''_0 = A''(z = 0)$, $B''_0 = B''(z = 0)$ am Eingang des Kopplers erhält man die Amplituden $A''_z = A''(z)$, $B''_z = B''(z)$ am Ort z durch Lösung der gekoppelten Wellengleichungen (6.21). Das Ergebnis läßt sich übersichtlich in Matrixform schreiben

$$\begin{pmatrix} A''_z \\ B''_z \end{pmatrix} = \begin{pmatrix} m_1 & -im_2 \\ -im_2^* & m_1^* \end{pmatrix} \begin{pmatrix} A''_0 \\ B''_0 \end{pmatrix} = M_\delta \begin{pmatrix} A''_0 \\ B''_0 \end{pmatrix} \quad , \tag{6.23}$$

wobei die Koeffizienten der Transfermatrix M_δ durch

$$m_1 = \cos\left(z\sqrt{\kappa^2 + \delta^2}\right) + \frac{i\delta}{\sqrt{\kappa^2 + \delta^2}} \sin\left(z\sqrt{\kappa^2 + \delta^2}\right) \tag{6.24}$$

und

$$m_2 = \frac{\kappa}{\sqrt{\kappa^2 + \delta^2}} \sin\left(z\sqrt{\kappa^2 + \delta^2}\right) \tag{6.25}$$

gegeben sind. Die Matrix M_δ ist unitär, der Koppler verhält sich reziprok. Die Determinante ist Eins als Ausdruck der Energieerhaltung, und das Inverse M_δ^{-1}

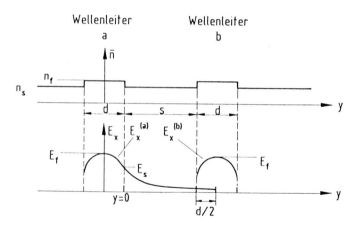

Bild 6.3: Zur Abschätzung des Koppelfaktors

erhält man als konjugiert Komplexes der Transponierten von M_δ, also

$$M_\delta^{-1} = \begin{pmatrix} m_1^* & im_2 \\ im_2^* & m_1 \end{pmatrix} \quad . \tag{6.26}$$

Für einen Koppler gleicher Länge mit negativer Phasenabweichung $-\delta$ gilt

$$M_{-\delta} = \begin{pmatrix} m_1^* & -im_2 \\ -im_2^* & m_1 \end{pmatrix} \quad . \tag{6.27}$$

6.1.4   Abschätzung des Koppelfaktors

Die Ortsabhängigkeit der Amplituden ist maßgeblich durch den Koppelfaktor κ bestimmt. Im folgenden bringen wir eine Abschätzung dieser Größe für symmetrische Wellenleiter. Bild 6.3 zeigt die zugrunde gelegte Geometrie.

Wir betrachten (vgl. Abschnitt 4.2.2) nur die Kopplung der EH-Grundmoden $m = 0, \mu = 0$. Das evaneszente Feld aus Wellenleiter a (siehe Abschnitt 3.4.1) hat in der Mitte des Wellenleiters b den Wert

$$E_{xM}^{(a)} = E_f \sqrt{\frac{n_f^2 - \beta^2/k^2}{n_f^2 - n_s^2}} \exp\{-\sqrt{\beta^2 - n_s^2 k^2}(s + d/2)\} \quad . \tag{6.28}$$

Das Feld der Grundmode im Wellenleiter b ist durch

$$E_x^{(b)}(x, y) = E_f \cos\{\sqrt{n_f^2 k^2 - \beta^2}(y - s - d/2)\} \tag{6.29}$$

gegeben. Zur Normierung der Felder wird die Modenleistung

$$P = \frac{\beta}{k}\sqrt{\frac{\epsilon_0}{\mu_0}} E_f^2 h_{eff} d_{eff} \qquad (6.30)$$

herangezogen, wobei wir die effektive Breite der Wellenleiter in y-Richtung mit d_{eff} bezeichnet haben. Außerdem wird noch $n_c^2(x,y) - n_a^2(x,y) = n_f^2 - n_s^2$ im Bereich des Wellenleiters b und Null sonst beachtet. Das Integral (6.15) für den Koppelfaktor läßt sich dann durch

$$\kappa = \frac{\omega\epsilon_0}{P}(n_f^2 - n_s^2) E_f E_{xM}^{(a)} \int_0^{h_{eff}} \int_s^{s+d} \cos\{\sqrt{n_f^2 k^2 - \beta^2}(y - s - d/2)\} dx dy \qquad (6.31)$$

approximieren. Für gut geführte Moden erstreckt sich nahezu eine volle Halbperiode des Feldes in den Wellenleiter b, und man darf setzen

$$\int_s^{s+d} \cos\{\sqrt{n_f^2 k^2 - \beta^2}(y - s - d/2)\} dy = 2/\sqrt{n_f^2 k^2 - \beta^2} \quad . \qquad (6.32)$$

Die Auswertung von (6.31) liefert damit

$$\kappa = 2\sqrt{n_f^2 - n_s^2} \frac{k}{\beta d_{eff}} \exp\{-\sqrt{\beta^2 - n_s^2 k^2}(s + d/2)\} \quad . \qquad (6.33)$$

Für stark geführte Moden kann man $\beta/k \approx n_f$ annehmen und erhält mit $n_f \approx n_s$, $n_f^2 - n_s^2 \approx 2n_f(n_f - n_s)$ als Ergebnis der Abschätzung

$$\kappa = \frac{2\sqrt{2}\sqrt{n_f - n_s}}{\sqrt{n_f}d_{eff}} \exp\{-2\pi\sqrt{2n_f(n_f - n_s)}(s + d/2)/\lambda\} \quad . \qquad (6.34)$$

Beispielsweise bekommt man für $\lambda = 1~\mu m$, $n_f = 3.5$, $s = d \approx d_{eff} = 3~\mu m$ und $\Delta\bar{n} = n_f - n_s = 5 \cdot 10^{-3}$ den Koppelfaktor $\kappa \approx 2~cm^{-1}$. Die typische Wechselwirkungslänge ist damit $\kappa^{-1} \approx 5~mm$. Der stärkere Brechungsindexunterschied $\Delta\bar{n} = 10^{-2}$ führt auf einen wesentlich kleineren Koppelfaktor von $\kappa = 0.25~cm^{-1}$. Ursache hierfür ist offenbar das wesentlich schwächere evaneszente Feld, das für effektive Kopplung kleinere Abstände s als 3 μm erforderlich macht. In GaAs-AlGaAs-Rippenwellenleitern nach Bild 6.4 wurde bei einer Betriebswellenlänge von $\lambda = 1.06~\mu m$ ein Koppelfaktor von $\kappa \approx 5~cm^{-1}$ beobachtet.

6.1.5 Leistungsteiler

Ein Leistungsteiler, der schematisch in Bild 6.5 dargestellt ist, teilt die bei $z = 0$ in den Wellenleiter a einfallende Leistung nach der Koppellänge z_d gleichmäßig

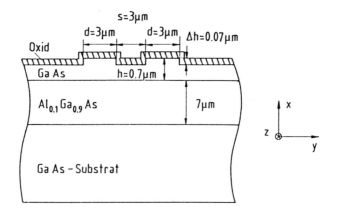

Bild 6.4: Frontansicht eines GaAs-AlGaAs-Richtkopplers mit Rippenwellenleitern (nach [6.3])

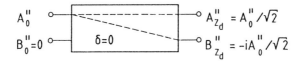

Bild 6.5: Richtkoppler der Länge $z_d = \pi/(4\kappa)$ als Leistungsteiler $(\delta = 0)$

auf beide Ausgänge auf. Aus (6.23) folgt hierfür

$$|m_1|^2 = |m_2|^2 \quad , \tag{6.35}$$

und bei Leistungserhaltung gilt auch

$$|m_1|^2 + |m_2|^2 = 1 \quad . \tag{6.36}$$

Für verschwindende Phasenabweichung $\delta = 0$ erhält man mit (6.24) und (6.25)

$$|m_1|^2 = \cos^2(\kappa z_d) = 1/2 \tag{6.37}$$

und

$$|m_2|^2 = \sin^2(\kappa z_d) = 1/2 \quad , \tag{6.38}$$

so daß die kleinste Länge z_d, nach der sich Leistungsteilung einstellt, durch

$$z_d = \pi/(4\kappa) \tag{6.39}$$

gegeben ist. Aus (6.23) liest man dann eine Phasenverschiebung von $-90°$ zwischen den Wellen an den Ausgängen der Wellenleiter a und b ab.

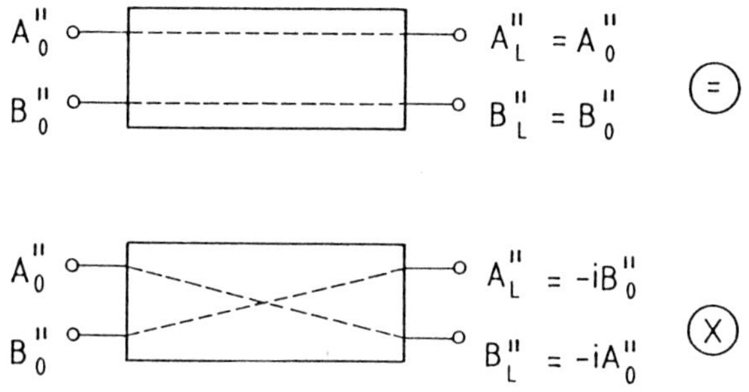

Bild 6.6: Durchgeschaltete und umgeschaltete Zustände eines Richtkopplers (schematisch)

6.1.6 Durchschaltung und Umschaltung

In Bild 6.6 sind schematisch der durchgeschaltete und der umgeschaltete Zustand eines Richtkopplers dargestellt. Der durchgeschaltete Zustand ist durch

$$A_L'' = A_0'', \ B_L'' = B_0'' \tag{6.40}$$

definiert, der umgeschaltete Zustand durch

$$A_L'' = -iB_0'', B_L'' = -iA_0'' \ . \tag{6.41}$$

Bei Durchschaltung findet man am Kopplerausgang das Eingangssignal vor, während bei Umschaltung das Eingangssignal auf den jeweils anderen Ausgang übergekoppelt ist. Nach (6.23) ist der Koppler der Länge L durchgeschaltet, wenn gilt

$$m_2 = \frac{\kappa}{\sqrt{\kappa^2 + \delta^2}} \sin\left(L\sqrt{\kappa^2 + \delta^2}\right) = 0 \quad . \tag{6.42}$$

Dies ist der Fall für

$$(\kappa L)^2 + (\delta L)^2 = (\nu\pi)^2 \quad , \tag{6.43}$$

wobei ν eine ganze Zahl ist. Für Umschaltung gilt hingegen $m_2 = 1$, was nur unter den Bedingungen

$$\delta = 0, \ \kappa L = (2\nu - 1)\pi/2 \tag{6.44}$$

zu erreichen ist. Die kürzeste Länge für vollständige Überkopplung ist $L_c = \pi/(2\kappa)$. Bild 6.7 zeigt Zustände für Durchschaltung und Umschaltung in einem

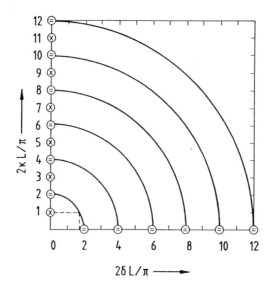

Bild 6.7: Kreuzzustände und Gleichzustände eines Richtkopplers im κ-δ-Diagramm. L ist die Kopplerlänge (nach [6.5])

mit der Kopplerlänge L normierten κ-δ-Diagramm. Die Kreuzzustände liegen auf isolierten Punkten auf der Achse $\delta = 0$, während Gleichzustände durch Kreisbögen repräsentiert werden. Ausgehend von einem Kreuzustand kann man allein durch Änderung der Phasenfehlanpassung δ einen Gleichzustand erreichen, wie dies in Bild 6.7 gestrichelt dargestellt ist. Geht man aus von einem Kreuzzustand mit $\kappa L = \pi/2$, so ist nach (6.43) die erforderliche Phasenverstimmung

$$2\delta = k\Delta n_{eff} = \sqrt{3}\pi/L \quad . \tag{6.45}$$

Bild 6.8 zeigt die nach (6.23) berechnete Intensitätsverteilung, die sich entlang des Kopplers für den Gleich- und Kreuzzustand einstellt.

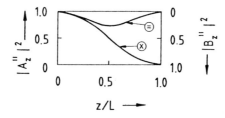

Bild 6.8: Intensitätsverlauf in den Kopplerarmen im Gleich- und Kreuzzustand (nach [6.5])

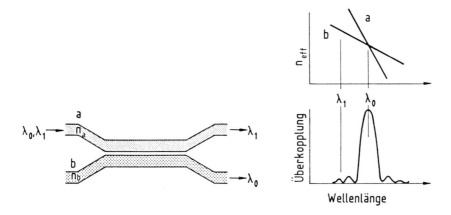

Bild 6.9: Wellenlängenfilter durch Kopplung zweier Wellenleiter mit unterschiedlicher Dispersion

6.1.7 Richtkopplerfilter

Koppelt man zwei Streifenwellenleiter unterschiedlicher Geometrie, so werden die beiden effektiven Brechungsindizes eine unterschiedliche Wellenlängenabhängigkeit aufweisen, wie dies in Bild 6.9 dargestellt ist. Vollständige Überkopplung ist nur dann möglich, wenn die Phasenkonstanten $(\beta_m^{(a)} + \delta\beta_m^{(a)})$ und $(\beta_\mu^{(b)} + \delta\beta_\mu^{(b)})$ übereinstimmen. Dies gilt für den Schnittpunkt der beiden Dispersionskurven bei der Wellenlänge λ_0. Man wählt die Abmessungen des Kopplers so, daß er sich bei λ_0 im Kreuzzustand befindet. Koppelt man nur in den Wellenleiter a ein, $A_0''(\lambda) = 1$, $B_0'' = 0$, dann erhält man am Ausgang des Wellenleiters b nach (6.25) die übergekoppelte Leistung

$$P_\mu^{(b)}(\lambda) = |B_L''(\lambda)|^2 = \frac{\kappa^2}{\kappa^2 + \delta^2(\lambda)} \sin^2 \sqrt{(\kappa L)^2 + (\delta(\lambda)L)^2} \quad . \qquad (6.46)$$

Die übergekoppelte Leistung ist im unteren Teilbild von Bild 6.9 dargestellt. Vollständige Überkopplung erfolgt bei der Wellenlänge λ_0, wenn $\kappa L = (2\nu - 1)\pi/2$ gilt. Für von λ_0 abweichende Wellenlängen fällt die Leistung rasch auf Null ab. Der halbe Abstand $\Delta\lambda$ zwischen den beiden ersten Nullstellen neben dem Maximum ist durch die Bedingung

$$\sqrt{\left((2\nu - 1)\frac{\pi}{2}\right)^2 + L^2 \delta^2(\lambda_0 + \Delta\lambda)} = (2\nu - 1)\frac{\pi}{2} + \frac{\pi}{2} = \nu\pi \qquad (6.47)$$

bestimmt. Für $\nu = 1$ erhält man hieraus

$$\delta(\lambda_0 + \Delta\lambda) \approx \frac{d\delta}{d\lambda}\Delta\lambda = \frac{\sqrt{3}\pi}{2L} \quad . \tag{6.48}$$

Die Breite $\Delta\lambda$ ist demnach umgekehrt proportional zum Dispersionsverlauf $d\delta/d\lambda$ und zur Länge L des Kopplers. Beachtet man noch $2\delta \approx 2\pi(n_{eff}^{(b)} - n_{eff}^{(a)})/\lambda$, erhält man die übersichtliche Formel

$$\Delta\lambda/\lambda_0 \approx \left[L|dn_{eff}^{(a)}/d\lambda - dn_{eff}^{(b)}/d\lambda| \right]^{-1} \tag{6.49}$$

für die Breite der Filterkurve. In der Praxis kann man Filterbreiten von unter $\Delta\lambda = 10$ nm erreichen.

6.2   Elektrooptische Steuerung

Wir interessieren uns in diesem Abschnitt für Richtkoppler, deren Koppeleigenschaften z.B. durch elektrische oder magnetische Felder oder mechanische Spannungen kontrolliert einzustellen sind. Auf diese Weise lassen sich Amplituden- oder Phasenmodulatoren, aber auch steuerbare Filter oder Polarisationskonverter aufbauen. Wir konzentrieren uns auf Systeme auf der Basis von GaAs oder InP und diskutieren insbesondere die Steuerung mit Hilfe des linearen elektrooptischen Effekts.

6.2.1   Geschalteter Richtkoppler

Durch den linearen elektrooptischen Effekt lassen sich die effektiven Brechungsindizes der gekoppelten Wellenleiter in einem elektrischen Feld verändern. Ein elektrooptisch steuerbarer Richtkoppler ist schematisch in Bild 6.10 dargestellt. Durch das elektrische Feld $\tilde{F}$ in [100]-Richtung wird der effektive Brechungsindex gemäß (5.81) geändert. Hieraus resultiert eine Phasenabweichung

$$2\delta \approx k\Delta n_{eff} \propto \frac{\omega}{c}\bar{n}^3 r_{41}\tilde{F}_x \quad , \tag{6.50}$$

die proportional ist zur herrschenden Feldstärke.

Zum Betrieb als Modulator legt man den Richtkoppler exakt so aus, daß er sich ohne äußeres Feld im umgeschalteten Zustand befindet. Die in den Wellenleiter a eingekoppelte Welle tritt im Wellenleiter b aus. Anlegen eines Feldes, das eine

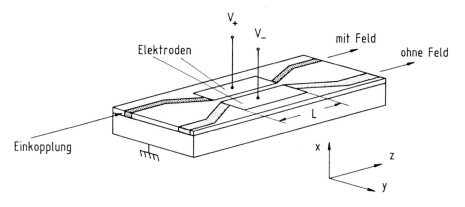

Bild 6.10: Steuerbarer Richtkoppler als Modulator (schematisch)

Phasenabweichung

$$\delta = \frac{\pi \Delta n_{eff}}{\lambda} = \sqrt{3}\pi/(2L) \qquad (6.51)$$

hervorruft, bewirkt den Übergang in den durchgeschalteten Zustand und damit vollständigen Austritt der Leistung aus dem Arm a. Diese Situation ist bereits gestrichelt in Bild 6.7 eingetragen. Einhundertprozentige Amplitudenmodulation erzielt man nur, wenn die Koppellänge für den umgeschalteten Zustand exakt eingestellt ist. Dies stellt hohe technologische Anforderungen und ist in der Praxis nur schwer zu reproduzieren. Die Einstellung des durchgeschalteten Zustands kann dagegen durch die Stärke des elektrischen Feldes nachgeregelt werden und ist unkritisch. Als Beispiel ist in Bild 6.11 der Querschnitt eines AlGaAs-GaAs Richtkoppler-Rippenwellenleiter-Modulators ist dargestellt. Bei einer Kopplerlänge $L = 2.4$ mm ist eine Spannung von 16 V an einer der beiden Elektroden notwendig, um vom Kreuz- in den Gleichzustand zu schalten. Die Betriebswellenlänge ist 1.06 μm.

6.2.2 Geschalteter Richtkoppler mit Phasenumkehr

Bild 6.12 zeigt einen elektrooptisch geschalteten Richtkoppler mit Phasenumkehr. Die Elektroden der Länge $L/2$ sind geteilt und getrennt ansteuerbar. Zur Einstellung des Gleichzustands werden Spannungen angelegt, so daß die Phasenabweichungen in beiden Abschnitten gleich sind: $\delta_1 = \delta_2$. Für den Kreuzzustand sind die Phasenabweichungen in den Abschnitten gerade entgegengesetzt gleich $\delta_1 = -\delta_2$, was durch Spannungsumkehr in einem Elektrodenpaar zu erreichen ist. Die Intensitätsverläufe entlang des Kopplers für die genannten Zustände sind im unteren Teil von Bild 6.12 dargestellt. In der Mitte bei $z = L/2$ sind die Amplituden in beiden Armen gleich. Wenn die Spannung an beiden

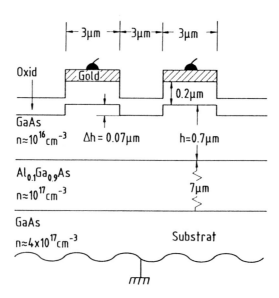

Bild 6.11: Querschnitt eines AlGaAs-GaAs Rippenwellenleiter-Modulators
(nach [6.3])

Elektrodenpaaren gleich ist, kehrt die Welle in den eingekoppelten Wellenleiter
zurück. Wird dagegen die Spannung am Elektrodenpaar an der Auskoppelseite
umgekehrt, vertauschen auch die Wellenleiter ihre Funktion und die Welle tritt
im gekreuzten Arm aus.

Die Amplituden der Wellen sind gemäß (6.23) zu ermitteln. Der Gleichzustand
für $\delta_1 = \delta_2 = \delta$ ist wie im vorangehenden Abschnitt zu berechnen und liefert
die gestrichelt dargestellten Kreisbögen im κ-δ-Diagramm in Bild 6.13. Die
Transfermatrix des Kreuzzustands für $\delta_1 = -\delta_2 = \delta$ bei Spannungsumkehr
ergibt sich durch Matrixmultiplikation

$$M_{\delta 1,-\delta 1} = M_\delta \cdot M_{-\delta} = \begin{pmatrix} |m_1|^2 - |m_2|^2 & -i2m_1 m_2 \\ -i(2m_1 m_2)^* & |m_1|^2 - |m_2|^2 \end{pmatrix} \quad , \qquad (6.52)$$

wobei M_δ und $M_{-\delta}$ aus (6.23) und (6.27) bekannt und bei $z = L/2$ auszuwerten
sind. Als Bedingung für den Gleichzustand erhält man mit (6.40)

$$m_1 m_2 = 0 \quad , \qquad (6.53)$$

und für den Kreuzzustand mit (6.41)

$$|m_1|^2 - |m_2|^2 = 1 - \frac{2\kappa^2}{\kappa^2 + \delta^2} \sin^2\left(\frac{L}{2}\sqrt{\kappa^2 + \delta^2}\right) = 0 \quad . \qquad (6.54)$$

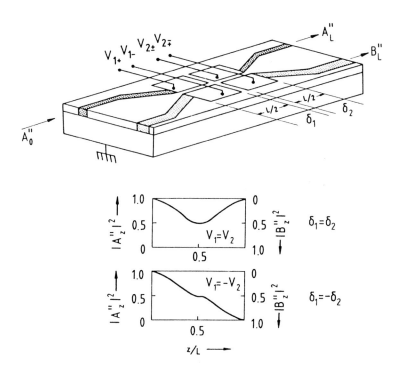

Bild 6.12: Elektrooptisch gesteuerter Richtkoppler mit Phasenumkehr und Intensitätsverlauf in beiden Armen für den Gleichzustand $\delta_1 = \delta_2$ und den Kreuzzustand $\delta_1 = -\delta_2$

Die letzte Bedingung ergibt eine Familie von Kurven, die die vertikale Achse im κ-δ-Diagramm in den Punkten $\kappa L = (2\nu - 1)\pi/2$ mit $\nu = 1, 2, 3, \ldots$ schneiden und durchgezogen gezeichnet sind. In Richtkopplern ohne Phasenumkehr sind die Kreuzzustände isolierte Lösungen, jetzt erhält man dagegen eine eindimensionale Lösungsschar. Für den Gleichzustand muß nach (6.53) $m_1 = 0$ oder $m_2 = 0$ gelten. Ersteres impliziert

$$\delta = 0 \quad \text{und} \quad 2\kappa L/\pi = 2(2\nu - 1) \quad \text{für} \quad \nu = 1, 2, \ldots \tag{6.55}$$

und ergibt isolierte Lösungspunkte auf der vertikalen Achse bei $2\kappa L/\pi = 2, 6, 10, \ldots$. Die andere Lösung $m_2 = 0$ ergibt die Kreisbögen

$$\left(\frac{2}{\pi}L\kappa\right)^2 + \left(\frac{2}{\pi}L\delta\right)^2 = (4\nu)^2 \quad \text{für} \quad \nu = 1, 2, 3, \ldots \quad , \tag{6.56}$$

die in Bild 6.13 durchgezogen dargestellt sind. Legt man den Koppler gemäß $1 < 2\kappa L/\pi < 2$ aus, so kann man durch Anlegen eines geeigneten Feldes sowohl den Kreuz- wie den Gleichzustand einstellen. Für einen Koppler mit den durch einen Pfeil gekennzeichneten Parametern bekommt man durch Spannungssum-

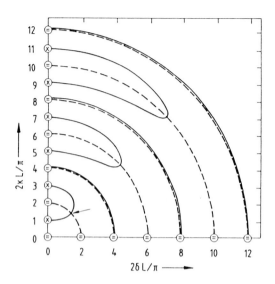

Bild 6.13: Kreuzzustände und Gleichzustände eines elektrooptisch steuerbaren Richtkopplers mit Phasenumkehr im κ-δ-Diagramm. Die Kreuzzustände und Gleichzustände bei Phasenumkehr sind durchgezogen, die Gleichzustände ohne Phasenumkehr gestrichelt gezeichnet. Bei Phasenumkehr sind Spannungen mit umgekehrter Polarität an die beiden Elektrodenpaare gelegt. Ohne Phasenumkehr liegen dieselben Spannungen an den Elektrodenpaaren. Die dicht benachbarten gestrichelten und durchgezogenen Kreisbögen liegen tatsächlich übereinander (nach [6.5])

kehr am zweiten Elektrodenpaar den Übergang vom Gleich- zum Kreuzzustand oder umgekehrt. Im allgemeinen sind die erforderlichen Spannungen in der Praxis geringfügig verschieden. Durch elektrisches Nachjustieren des Kopplers kann man das Nebensprechen in dem unerwünschten Kanal aber unter -30 dB halten.

6.2.3 Abstimmbares Wellenlängenfilter

Richtkopplerfilter, die in Abschnitt 6.1.7 beschrieben wurden, lassen sich durch Anwendung des linearen elektrooptischen Effekts in einfacher Weise verstimmen. Legt man, wie in Bild 6.14 dargestellt, entgegengesetzte Spannungen an die beiden Elektroden über den jeweiligen Wellenleitern, so verschiebt sich die Dispersionskurve $n_{eff}(\lambda)$ für den einen Wellenleiter zu größeren, für den anderen dagegen zu kleineren Wellenlängen. Der Schnittpunkt beider Kurven, bei dem vollständige Überkopplung erfolgt, verschiebt sich zu einer anderen Wellenlänge. Die Übertragungscharakteristik des Filters ändert sich entsprechend.

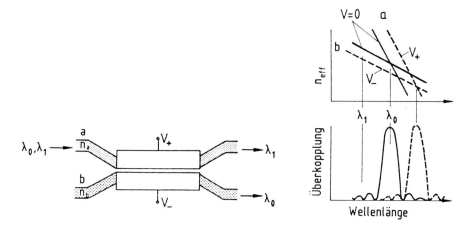

Bild 6.14: Elektrisch abstimmbares Richtkopplerfilter mit Dispersionskurven $n_{eff}(\lambda)$ und Überkopplungscharakteristik (schematisch). Die gestrichelten Kurven gelten für eine Spannung V_+ an Wellenleiter a und V_- an Wellenleiter b. Die Spannungen werden gegen Masse gemessen (nach [6.8])

6.2.4 Dynamik geschalteter Richtkoppler

Bild 6.15 zeigt die übliche Beschaltung des Richtkopplers und das Ersatzschaltbild zur Berechnung des Frequenzgangs. Die planare Elektrodenanordnung besteht aus der Metallelektrode auf der Oberseite und dem hochdotierten Material auf der Unterseite des Wellenleiters. Die Elektroden bilden eine Kapazität C, die über eine Leitung mit dem Wellenwiderstand Z angesteuert wird. Die Leitung ist zur Vermeidung von Reflexionen mit dem Widerstand $R_a = Z$ abgeschlossen. Sie wird aus einer Spannungsquelle mit Innenwiderstand $R_i = R_a$ gespeist. Das Ersatzschaltbild dient zur Berechnung des Frequenzübertragungsverhaltens. Wenn am Eingang der Leitung die Spannung $V = \hat{V}\cos(2\pi\nu t)$ mit der Modulationsfrequenz ν angelegt wird, dann findet man für die Spannung am Kondensator die Abhängigkeit

$$\frac{V_C}{V_C(\nu = 0)} = \frac{\cos\{2\pi\nu t - \arctan(\pi\nu R_a C)\}}{\sqrt{1 + (\pi\nu R_a C)^2}} \quad . \tag{6.57}$$

Die 3 dB-Grenzfrequenz

$$\nu_{gr} = 1/(\pi R_a C) \tag{6.58}$$

bestimmt die Bandbreite des Modulators. Die Spannung V_C an den Elektroden erzeugt über dem Wellenleiter ein (homogen angenommenes) elektrisches Feld $\tilde{F} = V_C/h$, das durch den linearen elektrooptischen Effekt die Brechungsin-

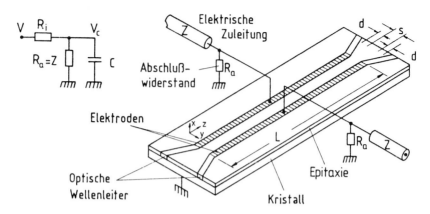

Bild 6.15: Beschaltung eines Richtkopplers und Ersatzschaltbild

dexänderung

$$\Delta n_{eff}(\nu) = \frac{1}{2}\bar{n}^3 r_{41} \tilde{F}_0 \frac{\cos\{2\pi\nu t - \arctan(\pi\nu R_a C)\}}{\sqrt{1 + (\pi\nu R_a C)^2}} \qquad (6.59)$$

hervorruft, wobei $\tilde{F}_0 = \tilde{F}(\nu = 0)$ gilt. Solange Laufzeiteffekte zu vernachlässigen sind ($\bar{n}L/c \ll 1/\nu$), ist die Phasenverschiebung der optischen Welle nach Durchlaufen des Modulators einfach durch

$$\Delta\phi(\nu) = 2\pi\Delta n_{eff}(\nu)L/\lambda \qquad (6.60)$$

gegeben, und für die Bandbreite gilt (6.58).

Bei dem in Bild 6.11 dargestellten AlGaAs-GaAs Richtkoppler-Modulator baut sich das elektrische Feld praktisch nur im hochohmigen ($n = 10^{16}$ cm^{-3} dotierten) GaAs-Wellenleiter auf. Wir rechnen mit der Wellenleiterhöhe $h = 1$ μm, der effektiven Wellenleiterbreite $d = 5$ μm, der Länge $L = 2.5$ mm und der quasi-statischen relativen Dielektrizitätskonstante $\epsilon_{GaAs} = 13.1$. Damit schätzen wir ab $C = \epsilon\epsilon_0 dL/h = 1.45$ pF. Gemessen wurde $C = 1.5$ pF. Für einen Wellen- und Abschlußwiderstand von $R_a = Z = 50$ Ω erhalten wir die Grenzfrequenz $\nu_{gr} = 1/(\pi R_a C) = 4.4$ GHz ebenfalls in guter Übereinstimmung mit dem Experiment. Die Laufzeit der Welle durch den Modulator ist $\bar{n}L/c = 30$ ps und noch klein gegen die inverse Grenzfrequenz $\nu_{gr}^{-1} = 230$ ps, so daß die für ein konzentriertes Bauelement gültige Formel (6.60) noch hinreichend genau ist.

6.2.5 Steuerleistung geschalteter Richtkoppler

Wir wollen der Einfachheit halber annehmen, daß nur ein Richtkopplerarm elektrisch angesteuert wird. Die nach dem Ersatzschaltbild in Bild 6.15 am Abschlußwiderstand R_a im zeitlichen Mittel verbrauchte elektrische Leistung P_e ist für einen sinusförmigen Spannungsverlauf $V_C(t) = V_m \cos\{2\pi\nu t - \arctan(\pi\nu R_a C)\}$ gegeben durch

$$P_e = V_m^2/(2R_a) \quad . \tag{6.61}$$

Mit der (verlustfrei angenommenen) Kapazität $C = \epsilon_m \epsilon_0 dL/h$ und der Bandbreite (6.59) kann man schreiben

$$P_e = \pi\nu_{gr} C V_m^2/2 = \pi\nu_{gr}\epsilon_m\epsilon_0 dL V_m^2/(2h) \quad . \tag{6.62}$$

Hierbei ist ϵ_m die relative Dielektrizitätskonstante bei der Modulationsfrequenz ν. Wenn sich das elektrische Feld homogen über den Wellenleiter der Höhe h, Breite d und Länge L erstreckt, ist das maximale Feld $\tilde{F}_m = V_m/h$ und die maximale gespeicherte elektrische Feldenergie

$$W_e = \frac{1}{2}\iiint_{Vol.} \epsilon_m\epsilon_0 \tilde{F}_m^2 d^3r = \frac{1}{2}\epsilon_m\epsilon_0 dLh\tilde{F}_m^2 \quad . \tag{6.63}$$

Damit erhalten wir einen interessanten Zusammenhang zwischen elektrischer Steuerleistung, Modulatorbandbreite und gespeicherter elektrischer Energie

$$P_e = \pi\nu_{gr}W_e \quad . \tag{6.64}$$

Weist das elektrische Feld im Zinkblendekristall in [100]-Richtung, ist die maximale Brechungsindexänderung nach (5.81) für TE-Wellen

$$\Delta n_{eff} \approx \bar{n}^3 r_{41}\tilde{F}_m/2 \quad . \tag{6.65}$$

Hiermit folgt

$$P_e = 2\pi\nu_{gr}hdL\epsilon_m\epsilon_0(\Delta n_{eff})^2/(\bar{n}^6 r_{41}^2) \quad . \tag{6.66}$$

Beachtet man weiter, daß für einen einfachen Richtkoppler-Modulator nach Abschnitt 6.2.1

$$\Delta n_{eff} = \sqrt{3}\lambda/(2L) \tag{6.67}$$

zu fordern ist, folgt für die elektrische Steuerleistung pro Bandbreite

$$\frac{P_e}{\nu_{gr}} = \frac{3\pi\epsilon_m\epsilon_0 hd\lambda^2}{2\bar{n}^6 r_{41}^2 L} \quad . \tag{6.68}$$

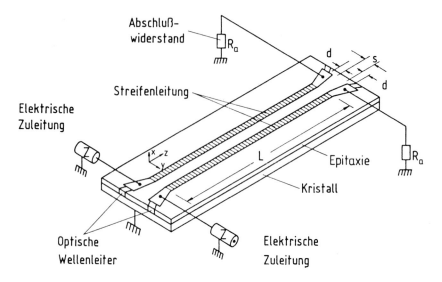

Bild 6.16: Beschaltung eines Richtkoppler-Lauffeldmodulators

Dieser Ausdruck charakterisiert die minimale für einen Schaltvorgang erforderliche Energie. Er gilt für vollständige Modulation. Die erforderliche Leistung pro Bandbreite wächst linear mit dem Querschnitt hd des Wellenleiters. Hierdurch kommt zum Ausdruck, daß in integrierter Bauweise eine etwa um den Faktor 100 bis 1000 kleinere Steuerleistung zu erwarten ist als in klassischen Systemen mit Freifeldausbreitung.

Für den in Bild 6.11 dargestellten Richtkoppler erhält man mit den am Ende des vorangehenden Abschnitts angegebenen Daten, sowie $\bar{n} = 3.6$ und $r_{41} = 1.2 \cdot 10^{-12}$ m/V bei $\lambda = 1$ μm für die bandbreitenbezogene Steuerleistung $P_e/\nu_{gr} \approx 0.35$ mW/MHz. Gemessen wurde 0.17 mW/MHz pro Elektrode. Die Abschätzung liefert ein erstaunlich gutes Resultat, wenn man bedenkt, daß Verluste (z.B. in den Bahngebieten des Substrats) überhaupt nicht berücksichtigt wurden und auch die Feld- und Wellenprofile denkbar einfach rechteckförmig angenähert wurden.

6.2.6   Richtkoppler als Lauffeldmodulator

Bild 6.16 zeigt die Beschaltung des Richtkopplers als Lauffeldmodulator. Die Elektroden sind als Streifenleitung ausgebildet, deren Wellenwiderstand Z möglichst mit dem der Zuleitung übereinstimmt. Der Abschluß am Ende erfolgt reflexionsfrei mit dem ohmschen Widerstand $R_a = Z$.

Wir wollen der Einfachheit halber Verluste im optischen Wellenleiter und auf der elektrischen Streifenleitung vernachlässigen und schreiben für die optische Welle

$$\tilde{E}_y(x, y, z, t) = \tilde{E}_{y0} \cos\{\omega(t - n_{eff}z/c)\} \qquad (6.69)$$

und das auf der Streifenleitung laufende elektrische Modulationsfeld

$$\tilde{F}_x(z, t) = \tilde{F}_m \cos\{2\pi\nu(t - n_m z/c)\} \quad , \qquad (6.70)$$

wobei ν die Modulationsfrequenz bezeichnet und der effektive Brechungsindex n_m für die Frequenz ν gilt. Hierbei hängt n_m über $Z = \sqrt{\mu_0/\epsilon_0}/n_m$ mit dem Wellenwiderstand der Leitung zusammen.

Der Teil der optischen Welle, der zum Zeitpunkt t_0 in den Modulator eintritt, läuft in der Zeit $t - t_0$ an den Ort $z = (t - t_0)c/n_{eff}$ und erfährt im Längenelement dz die differentielle Phasenverschiebung

$$
\begin{aligned}
\Delta\phi(z, t_0)dz &= 2\pi\Delta n_{eff}(z, t = t_0 + zn_{eff}/c)dz/\lambda \\
&= \frac{\pi}{\lambda}\bar{n}^3 r_{41}\tilde{F}_m \cos\{2\pi\nu(n_{eff} - n_m)z/c + 2\pi\nu t_0\}dz \ . \quad (6.71)
\end{aligned}
$$

Im Argument der cos-Funktion tritt gerade die Phase der Welle $\tilde{F}_x$ auf, die der zur Zeit t_0 in den Modulator eintretende Teil der optischen Welle sieht. Die gesamte Phasenänderung für den zur Zeit t_0 eintretenden Teil ergibt sich durch Integration über die gesamte Modulatorlänge. Mit der Abkürzung

$$u = 2\pi\nu(n_{eff} - n_m)L/(2c) \qquad (6.72)$$

läßt sich das Ergebnis der Integration schreiben

$$\Delta\phi(t_0) = \int_0^L \Delta\phi(z, t_0)dz = \frac{\pi\bar{n}^3 r_{41}L}{\lambda}\tilde{F}_m\frac{\sin u}{u}\cos(2\pi\nu t_0 + u) \quad . \qquad (6.73)$$

Die Phase der optischen Welle schwankt am Ausgang des Modulators also mit der Modulationsfrequenz ν. Die Amplitude der Schwankung ist maßgeblich durch den Faktor $\sin u/u$ bestimmt. Maximalen Phasenhub findet man nur, wenn die optische Welle und das elektrische Signal auf der Streifenleitung mit derselben Phasengeschwindigkeit laufen, also $c/n_{eff} = c/n_m$ gilt. Der 3 dB-Abfall ergibt sich für $u = 1.4$, also $\sin^2 u/u^2 = 1/2$, aus (6.72) zu

$$\nu_{gr} = 1.4c/(\pi|n_{eff} - n_m|L) \quad . \qquad (6.74)$$

Für möglichst breitbandigen Betrieb sind also n_{eff} und n_m einander anzupassen, was zum Beispiel durch geeignete Abmessungen der Streifenleitung erfolgen kann. Zu beachten ist schließlich, daß die hier vernachlässigten Verluste auf der Streifenleitung, die mit der Wurzel aus der Modulationsfrequenz ansteigen, letztlich die Grenzfrequenz bestimmen. Bei einer Modulatorlänge von $L = 2.5$ mm sind in GaAs Grenzfrequenzen von über 20 GHz zu erreichen, weil (anders als z.B. in LiNbO$_3$) die Brechungsindizes n_m und n_{eff} recht nahe beieinander liegen.

Wenn die optische und die elektrische Welle in ihrer Ausbreitungsgeschwindigkeit gut aneinander angepaßt sind, können sie über lange Strecken effektiv miteinander wechselwirken, und man kann hoffen, mit einem leistungsarmen Modulationssignal eine Phasenmodulation von $\sqrt{3}\pi/2 \approx \pi$ zu erzeugen, die nach (6.51) bei Ansteuerung eines der beiden Richtkopplerarme zu einer Umschaltung vom Gleich- in den Kreuzzustand führt. Bei einem Feld $\tilde{F}_x$ in [100]-Richtung ist die notwendige Feldstärke durch

$$\Delta\phi = 2\pi\Delta n_{eff} L/\lambda = \pi\bar{n}^3 r_{41}\tilde{F}_m L/\lambda = \sqrt{3}\pi/2 \approx \pi \qquad (6.75)$$

bestimmt. Die notwendige Spannungsamplitude auf der Leitung ist damit

$$V_{m\pi} = \tilde{F}_{m\pi}h = \frac{\lambda}{\bar{n}^3 r_{41}}\frac{h}{L} \quad . \qquad (6.76)$$

Sie nimmt mit wachsender Modulatorlänge L ab. Dasselbe gilt für die im Abschlußwiderstand verbrauchte elektrische Leistung

$$P_e = V_{m\pi}^2/(2R_a) \quad , \qquad (6.77)$$

die vom Generator aufgebracht werden muß. Mit den am Ende der Abschnitte 6.2.4 und 6.2.5 angegebenen Daten erhält man $V_{m\pi} = 7.1$ V und $P_e = 500$ mW. Die minimale Energie zur Erzeugung eines Schaltvorgangs ist

$$\frac{P_e}{\nu_{gr}} = \frac{\pi}{2.8}\left(\frac{\lambda}{\bar{n}^3 r_{41}}\right)^2\frac{h^2}{L}\frac{|n_{eff} - n_m|}{cR_a} \quad , \qquad (6.78)$$

wobei (6.74), (6.76) und (6.77) verwendet wurden. Für $n_m \to n_{eff}$ strebt der Wert gegen Null, weil wegen der vernachlässigten Verluste die 3 dB-Grenzfrequenz unrealistisch gegen Unendlich strebt. Rechnet man mit $\nu_{gr} = 20$ GHz für AlGaAs-GaAs, ergibt sich für unser Beispiel die minimale Schaltenergie P_e/ν_{gr} = 500 mW/20 GHz = 0.025 mW/MHz = 25 pJ. Wenn derselbe Modulator als konzentriertes Bauelement geschaltet wird, beträgt die minimale Schaltenergie nach Abschnitt 6.2.5 dagegen 350 pJ.

6.3   Supermoden

Bislang hatten wir die Ausbreitung von Moden in den einzelnen Armen des Richtkopplers betrachtet. Die Kopplung führt zu Energieaustausch. Die Amplituden der Moden ändern sich entlang der z-Achse. Bei mehreren gekoppelten Wellenleitern vereinfacht sich die Analyse beträchtlich, wenn man die Felder nach sogenannten Supermoden entwickelt. Supermoden sind solche Feldverteilungen, bei denen sich die Wellen in allen Wellenleitern mit derselben Phase und mit von z unabhängiger Amplitude ausbreiten. Die relativen Amplituden in den Wellenleitern hängen von der jeweiligen Supermode ab. Im Grunde sind Supermoden nichts anderes als transversale Moden des Systems. Die Supermodenanalyse im Ortsbereich ist verwandt mit der Entwicklung nach Eigenschwingungen gekoppelter Oszillatoren im Zeitbereich. Wir behandeln zuerst zweiarmige, dann mehrarmige Koppler.

6.3.1   Zweiarmige Richtkoppler

Gemäß (6.4) kann man die z-Abhängigkeit der Wellen in den beiden Armen des Richtkopplers durch den Spaltenvektor

$$\mathbf{E}^{(\nu)}(z) = \begin{pmatrix} E_1^{(\nu)}(z) \\ E_2^{(\nu)}(z) \end{pmatrix} = \begin{pmatrix} A_m(z) & \exp\{-i\beta_m^{(a)}z\} \\ B_\mu(z) & \exp\{-i\beta_\mu^{(b)}z\} \end{pmatrix} \tag{6.79}$$

charakterisieren. Aus (6.13) und (6.16) folgt für die komplexen Amplituden $E_1^{(\nu)}$ und $E_2^{(\nu)}$ das Differentialgleichungssystem

$$\begin{pmatrix} dE_1^{(\nu)}/dz \\ dE_2^{(\nu)}/dz \end{pmatrix} = -i \begin{pmatrix} \beta_m^{(a)} + \delta\beta_m^{(a)} & \kappa_{ab} \\ \kappa_{ba} & \beta_\mu^{(b)} + \delta\beta_\mu^{(b)} \end{pmatrix} \begin{pmatrix} E_1^{(\nu)} \\ E_2^{(\nu)} \end{pmatrix} \quad , \tag{6.80}$$

das sich mit der Koppelmatrix

$$C = \begin{pmatrix} \beta_m^{(a)} + \delta\beta_m^{(a)} & \kappa_{ab} \\ \kappa_{ba} & \beta_\mu^{(b)} + \delta\beta_\mu^{(b)} \end{pmatrix} \tag{6.81}$$

in Matrixform schreiben läßt

$$d\mathbf{E}^{(\nu)}/dz = -iC\mathbf{E}^{(\nu)} \quad . \tag{6.82}$$

Wir fragen nach Lösungswellen der Form

$$\mathbf{E}^{(\nu)}(z) = \mathbf{E}^{(\nu)}(z=0)\exp\{-i\gamma_\nu z\} \quad , \tag{6.83}$$

die sich in beiden Armen des Richtkopplers mit derselben Phasenkonstante γ_ν ausbreiten. Diese Lösung wird als ν-te Supermode bezeichnet. Mit dem Ansatz

(6.83) folgt aus (6.80)

$$\begin{pmatrix} \beta_m^{(a)} + \delta\beta_m^{(a)} - \gamma_\nu & \kappa_{ab} \\ \kappa_{ba} & \beta_\mu^{(b)} + \delta\beta_\mu^{(b)} - \gamma_\nu \end{pmatrix} \begin{pmatrix} E_1^{(\nu)} \\ E_2^{(\nu)} \end{pmatrix} = 0 \quad . \qquad (6.84)$$

Dieses Gleichungssystem hat nur dann nichttriviale Lösungen, wenn die Koeffizientendeterminante verschwindet. Dies ist der Fall für

$$\gamma_{1,2} = \frac{\beta_m^{(a)} + \delta\beta_m^{(a)} + \beta_\mu^{(b)} + \delta\beta_\mu^{(b)}}{2}$$

$$\pm \frac{1}{2}\sqrt{\left(\beta_m^{(a)} + \delta\beta_m^{(a)} - \beta_\mu^{(b)} - \delta\beta_\mu^{(b)}\right)^2 + 4\kappa_{ab}\kappa_{ba}} \quad . \qquad (6.85)$$

Die Größen γ_1, γ_2 sind gerade die Eigenwerte der Koppelmatrix C. Definiert man eine mittlere Phasenkonstante

$$\tilde{\beta} = \frac{1}{2}\left(\beta_m^{(a)} + \delta\beta_m^{(a)} + \beta_\mu^{(b)} + \delta\beta_\mu^{(b)}\right) \qquad (6.86)$$

und benutzt die in (6.18) eingeführte Phasenabweichung δ, kann man für $\kappa_{ab} = \kappa_{ba} = \kappa$ auch schreiben

$$\gamma_{1,2} = \tilde{\beta} \pm \sqrt{\delta^2 + \kappa^2} \quad . \qquad (6.87)$$

Die zugehörigen Eigenvektoren findet man, wenn man γ_1 bzw. γ_2 in (6.84) einsetzt und nach $E_1^{(\nu)}, E_2^{(\nu)}$ auflöst. Notwendigerweise muß dann gelten

$$E_2^{(\nu)} = \frac{\delta \pm \sqrt{\delta^2 + \kappa^2}}{\kappa} E_1^{(\nu)} \quad . \qquad (6.88)$$

Die beiden normierten Eigenvektoren sind damit

$$\mathbf{E}^{(1,2)}(z) = \left(2\left(\delta^2 + \kappa^2\right) \pm 2\delta\sqrt{\delta^2 + \kappa^2}\right)^{-1/2} \begin{pmatrix} \kappa \\ \delta \pm \sqrt{\delta^2 + \kappa^2} \end{pmatrix}$$

$$\cdot \exp\left\{-i\left(\tilde{\beta} \pm \sqrt{\delta^2 + \kappa^2}\right)z\right\} \quad , \qquad (6.89)$$

wobei für $\mathbf{E}^{(1)}(z)$ das Pluszeichen und für $\mathbf{E}^{(2)}(z)$ das Minuszeichen gilt. Zunächst stellen wir fest, daß beide Eigenvektoren orthonormal sind. Für verschwindende Kopplung geht im Grenzfall $\kappa/\delta \to 0$ das Verhältnis $E_1^{(\nu)}/E_2^{(\nu)}$ gegen Null oder gegen Unendlich, je nachdem ob in (6.88) das Plus- oder das Minuszeichen gültig ist. Wir erhalten als Eigenvektoren die Eigenmoden des

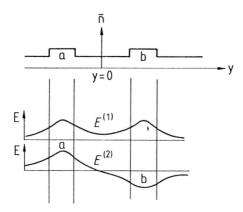

Bild 6.17: Feldverteilung der beiden Supermoden für symmetrische Richtkopplerarme mit $\delta = 0$ (schematisch)

ungekoppelten Systems

$$\mathbf{E}^{(1)}(z) \xrightarrow{\kappa/\delta \to 0} \begin{pmatrix} 0 \\ 1 \end{pmatrix} \exp\{-i(\beta_\mu^{(b)} + \delta\beta_\mu^{(b)})z\} \quad,$$

$$\mathbf{E}^{(2)}(z) \xrightarrow{\kappa/\delta \to 0} \begin{pmatrix} 1 \\ 0 \end{pmatrix} \exp\{-i(\beta_m^{(a)} + \delta\beta_m^{(a)})z\} \quad. \tag{6.90}$$

Wenn in beiden Richtkopplerarmen die Ausbreitung mit derselben Phasengeschwindigkeit erfolgt, also $\delta = 0$ gilt, bekommen wir die Eigenvektoren

$$\mathbf{E}^{(1)}(z) = \frac{1}{\sqrt{2}} \begin{pmatrix} 1 \\ 1 \end{pmatrix} \exp\{-i(\tilde{\beta} + \kappa)z\} \quad,$$

$$\mathbf{E}^{(2)}(z) = \frac{1}{\sqrt{2}} \begin{pmatrix} 1 \\ -1 \end{pmatrix} \exp\{-i(\tilde{\beta} - \kappa)z\} \quad, \tag{6.91}$$

wobei wir $\kappa \geq 0$ berücksichtigt haben. Die Supermode $\mathbf{E}^{(2)}$ hat ungerade Symmetrie und besitzt eine größere Phasengeschwindigkeit $\omega/(\tilde{\beta} - \kappa)$ als die symmetrische Supermode $\mathbf{E}^{(1)}$. Bild 6.17 illustriert die transversale Feldverteilung der beiden Supermoden.

Jede Wellenform auf dem Richtkoppler läßt sich als Überlagerung der beiden Supermoden darstellen. Wird zum Beispiel bei $z = 0$ nur in den Arm a eingekoppelt, läßt sich das Gesamtfeld darstellen als

$$\mathbf{E}_{ges}(z=0) = \frac{1}{\sqrt{2}}\mathbf{E}^{(1)}(z=0) + \frac{1}{\sqrt{2}}\mathbf{E}^{(2)}(z=0)$$

$$= \begin{pmatrix} 1/2 \\ 1/2 \end{pmatrix} + \begin{pmatrix} 1/2 \\ -1/2 \end{pmatrix} = \begin{pmatrix} 1 \\ 0 \end{pmatrix} \quad . \tag{6.92}$$

Wie aus Bild 6.17 zu entnehmen ist, überlagern sich die beiden Supermoden bei $z=0$ gerade konstruktiv im Arm a, während sie sich im Arm b auslöschen. Die Moden breiten sich mit ihren charakteristischen Phasenkoeffizienten aus und ergeben am Ort z das Gesamtfeld

$$\mathbf{E}_{ges}(z) = \frac{1}{\sqrt{2}}\mathbf{E}^{(1)}(0)\exp\{-i(\tilde{\beta}+\kappa)z\} + \frac{1}{\sqrt{2}}\mathbf{E}^{(2)}(0)\exp\{-i(\tilde{\beta}-\kappa)z\}$$

$$= \begin{pmatrix} 1/2 \\ 1/2 \end{pmatrix}\exp\{-i(\tilde{\beta}+\kappa)z\} + \begin{pmatrix} 1/2 \\ -1/2 \end{pmatrix}\exp\{-i(\tilde{\beta}-\kappa)z\} \tag{6.93}$$

$$= \left[\begin{pmatrix} 1/2 \\ 1/2 \end{pmatrix} + \begin{pmatrix} 1/2 \\ -1/2 \end{pmatrix}e^{+i2\kappa z}\right]\exp\{-i(\tilde{\beta}+\kappa)z\} \quad .$$

Dies ist eine Schwebung mit der Schwebungsperiode π/κ. Am Ort z mit $\kappa z = \pi/2$ liefert die Schwebung gerade den Kreuzzustand des Richtkopplers

$$\mathbf{E}_{ges}(z=\pi/(2\kappa)) = \begin{pmatrix} 0 \\ 1 \end{pmatrix}\exp\{-i(\tilde{\beta}+\kappa)\pi/(2\kappa)\} \quad . \tag{6.94}$$

Am Ort z mit $\kappa z = \pi/4$ erhält man in beiden Armen denselben Amplitudenbetrag

$$\mathbf{E}_{ges}(z=\pi/(4\kappa)) = \frac{1}{2}\begin{pmatrix} 1 & + & i \\ 1 & - & i \end{pmatrix}\exp\{-i(\tilde{\beta}+\kappa)\pi/(4\kappa)\} \quad . \tag{6.95}$$

Der Richtkoppler wirkt als Leistungsteiler, die Phasendifferenz zwischen beiden Armen beträgt $\pi/2$. Die diskutierten Spezialfälle liefern Ergebnisse, die in Übereinstimmung sind mit früheren Resultaten. Die Wirkungsweise des Richtkopplers erscheint hier allerdings in einem anderen Licht. Die Ausgangszustände werden berechnet als lineare Überlagerung von Supermoden, die sich formstabil im Koppelbereich ausbreiten. Dies entspricht vollkommen der Zerlegung einer komplizierten Schwingungsform in die Überlagerung von (entkoppelten) Eigenschwingungen. Mathematisch erfordert das Verfahren die Bestimmung von Eigenwerten und Eigenvektoren der Koppelmatrix C.

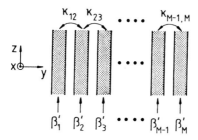

Bild 6.18: Schema M gekoppelter Wellenleiter. Die Kopplung soll nur mit dem nächsten Nachbarn erfolgen

6.3.2 Mehrarmige Richtkoppler

Wir stellen hier eine allgemeine Theorie für den Fall M gekoppelter Wellenleiter vor, wie er in Bild 6.18 illustriert ist. Die Koppelfaktoren werden als unabhängig von z vorausgesetzt. Die Ausbreitungskonstanten der ungestörten Wellenleiter seien mit β_l bezeichnet, die Feldprofile mit $\mathbf{E}_l(x, y)$. Wegen der Kopplung wird sich das Feld in jedem einzelnen Wellenleiter verändern, und wir machen für das Gesamtfeld den Ansatz

$$\mathbf{E}(x, y, z) = \sum_{l=1}^{M} \mathbf{E}_l(x, y) A_l(z) \exp\{-i\beta_l z\} = \sum_{l=1}^{M} E_l^{(\nu)}(z) \mathbf{E}_l(x, y) \quad , \qquad (6.96)$$

wobei $A_l(z) = |A_l(z)| \exp\{-i\delta\beta_l z\}$ langsam mit z veränderliche komplexe Amplituden darstellen. Die Koeffizienten $E_l^{(\nu)}(z) = A_l(z) \exp\{-i\beta_l z\}$ sollen für eine Supermode ν berechnet werden. Nach der Theorie gekoppelter Wellen gilt, wenn man nur die Kopplung zwischen den direkt benachbarten Wellenleitern berücksichtigt, in Analogie zu (6.80)

$$\begin{pmatrix} dE_1^{(\nu)}/dz \\ \vdots \\ \vdots \\ \vdots \\ \vdots \\ dE_M^{(\nu)}/dz \end{pmatrix} = -i \begin{pmatrix} \beta_1' & \kappa_{12} & 0 & \cdot\cdot & 0 & 0 \\ \kappa_{21} & \beta_2' & \kappa_{23} & \cdot\cdot & \cdot\cdot & 0 \\ 0 & \kappa_{32} & \beta_3' & \cdot\cdot & \cdot\cdot & 0 \\ \cdot\cdot & \cdot\cdot & \cdot\cdot & \cdot\cdot & \cdot\cdot & \cdot\cdot \\ 0 & \cdot\cdot & \cdot\cdot & \cdot\cdot & \beta_{M-1}' & \kappa_{M-1,M} \\ 0 & 0 & 0 & \cdot\cdot & \kappa_{M,M-1} & \beta_M' \end{pmatrix} \begin{pmatrix} E_1^{(\nu)} \\ \vdots \\ \vdots \\ \vdots \\ \vdots \\ E_M^{(\nu)} \end{pmatrix}$$

$$(6.97)$$

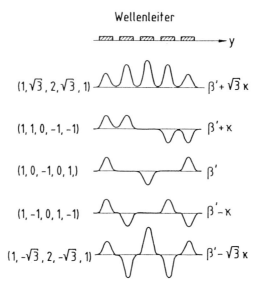

Bild 6.19: Supermoden bei der Kopplung von $M = 5$ Wellenleitern mit gleichen Ausbreitungskonstanten β' und gleichen Koppelfaktoren κ (nach [6.7])

oder

$$\frac{d}{dz}\mathbf{E}^{(\nu)} = -iC\mathbf{E}^{(\nu)} \quad .$$

Hierbei ist $\beta'_l = \beta_l + \delta\beta_l$. Der Lösungsansatz für die Supermoden

$$E_l^{(\nu)}(z) = E_l^{(\nu)}(z = 0)\exp\{-i\gamma_\nu z\} \tag{6.98}$$

mit einer einheitlichen Ausbreitungskonstanten γ_ν für alle $l = 1, ..., M$ führt auf das Eigenwertproblem

$$(C - \gamma_\nu I)\mathbf{E}^{(\nu)} = 0 \quad , \tag{6.99}$$

wobei I die $M \times M$-Einheitsmatrix darstellt. Die Eigenwertgleichung ist im allgemeinen numerisch zu lösen.

Im Spezialfall gleicher Ausbreitungskonstanten $\beta_l = \beta$ für alle l und gleicher Koppelfaktoren κ erhält man eine analytische Lösung, deren Herleitung wir im folgenden kurz skizzieren wollen. Bild 6.19 illustriert die Lösung für den Fall $M = 5$. Für ein beliebiges l mit $2 \leq l \leq M - 1$ gilt nach (6.97) die Differentialgleichung

$$\frac{dE_l^{(\nu)}}{dz} = -i\kappa E_{l-1}^{(\nu)} - i\beta' E_l^{(\nu)} - i\kappa E_{l+1}^{(\nu)} \quad . \tag{6.100}$$

Der Ansatz

$$E_l^{(\nu)} = \hat{E}_l^{(\nu)} \exp\{-i\gamma_\nu z\} \tag{6.101}$$

liefert

$$\frac{\gamma_\nu - \beta'}{\kappa} \hat{E}_l^{(\nu)} = \hat{E}_{l-1}^{(\nu)} + \hat{E}_{l+1}^{(\nu)} \tag{6.102}$$

als Bedingung für die zeitunabhängigen Amplituden. Bei unendlich vielen gekoppelten Wellenleitern sind außer (6.102) keine weiteren Bedingungen zu stellen. Jede Koeffizientenschar $\hat{E}_l^{(\nu)}$, die (6.102) erfüllt, liefert eine Lösung der Form (6.101) mit einheitlicher Ausbreitungskonstante γ_ν. Für γ_ν gilt demnach

$$\gamma_\nu = \beta' + \kappa(\hat{E}_{l-1}^{(\nu)} + \hat{E}_{l+1}^{(\nu)})/\hat{E}_l^{(\nu)} \quad . \tag{6.103}$$

Bei einer endlichen Zahl gekoppelter Wellenleiter $l = 1, ..., M$ erweitern wir formal die Zahl der Wellenleiter um einen mit der Nummer $l = 0$ und einen mit der Zahl $l = M + 1$ und verlangen als Randbedingung $\hat{E}_{l=0}^{(\nu)} = 0$ und $\hat{E}_{M+1}^{(\nu)} = 0$. Das Gleichungssystem (6.100) gilt damit für $l = 1, ..., M$.

Zur Lösung der Differenzengleichung (6.102) machen wir den periodischen Ansatz

$$\hat{E}_l^{(\nu)} = c_1 e^{-il\theta} + c_2 e^{il\theta} \tag{6.104}$$

mit Konstanten c_1 und c_2. Einsetzen in (6.102) ergibt eine Forderung an θ

$$\cos\theta = (\gamma_\nu - \beta')/(2\kappa) \quad . \tag{6.105}$$

Die Bedingung $\hat{E}_{l=0}^{(\nu)} = 0$ ist durch $c_2 = -c_1$ zu erfüllen, so daß (6.104) mit $c_2 = c_0/(2i)$ übergeht in

$$\hat{E}_l^{(\nu)} = c_0 \sin l\theta \quad . \tag{6.106}$$

Die Forderung $\hat{E}_{M+1}^{(\nu)} = 0$ ergibt dann

$$\theta = \frac{\nu\pi}{M+1} \text{ für } \nu = 1, ..., M \quad . \tag{6.107}$$

Die Komponenten der ν-ten Supermode sind damit durch

$$\hat{E}_l^{(\nu)} = c_0 \sin \frac{l\nu\pi}{M+1} \tag{6.108}$$

gegeben, wobei c_0 eine willkürliche Konstante ist. Die zugehörigen Eigenwerte erhält man aus (6.105) zu

$$\gamma_\nu = \beta' + 2\kappa \cos \frac{\nu\pi}{M+1} \quad . \tag{6.109}$$

Für den Fall $M = 5$ ist die z-Abhängigkeit der normierten Supermoden durch

$$\begin{aligned}
\mathbf{E}^{(1)} &= \frac{1}{2\sqrt{3}}(1, \sqrt{3}, 2, \sqrt{3}, 1) \exp\{-i(\beta' + \sqrt{3}\kappa)z\} \quad , \\[2mm]
\mathbf{E}^{(2)} &= \frac{1}{2}(1, 1, 0, -1, -1) \exp\{-i(\beta' + \kappa)z\} \quad , \\[2mm]
\mathbf{E}^{(3)} &= \frac{1}{\sqrt{3}}(1, 0, -1, 0, 1) \exp\{-i\beta'z\} \quad , \\[2mm]
\mathbf{E}^{(4)} &= \frac{1}{2}(1, -1, 0, 1, -1) \exp\{-i(\beta' - \kappa)z\} \quad , \\[2mm]
\mathbf{E}^{(5)} &= \frac{1}{2\sqrt{3}}(1, -\sqrt{3}, 2, -\sqrt{3}, 1) \exp\{-i(\beta' - \sqrt{3}\kappa)z\}
\end{aligned} \tag{6.110}$$

gegeben. Die Form der Supermoden ist schematisch in Bild 6.19 dargestellt.

7 Elektronen im Halbleiter

Bislang haben wir die Bewegung der Elektronen pauschal durch den komplexen Brechungsindex erfaßt. Diese Beschreibung reicht nicht mehr aus, wenn z. B. die Emission von Licht in III-V-Halbleitern für Laser oder photoinduzierte Erzeugung freier Ladungsträger für Photodioden diskutiert werden sollen. Im folgenden werden Grundlagen der Quantentheorie vorgestellt, soweit sie für das Verhalten von Elektronen im Festkörper von Bedeutung sind. Besprochen werden dabei auch die Bandstruktur, Zustandsdichten und Besetzungswahrscheinlichkeiten.

7.1 Grundlagen der Quantentheorie

7.1.1 Wellenfunktion und Operatoren

Ausgangspunkt der Quantentheorie ist die Erkenntnis, daß man in mikroskopischen Bereichen der Elementarteilchen Ort $\mathbf{r}$ und Impuls $\mathbf{p}$ eines Teilchens nicht gleichzeitig bestimmen kann. Vielmehr kann man nur Wahrscheinlichkeitsaussagen über ein Teilchen machen. Diese Eigenschaften werden aus einer komplexen skalaren Wellenfunktion $\Psi(\mathbf{r}, t)$ abgeleitet. Die Größe

$$\Psi(\mathbf{r}, t)\, \Psi^*(\mathbf{r}, t)\, dx\,dy\,dz \tag{7.1}$$

gibt hierbei die Wahrscheinlichkeit an, ein Teilchen zur Zeit t im Volumenelement $dx\,dy\,dz$ anzutreffen. Diese Wahrscheinlichkeitsinterpretation erfordert ganz automatisch die Normierung

$$\iiint_{-\infty}^{\infty} |\Psi|^2\, dx\,dy\,dz = 1 \quad , \tag{7.2}$$

denn das Teilchen wird sich mit Sicherheit irgendwo im Raum befinden. Die Funktion $\Psi(x, y, z, t)$ und auch ihre Ableitung $\nabla\Psi = (\frac{\partial}{\partial x}\Psi, \frac{\partial}{\partial y}\Psi, \frac{\partial}{\partial z}\Psi)$ werden stetig angenommen.

Da es prinzipiell nur möglich ist, Wahrscheinlichkeitsaussagen über ein Teilchen zu machen, gilt dies insbesondere für alle Eigenschaften wie Ort, Impuls oder Energie des Teilchens. Abweichend von der klassischen Theorie sind die Größen nicht mehr einfache Funktionen, sondern Operatoren, die auf die Wellenfunktion Ψ wirken. In Tabelle 7.1 sind klassische Variablen und quantenmechanische Operatoren gegenübergestellt.

Tabelle 7.1. Gegenüberstellung klassischer Variablen und quantenmechanischer Operatoren

	Klassische Variable	Quantenmechanischer Operator
Ort	$\mathbf{r} = (x, y, z)$	$\mathbf{r}$
Impuls	$\mathbf{p} = (p_x, p_y, p_z)$	$\frac{\hbar}{i}\nabla = \frac{\hbar}{i}(\frac{\partial}{\partial x}, \frac{\partial}{\partial y}, \frac{\partial}{\partial z})$
Energie	W	$-\frac{\hbar}{i}\,\partial/\partial t$

In Tabelle 7.1 ist $h = \hbar 2\pi = 6.63 \cdot 10^{-34}\,\mathrm{Ws}^2$ das Plancksche Wirkungsquantum. Für die quantenmechanischen statistischen Größen sind nun noch die Regeln anzugeben, nach denen die statistischen Mittelwerte oder Erwartungswerte für die Variablen zu berechnen sind. Es gilt allgemein für den Erwartungswert eines Operators Q

$$< Q > = \iiint_{-\infty}^{\infty} \Psi^* Q \Psi \, dx\,dy\,dz \quad . \tag{7.3}$$

Beispiele sind

$$< x > = \iiint_{-\infty}^{\infty} \Psi^* x \Psi \, dx\,dy\,dz \tag{7.4}$$

als Mittelwert der x-Koordinate des Teilchens und

$$< p_x > = \iiint_{-\infty}^{\infty} \Psi^* \frac{\hbar}{i} \frac{\partial}{\partial x} \Psi \, dx\,dy\,dz \tag{7.5}$$

als Erwartungswert der x-Komponente des Teilchenimpulses. Ähnlich wie der Mittelwert lassen sich auch höhere Momente berechnen. Besonderes Interesse verdient die Varianz ΔQ einer Variablen

$$(\Delta Q)^2 = <(Q- <Q>)^2> = <Q^2> - <Q>^2 \quad , \qquad (7.6)$$

da sie ein Maß darstellt für den Bereich, über den die Werte einer Variablen streuen. $(\Delta Q)^2 = 0$ bedeutet, daß eine Variable scharf gemessen werden kann.

Für das Produkt der Varianz einer Ortskoordinate und der Varianz der zugehörigen Impulskomponente läßt sich die Heisenbergsche Unschärferelation ableiten

$$(\Delta x)^2 (\Delta p_x)^2 \geq \hbar^2/4 \quad . \qquad (7.7)$$

Sie besagt, daß man die Ortskoordinate und die zugehörige Impulskomponente nicht gleichzeitig scharf messen kann. Die geringe Größe von $\hbar$ ist dafür verantwortlich, daß die Unschärferelation für makroskopische Partikel keine Rolle spielt. Es sei noch angemerkt, daß Orts- und Impulskomponenten verschiedener Richtung gleichzeitig scharf meßbar sein können.

7.1.2 Die Schrödinger-Gleichung

Die klassische Gleichung für die Energie eines Teilchens lautet: kinetische Energie + potentielle Energie = Gesamtenergie. Wir interessieren uns insbesondere für die Bewegung eines Elektrons der Masse m_0 und schreiben

$$\frac{1}{2m_0}p^2 + U = W \quad , \qquad (7.8)$$

wobei $U = U(\mathbf{r})$ ein zeitunabhängiges Potential bedeuten soll. Mit den Operatorvorschriften der Tabelle 7.1 läßt sich diese Berechnung umformen in

$$H\Psi = -\frac{\hbar^2}{2m_0}\left(\frac{\partial^2 \Psi}{\partial x^2} + \frac{\partial^2 \Psi}{\partial y^2} + \frac{\partial^2 \Psi}{\partial z^2}\right) + U(\mathbf{r})\,\Psi = -\frac{\hbar}{i}\frac{\partial \Psi}{\partial t} \quad , \qquad (7.9)$$

wobei der Hamilton-Operator $H = (-\hbar^2/2m_0)\Delta + U$ mit dem Laplace-Operator $\Delta = \nabla^2 = (\partial^2/\partial x^2 + \partial^2/\partial y^2 + \partial^2/\partial z^2)$ eingeführt wurde. Das Potential $U(\mathbf{r})$ wird als multiplikativer Operator behandelt. Gleichung (7.9) wird als zeitabhängige Schrödinger-Gleichung bezeichnet. Lösungen $\Psi(\mathbf{r},t)$ der Gleichung beschreiben die Bewegung des Teilchens vollständig im quantenmechanischen Sinne.

Die Wellenfunktion in (7.9) ist orts- und zeitabhängig. Es ist üblich, die Abhängigkeiten getrennt zu berechnen und im Endergebnis zusammenzusetzen. Dies bedeutet einen Separationsansatz

$$\Psi(\mathbf{r}, t) = \psi(\mathbf{r})\,\phi(t) \tag{7.10}$$

zur Lösung von (7.9). Dieser Ansatz liegt insbesondere bei zeitunabhängigem Potential nahe. Mit der Separationskonstanten W führt der zeitabhängige Teil auf die Gleichung

$$\frac{d\phi}{dt} + \frac{iW}{\hbar}\,\phi = 0 \quad . \tag{7.11}$$

Integration dieser Gleichung liefert

$$\phi(t) = const \cdot \exp\{-iWt/\hbar\} \quad , \tag{7.12}$$

also eine harmonische Zeitabhängigkeit der Wellenfunktion. Der ortsabhängige Teil des Ansatzes (7.10) ergibt in (7.9) eingesetzt die zeitunabhängige Schrödinger-Gleichung

$$-\frac{\hbar^2}{2m_0}\left(\frac{\partial^2\psi}{\partial x^2} + \frac{\partial^2\psi}{\partial y^2} + \frac{\partial^2\psi}{\partial z^2}\right) + U(\mathbf{r})\,\psi = W\psi \quad . \tag{7.13}$$

Die Konstante in (7.12) kann zur Normierung herangezogen werden (vgl. (7.2)). Eine partikuläre Lösung von (7.9) hat demnach die Form

$$\Psi(\mathbf{r}, t) = \psi(\mathbf{r})\,\exp\{-iWt/\hbar\} \quad . \tag{7.14}$$

Da nach Tabelle 7.1 die Zeitableitung die Gesamtenergie des Teilchens repräsentiert, erhält man unmittelbar aus der Beziehung

$$i\hbar\,\frac{\partial\Psi}{\partial t} = W\Psi \tag{7.15}$$

die Interpretation der Separationskonstanten W. Sie ist als Eigenwert der Gleichung (7.15) demnach als Energieeigenfunktion des stationären Zustandes anzusehen, denn $|\Psi|^2$ ist nach (7.14) unabhängig von der Zeit.

Die Größe W ist nach (7.13) auch ein Eigenwert der zeitunabhängigen Schrödinger-Gleichung zum Hamilton-Operator $H = (-\frac{\hbar^2}{2m_0}\,\Delta + U)$. Die Eigenwerte werden demnach von der speziellen Form des Potentials abhängen, das im allgemeinen durch ein elektrisches oder magnetisches Feld vorgegeben ist. Es ist denkbar, daß nicht für alle Werte von W Lösungen ψ möglich sind, wenn an ψ gewisse Randbedingungen gestellt werden, wie z.B. exponentieller Abfall mit $\mathbf{r} \to \pm\infty$. Letzteres bedeutet nach (7.1), daß sich die Aufenthaltswahrscheinlichkeit auf endliche Bereiche konzentriert.

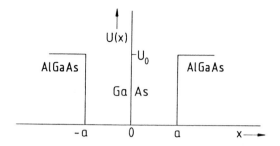

Bild 7.1: Eindimensionaler Potentialtopf der Breite $2a$ und Höhe U_0

7.1.3 Eindimensionales Kastenpotential

Wir betrachten als Beispiel ein Elektron in dem Kastenpotential

$$U(x) = \begin{cases} 0 & \text{für} \quad |x| < a \\ U_0 & \text{für} \quad |x| > a \end{cases} \tag{7.16}$$

und setzen eine eindimensionale Bewegung voraus. Der Potentialverlauf ist in Bild 7.1 dargestellt. Man kann ihn als einfachstes Modell für den Leitungsband-verlauf eines AlGaAs-GaAs-AlGaAs-Schichtsystems ansehen.

Bei einem Separationsansatz nach (7.10) erhalten wir die zeitunabhängige Schrödinger-Gleichung

$$-\frac{\hbar^2}{2m_0} \frac{\partial^2 \psi}{\partial x^2} = W\psi \qquad \text{für } |x| < a$$

$$-\frac{\hbar^2}{2m_0} \frac{\partial^2 \psi}{\partial x^2} = (W - U_0)\,\psi \quad \text{für } |x| > a \quad . \tag{7.17}$$

Diese Gleichung hat für $0 < W < U_0$ die allgemeine Lösung

$$\psi(x) = A \sin \alpha x + B \cos \alpha x \qquad \text{für } |x| < a$$

$$\psi(x) = C \exp\{-\beta x\} + D \exp\{\beta x\} \quad \text{für } |x| > a \quad , \tag{7.18}$$

wobei zur Abkürzung

$$\alpha = +\sqrt{2m_0 W/\hbar^2}, \quad \beta = +\sqrt{2m_0(U_0 - W)/\hbar^2} \tag{7.19}$$

gesetzt wurde. Die Lösung der Schrödinger-Gleichung für das Kastenpotential ist demnach völlig äquivalent zum Auffinden geführter Wellen in einem Filmwellenleiter. Da wir an normierbaren Wellenfunktionen interessiert sind, müssen wir $D = 0$ für $x > a$ und $C = 0$ für $x < -a$ fordern. Die Forderung der Stetigkeit von $\psi(x)$ und $d\psi/dx$ bei $x = \pm a$ ergibt dann die Bedingungen

$$\begin{aligned}
A \sin \alpha a + B \cos \alpha a &= C \exp(-\beta a) \quad , \\
\alpha A \cos \alpha a - \alpha B \sin \alpha a &= -\beta C \exp(-\beta a) \quad , \\
-A \sin \alpha a + B \cos \alpha a &= D \exp(-\beta a) \quad , \\
\alpha A \cos \alpha a + \alpha B \sin \alpha a &= \beta D \exp(-\beta a) \quad .
\end{aligned} \tag{7.20}$$

Hieraus folgt unmittelbar

$$\begin{aligned}
2A \sin \alpha a &= (C - D) \exp(-\beta a) \quad , \\
2\alpha A \cos \alpha a &= -\beta(C - D) \exp(-\beta a) \quad , \\
2B \cos \alpha a &= (C + D) \exp(-\beta a) \quad , \\
2\alpha B \sin \alpha a &= \beta(C + D) \exp(-\beta a) \quad .
\end{aligned} \tag{7.21}$$

Die ersten beiden Gleichungen liefern im Falle $A \neq 0, C \neq D$

$$\alpha \cot \alpha a = -\beta \quad , \tag{7.22}$$

während die letzten beiden Gleichungen im Falle $B \neq 0, C \neq -D$ auf

$$\alpha \tan \alpha a = \beta \tag{7.23}$$

führen. Die Gleichungen (7.22) und (7.23) können aber nicht gleichzeitig erfüllt sein, denn aus beiden Gleichungen folgt $\tan^2 \alpha a = -1$, was auf imaginäre α und damit negative W führen würde, die hier nicht interessieren. Lösungen von (7.21) erfordern deshalb

$$A = 0, \quad C = D \quad \text{und} \quad \alpha \tan \alpha a = \beta \tag{7.24}$$

oder

$$B = 0, \quad C = -D \quad \text{und} \quad \alpha \cot \alpha a = -\beta \quad . \tag{7.25}$$

Man hat also zwei Klassen von Lösungen für die Eigenwerte W, die sich unter Beachtung von (7.19) durch Lösung der transzendenten Gleichungen (7.24) und (7.25) ergeben. Wie in Bild 7.2 dargestellt, erhält man eine übersichtliche Lösung der charakteristischen Gleichung als Schnittpunkte der Graphen (in der αa-βa-Ebene)

$$\beta a = \alpha a \tan \alpha a \quad \text{bzw.} \quad \beta a = -\alpha a \cot \alpha a \qquad (7.26)$$

mit der sich unmittelbar aus (7.19) ergebenden Kreislinie

$$(\alpha a)^2 + (\beta a)^2 = 2m_0 U_0 \, a^2 / \hbar^2 \quad . \qquad (7.27)$$

Wir erkennen aus Bild 7.2, daß es für $0 < W < U_0$ nur endlich viele Schnittpunkte gibt. Demnach existieren Lösungen der Wellenfunktion mit den geforderten Randbedingungen nur für diskrete Energiewerte. Man bezeichnet die Lösungen als gebundene Zustände. In Bild 7.2 ist die Lage der Energieniveaus angegeben. Außerdem sind die Verläufe der ψ-Funktionen und auch die Wahrscheinlichkeitsdichten $|\psi|^2$ dargestellt. In Analogie zu den Strahlungsmoden gibt es für $W > U_0$ ein kontinuierliches Spektrum von Wellenfunktionen, die betragsmäßig aber für $|x| \to \infty$ nicht exponentiell abklingen. Für $W \leq 0$ gibt es keine normierbaren Wellenfunktionen als Lösungen.

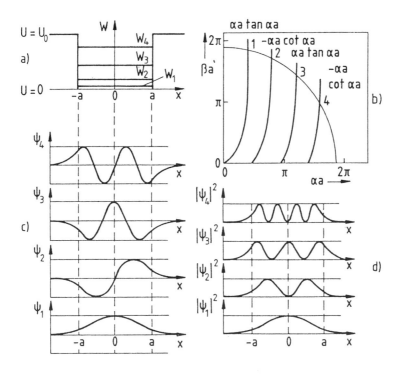

Bild 7.2: Elektron im Potentialtopf. a) Lage der Energieniveaus, b) Lösung der charakteristischen Gleichung, c) ψ-Funktionen, d) Wahrscheinlichkeitsdichten $|\psi|^2$

7.1.4 Potentialtopf unendlicher Höhe

Hier behandeln wir den Grenzfall $U_0 \to \infty$ in (7.16) bzw. Bild 7.1. Aus (7.19) folgt $\beta \to \infty$, und die Randbedingungen (7.20) vereinfachen sich zu

$$A \sin \alpha a + B \cos \alpha a = 0 \quad ,$$

$$-A \sin \alpha a + B \cos \alpha a = 0 \quad . \tag{7.28}$$

Hieraus folgt

$$A \sin \alpha a = 0, \ B \cos \alpha a = 0 \quad . \tag{7.29}$$

Für vorgegebenes α oder W können $\sin \alpha a$ und $\cos \alpha a$ nicht beide gleichzeitig verschwinden. Dementsprechend ergeben sich zwei Klassen von Lösungen von (7.28). Für symmetrische Lösungen ist

$$A = 0 \ \text{ und } \ \cos \alpha a = 0 \quad , \tag{7.30}$$

während für antimetrische Lösungen gilt

$$B = 0 \ \text{ und } \ \sin \alpha a = 0 \quad . \tag{7.31}$$

Dies erfordert $\alpha a = \nu \pi / 2$ mit ganzzahligem ν, was die Energieeigenwerte zu

$$W_\nu = \frac{\pi^2 \hbar^2 \nu^2}{8 m_0 a^2} \ , \ \nu = 1, 2, 3, \ldots \tag{7.32}$$

festlegt. Die Eigenwerte sind umgekehrt proportional zur Teilchenmasse m_0 und zum Quadrat der Potentialtopfbreite. Sie wachsen quadratisch mit der Ordnungszahl ν an. Innerhalb des Potentialtopfs sind die Wellenfunktionen harmonisch

$$\psi(x) \ \ = B \cos \frac{(2\nu - 1)\pi x}{2a}$$

bzw. $\hspace{8cm}$ (7.33)

$$\psi(x) \ \ = A \sin \frac{2\nu \pi x}{2a} \quad .$$

Außerhalb des Potentialtopfs verschwinden die Wellenfunktionen. Wir sehen, daß der Grenzfall des Potentialtopfs unendlicher Höhe zu einfachen analytischen Ausdrücken führt. Bei einem Potentialtopf endlicher Tiefe kann man für die tiefsten Energieeigenzustände die Ergebnisse für unendliche Wandhöhe näherungsweise übernehmen. Die Werte der Koeffizienten A und B ergeben sich aus der Normierungsbedingung (7.2).

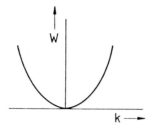

Bild 7.3: Energie in Abhängigkeit von der Wellenzahl für ein freies Elektron

7.1.5 Das freie Elektron

In vielen Fällen kann man das Elektron im Leitungsband eines ausgedehnten Halbleiters näherungsweise als freies Elektron ansehen, auf das keine Kräfte wirken. Für das Elektron im konstanten Potential gilt die zeitunabhängige Schrödinger-Gleichung

$$-\frac{\hbar^2}{2m_0}\Delta\psi = W\psi \quad , \tag{7.34}$$

wobei wir willkürlich das Potential $U = 0$ gesetzt haben. Lösungen von (7.34) sind ebene Wellen

$$\psi(x, y, z) = const \cdot \exp\{i\mathbf{k} \cdot \mathbf{r}\} \tag{7.35}$$

mit

$$k^2 = k_x^2 + k_y^2 + k_z^2 = 2m_0 W/\hbar^2 \quad . \tag{7.36}$$

Für alle Werte $W > 0$ gibt es Energiezustände. Man spricht von einem kontinuierlichen Spektrum. Der parabolische Zusammenhang zwischen der Wellenzahl k und der Teilchenenergie W ist in Bild 7.3 dargestellt.

Wir sehen, daß bei einem freien Elektron die ψ-Funktion mit $r \rightarrow \infty$ nicht abklingt, wie dies bei gebundenen Zuständen im Potentialtopf der Fall ist. Gleichzeitig findet man ein kontinuierliches Spektrum von Energieeigenwerten, während gebundene Zustände ein diskretes Spektrum aufweisen.

Es ist oft wünschenswert, die lokalisierten und nichtlokalisierten Zustände mit denselben Methoden zu behandeln. Dies kann man z. B. dadurch erreichen, daß man sich das zu untersuchende Teilchen in einen beliebig großen aber endlichen Potentialtopf mit unendlicher Wandhöhe eingesperrt denkt. Dann werden alle Eigenwerte diskret. Die ursprünglich kontinuierlichen Eigenwerte liegen aber

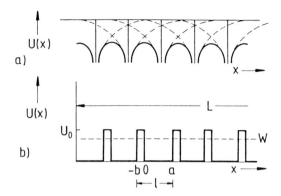

Bild 7.4: Potentielle Energie der Elektronen in einem eindimensionalen Kristallgitter (oben) und rechteckförmige Approximation des Potentialverlaufs (unten)

wegen der Größe des Topfes sehr dicht zusammen und werden in ihrer Lage
kaum verändert.

Denselben Zweck erreicht man durch Einführung periodischer Randbedingungen. Man wählt ein beliebig großes kubisches Gebiet der Kantenlänge L und verlangt, daß die Wellenfunktion an entsprechenden Punkten auf gegenüberliegenden Würfelflächen denselben Wert annimmt. Im eindimensionalen Raum bedeutet dies

$$\psi(x + L) = \psi(x)   . \tag{7.37}$$

Die Einführung periodischer Randbedingungen diskretisiert die ursprünglich kontinuierlichen Eigenwerte, da die Phasen der Wellenfunktion nicht mehr willkürlich zu wählen sind. Ansonsten ändert sich an den Wellenfunktionen und den
Eigenwerten nicht viel, wenn nur das Periodizitätsgebiet genügend groß angesetzt wird.

7.1.6 Eindimensionales Kristallgittermodell

Im Kristallverband üben die periodisch angeordneten Atomrümpfe Kräfte auf
die Elektronen aus. Das Potential für die Elektronen ist schematisch in Bild 7.4
dargestellt. Zur Vereinfachung der Rechnung approximiert man den tatsächlichen
Verlauf durch ein rechteckförmiges Kastenpotential. Man bezeichnet diese Näherung als Kronig-Penney-Modell.

Das rechteckförmige Potential besitzt die Periode l des Atomabstands im Gitter. Im Bereich der Atomrümpfe hat man ein hohes, außerhalb ein niedriges

Potential. Es gilt also

$$U(x) = U(x+l), \quad U(x) = \begin{cases} 0 & \text{für} \quad 0 < x < a \\ U_0 & \text{für} \quad -b < x < 0 \end{cases}, \qquad (7.38)$$

wobei $a + b = l$ ist. Bei zeitunabhängigem Potential gilt für ein Elektron die zeitunabhängige Schrödinger-Gleichung, die in den beiden Bereichen unterschiedlichen Potentials in die beiden Gleichungen

$$\frac{d^2\psi}{dx^2} + \alpha^2\psi = 0, \qquad \alpha^2 = 2m_0W/\hbar^2, \qquad 0 < x < a \quad ,$$

$$\frac{d^2\psi}{dx^2} - \beta^2\psi = 0, \quad \beta^2 = 2m_0(U_0 - W)/\hbar^2, \quad -b < x < 0 \qquad (7.39)$$

zerfällt. Nach dem Blochschen Theorem hat die Schrödinger-Gleichung für ein periodisches Potential Lösungen der Form

$$\psi_k(x) = L^{-1/2}u_k(x)\,\exp\{ikx\} \quad , \qquad (7.40)$$

wobei die Funktion $u_k(x)$ periodisch ist mit dem Gitterabstand, $u_k(x) = u_k(x+l)$. Die laufende Welle $\exp\{ikx\}$ ist also mit der Gitterperiode moduliert. Durch die Normierung mit der Gesamtlänge L der Struktur wird die Funktion $u_k(x)$ dimensionslos, denn gemäß (7.2) soll gelten $\int_0^L \psi\psi^* dx = 1$. Der Index k soll andeuten, daß der räumlich periodische Teil durchaus für verschiedene Wellenzahlen unterschiedlich sein kann. Die Form der Lösung (7.40) macht deutlich, daß ein Elektron nicht mehr zu einem Atomrumpf gehört, sondern über den ganzen Kristall verschmiert ist. Die Lösungsform (7.40) ist anschaulich sofort zu verstehen, denn die Aufenthaltswahrscheinlichkeit $|\psi_k|^2$ des Elektrons muß eine gitterperiodische Funktion sein.

Mit dem Ansatz (7.40) ergibt sich aus (7.39)

$$\frac{d^2u_k}{dx^2} + 2ik\,\frac{du_k}{dx} + (\alpha^2 - k^2)u_k = 0 \quad \text{für} \quad 0 < x < a \quad ,$$

$$\frac{d^2u_k}{dx^2} + 2ik\,\frac{du_k}{dx} - (\beta^2 + k^2)u_k = 0 \quad \text{für} \quad -b < x < 0 \quad . \qquad (7.41)$$

Die allgemeinen Lösungen dieser Gleichungen sind ($0 < W < U_0$)

$$u_k(x) = A\exp\{i(\alpha - k)x\} + B\exp\{-i(\alpha + k)x\} \quad \text{für} \quad 0 < x < a \quad ,$$

$$u_k(x) = C\exp\{(\beta - ik)x\} + D\exp\{-(\beta + ik)x\} \quad \text{für} \quad -b < x < 0 \;.(7.42)$$

Hierbei ist noch k als Funktion von α bzw. β, d. h. als Funktion der Energie zu bestimmen. Die Konstanten A, B, C, D ergeben sich aus der Stetigkeit von $\psi_k(x)$ und $d\psi_k/dx$ an den Stellen 0 und a, wobei noch wegen der Periodizität

$u_k(-b) = u_k(a)$ zu berücksichtigen ist. Die Randbedingungen führen auf

$$A + B = C + D \quad ,$$

$$i(\alpha - k)A - i(\alpha + k)B = (\beta - ik)C - (\beta + ik)D \quad ,$$

$$A \exp\{i(\alpha - k)a\} + B \exp\{-i(\alpha + k)a\}$$
$$= C \exp\{(ik - \beta)b\} + D \exp\{(\beta + ik)b\} \quad , \tag{7.43}$$

$$i(\alpha - k)A \exp\{i(\alpha - k)a\} - i(\alpha + k)B \exp\{-i(\alpha + k)a\}$$
$$= (\beta - ik)C \exp\{(ik - \beta)b\} - (\beta + ik)D \exp\{(\beta + ik)b\} \quad .$$

Nichttriviale Lösungen dieses Gleichungssystems erhält man nur, wenn die Koeffizientendeterminante für die Variablen A, B, C, D verschwindet. Diese Bedingung führt auf die charakteristische Gleichung

$$\frac{\beta^2 - \alpha^2}{2\alpha\beta} \sinh \beta b \sin \alpha a + \cosh \beta b \cos \alpha a = \cos k(a + b) \quad . \tag{7.44}$$

Dies ist eine transzendente Gleichung für die Wellenzahl k. Eine Vereinfachung läßt sich erzielen, wenn man das Kastenpotential der Höhe U_0 durch ein Deltapotential gleicher Fläche, aber verschwindender Breite b ersetzt, so daß $U_0 b = const$, aber $U_0 \to \infty$ gilt. Dies entspricht der Erhaltung der Elektronenbindungsenergie im Kristall. Bei dem Grenzübergang gilt $(\beta b \to 0)$

$$\lim_{U_0 \to \infty} \frac{\beta^2 - \alpha^2}{2\alpha\beta} \sinh \beta b = \frac{m_0 U_0 b}{\alpha \hbar^2} \quad . \tag{7.45}$$

Damit ergibt sich für die charakteristische Gleichung

$$\cos kl = \frac{m_0 U_0 bl}{\hbar^2} \frac{\sin \alpha l}{\alpha l} + \cos \alpha l =: \xi(\alpha l) \quad , \tag{7.46}$$

wobei noch $a \to l$ und $\cosh \beta b \to 1$ berücksichtigt wurde. Zur Lösung zeichnet man die rechte Seite von (7.46) als Funktion der Variablen $\alpha l \approx \alpha a \approx \sqrt{2m_0 W} l/\hbar$, wie rechts in Bild 7.5 zu sehen. Man erkennt, daß es nur für bestimmte Energiebereiche ausbreitungsfähige ψ-Wellen geben kann, in denen der Ausdruck der rechten Seite von (7.46) zwischen -1 und $+1$ liegt. Diese Bereiche entsprechen erlaubten Energiezuständen. In den Zwischenbereichen sind Lösungen für imaginäres k denkbar, die lokalisierten Wellenfunktionen entsprechen. Innerhalb eines erlaubten Bereiches gibt es zu einem Wert αl unendlich viele ausgewählte Werte kl, ebenso gehören zu jedem Wert kl unendlich viele Werte αl und damit auch der Energie W. Es genügt, sich auf den Bereich $-\pi \le kl \le \pi$, die sogenannte erste Brillouin-Zone zu beschränken.

Mögliche Energiezustände im periodischen Potential sind also durch die charakteristische Gleichung (7.46) festgelegt. Es treten erlaubte und verbotene Ener-

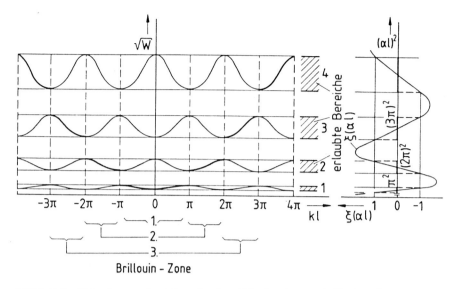

Bild 7.5: Erlaubte und nicht erlaubte Bänder im periodischen Potential

giebänder abwechselnd auf. In einem Band hängt die Elektronenenergie periodisch von der Wellenzahl k ab. Die Periodenlänge ist $2\pi/l$. Wegen $\cos(kl) = \cos(-kl)$ verläuft die $W(k)$-Kurve symmetrisch zu $k = 0$.

In den erlaubten Bändern ist k reell. Dort liegt eine ungedämpfte Elektronenwelle mit gitterperiodisch modulierter Amplitude vor. Mit steigender Elektronenenergie wächst die Breite eines erlaubten Energiebandes. Mit sinkender Bindungsenergie nehmen die Breiten der verbotenen Bänder ab, bis beim freien Elektron ($U_0 = 0$) überhaupt keine Bandlücke mehr auftritt.

7.2 Die Bandstruktur von Halbleitern

Die Bandstruktur von Halbleitern läßt sich mit quantenmechanischen Methoden berechnen. Die Zusammenhänge sind komplex, die Berechnungsverfahren kompliziert. Wir diskutieren hier nur einfache grundsätzliche Beziehungen und geben wichtige Ergebnisse für GaAs, InP und Si an.

7.2.1 Wellenfunktionen in dreidimensionalen Kristallen

Die Überlegungen für eindimensionale periodische Potentiale lassen sich auf dreidimensionale Kristallgitter übertragen. Wegen der streng periodischen Anordnung der Atomrümpfe ist die potentielle Energie der Elektronen eine periodische Funktion der Form

$$U(\mathbf{r}) = U(\mathbf{r} + \mathbf{R}) \quad , \tag{7.47}$$

wobei der Translationsvektor $\mathbf{R}$ ein ganzzahliges Vielfaches der Basisvektoren der primitiven Einheitszelle des Kristallgitters ist. Nach dem Blochschen Theorem sind die Lösungen der zeitunabhängigen Schrödinger-Gleichung von der Form

$$\psi_{n\mathbf{k}}(\mathbf{r}) = V_K^{-1/2} u_{n\mathbf{k}}(\mathbf{r}) \, \exp\{i\mathbf{k}_n \cdot \mathbf{r}\} \tag{7.48}$$

mit der gitterperiodischen Funktion $u_{n\mathbf{k}}(\mathbf{r}) = u_{n\mathbf{k}}(\mathbf{r} + \mathbf{R})$. Das Kristallvolumen V_K dient zur Normierung. Die Wellenfunktionen erlaubter Elektronenzustände sind also (ausbreitungsfähige) ebene Wellen mit räumlich gitterperiodisch modulierter Amplitude. Der Index n kennzeichnet die erlaubten Bänder. Der Index $\mathbf{k}$ deutet an, daß die Funktion u durchaus noch von der Wellenzahl $\mathbf{k}$ abhängt

$$u_{n\mathbf{k}}(\mathbf{r}) = u_n(\mathbf{k}, \mathbf{r}) \quad . \tag{7.49}$$

Fragt man nach der zu einem $\mathbf{k}$-Wert gehörigen Elektronenenergie $W(\mathbf{k})$, so findet man wie im Eindimensionalen eine unendliche Folge von möglichen Energiewerten. Aber es gibt auch Energiebereiche, in denen keine Zustände mit reellem $\mathbf{k}$ möglich sind. Dies entspricht der Aufteilung in erlaubte und verbotene Bänder.

Ist $\mathbf{R}$ ein beliebiger Gittervektor, so folgt aus dem Blochschen Theorem für die Wellenfunktion die Beziehung

$$\psi(\mathbf{r} + \mathbf{R}) = e^{i\mathbf{k}\cdot\mathbf{R}} \, \psi(\mathbf{r}) \quad . \tag{7.50}$$

Die Wellenzahl $\mathbf{k}$ charakterisiert damit die relative Phase der Wellenfunktion zwischen zwei Gitterpunkten. Offenbar ist $\mathbf{k}$ nicht eindeutig bestimmt. Denn sei $\mathbf{K}$ ein Vektor, der

$$\exp\{i\mathbf{K} \cdot \mathbf{R}\} = 1 \tag{7.51}$$

erfüllt ($\mathbf{K}$ ist damit ein Vektor des reziproken Gitters), so gilt für einen Wellenzahlvektor $\mathbf{k}' = \mathbf{k} + \mathbf{K}$ ebenfalls

$$\psi(\mathbf{r} + \mathbf{R}) = e^{i\mathbf{k}'\cdot\mathbf{R}} \, \psi(\mathbf{r}) \quad . \tag{7.52}$$

Dies bedeutet, daß die Wellenfunktionen und damit auch die Energieeigenwerte periodische Funktionen von $\mathbf{k}$ sind. Ähnlich wie im eindimensionalen Fall kann man sich auf einen begrenzten Wertebereich im $\mathbf{k}$-Raum beschränken, den man als erste Brillouin-Zone bezeichnet. Die Form der ersten Brillouin-Zone ergibt

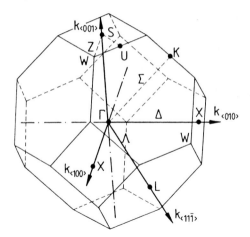

Bild 7.6: Erste Brillouin-Zone des Diamant- und Zinkblendegitters mit wichtigen Symmetriepunkten und Symmetrielinien

sich aus den Symmetrieeigenschaften des zugrundeliegenden Kristallgitters. Für ein Zinkblendegitter hat die erste Brillouin-Zone die Form eines abgeschnittenen Oktaeders, wie es in Bild 7.6 dargestellt ist. Da noch die Symmetriebeziehung

$$W(\mathbf{k}) = W(-\mathbf{k}) \tag{7.53}$$

besteht, ist die erste Brillouin-Zone zweckmäßigerweise im Punkt $\mathbf{k} = (0,0,0)$, dem sogenannten Γ-Punkt zentriert. Die Symmetrie des Kristallgitters z. B. in $< 100 >$- oder $< 111 >$-Richtung findet sich in der Brillouin-Zone wieder. Man bezeichnet die äquivalenten Endpunkte der Zone in $< 100 >$-Richtung mit X, die in $< 111 >$-Richtung mit L und die zugehörigen äquivalenten Richtungen mit Δ bzw. Λ. Die Wellenfunktionen und Energien $W(\mathbf{k})$ haben entlang äquivalenter Richtungen im $\mathbf{k}$-Raum denselben Verlauf.

Aus der Symmetrierelation (7.53) und der Stetigkeit und Differenzierbarkeit von $W(\mathbf{k})$ folgt, daß für alle Bänder n die Eigenwerte $W(\mathbf{k})$ bei $\mathbf{k} = 0$ ein Extremum haben.

7.2.2   Die Energiebandstruktur von GaAs

Bei der Diskussion der Elektronenenergie $W(\mathbf{k})$ kann man sich auf die erste Brillouin-Zone beschränken. Bei der Darstellung gibt man oft den Energieverlauf in bestimmten Richtungen an, die den Symmetrielinien in Bild 7.6 entsprechen. Eine andere Möglichkeit ist die Darstellung von Flächen konstanter Energie.

Bild 7.7 zeigt den Energiebandverlauf für GaAs. Dargestellt ist der Verlauf verschiedener Bänder, ausgehend vom Zentrum der ersten Brillouin-Zone ($\Gamma = \frac{2\pi}{\hat{a}}$ (0,0,0)) in Λ-Achsenrichtung $< 111 >$ bis zum Schnittpunkt mit der Zonengrenze bei $L = \frac{2\pi}{\hat{a}} \left(\frac{1}{2}, \frac{1}{2}, \frac{1}{2}\right)$ und in Δ-Achsenrichtung $< 100 >$ bis zum Schnittpunkt $X = \frac{2\pi}{\hat{a}}(0,0,1)$. Hierbei ist $\hat{a}$ jeweils die Gitterkonstante der gebräuchlichen Einheitszelle.

Man erkennt, daß es eine verbotene Zone zwischen den oberen Energiebändern, den Leitungsbändern, und den unteren Energiebändern, den Valenzbändern, gibt. Die Energielücke ist temperaturabhängig und beträgt $W_g = 1.42$ eV bei Raumtemperatur. Im undotierten Halbleiter sind bei $T = 0$ K die Valenzbänder vollständig mit Elektronen gefüllt, während die Leitungsbänder vollkommen leer sind.

Die Maxima der Valenzbänder liegen bei $\mathbf{k} = 0$. Die Bänder entstehen aus den Zuständen $p_{3/2}$ und $p_{1/2}$ der freien Atome. Das aus den $p_{3/2}$-Zuständen entstehende Band ist wie beim Atom vierfach entartet (magnetische Quantenzahlen $m_J = \pm 3/2, \pm 1/2$). Das Band aus den $p_{1/2}$-Zuständen ist zweifach entartet (magnetische Quantenzahlen $m_J = \pm 1/2$). Die $p_{3/2}$-Zustände ergeben Zustände schwerer und leichter Löcher, die $p_{1/2}$-Zustände das split-off-Valenzband. Die Bänder schwerer Löcher sind weniger stark gekrümmt und liegen energetisch höher, sind aber bei $\mathbf{k} = 0$ mit den Bändern leichter Löcher entartet. Das split-off-Band resultiert aus der Spin-Bahn-Kopplung und liegt energetisch tiefer.

Das Minimum des Leitungsbandes liegt ebenfalls bei $\mathbf{k} = 0$. Da das Leitungsbandminimum bei demselben $\mathbf{k}$-Wert auftritt wie das Valenzbandmaximum, spricht man von einem direkten Halbleiter. Neben dem Hauptminimum existieren noch anisotrope Nebenminima in der $< 111 >$-Richtung, die um $\Delta W = 0.31$ eV über dem absoluten Leitungsbandminimum liegen. Außerdem gibt es eine Aufspaltung in mehrere energetisch höher liegende Subbänder. In starken elektrischen Feldern mit Feldstärken von einigen kV/cm können Elektronen genügend kinetische Energie aufnehmen, um dann durch Streuprozesse in die Nebenminima zu gelangen. Dieser Prozeß wird beim Gunn-Effekt ausgenutzt.

Besonders wichtig ist aber die Bandstruktur in der Nähe vom Leitungsbandminimum und Valenzbandmaximum. Denn an diesen Stellen werden sich Elektronen im Leitungsband und Löcher im Valenzband - also fehlende Elektronen - bevorzugt aufhalten. In der Nähe des Leitungsbandminimums läßt sich der Bandverlauf durch die parabolische Abhängigkeit

$$W(\mathbf{k}) = W_g + \frac{\hbar^2 k^2}{2m_e} \tag{7.54}$$

approximieren. Als Nullpunkt der Energieskala wurde dabei das Maximum des Valenzbandes gewählt. In isotroper Näherung wird die inverse Ableitung an der

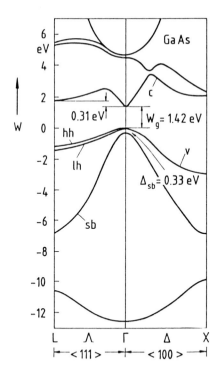

Bild 7.7: Der Energiebandverlauf für GaAs. Das Leitungsband ist mit c gekennzeichnet, das Valenzband mit v und das split-off-Band mit sb

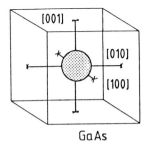

Bild 7.8: Kugeloberfläche als Fläche konstanter Energie im k-Raum für Elektronenenergien wenig größer als im Leitungsbandminimum (schematisch)

Stelle $k = 0$,

$$m_e = \hbar^2 \left(\frac{\partial^2 W}{\partial k^2} \right)^{-1} \quad , \tag{7.55}$$

als effektive Masse der Elektronen bezeichnet. Entsprechend lassen sich in der Nähe von $\mathbf{k} = 0$ die Valenzbänder durch parabolische Verläufe annähern. Es gilt

$$W(\mathbf{k}) = -\hbar^2 k^2 / (2 m_{hh}) \tag{7.56}$$

für schwere Löcher,

$$W(\mathbf{k}) = -\hbar^2 k^2 / (2 m_{lh}) \tag{7.57}$$

für leichte Löcher und

$$W(\mathbf{k}) = -\Delta_{sb} - \hbar^2 k^2 / (2 m_{sb}) \tag{7.58}$$

für das split-off-Band. Durch diese Gleichungen werden in Analogie zu (7.55) die effektiven Massen m_{hh}, m_{lh} der schweren und leichten Löcher, sowie die effektive Masse m_{sb} im split-off-Band eingeführt.

In parabolischer Näherung ist für Elektronenenergien wenig größer als im Leitungsbandminimum die Energiefläche $W(\mathbf{k}) = const$ eine Kugeloberfläche im k-Raum. Diese ist in Bild 7.8 dargestellt.

Werte für die Massen der schweren und leichten Löcher sind $m_{hh} = 0.45 m_0$ und $m_{lh} = 0.082 m_0$. Die effektive Masse der Elektronen beträgt $m_e = 0.067 m_0$, und die split-off-Energie ist $\Delta_{sb} = 0.33$ eV.

7.2.3 Die Bandstruktur von InP

Bild 7.9 zeigt die Bandstruktur von InP. Sie unterscheidet sich nur unwesentlich von der für GaAs. Das Leitungsbandminimum und Valenzbandmaximum liegen beide bei $\mathbf{k} = 0$. Die effektiven Massen für Elektronen und Löcher sind $m_e = 0.08 m_0$, $m_{hh} = 0.56 m_0$ und $m_{lh} = 0.120 m_0$. Die Bandlücke beträgt $W_g = 1.35$ eV bei 293 K. Die split-off-Energie ist $\Delta_{sb} = 0.11$ eV, und das anisotrope Nebenminimum liegt $\Delta W = 0.52$ eV über dem absoluten Leitungsbandminimum.

Die Bandstruktur des quaternären Mischungshalbleiters InGaAsP, gitterangepaßt an InP, ist direkt und ähnelt der des InP-Substrats. Für $In_{0.73}Ga_{0.27}As_{0.60}P_{0.40}$ ist $W_g = 0.95$ eV und $m_e = 0.05 m_0$, $m_{hh} = 0.5 m_0$, $m_{lh} = 0.07 m_0$. Für $In_{0.53}Ga_{0.47}As$ ist $W_g = 0.75$ eV und $m_e = 0.04 m_0$, $m_{hh} = 0.5 m_0$, $m_{lh} = 0.05 m_0$.

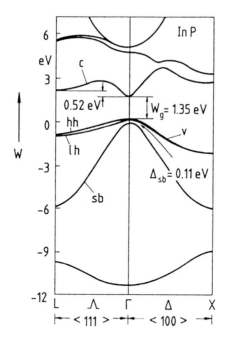

Bild 7.9: Die Bandstruktur von InP

7.2.4   Die Bandstruktur von Si

Zum Vergleich diskutieren wir kurz die Bandstruktur von Si, um die grundsätzlichen Unterschiede zu den Strukturen der direkten Halbleiter GaAs und InP zu verdeutlichen. Bild 7.10 zeigt den Verlauf. Das Valenzband spaltet in drei Subbänder auf, deren Maxima alle bei $\mathbf{k} = 0$ liegen. Bild 7.11 zeigt Linien konstanter Energie in der Ebene $k_z = 0$ für schwere und leichte Löcher, die die Anisotropie der Bänder deutlich machen sollen (warped spheres). Das split-off-Band ist dagegen isotrop. Die split-off-Energie beträgt $\Delta_{sb} = 0.044$ eV.

Besonders wichtig ist jedoch, daß das Leitungsbandminimum in < 100 >-Richtung verschoben von $\mathbf{k} = 0$ auftritt. Dies bedeutet, daß es sechs gleichwertige Minima mit $\mathbf{k} = [\pm k_0, 0, 0], [0, \pm k_0, 0], [0, 0, \pm k_0]$ mit $k_0 = 0.85 \cdot 2\pi/\hat{a}$ gibt. Man spricht von einem Vieltal-Halbleiter (many valley semiconductor). Bild 7.12 zeigt die Flächen konstanter Energie im Leitungsband. Die Energieflächen sind Ellipsoide, das Band ist anisotrop. In k_x-Richtung gilt in der Nähe des Leitungsbandminimums

$$W(\mathbf{k}) = W_g + \frac{\hbar^2}{2} \left(\frac{(k_x \pm k_0)^2}{m_l} + \frac{k_y^2 + k_z^2}{m_t} \right) \quad , \tag{7.59}$$

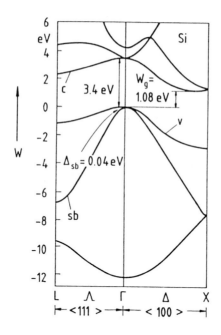

Bild 7.10: Die Bandstruktur von Si. Das Leitungsband ist mit c gekennzeichnet, das Valenzband mit v und das split-off-Band mit sb

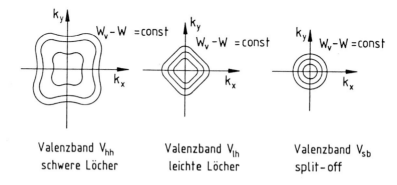

Bild 7.11: Flächen konstanter Energie in der Ebene $k_z = 0$ im k-Raum für die Bänder schwerer und leichter Löcher sowie das split-off-Band

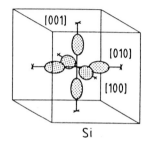

Bild 7.12: Flächen konstanter Energie im Leitungsband des Si im k-Raum

womit longitudinale und transversale effektive Elektronenmassen m_l bzw. m_t eingeführt sind. In k_y- und k_z-Richtung gelten entsprechende Beziehungen.

Da das Leitungsbandminimum nicht über dem Valenzbandmaximum liegt, sind keine direkten optischen Übergänge von Elektronen vom Leitungsbandminimum ins Valenzbandmaximum möglich, da der Elektronenimpuls nicht abgegeben werden kann. Si wird deshalb als indirekter Halbleiter bezeichnet.

7.3 Bewegung freier Ladungsträger

Dieser Abschnitt beschäftigt sich mit den einfachsten Gesetzen der Bewegung von Elektronen und Löchern. Die Bewegung dieser Teilchen bestimmt den elektrischen Strom im Halbleiterkristall und ist zum Beispiel auch für die Ausbildung von pn-Sperrschichten verantwortlich.

7.3.1 Elektronen

Für die Bewegung freier Elektronen ist der Wellenvektor $\mathbf{k}$, der als Index der Wellenfunktion erscheint, proportional zum Impuls der Elektronen

$$\mathbf{p} = \hbar \, \mathbf{k} \quad . \tag{7.60}$$

Im periodischen Potential der Gitteratome gilt diese einfache Beziehung nicht mehr, denn die Anwendung des Impulsoperators $\mathbf{p} = (\hbar/i) \, \nabla$ auf eine Wellenfunktion $\psi_{n\mathbf{k}}$ liefert

$$\frac{\hbar}{i} \, \nabla \psi_{n\mathbf{k}} = \frac{\hbar}{i} \, \nabla \left(e^{i\mathbf{k}\cdot\mathbf{r}} u_{n\mathbf{k}}(\mathbf{r}) \right) = \hbar \mathbf{k} \, \psi_{n\mathbf{k}} + e^{i\mathbf{k}\cdot\mathbf{r}} \frac{\hbar}{i} \, \nabla u_{n\mathbf{k}}(\mathbf{r}) \quad . \tag{7.61}$$

Damit ist $\hbar \mathbf{k}$ nur dann ein Eigenzustand des Impulsoperators, wenn $u_{n\mathbf{k}}(\mathbf{r})$ konstant ist und damit $\nabla u_{n\mathbf{k}}$ verschwindet.

Dennoch ist es zweckmäßig, die Größe $\hbar \mathbf{k}$ als eine natürliche Erweiterung des Impulses für den Fall eines periodischen Potentials anzusehen. Sie wird als Kristallimpuls oder als Pseudoimpuls des Elektrons bezeichnet. Sie hat Bedeutung für Auswahlregeln bei der Streuung von Photonen oder Phononen mit Kristallelektronen (vgl. Abschnitt 8.3). Man sollte $\mathbf{k}$ als Quantenzahl auffassen, die charakteristisch ist für die Translationssymmetrie des periodischen Potentials.

Die quantenmechanische ψ-Funktion beschreibt das Elektron als Welle. Die Ausbreitungsgeschwindigkeit des Wellenpakets, das das Teilchen repräsentiert, ist durch die Gruppengeschwindigkeit v_g gegeben. Wir beschränken uns im folgenden auf eine eindimensionale Bewegung in x-Richtung. Für die Gruppengeschwindigkeit einer Welle gilt ganz allgemein die Beziehung

$$v_g = d\omega / dk_x \quad , \tag{7.62}$$

wenn ω die momentane Kreisfrequenz und k_x die x-Komponente des Wellenzahlvektors bezeichnen. Zu einer Energiefunktion $W(k_x)$ gehört die Kreisfrequenz $\omega = W/\hbar$, folglich kann man schreiben

$$v_g = \frac{1}{\hbar} \frac{dW}{dk_x} \quad . \tag{7.63}$$

Die Arbeit δW, die ein elektrisches Feld $\tilde{F}_x$ während der Zeit δt an dem Elektron verrichtet, ist durch

$$\delta W = -q\tilde{F}_x \, v_g \, \delta t \tag{7.64}$$

gegeben. Das Minuszeichen weist auf die negative Ladung des Elektrons hin. Andererseits gilt auch

$$\delta W = \frac{dW}{dk_x} \, \delta k_x = \hbar \, v_g \, \delta k_x \quad , \tag{7.65}$$

so daß aus dem Vergleich von (7.64) und (7.65) die wichtige Beziehung

$$\hbar \, \frac{dk_x}{dt} = -q\tilde{F}_x \tag{7.66}$$

folgt, die entsprechend auch in vektorieller Form gilt. In einem Kristall ist also $\hbar \cdot d\mathbf{k}/dt$ gleich der äußeren Kraft auf ein Elektron. Diese Tatsache, daß die Elektronenbewegung nur durch äußere Kräfte ausgedrückt werden kann, ist auf den ersten Blick überraschend, da ja das Elektron auch noch komplizierten räumlich periodischen Kräften durch das Kristallgitter ausgesetzt ist.

Im freien Raum gilt die Newtonsche Gleichung

$$\frac{d}{dt}\left(m_0 v_x\right) = -q\tilde{F}_x \qquad (7.67)$$

für die Bewegung eines Elektrons. Im Kristall hat man hingegen

$$\frac{dv_g}{dt} = \frac{1}{\hbar}\frac{d}{dt}\left(\frac{dW}{dk_x}\right) = \frac{1}{\hbar}\frac{d^2W}{dk_x^2}\frac{dk_x}{dt} \qquad (7.68)$$

Mit (7.66) folgt die Kraftgleichung

$$\frac{\hbar^2}{d^2W/dk_x^2}\frac{dv_g}{dt} = -q\tilde{F}_x \qquad (7.69)$$

Ein Vergleich von (7.67) und (7.69) zeigt, daß

$$m_e = \frac{\hbar^2}{d^2W/dk_x^2} \qquad (7.70)$$

die Funktion einer Masse hat und die Definition (7.55) gerechtfertigt ist. Ist die Energie W eine quadratische Funktion von k, kann man schreiben

$$W = \frac{\hbar^2}{2m_e}k^2 \quad , \qquad (7.71)$$

wie wir es früher bereits getan haben. Im allgemeinen Fall beliebiger Energiebandstruktur $W(\mathbf{k})$ hat die effektive Masse tensoriellen Charakter. Nach (7.70) ist die effektive Masse des Elektrons für $\mathbf{k}$-Werte am Rande der ersten Brillouin-Zone nach Bild 7.5 negativ anzusetzen. Offenbar überwiegen hier die bremsenden Kräfte durch Streuung der Elektronen am Gitter. Elektronen im Minimum des Leitungsbandes bei $\mathbf{k} = 0$ haben dagegen eine positive effektive Masse.

Die Bedeutung der effektiven Masse für die Bewegung eines Einzelelektrons geht noch weiter. Man kann zeigen, daß die Bewegung von Einzelelektronen in unmittelbarer Nähe der Bandränder in schwachen, langsam veränderlichen Feldern durch die zeitabhängige Schrödinger-Gleichung

$$\left(-\frac{\hbar^2}{2m_e}\Delta + U\right)\Psi(\mathbf{r},t) = -\frac{\hbar}{i}\frac{\partial}{\partial t}\Psi(\mathbf{r},t) \qquad (7.72)$$

beschrieben wird, wobei U das Potential der äußeren Kräfte bedeutet. Für elektrische Feldkräfte auf ein Elektron gilt zum Beispiel $\nabla U = q(\tilde{F}_x, \tilde{F}_y, \tilde{F}_z)$. Die Gleichung (7.72) ist genau dieselbe Beziehung wie für ein freies Elektron. Allerdings ist mit der effektiven Masse zu rechnen, die den Einfluß des Gitterpotentials auf die Bewegung pauschal erfaßt. Man bezeichnet (7.72) als Effektiv-Massen-

Beziehung. Die Näherung bewährt sich, wenn durch die äußere Kraft keine Band-Band-Übergänge induziert werden und die Kraft über den Bereich einiger Gitterkonstanten als konstant angenommen werden darf. Die zunächst nur für einen isotropen Kristall gültige Beziehung kann auf anisotrope Bandstrukturen erweitert werden.

7.3.2 Löcher

Unbesetzte Quantenzustände in einem Band werden Löcher genannt. Im thermischen Gleichgewicht sammeln sich Löcher an der oberen Kante eines Bandes, während Elektronen an die Bandunterkante relaxieren. Im Magnetfeld weisen Elektronen und Löcher einen entgegengesetzten Umlaufsinn auf, wie man es für Teilchen entgegengesetzter Ladung erwartet.

Der Gesamtwellenvektor und die Gesamtgeschwindigkeit aller Elektronen eines voll besetzten Bandes sind null: $\sum \mathbf{k} = 0$ und $\sum \mathbf{v}(\mathbf{k}) = 0$. Dies folgt daraus, daß zu jedem vorgegebenen $\mathbf{k}$ ein weiterer Zustand mit gleicher Energie und entgegengesetztem Wellenvektor $-\mathbf{k}$ vorhanden ist (vgl. (7.53)). Alle Pseudoimpulse und Geschwindigkeiten kompensieren sich.

Ist das Band bis auf ein im Quantenzustand $\mathbf{k}_e$ fehlendes Elektron besetzt, dann sagt man, es befinde sich ein Loch in diesem Zustand. Diese Situation ist in Bild 7.13 illustriert. Der Gesamtwellenvektor des Systems ist offenbar $-\mathbf{k}_e$. Folglich hat man dem Loch den Wellenvektor

$$\mathbf{k}_h = -\mathbf{k}_e \qquad (7.73)$$

zuzuschreiben. Für Elektronen gilt die Kraftgleichung (7.66). Da $\mathbf{k}_h = -\mathbf{k}_e$ ist, gilt für die x-Komponente der Kraft auf ein Loch

$$\hbar \frac{dk_{hx}}{dt} = q\tilde{F}_x \quad . \qquad (7.74)$$

Dies ist die Bewegungsgleichung eines positiv geladenen Teilchens. Wir betrachten Bild 7.13 zum Verständnis. Obwohl sich der unbesetzte Zustand genauso wie die Elektronen unter der Kraftwirkung von rechts nach links bewegt, bewegt sich der Zustand des zugehörigen ungepaarten Elektrons in entgegengesetzte Richtung im $\mathbf{k}$-Raum. Fehlt ein Elektron im Zustand $\mathbf{k}_e$, so wird die Gesamtgeschwindigkeit nur von dem ungepaarten Elektron bei $-\mathbf{k}_e$ bestimmt. Wegen (7.63) und (7.53) gilt aber

$$v_g(-\mathbf{k}_e) = -v_g(\mathbf{k}_e) \quad . \qquad (7.75)$$

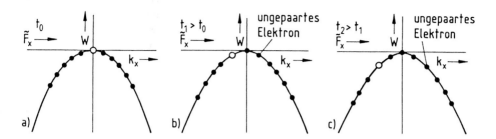

Bild 7.13: Änderung der Besetzung der Zustände unter dem Einfluß eines elektrischen Feldes (schematisch). Das elektrische Feld $\tilde{F}_x$ in $+x$-Richtung bewirkt eine Bewegung aller Elektronen in $-x$-Richtung. Das zunächst an der oberen Valenzbandkante befindliche Loch wandert ebenfalls nach links, das zum Loch gehörende ungepaarte Elektron dagegen nach rechts

Der Gesamtstrom i des Systems wird nur von den ungepaarten Elektronen im Zustand $-\mathbf{k}_e$ getragen. Es gilt

$$i = -q\,nA\,v_g(-\mathbf{k}_e) = (-q)\,nA\,(-v_g(\mathbf{k}_e)) = q\,nA\,v_g(\mathbf{k}_e) \quad , \qquad (7.76)$$

wobei n die Elektronendichte und A die Fläche bezeichnen. Die Geschwindigkeit des Loches im Zustand $\mathbf{k}_e$ muß demnach der Geschwindigkeit des bei $\mathbf{k}_e$ fehlenden Elektrons gleichgesetzt werden, wenn der Strom mit einer positiven Ladung des Loches vereinbar sein soll. Wir haben also

$$v_{ge}(\mathbf{k}_e) = v_{gh}(\mathbf{k}_e) \quad . \qquad (7.77)$$

Die effektive Masse eines Elektrons im Quantenzustand $\mathbf{k}_e$ ist durch

$$m_e\,dv_{ge}/dt = -q\tilde{F}_x \qquad (7.78)$$

definiert, die effektive Masse eines Loches durch

$$m_h\,dv_{gh}/dt = q\tilde{F}_x \quad . \qquad (7.79)$$

Wegen (7.77) folgt $dv_{ge}/dt = dv_{gh}/dt$ und

$$m_h = -m_e = -\frac{\hbar^2}{d^2W/dk_x^2} \quad . \qquad (7.80)$$

Elektronen und Löcher im selben Quantenzustand haben also dieselbe effektive Masse aber ein entgegengesetztes Vorzeichen.

Üblicherweise treten Löcher in der Nähe der oberen Kante eines Bandes auf,
wo die effektive Elektronenmasse negativ ist. Man hat in solchen Fällen mit
einer positiven effektiven Masse des Lochs zu rechnen. Die Ladung des Lochs ist
in allen Fällen positiv. Die Effektiv-Masse-Näherung der Schrödinger-Gleichung
gilt entsprechend mit der effektiven Masse m_h für Löcher. Allerdings ist jetzt die
Ladung positiv, und der Zusammenhang zwischen dem energetischen Potential
und einem äußeren elektrischen Feld ist $\nabla U = -q(\tilde{F}_x, \tilde{F}_y, \tilde{F}_z)$.

7.4 Zustandsdichten

Ausgehend von der Bandstruktur interessieren wir uns in diesem Abschnitt für
die Zahl der möglichen Energiezustände im Kristall, die für die freien Ladungsträger vorhanden sind. Wir untersuchen auch den Einfluß von Störstellen auf
die Zustandsdichten.

7.4.1 Die Zustandsdichte im k-Raum

Wir betrachten einen reinen Kristallwürfel der Kantenlänge L. Wir nehmen in
erster Näherung an, daß sich die Elektronen in der Nähe der Bandkanten wie
freie Teilchen verhalten, die durch eine ebene Wellenfunktion $\psi \propto \exp\{i\mathbf{k} \cdot \mathbf{r}\}$
charakterisiert sind. Wir setzen periodische Randbedingungen voraus. Die er-
laubten $\mathbf{k}$-Vektoren sind dann durch die Bedingung

$$k_x, k_y, k_z = 0, \pm 2\pi/L, \pm 2 \cdot 2\pi/L, ... \tag{7.81}$$

festgelegt. Dies ist in Bild 7.14 dargestellt. Im $\mathbf{k}$-Raum nimmt jeder erlaubte
$\mathbf{k}$-Wert ein Volumen von $(2\pi/L)^3$ ein. Anders ausgedrückt, gibt es pro Volumeneinheit im $\mathbf{k}$-Raum $(L/2\pi)^3$ Zustände. Dividiert man diese Zustandszahl
durch das Kristallvolumen L^3, kommt man zu der Zustandsdichte

$$D(\mathbf{k})\,d\mathbf{k} = \frac{2}{(2\pi)^3}\,d\mathbf{k} \quad . \tag{7.82}$$

Hierbei wurde noch ein Faktor 2 im Zähler hinzugefügt, der berücksichtigt, daß
es für jeden Zustand zwei mögliche Polarisationen oder Spinorientierungen gibt.
Die Zustandsdichte $D(\mathbf{k})d\mathbf{k}$ gibt die Zahl der Zustände pro Volumen im Bereich
von $\mathbf{k}$ bis $\mathbf{k} + d\mathbf{k}$ an. Die Dichte $D(\mathbf{k})$ erweist sich als unabhängig von $\mathbf{k}$.

Es sei angemerkt, daß man zu derselben Zustandsdichte kommt, wenn man die
Zahl der Zustände in einem rechteckförmigen Potentialtopf vom Kristallvolumen
L^3 bestimmt und unendlich hohe Barrieren an den Rändern voraussetzt.

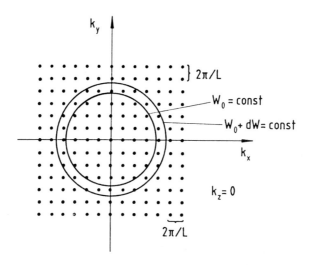

Bild 7.14: Erlaubte **k**-Werte in einem Kristallwürfel der Kantenlänge L und Flächen konstanter Energie in einem parabolischen Band

7.4.2 Die Zustandsdichte auf der Energieskala

Von der Zustandsdichte im **k**-Raum erhält man durch Integration über alle **k**-Werte mit $W(\mathbf{k}) = W_0$ die Zustandsdichte $D(W_0)$ auf der Energieskala. Die Zahl der Zustände im Energieintervall zwischen W_0 und $W_0 + dW$ ist gegeben durch

$$D(W_0)dW = \iint_{W_0}^{W_0+dW} 2/(2\pi)^3 \, dk_x dk_y dk_z \quad . \tag{7.83}$$

Als Differential für die Integration im **k**-Raum wählen wir $dk_x dk_y dk_z = dS_W dk_\perp$, wobei dS_W ein Flächenelement auf der Energiefläche $W(\mathbf{k}) = W_0 = const$ bezeichnet und $dk_\perp$ die Höhe des Volumenelements in Richtung der Flächennormalen ist. Beachtet man, daß der Gradient senkrecht auf der Fläche $W = const$ steht, folgt sofort

$$dW = (\nabla_k W(\mathbf{k})) \cdot d\mathbf{k} = |\nabla_k W| dk_\perp \quad . \tag{7.84}$$

Hiermit erhält man aus (7.83) unmittelbar

$$D(W_0)dW = \frac{2}{(2\pi)^3} \iint_{W_0}^{W_0+dW} dS_W dk_\perp = \frac{2}{(2\pi)^3} \left(\iint_{W=const} \frac{dS_W}{|\nabla_k W|} \right) dW \quad . \tag{7.85}$$

Integriert wird auf der rechten Seite über eine Oberfläche $W(\mathbf{k}) = const.$ Zur Auswertung des Integrals ist die Kenntnis des Bandverlaufs $W(\mathbf{k})$ erforderlich.

7.4.3   Zustandsdichten für ein parabolisches Band

In der Nähe des Leitungsbandminimums lassen sich direkte Halbleiter gut durch eine isotrope parabolische Bandstruktur der Form

$$W(\mathbf{k}) = W_c + \frac{\hbar^2}{2m_e}(k_x^2 + k_y^2 + k_z^2) \tag{7.86}$$

näherungsweise beschreiben. W_c bezeichnet die Elektronenenergie an der unteren Kante des Leitungsbands. Fläche konstanter Energie im $\mathbf{k}$-Raum ist eine Kugeloberfläche, die in Bild 7.14 eingezeichnet ist. Für den Gradienten des Energieverlaufs erhält man

$$|\nabla_k W| = \frac{\hbar^2}{m_e}(k_x^2 + k_y^2 + k_z^2)^{1/2} = \frac{\sqrt{2}\hbar}{\sqrt{m_e}}(W - W_c)^{1/2} \quad . \tag{7.87}$$

Damit folgt wegen $\int dS_W = 4\pi k^2$ aus (7.85)

$$D_c(W) = 2^{5/2}(2\pi)^{-2}\hbar^{-3}m_e^{3/2}(W - W_c)^{1/2} \quad , \tag{7.88}$$

also eine nach einem Wurzelgesetz verlaufende Zunahme der Zustandsdichte der Leitungsbandelektronen in einem dreidimensionalen Kristall. Für die Zustandsdichte der Löcher in der Nähe der Valenzbandkante W_v findet man eine entsprechende Formel

$$D_v(W) = 2^{5/2}(2\pi)^{-2}\hbar^{-3}m_h^{3/2}(W_v - W)^{1/2} \quad . \tag{7.89}$$

Beide Zustandsdichten sind in Bild 7.15 dargestellt. Die in den Zustandsdichten D_c und D_v auftretenden Faktoren faßt man üblicherweise zu den sogenannten effektiven Zustandsdichten N_c bzw. N_v zusammen. Man setzt

$$N_c = 2\left(\frac{2\pi m_e kT}{h^2}\right)^{3/2} \quad , \tag{7.90}$$

$$N_v = 2\left(\frac{2\pi m_h kT}{h^2}\right)^{3/2} \quad . \tag{7.91}$$

Mit diesen Abkürzungen kann man schreiben

$$D_c(W)dW = N_c \frac{2}{\sqrt{\pi}}\left(\frac{W - W_c}{kT}\right)^{1/2} d\left(\frac{W}{kT}\right) \tag{7.92}$$

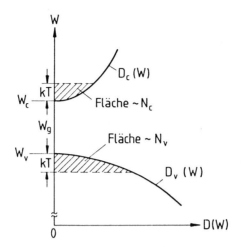

Bild 7.15: Zustandsdichte für parabolische Bänder und Veranschaulichung der effektiven Zustandsdichten N_c und N_v

und

$$D_v(W)dW = N_v \frac{2}{\sqrt{\pi}} \left(\frac{W_v - W}{kT} \right)^{1/2} d\left(\frac{W}{kT} \right) \quad . \tag{7.93}$$

Die effektiven Zustandsdichten N_c und N_v beschreiben anschaulich die Dichte der besetzbaren Energiezustände etwa innerhalb des Energieintervalls $dW = kT$ von der Bandkante aus gemessen. Für $m_e = m_0$ gilt bei Raumtemperatur etwa $N_c = 2.4 \cdot 10^{19}$ cm^{-3} . Bei kleinerer effektiver Elektronenmasse von $m_e = 0.067 m_0$ bei GaAs sinkt der Wert auf $4.2 \cdot 10^{17}$ cm^{-3}, für $m_e = 0.077 m_0$ bei InP fällt er auf $5.1 \cdot 10^{17}$ cm^{-3}. Dies bedeutet, daß zum Beispiel durch photoinduzierte Ladungsträger das Leitungsband über einen Bereich der Breite kT relativ leicht besetzt werden kann. Die effektive Zustandsdichte des Valenzbandes ist wegen $m_h \approx m_0/2$ für GaAs oder InP dagegen mit $N_v \approx 8.5 \cdot 10^{18}$ cm^{-3} vergleichsweise groß. Die Situation ist in Bild 7.15 veranschaulicht.

Bemerken sollte man noch, daß parabolische Bänder einen Idealfall darstellen. Aufgrund von Störungen durch lokale elektrische Felder, die zum Beispiel von Störstellen- oder Dotieratomen hervorgerufen werden, verwischt die scharfe Bandkante bei W_c oder W_v. Häufig beschreibt man das Verschmieren der Bandkante durch einen gaußförmigen Ausläufer der Zustandsdichte, der in die im Idealfall verbotene Zone hineinreicht.

7.4.4 Zustände von Fremdatomen

Wir betrachten im folgenden Fremdatome, die die normalen Gitterplätze einnehmen und nicht auf Zwischengitterplätzen sitzen. Beispiel ist etwa ein Si-Atom auf einem Ga-Platz im GaAs-Gitter. Si hat in der äußeren Elektronenhülle ein Elektron mehr als Ga. Um Bindungen im Kristallverband einzugehen, ionisiert das Si und gibt dabei ein Elektron ab. Es wirkt als Donator. Das Überschußelektron bewegt sich im Coulomb-Potential $q/(4\pi\epsilon\epsilon_0 r)$ des zurückbleibenden Fremdions. Hierbei bedeutet ϵ die relative statische Dielektrizitätskonstante des Wirtskristalls, die wegen der Polarisation des Mediums zu einer Abnahme der Coulomb-Kraft zwischen zwei Ladungen führt.

Wir fassen die Kraftwirkung des Fremdatoms als schwache Störung der periodischen Gitterkräfte auf. Die Energiezustände der zusätzlichen Kraftwirkung überlagern sich dann den Energiezuständen des Bändermodells, denn die Energie eines Kristallelektrons setzt sich zusammen aus der Energie durch die Wirkung des Kristallgitters und aus der Energie durch das Coulomb-Feld.

Die Energiezustände durch das Coulomb-Feld lassen sich in der Effektiv-Massen-Näherung (7.72) aus der Schrödinger-Gleichung

$$\left(-\frac{\hbar^2}{2m_e}\Delta - \frac{q^2}{4\pi\epsilon\epsilon_0 r}\right)\psi(r) = W\,\psi(r) \qquad (7.94)$$

gewinnen. Dies ist die durch die effektive Masse m_e und die relative Dielektrizitätskonstante ϵ modifizierte zeitunabhängige Schrödinger-Gleichung des Wasserstoffatoms. Die diskreten Energiezustände von (7.94) sind

$$W_\nu = -\frac{q^4 m_e}{32\pi^2\epsilon^2\epsilon_0^2\hbar^2\nu^2} = -\frac{1}{\epsilon^2}\left(\frac{m_e}{m_0}\right)\frac{W_0}{\nu^2} \quad \text{für } \nu = 1, 2, 3\dots \quad , \qquad (7.95)$$

wobei $W_0 = 13.6\,\mathrm{eV}$ die Ionisierungsenergie des Wasserstoffatom-Grundzustands ist. Der Bohrsche Radius des Zustands W_ν ist

$$r_\nu = \frac{4\pi\epsilon\epsilon_0\hbar^2\nu^2}{q^2 m_e} = \frac{\epsilon m_0\nu^2}{m_e}\cdot r_B \quad , \qquad (7.96)$$

wobei $r_B = 4\pi\epsilon_0\hbar^2/(q^2 m_0) = 0.053\,\mathrm{nm}$ den Radius der ersten Bohrschen Bahn des Wasserstoffatoms bezeichnet. Der Durchmesser der ersten Bohrschen Bahn für $\nu = 1$ liegt in GaAs also durchaus in der Größenordnung von 10 nm und ist damit groß gegen die Gitterkonstante.

Die Energiezustände (7.95) überlagern sich mit den Energiezuständen des ungestörten Gitters. Das Überschußelektron wird wegen des (bei $T = 0\,\mathrm{K}$) vollbesetzten Valenzbandes bei Anregung nur im Leitungsband Platz finden und sich

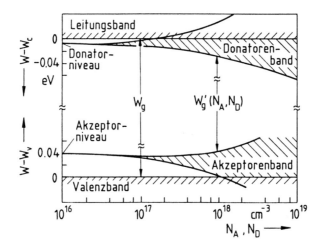

Bild 7.16: Donator- und Akzeptorniveaus im Energiebandmodell (schematisch). Dargestellt ist auch die Entartung der Niveaus zu Störstellenbändern für große Akzeptordichten N_A oder Donatordichten N_D

im Gleichgewicht an der unteren Kante dieses Bandes aufhalten. Man erwartet deshalb auch zusätzliche Niveaus der Energie

$$W_c + W_\nu = W_c - \frac{1}{\epsilon^2}\left(\frac{m_e}{m_0}\right)\frac{W_0}{\nu^2} \tag{7.97}$$

in der verbotenen Zone des Halbleiters, da W_ν negativ ist. Diese Elektronenzustände sind am Ort des Fremdions lokalisiert. Bringt man die Ionisierungsenergie W_ν auf, gelangen die Elektronen ins Leitungsband und können sich dort frei bewegen. In diesem Sinne zeichnet man den Grundzustand für W_ν mit $\nu = 1$ in das Energiebandschema als Donatorniveau ein, wie in Bild 7.16 dargestellt.

Akzeptoren, die ein Defizit an Elektronen aufweisen, verhalten sich ähnlich. Sie bilden lokalisierte Energieniveaus in der Nähe des Valenzbandes aus, die von Elektronen aus dem Valenzband besetzt werden können. Hierdurch entstehen Löcher im Valenzband. Den Grundzustand des Akzeptorniveaus trägt man in das Energiebandschema ein.

Das dargestellte Modell ist nur gültig, wenn zwischen benachbarten Störstellen keine direkte Wechselwirkung besteht. Dies ist eine durchaus nicht immer erfüllte Forderung, da nach (7.96) die Bohrschen Bahnen der lokalisierten Störstellenelektronen einen Durchmesser von durchaus 10 nm haben können. Bei hohen Störstellenkonzentrationen kommt es bei der gegenseitigen Durchdringung der Bahnen zu einem nicht unerheblichen Energieaustausch, und es ist die Ausbildung eines Störbandes anzunehmen. Hierdurch verringert sich die Bandlücken-energie. Bild 7.16 illustriert die Lage der Störstellenniveaus in Abhängigkeit von der Akzeptordichte N_A und Donatordichte N_D.

Gleichung (7.97) ist eine gute Abschätzung für die Termlagen des Grundzustands und der angeregten Zustände für sogenannte flache Störstellen. Hierunter versteht man Störstellen, deren Energieabstand zum benachbarten Band klein ist gegen die Breite der verbotenen Zone. Nur für diese Zustände ist die Umlauffrequenz des Elektrons klein gegenüber der Frequenz, die der Bandlücke entspricht, und die Effektiv-Massen-Näherung ist eine sinnvolle Näherung.

In die Abschätzung gehen die effektive Masse m_e und die relative Dielektrizitätskonstante ϵ entscheidend ein. Für GaAs ist $m_e = 0.067 m_0$ und $\epsilon = 13.1$. Die Ionisierungsenergie des Wasserstoffatoms beträgt 13.6 eV. Nach dem Modell erwartet man Ionisierungsenergien für flache Donatoren, die um den Faktor $m_e/(m_0\epsilon^2) \approx 5 \cdot 10^{-4}$ kleiner sind als beim Wasserstoff, also bei ca. 7 meV liegen sollten. Bild 7.17 zeigt aus Absorptionsmessungen bestimmte Störstellenniveaus. Neben Donatorniveaus sind auch Akzeptorniveaus eingetragen. Die Niveaus flacher Donatoren liegen in guter Übereinstimmung mit dem vorgestellten Modell nur einige wenige meV unterhalb des Leitungsbandes.

Für flache Akzeptorniveaus, die in der verbotenen Zone in der Nähe des Valenzbandes liegen, kann man eine ähnliche Theorie wie für die Donatorniveaus entwickeln. Nur hat man statt der effektiven Elektronenmasse mit der effektiven Lochmasse zu rechnen. Da für GaAs $m_h \approx 0.5 m_0$ gilt, ist jetzt der Faktor $m_h/(m_0\epsilon^2) \approx 4 \cdot 10^{-3}$ anzusetzen, und die Akzeptorniveaus sollten etwa 50 meV oberhalb des Valenzbandes liegen. Abweichungen der experimentellen Daten von den sehr einfachen theoretischen Ergebnissen sind nicht zuletzt auch durch Abschirmung der Coulomb-Wechselwirkung durch die individuellen Elektronenhüllen der Störstellenatome zu erklären.

7.5 Besetzungswahrscheinlichkeiten

Das Bändermodell liefert die von Elektronen im ungestörten Halbleiter besetzbaren Zustände. Dieses Energiespektrum wird ergänzt durch die diskreten lokalisierten Energiezustände der Störstellen. Wir behandeln hier die Frage, wie die Zustände im thermodynamischen Gleichgewicht besetzt werden und diskutieren auch Verteilungen der Elektronen, die beim Übergang ins thermodynamische Gleichgewicht eingenommen werden.

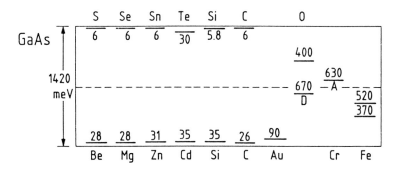

Bild 7.17: Störstellenniveaus in GaAs. Die Donatorniveaus werden von der Leitungsbandkante aus gemessen, die Akzeptorniveaus von der Valenzbandkante (Angaben in meV)

7.5.1 Bandbesetzung im thermodynamischen Gleichgewicht

Elektronen unterliegen als Teilchen mit halbzahligem Spin dem Pauli-Verbot. Die Besetzung der Bänder wird für solche Teilchen allgemein durch die Fermi-Statistik bestimmt. Die Wahrscheinlichkeit $f(W)$, daß ein Energiezustand mit einer Energie W mit einem Elektron besetzt ist, ist allgemein gegeben durch die Fermi-Verteilung

$$f(W) = \left(1 + \exp\left\{\frac{W - W_F}{kT}\right\}\right)^{-1} \quad . \tag{7.98}$$

Das thermodynamische Gleichgewicht ist gekennzeichnet durch eine im ganzen Halbleiter konstante Fermi-Energie W_F. Für Energien $W = W_F$ nimmt die Besetzungswahrscheinlichkeit $f(W)$ gerade den Wert $1/2$ an. Für Temperaturen $T = 0$ sind alle Zustände mit $W < W_F$ besetzt, alle anderen dagegen leer. Bei höheren Temperaturen verschmiert diese Sprungfunktion, wie aus Bild 7.18 zu entnehmen ist.

Die Dichte dn der Elektronen im Leitungsband mit einer Energie im Intervall zwischen W und $W + dW$ ist bestimmt durch die Dichte der Zustände $D_c(W)dW$ in diesem Intervall, multipliziert mit der Wahrscheinlichkeit, daß Zustände dieser Energie mit Elektronen besetzt sind

$$dn = \frac{dn}{dW}dW = f(W)D_c(W)dW \quad . \tag{7.99}$$

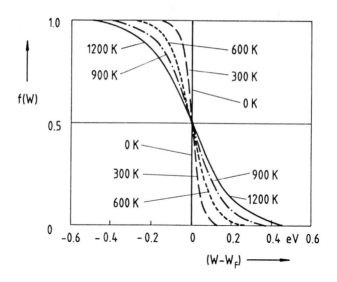

Bild 7.18: Fermi-Verteilung bei verschiedenen Temperaturen

In Bild 7.19 ist die spektrale Elektronendichte dn/dW schematisch dargestellt. Integration liefert dann die Elektronendichte im Leitungsband

$$n = \int_{W_c}^{\infty} f(W) D_c(W) dW \quad . \tag{7.100}$$

Hierbei haben wir die obere Grenze der Integration unendlich gesetzt, da die Besetzung an der oberen Kante des Leitungsbandes zu vernachlässigen ist. In entsprechender Weise erhält man für die Dichte der Löcher im Valenzband

$$p = \int_{-\infty}^{W_v} (1 - f(W)) D_v(W) dW \quad , \tag{7.101}$$

da es sich bei Löchern um nicht besetzte Elektronenzustände handelt. Im intrinsischen oder eigenleitenden Halbleiter gilt $n = p$. Diese Bedingung legt die Lage der Fermi-Energie W_F fest.

Für parabolische Bänder nach (7.92) und (7.93) erhält man durch Integration von (7.100) bzw. (7.101) die Elektronen- bzw. Löcherdichte zu

$$n = \frac{2}{\sqrt{\pi}} N_c F_{1/2} \left(\frac{W_F - W_c}{kT} \right) \quad , \tag{7.102}$$

$$p = \frac{2}{\sqrt{\pi}} N_v F_{1/2} \left(\frac{W_v - W_F}{kT} \right) \quad , \tag{7.103}$$

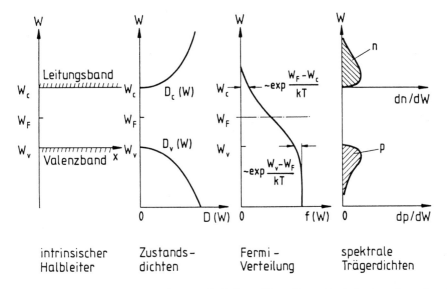

Bild 7.19: Bändermodell, Zustandsdichte, Verteilungsfunktion und spektrale Dichten der freien Ladungsträger in einem intrinsischen Halbleiter (schematisch). Es wurde $m_e \approx m_h$ angenommen

wobei das Fermi-Integral

$$F_r(s) = \int_0^\infty \frac{u^r}{1 + \exp\{u - s\}} du \qquad (7.104)$$

eingeführt wurde. Die Beziehungen (7.102) und (7.103) gelten für parabolische Bänder bei beliebiger Lage des Fermi-Niveaus. Liegt dagegen das Fermi-Niveau W_F hinreichend tief in der verbotenen Zone ($W_F - W_v \gg kT, W_c - W_F \gg kT$), kann man für die Integration in (7.100) bzw. (7.101) die Boltzmannsche Näherung für die Fermi-Verteilung benutzen. Für $W > W_c$ im Leitungsband gilt hierfür

$$f(W) = \left(1 + \exp\left\{\frac{W - W_F}{kT}\right\}\right)^{-1} \approx \exp\left\{\frac{W_F - W}{kT}\right\} \quad , \qquad (7.105)$$

während im Valenzband für $W < W_v$

$$1 - f(W) = 1 - \left(1 + \exp\left\{\frac{W - W_F}{kT}\right\}\right)^{-1} \approx \exp\left\{\frac{W - W_F}{kT}\right\} \qquad (7.106)$$

gesetzt werden kann. Mit dieser Boltzmann-Näherung erhält man nach Ausführen der Integration aus (7.100) und (7.101) die einfachen Ausdrücke

$$n = N_c \exp\left\{-\frac{W_c - W_F}{kT}\right\} \quad , \tag{7.107}$$

$$p = N_v \exp\left\{-\frac{W_F - W_v}{kT}\right\} \tag{7.108}$$

für die Elektronendichte im Leitungsband bzw. Löcherdichte im Valenzband. Im Gültigkeitsbereich der Boltzmann-Näherungen (7.105), (7.106) spricht man von einem nicht entarteten Halbleiter. In diesem Fall liefert die Bedingung $n = p$ für einen intrinsischen Halbleiter nach (7.107) und (7.108) für das Fermi-Niveau

$$W_F = \frac{W_c + W_v}{2} + \frac{3kT}{4} \ln\frac{m_h}{m_e} \quad , \tag{7.109}$$

wobei noch (7.90) und (7.91) berücksichtigt wurden. Bei gleichen effektiven Massen der Elektronen und Löcher liegt das Fermi-Niveau eines intrinsischen Halbleiters in der Mitte der verbotenen Zone. Mit steigender Temperatur verschiebt es sich in Richtung auf das Band mit den leichteren Teilchen.

7.5.2   Besetzung bei Vorhandensein von Störstellen

Von Störstellen werden bei Ionisierung freie Ladungsträger zur Verfügung gestellt. Die gebundenen Zustände sind dagegen lokalisiert. Wir berücksichtigen von den gebundenen Zuständen nur den Grundzustand, für den wir eine δ-förmige Zustandsdichte ansetzen

$$D_s(W)dW = N_{D,A}\,\delta(W - W_{D,A})dW \quad . \tag{7.110}$$

Hierbei ist N_D bzw. N_A die insgesamt vorhandene Donator- bzw. Akzeptordichte und W_D bzw. W_A das Energieniveau der Störstelle. Die mit Ladungsträgern besetzte Störstellendichte $n_{D,A}$ ist folglich

$$n_{D,A} = \int f_{D,A}(W)\,D_s(W)dW = N_{D,A}\,f_{D,A}(W_{D,A}) \quad . \tag{7.111}$$

Die Besetzungsfunktionen $f_D(W)$ für Donatoren bzw. $f_A(W)$ für Akzeptoren unterscheiden sich von denjenigen für Elektronen bzw. Löcher in den Bändern. Während in delokalisierten Bandzuständen durchaus mehrere Elektronen derselben Energie (aber nach dem Pauli-Verbot in verschiedenen Quantenzuständen) vorkommen können, ist das in lokalisierten Störstellenzuständen nicht der Fall. Hat sich ein Elektron an die Störstelle angelagert, so kann ein weiteres von der Störstelle nicht mehr aufgenommen werden. Dieser Effekt resultiert in einer modifizierten Fermischen Verteilungsfunktion der Elektronen für die Donator-

und Akzeptorniveaus

$$f_{D,A}(W_{D,A}) = \left(1 + g_{D,A} \, \exp\left\{\frac{W_{D,A} - W_F}{kT}\right\}\right)^{-1} \quad , \tag{7.112}$$

wobei $g_{D,A}$ als Entartungsfaktor bezeichnet wird. Es gilt $g_D = 1/2$ und $g_A = 2$.

Donatoren geben im ionisierten Zustand ein Elektron an das Leitungsband ab. Die Dichte N_D^+ der ionisierten Donatoren ist folglich

$$N_D^+ = (1 - f_D(W_D))N_D = \frac{N_D}{1 + \frac{1}{g_D}\exp\{-\frac{W_D - W_F}{kT}\}} \quad . \tag{7.113}$$

Für $W_D - W_F \gg kT$ ist demnach $N_D^+ \approx N_D$. Man spricht von Störstellenerschöpfung.

Akzeptoren geben im ionisierten Zustand ein Loch an das Valenzband ab, indem sie ein Elektron aus dem Valenzband aufnehmen. Für die Dichte N_A^- der ionisierten Akzeptoren gilt demnach

$$N_A^- = f_A(W_A)\, N_A = \frac{N_A}{1 + g_A \exp\{\frac{W_A - W_F}{kT}\}} \quad . \tag{7.114}$$

Für $W_F - W_A \gg kT$ liegt Störstellenerschöpfung vor. Hierfür haben wir $N_A^- \approx N_A$.

Um die Besetzungsformeln (7.113) und (7.114) auswerten zu können, müssen wir die Lage des Fermi-Niveaus W_F kennen. Zunächst bemerken wir, daß auch bei Vorhandensein von Störstellen die Beziehungen (7.100) und (7.101) für die Dichte der freien Ladungsträger nach wie vor gelten, denn die Störniveaus liegen innerhalb des verbotenen Bandes. Wenn ein nicht entarteter Halbleiter vorliegt, folgt aus (7.107) und (7.108) unabhängig von der Störstellendichte

$$np = N_c \, N_v \, \exp\left\{\frac{W_v - W_c}{kT}\right\} = n_i^2 \quad , \tag{7.115}$$

wobei wir die Eigenleitungskonzentration n_i bei Abwesenheit von Störstellen ($n = p = n_i$) eingeführt haben. Für GaAs gilt bei Raumtemperatur $(W_c - W_v) = 1.42$ eV und damit $n_i \approx 10^6$ cm^{-3}. Das sogenannte Massenwirkungsgesetz (7.115) besagt, daß bei konstanter Temperatur das Produkt aus Elektronendichte und Löcherdichte konstant ist. Es ist zu beachten, daß bei Entartung das Massenwirkungsgesetz unter Berücksichtigung der Fermi-Funktion modifiziert werden muß.

In homogenen, feldfreien Halbleitern muß bis auf kleine statistische Schwankungen jedes Volumenelement elektrisch neutral sein. Die Dichte der Elektronen und der negativ geladenen Akzeptoren muß also gleich der Dichte der Löcher und der positiv geladenen Donatoren sein

$$n + N_A^- = p + N_D^+ \quad .$$ (7.116)

Man benutzt diese Neutralitätsbedingung zur Festlegung des Fermi-Niveaus. Im Fall der Eigenleitung erhält man hieraus unmittelbar $n = p$ und damit die Formel (7.109) für das Fermi-Niveau. Die Auswertung von (7.116) wird besonders übersichtlich für einen Halbleiter, der zum Beispiel nur ionisierte Donatoren hinreichend hoher Konzentration enthält ($N_D^+ \gg n_i$, $N_A^- = 0$). Hierfür bekommt man

$$n \approx N_D^+, \ p \approx n_i^2/N_D^+ \ll n \quad ,$$ (7.117)

und mit (7.113) und (7.107) folgt

$$W_F = W_D + kT \ln \left(-\frac{g_D}{2} + \sqrt{\left(\frac{g_D}{2}\right)^2 + g_D \frac{N_D}{N_c} \exp\left\{\frac{W_c - W_D}{kT}\right\}} \right) \quad .$$ (7.118)

Für eine Auswertung dieser Formel wollen wir annehmen, daß der Donator sehr flach ist und alle Störstellen ($N_D^+ \gg n_i$) bei Raumtemperatur ionisiert sind. Wir setzen $\exp\{(W_c - W_D)/(kT)\} \approx 1$ und erhalten mit $g_D = 1/2$

$$W_F \approx W_D + kT \ln \left(-\frac{1}{4} + \sqrt{\frac{1}{16} + \frac{N_D}{2N_c}} \right) \quad .$$ (7.119)

Wir rufen in Erinnerung, daß bei Raumtemperatur für GaAs die Eigenleitungskonzentration $n_i \approx 10^6$ cm^{-3} beträgt und die effektive Zustandsdichte nach (7.90) mit $N_c \approx 4.2 \cdot 10^{17}$ cm^{-3} anzusetzen ist. Ist das Argument des Logarithmus in (7.119) gerade Eins, also $N_D = 3N_c$, so ist das Fermi-Niveau gerade mit dem Donatorniveau identisch. Bei größeren Konzentrationen N_D gelangt das Fermi-Niveau sehr rasch ins Leitungsband. Für $n_i \ll N_D \ll N_c$ ergibt sich aus (7.119) die Näherungsformel

$$W_F = W_D + kT \ln(N_D/N_c) \quad .$$ (7.120)

Mit abnehmender Donatorkonzentration fällt das Fermi-Niveau logarithmisch ab, bis es schließlich beim Fermi-Niveau W_{Fi} des Eigenhalbleiters ankommt. In Bild 7.20 ist der konzentrationsabhängige Verlauf des Fermi-Niveaus dargestellt.

Bei unseren Überlegungen haben wir vorausgesetzt, daß der Halbleiter nicht entartet ist und keine Wechselwirkung zwischen den Störstellenatomen besteht. Als Einsatz für Entartung wollen wir $N_D = 3N_c$ definieren. Wenn eine Wechselwirkung zwischen Störstellen vorkommt, gibt es keine scharfen Störstellenniveaus mehr, sondern es tritt durch den Energieaustausch eine Aufspaltung der lokali-

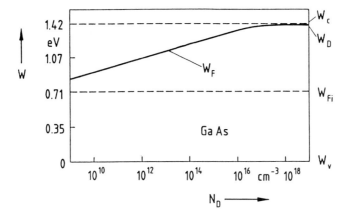

Bild 7.20: Genäherter Verlauf des Ferminiveaus in Abhängigkeit von der Donatorkonzentration $(N_D^+ \gg n_i, n \approx N_D^+, N_A = 0)$ in GaAs bei Raumtemperatur. W_{Fi} kennzeichnet die Lage des Fermi-Niveaus eines intrinsischen Halbleiters

sierten Niveaus auf, die zur Ausbildung eines Störbandes führt. Dieses kann im vorliegenden Falle von Donatoren dann mit dem Leitungsband verschmelzen. Als Folge davon kommt es, wie in Bild 7.16 dargestellt, zu einer Verringerung des Bandabstandes. Im Störband erfolgt die Elektronenleitung durch Hopping-Prozesse, da die Elektronen nach wie vor an den Störstellen lokalisiert sind. Im Leitungsband selbst hat man dagegen mit freien Elektronen in delokalisierten Zuständen zu rechnen.

Die durchgeführten Überlegungen lassen sich entsprechend auf einen Akzeptorhalbleiter übertragen. Bild 7.21 zeigt einen Vergleich zwischen einem n- und einem p-Halbleiter in einer Übersicht.

7.5.3 Störung des Gleichgewichts

Die bisher abgeleiteten Zusammenhänge beziehen sich auf das thermodynamische Gleichgewicht. Störungen des Gleichgewichts erzielt man zum Beispiel durch äußere Energiezufuhr etwa in Form von Licht. Zur Wiedereinstellung des Gleichgewichts sind Übergänge der Elektronen innerhalb der Bänder, aber auch zwischen verschiedenen Bändern erforderlich.

Wir betrachten als Beispiel die Anregung eines Elektrons durch Absorption eines Lichtquants hinreichend hoher Energie, wie es schematisch in Bild 7.22 dargestellt ist. Bei diesem Vorgang der Generation eines Elektron-Loch-Paars wird die Gleichgewichtsverteilung innerhalb der Bänder gestört. Durch Wechsel-

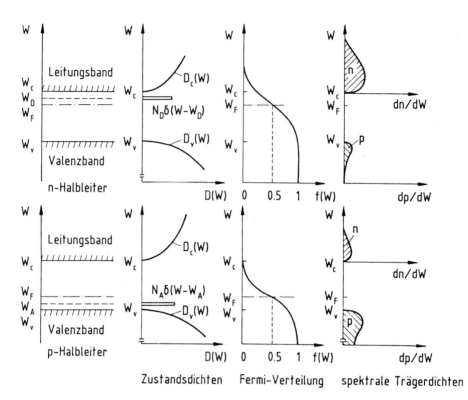

Bild 7.21: Bandschema, Zustandsdichten, Verteilungsfunktion und spektrale Verteilung der freien Ladungsträger in einem Störstellenhalbleiter mit Donatoren (oben) und Akzeptoren (unten). Die schraffierten Flächen in den rechten Teilbildern kennzeichnen die Elektronendichte n und die Löcherdichte p

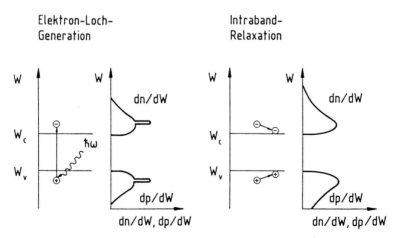

Bild 7.22: Optische Generation eines Elektron-Loch-Paars , Intrabandrelaxation und zugehörige spektrale Trägerdichten (schematisch)

wirkung der Elektronen mit den Gitterschwingungen (Phononen) des Kristalls geben die angeregten Elektronen sehr rasch Energie und Impuls ab und relaxieren an die Bandkante. Diesen Vorgang innerhalb eines Bandes kann man durch einen Reibungsterm in einer klassischen Bewegungsgleichung für die Elektronen näherungsweise erfassen. Mit der Geschwindigkeit v_x setzt man

$$m_e \frac{dv_x}{dt} + \frac{m_e}{\tau_{in}} v_x = -q\tilde{F}_x \qquad (7.121)$$

für die Bewegung des Elektrons im elektrischen Feld $\tilde{F}_x$ an und erhält für den stationären Zustand $dv_x/dt = 0$ die Beziehung

$$v_x = -\frac{q\tau_{in}}{m_e} \tilde{F}_x = -\mu_n \tilde{F}_x \quad . \qquad (7.122)$$

Hierbei ist τ_{in} die Relaxationszeit, nach der die Elektronengeschwindigkeit ohne äußere Kraft auf den Bruchteil $1/e$ ihres stationären Wertes abgeklungen ist, und μ_n bezeichnet die Beweglichkeit der Elektronen. Mit $\mu_n = 2500$ cm^2/(Vs) und $m_e = 0.067 m_0$ für GaAs mit $n \approx 10^{18}$ cm^{-3} kommt man auf $\tau_{in} = 1 \cdot 10^{-13}$ s für die Intraband-Relaxationszeit. Diese einfache Abschätzung wird durch Messungen gut bestätigt. Innerhalb eines Bandes stellt sich also innerhalb von etwa 10^{-13} s ein Gleichgewicht ein.

Damit herrscht im Gesamtkristall aber noch kein thermodynamisches Gleichgewicht, denn im Leitungsband ist die Zahl der Elektronen und im Valenzband die Zahl der Löcher gegenüber dem Gleichgewichtswert erhöht. Man kann unter diesen Bedingungen die Besetzungswahrscheinlichkeit der Niveaus innerhalb eines Bandes durch eine Quasifermi-Verteilung analog zu (7.98) ausdrücken, wobei jetzt allerdings Leitungs- und Valenzband verschiedene Quasifermi-Energien W_{Fc} bzw. W_{Fv} zuzuordnen sind. Die Besetzungswahrscheinlichkeit im Leitungsband ist

$$f_c(W) = \left(1 + \exp\left\{\frac{W - W_{Fc}}{kT}\right\}\right)^{-1} \quad , \qquad (7.123)$$

diejenige im Valenzband entsprechend

$$f_v(W) = \left(1 + \exp\left\{\frac{W - W_{Fv}}{kT}\right\}\right)^{-1} \quad . \qquad (7.124)$$

Bei Nichtentartung berechnet sich die Konzentration der Elektronen im Leitungsband zu (vgl. (7.107))

$$n = N_c \exp\left\{\frac{W_{Fc} - W_c}{kT}\right\} \quad , \qquad (7.125)$$

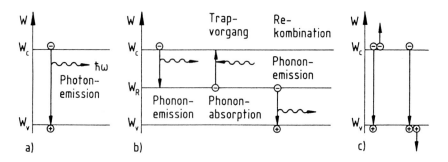

Bild 7.23: Band-Band-Rekombinationsmechanismen (schematisch). a) Strahlender Übergang, b) Nichtstrahlender Übergang über ein Rekombinationszentrum der Energie W_R, c) Auger-Rekombination

und die Konzentration der Löcher im Valenzband ist

$$p = N_v \, \exp\left\{ \frac{W_v - W_{Fv}}{kT} \right\} \quad . \tag{7.126}$$

Für das Dichteprodukt gilt jetzt

$$np = n_i^2 \, \exp\left\{ \frac{W_{Fc} - W_{Fv}}{kT} \right\} \quad . \tag{7.127}$$

Der Vergleich mit der Gleichgewichtsbeziehung (7.115) zeigt, daß für $W_{Fc} > W_{Fv}$ überwiegend Rekombination und für $W_{Fc} < W_{Fv}$ überwiegend Generation von Elektronen und Löchern zu erfolgen hat, damit sich das Gleichgewicht einstellt.

Nehmen wir Gleichgewicht innerhalb der Bänder an, so ist die Reaktionskinetik das einfachste Modell, um die Wechselwirkung der beiden Teilchenkollektive zu beschreiben. Bereits im thermodynamischen Gleichgewicht findet ein ständiger Austausch von Elektronen zwischen beiden Bändern statt, wobei im zeitlichen Mittel die Generations- und Rekombinationsprozesse gleich häufig sind. Es gibt verschiedene Mechanismen, die Energie- und Impulserhaltung beim Band-Band-Übergang gewährleisten. Die drei wichtigsten Mechanismen können wir nach den Teilchen Photon, Störstelle oder Elektron klassifizieren, die Energie und Impuls bei der Rekombination eines Elektron-Loch-Paares aufnehmen. Phononen wie bei Intrabandübergängen kommen als Wechselwirkungspartner nicht in Betracht, da bei Band-Band-Übergängen große Energiedifferenzen zu überwinden sind und in der verbotenen Zone keine Zustände für sukzessive Phononenemission zur Verfügung stehen. Bild 7.23 illustriert die wichtigsten Rekombinationsmechanismen.

Rekombinationsprozesse unter Ausstrahlung eines Photons werden als direkte Band-Band-Übergänge bezeichnet. Da der Impuls eines Photons klein ist im Vergleich zum Kristallimpulsbereich $\hbar k = \hbar\, 2\pi/\hat{a}$ ($\hat{a}$ = Gitterkonstante) eines Bandes, erfolgt der Übergang praktisch unter Erhaltung des k-Vektors des Elektrons. Ein strahlender Übergang ist der inverse Prozeß zum inneren Photoeffekt, bei dem ein Elektron unter Erhaltung seines k-Vektors aus dem Valenzband in das Leitungsband übergeht. Die k-Erhaltung bedeutet eine Auswahlregel, die die Übergangswahrscheinlichkeit stark herabsetzt. Strahlende Übergänge sind der Rekombinationsmechanismus, der zu den längsten Lebensdauern von Elektron-Loch-Paaren führt, wenn Elektronen und Löcher verschiedene k-Werte besitzen. Werte bis zu einer Sekunde sind möglich. Gleichzeitige Mitwirkung von Phononen ist auch denkbar, wobei sich dann aber die Übergangswahrscheinlichkeit ändert.

Erfolgt ein Band-Band-Übergang als Zwei-Stufen-Prozeß über ein Rekombinationszentrum, also eine Störstelle, die Energie und Impuls aufnimmt, so braucht die k-Auswahlregel der direkten Übergänge nicht erfüllt zu sein. Der Rekombinationsprozeß erfolgt dann schneller. Das Vorhandensein geringer Spuren von Verunreinigungen, die als Rekombinationszentren wirken, kann also die Einstellung des Gleichgewichts beschleunigen. Die Übergänge erfolgen in der Regel strahlungslos unter Wärmeaustausch mit dem Gitter. Im Gegensatz zu Donatoren oder Akzeptoren treten die Rekombinationszentren mit beiden Bändern in Wechselwirkung. Das Rekombinationszentrum kann ein Elektron aus dem Leitungsband einfangen und im zweiten Schritt an das Valenzband abgeben, d. h. dort ein Loch durch Rekombination vernichten. Letzteres kann auch als Locheinfang aus dem Valenzband gedeutet werden. Das Rekombinationszentrum kann auch ein Elektron aus dem Valenzband einfangen, also dort ein Loch erzeugen und dann in einem zweiten Generationsschritt das Elektron ins Leitungsband emittieren. Übergänge nach diesem geschilderten Shockley-Read-Mechanismus sind die häufigste Ursache für Interbandübergänge in Halbleitern. Es kann dabei auch vorkommen, daß ein aus dem Leitungsband eingefangenes Elektron später wieder ins Leitungsband reemittiert wird. Man spricht dann von einem Trap-Prozeß.

Bei der Auger-Rekombination wird die Rekombinationsenergie und der Impuls an ein zweites Elektron oder Loch abgegeben. Die Rekombination erfolgt also strahlungslos über einen Dreierstoß. Die Auger-Rekombination ist von Bedeutung vor allem bei Halbleitern mit geringem Bandabstand. Bei Vorhandensein von Donatoren oder Akzeptoren können die Übergänge auch mit diesen Niveaus verbunden sein. Der inverse Prozeß ist die Befreiung eines Elektrons aus dem Valenzband oder aus einem Störstellenniveau durch den Stoß eines anderen Ladungsträgers. Man spricht von Stoßionisation.

7.5.4 Überschußdichte und Lage der Quasifermi-Niveaus

Im thermodynamischen Gleichgewicht fallen die Quasifermi-Niveaus mit dem Fermi-Niveau zusammen

$$W_F = W_{Fc} = W_{Fv} \quad , \tag{7.128}$$

wie unmittelbar aus (7.125) bis (7.127) abzulesen ist. Eine externe Störung, etwa durch Einstrahlung einer elektromagnetischen Welle, verursache die Nicht-gleichgewichtsdichten

$$n = n_0 + \Delta n, \; p = p_0 + \Delta p \quad , \tag{7.129}$$

wobei n_0, p_0 die Gleichgewichtswerte und $\Delta n, \Delta p$ Überschußdichten bedeuten. Die Größen $\Delta n, \Delta p$ können durchaus negativ sein. Für die Dichtestörungen kann man schreiben

$$\Delta n = n_0 \left(\exp\left\{ \frac{W_{Fc} - W_F}{kT} \right\} - 1 \right) \tag{7.130}$$

und

$$\Delta p = p_0 \left(\exp\left\{ \frac{W_F - W_{Fv}}{kT} \right\} - 1 \right) \quad . \tag{7.131}$$

Daraus ergibt sich im Neutralfall die Lage der Quasifermi-Niveaus zu

$$W_{Fc} = W_F + kT \ln\left(n/n_0\right) \tag{7.132}$$

und

$$W_{Fv} = W_F - kT \ln\left(p/p_0\right) \quad . \tag{7.133}$$

Hieraus geht hervor, daß durch eine Ladungsträgerinjektion mit $\Delta n = \Delta p$ das Quasifermi-Niveau der Minoritätsträger stärker verschoben wird als das der Majoritätsträger. Als Beispiel betrachten wir einen n-Halbleiter. Sei $n_0 = 10^4 p_0$ und $p \approx 100 p_0$, folglich beträgt $W_{Fc} - W_F \approx 0.01 kT$ und $W_F - W_{Fv} = 4.6 kT$. Dies entspricht bei Raumtemperatur einer Verschiebung von 0.25 meV bzw. 115 meV. Bei Injektion, die geringer als die Majoritätsträgerdichte ist, wird deren Quasifermi-Niveau also kaum verschoben. Bild 7.24 veranschaulicht die Verteilung der Ladungsträger und die Lage der Niveaus im Gleichgewicht und bei Ladungsträgerinjektion.

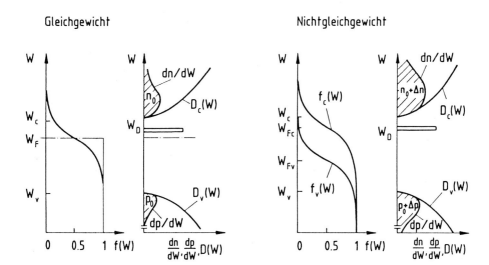

Bild 7.24: Besetzungswahrscheinlichkeit, Zustandsdichte und spektrale Trägerdichte in einem n-Halbleiter im Gleichgewicht (links) und Nichtgleichgewicht (rechts)

7.6 Systeme mit eingeschränkter Teilchenbewegung

Die in diesem Abschnitt diskutierten Quantenstrukturen gewinnen zunehmend an Bedeutung für elektronische und optoelektronische Bauelemente. Wir betrachten undotierte Halbleiter.

7.6.1 Quantenfilme

Bettet man eine dünne, wenige Nanometer dicke Halbleiterschicht mit kleiner Bandlücke (z.B. GaAs) in eine Umgebung mit größerer Bandlücke (z.B. AlGaAs) ein, dann entsteht ein Quantenfilm, der in Bild 7.25 illustriert ist. Die Bewegungen der im GaAs-Film gefangenen Elektronen und Löcher sind senkrecht zur Filmebene in x-Richtung in Übereinstimmung mit der eindimensionalen Betrachtung in Abschnitt 7.1.3 und 7.1.4 durch diskrete Werte der Wellenvektorkomponente $k_{x\nu}, \nu = 1, 2, \ldots$ gekennzeichnet. In der Filmebene selbst sind die Teilchen dagegen frei beweglich. Sie bilden ein zweidimensionales Elektronengas. Zu jedem festen $k_{x\nu}$ gehört eine Schar von Elektronen im Leitungsband, deren Energie

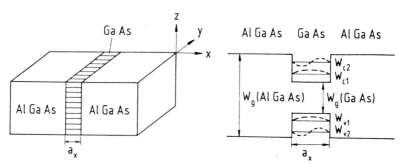

Bild 7.25: AlGaAs-GaAs-Quantenfilm und Quantisierung in x-Richtung

in parabolischer Näherung durch

$$W_{c\nu}(\mathbf{k}) = W_{c\nu} + \frac{\hbar^2}{2m_e}(k_y^2 + k_z^2) \tag{7.134}$$

gegeben ist. Man spricht vom ν-ten Subband. Der Wellenvektor besitzt eine feste x-Komponente: $\mathbf{k} = (k_{x\nu}, k_y, k_z)$. Die Energie an der Subbandkante ist $W_{c\nu} = \hbar^2 k_{x\nu}^2/(2m_e)$. Die Wellenvektorkomponenten k_y und k_z können beliebige Werte annehmen. Vereinfachend haben wir angenommen, daß die effektive Masse m_e in der Filmebene richtungsunabhängig und auch unabhängig von der Nummer ν des Subbandes ist.

Für die im Film eingefangenen Löcher gilt entsprechend

$$W_{v\nu}(\mathbf{k}) = W_{v\nu} - \frac{\hbar^2}{2m_h}(k_y^2 + k_z^2) \quad . \tag{7.135}$$

Der zweidimensionale Charakter der Elektronenbewegung kommt dann zum Ausdruck, wenn die Dicke des Quantenfilms kleiner ist als die Streulänge der freien Ladungsträger und auch geringer ist als die DeBroglie-Wellenlänge der Teilchen aufgrund ihrer thermischen Anregung. In GaAs beträgt die Streulänge bei Raumtemperatur etwa 50 nm, und die Materiewellenlänge bei thermischer Anregung $\Delta W = kT$ ist $\lambda_e = 2\pi\sqrt{\hbar^2/(2m_e\Delta W)} \approx 30$ nm für Elektronen und $\lambda_h = 2\pi\sqrt{\hbar^2/(2m_h\Delta W)} \approx 10$ nm für Löcher.

In Analogie zu Abschnitt 7.4.1 betrachten wir einen quadratischen Quantenfilm der Dicke a_x und der Kantenlänge L. Unter der Annahme periodischer Randbedingungen in der Filmebene sind die erlaubten $\mathbf{k}$-Vektoren des ν-ten Subbandes dann durch

$$k_{x\nu}^2 = 2m_e W_{c\nu}/\hbar^2 \tag{7.136}$$

und

$$k_y, k_z = 0, \ \pm 2\pi/L, \ \pm 2 \cdot 2\pi/L \ ,... \qquad (7.137)$$

festgelegt. Die Zustandsdichte des ν-ten Subbandes im k-Raum ergibt sich demnach zu

$$D_{c\nu}(\mathbf{k})d\mathbf{k} = \frac{2\delta(k_x - k_{x\nu})}{a_x(2\pi)^2}d\mathbf{k} \quad , \qquad (7.138)$$

wobei der Faktor 2 im Zähler die beiden Spinorientierungen berücksichtigt. Nach (7.134) sind die Flächen konstanter Energie im k-Raum Zylindermantelflächen. Die Transformation (7.85) liefert die energieabhängige Zustandsdichte des Subbands

$$D_{c\nu}(W)dW = \frac{m_e}{\pi a_x \hbar^2}dW \ \text{für} \ W \geq W_{c\nu} \qquad (7.139)$$

und Null sonst. Nach Einführung der Sprungfunktion

$$H(W - W_{c\nu}) = \int_{-\infty}^{W} \delta(W' - W_{c\nu})dW' = \begin{cases} 1 & \text{für} \quad W \geq W_{c\nu} \\ 0 & \text{sonst} \end{cases} \qquad (7.140)$$

läßt sich nach Summation über alle Subbänder die Zustandsdichte des Leitungsbandes einfach angeben

$$D_c(W) = \sum_{\nu} D_{c\nu}(W) = \frac{m_e}{\pi a_x \hbar^2} \sum_{\nu} H(W - W_{c\nu}) \quad . \qquad (7.141)$$

Diese Treppenfunktion ist in Bild 7.26 dargestellt. Für die Zustandsdichte der Löcher im Valenzband ergibt sich analog die Treppenfunktion

$$D_v(W) = \frac{m_h}{\pi a_x \hbar^2} \sum_{\nu} H(W_{v\nu} - W) \quad . \qquad (7.142)$$

Wegen der geringeren Masse der leichten Löcher ist auch deren Zustandsdichte kleiner als die der schweren Löcher. Sie soll im folgenden vernachlässigt werden.

Für die Besetzung der Bänder sind wie üblich die Quasifermi-Verteilungen $f_c(W)$ und $f_v(W)$ nach (7.123) und (7.124) maßgeblich. Die Elektronendichte im Leitungsband des Quantenfilms ist

$$n = \int_{-\infty}^{\infty} D_c(W)f_c(W)dW = \frac{m_e}{\pi a_x \hbar^2} \sum_{\nu} \int_{W_{c\nu}}^{\infty} f_c(W)dW \quad . \qquad (7.143)$$

Die spektrale Elektronendichte $dn/dW = D_c(W)f_c(W)$ ist in Bild 7.26 illustriert. Man erkennt, daß die spektrale Dichte ganz abrupt bei $W = W_{c1}$ einsetzt.

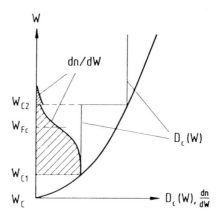

Bild 7.26: Zustandsdichte und spektrale Elektronendichte dn/dW im Leitungsband eines Quantenfilms

Die Integration in (7.143) ist geschlossen durchzuführen und ergibt

$$n = \frac{m_e kT}{\pi a_x \hbar^2} \sum_\nu \ln \left\{ 1 + \exp \frac{W_{Fc} - W_{c\nu}}{kT} \right\} \quad . \tag{7.144}$$

Wenn das Quasiferminiveau W_{Fc} genügend weit unterhalb der zweiten Subbandkante liegt $(W_{c2} > W_{Fc})$, ist die Besetzung der höheren Subbänder zu vernachlässigen. Man erhält dann das einfache Ergebnis

$$n \approx \frac{m_e kT}{\pi a_x \hbar^2} \ln \left\{ 1 + \exp \frac{W_{Fc} - W_{c1}}{kT} \right\} \quad . \tag{7.145}$$

Unter entsprechenden Voraussetzungen gilt für die Löcherdichte im Valenzband des Quantenfilms

$$p \approx \frac{m_h kT}{\pi a_x \hbar^2} \ln \left\{ 1 + \exp \frac{W_{v1} - W_{Fv}}{kT} \right\} \quad . \tag{7.146}$$

Man kann auch Strukturen mit mehreren Quantenfilmen erzeugen. Wenn die Barrieren dick genug sind und die Wellenfunktionen der Elektronen bzw. Löcher benachbarter Quantenfilme nicht überlappen, also Tunneln von Teilchen zu vernachlässigen ist, sind die vorausgehenden Betrachtungen unverändert gültig. Wenn dagegen Kopplung in dem Mehrfachquantenfilm vorliegt, sind die Energien der Subbandkanten der Einzelfilme nicht mehr entartet, und die Kanten der treppenförmigen Zustandsdichte verschmieren.

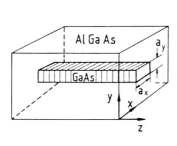
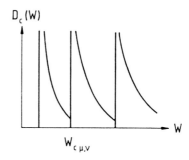

Bild 7.27: AlGaAs-GaAs-Quantendraht und Zustandsdichte (schematisch)

7.6.2   Quantendrähte

In Quantendrähten, die schematisch in Bild 7.27 dargestellt sind, gibt es nur eine freie Bewegung der Teilchen entlang der Achse in z-Richtung. Die Teilchen verhalten sich wie in einem eindimensionalen Elektronengas. Die Bewegung in x- und y-Richtung ist quantisiert. Dies führt zur Ausbildung einer Subbandstruktur im Leitungsband und Valenzband. Die Subbänder sind zweifach zu indizieren, die Elektronenenergie im Subband ist mit

$$W(\mathbf{k}) = W_{c\mu,\nu} + \frac{\hbar^2}{2m_e}k_z^2 \qquad (7.147)$$

anzusetzen. $W_{c\mu,\nu}$ bezeichnet die Subbandkantenenergie. Die Zustandsdichte im $\mathbf{k}$-Raum im betrachteten Subband ist

$$D_{c\mu,\nu}(\mathbf{k})d\mathbf{k} = \frac{\delta(k_x - k_{x\mu})\delta(k_y - k_{y\nu})}{\pi a_x a_y}dk_x dk_y dk_z \quad , \qquad (7.148)$$

wobei a_x und a_y die Kantenlängen des Drahtquerschnitts charakterisieren. Integration liefert die eindimensionale Zustandsdichte

$$D_{c\mu,\nu}(k_z)dk_z = \left(\int\!\!\int_{-\infty}^{\infty} D_{c\mu,\nu}(\mathbf{k})dk_x dk_y\right)dk_z = \frac{1}{\pi a_x a_y}dk_z \quad . \qquad (7.149)$$

Transformation auf die Energie mit Hilfe von (7.147) ergibt für die Zustandsdichte eines Subbands

$$D_{c\mu,\nu}(W)dW = \frac{2}{2\pi a_x a_y}\sqrt{\frac{2m_e}{\hbar^2}}\frac{1}{\sqrt{W - W_{c\mu,\nu}}}dW \quad . \qquad (7.150)$$

Hierbei berücksichtigt der Faktor 2 im Zähler, daß positive und negative k_z-Werte auf denselben Energiewert W führen. Die gesamte Zustandsdichte im

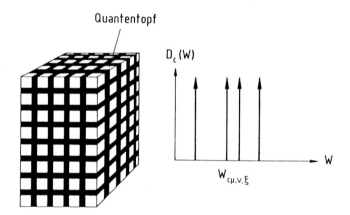

Bild 7.28: Quantentöpfe und Zustandsdichte (schematisch). Es wurde angenommen, daß die Töpfe entkoppelt sind

Leitungsband ist folglich

$$D_c(W)dW = \frac{1}{\pi a_x a_y}\sqrt{\frac{2m_e}{\hbar^2}}\sum_{\mu,\nu}\frac{1}{\sqrt{W - W_{c\mu,\nu}}}dW \quad . \tag{7.151}$$

An den Subbandkanten treten Singularitäten in der Zustandsdichte auf. Dies führt zwangsläufig zur Anhäufung von Elektronen bei diesen Energiewerten, denn die spektrale Elektronendichte ist wie üblich durch

$$\frac{dn}{dW} = D_c(W)f_c(W) \tag{7.152}$$

bestimmt. Integration über die Energie ergibt dann die Elektronendichte im Leitungsband des Quantendrahts. Für Löcher gelten entsprechende Überlegungen hinsichtlich der Zustandsdichte und der spektralen Löcherdichte.

7.6.3   Quantentöpfe

In Quantentöpfen ist die Bewegung der Teilchen in allen drei Raumrichtungen quantisiert. Wir wollen annehmen, daß die in Bild 7.28 illustrierten Mehrfachquantentöpfe durch die Barrieren hinreichend gut getrennt sind, so daß man sie als entkoppelt annehmen kann. Die Elektronen in den Potentialtöpfen können dann nur die Energiewerte $W_{c\mu,\nu,\xi}$ annehmen. Die Zustandsdichte für einen

Potentialtopf ist

$$D_c(W)dW = \frac{2}{a_x a_y a_z} \sum_{\mu,\nu,\xi} \delta(W - W_{c\mu,\nu,\xi})dW \quad , \tag{7.153}$$

wobei angenommen wurde, daß die Energieeigenwerte beider Spinrichtungen entartet sind.

Die spektrale Elektronendichte im Bereich eines Quantentopfes ist dann

$$\frac{dn}{dW} = D_c(W)f_c(W) = \frac{2}{a_x a_y a_z} \sum_{\mu,\nu,\xi} \left(1 + \exp\frac{W - W_{Fc}}{kT}\right)^{-1} \delta(W - W_{c\mu,\nu,\xi}) \quad .$$
$$\tag{7.154}$$

Elektronen treten also nur bei ganz bestimmten diskreten Energiewerten auf. Dies gilt auch bei mehreren genau gleichen, entkoppelten Quantentöpfen. In der Praxis wird es durch unvermeidliche Schwankungen der Quantentopfvolumina zwangsläufig zu einer Verschmierung der Energieverteilung kommen. Im Idealfall ist die Dichte der Elektronen in einem Quantentopf

$$n = \frac{2}{a_x a_y a_z} \sum_{\mu,\nu,\xi} \left[1 + \exp\left\{\frac{W_{c\mu,\nu,\xi} - W_{Fc}}{kT}\right\}\right]^{-1} \quad . \tag{7.155}$$

8 Emission und Absorption

In diesem Kapitel untersuchen wir Übergänge der Elektronen zwischen Valenz-
und Leitungsband und die damit verbundenen Strahlungsprozesse genauer.
Besonders interessant erweisen sich stimulierte Emissionsprozesse. Hierbei werden durch Strahlung Elektronenübergänge von einem hohen Energieniveau auf
ein um die Photonenenergie tiefer liegendes Niveau induziert. Das dabei abgestrahlte Photon ist mit der anregenden Strahlung in Phase, und es kann zu
einer Verstärkung der Welle kommen. Wir behandeln die Wechselwirkung zwischen Licht und Materie zunächst auf der Basis von Generations- und Rekombinationsprozessen. Hierbei ergeben sich bereits wichtige Beziehungen zwischen
Absorption und Lumineszenz sowie Bedingungen für Lichtverstärkung. Eine
quantenmechanische Analyse erlaubt dann die Vorhersage der spektralen Form
der Absorption oder Verstärkung. Neben massivem Material werden auch Quantenstrukturen diskutiert.

8.1 Übergangsraten

8.1.1 Wechselwirkung von Strahlung mit Halbleiterelek-
tronen

Im Halbleiter befinden sich die Elektronen in Energiebändern. Übergänge der
Elektronen zwischen Valenz- und Leitungsband können durch Emission oder
Absorption elektromagnetischer Strahlung erfolgen. Es wird ein Lichtteilchen
(Photon) der Energie

$$\Delta W = \hbar \omega \tag{8.1}$$

erzeugt oder vernichtet. Hierbei bedeutet $\Delta W = W_2 - W_1$ die Energiedifferenz
der am Übergang beteiligten Energieniveaus W_2 und W_1.

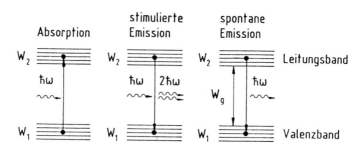

Bild 8.1: Absorption, stimulierte Emission und spontane Emission beim Interbandübergang von Elektronen

Man unterscheidet drei Elementarprozesse, (stimulierte) Absorption, stimulierte Emission und spontane Emission. Die Prozesse sind in Bild 8.1 veranschaulicht.

Bei der Absorption erfolgt ein Elektronenübergang vom Valenzband zum Leitungsband unter Vernichtung eines Photons. Die spektrale Übergangsrate $r_{12}(\hbar\omega)d(\hbar\omega)$, also die Zahl der Übergänge pro Volumen- und Zeiteinheit im Energieintervall $d(\hbar\omega)$ um die Photonenenergie $\hbar\omega$, hängt ab von der Photonendichte $\rho_s(\hbar\omega)d(\hbar\omega)$ im betreffenden Photonenenergieintervall und von den Dichten der Ausgangszustände W_1 und Endzustände W_2 sowie den Wahrscheinlichkeiten $f(W_1)$ und $(1 - f(W_2))$, daß der Ausgangszustand besetzt und der Endzustand unbesetzt ist. Außerdem ist zu berücksichtigen, daß sich die Energie der Ausgangs- und Endzustände gerade um $W_2 - W_1 = \hbar\omega$ unterscheiden muß. Wir untersuchen zunächst Übergänge von einem fest vorgegebenen Energieintervall dW_1 des Valenzbandes. Die spektrale Übergangsrate von diesem Intervall läßt sich mit der Proportionalitätskonstanten B_{12} ausdrücken durch

$$\hat{r}_{12}(\hbar\omega, W_1)\, dW_1 d(\hbar\omega)$$

$$= B_{12} \left(\int_{-\infty}^{\infty} D_c(W_2)(1 - f_c(W_2))\delta(W_2 - W_1 - \hbar\omega)dW_2 \right)$$

$$\cdot \; D_v(W_1)f_v(W_1)\rho_s(\hbar\omega)dW_1 d(\hbar\omega) \quad . \tag{8.2}$$

Hierbei haben wir angenommen, daß der Übergang zunächst in einen beliebigen freien Zustand der Energie W_2 des Leitungsbandes erfolgen kann, der nicht besetzt ist. Integration über alle möglichen Energiewerte W_2 des Leitungsbandes unter der Bedingung $W_2 - W_1 = \hbar\omega$ ergibt dann

$$\hat{r}_{12}(\hbar\omega, W_1)dW_1 d(\hbar\omega) \tag{8.3}$$

$$= B_{12}(\hbar\omega)D_c(W_1 + \hbar\omega)(1 - f_c(W_1 + \hbar\omega))D_v(W_1)f_v(W_1)\rho_s(\hbar\omega)dW_1 d(\hbar\omega).$$

Mit der Schreibweise $B_{12}(\hbar\omega)$ haben wir angedeutet, daß die Proportionalitätskonstante durchaus von der Photonenenergie abhängen kann. Die gesamte spektrale Absorptionsrate ergibt sich durch Integration über alle Anfangszustände W_1

$$r_{12}(\hbar\omega)d(\hbar\omega) = \left(\int_{-\infty}^{\infty} \hat{r}_{12}(\hbar\omega, W_1)dW_1 \right) d(\hbar\omega)$$

$$= \int_{-\infty}^{\infty} D_c(W_1 + \hbar\omega)(1 - f_c(W_1 + \hbar\omega))D_v(W_1)f_v(W_1)dW_1$$

$$\cdot \quad B_{12}(\hbar\omega)\rho_s(\hbar\omega)d(\hbar\omega) \quad . \tag{8.4}$$

Die Proportionalitätskonstante B_{12} wird als Einstein-Koeffizient für Absorption bezeichnet. Die Einheit von B_{12} ist cm^6W. Im Spezialfall, daß der Ausgangszustand zu einem diskreten Niveau entartet, $D_v(W_1) = n_m\delta(W_m - W_1)$, besetztem Ausgangszustand $f_v(W_1) = 1$ und freiem Endzustand $1 - f_c(W_2) = 1$ wird aus (8.4)

$$r_{12}(\hbar\omega)d(\hbar\omega) = n_m D_c(W_m + \hbar\omega)B_{12}(\hbar\omega)\rho_s(\hbar\omega)d(\hbar\omega) \quad . \tag{8.5}$$

Ist auch der Endzustand diskret, $D_c(W_2) = n_j\delta(W_j - W_2)$, bekommt man die Beziehung

$$r_{12}(\hbar\omega)d(\hbar\omega) = n_m n_j \delta(W_j - W_m - \hbar\omega)B_{12}(\hbar\omega)\rho_s(\hbar\omega)d(\hbar\omega) \quad , \tag{8.6}$$

die zum Beispiel auch die Absorption in atomaren Systemen beschreibt.

Die stimulierte Emission ist der zur Absorption inverse Prozeß. Eine elektromagnetische Welle der spektralen Photonendichte $\rho_s(\hbar\omega)$ induziert Übergänge vom Leitungsband ins Valenzband, also von W_2 nach W_1. Dabei werden Photonen erzeugt, die mit derselben Phasenlage in dieselbe Richtung laufen wie die anregende Welle. Für die Übergangsraten sind wieder die Photonendichte und die Besetzungsdichten der beteiligten Energieniveaus maßgebend. Als Proportionalitätsfaktor für Übergänge von W_2 nach W_1 tritt jetzt der Einstein-Koeffizient B_{21} für stimulierte Emission auf. In Analogie zu (8.4) erhält man die spektrale stimulierte Emissionsrate

$$r_{21}(\hbar\omega)d(\hbar\omega) \tag{8.7}$$

$$= \int_{-\infty}^{\infty} D_v(W_2 - \hbar\omega)(1 - f_v(W_2 - \hbar\omega))D_c(W_2)f_c(W_2)dW_2 B_{21}\rho_s d(\hbar\omega)$$

$$= \int_{-\infty}^{\infty} D_c(W_1 + \hbar\omega)f_c(W_1 + \hbar\omega)D_v(W_1)(1 - f_v(W_1))dW_1 B_{21}\rho_s d(\hbar\omega) \quad.$$

Neben der stimulierten Emission und Absorption gibt es noch spontane Übergangsprozesse vom Leitungsband ins Valenzband, die auch ohne äußere Strahlung für die Einstellung des thermodynamischen Gleichgewichts sorgen. Diese Übergänge können strahlend oder nichtstrahlend erfolgen. Bei direkten Halbleitern überwiegen meistens die strahlenden Prozesse, bei denen Photonen emittiert werden, deren Phasen und Richtungen statistisch verteilt sind. Die spontane Emissionsrate ist wie die stimulierte Emissionsrate proportional zu den Zustandsdichten und Besetzungswahrscheinlichkeiten, aber unabhängig von einem äußeren anregenden Strahlungsfeld. Mit dem Einstein-Koeffizienten A_{21} für die spontane Emission schreibt sich die spektrale spontane Emissionsrate

$$r_{sp}(\hbar\omega)d(\hbar\omega) \tag{8.8}$$

$$= A_{21}(\hbar\omega)\int_{-\infty}^{\infty} D_v(W_2 - \hbar\omega)(1 - f_v(W_2 - \hbar\omega))D_c(W_2)f_c(W_2)dW_2 d(\hbar\omega)$$

$$= A_{21}(\hbar\omega)\int_{-\infty}^{\infty} D_c(W_1 + \hbar\omega)f_c(W_1 + \hbar\omega)D_v(W_1)(1 - f_v(W_1))dW_1 d(\hbar\omega) \quad.$$

Nichtstrahlende spontane Rekombinationsprozesse, denen Zweierstoßprozesse zugrunde liegen, lassen sich ebenfalls in der Form (8.8) mit einem veränderten Koeffizienten A_{21} beschreiben.

Strahlende spontane Prozesse nach (8.8) sind maßgeblich für die Lumineszenz oder das Leuchten eines direkten Halbleiters bei äußerer Anregung durch kurzwellige Strahlung (Photolumineszenz), Elektronenstrahlen (Kathodolumineszenz) oder elektrischen Strom (Elektrolumineszenz). In indirekten Halbleitern überwiegt dagegen die nichtstrahlende Rekombination. Wir vernachlässigen die nichtstrahlende Rekombination.

Im folgenden geht es darum, Relationen der Koeffizienten B_{12}, B_{21} und A_{21} abzuleiten. Hierfür wird die Kenntnis der Strahlungsdichte im thermodynamischen Gleichgewicht benötigt.

8.1.2 Strahlung im thermodynamischen Gleichgewicht

Wir fragen nach der Verteilung der Photonenenergien in einem Halbleitervolumen $V_K = L^3$, das sich im thermodynamischen Gleichgewicht auf der Temperatur T befindet. Mögliche Zustände für Photonen ergeben sich nur für solche Frequenzen, die im Halbleitervolumen stehende elektromagnetische Wellen bilden. Dies ist in völliger Analogie zu möglichen Elektronenzuständen in einem Kristall. Demnach erfolgt auch die Berechnung der Zustandsdichte in derselben Weise wie in Abschnitt 7.4, und die Zahl der Photonenzustände pro Volumeneinheit ist bei Berücksichtigung der beiden Polarisationsrichtungen gegeben durch

$$D_{Ph}\,(\mathbf{k})\,d^3k = \left[2/(2\pi)^3\right]\,d^3k \tag{8.9}$$

oder

$$D_{Ph}\,(k)\,dk = 4\,\frac{k^2}{(2\pi)^2}\,dk \quad, \tag{8.10}$$

wobei jetzt $k = 2\pi\bar{n}/\lambda$ die Wellenzahl der Lichtwelle im Medium bedeutet. Für ein nichtdispersives Medium mit Brechungsindex $\bar{n}$ hat man

$$k = \omega\bar{n}/c, \ dk = (\bar{n}/c)\,d\omega \quad. \tag{8.11}$$

Die Zustandsdichte auf der Photonenenergieskala $\Delta W = \hbar\omega$ ergibt sich damit zu

$$D_{Ph}\,(\hbar\omega)\,d(\hbar\omega) = \frac{\bar{n}^3}{\pi^2\hbar^3 c^3}\,(\hbar\omega)^2\,d(\hbar\omega) \quad. \tag{8.12}$$

Die Besetzungswahrscheinlichkeit der Zustände ist im thermodynamischen Gleichgewicht für Photonen, wie allgemein für Teilchen mit ganzzahligem Spin, durch die Bose-Einstein-Verteilung gegeben

$$f_{Ph}(\hbar\omega) = \left(\exp\{\hbar\omega/(kT)\} - 1\right)^{-1} \quad. \tag{8.13}$$

Für die spektrale Photonendichte $\bar{\rho}_s$ im thermodynamischen Gleichgewicht erhält man dann

$$\bar{\rho}_s(\hbar\omega)d(\hbar\omega) = f_{Ph}(\hbar\omega)D_{Ph}(\hbar\omega)d(\hbar\omega) = \frac{\bar{n}^3}{\pi^2\hbar^3 c^3}\frac{(\hbar\omega)^2}{\exp\{\frac{\hbar\omega}{kT}\} - 1}d(\hbar\omega) \quad, \tag{8.14}$$

wobei die spektrale Photonendichte $\bar{\rho}_s(\hbar\omega)$ die Zahl der Photonen pro Volumeneinheit und Energieintervall angibt. Die Beziehung (8.14) ist das Plancksche Gesetz für die Strahlung eines schwarzen Körpers.

8.1.3   Relationen für die Einstein-Koeffizienten

Im thermodynamischen Gleichgewicht müssen Elektronengeneration und Elektronenrekombination sich genau die Waage halten. Wir nehmen an, daß ein detailliertes Gleichgewicht vorliegt, bei dem sich die Emissions- und Absorptionsraten derselben Photonenenergie gerade kompensieren. Hierfür muß gelten

$$r_{12}(\hbar\omega) = r_{21}(\hbar\omega) + r_{sp}(\hbar\omega) \quad . \tag{8.15}$$

Einsetzen von (8.4), (8.7) und (8.8) liefert

$$\bar{\rho}_s(\hbar\omega) = \left[\frac{B_{12} \int D_c(W_1 + \hbar\omega)(1 - f_c(W_1 + \hbar\omega))D_v(W_1)f_v(W_1)dW_1}{A_{21} \int D_c(W_1 + \hbar\omega)f_c(W_1 + \hbar\omega)D_v(W_1)(1 - f_v(W_1))dW_1} - \frac{B_{21}}{A_{21}} \right]^{-1} . \tag{8.16}$$

Im thermodynamischen Gleichgewicht sind die Größen $f_v = f(W_1)$ und $f_c = f(W_2)$ durch die Fermi-Verteilung (7.98) gegeben, und man bekommt einfach

$$\bar{\rho}_s(\hbar\omega) = \frac{A_{21}}{B_{12}\exp\{\hbar\omega/(kT)\} - B_{21}} \quad . \tag{8.17}$$

Einsetzen von (8.14) gibt dann

$$\frac{\bar{n}^3}{\pi^2\hbar^3 c^3} \frac{(\hbar\omega)^2}{\exp\{\hbar\omega/(kT)\} - 1} = \frac{A_{21}}{B_{12}\exp\{\hbar\omega/(kT)\} - B_{21}} \quad . \tag{8.18}$$

Damit diese Beziehung für alle Temperaturen richtig bleibt, muß gelten

$$B_{12} = B_{21} \quad . \tag{8.19}$$

Damit folgt dann sofort

$$A_{21} = \frac{\bar{n}^3}{\pi^2\hbar^3 c^3}(\hbar\omega)^2 B_{21} \quad . \tag{8.20}$$

Diese Relationen gelten auch dann noch, wenn die Koeffizienten B_{12}, B_{21} und A_{21} von der Photonenenergie abhängen. Die Übergangswahrscheinlichkeiten für Absorption und stimulierte Emission sind gleich. Die Wahrscheinlichkeit für spontane Emission wächst quadratisch mit der Frequenz im Vergleich zur stimulierten Emission. Diese Zunahme bedeutet eine erhebliche Schwierigkeit für die Realisierung von Lasern im Röntgen-Bereich. Aus den Beziehungen zwischen den Einstein-Koeffizienten ergeben sich unmittelbar Zusammenhänge zwischen der Absorption und Lumineszens eines Stoffes, die in Abschnitt 8.1.5 behandelt werden.

8.1.4 Der Absorptionskoeffizient

Wir untersuchen den Durchgang einer ebenen Welle der Frequenz $\omega = (W_2 - W_1)/\hbar$ durch einen Halbleiter und verfolgen das Schicksal der Photonen. Durch Absorption kommt es zu einer Abnahme der Photonenzahl, stimulierte Emission erhöht die Zahl der Photonen in der Welle. Spontane Emission erfolgt gleichmäßig in alle Raumrichtungen, und nur ein geringer Bruchteil dieses Anteils gelangt (mit statistischer Phase) in die Richtung der einfallenden ebenen Welle und wird deshalb für die im folgenden zu berechnende Bilanz außer acht gelassen. Die spektrale Photonendichte in der ebenen Welle ändert sich durch Absorption und stimulierte Emission bei dem Übergang zwischen den beiden betrachteten Niveaus gemäß

$$\frac{d\rho_s}{dt} = r_{21} - r_{12} \quad , \tag{8.21}$$

wobei $(r_{12} - r_{21})$ auch als Nettoabsorptionsrate bezeichnet wird. Die Flußdichte $\rho_s \cdot v_g$ der Photonen ändert sich räumlich gesehen nach dem bekannten Lambert-Beerschen Exponentialgesetz

$$v_g \rho_s(x) = v_g \rho_s(x = 0) \exp\{-\alpha x\} \tag{8.22}$$

oder

$$d\rho_s/dx = -\alpha \rho_s(x) \quad , \tag{8.23}$$

wenn die Ausbreitung in x-Richtung erfolgt. Der Absorptionskoeffizient $\alpha = \alpha(\hbar\omega)$ charakterisiert die Abnahme der Photonendichte auf der Strecke x. Da sich die Photonen mit der Gruppengeschwindigkeit bewegen, kann man $dx = v_g dt$ setzen und erhält durch Vergleich von (8.21) und (8.23)

$$\alpha \rho_s v_g = r_{12} - r_{21} \quad . \tag{8.24}$$

Einsetzen der Raten (8.4) und (8.7) liefert unter Beachtung von (8.19)

$$\alpha(\hbar\omega) = \frac{1}{v_g} B_{12}(\hbar\omega) \int_{-\infty}^{\infty} D_c(W_1 + \hbar\omega) D_v(W_1) \left[f_v(W_1) - f_c(W_1 + \hbar\omega) \right] dW_1 . \tag{8.25}$$

Diese Formel für den makroskopisch meßbaren Intensitätsabsorptionskoeffizienten läßt sich mit (8.20) für ein dispersionsfreies Medium mit $v_g = c/\bar{n}$ weiter umschreiben in

$$\alpha(\hbar\omega) = \frac{\hbar\lambda^2}{4\bar{n}^2} A_{21}(\hbar\omega) \int_{-\infty}^{\infty} D_c(W_1 + \hbar\omega) D_v(W_1) \left[f_v(W_1) - f_c(W_1 + \hbar\omega) \right] dW_1. \tag{8.26}$$

Wenn $f_v = f_v(W_1)$ für alle Werte W_1 kleiner ist als $f_c = f_c(W_1 + \hbar\omega) = f_c(W_2)$, wird α sicher negativ. Dies bedeutet Verstärkung.

8.1.5   Zusammenhang zwischen Absorption und Lumineszenz

Wenn in direkten Halbleitern Elektronen durch äußere Energiezufuhr ins Leitungsband angeregt werden, erfolgt die Rekombination bei nicht zu starker Anregung vorwiegend durch spontane Rekombinationsprozesse. Die Verteilungen f_1 und f_2 im Valenz- und Leitungsband lassen sich gut durch Quasifermi-Verteilungen ($i = v, c$)

$$f_i = (1 + \exp\{(W - W_{Fi})/(kT)\})^{-1} \tag{8.27}$$

mit Quasifermi-Energien W_{Fv}, W_{Fc} approximieren. Wir benutzen (8.8) und (8.26), um

$$r_{sp}(\hbar\omega) = \frac{4\bar{n}^2 \alpha(\hbar\omega)}{\hbar\lambda^2} \frac{\int_{-\infty}^{\infty} D_c(W_1 + \hbar\omega) f_c(W_1 + \hbar\omega) D_v(W_1)(1 - f_v(W_1)) dW_1}{\int_{-\infty}^{\infty} D_c(W_1 + \hbar\omega) D_v(W_1)(f_v(W_1) - f_c(W_1 + \hbar\omega)) dW_1} \tag{8.28}$$

abzuleiten. Einsetzen der Quasifermi-Verteilungen (8.27) führt auf die übersichtliche Formel

$$r_{sp}(\hbar\omega) = \frac{4\bar{n}^2 \alpha(\hbar\omega)}{\hbar\lambda^2 \left(\exp\{(\hbar\omega + W_{Fv} - W_{Fc})/(kT)\} - 1\right)} \quad . \tag{8.29}$$

Damit erhält man aus dem Verlauf von $\alpha = \alpha(\hbar\omega)$ das Lumineszenzspektrum $r_{sp}(\hbar\omega)$. Die Stärke der Lumineszenz wächst mit zunehmender Absorption. Gut lumineszierende Stoffe müssen also eine starke Absorption aufweisen. In Umkehrung von (8.29) läßt sich aus dem Lumineszenzspektrum auch der Absorptionsverlauf gewinnen

$$\alpha(\hbar\omega) = \frac{r_{sp}(\hbar\omega)\hbar\lambda^2 \left(\exp\{(\hbar\omega + W_{Fv} - W_{Fc})/(kT)\} - 1\right)}{4\bar{n}^2} \quad . \tag{8.30}$$

Für sehr schwache Anregung sind die Quasifermi-Niveaus mit dem Fermi-Niveau identisch ($W_{Fv} \approx W_{Fc} \approx W_F$), und (8.29) läßt sich zu

$$r_{sp}(\hbar\omega) = \frac{\alpha(\hbar\omega)\bar{n}^2(\hbar\omega)^2}{\pi^2 \hbar^3 c^2 (\exp\{\hbar\omega/(kT)\} - 1)} \tag{8.31}$$

vereinfachen. Diese Beziehung zwischen Emission und Absorption ist unter dem Namen van Roosbroeck-Shockley-Relation bekannt.

8.1.6   Verstärkung

Aus Formel (8.26) entnehmen wir, daß für alle Übergänge zwischen irgendwelchen Niveaus mit der Energiedifferenz $W_2 - W_1 = \hbar\omega$ gilt

$$\alpha(\hbar\omega) \begin{cases} \geq 0, & \text{wenn } f_v \geq f_c \text{ für alle Übergänge }, \\ < 0, & \text{wenn } f_v < f_c \text{ für alle Übergänge }. \end{cases} \qquad (8.32)$$

Wenn $\alpha(\hbar\omega) < 0$ ist, erfolgt offenbar eine Verstärkung einer einfallenden ebenen Welle, und man führt den Gewinn

$$g(\hbar\omega) = -\alpha(\hbar\omega) \qquad (8.33)$$

ein. Im thermodynamischen Gleichgewicht sind $f_v = f_v(W_1)$ und $f_c = f_c(W_2)$ durch die Fermi-Verteilung gegeben. Für $W_2 - W_1 = \hbar\omega > 0$ gilt $f_v > f_c$, und man erhält immer Absorption.

Viele Nichtgleichgewichtszustände werden durch Quasifermi-Verteilungen (8.27) mit einer Quasifermi-Energie W_{Fv} für Elektronen im Valenzband und einer Quasifermi-Energie W_{Fc} für Elektronen im Leitungsband beschrieben. Die Bedingung für Verstärkung $f_v < f_c$ ist äquivalent mit

$$\exp\left\{ (W_{Fc} - W_{Fv})/(kT) \right\} > \exp\left\{ (W_2 - W_1)/(kT) \right\} \qquad (8.34)$$

oder

$$W_{Fc} - W_{Fv} > W_2 - W_1 = \hbar\omega \quad . \qquad (8.35)$$

Die Differenz der Quasifermi-Energien muß für Verstärkung also größer sein als die Photonenenergie. Interessant ist, daß diese Bedingung alle Interbandübergänge mit derselben Energiedifferenz erfaßt. Es kann bei Vorliegen einer Quasifermi-Verteilung also nicht vorkommen, daß zwischen einigen Niveaus derselben Energiedifferenz Verstärkung und zwischen anderen Absorption erfolgt. Interbandübergänge können nur erfolgen, wenn die Photonenenergie größer ist als der Bandabstand $W_g = W_c - W_v$. Damit läßt sich die Bedingung für Verstärkung noch schärfer fassen

$$W_{Fc} - W_{Fv} > \hbar\omega > W_g \quad . \qquad (8.36)$$

Diese Bedingung ist ohne jede Einschränkung gültig, wenn scharfe Bandkanten vorliegen. Wenn dagegen Zustände in der verbotenen Zone vorkommen, ist (8.36) entsprechend zu modifizieren.

Bei Verstärkung werden offenbar mehr Übergänge vom Leitungs- ins Valenzband induziert als umgekehrt. Die Bedingung (8.36) für Verstärkung muß bei Halbleiterlasern notwendigerweise erfüllt sein.

8.1.7 Abschätzung der Einstein-Koeffizienten

Wir nehmen an, daß der Einstein-Koeffizient A_{21} frequenzunabhängig, also konstant ist. Für die gesamte spontane Rekombinationsrate, die die Zahl der spontanen strahlenden Rekombinationsprozesse pro Volumen und Zeit angibt, erhalten wir durch Integration von (8.8)

$$R_{sp} = \int_{-\infty}^{\infty} r_{sp}(\hbar\omega)d(\hbar\omega) \tag{8.37}$$

$$= A_{21} \int_{-\infty}^{\infty} D_c(W_2)f_c(W_2)dW_2 \int_{-\infty}^{\infty} D_v(W_1)(1 - f_v(W_1))dW_1 = A_{21}np \ .$$

Hierbei wurde benutzt, daß $r_{sp}(\hbar\omega) = 0$ ist für $\hbar\omega < 0$. Die Größen n und p bezeichnen die Elektronen- und Löcherdichte. Die Einheit von A_{21} ist offenbar cm^3/s.

Im thermischen Gleichgewicht mit Elektronen- und Löcherkonzentrationen n_0 und p_0 gilt für einen nicht entarteten Halbleiter $n_0 p_0 = n_i^2$. Wir nehmen an, daß bei Abweichungen vom thermischen Gleichgewicht $\Delta n = \Delta p$ Überschußladungsträger in das Material eingebracht werden. Damit bekommt man

$$R_{sp} = A_{21}np = A_{21}(n_0+\Delta n)(p_0+\Delta p) = A_{21}[n_0 p_0+\Delta n(p_0+n_0+\Delta n)] \ . \tag{8.38}$$

Die spontane Rekombination setzt sich additiv zusammen aus der Gleichgewichtsrekombinationsrate

$$R_{sp}^0 = A_{21}n_0 p_0 = A_{21}n_i^2 \tag{8.39}$$

und der Überschußrate

$$R_{sp}^e = A_{21}\Delta n(n_0 + p_0 + \Delta n) \ . \tag{8.40}$$

Sobald die Überschußdichte größer ist als die Minoritätsträgerdichte, wird sehr schnell $R_{sp}^0 \ll R_{sp}^e$, und es gilt

$$R_{sp} \approx R_{sp}^e \ . \tag{8.41}$$

Nimmt man an, daß die Überschußladungsträgerpaare gemäß

$$\Delta n = \Delta n_0 \exp\{-t/\tau_s\} \tag{8.42}$$

rekombinieren, wird der Ansatz

$$R_{sp}^e = \Delta n/\tau_s \tag{8.43}$$

mit einer Rekombinationslebensdauer τ_s sinnvoll. Der Vergleich mit (8.40) zeigt

$$\tau_s = [A_{21}(p_0 + n_0 + \Delta n)]^{-1} \quad . \tag{8.44}$$

Für hohe Überschußdichten $\Delta n \gg n_0 + p_0$ erhält man die sogenannte bimolekulare Rekombinationslebensdauer

$$\tau_s = (A_{21}\Delta n)^{-1} \quad . \tag{8.45}$$

Bei schwacher Anregung gilt hingegen die Beziehung

$$\tau_s = [A_{21}(n_0 + p_0)]^{-1} \quad , \tag{8.46}$$

die anzeigt, daß τ_s^{-1} proportional zur Majoritätsträgerdichte ist. Damit wird A_{21} als Proportionalitätskonstante experimentell zugänglich. Abweichungen vom linearen Verhalten deuten auf nichtstrahlende Rekombination hin. Für GaAs findet man experimentell $A_{21} \approx 10^{-10}$ cm^3/s.

Etwas größere Werte findet man durch Auswertung des Absorptionsverlaufs unter Zuhilfenahme der van Roosbroeck-Shockley-Relation

$$R_{sp}^0 = \int_0^\infty r_{sp}^0(\hbar\omega)d(\hbar\omega) = \frac{8\pi\bar{n}^2}{c^2h^3}\int_0^\infty \frac{(\hbar\omega)^2\alpha(\hbar\omega)}{\exp\{\hbar\omega/(kT)\} - 1}d(\hbar\omega) = A_{21}n_i^2 \quad . \tag{8.47}$$

Auf diese Weise wurde für GaAs $A_{21} = 7 \cdot 10^{-10}$ cm^3/s ermittelt. Die Einstein-Koeffizienten B_{12} und B_{21} erhält man unmittelbar aus (8.20) und (8.19).

8.1.8 Die Grenzen des Modells

Bei der Aufstellung der grundlegenden Beziehungen (8.4), (8.7) und (8.8) für die Absorption, stimulierte Emission und spontane Emission durch elektronische Übergänge zwischen dem Valenz- und Leitungsband haben wir nur vorausgesetzt, daß der Energieerhaltungssatz $W_2 - W_1 = \hbar\omega$ gilt. Übergänge zwischen beliebigen Niveaus, die die Energieerhaltung nicht verletzen, können stattfinden. Diese Annahme führt für ein voll besetztes Valenzband mit $f_v = 1$ und ein vollkommen leeres Leitungsband mit $f_c = 0$ bei parabolischen Zustandsdichten (7.88), (7.89) nach Bild 8.2 auf einen Absorptionskoeffizienten der Form ($\hbar\omega \geq W_g$)

$$\begin{aligned}
\alpha(\hbar\omega) &= \frac{\hbar\lambda^2 A_{21}}{4\bar{n}^2}\frac{2(m_e m_h)^{3/2}}{\pi^4\hbar^6}\int_{W_g - \hbar\omega}^0 \sqrt{(W_g - W - \hbar\omega)W}\,dW \\
&= \frac{A_{21}\lambda^2(m_e m_h)^{3/2}}{2\pi^4\bar{n}^2\hbar^5}\frac{\pi}{8}(\hbar\omega - W_g)^2 \quad , \tag{8.48}
\end{aligned}$$

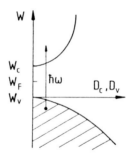

Bild 8.2: Absorptive Übergänge vom voll besetzten Valenzband ins leere Leitungsband (schematisch)

wobei (8.26) herangezogen und die Valenzbandkante willkürlich $W_v = 0$ gesetzt wurde und damit $W_c = W_g$ geschrieben werden kann. Oberhalb der Bandlücke W_g steigt der Absorptionskoeffizient nach (8.48) quadratisch mit der Photonenenergie $\hbar\omega$ an. Dies ist typisch für die Absorption in einem indirekten Halbleiter, steht aber nicht im Einklang mit dem Absorptionsverlauf in einem direkten Halbleiter, der in Bild 8.3 für GaAs dargestellt ist. Hier beobachtet man eine Frequenzabhängigkeit, die in erster Näherung durch $\alpha(\hbar\omega) \propto \sqrt{\hbar\omega - W_g}$ zu beschreiben ist.

Ursache für die Diskrepanz ist die Nichtbeachtung der **k**-Impulserhaltung beim Elektronenübergang. Hierdurch wird von den energetisch möglichen Übergängen eine Untermenge erlaubter Übergänge ausgewählt. Die Auswahlregel zeigt sich in aller Strenge bei direkten Halbleitern. In indirekten Halbleitern sind für strahlende Übergänge nahe der Bandkante dagegen Phononenstöße notwendig, die den erforderlichen Impuls aufbringen. Die quantenmechanische Behandlung im folgenden Abschnitt zeigt den Einfluß der **k**-Impulserhaltung auf das Absorptionsspektrum.

Es sei noch erwähnt, daß bei Berücksichtigung der **k**-Impulserhaltung die Relationen zwischen den Einstein-Koeffizienten B_{12}, B_{21} und A_{21} in unveränderter Form abgeleitet werden können und daß die Zusammenhänge zwischen dem spontanen Emissionsspektrum und dem Absorptionskoeffizienten gültig bleiben. Allerdings ändern sich offenbar die absoluten Werte der spektralen Übergangsraten, da bei Berücksichtigung der Impulserhaltung weniger Übergänge möglich sind.

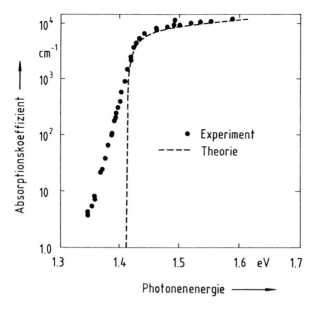

Bild 8.3: Energieabhängigkeit der fundamentalen Absorption in GaAs bei Raumtemperatur

8.2   Quantenmechanik strahlender Übergänge

In diesem Abschnitt geht es darum, die Übergangswahrscheinlichkeiten der Elektronen aus den Kristalleigenschaften zu bestimmen. Um Absorption und Verstärkung zu berechnen, braucht man dann noch zusätzlich Information über die Zustandsdichten im Valenz- und Leitungsband. Zur Berechnung der Übergangswahrscheinlichkeiten sind quantenmechanische Methoden erforderlich, die im folgenden erläutert werden.

8.2.1   Kristallelektron im Feld einer elektromagnetischen Welle

Im Feld einer Lichtwelle wirkt außer den Kräften des Kristallgitters noch das elektrische und magnetische Feld der Welle auf die Elektronen. Dies liefert einen zusätzlichen Beitrag für die Energie der Elektronen, der sich niederschlagen muß in einem zeitabhängigen Zusatzterm im Hamilton-Operator. Wir werden im folgenden wie bisher die Bewegung eines Elektrons im Kristallgitter untersuchen und dessen Verhalten als repräsentativ auch für andere Elektronen auffassen.

Im Sinne einer semiklassischen Theorie werden wir das Strahlungsfeld durch klassische, nichtquantisierte Funktionen beschreiben, während die Elektronen durch Quantenzustände charakterisiert sind.

Die Kristallgitterkräfte hatten wir durch den Hamilton-Operator

$$H_0 = (1/(2m_0))\, \mathbf{p}^2 + U\,(\mathbf{r}) \qquad (8.49)$$

mit dem kanonischen Impuls $\mathbf{p} = (\hbar/i)\,\nabla$ und dem Gitterpotential $U(\mathbf{r})$ erfaßt. Die zusätzlichen Terme kann man durch das magnetische Vektorpotential $\mathbf{A} = \mathbf{A}(x,y,z,t)$ und das skalare Potential $\Phi = \Phi(x,y,z,t)$ beschreiben, die die Felder $\tilde{\mathbf{E}}$ und $\tilde{\mathbf{B}}$ bestimmen gemäß

$$\tilde{\mathbf{B}} = \nabla \times \mathbf{A} \qquad (8.50)$$

und

$$\tilde{\mathbf{E}} = -\frac{\partial \mathbf{A}}{\partial t} - \nabla\,\Phi \quad . \qquad (8.51)$$

Damit lautet der Hamilton-Operator im allgemeinen Fall eines Elektrons im elektromagnetischen Feld [8.9]

$$H = \frac{1}{2m_0}\,(\mathbf{p} - q\mathbf{A})^2 + q\Phi + U \qquad (8.52)$$

oder

$$H = H_0 + \frac{iq\hbar}{m_0}\,\mathbf{A} \cdot \nabla + \frac{iq\hbar}{2m_0}\,(\nabla \cdot \mathbf{A}) + \frac{q^2}{2m_0}\,\mathbf{A}^2 + q\Phi \quad . \qquad (8.53)$$

Die Potentiale $\mathbf{A}$ und Φ sind nicht eindeutig bestimmt. Für verschwindende Ladungsdichte (Ladungsträgerneutralität $\tilde{\rho} \equiv 0$) kann man sie so wählen, daß

$$\nabla \cdot \mathbf{A} = 0 \quad \text{und} \quad \Phi = 0 \qquad (8.54)$$

gilt. Mit dieser Eichung vereinfacht sich (8.53) zu

$$H = H_0 + \frac{iq\hbar}{m_0}\,\mathbf{A} \cdot \nabla + \frac{q^2}{2m_0}\,\mathbf{A}^2 \quad . \qquad (8.55)$$

Wir nehmen nun weiterhin noch an, daß die Strahlungskräfte schwach sind im Vergleich zu den Gitterkräften. Damit können wir den Feldanteil in (8.55) als Störung zum Operator H_0 auffassen und den Term höherer Ordnung ganz rechts vernachlässigen. Wir erhalten dann

$$H = H_0 + \frac{iq\hbar}{m_0}\,\mathbf{A} \cdot \nabla = H_0 + H^{'} \quad . \qquad (8.56)$$

Dies ist der Ausgangspunkt für unsere weiteren Überlegungen, wobei wir den Störanteil des Hamilton-Operators mit H' bezeichnen.

Für eine ebene, linear polarisierte Welle gilt zum Beispiel

$$\tilde{E}_y(\mathbf{r}, t) = \hat{E}_y \exp\{-i\beta z + i\omega t\} + \hat{E}_y^* \exp\{i\beta z - i\omega t\} \quad , \tag{8.57}$$

$$A_y(\mathbf{r}, t) = \frac{i\hat{E}_y}{\omega} \exp\{-i\beta z + i\omega t\} - \frac{i\hat{E}_y^*}{\omega} \exp\{i\beta z - i\omega t\} \quad , \tag{8.58}$$

$$\tilde{H}_x(\mathbf{r}, t) = -\frac{\beta \hat{E}_y}{\omega \mu_0} \exp\{-i\beta z + i\omega t\} - \frac{\beta \hat{E}_y^*}{\omega \mu_0} \exp\{i\beta z - i\omega t\} \quad , \tag{8.59}$$

während alle anderen Feldkomponenten verschwinden. Der Störanteil des Hamilton-Operators lautet damit

$$H'(t) = \frac{\hat{E}_y q \hbar}{m_0 \omega} e^{i\beta z} e^{-i\omega t} \frac{\partial}{\partial y} + \frac{\hat{E}_y^* q \hbar}{m_0 \omega} e^{-i\beta z} e^{i\omega t} \frac{\partial}{\partial y} \quad . \tag{8.60}$$

Hierbei haben wir berücksichtigt, daß die ebene Welle in y-Richtung polarisiert ist und somit $\mathbf{A} \cdot \nabla = A_y \, \partial/\partial y$ gilt.

8.2.2 Zeitabhängige Störungstheorie

Zur Bestimmung der Elektronenbewegung im elektromagnetischen Feld müssen wir die zeitabhängige Schrödinger-Gleichung

$$\frac{\partial \Psi}{\partial t} = -\frac{i}{\hbar} H \Psi = -\frac{i}{\hbar} \left(H_0 + H'(t) \right) \Psi \tag{8.61}$$

mit dem Hamilton-Operator nach (8.56) lösen. Der Operator H enthält einen zeitunabhängigen Anteil H_0, der das System ohne äußere Strahlung beschreibt, und einen zeitabhängigen Teil H', dessen Größe durch die Stärke des Strahlungsfeldes festgelegt ist. Zur Lösung von (8.61) gehen wir davon aus, daß wir den Zustand des Systems ohne Strahlung kennen. Wir berechnen dann die Veränderungen, die sich durch die Wirkung des Strahlungsfeldes ergeben. Zu diesem Zweck entwickeln wir die Lösung $\Psi(t)$ von (8.61) nach den vollständigen orthonormalen Eigenfunktionen ψ_m des ungestörten Hamilton-Operators H_0, die die zeitunabhängige Schrödinger-Gleichung

$$H_0 \, \psi_m = W_m \, \psi_m \tag{8.62}$$

mit den Energieeigenwerten W_m erfüllen. Wir schreiben

$$\Psi(x,y,z,t) = \sum_m a_m(t)\,\psi_m(x,y,z)\,\exp\{-iW_m t/\hbar\} \quad , \qquad (8.63)$$

wobei wir die Entwicklungskoeffizienten mit $a_m(t)\,\exp\{-iW_m t/\hbar\}$ angesetzt haben. Dies hat den Vorteil, daß für verschwindendes $H'(t)$ die Entwicklungskoeffizienten $a_m(t)$ Konstanten sind. Das Betragsquadrat $|a_m(t)|^2$ gibt die Wahrscheinlichkeit dafür an, das System im Eigenzustand ψ_m anzutreffen. Einsetzen von (8.63) in (8.61) liefert

$$\sum_m \psi_m \left[\frac{W_m}{i\hbar}a_m + \dot{a}_m\right]\exp\{-iW_m t/\hbar\} = \sum_m \frac{a_m}{i\hbar}(H_0+H')\psi_m \exp\{-iW_m t/\hbar\}.$$

$$(8.64)$$

Die Zeitableitung haben wir durch einen Punkt gekennzeichnet $\dot{a}_m = da_m/dt$. Wir multiplizieren die Gleichung mit ψ_j^* und integrieren über den ganzen Raum. Wegen (8.62) und der Orthonormalität der Eigenfunktionen ψ_m folgt dann

$$\dot{a}_j(t) = -\frac{i}{\hbar}\sum_m a_m H'_{jm}\exp\{i(W_j - W_m)\,t/\hbar\} \quad , \qquad (8.65)$$

wobei die sogenannten Matrixelemente H'_{jm} durch

$$H'_{jm} = \iiint \psi_j^*\,H'\,\psi_m\,d^3r \qquad (8.66)$$

definiert sind. Die Gleichung (8.65) für die Entwicklungskoeffizienten ist vollkommen äquivalent zu der Schrödinger-Gleichung (8.61). Zur näherungsweisen Lösung von (8.65) führen wir einen Störungsparameter λ ein, setzen

$$H = H_0 + \lambda H'(t) \qquad (8.67)$$

und entwickeln

$$a_m = a_m^{(0)} + \lambda a_m^{(1)} + \lambda^2 a_m^{(2)} + \dots \quad . \qquad (8.68)$$

Für $\lambda = 0$ erhalten wir offenbar den ungestörten Entwicklungskoeffizienten $a_m = a_m^{(0)}$. Aus (8.65) ergibt sich dann

$$\dot{a}_j^{(0)} + \lambda\dot{a}_j^{(1)} + \lambda^2\dot{a}_j^{(2)} + \dots$$

$$= -\frac{i}{\hbar}\sum_m (a_m^{(0)} + \lambda a_m^{(1)} + \lambda^2 a_m^{(2)} + \dots)\lambda H'_{jm}\exp\{i(W_j - W_m)t/\hbar\} \quad . \quad (8.69)$$

Koeffizientenvergleich für Potenzen von λ ergibt die Beziehungen

$$\dot{a}_j^{(0)} = 0 \quad,$$

$$\dot{a}_j^{(1)} = -\frac{i}{\hbar} \sum_m a_m^{(0)} H'_{jm} \exp\{i(W_j - W_m)\, t/\hbar\} \quad, \tag{8.70}$$

$$\dot{a}_j^{(s)} = -\frac{i}{\hbar} \sum_m a_m^{(s-1)} H'_{jm} \exp\{i(W_j - W_m)\, t/\hbar\} \quad.$$

Die höheren Ordnungen lassen sich damit iterativ aus den vorhergehenden berechnen. Ausgangspunkt sind die Entwicklungskoeffizienten $a_j^{(0)} = const$ des ungestörten Systems. Die Größe $|a_j^{(0)}|^2$ ist als Aufenthaltswahrscheinlichkeit des Elektrons im Zustand ψ_j des ungestörten Systems zu interpretieren. Geht man davon aus, daß sich das System vor Einschalten der Störung im Zustand m befunden hat, also

$$|a_m^{(0)}|^2 = 1, \quad |a_s^{(0)}|^2 = 0 \text{ für } s \neq m \tag{8.71}$$

gilt, dann liefert

$$\dot{a}_j^{(1)} = -\frac{i}{\hbar} H'_{jm} \exp\{i(W_j - W_m)\, t/\hbar\} \tag{8.72}$$

in erster Näherung die zeitliche Entwicklung der Koeffizienten. Für eine zum Zeitpunkt $t = 0$ eingeschaltete Störung mit $(\lambda = 1)$ beschreibt $|a_j^{(1)}(t)|^2$ offenbar die Wahrscheinlichkeit, daß im Zeitintervall $(0, t)$ ein Übergang vom Ausgangszustand m in den Endzustand j erfolgt ist.

8.2.3 Harmonische Störung

Wir untersuchen als Spezialfall eine harmonische Störung der Form

$$H'(t) = \begin{cases} \hat{H}' e^{-i\omega t} + \hat{H}'^+ e^{i\omega t} & \text{für } t > 0 \\ 0 & \text{für } t \leq 0, \end{cases} \tag{8.73}$$

wobei $\hat{H}'^+$ den zu $\hat{H}'$ hermitesch adjungierten Operator bezeichnet, dessen Matrixelemente definitionsgemäß durch

$$\hat{H}'^+_{jm} = \left(\hat{H}'_{mj}\right)^* \tag{8.74}$$

gegeben sind. Wir betrachten nur hermitesche Operatoren, für die $\hat{H}'^*_{jm} = \hat{H}'_{mj}$ gilt. Ein Beispiel findet sich in (8.86). Außerdem setzen wir voraus, daß die Matrixelemente zeitunabhängig sind. Einsetzen in (8.72) ergibt nach Ausführung der Integration von 0 bis t

$$a_j^{(1)}(t) = \frac{-\hat{H}'_{jm}}{\hbar} \frac{\exp\{i(\omega_{jm} - \omega)t\} - 1}{\omega_{jm} - \omega} - \frac{\hat{H}'^*_{mj}}{\hbar} \frac{\exp\{i(\omega_{jm} + \omega)t\} - 1}{\omega_{jm} + \omega} \quad , \quad (8.75)$$

wobei die Abkürzung

$$\omega_{jm} = (W_j - W_m)/\hbar \qquad (8.76)$$

eingeführt wurde. Wir beschränken uns im folgenden auf Lichtfrequenzen, die $\hbar\omega \approx |W_j - W_m|$ erfüllen. Für die Übergangswahrscheinlichkeit vom Zustand m in den Zustand j erhält man dann

$$|a_j^{(1)}|^2 = \frac{4|\hat{H}'_{jm}|^2}{\hbar^2} \frac{\sin^2[(\omega_{jm} - \omega)t/2]}{(\omega_{jm} - \omega)^2} + \frac{4|\hat{H}'_{jm}|^2}{\hbar^2} \frac{\sin^2[(\omega_{jm} + \omega)t/2]}{(\omega_{jm} + \omega)^2} \quad . \quad (8.77)$$

Bei der Bildung des Betragsquadrats haben wir die beiden Kreuzterme vernachlässigt. Der erste Term auf der rechten Seite von (8.77) dominiert für $W_j > W_m$ und $W_j - W_m \approx \hbar\omega$, also für Absorptionsprozesse, während der zweite Term für Emissionsprozesse mit $W_m > W_j, W_m - W_j \approx \hbar\omega$ überwiegt. Die harmonische Störung kann also Übergänge in beiden Richtungen induzieren.

Aufgrund der Unschärferelation wird bei endlicher Wechselwirkungszeit ein Übergang ausgehend vom Zustand m immer in eine ganze Gruppe von Zuständen erfolgen, die sich um den Endzustand j herumgruppieren. Wir bezeichnen mit $\bar{D}_j(\omega_{jm})$ die spektrale Dichte der Endzustände, also die Zahl der Zustände pro Energieintervall. Im Falle der Absorption $W_j > W_m$ ist dann die Wahrscheinlichkeit für den Übergang in einen der Endzustände gegeben durch

$$|a_j^{(1)}|^2 = \int_{-\infty}^{\infty} \frac{4|\hat{H}'_{jm}|^2}{\hbar^2} \frac{\sin^2[(\omega_{jm} - \omega)t/2]}{(\omega_{jm} - \omega)^2} \bar{D}_j(\omega_{jm})\, d\omega_{jm} \quad . \quad (8.78)$$

Für die folgende Diskussion nehmen wir an, daß die Zeit t so groß ist, daß wir die Funktion $\sin^2[(\omega_{jm} - \omega)t/2]/(\omega_{jm} - \omega)^2$ im Integranden als Abtastfunktion interpretieren können. Damit bekommen wir

$$|a_j^{(1)}|^2 = \frac{2\pi|\hat{H}'_{jm}|^2}{\hbar^2} \bar{D}_j(\omega = \omega_{jm})t \qquad (8.79)$$

unter Benutzung von

$$\int_{-\infty}^{\infty} \frac{\sin^2(ut/2)}{u^2}\, du = \frac{\pi t}{2} \quad . \qquad (8.80)$$

Die Übergangsrate $P_{m \to j}$ zu einem Kontinuum von Zuständen in der Nähe von W_j ist folglich

$$P_{m \to j} = \frac{|a_j^{(1)}|^2}{t} = \frac{2\pi}{\hbar} |\hat{H}'_{jm}|^2 \, \bar{D}_j(W_j = W_m + \hbar\omega) \quad , \qquad (8.81)$$

wobei noch $\bar{D}_j(\omega_{jm}) \, d\omega_{jm} = \bar{D}_j(W_j - W_m) \, dW_j$ oder $\bar{D}_j(\omega_{jm}) = \hbar \bar{D}_j(W_j - W_m)$ berücksichtigt wurde. Das Resultat (8.81) wird oft als Goldene Regel bezeichnet. Die Übergangsrate ist bestimmt durch das Produkt aus Endzustandsdichte und Betragsquadrat des Matrixelements. Ist der Endzustand diskret, $\bar{D}_j(W_j) = \delta(W_j - W_m - \hbar\omega)$, so erhält man formal für Absorptionsprozesse

$$P_{m \to j} = \frac{2\pi |\hat{H}'_{jm}|^2}{\hbar} \, \delta(W_j - W_m - \hbar\omega) = \frac{2\pi |\hat{H}'_{jm}|^2}{\hbar^2} \, \delta(\omega_{jm} - \omega) \quad . \qquad (8.82)$$

Dies ist äquivalent damit, daß in (8.77) der Grenzübergang $(t \to \infty)$

$$\frac{\sin^2 \left[(\omega_{jm} - \omega) t/2 \right]}{(\omega_{jm} - \omega)^2} \longrightarrow \frac{\pi t}{2} \, \delta(\omega_{jm} - \omega) \qquad (8.83)$$

durchgeführt wird. Für Emissionsprozesse kann man entsprechend ableiten

$$P_{m \to j} = \frac{2\pi |\hat{H}'_{jm}|^2}{\hbar} \, \delta(W_j - W_m + \hbar\omega) \quad . \qquad (8.84)$$

Die berechneten Übergangsraten erfassen offenbar nur Absorptions- und stimulierte Emissionsprozesse. Spontane Emission, die ja in alle Raumrichtungen erfolgt, kann man im Rahmen der vorgestellten semiklassischen Theorie nicht streng behandeln.

Für die Gültigkeit der Goldenen Regel sind zwei Voraussetzungen einzuhalten. Zunächst muß die Wechselwirkungszeit genügend lang sein, damit die Breite $4\pi/t$ der Funktion $\{\sin ut/2)\}/u$ im Integranden klein ist gegen die Breite $\Delta\omega$ der Zustandsdichtefunktion $\bar{D}_j(\omega_{jm})$. Der Grenzübergang ist damit so zu verstehen, daß diese Bedingung eingehalten bleibt. Außerdem verlangt die Störungstheorie erster Ordnung, daß $|a_j^{(1)}(t)|^2 \ll 1$ gilt, da ansonsten höhere Ordnungen der Störungstheorie in Rechnung zu stellen sind. Letzteres ist gewährleistet, solange durch die Strahlung erst sehr wenige Elektronen den Anfangszustand verlassen haben. Mit (8.77) kann man aus $|a_j^{(1)}(t)| \ll 1$ auch schließen $|\hat{H}'_{jm}| \ll \hbar/t$, so daß die beiden Forderungen für die Gültigkeit der Goldenen Regel zusammengefaßt werden können zu

$$\frac{|\hat{H}'_{jm}|}{\hbar} \ll \frac{1}{t} \ll \Delta\omega \quad . \qquad (8.85)$$

8.2.4 Wechselwirkung mit einer ebenen Welle

Nach (8.60) und (8.73) lauten die Wechselwirkungsoperatoren für ein ebene, linear polarisierte Welle, die sich in z-Richtung ausbreitet,

$$\hat{H}' = \frac{\hat{E}_y q\hbar}{m_0\omega}\, e^{i\beta z}\, \frac{\partial}{\partial y}\ ,\, \hat{H}'^+ = \frac{\hat{E}_y^* q\hbar}{m_0\omega} e^{-i\beta z}\, \frac{\partial}{\partial y}\ . \tag{8.86}$$

Das Energie-Matrixelement $|\hat{H}'_{21}|^2$ für einen Übergang von $m = 1$ nach $j = 2$ schreibt sich damit

$$|\hat{H}'_{21}|^2 = \frac{|\hat{E}_y|^2 q^2}{m_0^2\omega^2}\ \left| \iiint\ \psi_2^*\, \frac{\hbar}{i}\, \left(\frac{\partial}{\partial y}\, \psi_1\right)\, e^{i\beta z}\, d^3r\ \right|^2\ , \tag{8.87}$$

wobei $(\hbar/i)\partial/\partial y$ die y-Komponente des Impulsoperators darstellt.

Das Überlappungsintegral tritt in der angegebenen Form bei Dipolübergängen auf. Es stellt sich heraus, daß man den Faktor $\exp\{i\beta z\}$ im Integranden bei Übergängen innerhalb eines Atoms weglassen kann, da die Funktionen ψ_1 und ψ_2 bereits über den Atomdurchmesser rasch abklingen. Aber auch bei Übergängen im Kristall kann man den Faktor vernachlässigen, da er sich sehr langsam im Vergleich zur Gitterkonstanten ändert. Dies wird im folgenden Abschnitt noch näher begründet.

Man definiert noch das Impuls-Matrixelement des Übergangs durch

$$M_{21} = \iiint \psi_2^*\, \left(\frac{\hbar}{i}\, \frac{\partial}{\partial y}\, \psi_1\right)\, e^{i\beta z}\, d^3r \approx \iiint \psi_2^*\frac{\hbar}{i}\, \frac{\partial}{\partial y}\psi_1 d^3r\ , \tag{8.88}$$

wobei bei atomaren Übergängen über den ganzen Raum und bei Kristallen über das Kristallvolumen zu integrieren ist.

8.3 Direkte Band-Band-Übergänge

In diesem Abschnitt werden wir die Ergebnisse der Störungstheorie auf Übergänge in (störstellenfreien) Halbleitern anwenden. Wir betrachten Übergänge zwischen Valenz- und Leitungsband und gehen zunächst davon aus, daß das Valenzband vollständig gefüllt, das Leitungsband dagegen vollkommen leer ist. Diese Situation führt zur klassischen Behandlung der fundamentalen Absorption. Bei Besetzung des Leitungsbandes verringert sich die Absorption, und es kann auch Verstärkung auftreten.

8.3.1 Kristallimpulserhaltung

Im Halbleiter erfolgen die Übergänge zwischen Valenzband und Leitungsband. Die Wellenfunktionen der Elektronen sind Bloch-Wellen der Form

$$\psi_c(\mathbf{r}) = \frac{1}{\sqrt{V_K}} u_c\left(\mathbf{k}_c, \mathbf{r}\right) \exp\{i\mathbf{k}_c \cdot \mathbf{r}\} \qquad (8.89)$$

für das Leitungsband und

$$\psi_v(\mathbf{r}) = \frac{1}{\sqrt{V_K}} u_v\left(\mathbf{k}_v, \mathbf{r}\right) \exp\{i\mathbf{k}_v \cdot \mathbf{r}\} \qquad (8.90)$$

für das Valenzband. Für das Impuls-Matrixelement (8.88) erhalten wir mit $\mathbf{k}_{opt} = (0, 0, \beta)$ und $\mathbf{k}_v = (k_{vx}, k_{vy}, k_{vz})$

$$
\begin{aligned}
\frac{i}{\hbar} M_{cv} &= \iiint \psi_c^* \, \partial\psi_v/\partial y \, e^{i\beta z} \, d^3r \\
&= \frac{1}{V_K} \iiint u_c^* \, \partial u_v/\partial y \, \exp\{i(\mathbf{k}_v - \mathbf{k}_c + \mathbf{k}_{opt}) \cdot \mathbf{r}\} \, d^3r \\
&+ \frac{1}{V_K} i k_{vy} \iiint u_c^* u_v \, \exp\{i(\mathbf{k}_v - \mathbf{k}_c + \mathbf{k}_{opt}) \cdot \mathbf{r}\} \, d^3r \quad . \quad (8.91)
\end{aligned}
$$

Der schnell fluktuierende Phasenfaktor $\exp\{i(\mathbf{k}_v - \mathbf{k}_c + \mathbf{k}_{opt}) \cdot \mathbf{r}\}$ wird die Beiträge der Integrale verschwindend klein halten, wenn nicht gilt

$$\mathbf{k}_v = \mathbf{k}_c - \mathbf{k}_{opt} \quad . \qquad (8.92)$$

Diese Bedingung drückt die Impulserhaltung bei der Absorption eines Photons aus. Der Kristallimpuls des Elektrons im Leitungsband ist gerade um den Photonenimpuls größer als im Valenzband. Im optischen Bereich ist $k_{opt} = 2\pi\bar{n}/\lambda \approx 2 \cdot 10^5$ cm^{-1}, die Wellenzahlen der Elektronen erstrecken sich aber bis $k \approx 10^8$ cm^{-1}. Abgesehen von den Bandextrema gilt also $|k_v|, |k_c| \gg |k_{opt}|$, so daß wir

$$\mathbf{k}_v \approx \mathbf{k}_c \qquad (8.93)$$

annehmen können. Dies bedeutet die Erhaltung des Kristallimpulses beim Übergang. Die Übergänge erfolgen im W-k-Diagramm also annähernd in vertikaler Richtung, wie dies in Bild 8.4 dargestellt ist.

Wenn der $\mathbf{k}$-Vektor des Elektrons bei dem Übergang exakt erhalten bliebe ($\mathbf{k}_{opt} = 0$), wäre der zweite Term auf der rechten Seite von (8.91) wegen der Orthogonalität der Bloch-Funktionen gleich Null. Da dies nur angenähert der Fall ist, bleibt das zweite Glied aber vernachlässigbar klein, solange der durch den ersten Term beschriebene Dipolübergang durch Auswahlregeln nicht verboten ist. Wir

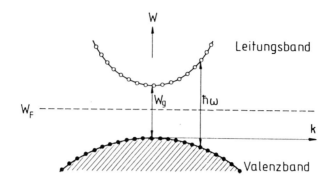

Bild 8.4: Direkter Übergang eines Elektrons zwischen Valenz- und Leitungsband

betrachten nur erlaubte Übergänge und nähern das Matrixelement (8.87) unter Beachtung der Kristallimpulserhaltung (8.92) und der Gleichung (8.91) durch

$$\left|\hat{H}'_{cv}(\mathbf{k})\right|^2 = \frac{q^2|\hat{E}_y|^2}{m_0^2\omega^2}\frac{1}{V_K^2}\left|\iiint_{V_K} u_c^*(\mathbf{k},\mathbf{r})\frac{\hbar}{i}\frac{\partial}{\partial y}u_v(\mathbf{k},\mathbf{r})\,d^3r\right|^2$$

$$= q^2|\hat{E}_y|^2|M_{cv}(\mathbf{k})|^2/(m_0^2\omega^2) \quad . \tag{8.94}$$

Das Matrixelement hängt damit nur noch von (demselben) Wellenvektor $\mathbf{k} \approx \mathbf{k}_v \approx \mathbf{k}_c$ des Ausgangs- und Endzustands ab.

8.3.2   Absorption bei parabolischem Bandverlauf

Wir gehen aus von einem Halbleiter, dessen Valenzband vollständig gefüllt ist und dessen Leitungsband vollkommen leer ist. Außerdem setzen wir Kristallimpulserhaltung voraus. Für die Übergangsrate von einem Zustand 1 im Valenzband zu einem Zustand 2 im Leitungsband gilt nach (8.82)

$$P_{1\to2} = \frac{2\pi}{\hbar}\left|\hat{H}'_{21}\right|^2 \delta(W_2(\mathbf{k}) - W_1(\mathbf{k}) - \hbar\omega) \quad . \tag{8.95}$$

Um alle Absorptionsprozesse mit der Photonenenergie $\hbar\omega$ zu erfassen, müssen wir über alle besetzten Zustände im Valenzband integrieren und erhalten

$$P_{cv}(\hbar\omega) = \frac{2}{(2\pi)^3}\iiint_{-\infty}^{\infty}\frac{2\pi}{\hbar}\left|\hat{H}'_{cv}(\mathbf{k})\right|^2\delta(W_c(\mathbf{k}) - W_v(\mathbf{k}) - \hbar\omega)d^3k \quad . \tag{8.96}$$

Hierbei haben wir die Zustandsdichte $2/(2\pi)^3$ nach Gleichung (7.82) benutzt. $P_{cv}(\hbar\omega)$ bezeichnet die Zahl der Übergänge bei der Photonenenergie $\hbar\omega$ pro Zeiteinheit und pro Volumeneinheit. Für parabolische Bänder gilt

$$W_c(\mathbf{k}) - W_v(\mathbf{k}) = \frac{\hbar^2 k^2}{2} \left(\frac{1}{m_e} + \frac{1}{m_h} \right) + W_g \quad . \tag{8.97}$$

Wenn das Matrixelement $|\hat{H}'_{cv}(\mathbf{k})| = |\hat{H}'_{cv}(k)|$ nur vom Betrag des Wellenvektors abhängt oder bei Mittelung über den winkelabhängigen Teil von $|\hat{H}'_{cv}|^2$, folgt damit aus (8.96) mit $d^3k = 4\pi k^2 dk$

$$P_{cv}(\hbar\omega) = \frac{2}{\pi\hbar} \int_0^\infty \left| \hat{H}'_{cv}(k) \right|^2 \delta \left(\frac{\hbar^2 k^2}{2m_r} + W_g - \hbar\omega \right) k^2 dk \quad . \tag{8.98}$$

Hierbei haben wir noch die reduzierte Masse $m_r^{-1} = m_e^{-1} + m_h^{-1}$ eingeführt. Das Integral läßt sich weiter analytisch auswerten, wenn das Matrixelement unabhängig von k ist. Mit der Variablentransformation $u = \hbar^2 k^2/(2m_r) + W_g - \hbar\omega$ bekommt man dann ein Wurzelgesetz für die volumenbezogene Übergangsrate

$$P_{cv}(\hbar\omega) = \frac{2}{\pi\hbar} \left| \hat{H}'_{cv} \right|^2 \int_{W_g-\hbar\omega}^\infty \frac{m_r}{\hbar^2} \delta(u) \sqrt{\frac{2m_r}{\hbar^2}(u + \hbar\omega - W_g)} \, du$$

$$= \begin{cases} \left| \hat{H}'_{cv} \right|^2 (2m_r)^{3/2} \sqrt{\hbar\omega - W_g}/(\pi\hbar^4) & \text{für } \hbar\omega > W_g \quad , \\ 0 & \text{für } \hbar\omega \leq W_g \quad . \end{cases} \tag{8.99}$$

Wie bei der Ableitung von (8.24) ergibt sich damit für den Absorptionskoeffizienten

$$\alpha_0(\hbar\omega) = \frac{P_{cv}(\hbar\omega)}{Nc/\bar{n}} \quad , \tag{8.100}$$

wobei N die Photonendichte und $v_g \approx c/\bar{n}$ die Gruppengeschwindigkeit bedeuten. Den Index 0 an α haben wir angefügt, um anzudeuten, daß das untere Band vollständig gefüllt und das obere Band vollkommen leer ist. Da für den Betrag des zeitlich gemittelten Poynting-Vektors einer ebenen, linear polarisierten Welle gilt

$$S = \frac{2\beta|\hat{E}_y|^2}{\omega\mu_0} = 2\bar{n}c\epsilon_0|\hat{E}_y|^2 = N \cdot \hbar\omega \cdot c/\bar{n} \quad , \tag{8.101}$$

können wir weiter umformen

$$\alpha_0(\hbar\omega) = \frac{P_{cv}(\hbar\omega) \cdot \hbar\omega}{2\bar{n}c\epsilon_0|\hat{E}_y|^2} \tag{8.102}$$

und erhalten mit (8.95) und (8.100) das Ergebnis

$$\alpha_0(\hbar\omega) = \frac{q^2 |M_{cv}|^2 (2m_r)^{3/2}}{2\pi m_0^2 \hbar^3 \bar{n} c \epsilon_0 \omega} \sqrt{\hbar\omega - W_g} \quad . \tag{8.103}$$

In der Nähe der Bandkante variiert der Wurzelausdruck $\sqrt{\hbar\omega - W_g}$ sehr viel schneller mit der Frequenz als der Faktor ω im Nenner. Wir können in diesem Frequenzbereich also in erster Näherung von einem nach einem quadratwurzelförmigen Gesetz anwachsenden Absorptionskoeffizienten ausgehen. Dies bestätigen Messungen an GaAs, die bereits in Bild 8.3 dargestellt sind.

Es sei noch erwähnt, daß man nach der van Roosbroeck-Shockley-Relation (8.31) mit dem Absorptionskoeffizienten (8.103) ein spontanes Emissionsspektrum der Form $(\hbar\omega \gg kT)$

$$r_{sp}(\hbar\omega) \propto (\hbar\omega) \sqrt{\hbar\omega - W_g} \exp\{-\hbar\omega/(kT)\} \tag{8.104}$$

(mit dem Proportionalitätszeichen $\propto$) erwartet, wie man es in erster Näherung auch bei einer Leuchtdiode beobachtet.

8.3.3 Verstärkung durch Übergänge zwischen parabolischen Bändern

Bei der Berechnung des Absorptionskoeffizienten im letzten Abschnitt waren wir von einem vollkommen leeren Leitungsband ausgegangen, wie es noch einmal schematisch in Bild 8.5a) dargestellt ist. Sind dagegen Elektronen im Leitungsband vorhanden, wie in Bild 8.5b), c), erfolgt auch stimulierte Emission durch Übergänge von Elektronen vom Leitungsband ins Valenzband. Die Rate der jeweiligen Übergänge hängt ab von der Wahrscheinlichkeit, daß der Ausgangszustand besetzt und der Endzustand unbesetzt ist. Uns interessiert insbesondere die Nettoübergangsrate, die gegeben ist durch die Differenz der Absorptions- und stimulierten Emissionsprozesse

$$\begin{aligned}
P(\hbar\omega) &= P_{v \to c}(\hbar\omega) - P_{c \to v}(\hbar\omega) \\
&= \frac{1}{2\pi^2 \hbar} \iiint_{-\infty}^{\infty} \left| \hat{H}'_{cv}(\mathbf{k}) \right|^2 [f_v(1 - f_c) - f_c(1 - f_v)] \\
&\quad \cdot \delta(W_c(\mathbf{k}) - W_v(\mathbf{k}) - \hbar\omega) d^3k \quad .
\end{aligned} \tag{8.105}$$

Hierbei wurde $|\hat{H}'_{cv}| = |\hat{H}'_{vc}|$ benutzt. Außerdem ist zu beachten, daß f_v und f_c im allgemeinen Funktionen vom Wellenzahlvektor $\mathbf{k}$ sind. Liegt dagegen eine

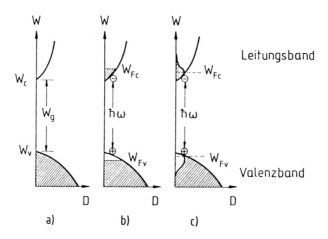

Bild 8.5: Besetzung der Energieniveaus im Halbleiter (schematisch). a) Thermodynamisches Gleichgewicht bei $T = 0$ K, b) Inversion bei $T = 0$ K, c) Inversion bei $T > 0$ K. Die besetzten Zustände sind schraffiert angedeutet

Abhängigkeit nur vom Betrag des Wellenvektors vor, folgt mit (8.97)

$$P(\hbar\omega) = \frac{2}{\pi\hbar} \int_0^\infty |\hat{H}'_{cv}(k)|^2 [f_v(W_v(k)) - f_c(W_c(k))]\delta\left(\frac{\hbar^2 k^2}{2m_r} + W_g - \hbar\omega\right) k^2 dk.$$

$$(8.106)$$

Nehmen wir wieder ein von k unabhängiges Matrixelement $|\hat{H}'_{cv}|$ an, so können wir mit $W_c(k) = W_g + \hbar^2 k^2/(2m_e)$, $W_v(k) = -\hbar^2 k^2/(2m_h)$, $m_r = m_e m_h/(m_e + m_h)$ die Integration in (8.106) ausführen und erhalten

$$
\begin{aligned}
P(\hbar\omega) &= \frac{2}{\pi\hbar} |\hat{H}'_{cv}|^2 \int_0^\infty \left[f_v\left(-\frac{\hbar^2 k^2}{2m_h}\right) - f_c\left(\frac{\hbar^2 k^2}{2m_e} + W_g\right) \right] \\
&\quad \cdot \delta\left(\frac{\hbar^2 k^2}{2m_r} + W_g - \hbar\omega\right) k^2 dk \\
&= \left|\hat{H}'_{cv}\right|^2 \frac{(2m_r)^{3/2}}{\pi\hbar^4} \sqrt{\hbar\omega - W_g} \left[f_v\left(\frac{m_e}{m_e + m_h} W_g - \frac{m_e}{m_e + m_h}\hbar\omega\right) \right. \\
&\quad - \left. f_c\left(\frac{m_e}{m_e + m_h} W_g + \frac{m_h}{m_e + m_h}\hbar\omega\right) \right] .
\end{aligned}
$$

$$(8.107)$$

Die Nettoübergangsrate unterscheidet sich von der Übergangsrate (8.99) für Absorption nur durch einen Faktor, der die Differenz der Besetzungswahrscheinlichkeiten im Valenz- und Leitungsband enthält. Die Form der Funktionen f_c bzw. f_v ist willkürlich. Die Argumente der Funktion sind an den in Klammern

angegebenen Stellen zu nehmen. Wie bei der Herleitung von (8.103) ergibt sich
für den Absorptionskoeffizienten

$$\alpha(\hbar\omega) \;=\; \alpha_0(\hbar\omega)\left[f_v\left(\frac{m_e}{m_e+m_h}W_g - \frac{m_e}{m_e+m_h}\hbar\omega\right)\right.$$

$$\left. - \; f_c\left(\frac{m_e}{m_e+m_h}W_g + \frac{m_h}{m_e+m_h}\hbar\omega\right)\right] \quad . \qquad (8.108)$$

Für $f_c > f_v$ bekommt man negative Absorption, also Verstärkung. Größtmögliche Verstärkung $g(\hbar\omega) = -\alpha(\hbar\omega)$ erhält man für $f_c = 1$ und $f_v = 0$, also

$$g_p(\hbar\omega) = -\alpha_0(\hbar\omega) \quad . \qquad (8.109)$$

Ein Stoff mit großem Absorptionsvermögen kann bei Inversion entsprechend gut
verstärken. Für die Besetzungswahrscheinlichkeiten f_c und f_v kann man im
allgemeinen Quasifermi-Verteilungen nach (7.123) und (7.124) verwenden. Die
Lage der Quasifermi-Niveaus läßt sich für nichtentartete Halbleiter nach (7.132)
und (7.133) aus der Gesamtdichte n und p der Elektronen und Löcher bestimmen. Für einen einfachen parabolischen Bandverlauf erhält man mit (8.103) den
Absorptionskoeffizienten

$$\alpha(\hbar\omega) \;=\; \frac{q^2|M_{cv}|^2(2m_r)^{3/2}}{2\pi m_0^2\hbar^3\bar{n}c\epsilon_0\omega}\sqrt{\hbar\omega - W_g}\left[\frac{1}{1+\exp\{\frac{m_e}{m_e+m_h}\frac{W_g-\hbar\omega}{kT} - \frac{W_{F_v}-W_v}{kT}\}}\right.$$

$$\left. - \frac{1}{1+\exp\{\frac{m_h}{m_e+m_h}\frac{\hbar\omega-W_g}{kT} - \frac{W_{F_c}-W_c}{kT}\}}\right] \quad . \qquad (8.110)$$

Bild 8.6 zeigt schematisch die Besetzung der Bänder, die Differenz der Besetzungswahrscheinlichkeiten und den Verlauf des Absorptionskoeffizienten $\alpha(\hbar\omega)$
bzw. des Gewinnkoeffizienten $g(\hbar\omega) = -\alpha(\hbar\omega)$.

8.3.4   Abschätzung des Matrixelements

Im folgenden wollen wir die Größenordnung des Matrixelements (8.88) bei ver-
nachlässigbarer Photonenwellenzahl $|\beta| \ll |k|$ ermitteln

$$|M_{cv}|^2 = \left|\iiint \psi_c^* \frac{\hbar}{i}\frac{\partial\psi_v}{\partial y}\, d^3r\right|^2 \quad . \qquad (8.111)$$

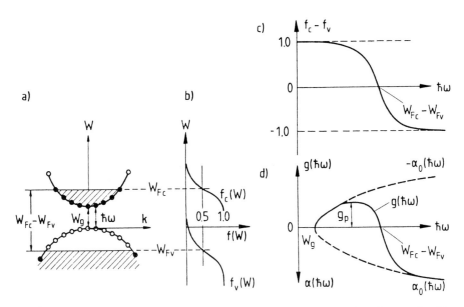

Bild 8.6: a) Besetzung, b) Besetzungswahrscheinlichkeiten, c) Differenz der Besetzungswahrscheinlichkeiten und d) Verlauf des Absorptions- bzw. Gewinnkoeffizienten (schematisch)

Wir gehen aus von dem Effektiv-Masse-Theorem ([8.10], Anhang E)

$$\frac{\partial^2 W_n(\mathbf{k})}{\partial k_y^2} = \frac{\hbar^2}{m_0} + 2\left(\frac{\hbar^2}{m_0}\right)^2 \sum_{n' \neq n} \left|\iiint \psi_{n'k}^* \frac{\partial \psi_{nk}}{\partial y} d^3r\right|^2 / \left(W_n(\mathbf{k}) - W_{n'}(\mathbf{k})\right) ,$$

(8.112)

das im Sinne einer Störungstheorie zweiter Ordnung für Blochwellen $\psi_{n'k}(\mathbf{r})$ desselben Wellenvektors $\mathbf{k}$ in verschiedenen Bändern n' gilt. Hierbei ist m_0 die Elektronenmasse, und in isotropen Kristallen ist die linke Seite bis auf das Plancksche Wirkungsquantum als inverse effektive Masse des Bandes n zu identifizieren

$$\frac{\partial^2 W_n(\mathbf{k})}{\partial k_y^2} = -\frac{\hbar^2}{m_h} .$$

(8.113)

Hierbei haben wir mit dem Index h bereits angedeutet, daß wir das Band n in (8.112) mit dem Valenzband gleichsetzen wollen. Vernachlässigen wir nun alle Übergänge vom Valenzband in irgendwelche Bänder n' bis auf Übergänge ins Leitungsband $n' = c$, so vereinfacht sich (8.112) zu

$$-\frac{1}{m_h} = \frac{1}{m_0} + \frac{2|M_{cv}(\mathbf{k})|^2}{m_0^2\left(W_v(\mathbf{k}) - W_c(\mathbf{k})\right)} .$$

(8.114)

Wir approximieren nun weiter die Energiedifferenz im Nenner in erster Näherung durch die Bandlückenenergie W_g und erhalten als Ergebnis der Abschätzung

$$|M_{cv}|^2 = \frac{m_0}{2} W_g \left(1 + \frac{m_0}{m_h} \right) \quad . \tag{8.115}$$

In einer alternativen Vorgehensweise kann man n in (8.112) mit dem Leitungsband identifizieren ($n = c$), muß dann aber beachten, daß Übergänge ins Valenzband der schweren Löcher H, leichten Löcher L und das split-off-Band S erfolgen können. Damit gilt (entsprechend dem Übergang von (8.112) zu (8.114))

$$\frac{1}{m_e} = \frac{1}{m_0} + \frac{2}{m_0^2} \left(\frac{|M_{Hc}|^2}{W_c - W_H} + \frac{|M_{Lc}|^2}{W_c - W_L} + \frac{|M_{Sc}|^2}{W_c - W_S} \right) \quad . \tag{8.116}$$

Nimmt man noch $|M_{Hc}| = |M_{Lc}| = |M_{Sc}|$ an und setzt für $\mathbf{k} \approx 0$ näherungsweise $W_g = W_c - W_H = W_c - W_L$ und $W_g + \Delta = W_c - W_S$ mit der split-off-Energie Δ, erhält man

$$|M_{Hc}|^2 = |M_{Lc}|^2 = |M_{Sc}|^2 = \frac{m_0 W_g}{6} \left(\frac{m_0}{m_e} - 1 \right) \left(\frac{W_g + \Delta}{W_g + \frac{2}{3}\Delta} \right) \quad . \tag{8.117}$$

Für GaAs gilt $m_e = 0.067 m_0$, $m_h \approx 0.5 m_0$, $W_g = 1.42$ eV und $\Delta = 0.33$ eV. Für die Ausdrücke (8.115) bzw. (8.117) erhält man damit $1.5 m_0 W_g$ bzw. $2.5 m_0 W_g$.

8.3.5 Intrabandrelaxation

Bislang hatten wir vorausgesetzt, daß die $\mathbf{k}$-Erhaltung bei den Elektronenübergängen exakt gilt. Dies kommt durch die δ-Funktion in den Übergangsraten, wie zum Beispiel in (8.96), zum Ausdruck. Die endliche Lebensdauer der Elektronen führt zu einer Aufweichung der strengen Auswahlregel und zu einer spektralen Verbreiterung. Man ersetzt den δ-förmigen Übergang durch einen lorentzförmig verbreiterten

$$L(W_c(\mathbf{k}) - W_v(\mathbf{k}) - \hbar\omega) = \frac{\hbar/(\tau_{in}\pi)}{(W_c(\mathbf{k}) - W_v(\mathbf{k}) - \hbar\omega)^2 + (\hbar/\tau_{in})^2} \quad , \tag{8.118}$$

der durch die Intrabandrelaxationszeit τ_{in} charakterisiert ist. Im Grenzfall $\tau_{in} \to \infty$ strebt die normierte Lorentz-Kurve gegen die δ-Funktion $\delta(W_c(\mathbf{k}) - W_v(\mathbf{k}) - \hbar\omega)$. Untersuchungen der Bandausläufer ergeben für undotiertes GaAs eine Intrabandrelaxationszeit $\tau_{in} \approx 1 \cdot 10^{-13}$ s, die in Einklang steht mit der überaus einfachen Abschätzung in Abschnitt 7.5.3.

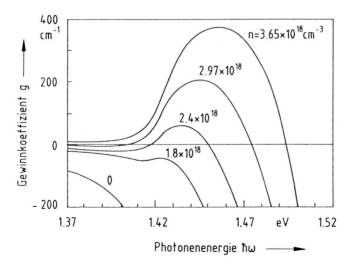

Bild 8.7: Gewinnkoeffizient als Funktion der Photonenenergie für GaAs bei Raumtemperatur. Es wurde mit einer Intrabandrelaxationszeit von $\tau_{in} = 0.1$ ps gerechnet. Die Bandlückenenergie beträgt $W_g = 1.42$ eV (nach [8.11])

Unter Berücksichtigung von (8.105), (8.102) und (8.94) erhält man für den Absorptions- bzw. Verstärkungskoeffizienten die Beziehung

$$\alpha(\hbar\omega) = \frac{q^2}{\bar{n}c\epsilon_0(2\pi)^2 m_0^2\omega}\iiint_{-\infty}^{\infty}|M_{cv}(\mathbf{k})|^2\left[f_v(W_v(\mathbf{k})) - f_c(W_c(\mathbf{k}))\right]$$

$$\cdot\, L(W_c(\mathbf{k}) - W_v(\mathbf{k}) - \hbar\omega)d^3k \quad . \tag{8.119}$$

Für richtungsunabhängige Matrixelemente $|M_{cv}(\mathbf{k})| = |M_{cv}(k)|$ und parabolische Bandverläufe $W_c(\mathbf{k}) = W_c + \hbar^2k^2/(2m_e), W_v(\mathbf{k}) = W_v - \hbar^2k^2/(2m_h), W = \hbar^2k^2/(2m_r)$ bekommt man ähnlich wie bei der Ableitung von (8.108)

$$\alpha(\hbar\omega) = q^2/(\bar{n}c\epsilon_0\pi m_0^2\omega)$$

$$\cdot \int_0^{\infty}|M_{cv}(k)|^2\left[f_v(W_v(k)) - f_c(W_c(k))\right]L(W_c(k) - W_v(k) - \hbar\omega)k^2\,dk$$

$$= \frac{\sqrt{2}q^2m_r^{3/2}}{\bar{n}c\epsilon_0\pi^2 m_0^2\omega\hbar^2\tau_{in}}\int_0^{\infty}\left|M_{cv}\left(\sqrt{\frac{2m_r}{\hbar^2}W}\right)\right|^2\cdot\frac{\sqrt{W}}{(W + W_g - \hbar\omega)^2 + (\hbar/\tau_{in})^2}$$

$$\cdot\left[f_v\left(W_v - \frac{m_eW}{m_e + m_h}\right) - f_c\left(W_c + \frac{m_hW}{m_e + m_h}\right)\right]dW \quad . \tag{8.120}$$

Für f_v und f_c sind wie üblich Quasifermi-Verteilungen anzusetzen. Bild 8.7 zeigt numerisch berechnete Gewinnkoeffizienten $g(\hbar\omega) = -\alpha(\hbar\omega)$ für GaAs

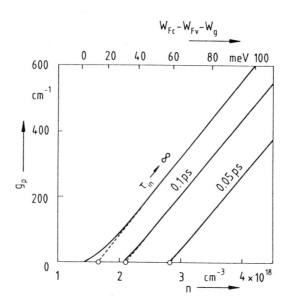

Bild 8.8: Maximaler Gewinnkoeffizient g_p als Funktion der injizierten Trägerdichte n, berechnet für verschiedene Intrabandrelaxationszeiten τ_{in}. Die Differenz der Quasifermi-Niveaus ist an der oberen Achse angegeben (nach [8.11])

als Funktion der Photonenenergie für verschiedene Überschußdichten n. Für Trägerdichten größer $2 \cdot 10^{18}$ cm^{-3} setzt Verstärkung ein. In der Nähe des Verstärkungsmaximums läßt sich die Energieabhängigkeit des Gewinnkoeffizienten gut durch einen parabelförmigen Verlauf approximieren. Bei einer Trägerdichte von $n = 3 \cdot 10^{18}$ cm^{-3} betragen der maximale Gewinnkoeffizient $g_p = 200$ cm^{-1} und die Halbwertsbreite 50 meV.

Der maximale Gewinnkoeffizient g_p wächst, wie aus Bild 8.8 zu entnehmen ist, etwa linear mit der Trägerdichte an. Man kann schreiben

$$g_p = a\bigl(n - n_t\bigr) \quad , \tag{8.121}$$

wobei nach Bild 8.8 für den differentiellen Gewinnkoeffizienten $a = \partial g_p / \partial n \approx 2.4 \cdot 10^{-16}$ cm^2 gilt. Die Transparenzdichte n_t ist abhängig von der Intrabandrelaxationszeit. Für $\tau_{in} = 10^{-13}$ s ist $n_t \approx 2.1 \cdot 10^{18}$ cm^{-3}. Bei einer Überschußdichte von etwa $n = 4 \cdot 10^{18}$ cm^{-3} ist die Differenz der Quasifermi-Niveaus $W_{Fc} - W_{Fv}$ etwa 100 meV größer als die Bandlückenenergie W_g.

Mit zunehmender Trägerdichte verschiebt sich das Maximum des Gewinnkoeffizienten zu höheren Photonenenergien. Die Energieverschiebung ist in Bild 8.9 aufgetragen. Sie beträgt $\Delta \hbar \omega_p / \Delta n \approx 1.5 \cdot 10^{-20}$ eV/cm^{-3}. Auf Wellenlängen-

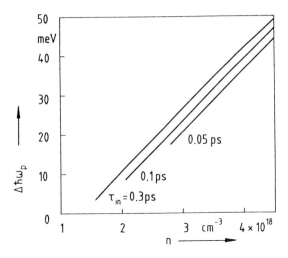

Bild 8.9: Energieverschiebung des maximalen Gewinns als Funktion der Trägerdichte bei Raumtemperatur (nach [8.11])

verschiebungen umgerechnet ergibt sich $\Delta\lambda_p/\Delta n \approx 1 \text{ nm}/(10^{17} \text{ cm}^{-3})$, also eine Verschiebung des maximalen Gewinns um $\Delta\lambda_p = 1$ nm bei einer Dichteänderung von $\Delta n = 10^{17} \text{ cm}^{-3}$.

8.3.6 Absorption und Verstärkung in Quantenfilmen

Bild 8.10 illustriert mögliche Elektronenübergänge in Quantenfilmen bei $\mathbf{k}$-Erhaltung. Übergänge erfolgen zwischen Subbändern derselben Ordnung im Valenz- und Leitungsband. Im Ursprung des $\mathbf{k}$-Raums (für $k_y = k_z = 0$) sind die Subbänder der schweren und leichten Löcher nicht mehr entartet. Wir wollen die leichten Löcher im folgenden vernachlässigen. Wir untersuchen zunächst Übergänge von einem vollständig gefüllten Subband des Valenzbandes in das korrespondierende vollständig leer angenommene Subband im Leitungsband, also nach Abschnitt 7.6 Übergänge mit vorgegebener Wellenvektorkomponente $k_{x\nu}$. Alle Absorptionsprozesse mit der Photonenenergie $\hbar\omega$, die von dem betrachteten Subband ausgehen, erhält man wie in Abschnitt 8.3.2 durch Integration. Die gesamte Übergangsrate ist

$$P_{cv\nu}(\hbar\omega) = \frac{2}{a_x(2\pi)^2} \iiint_{-\infty}^{\infty} \frac{2\pi}{\hbar} \left| \hat{H}_{cv}^{'\nu}(\mathbf{k}) \right|^2 \delta(k_x - k_{x\nu})$$

$$\cdot\; \delta(W_{c\nu}(\mathbf{k}) - W_{v\nu}(\mathbf{k}) - \hbar\omega)d^3k \quad . \tag{8.122}$$

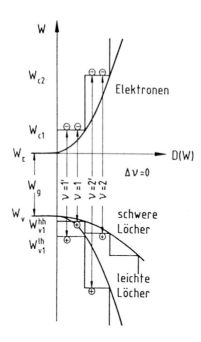

Bild 8.10: Zustandsdichten und direkte elektronische Übergänge in einem Quantenfilm

Hierbei wurde die Zustandsdichte (7.138) benutzt. Integration über k_x ergibt

$$P_{cv\nu}(\hbar\omega) = \frac{1}{a_x \pi \hbar} \iint_{-\infty}^{\infty} \left| \hat{H}_{cv}^{'\nu}(\mathbf{k}_\nu) \right|^2 \delta(W_{c\nu}(\mathbf{k}_\nu) - W_{v\nu}(\mathbf{k}_\nu) - \hbar\omega) dk_y dk_z, \quad (8.123)$$

wobei zur Abkürzung $\mathbf{k}_\nu = (k_{x\nu}, k_y, k_z)$ gesetzt wurde. Wenn $\left| \hat{H}_{cv}^{'\nu} \right|^2$ winkelunabhängig ist, kann man mit der aus (7.134) und (7.135) folgenden Relation $(k^{'2} = k_y^2 + k_z^2)$

$$W_{c\nu}(\mathbf{k}_\nu) - W_{v\nu}(\mathbf{k}_\nu) = \frac{\hbar^2 k^{'2}}{2} \left(\frac{1}{m_e} + \frac{1}{m_h} \right) + W_{c\nu} - W_{v\nu} \qquad (8.124)$$

für die Übergangsrate schreiben

$$P_{cv\nu}(\hbar\omega) = \frac{2}{a_x \hbar} \int_0^{\infty} |\hat{H}_{cv}^{'\nu}(k^{'})|^2 \delta \left(\frac{\hbar^2 k^{'2}}{2m_r} + W_{c\nu} - W_{v\nu} - \hbar\omega \right) k^{'} dk^{'} \quad , \quad (8.125)$$

wobei über die Winkelabhängigkeit integriert wurde. Ist das Matrixelement

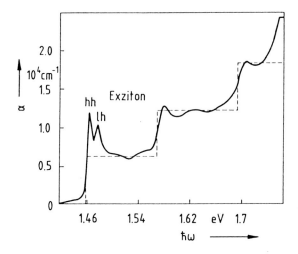

Bild 8.11: Gemessener Absorptionsverlauf in einem AlGaAs-GaAs-Quantenfilmsystem

unabhängig von k', folgt weiter

$$P_{cv\nu}(\hbar\omega) = \frac{2m_r}{a_x\hbar^3} \left|\hat{H}'^\nu_{cv}\right|^2 \int_{W_{c\nu}-W_{v\nu}-\hbar\omega}^{\infty} \delta(u)\,du$$

$$= \begin{cases} 2m_r|\hat{H}'^\nu_{cv}|^2/(a_x\hbar^3) & \text{für } \hbar\omega \geq W_{c\nu} - W_{v\nu} \\ 0 & \text{für } \hbar\omega < W_{c\nu} - W_{v\nu} \end{cases} \tag{8.126}$$

Wie in Abschnitt 8.3.2 erhält man aus der Übergangsrate den Absorptionskoeffizienten α_ν durch Übergänge aus dem ν-ten Subband

$$\alpha_\nu(\hbar\omega) = \frac{q^2 m_r |M^\nu_{cv}|^2}{\bar{n}c\epsilon_0 a_x\hbar^2\omega m_0^2} \quad , \tag{8.127}$$

der für $\hbar\omega \geq W_{c\nu} - W_{v\nu}$ nur schwach mit $1/\omega$ abfällt und andernfalls verschwindet. Der Gesamtabsorptionskoeffizient

$$\alpha_0(\hbar\omega) = \sum_\nu \alpha_\nu(\hbar\omega) \tag{8.128}$$

zeigt demnach einen nahezu treppenstufenförmigen Verlauf, den man, wie Bild 8.11 zeigt, auch experimentell beobachtet. In der Praxis findet man in der Nähe der Subbandkanten Resonanzüberhöhungen, die auf exzitonische Effekte zurückzuführen sind und durch das benutzte einfache Modell nicht erklärt werden. Auf Exzitonen werden wir in Kapitel 12 noch kurz zurückkommen.

Interessant ist, daß der Absorptionskoeffizient polarisationsabhängig ist. Liegt
der elektrische Feldstärkevektor der Lichtwelle in der Ebene des Quantenfilms,
ist die Absorption stärker als bei einer Schwingung in senkrechter Richtung. Eine
Abschätzung des Matrixelements wie in Abschnitt 8.3.4 kann diese Beobachtung
erklären. Entsprechend (8.115) kann man für Übergänge in der Nähe einer
Subbandkante setzen

$$|M_{cv}^{\nu}|^2 = \frac{m_0}{2}(W_{c\nu} - W_{v\nu})\left(1 + \frac{m_0}{m_h}\right) \quad . \qquad (8.129)$$

Während für Schwingungen in der Quantenfilmebene für die effektive Masse m_h
näherungsweise der Wert des massiven Materials einzusetzen ist, hat man bei
Schwingungen in senkrechter Richtung mit $m_h \gg m_0$ zu rechnen. Hieraus ergibt
sich unmittelbar die Polarisationsabhängigkeit.

Finden neben den bislang betrachteten Absorptionsprozessen auch noch stimulierte Emissionsprozesse statt, dann ergibt die Überlagerung wie in Abschnitt
8.3.3 den anregungsabhängigen Absorptionskoeffizienten

$$\alpha(\hbar\omega) = \sum_{\nu} \alpha_{\nu}(\hbar\omega)\left[f_v\left(W_{v\nu} + \frac{m_e(W_{c\nu} - W_{v\nu}) - m_e\hbar\omega}{m_e + m_h}\right)\right.$$

$$\left. - f_c\left(W_{v\nu} + \frac{m_e(W_{c\nu} - W_{v\nu}) + m_h\hbar\omega}{m_e + m_h}\right)\right] \quad . \qquad (8.130)$$

Nahe der ersten Subbandkante gilt mit Quasifermi-Verteilungen f_v und f_c

$$\alpha(\hbar\omega) = \frac{q^2 m_r |M_{cv}^1|^2}{\bar{n}c\epsilon_0 a_x \hbar^2 \omega m_0^2}\left[\frac{1}{1 + \exp\{\frac{m_e}{m_e+m_h}\frac{W_{c1}-W_{v1}-\hbar\omega}{kT} - \frac{W_{F_v}-W_{v1}}{kT}\}}\right.$$

$$\left. - \frac{1}{1 + \exp\{\frac{m_h}{m_e+m_h}\frac{\hbar\omega-W_{c1}+W_{v1}}{kT} - \frac{W_{F_c}-W_{c1}}{kT}\}}\right] \qquad (8.131)$$

für $W_{c2} - W_{v2} > \hbar\omega > W_{c1} - W_{v1}$. Bei Berücksichtigung der Intrabandrelaxation
erhält man die Formel

$$\alpha(\hbar\omega) = \frac{q^2}{\bar{n}c\epsilon_0 2\pi m_0^2 \omega a_x}\sum_{\nu}\int\int_{-\infty}^{\infty}|M_{cv}^{\nu}(\mathbf{k}_{\nu})|^2[f_v(W_{v\nu}(\mathbf{k}_{\nu})) - f_c(W_{c\nu}(\mathbf{k}_{\nu}))]$$

$$\cdot \ L(W_{c\nu}(\mathbf{k}_{\nu}) - W_{v\nu}(\mathbf{k}_{\nu}) - \hbar\omega)dk_y dk_z \quad , \qquad (8.132)$$

die der für massive Systeme gültigen Formel (8.119) vollkommen entspricht. Für
richtungsunabhängige Matrixelemente $|M_{cv}^{\nu}(\mathbf{k}_{\nu})| = |M_{cv}^{\nu}(k_{\nu})|$ bekommt man

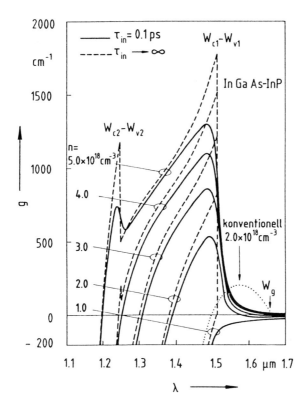

Bild 8.12: Gewinnkoeffizient als Funktion der Wellenlänge für einen InGaAs-Quantenfilm mit InP-Barrieren bei Raumtemperatur. Die Dicke des Quantenfilms beträgt $a_x = 10$ nm. Parameter ist die Dichte n der injizierten Träger (nach [8.12])

mit $k_\nu^2 = k_{x\nu}^2 + k_y^2 + k_z^2$ und $k'^2 = k_y^2 + k_z^2$

$$\alpha(\hbar\omega) = \frac{q^2}{\bar{n}c\epsilon_0 m_0^2 \omega a_x} \sum_\nu \int_0^\infty |M_{cv}^\nu(k_\nu)|^2 \left[f_v(W_{v\nu}(k_\nu)) - f_c(W_{c\nu}(k_\nu))\right]$$

$$\cdot \; L(W_{c\nu}(k_\nu) - W_{v\nu}(k_\nu) - \hbar\omega)k' dk' \quad . \tag{8.133}$$

Bild 8.12 zeigt berechnete Gewinnkoeffizienten $g(\hbar\omega) = -\alpha(\hbar\omega)$ nahe der ersten Subbandkante für gitterangepaßte InGaAs-Quantenfilme von $a_x = 10$ nm Dicke mit InP-Barrieren als Funktion der Wellenlänge $\lambda = 2\pi c/\omega$. Es wurden parabolische Subbandverläufe vorausgesetzt und angenommen, daß der elektrische Feldvektor in der Filmebene schwingt, wie es für optimale Verstärkung notwendig ist. Die gestrichelten Kurven wurden für $\tau_{in} \to \infty$ berechnet. Die

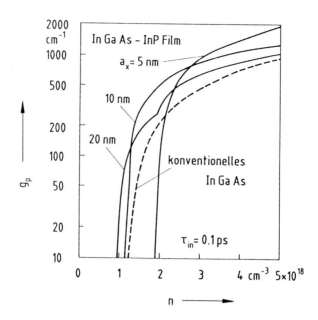

Bild 8.13: Maximaler Gewinnkoeffizient als Funktion der Trägerdichte für InGaAs-Quantenfilme verschiedener Dicke a_x bei Raumtemperatur. Zum Vergleich ist auch der maximale Gewinn in massivem InGaAs angegeben (nach [8.12])

maximale Verstärkung tritt genau an der ersten Subbandkante auf. Bei den realistischeren durchgezogenen Kurven für $\tau_{in} = 1 \cdot 10^{-13}$ s ist das Maximum geringfügig zu kleineren Wellenlängen verschoben. Die Wellenlängenverschiebung mit steigender Überschußträgerdichte ist geringer und die Halbwertsbreite kleiner als in massiven Systemen. Vor allem aber ist für eine vorgegebene Elektronendichte die maximale Verstärkung in nicht zu dünnen Quantenfilmen größer als in konventionellen massiven Systemen. Bei hohen Trägerdichten tragen auch Übergänge zwischen höheren Subbändern zur Verstärkung bei. Der dargestellte Gewinn ist für Polarisation in der Filmebene gültig. Bei senkrechter Polarisation ist der Gewinn insbesondere in der Nähe der ersten Subbandkante um ein vielfaches geringer.

Bild 8.13 zeigt den Verlauf des maximalen Gewinnkoeffizienten als Funktion der Trägerdichte für InGaAs-Quantenfilme verschiedener Dicke. Für sehr dünne Filme ist die Zustandsdichte groß, und es bedarf einer hohen Trägerdichte zum Einsatz der Verstärkung. Der Knick in der Kurve für Quantenfilme der Dicke $a_x = 20$ nm ist durch Übergänge des zweiten Subbandes begründet. Für hohe Anregungsdichten ist die Verstärkung in dünnen Quantenfilmen größer. Zum Vergleich ist der maximale Gewinn für massives konventionelles InGaAs eingetra-

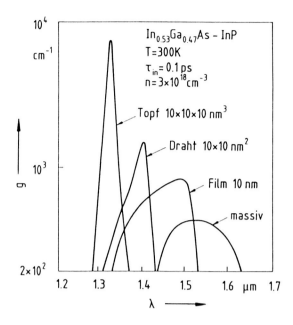

Bild 8.14: Wellenlängenabhängigkeit des Gewinnkoeffizienten für InGaAs bei einer Überschußträgerdichte von $n = 3 \cdot 10^{18}$ cm^{-3} bei Raumtemperatur. Als Barriere dient InP (nach [8.13])

gen. Für Trägerdichten wenig oberhalb der Transparenzdichte, also für kleinen Gewinn bis etwa 200 cm^{-1} ist der Anstieg $a = \partial g_p / \partial n$ für dünne Quantenfilme größer als für konventionelle Systeme. Diese Feststellung ist interessant, denn sie sagt höhere Modulationsgrenzfrequenzen für Quantenfilmlaserdioden als für konventionelle Halbleiterlaser voraus. Wir werden hierauf in Abschnitt 10.7.7 zurückkommen.

8.3.7 Verstärkung in Quantendrähten und Quantentöpfen

Die Intrabandrelaxation ist ein wesentlicher Verbreiterungsmechanismus der Verstärkung in Systemen niedriger Dimension. Aufgrund der δ-förmigen Zustandsdichten in Quantentöpfen würde man ohne Relaxation ein Linienspektrum der Verstärkung erwarten, was sicher unrealistisch ist. Die Absorption bzw. Verstärkung in Quantendrähten und Quantentöpfen läßt sich unter Beachtung der Zustandsdichten (7.151) und (7.153) in entsprechender Weise ableiten wie (8.120) oder (8.133). Die Absorption und Verstärkung in Quantendrähten sind polarisationsabhängig und maximal, wenn das elektrische Feld parallel zur Achse des Quantendrahtes schwingt. Bild 8.14 zeigt einen Vergleich der Wellenlängenabhängigkeit der Verstärkung in verschiedenen Systemen unter Berücksichtigung

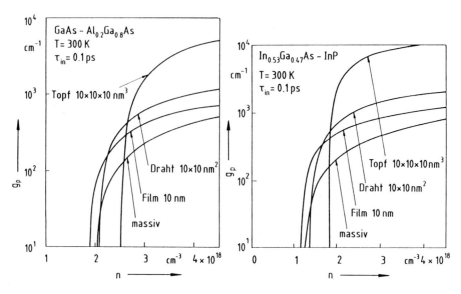

Bild 8.15: Vergleich der maximalen Gewinnkoeffizienten in GaAs mit $Al_{0.2}Ga_{0.8}As$-Barrieren und in $In_{0.53}Ga_{0.47}As$ mit InP-Barrieren (nach [8.13])

einer Intrabandrelaxationszeit von 0.1 ps. In Quantentöpfen ist nur die Intrabandrelaxation für die Verbreiterung verantwortlich. In den anderen Systemen hat auch die Zustandsdichte einen wesentlichen Einfluß auf die Form des Verstärkungsprofils. Dieses äußert sich zum Beispiel auch in der Temperaturabhängigkeit der maximalen Verstärkung. Während in Quantentöpfen nur die Temperaturabhängigkeit der Bandlücke von $dW_g/dT \approx -4 \cdot 10^{-4}$ eV/K maßgeblich ist, verschiebt sich ansonsten das Verstärkungsmaximum noch zusätzlich dadurch, daß mit steigender Temperatur höherenergetische Zustände stärker besetzt sind. Die Temperaturabhängigkeit wächst in der Reihenfolge Quantentopf, Quantendraht, Quantenfilm und massives Material.

Bild 8.15 gibt eine exemplarische Übersicht über die Abhängigkeit der maximalen Verstärkung von der Trägerdichte bei Raumtemperatur für die Materialsysteme $In_{0.53}Ga_{0.47}As$-InP ($\lambda_g = 1.65\ \mu$m) und GaAs-$Al_{0.2}Ga_{0.8}As$. Besonders hervorzuheben ist die hohe Verstärkung in Quantentöpfen. Um diese Verstärkung in der Praxis ausnutzen zu können, muß man Systeme mit sehr vielen Quantentöpfen benutzen, die im einfachsten Fall alle entkoppelt sind. Damit sich die Verstärkungsprofile der einzelnen Töpfe optimal überlagern können, müssen die Abmessungen und Materialzusammensetzungen aller Töpfe sehr genau übereinstimmen.

8.3.8 Energieabhängiges Matrixelement

Nach den Überlegungen in Abschnitt 8.3.4 zur Abschätzung des Matrixelements können wir bei Polarisation der einfallenden Welle in y-Richtung schreiben

$$|M_{cv}(\mathbf{k})|^2 = \frac{m_0^2}{2}\left(\frac{1}{\hbar^2}\frac{\partial^2 W_v(\mathbf{k})}{\partial k_y^2} - \frac{1}{m_0}\right)(W_v(\mathbf{k}) - W_c(\mathbf{k}))\quad. \tag{8.134}$$

Zur Berechnung der Ableitung $\partial^2 W_v/\partial k_y^2$ nehmen wir näherungsweise einen parabolischen Bandverlauf an und erhalten

$$\frac{\partial^2 W_v}{\partial k_y^2} \approx -\frac{\hbar^2}{m_h}\quad. \tag{8.135}$$

Hierbei ist m_h die bei Bewegung in y-Richtung maßgebliche effektive Lochmasse. Das Matrixelement nimmt damit die einfache Gestalt

$$|M_{cv}(\mathbf{k})|^2 \approx \frac{m_0}{2}\left(1 + \frac{m_0}{m_h}\right)(W_c(\mathbf{k}) - W_v(\mathbf{k})) = \frac{m_0}{2}\left(1 + \frac{m_0}{m_h}\right)\hbar\omega \tag{8.136}$$

an und läßt sich unmittelbar aus den Bandverläufen bestimmen. Man erkennt, daß die $1/\omega$-Abhängigkeit in den Vorfaktoren der Absorptionskoeffizienten (8.110) und (8.127) gerade kompensiert wird.

8.3.9 Abhängigkeit der Verstärkung von der Anregung

Durch die Erzeugung von Überschußladungsträgern zum Beispiel durch einen Injektionsstrom oder Absorption eines kurzwelligen optischen Pumpstrahls verschieben sich die Quasifermi-Niveaus im Valenz- und Leitungsband. Dadurch verändern sich die spektrale und auch die totale spontane Rekombinationsrate und folglich wegen des allgemeinen Zusammenhangs (8.30) auch der Absorptionskoeffizient. Die Verschiebung der Quasifermi-Niveaus W_{Fc} und W_{Fv} durch die Erzeugung von $\Delta n = \Delta p$ Überschußladungsträgern ist durch die Formeln (7.132) und (7.133) gegeben.

Im stationären Zustand ist die Generationsrate gerade gleich der Rekombinationsrate. Wir wollen hier von einer äußeren Einstrahlung absehen, so daß stimulierte Prozesse keine Rolle spielen. Erfolgt die Erzeugung von Überschußladungsträgern durch Strominjektion mit der Stromdichte j und rekombinieren alle injizierten Ladungsträger auf der Strecke d in Stromrichtung, kann man bei Vernachlässigung der Gleichgewichtsrekombination (vgl. Abschnitt 8.1.7) einfach schreiben $(n \gg n_0)$

$$\frac{j}{qd} = \frac{n - n_0}{\tau_s} \approx \frac{n}{\tau_s} \approx R_{sp} \quad . \tag{8.137}$$

Wir wollen annehmen, daß alle injizierten Ladungsträger durch spontane Emission rekombinieren. R_{sp} ist dann eine über die Strecke d gemittelte gesamte spontane Rekombinationsrate. Ebenso bezeichnet n eine über d gemittelte Elektronendichte, deren Rekombination gemäß (8.42) durch die spontane Lebensdauer τ_s zu charakterisieren ist.

Bei Anregung mit einem Pumplichtstrahl der Intensität I_p, der auf der Strecke d vollständig absorbiert wird, gilt entsprechend

$$\frac{I_p}{\hbar\omega d} = \frac{n}{\tau_s} \approx R_{sp} \quad . \tag{8.138}$$

Die spontane Lebensdauer τ_s hängt üblicherweise von den Anregungsbedingungen ab. Sie läßt sich gemäß $\tau_s \approx n/R_{sp}$ aus der gesamten spontanen Rekombinationsrate bestimmen. Die spontane Emissionsrate ist nach (8.29) durch den Absorptionskoeffizienten und die Differenz der Quasifermi-Energien bestimmt

$$R_{sp} = \int_0^\infty r_{sp}(\hbar\omega)\,d(\hbar\omega) \tag{8.139}$$

$$= \int_0^\infty \frac{4\bar{n}^2}{\hbar\lambda^2(\exp\{(\hbar\omega + W_{Fv} - W_{Fc})/(kT)\} - 1)}\,\alpha(\hbar\omega)\,d(\hbar\omega) \quad .$$

Für massives Material ist der Absorptionskoeffizient nach (8.110) zu berechnen. Für Quantenfilme kann man den Absorptionskoeffizienten nach (8.131) verwenden, wenn die Übergänge zwischen dem ersten Subband im Valenzband und Leitungsband dominieren. Soll die Intrabandrelaxation noch berücksichtigt werden, kann man die Absorptionskoeffizienten für konventionelle Systeme nach (8.120) und für Quantenfilme nach (8.133) ermitteln. Die Methode läßt sich auf Quantendrähte und Quantentöpfe unmittelbar übertragen.

Bild 8.16 zeigt den berechneten Verlauf der maximalen Verstärkung als Funktion der Pumpstromdichte. Für das massive Material wurde eine Injektionstiefe von $d = 150$ nm vorausgesetzt, während für die Quantenstrukturen die charakteristischen Abmessungen 10 nm betragen. Es wurde angenommen, daß in der Ebene, in die die Ladungsträger homogen injiziert werden, eine Vielzahl von Quantendrähten bzw. Quantentöpfen regelmäßig angeordnet ist. Wenn der Abstand der Quantenstrukturen gleich ihrer Kantenlänge ist, hat man bei Quantendrähten mit $j = 0.5\, q a_x n/\tau_s$ und bei Quantentöpfen mit $j = 0.25\, q a_x n/\tau_s$ zu rechnen, wenn alle injizierten Ladungsträger in die Drähte bzw. Töpfe gelangen. Bei der Verstärkung einer (ausgedehnten) Welle ist ferner zu beachten, daß nur ein Bruchteil der Welle in den verstärkenden Bereich der Quantenstruktur fällt.

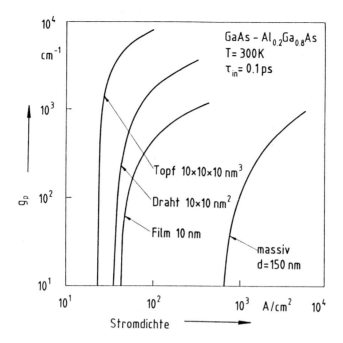

Bild 8.16: Maximaler Gewinnkoeffizient als Funktion des Injektionsstroms für GaAs- $Al_{0.2}Ga_{0.8}As$-Quantenstrukturen mit einer charakteristischen
Länge von 10 nm und für massives GaAs bei einer Injektionstiefe von
$d = 150$ nm (nach [8.13])

Diese Problematik wird bei der Behandlung von Quantenfilmlasern in Abschnitt
10.7.7 genauer diskutiert.

Interessiert man sich nur für einen näherungsweisen Zusammenhang zwischen
Pumpstromdichte oder Pumplichtintensität und Überschußträgerdichte, kann
man die ohne Beachtung der k-Erhaltung abgeleiteten Beziehungen (8.45) und
(8.46) heranziehen. Für starke Anregung ($\Delta n \gg n_0 + p_0$) erhält man mit (8.137)
und (8.138) ein Wurzelgesetz

$$\Delta n = \sqrt{j/(A_{21}qd)} \quad \text{bzw.} \quad \Delta n = \sqrt{I_p/(A_{21}\hbar\omega d)} \quad . \tag{8.140}$$

Mit $A_{21} \approx 10^{-10}$ cm^3/s für GaAs und $d = 1$ μm ist zur Erzielung einer
Überschußdichte von $\Delta n = 1 \cdot 10^{18}$ cm^{-3} eine Stromdichte von $j \approx 1.6$ kA/cm^2
oder eine Pumplichtintensität ($\lambda = 800$ nm) von $I_p \approx 2.5$ kW/cm$^2 = 25$ μW/μm^2
erforderlich. Bei schwacher Anregung von n-dotiertem Material gilt hingegen im
Bereich $p_0 \ll \Delta n \ll n_0$ die lineare Beziehung

$$\Delta n = j/(A_{21}qdn_0) \quad \text{bzw.} \quad \Delta n = I_p/(A_{21}\hbar\omega dn_0) \quad . \tag{8.141}$$

8.4   Einfluß von Störstellen

Die Annahme der Quasiimpulserhaltung gilt nur für reine Halbleiter. Fluktuationen des elektrischen Feldes durch Störstellen führen zur Ausbildung von Störbändern. Durch die Streuung der Elektronenwellen an den Störstellen werden die Wellenfunktionen deformiert und ähneln nicht mehr ebenen Wellen. Es bilden sich lokalisierte Zustände aus. Dementsprechend sollte man für Photonen hinreichend hoher Energie Matrixelemente wie bei direkten Band-Band-Übergängen ansetzen. Übergänge geringerer Photonenenergien erfolgen dagegen zwischen den Bandausläufern der Störbänder, die innerhalb der verbotenen Zone liegen und lokalisierten Zuständen zuzuordnen sind. Für Übergänge zwischen diesen Zuständen ist Quasiimpulserhaltung nicht erforderlich.

8.4.1   Band-Störstellen-Übergänge

Bislang haben wir nur reine Halbleiter betrachtet und nur reine Band-Band-Übergänge untersucht. In dotierten Halbleitern kommen elektronische Übergänge zwischen einem Störstellenniveau und dem gegenüberliegenden Band vor. Sie sind ein Beispiel für Übergänge, bei denen die Quasiimpulserhaltung nicht gilt und das Matrixelement k-abhängig wird, also nicht mehr konstant ist. In der Effektiv-Massen-Näherung kann man die Wellenfunktion einer flachen Störstelle ansetzen als

$$\psi_1(\mathbf{r}) = \psi_{env}(\mathbf{r})\, u_1(\mathbf{r}) \quad , \tag{8.142}$$

wobei $u_1(\mathbf{r})$ eine gitterperiodische Bloch-Funktion an der Kante des benachbarten Bandes darstellt und eine im Vergleich zur Gitterperiode langsam abfallende Einhüllende $\psi_{env}(\mathbf{r})$ den Einfluß der Störstelle beschreibt. Der Funktionenverlauf ist qualitativ in Bild 8.17 dargestellt. Die Wellenfunktion eines Zustands im gegenüberliegenden parabolischen Band wird in der gewohnten Weise zu

$$\psi_2(\mathbf{r}) = V_K^{-1/2}\, u_2(\mathbf{r})\, \exp\{i\mathbf{k}_b \cdot \mathbf{r}\} \tag{8.143}$$

angesetzt, wobei $\mathbf{k}_b$ den Wellenvektor des Bandzustands und V_K das Kristallvolumen bezeichnen.

Wie in (8.91) erhalten wir für das Matrixelement des Übergangs bei Anregung mit einer linear polarisierten Welle

$$M_{ib} = V_K^{-1/2} \iiint_{V_K} \psi_{env}^*(\mathbf{r})\, u_1^*(\mathbf{r})\, (\hbar/i)\, \frac{\partial}{\partial y}\, (u_2(\mathbf{r})\, \exp\{i\mathbf{k}_b \cdot \mathbf{r}\})\, d^3r \; , \tag{8.144}$$

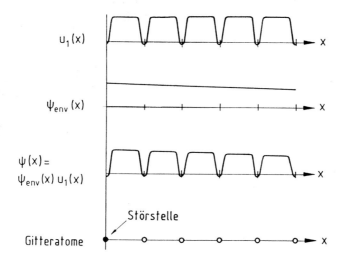

Bild 8.17: Wellenfunktion einer flachen lokalisierten Störstelle in einem eindimensionalen Gitter (schematisch)

wobei $(\hbar/i)\partial/\partial y$ die y-Komponente des Impulsoperators darstellt. Man erhält

$$M_{ib} = \frac{\hbar}{i} V_K^{-1/2} \iiint_{V_K} \psi_{env}^*(\mathbf{r}) \exp\{i\mathbf{k}_b \cdot \mathbf{r}\} u_1^*(\mathbf{r}) \partial u_2(\mathbf{r})/\partial y \, d^3r$$

$$+ \hbar k_{by} V_K^{-1/2} \iiint_{V_K} \psi_{env}^*(\mathbf{r}) \exp\{i\mathbf{k}_b \cdot \mathbf{r}\} u_1^*(\mathbf{r}) u_2(\mathbf{r}) \, d^3r \;. \quad (8.145)$$

Da u_1 und u_2 orthogonal zueinander sind, kann man für Übergänge vom Störstellenniveau zur gegenüberliegenden Bandkante ($\mathbf{k}_b \approx 0$) den zweiten Summanden in (8.145) gegenüber dem ersten vernachlässigen. Der erste Term läßt sich weiter vereinfachen, da $\psi_{env}^*(\mathbf{r}) \exp\{i\mathbf{k}_b \cdot \mathbf{r}\}$ langsam veränderlich ist im Bereich einer Einheitszelle V_e des Kristalls und $u_1^*(\mathbf{r}) \partial u_2(\mathbf{r})/\partial y$ für alle Einheitszellen gleich ist. Damit bekommt man

$$M_{ib} = \frac{N}{V_K^{3/2}} \sum_{i=1}^{N} \frac{V_K}{N} \psi_{env}^*(\mathbf{r}_i) \exp\{i\mathbf{k}_b \cdot \mathbf{r}_i\} \iiint_{V_e} u_1^*(\mathbf{r}) \frac{\hbar}{i} \frac{\partial}{\partial y} u_2(\mathbf{r}) d^3r \;, \quad (8.146)$$

wobei $N = V_K/V_e$ die Gesamtzahl der Einheitszellen des Kristalls ist. Schreibt man die Summe in ein Integral um, setzt

$$M_{env} = V_K^{-1/2} \iiint_{V_K} \psi_{env}^*(\mathbf{r}) \exp\{i\mathbf{k}_b \cdot \mathbf{r}\} d^3r \qquad (8.147)$$

und beachtet, daß

$$M_{cv} = \frac{1}{V_e} \iiint_{V_e} u_1^*(\mathbf{r}) \frac{\hbar}{i} \frac{\partial}{\partial y} u_2(\mathbf{r}) d^3 r \qquad (8.148)$$

aus (8.94) das Matrixelement für direkte Band-Band-Übergänge ist, ergibt sich die Produktdarstellung

$$M_{ib} = M_{env} \cdot M_{cv} \quad . \qquad (8.149)$$

Für $|M_{cv}|^2$ können wir nach Abschnitt 8.3.4 für GaAs setzen

$$|M_{cv}|^2 = 1.5 m_0 W_g \quad . \qquad (8.150)$$

Zur Berechnung von $|M_{env}|^2$ nehmen wir eine Einhüllende der Form

$$\psi_{env}(r) = \pi^{-1/2} a^{*-3/2} \exp\{-r/a^*\} \qquad (8.151)$$

an, die den Grundzustand des Wasserstoffatoms beschreibt. Der effektive Bohrsche Radius $a^* = \epsilon \epsilon_0 h^2 / (\pi m_{e,h} q^2)$ des gebundenen Ladungsträgers ist in GaAs etwa 10^{-6} cm für Elektronen und 10^{-7} cm für Löcher. Mit der Wellenfunktion (8.151) liefert die Integration von (8.147) nach Einführung von Polarkoordinaten $(r = |\mathbf{r}|, k_b = |\mathbf{k}_b|, \mathbf{k}_b \cdot \mathbf{r} = k_b r \cos \vartheta)$

$$\begin{aligned} M_{env} &= V_K^{-1/2} \pi^{-1/2} a^{*-3/2} \iiint_{V_K} \exp\{-r/a^*\} \exp\{i\mathbf{k}_b \cdot \mathbf{r}\} d^3 r \\ &\approx \frac{4\pi^{1/2} V_K^{-1/2}}{k_b a^{*3/2}} \int_0^\infty r \exp\{-r/a^*\} \sin(k_b r) dr \quad , \qquad (8.152) \end{aligned}$$

wobei wegen $V_K \gg a^{*3}$ die Integration über r bis Unendlich ausgedehnt wurde. Als Ergebnis bekommt man

$$|M_{env}|^2 = 64 \pi a^{*3} \left(1 + a^{*2} k_b^2\right)^{-4} V_K^{-1} \quad , \qquad (8.153)$$

so daß insgesamt das Matrixelement für den Übergang vom Störstellenniveau in einen Zustand des gegenüberliegenden Bandes in GaAs durch

$$|M_{ib}|^2 = 1.5 m_0 W_g 64 \pi a^{*3} \left(1 + a^{*2} k_b^2\right)^{-4} V_K^{-1} \qquad (8.154)$$

gegeben ist. Es sei besonders betont, daß das angegebene Matrixelement $|M_{ib}|^2$ für das Vorhandensein einer einzigen Störstelle im Kristall berechnet wurde. Bei mehreren ungekoppelten Störstellen ist noch über deren Anzahl zu summieren. Erfolgt der Übergang von einem flachen Donator ins Valenzband, so ist $k_b = \sqrt{2m_h W_h/\hbar^2}$ anzusetzen, wobei die Lochenergie W_h von der Valenzband-

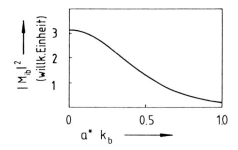

Bild 8.18: Matrixelement für den Übergang von einem Störstellenniveau ins gegenüberliegende Band in Abhängigkeit vom Produkt aus Wellenvektorbetrag k_b im Band und Bohrschem Radius a^* des gebundenen Ladungsträgers. Die Übergangswahrscheinlichkeit ist proportional zum Matrixelement $|M_{ib}|^2$

kante zu messen ist. Das Matrixelement ist nach (8.154) energieabhängig. Die Übergangswahrscheinlichkeit nimmt mit zunehmender Lochenergie, also wachsender Photonenenergie, ab. Bild 8.18 veranschaulicht den energieabhängigen Teil des Matrixelements. Die Kurve zeigt, daß Wechselwirkung des Störstellengrundzustandes praktisch nur mit solchen Zuständen des Bandes erfolgt, die $k_b a^* < 1$ erfüllen.

In Halbleitern, die Donatoren und Akzeptoren enthalten, kommen auch strahlende Übergänge zwischen den Störstellenatomen vor. In hoch dotierten Halbleitern überlappen die Orbitale der Störstellenatome, und es bilden sich Energiebänder mit Störstellenniveaus aus. Da die Störstellen statistisch verteilt sind, bleiben die Elektronen nach wie vor an den Störstellen lokalisiert, und es kommt zu keiner Verschmierung der Aufenthaltswahrscheinlichkeit wie in einem regelmäßigen Kristall. Die Störstellenterme liegen innerhalb der verbotenen Zone des perfekten Kristalls. Man hat zu berücksichtigen, daß bei Übergängen in Störstellenterme keine Quasiimpulserhaltung gilt, bei höherenergetischen Band-Band-Übergängen aber sehr wohl. Dieser Tatsache trägt man Rechnung durch Einführung einer empirischen einhüllenden Wellenfunktion

$$\psi_{env}(\mathbf{r}) = \beta^{3/2}\,\pi^{-1/2}\,\exp\{i\mathbf{k}\cdot\mathbf{r}\}\,\exp\{-\beta\,|\mathbf{r}-\mathbf{r}_i|\}\quad, \qquad (8.155)$$

wobei $\mathbf{r}_i$ die Lage der Störstelle beschreibt, β den Abfall der Wellenfunktion bestimmt und $\mathbf{k}$ den Wellencharakter erfaßt. Nach entsprechender Festlegung der Parameter $\mathbf{k}$ und β und Mittelung über alle Störstellenpositionen $\mathbf{r}_i$ gelangt man zu Übergangswahrscheinlichkeiten, die mit der in Bild 8.18 dargestellten verwandt sind, aber Details der durch die Störstellenbänder beteiligten Übergänge besser beschreiben.

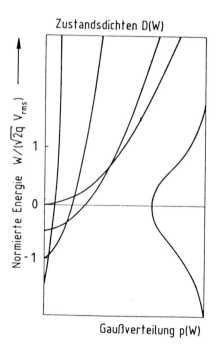

Bild 8.19: Mittelung über mehrere parabolische Zustandsdichten mit gaußförmig verteilten Scheitelwerten (schematisch)

8.4.2 Bandausläufer

Die Störstellen, die regellos im Kristall verteilt sind, erzeugen zusätzlich zum Gitterpotential ein statistisch fluktuierendes elektrisches Potential im Kristall. Dies bedeutet, daß die potentielle Energie der Elektronen im Kristall statistisch ortsabhängig wird. Damit schwankt die energetische Lage der Leitungsbandkante. Anders gesagt, die Zustandsdichte der Elektronen ergibt sich aus der Mittelung über ideale parabolische Zustandsdichten der Form (7.88), wobei die Lage der Bandkante W_c aber vom jeweiligen Potential des Bereichs abhängt. Dies ist in Bild 8.19 veranschaulicht. Das elektrostatische Potential ergibt sich aus der statistischen Überlagerung der Einzelpotentiale der jeweiligen Störstellen. Dementsprechend ist nach dem Zentralen Grenzwertsatz für die statistische Verteilung des resultierenden elektrischen Potentials V eine Gauß-Verteilung (um das Nullpotential $V = 0$)

$$p(V)\,dV = \frac{1}{\sqrt{2\pi}V_{rms}}\,\exp\left\{-\frac{V^2}{2V_{rms}^2}\right\}\,dV \qquad (8.156)$$

mit der Standardabweichung V_{rms} anzusetzen. Die Lage der Bandkante ergibt sich aus $W_c = -qV$. Die Mittelung über die verschobenen parabolischen Verteilungen (7.88) ergibt eine resultierende effektive Verteilung gemäß

$$D_{eff}(W) \;=\; \int_{-\infty}^{W} D_c(W_c)\, p(W_c)\, dW_c = \frac{\pi^{-5/2} m_e^{3/2}}{q V_{rms} \hbar^3}$$

$$\cdot \int_{-\infty}^{W} (W - W_c)^{1/2} \exp\left\{-\frac{W_c^2}{2 q^2 V_{rms}^2}\right\} dW_c \;. \qquad (8.157)$$

Mit den Abkürzungen $x = W/(\sqrt{2} q V_{rms})$, $z = W_c/(\sqrt{2} q V_{rms})$ und

$$y(x) = \pi^{-1/2} \int_{-\infty}^{x} (x - z)^{1/2} \exp\{-z^2\}\, dz \qquad (8.158)$$

kann man (8.157) auch schreiben als

$$D_{eff}(W) = \frac{m_e (2 m_e)^{1/2}}{\pi^2 \hbar^3} \left(\sqrt{2} q V_{rms}\right)^{1/2} y\left(\frac{W}{\sqrt{2} q V_{rms}}\right) \;. \qquad (8.159)$$

Damit ist die Zustandsdichte proportional zur Funktion $y(x)$, die in Bild 8.20 dargestellt ist. Man erkennt, daß für $W > \sqrt{2} q V_{rms}$ ein parabolischer Zustands-dichteverlauf wie bei einem idealen Band vorliegt. Für $W < 0$ ergeben sich Band-ausläufer, die sich in die ursprünglich verbotene Zone ausdehnen. Charakterisiert wird die Zustandsdichte durch die Standardabweichung V_{rms} der Gaußverteilung (8.156). Mit der im folgenden Abschnitt angegebenen Abschirmlänge L_s kann man ableiten

$$q V_{rms} = \frac{q^2}{4\pi\epsilon\epsilon_0} \left[2\pi(N_A + N_D) L_s\right]^{1/2} \qquad (8.160)$$

und erkennt, daß die Ausbildung von Bandausläufern mit wachsender Störstellen-konzentration ausgeprägter wird. Bei bekannter Zustandsdichte läßt sich mit den in den Abschnitten 8.1 und 8.3 erläuterten Methoden der Absorptionskoeffizient berechnen.

Das vorgestellte Modell zur Erklärung der Entstehung von Bandausläufern ent-hält starke Vereinfachungen. Alle Verschiebungen der Bandkanten im elek-trischen Feld werden gleichartig behandelt. Es wird nicht beachtet, daß starke Abweichungen vom mittleren Potential nur in unmittelbarer Nähe einer Störstelle vorkommen. Diese Bereiche bilden einen engen Potentialtopf, in dem im Ver-gleich zum Volumen nur wenige diskrete Elektronenzustände erlaubt sind. Der Grundzustand liegt häufig weit oberhalb der Subbandkante, so daß die Zahl der Zustände im Ausläufer des Bandes beträchtlich kleiner wird als im einfachen Modell angenommen.

Die Form der Bandausläufer läßt sich empirisch gut durch einen exponentiellen Verlauf $D_{eff} \propto \exp\{-W/W_0\}$ mit einer charakteristischen Energie W_0 erfassen.

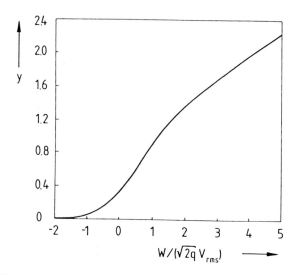

Bild 8.20: Verlauf der Funktion $y = y(W/(2^{1/2}qV_{rms}))$

Meistens überlappen die Bandschwänze aber noch mit Störstellenbändern, wobei die Bänder eines flachen Donators bereits bei Störstellendichten von 10^{16} cm^{-3} mit dem Leitungsband verschmelzen. Bild 8.21 zeigt schematisch einen charakteristischen Verlauf der Zustandsdichte für p-dotiertes Material, dessen Akzeptorband tiefer in der verbotenen Zone liegt.

8.4.3   Dichteabhängige Lage der Störstellenniveaus

Wir haben bereits früher in Abschnitt 7.4.4 die Lage der Störstellenniveaus angegeben. Bei der Ableitung hatten wir vorausgesetzt, daß eine isolierte Störstelle vorhanden ist, die sich wasserstoffähnlich in der dielektrischen Umgebung des Wirtskristalls verhält. Der Bohrsche Radius des lokalisierten Zustands ist danach gegeben durch

$$a^* = \frac{\epsilon\epsilon_0 h^2}{\pi\, m_{e,h}\, q^2} \quad . \tag{8.161}$$

In GaAs beträgt der Bohrsche Radius 10 nm für Elektronen und 1 nm für Löcher. Die zugehörigen Bindungsenergien sind ca. 5 meV und 30 meV.

Bei größeren Konzentrationen bleibt dieses einfache Bild einer isolierten Störstelle nicht mehr gültig. Betrachten wir ein geladenes Donatoratom, so tritt in dessen Nähe eine Störung der Ladungsträgerkonzentrationen auf, die das elektrische Feld des Donatoratoms reduziert oder abschirmt. Diese Abschirmung ist

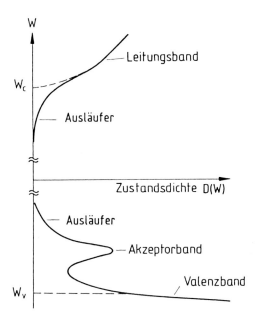

Bild 8.21: Typischer Verlauf der Zustandsdichte in einem p-dotierten Material

innerhalb der sogenannten Abschirmlänge noch ziemlich unwirksam, außerhalb wird sie zunehmend vollständiger. Das Potential im Halbleiter ist durch die Elektronenkonzentration n und die Donatorkonzentration N_D^+ bestimmt. Im Falle einer Störung, etwa durch eine Donatorladung, wird die Elektronenkonzentration potentialabhängig $n = n(V)$, die Verteilung der raumfesten Donatoren ändert sich dagegen nicht. Für das elektrische Potential $V(\mathbf{r})$ gilt die Poisson-Gleichung

$$\nabla^2 V(\mathbf{r}) = \frac{q}{\epsilon\epsilon_0}\left[n(V) - N_D^+\right] - \frac{q}{\epsilon\epsilon_0}\,\delta(\mathbf{r}) \quad , \qquad (8.162)$$

wobei angenommen wurde, daß sich die Donatorladung im Ursprung befindet. Im ungestörten Fall hat man ein räumlich konstantes Potential V_0, und es gilt $n(V_0) = N_D^+$. Wir setzen für das konstante Potential $V_0 = 0$ und erhalten für die gestörten Größen

$$\nabla^2 V(\mathbf{r}) = -\frac{q}{\epsilon\epsilon_0}\frac{dn}{dV}V - \frac{q}{\epsilon\epsilon_0}\,\delta(\mathbf{r}) \quad , \qquad (8.163)$$

wobei $-V\,dn/dV = n(V(\mathbf{r})) - N_D^+$ in erster Näherung die Abweichung von der ungestörten Elektronenkonzentration angibt. Bei sphärischer Geometrie gilt für den Laplace-Operator $\nabla^2 = \partial^2/\partial r^2 + (2/r)\,\partial/\partial r$, und damit läßt sich (8.163) umformen in

$$\frac{d^2V}{dr^2} + \frac{2}{r}\frac{dV}{dr} + \frac{q}{\epsilon\epsilon_0}\frac{dn}{dV}\bigg|_{V_0=0} V = -\frac{q}{\epsilon\epsilon_0 r^2}\,\delta(r) \quad . \qquad (8.164)$$

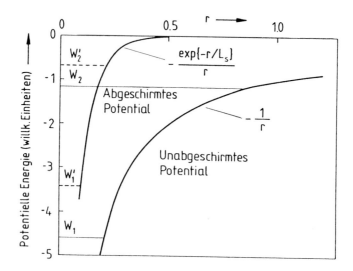

Bild 8.22: Vergleich zwischen abgeschirmtem und nicht abgeschirmtem Coulomb-Potential einer positiven Einheitsladung. Eingetragen sind die Energieniveaus W_i und W_i' für die beiden Potentialverläufe (schematisch)

Lösung dieser Differentialgleichung außerhalb des Nullpunkts ist das Potential

$$V(r) = \frac{-q}{\epsilon\epsilon_0 r}\, \exp\{-r/L_s\} \tag{8.165}$$

mit der Abschirmlänge

$$L_s = \left(-\frac{q}{\epsilon\epsilon_0}\, \frac{dn}{dV}\bigg|_{V_0=0} \right)^{-1/2} . \tag{8.166}$$

Der Verlauf des abgeschirmten Potentials ist in Bild 8.22 dargestellt. Die Abschirmung führt zu einer Abnahme der Bindungsenergie des Elektrons an die Störstelle.

Zur Bestimmung des Differentialquotienten dn/dV gehen wir aus von der Beziehung (vgl. (7.100))

$$n = \int_{-\infty}^{\infty} f(W) D_c(W)\, dW \quad , \tag{8.167}$$

wobei f die Besetzungswahrscheinlichkeit und D_c die Zustandsdichte des Leitungsbands bezeichnen. Im elektrostatischen Feld gilt für die Fermi-Energie eines neutralen Halbleiters

$$W_F = W_{Fo} - qV \quad , \tag{8.168}$$

wobei W_{Fo} die Lage des Fermi-Niveaus ohne äußeres Feld bezeichnet. Wegen $dW_F = -qdV$ gilt folglich

$$\frac{1}{L_s^2} = \frac{q^2}{\epsilon\epsilon_0} \int_{-\infty}^{\infty} D_c(W) \left.\frac{\partial f(W)}{\partial W_F}\right|_{W_{Fo}} dW \quad , \tag{8.169}$$

was sich für eine Fermi-Verteilung $f = [1 + \exp\{(W - W_F)/(kT)\}]^{-1}$ zu

$$\frac{1}{L_s^2} = \frac{q^2}{\epsilon\epsilon_0 kT} \int_{-\infty}^{\infty} f(W)(1 - f(W)) D_c(W)\, dW \tag{8.170}$$

vereinfacht. Liegt das Fermi-Niveau weit genug innerhalb der verbotenen Zone, reduziert sich das Integral in (8.170) auf den Ausdruck (8.167). Die Abschirmlänge ist in diesem Fall mit der Debye-Länge identisch

$$L_s = \left(kT\,\epsilon\epsilon_0/(q^2 n)\right)^{1/2} \quad . \tag{8.171}$$

In GaAs beträgt die Debye-Länge etwa 100 nm für $n = 10^{15}$ cm^{-3} und 10 nm für $n = 10^{17}$ cm^{-3}. Wenn W_F dagegen weit genug innerhalb des Bandes liegt, kann man das Produkt $f(W)(1 - f(W))$ im Integranden von (8.170) durch eine δ-Funktion bei W_F approximieren und erhält

$$\frac{1}{L_s^2} = \frac{q^2}{\epsilon\epsilon_0} D_c(W_F) \quad . \tag{8.172}$$

Für ein parabolisches Band gilt

$$D_c(W) = (2\pi^2)^{-1} \left(2m_e/\hbar^2\right)^{3/2} (W - W_c)^{1/2} \tag{8.173}$$

und

$$n \approx \int_{W_c}^{W_F} D_c(W)\, dW = \frac{2}{3} \left(2\pi^2\right)^{-1} \left(2m_e/\hbar^2\right)^{3/2} (W_F - W_c)^{3/2} \quad . \tag{8.174}$$

Damit ergibt sich für die Abschirmlänge in entarteten Halbleitern

$$L_s = \left(\pi\epsilon\epsilon_0\,\hbar^2/q^2 m_e\right)^{1/2} (\pi/3n)^{1/6} \quad . \tag{8.175}$$

Die Abschirmung hat eine Abnahme der Bindungsenergie der Störstellenelektronen zur Folge, denn die gebundenen Zustände wandern in dem sich verengenden Potentialtopf (siehe Bild 8.22) zu höheren Energiewerten. Mit zunehmender Konzentration nimmt die Ionisierungsenergie der Störstellen ab, wie auch aus

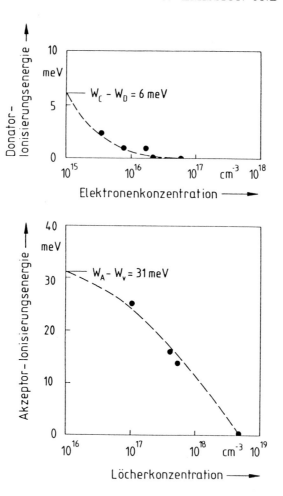

Bild 8.23: Variation der Störstellenionisierungsenergie mit der Ladungsträger-konzentration in GaAs bei Raumtemperatur. $W_c - W_D$ und $W_A - W_v$ bezeichnen die Ionisierungsenergien isolierter Donatoren und Akzeptoren

den experimentellen Daten des Bildes 8.23 hervorgeht. Durch die zunehmende Überlappung der Störstellenorbitale kommt es zur Aufspaltung der Störstellenniveaus und zur Ausbildung von Störbändern. Diese vereinigen sich mit dem Valenz- oder Leitungsband, wenn die Ionisierungsenergie allmählich verschwindet, die Abschirmlänge also in den Bereich des Bohrschen Radius kommt. Die ursprüngliche parabolische Zustandsdichte idealer Halbleiter ist durch die Störstellenniveaus entsprechend zu modifizieren, wie dies bereits in Bild 8.21 illustriert ist.

9 Heteroübergänge

Heteroübergänge werden von zwei aneinandergrenzenden Halbleiterkristallen mit verschiedenen Bandlückenenergien gebildet. Man unterscheidet Übergänge vom selben Leitungstyp (n-n, p-p) oder Übergänge von verschiedenem Typ (p-n). Im Idealfall handelt es sich um einen abrupten Übergang zwischen den Materialien. In der Praxis kann man Übergänge innerhalb weniger (2 bis 3) Atomlagen realisieren. Bei Gitterfehlanpassung (> 0.1 %) der beiden Halbleiter bilden sich Defektstellen an der Grenzfläche aus, die zu maßgeblichen Abweichungen vom idealen Verhalten eines Heteroüberganges führen.

Heteroübergänge werden in verschiedenen optoelektronischen Bauelementen benutzt. Sie dienen zum Aufbau eines Wellenleiters in Laserdioden und sorgen dabei gleichzeitig für die Konzentration der freien Ladungsträger auf den aktiven Bereich durch Ausbildung einer Potentialbarriere. Hetero-pn-Übergänge zeigen einen erhöhten Injektionswirkungsgrad entweder für Elektronen oder Löcher, abhängig von der relativen Größe der Bandlückenenergie der angrenzenden Materialien. Übergänge vom selben Leitungstyp werden häufig benutzt, um durch Aufbringen eines Materials mit kleinem Bandabstand ohmsche Kontaktierung zu erleichtern.

9.1 Energiebanddiagramme

9.1.1 Leitungs- und Valenzbanddiskontinuitäten

Bild 9.1 zeigt das Energiebanddiagramm zweier isolierter Halbleiter vor der Ausbildung eines Heteroübergangs. Wir nehmen an, daß die beiden Halbleiter verschiedene Energielücken W_{g1} und W_{g2} und auch verschiedene Dielektrizitätskonstanten ϵ_1 und ϵ_2, Austrittsarbeiten $q\phi_1$ und $q\phi_2$ und Elektronenaffinitäten $q\chi_1$ und $q\chi_2$ besitzen. Die Austrittsarbeit ist definiert als diejenige Energie, die

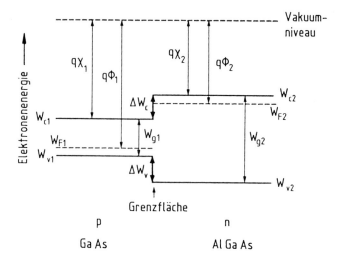

Bild 9.1: Energiebanddiagramm für zwei isolierte Halbleiter mit unterschiedlichem Bandabstand

benötigt wird, um ein Elektron vom Fermi-Niveau in einen freien, ungebundenen Zustand mit verschwindender kinetischer Energie, das Vakuumniveau, zu befördern. Die Elektronenaffinität ist diejenige Energie, die nötig ist, um ein Elektron von der Leitungsbandkante W_c ins Vakuumniveau anzuheben. Die Elektronenaffinität ist für nichtentartete Halbleiter weitgehend unabhängig von der Störstellenkonzentration. Sie läßt sich durch Photoemissionsexperimente oder weniger genau durch Kapazitätsmessungen bestimmen. Die Energiedifferenz der Leitungsbandkanten der beiden Halbleiter wird mit ΔW_c bezeichnet. Bild 9.1 zeigt, daß $\Delta W_c = q|\chi_1 - \chi_2|$ gilt. Führt man in derselben Weise die Valenzbanddifferenz ΔW_v ein, kann man aus der Abbildung die einfache aber wichtige Beziehung

$$\Delta W_c + \Delta W_v = |W_{g2} - W_{g1}| \tag{9.1}$$

ablesen. Für das System GaAs-AlGaAs ist mit einer relativen Leitungsbanddifferenz von

$$\Delta W_c / |W_{g1} - W_{g2}| \approx 0.65 \tag{9.2}$$

zu rechnen, die weitgehend unabhängig vom Aluminiumgehalt ist. Entsprechend gilt für den Valenzbandsprung

$$\Delta W_v / |W_{g1} - W_{g2}| \approx 0.35 \quad . \tag{9.3}$$

Es soll nicht verschwiegen werden, daß derzeit noch keine endgültige Klarheit über die genaue Größe der Banddiskontinuitäten besteht.

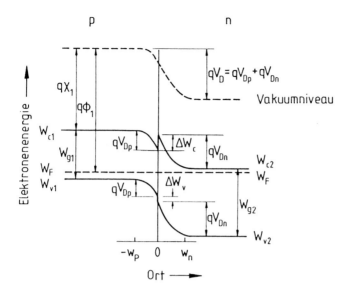

Bild 9.2: Energiebandverlauf eines idealen abrupten pn-Übergangs im thermischen Gleichgewicht

Bild 9.2 zeigt den Bandverlauf im thermischen Gleichgewicht für einen idealen abrupten Übergang. Rekombinationszentren an der Grenzfläche sind vernachlässigt. Zur Konstruktion des Diagramms wird benutzt, daß das Fermi-Niveau im thermischen Gleichgewicht konstant ist und daß das Vakuumniveau stetig und parallel zu den Bandkanten ist. Dadurch ergibt sich ein Sprung im Verlauf der Leitungs- und Valenzbandkanten. Die Größe der Diskontinuitäten ΔW_c und ΔW_v ist unabhängig von der Dotierung, solange die Elektronenaffinität und Bandlücke nicht von der Dotierung abhängen, wie es für nichtentartete Halbleiter der Fall ist.

Besitzt der n-Halbleiter eine größere Energielücke als der p-Halbleiter, wie in Bild 9.2 dargestellt, bildet sich eine Spitze im Verlauf der Leitungsbandkante aus. Im benachbarten Einschnitt im p-Halbleiter können sich Elektronen ansammeln, was zur Ausbildung eines zweidimensionalen Elektronengases führt. Bei umgekehrten Bandverhältnissen kann man entsprechend ein zweidimensionales Löchergas erzeugen.

9.1.2 Diffusionsspannung

Im thermischen Gleichgewicht ist das Fermi-Niveau überall konstant. Die Einstellung des Gleichgewichts erfolgt durch Diffusion freier Ladungsträger über die Grenzfläche hinweg. Dadurch bildet sich ein elektrisches Feld aus, das das Vakuumniveau verschiebt aber auch zur Verbiegung der Bandkanten führt. Das durch das Feld aufgebaute Diffusionspotential entspricht gerade der Differenz der Fermi-Niveaus der isolierten Halbleiter

$$q V_D = W_{F2} - W_{F1} = W_{g1} + \Delta W_c - (W_{c2} - W_F) - (W_F - W_{v1}) \quad , \quad (9.4)$$

wobei die rechte Gleichheit aus Bild 9.1 abzulesen ist. Die Lage des Fermi-Niveaus ergibt sich aus der Neutralitätsbedingung

$$n + N_A^- = p + N_D^+ \quad , \tag{9.5}$$

wobei noch (für nichtentartete Halbleiter) das Massenwirkungsgesetz $np = n_i^2$ zu berücksichtigen ist und sich die Ladungsträgerdichten gemäß Abschnitt 7.5 aus dem Integral über Zustandsdichte und Besetzungswahrscheinlichkeit ergeben. Bei Nichtentartung gilt nach Kapitel 7

$$n = N_c \exp\{(W_{Fc} - W_c)/(kT)\} \quad , \tag{9.6}$$

$$p = N_v \exp\{(W_v - W_{Fv})/(kT)\} \quad , \tag{9.7}$$

wobei die Quasifermi-Niveaus im thermodynamischen Gleichgewicht zusammenfallen $W_F = W_{Fc} = W_{Fv}$. Einsetzen von (9.6) und (9.7) in (9.4) liefert dann für die Diffusionsspannung V_D im Falle nichtentarteter Halbleiter

$$q V_D = W_{g1} + \Delta W_c + kT \ln(n_2/N_{c2}) + kT \ln(p_1/N_{v1}) \quad . \tag{9.8}$$

9.2 Abrupter Übergang im Gleichgewicht

9.2.1 Stromdichten

Wir betrachten einen pn-Übergang im thermodynamischen Gleichgewicht, wie er in Bild 9.3 dargestellt ist. Wegen des Konzentrationsgradienten wird bei der Ausbildung des Übergangs Diffusion von Elektronen und Löchern über die Grenzfläche hinweg erfolgen. Die zugehörigen Diffusionsstromdichten sind in einem eindimensionalen Modell

$$j_{pD} = -q D_p dp/dx \tag{9.9}$$

für Löcher und

$$j_{nD} = q D_n dn/dx \tag{9.10}$$

für Elektronen. Die Löcher der p-Seite und die Elektronen der n-Seite, die über die Grenzfläche hinweg diffundieren, rekombinieren und bilden dadurch

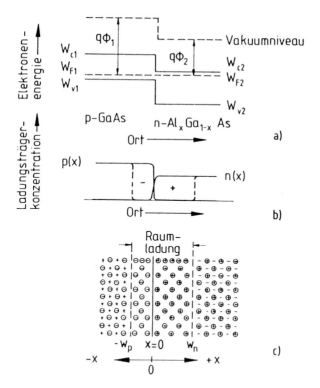

Bild 9.3: Ausbildung der Raumladungszone bei einem Hetero-pn-Übergang. a) Bandverlauf unmittelbar nach dem Zusammenbringen der beiden Halbleiter, b) Anfangsverteilung (durchgezogen) und Endverteilung (gestrichelt) der Elektronen und Löcher, c) Bildung der Raumladungszone nach der Diffusion der freien Ladungsträger

eine Zone aus, die an freien Ladungsträgern verarmt ist und nur unbewegliche geladene Akzeptoren oder Donatoren enthält. Diese Raumladungszone in der Nähe der Grenzfläche erzeugt ein elektrisches Feld F, das der Diffusionsbewegung entgegenwirkt. Die durch das Feld hervorgerufenen Löcher- und Elektronendriftstromdichten sind gegeben durch

$$j_{pF} = q\mu_p pF \qquad (9.11)$$

und

$$j_{nF} = q\mu_n nF \quad . \qquad (9.12)$$

Diffusionskonstante D und Beweglichkeit μ hängen in nichtentarteten Halbleitern über die Einstein-Relation zusammen

$$D_{p,n} = \mu_{p,n} kT/q \quad . \qquad (9.13)$$

Im detaillierten thermodynamischen Gleichgewicht kompensieren sich gerade die Diffusions- und Driftstromdichten der Elektronen und Löcher. Das bedeutet

$$j_p = q\mu_p pF - qD_p dp/dx = 0 \quad , \tag{9.14}$$

$$j_n = q\mu_n nF + qD_n dn/dx = 0 \tag{9.15}$$

und ergibt für die Feldstärke

$$F = \frac{kT}{q}\frac{dp/dx}{p} \tag{9.16}$$

bzw.

$$F = -\frac{kT}{q}\frac{dn/dx}{n} \quad . \tag{9.17}$$

Da im thermodynamischen Gleichgewicht das Fermi-Niveau horizontal verläuft, liefert der Vergleich mit (9.6) bzw. (9.7) für nichtentartete Halbleiter

$$qF = dW_c/dx = dW_v/dx \quad . \tag{9.18}$$

Diese Beziehung gilt überall außer bei $x = 0$, wo sich die effektiven Zustandsdichten bei einem Heteroübergang im allgemeinen unstetig ändern. Unstetigkeiten erwartet man dort auch für die Trägerdichten. Die Neigung der Bandkanten bestimmt das elektrische Feld. Ordnet man dem elektrischen Feld ein Potential V gemäß

$$F = -dV/dx \tag{9.19}$$

zu, erkennt man, daß negatives Potential und Bandkanten parallel verlaufen, denn für die Differentiale gilt

$$dW_c = dW_v = -qdV \quad . \tag{9.20}$$

Aber es kann auch vorkommen, daß an Stellen, an denen das Potential nicht differenzierbar ist, Sprünge im Bandverlauf auftreten.

9.2.2 Potentialverlauf am abrupten Heteroübergang

Bei eindimensionaler Betrachtung besteht zwischen Verschiebungsdichte $\epsilon\epsilon_0 F$ und Ladungsdichte ρ nach der Maxwell-Gleichung (2.3) die Beziehung

$$\epsilon\epsilon_0 dF/dx = \rho \quad . \tag{9.21}$$

Die Ladungsdichte setzt sich aus den einzelnen Trägerdichten der ionisierten Akzeptoren N_A^-, ionisierten Donatoren N_D^+, Löcher p und Elektronen n zusammen. Einführung des Potentials liefert die Poisson-Gleichung

$$d^2V/dx^2 = -q(p - n + N_D^+ - N_A^-)/(\epsilon\epsilon_0) \quad . \tag{9.22}$$

Bild 9.4 zeigt schematisch den Verlauf der Ladung, des Feldes und des Potentials. Zur Lösung von (9.22) nimmt man üblicherweise an, daß die freien Ladungsträger in der Raumladungszone zu vernachlässigen sind. Der Raumladungsverlauf wird durch eine Treppenfunktion angenähert. Außerhalb der Grenzen $-w_p$ und w_n sollen keine Raumladungen auftreten. Die Grenzen werden nachträglich so bestimmt, daß alle Randbedingungen erfüllt sind. Zur Vereinfachung wollen wir noch annehmen, daß im p-Bereich der Sperrschicht nur Akzeptoren und im n-Bereich nur Donatoren vorkommen, welche jeweils vollständig ionisiert sind $(N_D = N_D^+, N_A = N_A^-)$. Die Dielektrizitätskonstanten ϵ_n und ϵ_p sind im allgemeinen in beiden Bereichen verschieden. Damit ergeben sich im Bereich

$$-w_p \leq x < 0 \,, \quad 0 < x \leq w_n$$

die Gleichungen

$$\frac{d^2V}{dx^2} = \frac{q}{\epsilon_p\epsilon_0}N_A \,, \quad \frac{d^2V}{dx^2} = -\frac{q}{\epsilon_n\epsilon_0}N_D \quad . \tag{9.23}$$

Außerhalb der Sperrschicht verschwindet unter den gemachten Voraussetzungen das Feld. Deshalb muß gelten

$$dV/dx|_{x=-w_p} = 0 \,, \quad dV/dx|_{x=w_n} = 0 \quad . \tag{9.24}$$

Mit diesen Randbedingungen liefert die einmalige Integration

$$\frac{dV}{dx} = \frac{q}{\epsilon_p\epsilon_0}N_A(x + w_p) \,, \quad \frac{dV}{dx} = -\frac{q}{\epsilon_n\epsilon_0}N_D(x - w_n) \quad . \tag{9.25}$$

Nochmalige Integration führt auf

$$V(x) = V(-w_p) + \frac{q}{2\epsilon_p\epsilon_0}N_A(x + w_p)^2 \,, \quad V(x) = V(w_n) - \frac{q}{2\epsilon_n\epsilon_0}N_D(x - w_n)^2 \,. \tag{9.26}$$

Man erkennt aus (9.25) und (9.26) die lineare Feldstärkeabhängigkeit und den parabelförmigen Potentialverlauf, die bereits in Bild 9.4 dargestellt sind. Die freien Parameter $-w_p$ und w_n müssen nachträglich bestimmt werden. Bei $x = 0$ muß die dielektrische Verschiebung bei Vernachlässigung von Grenzflächenladungen stetig sein. Dies erfordert gemäß (9.25)

$$N_A w_p = N_D w_n \quad , \tag{9.27}$$

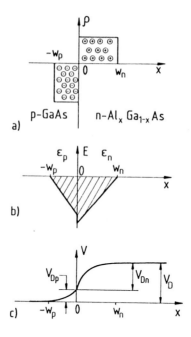

Bild 9.4: Abrupter pn-Heteroübergang.   a) Raumladung, b) Feldstärke, c) Potential

was besagt, daß die gesamten positiven und negativen Ladungen in der Sperr-schicht sich gerade aufheben. Stetigkeit der dielektrischen Verschiebung im Null-punkt erfordert einen (endlichen) Sprung in der elektrischen Feldstärke, der zu einem Knick im (ansonsten differenzierbaren) Potentialverlauf führt. Da bei dem zugrundegelegten Modell das Potential außerhalb der Sperrschicht hori-zontal verläuft, muß die gesamte Diffusionsspannung V_D über der Sperrschicht abfallen. Wegen der Stetigkeit des Potentialverlaufs muß die Summe der Po-tentialwölbungen im n- und p-Bereich gerade die Diffusionsspannung ergeben. Diese Überlegungen führen unter Berücksichtigung von (9.26) auf

$$V(w_n) - V(-w_p) = \frac{q}{2\epsilon_p\epsilon_0}N_A w_p^2 + \frac{q}{2\epsilon_n\epsilon_0}N_D w_n^2 = V_D \quad . \qquad (9.28)$$

Aus (9.27) und (9.28) lassen sich die Sperrschichtweiten berechnen. Es ergibt sich

$$w_p = \sqrt{\frac{2\epsilon_0 V_D}{qN_A}\frac{N_D\epsilon_n\epsilon_p}{N_D\epsilon_n + N_A\epsilon_p}} \qquad (9.29)$$

und

$$w_n = \sqrt{\frac{2\epsilon_0 V_D}{qN_D}\frac{N_A\epsilon_n\epsilon_p}{N_D\epsilon_n + N_A\epsilon_p}} \quad . \qquad (9.30)$$

Die Gesamtsperrschichtweite ist

$$w = w_n + w_p \quad .\tag{9.31}$$

9.2.3 Bandverlauf im thermodynamischen Gleichgewicht

Gemäß (9.20) verlaufen die Bandkanten parallel zum negativen Potential, überall dort wo das Potential stetig ist. An der Grenzfläche bei $x = 0$ hat das Potential für $\epsilon_n \neq \epsilon_p$ einen Knickpunkt; es kommt zu einem Sprung im Verlauf der Bandkanten, wie bereits in Bild 9.2 dargestellt. Die Größe des Sprungs beträgt ΔW_v im Valenzband und ΔW_c im Leitungsband und ergibt sich aus den im Zusammenhang mit Gleichung (9.4) angestellten Überlegungen und Bild 9.1. Die funktionale Form des Bandverlaufs ergibt sich aus (9.26). Legt man den Energienullpunkt willkürlich an die Valenzbandkante bei $x \to \infty$, so hat man (siehe auch Bild 9.2)

$$W_v(x) = \begin{cases} 0 & \text{für} \quad w_n \leq x < \infty \\ q^2 N_D (x - w_n)^2/(2\epsilon_n \epsilon_0) & \text{für} \quad 0 < x \leq w_n \\ qV_D + \Delta W_v - q^2 N_A (x + w_p)^2/(2\epsilon_p\epsilon_0) & \text{für} \quad -w_p \leq x < 0 \\ qV_D + \Delta W_v & \text{für} \quad x \leq -w_p \end{cases}\tag{9.32}$$

für den Verlauf der Valenzbandkante und

$$W_c(x) = \begin{cases} W_v(x) + W_{gn} & \text{für} \quad x > 0 \\ W_v(x) + W_{gp} & \text{für} \quad x < 0 \end{cases}\tag{9.33}$$

für den Verlauf der Leitungsbandkante. Dieser Bandverlauf ist in Bild 9.2 dargestellt.

9.3 Stromfluß über den pn-Heteroübergang

Die Aufteilung des Halbleiters in Sperrschichten und sperrschichtfreie Bereiche (Bahngebiete), die sich bei der Beschreibung des stromlosen Zustandes bewährt hat, wird auch bei Stromfluß beibehalten. Man wird erwarten, daß der Spannungsabfall überwiegend über der Raumladungszone erfolgen wird, da sie den größten Widerstand aufweist. Wir wollen deshalb für unsere Untersuchungen annehmen, daß die gesamte angelegte Spannung an der Raumladungszone abfällt und das elektrische Feld in den Bahngebieten zu vernachlässigen ist. Auch bei Anliegen einer äußeren Spannung sollen die Bahngebiete als quasineutral, also praktisch raumladungsfrei angesehen werden. Merkliche Raumladungen sollen sich ähnlich wie bei Metallen auf Randbezirke der Bahngebiete beschränken. Die Minoritätsträgerdichten sollen aber stets klein bleiben gegenüber der Dotierungs-

dichte. Schließlich soll auch bei Stromfluß der Beitrag der beweglichen Ladungsträger zur Raumladung im Sperrbereich näherungsweise zu vernachlässigen sein.

Die Forderung nach Quasineutralität bedeutet im n-Halbleiter

$$|N_D + p - n| \ll N_D + p \approx n \qquad (9.34)$$

und entsprechend im p-Halbleiter

$$|N_A + n - p| \ll N_A + n \approx p \quad . \qquad (9.35)$$

9.3.1   Potential-und Bandverlauf bei Stromfluß

An den pn-Übergang sei zunächst eine äußere Spannung V_a so angelegt, daß das
damit verbundene elektrische Feld F die ursprünglich vorhandene Diffusions-
feldstärke F_D teilweise kompensiert, die Potentialschwelle also abgebaut wird,
wie in Bild 9.5 veranschaulicht ist.

Die Höhe der Potentialschwelle wird gegenüber dem stromlosen Fall gerade um
den Betrag V_a der äußeren Spannung verringert. Aufgrund der gemachten An-
nahmen kann der Potentialverlauf wie im stromlosen Fall berechnet werden.
Man hat nur V_D durch $(V_D - V_a)$ zu ersetzen. Führt man $V(-w_p) = 0$ als
Bezugspotential ein, dann erhält man unter Berücksichtigung von (9.26) den
Potentialverlauf

$$V(x) = \begin{cases} 0 & \text{für} \quad x \leq -w_p \\ qN_A(x + w_p)^2/(2\epsilon_p\epsilon_0) & \text{für} \quad -w_p \leq x \leq 0 \\ (V_D - V_a) - qN_D(x - w_n)^2/(2\epsilon_n\epsilon_0) & \text{für} \quad 0 \leq x \leq w_n \\ (V_D - V_a) & \text{für} \quad w_n \leq x \quad , \end{cases} \qquad (9.36)$$

wobei für die Sperrschichtgrenzen jetzt die Ausdrücke

$$w_p = \sqrt{\frac{2\epsilon_0(V_D - V_a)}{qN_A} \frac{N_D\epsilon_n\epsilon_p}{N_D\epsilon_n + N_A\epsilon_p}} \qquad (9.37)$$

und

$$w_n = \sqrt{\frac{2\epsilon_0(V_D - V_a)}{qN_D} \frac{N_A\epsilon_n\epsilon_p}{N_D\epsilon_n + N_A\epsilon_p}} \qquad (9.38)$$

zu verwenden sind. Durch Anlegen einer Spannung in Vorwärtsrichtung $(V_a > 0)$
einer Diode wird sowohl die Potentialschwelle als auch die Sperrschichtaus-
dehnung verringert. Für $V_a \to V_D$ wäre die Potentialschwelle und damit die
Sperrschicht völlig verschwunden. In diesem Fall muß der Spannungsabfall

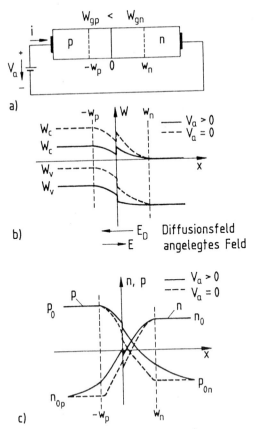

Bild 9.5: In Durchlaßrichtung belasteter pn-Übergang. a) Polarität der angelegten Spannung, b) Bandverlauf bei Vorhandensein von Banddiskontinuitäten: $W_{gp} < W_{gn}$, c) Konzentrationsverlauf, durchgezogene Kurve $j > 0$, gestrichelte Kurve $j = 0$. Die Änderung der Sperrschichtdicke wurde nicht mitgezeichnet

in den Bahngebieten berücksichtigt werden. Durch Anlegen einer Spannung in Rückwärtsrichtung ($V_a < 0$) vergrößert sich die Potentialschwelle und die Sperrschichtdicke.

Aus dem Potentialverlauf ergibt sich wie in Abschnitt 9.2.3 der Bandverlauf. An der Grenzfläche bei $x = 0$ gibt es Sprünge von ΔW_c im Leitungsband und ΔW_v im Valenzband, die dieselbe Größe haben wie im stromlosen Fall.

Bild 9.6 zeigt den Bandverlauf bei verschiedenen äußeren Spannungen für einen GaAs-Al$_{0.3}$Ga$_{0.7}$As pN-Übergang. Der große Buchstabe kennzeichnet das Material mit dem größeren Bandabstand. Für die gewählten Konzentrationen sind die Halbleiter nahe der Entartung. Bei vollständiger Ionisierung sind die

Störstellendichten praktisch mit den angegebenen Majoritätsträgerdichten identisch, soweit keine Kompensation vorliegt. Zur Berechnung der Bandkantensprünge wurde $\Delta W_c / |W_{g2} - W_{g1}| = 0.65$ und $\Delta W_v / |W_{g2} - W_{g1}| = 0.35$ angenommen. Außerdem wurde für direkte $Al_x Ga_{1-x} As$-Halbleiter mit $x < 0.45$ die Bandlücke gemäß $W_g = (1.424 + 1.247x)$ eV bestimmt ($T = 300$ K). Die relativen Dielektrizitätskonstanten sind $\epsilon_{GaAs} = 13.1$ und $\epsilon_{AlAs} = 10.1$. Durch lineare Interpolation ergibt sich $\epsilon = 13.1 - 3.0x$ für $Al_x Ga_{1-x} As$.

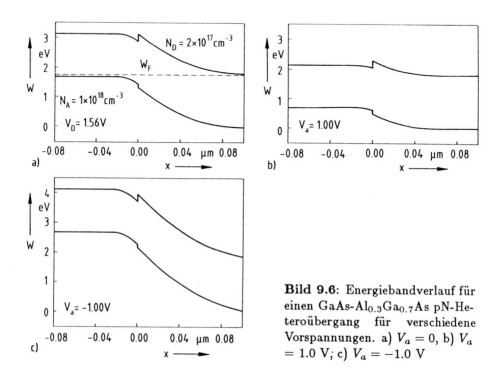

Bild 9.6: Energiebandverlauf für einen GaAs-$Al_{0.3}Ga_{0.7}$As pN-Heteroübergang für verschiedene Vorspannungen. a) $V_a = 0$, b) $V_a = 1.0$ V; c) $V_a = -1.0$ V

Interessant zum Vergleich sind die Bandverläufe für einen GaAs-$Al_{0.3}Ga_{0.7}$As nP-Heteroübergang, die in Bild 9.7 dargestellt sind. Im Gegensatz zu Bild 9.6 bildet sich jetzt eine Spitze im Valenzbandverlauf aus. Auch ist die Diffusionsspannung kleiner geworden. Für negative Vorspannung beobachtet man eine starke Bandverbiegung. Für eine positive Vorspannung von 1 V ist dagegen die Bandverbiegung bereits stark unterdrückt.

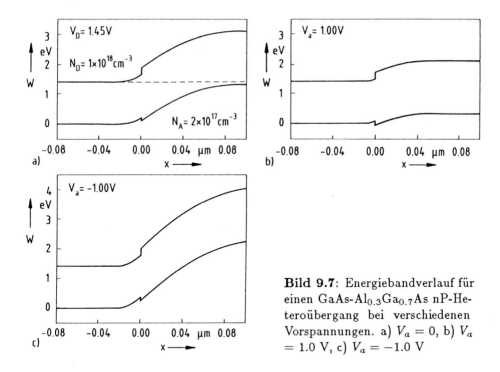

Bild 9.7: Energiebandverlauf für einen GaAs-Al$_{0.3}$Ga$_{0.7}$As nP-Heteroübergang bei verschiedenen Vorspannungen. a) $V_a = 0$, b) $V_a = 1.0$ V, c) $V_a = -1.0$ V

9.3.2 Ladungsträgerdichten in der Sperrschicht

Für die Ladungsträgerdichte wollen wir in allererster Näherung annehmen, daß sie durch Integration von (9.16) bzw. (9.17) unter Berücksichtigung von (9.19) mit dem Potential (9.36) zusammenhängt. Beiträge des Stroms zur Trägerdichte werden hierbei vernachlässigt. Wir erhalten unter den gemachten Näherungen eine Boltzmann-Verteilung für die Trägerdichten mit einem Sprung an der Banddiskontinuität bei $x = 0$, die sich bei vollständiger Ionisierung der Störstellenatome schreibt

$$n(x) = \begin{cases} n_{ip}^2 \exp\{q(V_a + V(x))/(kT)\}/N_A & \text{für} \quad -w_p \leq x < 0 \\ N_D \exp\{q(V_a + V(x) - V_D)/(kT)\} & \text{für} \quad 0 < x \leq w_n \end{cases} \tag{9.39}$$

und

$$p(x) = \begin{cases} N_A \exp\{-qV(x)/(kT)\} & \text{für} \quad -w_p \leq x < 0 \\ n_{in}^2 \exp\{q(V_D - V(x))/(kT)\}/N_D & \text{für} \quad 0 < x \leq w_n \end{cases} \tag{9.40}$$

Hierbei bezeichnen n_{in} bzw. n_{ip} die intrinsischen Ladungsträgerdichten im n- bzw. p-Bereich. An den Rändern der Raumladungszone findet man

$$n(-w_p) = n_{ip}^2 \exp\{qV_a/(kT)\}/N_A , \quad n(w_n) = N_D \qquad (9.41)$$

und

$$p(-w_p) = N_A , \quad p(w_n) = n_{in}^2 \exp\{qV_a/(kT)\}/N_D \quad . \qquad (9.42)$$

Bei Stromfluß in Vorwärtsrichtung durch die Diode für $V_a > 0$ sind die Minoritätsträgerdichten $n(-w_p)$ und $p(w_n)$ gegenüber den Gleichgewichtswerten n_{0p} und p_{0n} bei $V_a = 0$ erhöht. Dies geht bereits aus dem Konzentrationsverlauf des Bildes 9.5c) hervor. In Materialien mit großem Bandabstand ist n_i vergleichsweise klein, und dementsprechend klein ist dann auch die Minoritätsträgerdichte am Sperrschichtrand. Minoritätsträger werden also bevorzugt von einem Halbleiter mit großem Bandabstand in einen mit kleinem Bandabstand injiziert.

Die Banddiskontinuitäten bei $x = 0$ führen zu einem Sprung in der Trägerdichteverteilung, die man aus den Beziehungen (9.6) und (9.7) ablesen kann. Wir führen die Abkürzungen $n_+ = \lim_{x \to +0} n(x), n_- = \lim_{x \to -0} n(x)$ und entsprechend p_+ und p_- ein. Stetigkeit der Quasifermi-Energien W_{Fc} und W_{Fv} bei $x = 0$ liefert mit den effektiven Zustandsdichten N_{cn} und N_{cp} auf der n- und p-Seite für den Elektronendichtesprung

$$\Delta n = n_- - n_+ = n_+ \left(N_{cp} \exp\{\Delta W_c/(kT)\}/N_{cn} - 1 \right) \quad . \qquad (9.43)$$

Setzt man für n_+ und n_- Ausdrücke aus (9.39) ein, ergibt sich mit (9.36) eine explizite Abhängigkeit des Elektronendichtesprungs von der Vorspannung V_a, und mit (9.43) folgt weiter der Zusammenhang

$$N_{cn} n_{ip}^2 \exp\{-\Delta W_c/(kT)\}/(N_A N_{cp}) = N_D \exp\{-qV_D/(kT)\} \quad , \qquad (9.44)$$

der für $\Delta W_c = 0$ in eine bekannte Beziehung für homogene pn-Übergänge übergeht. Analog zu (9.43) ergibt sich für den Sprung in der Löcherdichte bei $x = 0$

$$\Delta p = p_- - p_+ = p_+ \left(N_{vp} \exp\{\Delta W_v/(kT)\}/N_{vn} - 1 \right) \quad , \qquad (9.45)$$

und es folgt weiter

$$N_{vp} n_{in}^2 \exp\{\Delta W_v/(kT)\}/(N_D N_{vn}) = N_A \exp\{-qV_D/(kT)\} \quad . \qquad (9.46)$$

Das Verhältnis der intrinsischen Trägerdichten ist damit

$$\frac{n_{ip}^2}{n_{in}^2} = \frac{N_{cp}N_{vp}}{N_{cn}N_{vn}} \exp\{(\Delta W_c + \Delta W_v)/(kT)\} \quad . \tag{9.47}$$

9.3.3 Ladungsträgerdichten im Bahngebiet

Bild 9.8 zeigt anschaulich den Stromverlauf im Bändermodell bei Vorspannungen in Durchlaßrichtung. Die an den gegenüberliegenden Rand der Sperrschicht gelangenden Minoritätsträger rekombinieren im angrenzenden Bahngebiet mit Majoritätsträgern und erhalten so den Stromfluß aufrecht. Rekombination in der Sperrschicht (gestrichelt angedeutet) wollen wir der Einfachheit halber unberücksichtigt lassen. Durch die Rekombination im Bahngebiet bildet sich ein Konzentrationsgefälle der Minoritätsträger aus, das bei Vernachlässigung des elektrischen Feldes im Bahnbereich zu Minoritätsträgerdiffusionsströmen $j_n = q D_n \, dn/dx$ bzw. $j_p = -q D_p \, dp/dx$ führt. Im stationären Fall ($\partial n/\partial t = \partial p/\partial t = 0$) verlangt die Kontinuitätsgleichung, daß die örtliche Änderung des Stromes, abgesehen von der Elementarladung, gerade gleich den jeweiligen Rekombinationsraten r_n und r_p ist. Es gilt demnach

$$dj_n/dx = qr_n = q(n - n_0)/\tau_n \quad \text{für } x < -w_p \quad , \tag{9.48}$$

$$dj_p/dx = -qr_p = -q(p - p_0)/\tau_p \quad \text{für } x > w_n \quad , \tag{9.49}$$

wobei für die Rekombinationsraten einfache Gesetzmäßigkeiten mit Trägerlebensdauern τ_n und τ_p angesetzt sind. Für die Trägerdichten selbst ergeben sich die einfachen Differentialgleichungen

$$d^2n/dx^2 = (n - n_0)/(D_n\tau_n) \quad , \tag{9.50}$$

$$d^2p/dx^2 = (p - p_0)/(D_p\tau_p) \quad , \tag{9.51}$$

wobei $L_n = \sqrt{D_n\tau_n}$ und $L_p = \sqrt{D_p\tau_p}$ als Diffusionslängen zu interpretieren sind. Sie sind ein Maß für die mittleren Längen, die die Teilchen während ihrer Lebensdauer infolge Diffusion zurücklegen. Lösungen der beiden Differentialgleichungen mit den korrekten Randbedingungen sind

$$n(x) - n_{0p} = (n(-w_p) - n_{0p}) \exp\{(x + w_p)/L_n\} \quad \text{für } x < -w_p \tag{9.52}$$

und

$$p(x) - p_{0n} = (p(w_n) - p_{0n}) \exp\{-(x - w_n)/L_p\} \quad \text{für } w_n < x \quad . \tag{9.53}$$

Am Sperrschichtrand auftretende Abweichungen von der Gleichgewichtskonzentration nehmen also zum Halbleiterinnern hin exponentiell ab. Unter Zuhilfe-

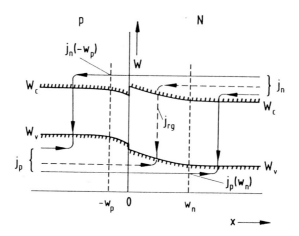

Bild 9.8: Zur anschaulichen Deutung des Stromflusses über einen pN-Übergang bei Durchlaßbelastung (schematisch). j_{rg} berücksichtigt Rekombination und Generation in der Sperrschicht

nahme von (9.41) und (9.42) lassen sich die Beziehungen noch umformulieren in

$$n(x) - n_{0p} = n_{0p} \left(\exp\{qV_a/(kT)\} - 1\right) \exp\{(x + w_p)/L_n\} \qquad (9.54)$$

und

$$p(x) - p_{0n} = p_{0n} \left(\exp\{qV_a/(kT)\} - 1\right) \exp\{-(x - w_n)/L_p\} \quad , \qquad (9.55)$$

wobei

$$n_{0p} = n_{ip}^2/N_A \qquad (9.56)$$

und

$$p_{0n} = n_{in}^2/N_D \qquad (9.57)$$

die Minoritätsträgerdichten im Gleichgewicht bedeuten.

9.3.4 Elektronen- und Löcherstromdichten

Aus den Trägerdichten im Bahngebiet ergeben sich die Minoritätsträgerstromdichten unter Berücksichtigung von (9.9) und (9.10) zu

$$j_p(x) = (p(x) - p_{0n})\mu_p kT/L_p \quad \text{für} \quad x > w_n \qquad (9.58)$$

und

$$j_n(x) = (n(x) - n_{0p})\mu_n kT/L_n \quad \text{für } x < -w_p \quad . \tag{9.59}$$

Am Sperrschichtrand gilt mit (9.55)

$$j_p(w_n) = \frac{\mu_p kT n_{in}^2}{L_p N_D}(\exp\{qV_a/(kT)\} - 1) \tag{9.60}$$

und mit (9.54)

$$j_n(-w_p) = \frac{\mu_n kT n_{ip}^2}{L_n N_A}(\exp\{qV_a/(kT)\} - 1) \quad . \tag{9.61}$$

Die Gesamtstromdichte j erhält man, indem j_n und j_p an ein und derselben Stelle, beispielsweise bei $x = w_n$, addiert werden. Da im benutzten einfachsten Modell die Sperrschicht als rekombinationsfrei angenommen wurde, ändern sich im stationären Fall wegen der Kontinuitätsgleichung die Stromdichten j_n und j_p innerhalb der Sperrschicht nicht. Es gilt folglich

$$j = j_p(w_n) + j_n(-w_p) = j_0(\exp\{qV_a/(kT)\} - 1) \quad , \tag{9.62}$$

wobei

$$j_0 = \mu_p kT n_{in}^2/(L_p N_D) + \mu_n kT n_{ip}^2/(L_n N_A) \tag{9.63}$$

die Sättigungsstromdichte bezeichnet. Der Einfluß des Heteroübergangs läßt sich durch das Verhältnis

$$j_n/j_p = \mu_n L_p N_D n_{ip}^2/(\mu_p L_n N_A n_{in}^2) \tag{9.64}$$

charakterisieren. Für einen GaAs-Al$_{0.3}$Ga$_{0.7}$As pN-Übergang ist das Verhältnis $n_{ip}^2/n_{in}^2 = 9 \cdot 10^5$, so daß der Elektronenstrom viel größer wird als der Löcherstrom. Injektion erfolgt also vorwiegend aus dem Material mit größerem Bandabstand in das Material mit geringerem Bandabstand, wenn sich die Störstellenkonzentrationen nicht zu sehr unterscheiden. Durch Einführung expliziter Ausdrücke für die intrinsischen Ladungsträgerkonzentrationen aus Kapitel 7 läßt sich (9.64) noch umschreiben in

$$j_n/j_p = \frac{\mu_n L_p N_D}{\mu_p L_n N_A}\frac{(m_{h,p} m_{e,p})^{3/2}}{(m_{h,n} m_{e,n})^{3/2}}\exp\{(W_{g2} - W_{g1})/(kT)\} \quad , \tag{9.65}$$

wobei $m_{h,p}$ und $m_{e,p}$ die effektiven Löcher- und Elektronenmassen auf der p-Seite und $m_{h,n}$ und $m_{e,n}$ die entsprechenden Größen auf der N-Seite sind. Die Bandlücke auf der N-Seite ist W_{g2}, die auf der p-Seite W_{g1}. Da bei Raumtemperatur $kT \approx 25$ meV ist, dominiert der Exponentialterm schon bei relativ kleinen

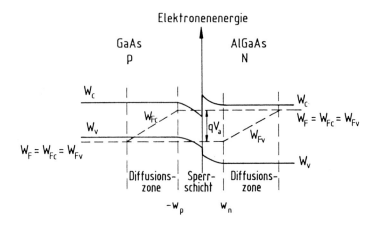

Bild 9.9: Bandkanten und Quasifermi-Energien (schematisch)

Unterschieden in der Bandlückenenergie. Deshalb überwiegt meistens die Injektion von Ladungsträgern vom Material mit größerer Bandlücke in das Material mit kleinerer Bandlücke.

9.3.5 Quasifermi-Niveaus

Vergleicht man (9.39) und (9.6) oder (9.40) und (9.7) und beachtet, daß $W_c(x) = W_v(x) + const = -qV(x) + const$ gilt, so ergibt sich im Raumladungsbereich unter Beachtung von (9.44) und (9.46) ein konstanter Verlauf der Quasifermi-Niveaus W_{Fc} und W_{Fv}. Verglichen mit dem Gleichgewichtswert hat sich die Trägerdichte der Majoritäten im Bahngebiet nicht geändert. Für $x \to \infty$ stimmt der Abstand $W_c - W_{Fc}$ mit dem Gleichgewichtswert überein, dasselbe gilt für $W_{Fv} - W_v$ im Grenzfall $x \to -\infty$. Dies erfordert eine Energiedifferenz von qV_a zwischen beiden Niveaus. Wie man aus (9.41) und (9.42) abliest, sind bei Vorwärtspolung die Minoritätsträgerdichten an den Grenzen der Raumladungszone gegenüber den Gleichgewichtswerten erhöht. Die Abweichungen entsprechen bei $x = -w_p$ gerade einer Verminderung des Abstands zwischen Leitungsbandkante W_c und Quasifermi-Niveau W_{Fc} um qV_a, verglichen mit dem Gleichgewichtsverlauf. Entsprechendes gilt für das Valenzband. Die Lagen der Niveaus sind in Bild 9.9 illustriert.

In den Diffusionszonen der Bahngebiete hat man (9.6) und (9.54) oder (9.7) und (9.55) zu vergleichen. Für $n \gg n_{0p}$ ergibt der Vergleich für den Bereich $x < -w_p$

$$W_{Fc} - W_c = \frac{(x + w_p)kT}{L_n} + qV_a - kT \ln \frac{N_c}{n_{0p}} \quad . \tag{9.66}$$

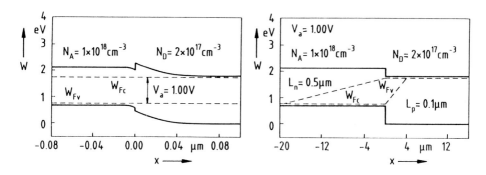

Bild 9.10: Berechneter Verlauf der Bandkanten und der Quasifermi-Niveaus für einen GaAs-Al$_{0.3}$Ga$_{0.7}$As pN-Heteroübergang bei Spannung in Vorwärtsrichtung. Man beachte die unterschiedliche Skalierung der x-Achse in beiden Teilbildern

Entsprechend gilt für $p \gg p_{0n}$ im Bereich $x > w_n$

$$W_v - W_{Fv} = -\frac{(x - w_n)kT}{L_p} + qV_a - kT \ln \frac{N_v}{p_{0n}} \quad . \qquad (9.67)$$

Der lineare Abfall bzw. Anstieg der Quasifermi-Niveaus im Diffusionsbereich (für $n \gg n_{0p}$ bzw. $p \gg p_{0n}$) ist ebenfalls in Bild 9.9 dargestellt. Fernab vom pN-Übergang gehen die Quasifermi-Niveaus in die Fermi-Niveaus über.

Entscheidend ist, daß man durch Stromfluß über einen pn-Übergang die Differenz der Quasifermi-Niveaus W_{Fc} und W_{Fv} steuern kann. Damit ändert sich aber gemäß Kapitel 8 die Absorption des Materials in der Nähe des pn-Übergangs. Bei Stromfluß in Vorwärtsrichtung nimmt die Absorption ab. Bei hinreichend großem Spannungsabfall in Vorwärtsrichtung und entsprechender Dotierung läßt sich die Bedingung für Verstärkung erfüllen. Wie die Verläufe der Bandkanten und der Quasifermi-Energien für Vorwärtsrichtung zeigen, sind Heteroübergänge zur Erzielung von Verstärkung hilfreich. Durch Anlegen einer Spannung in Sperrichtung kann man andererseits die Absorption offenbar vergrößern. Bild 9.10 zeigt den berechneten Verlauf der Bandkanten und der Quasifermi-Niveaus für einen GaAs-Al$_{0.3}$Ga$_{0.7}$As pN-Heteroübergang.

9.3.6 Kapazität des Heteroübergangs

Kapazitätsmessungen an pn-Heteroübergängen bieten eine einfache Möglichkeit zur Bestimmung der Banddiskontinuitäten. Die pro Flächeneinheit am Übergang gespeicherte Ladung Q ist nach Bild 9.4 und (9.27) gegeben durch

$$|Q| = qN_A w_p = qN_D w_n \quad . \tag{9.68}$$

Einsetzen von (9.37) oder (9.38) ergibt für den hier vorausgesetzten abrupten pn-Übergang

$$|Q| = \sqrt{\frac{2q\epsilon_n \epsilon_p \epsilon_0 (V_D - V_a) N_D N_A}{N_D \epsilon_n + N_A \epsilon_p}} \quad . \tag{9.69}$$

Die flächenspezifische Kapazität $\bar{c} = d|Q|/|dV_a|$ ist damit

$$\bar{c} = \left| \frac{dQ}{d(V_D - V_a)} \right| = \sqrt{\frac{q\epsilon_n \epsilon_p \epsilon_0 N_D N_A}{2(V_D - V_a)(N_D \epsilon_n + N_A \epsilon_p)}} \quad . \tag{9.70}$$

Trägt man $1/\bar{c}^2$ über der Vorspannung V_a auf, so ergibt sich eine lineare Abhängigkeit von $(V_D - V_a)$. Extrapolation für $1/\bar{c}^2 = 0$ ergibt die Diffusionsspannung V_D. Bei bekannter Lage der Fermi-Niveaus relativ zu den Bandkanten im Volumenbereich des p- bzw. n-Materials kann man bei bekanntem V_D mit Hilfe von (9.4) die Leitungsbanddiskontinuität ΔW_c bestimmen. Wegen der unsicheren Extrapolation ist das Verfahren aber nicht sehr genau.

9.4 Doppelheterostrukturen

Doppelheterostrukturen sind unerläßlich für kontinuierlich betriebene Laserdioden. Hierbei kommt es darauf an, Elektronen in einem eng begrenzten Bereich zu speichern. Es zeigt sich, daß dieser Bereich sowohl im AlGaAs- wie im InGaAsP-System gleichzeitig einen erhöhten Brechungsindex aufweist und damit den Aufbau optischer Wellenleiter gestattet.

9.4.1 Isotype Heteroübergänge

Wir unterscheiden pP- und nN-Übergänge. Die Bandverläufe werden ähnlich berechnet wie bei Übergängen von verschiedenem Typ. Wichtig bleiben die Energiebandsprünge ΔW_c für das Leitungsband und ΔW_v für das Valenzband. Ohne äußere Spannung ist außerdem das Fermi-Niveau konstant.

Wir betrachten zunächst pP-Übergänge, wie in Bild 9.11 dargestellt. Das Fermi-Niveau liegt in der Nähe der Valenzbandkante. Die Bandverbiegung in der Nähe des Heteroübergangs ist gegeben durch die Differenz der Fermi-Niveaus im p- bzw. P-Halbleiter fernab von der Grenzfläche. Analog zu (9.4) ergibt sich für

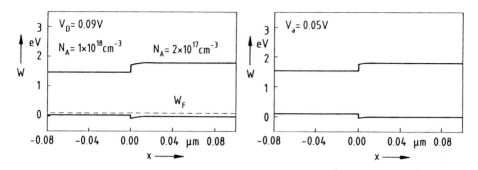

Bild 9.11: Energiebandverlauf für einen pP-Übergang in GaAs-Al$_{0.3}$Ga$_{0.7}$As

die Diffusionsspannung

$$qV_D = W_{F2} - W_{F1} = (W_F - W_{v1}) - (W_F - W_{v2}) + \Delta W_v \quad . \qquad (9.71)$$

Die Raumladung zu beiden Seiten der Grenzfläche wird durch die beweglichen Löcher einerseits und die negativen Akzeptorrümpfe andererseits aufgebaut und ähnelt damit einem nichtsperrenden Metall-Halbleiterübergang. Für übliche Störstellenkonzentrationen ist die Diffusionsspannung V_D sehr klein. Dies wird auch aus dem Beispiel in Bild 9.11 deutlich, wo die Diffusionsspannung nur $V_D = 0.09$ V beträgt.

Ein nN-Übergang in Bild 9.12 zeigt einen ähnlichen Bandverlauf wie ein pP-Übergang. Wegen der unterschiedlichen Banddiskontinuitäten sind die auftretenden Diffusionsspannungen im allgemeinen größer. Im rechten Teilbild von Bild 9.12 ist gezeigt, daß eine positive Vorspannung zu einem rechteckförmigen Potentialsprung führen kann.

9.4.2 GaAs-AlGaAs-Doppelheterostrukturen

Energiebandstrukturen der Form NpP oder NnP, bei denen ein Material mit geringerem Bandabstand zwischen Materialien mit größerem Bandabstand eingebettet ist, werden für Laserdioden benötigt. Ausgenutzt wird die Speichermöglichkeit freier Ladungsträger in dem inneren Material kleinerer Bandlücke. Doppelheterostrukturen setzen sich aus einer anisotypen und einer isotypen Heterostruktur zusammen. Die Dicke der inneren Schicht beträgt bei gewöhnlichen Laserstrukturen 0.1 bis 0.3 μm.

Bild 9.13 zeigt den Bandverlauf einer NpP-Struktur ohne und mit äußerer Vorspannung. Der Np-Heteroübergang ist derselbe wie in Bild 9.6a), und der pP-

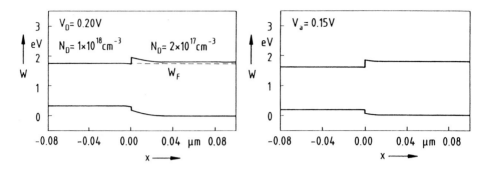

Bild 9.12: Energiebandverlauf für einen GaAs-Al$_{0.3}$Ga$_{0.7}$As nN-Heteroübergang

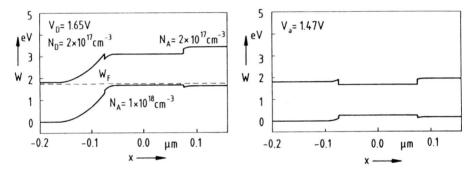

Bild 9.13: NpP-Doppelheterostruktur

Übergang ist aus Bild 9.11 bekannt. Die Leitungsbanddiskontinuität bildet eine Barriere für Elektronen am pP-Übergang. Bei Polung der Diode in Vorwärtsrichtung bleibt der überwiegende Teil der aus dem N-Bereich injizierten Elektronen im mittleren GaAs-Bereich und wird dort rekombinieren. Die Löcher werden durch die Valenzbanddiskontinuität an der Np-Grenzfläche an der Injektion in den N-Bereich gehindert. Der Potentialverlauf führt also zu einer Anhäufung freier Ladungsträger, genauer von Minoritäts- und Majoritätsträgern, in der dünnen Schicht mit dem geringeren Bandabstand.

Bild 9.14 zeigt einen ähnlichen Bandverlauf für eine NnP-Doppelheterostruktur. Der Nn-Heteroübergang stammt aus Bild 9.12, der nP-Übergang aus Bild 9.7. Das gesamte Diffusionspotential teilt sich auf beide Heteroübergänge auf, ebenso der Abfall einer äußeren Spannung. Bei passender Wahl von Dotierung und angelegter Spannung ergibt sich ein nahezu rechteckförmiger Potentialverlauf wie im rechten Teil von Bild 9.14. Hier ist ein optimaler Einschluß freier Ladungsträger zu erwarten. Die Überschußladungsträgerdichten sollten hier am größten sein.

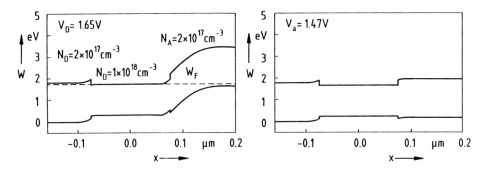

Bild 9.14: Energiebanddiagramm einer NnP-Doppelheterostruktur

9.4.3 Ladungsträgereinschluß

Eine der fundamentalen Eigenschaften von Heterostrukturen ist die Möglichkeit zur Speicherung von Minoritätsladungsträgern. Wir untersuchen hier speziell die Speicherung von Elektronen in Doppelheterostrukturen mit nahezu rechteckförmigem Potentialverlauf wie in den rechten Teilbildern 9.13 und 9.14. Die Höhen der Potentialwälle sind im wesentlichen durch die Leitungsbanddiskontinuitäten zwischen der mittleren GaAs-Schicht und den angrenzenden AlGaAs-Lagen und durch die restlichen Bandkrümmungen bestimmt.

Die Energieverteilung der Elektronen in der GaAs-Schicht ergibt sich aus dem Produkt von Zustandsdichte und Besetzungswahrscheinlichkeit. Wir nehmen vereinfachend an, daß die Besetzung des indirekten Bandes vernachlässigt werden kann. Für die Zustandsdichte im Leitungsband kann man dann nach (7.88) setzen

$$D_c(W) = \frac{1}{2\pi^2} \left(\frac{2m_e}{\hbar^2}\right)^{3/2} (W - W_c)^{1/2} \quad . \tag{9.72}$$

Für die Besetzungswahrscheinlichkeit nehmen wir wie üblich eine Quasifermi-Verteilung der Form

$$f_c = [1 + \exp\{(W - W_{Fc})/(kT)\}]^{-1} \tag{9.73}$$

an. Die spektrale Elektronendichte ist dann

$$dn(W)/dW = D_c(W)f_c(W) \quad . \tag{9.74}$$

Diese energieabhängige Elektronendichte ist in Bild 9.15 dargestellt. Hierbei wurde angenommen, daß die Gesamtzahl der injizierten Elektronen in der NpP-

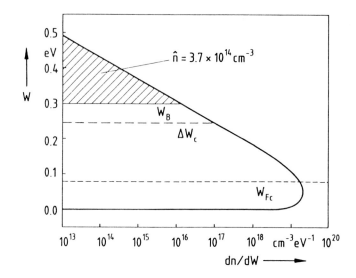

Bild 9.15: Spektrale Elektronendichteverteilung im direkten Leitungsband von GaAs bei einer Gesamtelektronendichte $n = 2 \cdot 10^{18}$ cm^{-3}. Die Leckelektronendichte $\hat{n}$ ist schraffiert. Die Gesamtbarrierenhöhe W_B setzt sich aus der Leitungsbanddiskontinuität ΔW_c und der restlichen Bandaufwölbung zusammen

Struktur gerade

$$n = \int_{W_c}^{\infty} \frac{dn(W)}{dW}\, dW = 2 \cdot 10^{18} \text{ cm}^{-3} \qquad (9.75)$$

beträgt. Schraffiert ist der Elektronenanteil, der eine höhere Energie hat als der seitliche Potentialwall der Höhe W_B. Die Gesamtzahl dieser energiereichen Elektronen ist durch

$$\hat{n} = \frac{1}{2\pi^2}\left(\frac{2m_e}{\hbar^2}\right)^{3/2} \int_{W_c+W_B}^{\infty} \frac{(W - W_c)^{1/2}}{1 + \exp\{(W - W_{Fc})/(kT)\}}\, dW \qquad (9.76)$$

gegeben. Für eine Gesamtbarrierenhöhe von $W_B = 0.3$ eV, die sich in Bild 9.13 aus der Leitungsbanddiskontinuität ΔW_c und der restlichen Bandaufwölbung am pP-Übergang zusammensetzt, und eine Gesamtelektronenzahl von $n = 2 \cdot 10^{18}$ cm^{-3} findet man $\hat{n} = 3.7 \cdot 10^{14}$ cm^{-3}, wobei Raumtemperatur vorausgesetzt wurde.

Die energiereichen Elektronen werden offenbar im Potentialwall der Doppelheterostruktur nicht eingefangen. Sie werden deshalb mit großer Wahrscheinlichkeit den Potentialtopf in Form eines Leckstroms verlassen und nicht zu strahlender Rekombination beitragen.

Die Berechnung des Leckstroms geht von der Annahme aus, daß dieser ein reiner Diffusionsstrom von Minoritätsladungsträgern in den Bahngebieten ist. Die injizierte Trägerdichte am Rande des Bahngebiets wird mit $\hat{n}$ identifiziert. Die Verteilung der Leckelektronen ist ähnlich wie in (9.52)

$$n(x) = n_{0p} + (\hat{n} - n_{0p}) \exp\{-x/L_n\} \quad , \qquad (9.77)$$

wobei die Injektion willkürlich bei $x = 0$ angenommen wurde. Der zugehörige Diffusionsstrom der Leckelektronen ist gemäß (9.10)

$$j_n(x = 0) = -q D_n (\hat{n} - n_{0p})/L_n \approx -q D_n \hat{n}/L_n \quad . \qquad (9.78)$$

Eine Abschätzung der Elektronenleckstromdichte liefert mit $\mu_n \approx 1000\,\mathrm{cm}^2/(\mathrm{Vs})$, $L_n = 0.5\,\mu\mathrm{m}$ und $\hat{n} = 3.7 \cdot 10^{14}\,\mathrm{cm}^{-3}$ den Wert $j_n(x = 0) \approx -30\,\mathrm{A/cm}^2$. Für den Leckstrom der Löcher gelten ähnliche Überlegungen. Aus Bild 9.13 liest man eine Gesamtbarrierenhöhe für die Löcher von 0.25 eV ab. Man erhält $\hat{p} \approx 5 \cdot 10^{14}\,\mathrm{cm}^{-3}$ und mit $L_p = 0.1\,\mu\mathrm{m}$ und $\mu_p \approx 230\,\mathrm{cm}^2/(\mathrm{Vs})$ eine Leckstromdichte der Löcher von $j_p(x = 0) \approx -50\,\mathrm{A/cm}^2$. Eine genauere Behandlung des Elektronenleckstroms muß noch die hier nicht betrachtete Besetzung der indirekten L- und X-Nebenminima im Leitungsband berücksichtigen.

Eine Elektronendichte von etwa $n = 2 \cdot 10^{18}\,\mathrm{cm}^{-3}$ ist ausreichend, um Verstärkung in GaAs zu erzielen. Die in Bild 9.15 dargestellten Verhältnisse sind deshalb gut auf den Betrieb einer Laserdiode zu übertragen. Der Leckstrom kann offenbar durch Erhöhung der Potentialschwelle, aber auch durch Absenken der Temperatur verringert werden.

Interessant ist noch der Fall der sogenannten Superinjektion. Aus N-AlGaAs mit einer Elektronendichte von nur $2 \cdot 10^{17}\,\mathrm{cm}^{-3}$ können so viel Elektronen in angrenzendes p-GaAs injiziert werden, daß die Ladungsträgerkonzentration Werte von $2 \cdot 10^{18}\,\mathrm{cm}^{-3}$ erreicht. Diese Beobachtung steht voll im Einklang mit (9.64) und ist Ausdruck der besonders effektiven Injektion von einem Material mit großem Bandabstand in ein Material mit kleinerer Energielücke. In der Praxis ist natürlich zu beachten, daß die Vorteile nicht eventuell durch Ladungsträgerrekombination an Grenzflächenzuständen zunichte gemacht werden. Glücklicherweise ist in gitterangepaßten AlGaAs-GaAs- und InGaAsP-InP-Übergängen die Grenzflächenrekombination weitestgehend zu vernachlässigen.

10 Laserdioden

In den vorangehenden Kapiteln haben wir gesehen, wie stimulierte Emission in Halbleitern zu beschreiben ist, wie man Wellenführung erreicht und wie Ladungsträgeranhäufung mit Doppelheterostruktur-pn-Übergängen zu erzielen ist. Alle diese Effekte spielen beim Aufbau von Laserdioden mit. Wir behandeln zunächst allgemeine Eigenschaften von Lasern, gehen dann auf spezielle Bauformen von Laserdioden ein und diskutieren einige charakteristische Eigenschaften.

10.1 Moden und Bilanzgleichungen

10.1.1 Fabry-Perot-Resonator

In Kapitel 8 haben wir gezeigt, daß man durch Zuführung von Energie, also durch Pumpen mit Licht oder durch einen elektrischen Strom, negative Absorption oder Verstärkung erreichen kann. Durch Rückkopplung in einem Resonator mit zwei ebenen Spiegeln läßt sich selbsterregte Oszillation oder Lasertätigkeit erzeugen.

Bild 10.1 zeigt schematisch die Ausbreitung ebener Wellen in einem Fabry-Perot-Resonator. Die Ausbreitungskonstante der monochromatischen Welle $\gamma = \alpha/2 + i\beta$ ist komplex. Eine einfallende, in y-Richtung polarisierte Welle mit der komplexen Amplitude E_{iy} wird an den im Abstand L befindlichen Spiegeln mehrfach hin und her reflektiert. Die Amplitudenreflexionsfaktoren r_1 und r_2 werden der Einfachheit halber reell angenommen. Die Amplitudentransmissionsfaktoren der einfallenden und austretenden Welle werden mit t_1 und t_2 bezeichnet. Die resultierende austretende Welle E_{ty} ergibt sich aus der Überlagerung der transmittierten Teilwellen. Wir erhalten

$$E_{ty} = t_1 t_2 E_{iy} \exp\{-\gamma L\} \sum_{\nu=0}^{\infty} \left[(r_1 r_2)^\nu \exp\{-2\nu\gamma L\} \right]$$

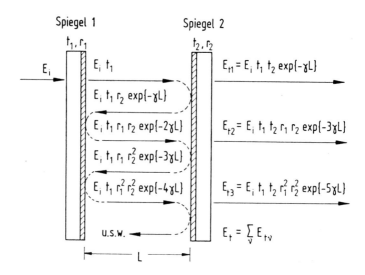

Bild 10.1: Fabry-Perot-Resonator und Wellenüberlagerung

$$= \; E_{iy} \frac{t_1 t_2 \exp\{-\gamma L\}}{1 - r_1 r_2 \exp\{-2\gamma L\}} \quad . \tag{10.1}$$

Da γ komplex ist, ist die Amplitude der transmittierten Welle eine periodische Funktion der Wellenzahl $\beta = 2\pi\bar{n}/\lambda$.

10.1.2   Schwellverstärkung und Resonatormoden

Wenn der Nenner in (10.1) null wird, erhält man für eine einfallende Welle endlicher Amplitude eine transmittierte Welle mit unendlich großer Amplitude. Dies ist die Bedingung für Selbsterregung oder Laseroszillation

$$r_1 r_2 \exp\{-2\gamma L\} = 1 \quad . \tag{10.2}$$

Sie wird auch als Schwellbedingung bezeichnet. Da zwischen der Ausbreitungs-konstanten γ, dem Intensitätsabsorptionskoeffizienten α und dem Brechungs-index $\bar{n}$ die aus Kapitel 2 bekannte Beziehung

$$\gamma = \frac{2\pi i}{\lambda}\left(\bar{n} - i\frac{\alpha\lambda}{4\pi}\right) = \frac{2\pi i}{\lambda}(\bar{n} - i\bar{\kappa}) \tag{10.3}$$

besteht, folgen aus (10.2) unmittelbar Bedingungen für die Amplitude und die Phase. Üblicherweise setzt sich der Absorptionskoeffizient α aus der Verstärkung

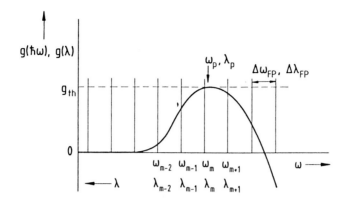

Bild 10.2: Wellenlängenabhängigkeit der Verstärkung und Lage der Fabry-Perot-Resonanzen ω_m, λ_m (schematisch). Das Verstärkungsmaximum liegt bei ω_p bzw. λ_p

g des Laserübergangs und intrinsischen Verlusten α_i zusammen

$$\alpha = \alpha_i - g \quad , \tag{10.4}$$

und man kann (10.2) umschreiben in

$$r_1 r_2 \exp\left\{(g - \alpha_i)L\right\} \exp\left\{-4\pi i \bar{n} L/\lambda\right\} = 1 \quad . \tag{10.5}$$

Die Amplitude liefert die Schwellbedingung

$$r_1 r_2 \exp\left\{(g - \alpha_i)L\right\} = 1 \quad . \tag{10.6}$$

Die Phase ergibt die Resonanzbedingung

$$4\pi \bar{n} L/\lambda_m = 2m\pi \quad \text{mit} \quad m = 1, 2, 3, \dots \quad , \tag{10.7}$$

die die möglichen Eigenwellen oder Moden des Systems festlegt. Der Index m kennzeichnet die Ordnung der Mode. Bild 10.2 zeigt die wellenlängenabhängige Verstärkung und die Lage der Resonanzwellenlängen. Die intrinsischen Verluste beinhalten Materialabsorption und Streuverluste. Kommt die Verstärkung durch Strominjektion zustande, die über einen Bereich der Tiefe d erfolgt, kann man aus den Graphen in Bild 8.16 die Abhängigkeit der Verstärkung von der Stromdichte ablesen. Für realistische Stromdichten von 1 bis 10 kA/cm^2 erhält man durchaus Verstärkungskoeffizienten von über $g = 100$ cm^{-1}. Intrinsische Verluste in guten Kristallen liegen im Bereich $\alpha_i = 5$ - 10 cm^{-1}. In erster Näherung kann man nach Bild 8.8 und (8.121) einen linearen Zusammenhang zwischen maximaler Verstärkung g_p und injizierter Trägerdichte n annehmen

$$g_p = a(n - n_t) \quad . \tag{10.8}$$

Der differentielle Gewinnkoeffizient beträgt $a = \partial g_p / \partial n \approx 2...3 \cdot 10^{-16}$ cm^2, und die Transparenzdichte ist $n_t \approx 1 \cdot 10^{18}$ cm^{-3}. Für $n > n_t$ erhält man positive Verstärkung. Die Verstärkung bleibt wegen der spontanen Emission immer knapp unter der sich aus (10.6) ergebenden Schwellverstärkung

$$g_{th} = \alpha_i - \frac{1}{L} \ln(r_1 r_2) \quad . \tag{10.9}$$

Stimmen die Amplitudenreflexionsfaktoren an den beiden Enden des Resonators überein ($r_1^2 = r_2^2 = R$), ergibt sich die Schwellbedingung

$$g_{th} = \alpha_i - \frac{1}{L} \ln R \quad , \tag{10.10}$$

wobei R den Intensitätsreflexionsfaktor bezeichnet. Zur Oszillation oder zum Anschwingen des Lasers muß offenbar die Verstärkung die intrinsischen Verluste und die Spiegelverluste kompensieren.

Die Phasenbedingung (10.7) gibt an, bei welchen Wellenlängen überhaupt Laseremission zu erwarten ist. Für typische Resonatorlängen $L = 300$ μm, Brechungsindizes $\bar{n} \approx 3.5$ und Emissionswellenlängen $\lambda \approx 800$ nm ergibt sich, daß die ganzen Zahlen m bei

$$m = 2\bar{n}L/\lambda_m \approx 2625 \tag{10.11}$$

liegen. Dies bedeutet, daß etwa 2625 halbe Wellenzüge im Resonator anzutreffen sind. Den Abstand zweier benachbarter Moden $\Delta\lambda_{FP} = \lambda_m - \lambda_{m+1}$ bestimmt man zu

$$\Delta\lambda_{FP} = \frac{\lambda^2}{2L\bar{n}(1 - (\lambda/\bar{n})(d\bar{n}/d\lambda))} \quad . \tag{10.12}$$

Bei vernachlässigbarer Dispersion ($d\bar{n}/d\lambda = 0$) ist der entsprechende Kreisfrequenzabstand

$$\Delta\omega_{FP} = \pi c/(L\bar{n}) \quad . \tag{10.13}$$

Typische Modenabstände liegen in der Größenordnung von $\Delta\lambda \approx 0.3$ nm und sind damit klein im Vergleich zur Breite der Verstärkungskurve, die aus Bild 8.7 zu entnehmen ist.

Laseroszillation wird bei solchen Wellenlängen stattfinden, die die Resonanzbedingung (10.7) erfüllen und bei denen gleichzeitig die Verstärkung groß genug

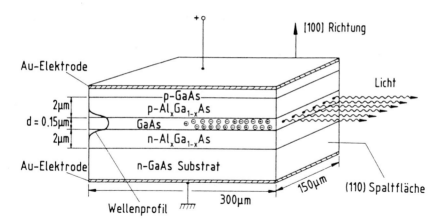

Bild 10.3: Flächenhafter Doppelheterostruktur-Halbleiterlaser

ist, damit die Verluste übertroffen werden. Anschwingen aus dem Rauschen der spontanen Emission wird die Mode, bei der die Verstärkung am größten ist. Die benachbarten Moden werden sehr viel schwächer an der Emission beteiligt sein.

10.1.3 Bilanzgleichungen

Zur Beschreibung des stationären und dynamischen Verhaltens eines Lasers benötigt man Bilanzgleichungen. Für das weitere Vorgehen betrachten wir eine typische Doppelheterostruktur nach Bild 10.3, bei der die Verstärkung in der dünnen mittleren GaAs-Schicht erfolgt. Der Strom soll gleichmäßig über die gesamte Fläche injiziert werden. Die Verstärkung hat dann wegen der Diffusion der Ladungsträger in der GaAs-Schicht näherungsweise überall denselben Wert. Die GaAs-Schicht stellt wegen ihres hohen Brechungsindexes gleichzeitig einen optischen Filmwellenleiter dar. Die Bruchkanten an den Enden des Kristalls bilden die Spiegel des Resonators. Wir wollen vereinfachend annehmen, daß sich nur solche Moden ausbilden, deren Ausbreitungsrichtung senkrecht auf den Endflächen steht. Wegen des Brechungsindexsprungs von ca. $\bar{n} = 3.5$ für GaAs auf $\bar{n} = 1$ für Luft beträgt der Intensitätsreflexionsfaktor an den Bruchkanten etwa $R = 0.32$. Wir betrachten ferner den Idealfall, daß nur eine Mode des Lasers im Energieintervall $(\hbar\omega_m - \Delta, \hbar\omega_m + \Delta)$ anschwingt und die anderen Moden auch andere Resonanzfrequenzen besitzen. Spontane und stimulierte Emissionsprozesse durch Übergänge von Elektronen vom Leitungsband ins Valenzband verändern die Photonendichte N in der betrachteten Mode. Die Zahl der Übergänge pro Volumeneinheit hatten wir in Kapitel 8 durch die Übergangsraten beschrieben. Die Nettorate der Übergänge durch spontane Emission, von der nur ein Bruchteil $\bar{\beta}$ in die betrachtete Mode geht, und durch stimulierte Emission und Absorption ist gerade gleich der Änderung der Photonendichte in der Mode. Die modalen Übergangsraten $R_{12}(\hbar\omega_m)$ für Absorption und $R_{21}(\hbar\omega_m)$ für stimulierte Emission erhält man durch Integration der spektralen Raten $r_{12}(\hbar\omega)$ und $r_{21}(\hbar\omega)$ über das Energieintervall $(\hbar\omega_m - \Delta, \hbar\omega_m + \Delta)$, in dem die Leistungsdichte der Mode wesentlich von Null verschieden ist. Für die Absorption gilt folglich

$$R_{12}(\hbar\omega_m) = \int_{\hbar\omega_m - \Delta}^{\hbar\omega_m + \Delta} r_{12}(\hbar\omega) d(\hbar\omega) \tag{10.14}$$

und für die stimulierte Emission entsprechend

$$R_{21}(\hbar\omega_m) = \int_{\hbar\omega_m - \Delta}^{\hbar\omega_m + \Delta} r_{21}(\hbar\omega) d(\hbar\omega) \quad . \tag{10.15}$$

Die Photonendichte der Mode ergibt sich durch Integration der spektralen Photonendichte

$$N(\hbar\omega_m) = \int_{\hbar\omega_m - \Delta}^{\hbar\omega_m + \Delta} \rho_s(\hbar\omega) d(\hbar\omega) \quad . \tag{10.16}$$

Für die Photonendichteänderung in der Mode ist neben der Absorption und stimulierten Emission noch der Bruchteil $\bar{\beta}$ der gesamten spontanen Emission R_{sp} verantwortlich. Die Photonenbilanz lautet damit

$$\frac{dN}{dt} = \bar{\beta} R_{sp} + R_{21} - R_{12} \quad . \tag{10.17}$$

Die Differenz der Übergangsraten $(R_{21} - R_{12})$ können wir gemäß (8.24) durch den Gewinnkoeffizienten ausdrücken

$$R_{21} - R_{12} = \frac{c}{\bar{n}} g(\hbar\omega_m) N \quad , \tag{10.18}$$

wobei wir dispersive Effekte im Gewinnkoeffizienten vernachlässigt haben. Die spontane Emissionsrate kann man durch ein Relaxationsgesetz der Form

$$R_{sp} = (n - n_0)/\tau_s \approx n/\tau_s \tag{10.19}$$

beschreiben, wobei $(n - n_0)$ die Dichte der injizierten Elektronen darstellt, τ_s die Lebensdauer für spontane Emission bezeichnet und die Näherung für hinreichend starke Injektion $n \gg n_0$ gilt. Unter Beachtung von (10.8) ergibt sich damit aus (10.17) die Bilanzgleichung für Photonen

$$\frac{dN}{dt} = \frac{\bar{\beta} n}{\tau_s} + a(n - n_t) N \frac{c}{\bar{n}} - \frac{N}{\tau} \quad . \tag{10.20}$$

Der zusätzlich hinzugefügte Term N/τ berücksichtigt die Abnahme der Photonendichte in der Mode durch Auskopplung von Photonen aus dem Resonator, sowie durch Streuverluste und andere Verluste, die nicht unmittelbar mit strahlenden Übergängen zusammenhängen. Die Größe τ wird als Photonenlebensdauer bezeichnet.

Durch die Emissionsprozesse ändert sich aber auch die Zahl der Überschußelektronen, die zusätzlich noch durch die Strominjektion nach (8.137) gesteuert wird. Die Elektronenbilanz lautet bei starker Injektion ($n \gg n_0$) und Vernachlässigung strahlungsloser Übergänge

$$\frac{dn}{dt} = \frac{j}{qd} - \frac{n}{\tau_s} - a(n - n_t)N\frac{c}{\bar{n}} \quad . \tag{10.21}$$

Hierbei ist angenommen, daß die Elektronen über einen Bereich der Dicke d injiziert werden und die Elektronendichte über den Querschnitt konstant angenommen werden darf. Der zweite Term auf der rechten Seite von (10.21) beschreibt die Abnahme der Überschußelektronendichte aufgrund spontaner Emission in alle möglichen Moden des Systems. Der spontane Emissionsfaktor $\bar{\beta}$ tritt hier nicht auf, da die spontane Emission in alle Moden die Elektronenabnahme beeinflußt.

10.1.4 Füllfaktor

Die Lichtwelle breitet sich nicht nur in der aktiven Zone aus, sondern dringt mit abnehmender Dicke der Zone immer tiefer in die Berandungen ein, wie es für Filmwellen typisch ist. Der Füllfaktor

$$\Gamma = \int_{-d/2}^{d/2} |E_y|^2 dx \left/ \int_{-\infty}^{\infty} |E_y|^2 dx = \int_{-d/2}^{d/2} N(x)dx \right/ \int_{-\infty}^{\infty} N(x)dx \tag{10.22}$$

gibt den Bruchteil der in der aktiven Zone geführten Intensität an. Für Führung auch in y-Richtung ist die Definition entsprechend zu erweitern. Bild 10.4 zeigt den typischen Verlauf des Füllfaktors als Funktion der Filmdicke d für eine Struktur nach Bild 10.3. Der Füllfaktor gibt den Anteil der Photonen einer Mode an, die sich in der aktiven Zone befinden und damit zur stimulierten Emission beitragen können.

Für große Filmdicken wird praktisch die gesamte Energie der Welle im Film geführt, und der Füllfaktor ist nahe bei Eins. Für $d < \lambda/n_f$ fällt der Füllfaktor stark ab. Im folgenden wollen wir eine Näherung für sehr dünne Filme $d \ll \lambda/n_f$ angeben. Hierfür approximieren wir, wie in Bild 10.5 illustriert, die Feld-

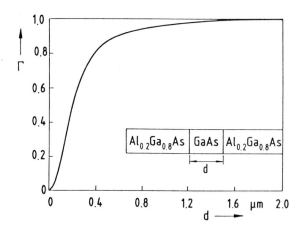

Bild 10.4: Füllfaktor eines GaAs-Filmwellenleiters mit $Al_{0.2}Ga_{0.8}As$-Deck-schichten als Funktion der Dicke d der aktiven Zone für die Bandlücken-wellenlänge $\lambda_g = 870$ nm von GaAs

verteilung durch ein exponentiell abfallendes Profil

$$E_y(x) \approx E_f \exp\{-\alpha_s|x|\} \quad . \tag{10.23}$$

Damit ist der Füllfaktor

$$\Gamma \approx \frac{E_f^2 d}{E_f^2 \alpha_s^{-1}} = d\alpha_s \quad . \tag{10.24}$$

Den Koeffizienten α_s können wir mit den Ergebnissen von Kapitel 3 berechnen. Für sehr kleine Filmdicke geht der Frequenzparameter $\bar{V}$ gegen Null, und aus Bild 3.5 liest man ab, daß damit auch der Phasenparameter $\bar{B}$ verschwindet. Dies bedeutet $n_s = n_{eff} = \beta/k$ und mit (3.17) auch

$$\beta_f^2 = (n_f^2 - n_s^2)k^2 \quad . \tag{10.25}$$

Für einen symmetrischen Wellenleiter mit $\Phi_s = \Phi_c$ folgt für die Grundmode $m = 0$ aus (3.32)

$$\Phi_s = kd\sqrt{n_f^2 - n_s^2}/2 \quad . \tag{10.26}$$

Mit d gegen Null geht auch Φ_s gegen Null, und man erhält mit (3.28)

$$\alpha_s = \beta_f \tan \Phi_s \approx \beta_f \Phi_s = k^2 d\left(n_f^2 - n_s^2\right)/2 \quad . \tag{10.27}$$

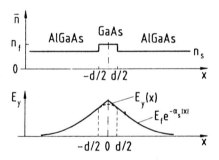

Bild 10.5: Brechungsindexverlauf und genäherte Feldverteilung zur Berechnung des Füllfaktors im Fall $d \ll \lambda/n_f$

Für kleine Filmdicken ist der Füllfaktor damit näherungsweise

$$\Gamma \approx 2\pi^2 (n_f^2 - n_s^2)(d/\lambda)^2 \quad . \tag{10.28}$$

Der Füllfaktor wächst quadratisch mit der Schichtdicke an. Bei der Bandlückenwellenlänge von GaAs bei $\lambda_g = 870$ nm ist $n_f \approx 3.6$, und bei $Al_{0.2}Ga_{0.8}As$ als Deckschicht ist nach Bild 2.13 $n_s = 3.46$. Man erhält $\Gamma = 0.0026$ für $d = 10$ nm und $\Gamma = 0.26$ für $d = 100$ nm. Der Wert für $d = 100$ nm liegt bereits etwas über dem aus Bild 10.4 zu entnehmenden exakt berechneten Wert.

10.1.5 Bilanzgleichungen mit Füllfaktor

Wir betrachten eine aktive Zone der Länge L, der Breite b und der Höhe d. Die Gesamtzahl der Elektronen in diesem Bereich ist

$$n_{ges} = nbdL \quad . \tag{10.29}$$

Für die Gesamtzahl N_{ges} der Photonen in einer Mode auf der Strecke L gilt hingegen

$$\Gamma N_{ges} = NbdL \quad . \tag{10.30}$$

Hierbei bezeichnen n und N über das Volumen der aktiven Zone gemittelte Dichten.

Die Bilanzgleichungen (10.20) und (10.21) wurden unter der Annahme vollständig homogener Felder und Elektronendichteverteilungen abgeleitet. Interessiert man sich für endliche aktive Volumina und die Bilanzen für die Gesamtzahl der Teilchen, dann muß man beachten, daß nur der Bruchteil Γ der Photonen in der Mode zu stimulierter Emission führt. Außerdem ist der differentielle Gewinnkoeffizient a volumenabhängig. Die Bilanzen für die Gesamtzahl der Teilchen lauten damit

$$\frac{dN_{ges}}{dt} = \frac{\bar{\beta}n_{ges}}{\tau_s} + \Gamma\frac{a}{bdL}(n_{ges} - n_{t\,ges})N_{ges}\frac{c}{\bar{n}} - \frac{N_{ges}}{\tau} \qquad (10.31)$$

und

$$\frac{dn_{ges}}{dt} = \frac{i}{q} - \frac{n_{ges}}{\tau_s} - \Gamma\frac{a}{bdL}(n_{ges} - n_{t\,ges})N_{ges}\frac{c}{\bar{n}} \quad . \qquad (10.32)$$

Hierbei bezeichnet i den Gesamtstrom, also die gesamte pro Zeiteinheit injizierte Ladung. Aus (10.31) und (10.32) geht hervor, daß die Abnahme der Gesamtzahl der Elektronen durch stimulierte Emission genau gleich der Zunahme der Gesamtzahl der Photonen durch stimulierte Emission ist, wie es die Theorie verlangt. Mit Hilfe von (10.29) und (10.30) lassen sich (10.31) und (10.32) auf Dichten umschreiben mit dem Ergebnis

$$\frac{dN}{dt} = \frac{\Gamma\bar{\beta}n}{\tau_s} + \Gamma a(n - n_t)N\frac{c}{\bar{n}} - \frac{N}{\tau} \qquad (10.33)$$

und

$$\frac{dn}{dt} = \frac{j}{qd} - \frac{n}{\tau_s} - a(n - n_t)N\frac{c}{\bar{n}} \quad . \qquad (10.34)$$

Der Füllfaktor tritt also nur in der Photonenbilanz auf. Wir werden die Bilanzgleichungen in dieser Form weiter verwenden.

10.2   Stationäres Verhalten einmodiger Laserdioden

10.2.1   Lösungen der Bilanzgleichungen

Für typische Laserdioden liegt der spontane Emissionsfaktor $\bar{\beta}$ unter 10^{-4}. Wir wollen deshalb die spontane Emission zur Vereinfachung in der Photonenbilanz vernachlässigen. Im stationären Zustand $dN/dt = 0, dn/dt = 0$ folgt aus der Bilanzgleichung (10.33) mit $\bar{\beta} = 0$

$$N\left(\frac{c}{\bar{n}}a\Gamma n - \frac{1}{\tau} - \frac{c}{\bar{n}}\Gamma an_t\right) = 0 \quad . \qquad (10.35)$$

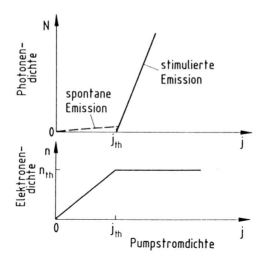

Bild 10.6: Photonendichte und Trägerdichte als Funktion der Pumpstromdichte

Dies bedeutet entweder

$$N = 0 \quad , \tag{10.36}$$

wenn keine Photonen in der Mode vorhanden sind, also keine Lasertätigkeit vorliegt, oder eine konstante Schwellenträgerdichte

$$n = \frac{\bar{n}}{ca\Gamma} \left(\Gamma \frac{c}{\bar{n}} a n_t + \frac{1}{\tau} \right) = n_t + \frac{\bar{n}}{ca\tau\Gamma} = n_{th} \quad , \tag{10.37}$$

was dem Vorliegen von Lasertätigkeit zuzuschreiben ist. Aus (10.34) folgt unterhalb der Laserschwelle mit (10.36)

$$n = j\tau_s/(qd) \tag{10.38}$$

und oberhalb der Schwelle mit (10.37)

$$N = \frac{\Gamma j \tau}{qd} - \frac{1}{\tau_s} (\Gamma n_t \tau + \bar{n}/(ca)) \quad . \tag{10.39}$$

Bild 10.6 zeigt den Verlauf der Elektronendichte n und der Photonendichte N in Abhängigkeit von der Pumpstromdichte j. Unterhalb der Schwellstromdichte j_{th} verschwindet die Photonendichte, die Elektronenkonzentration wächst linear mit dem Pumpstrom an. Oberhalb der Schwelle nimmt die Photonendichte linear zu, aber die Trägerdichte bleibt konstant. Offenbar regen bei vernachlässigter spontaner Emission alle injizierten Elektronen stimulierte Photonen an. Unter Berücksichtigung der spontanen Emission ergibt sich eine geringfügige Abweichung vom idealen Verhalten, die in Bild 10.6 gestrichelt angedeutet ist.

10.2.2   Schwellverstärkung mit Füllfaktor

Ein von Eins verschiedener Füllfaktor verlangt eine Modifizierung der Schwellbedingung (10.10). Bei vernachlässigbarer spontaner Emission erhält man nun die Schwellverstärkung g_{th}, bei der Photonenemission einsetzt, nach (10.37) zu

$$g_{th} = a(n_{th} - n_t) = \bar{n}/(c\Gamma\tau) \quad . \tag{10.40}$$

Die Verluste setzen sich aus intrinsischen Verlusten $1/\tau_i$ und Auskoppelverlusten $1/\tau_R$ zusammen

$$\frac{1}{\tau} = \frac{1}{\tau_i} + \frac{1}{\tau_R} = \frac{c}{\bar{n}}\left(\alpha_i - \frac{\ln R}{L}\right) \quad . \tag{10.41}$$

Die intrinsischen Verluste verteilen sich auf die aktive Zone und auf den Außenbereich

$$\alpha_i = \Gamma\alpha_{ac} + (1 - \Gamma)\alpha_{ex} \quad . \tag{10.42}$$

Insgesamt ergibt sich damit für die Schwellverstärkung

$$g_{th} = \alpha_{ac} + \frac{1-\Gamma}{\Gamma}\alpha_{ex} - \frac{\ln R}{\Gamma L} \quad . \tag{10.43}$$

Für einen Doppelheterostrukturlaser mit $\Gamma = 0.4, R = 0.32, L = 380$ μm, also $(-\ln R)/L \approx 30$ cm^{-1}, und intrinsischen Verlusten $\alpha_{ac} \approx \alpha_{ex} \approx 10$ cm^{-1}, die man bei Trägerdichten von 10^{18} cm^{-3} beobachtet, ergibt sich beispielsweise $g_{th} = 100$ cm^{-1}.

10.2.3   Schwellstromdichte

Die Schwellstromdichte ist definiert als diejenige Pumpstromdichte, bei der die Photonenzahl nach (10.39) gerade positiv wird oder bei der die Elektronendichte den konstanten Endwert (10.37) erreicht. Diese Bedingungen liefern die Schwellstromdichte

$$j_{th} = \frac{qd}{\tau_s}\left(n_t + \frac{\bar{n}}{ca\Gamma\tau}\right) \quad . \tag{10.44}$$

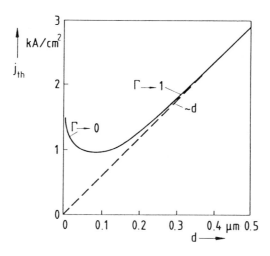

Bild 10.7: Schwellstromdichte in Abhängigkeit von der Weite der aktiven Zone (nach [10.1])

Die Schwellstromdichte ist damit umgekehrt proportional zur Lebensdauer der injizierten Ladungsträger. Da der Füllfaktor noch von der Dicke d der aktiven Zone abhängt, $\Gamma = \Gamma(d)$, ist die Abhängigkeit des Schwellstroms von der Schichtdicke noch zu untersuchen. Man findet für eine AlGaAs-GaAs-AlGaAs-Doppelheterostruktur den in Bild 10.7 dargestellten Verlauf. Für sehr dünne aktive Zonen steigt die Schwellstromdichte wegen des abnehmenden Füllfaktors stark an. Bei einer Dicke der aktiven Zone von etwa 0.1 μm durchläuft die Schwellstromdichte ein Minimum und nimmt dann bei $\Gamma \approx 1$ linear mit d zu.

Mit (10.39) kann man für die Photonendichte schreiben

$$N = \frac{\Gamma\tau}{qd}(j - j_{th}) \quad . \tag{10.45}$$

Andererseits gilt nach (10.38) an der Schwelle

$$n_{th} = j_{th}\tau_s/(qd) \quad , \tag{10.46}$$

so daß man für die Photonendichte die nützliche Beziehung

$$N = \Gamma\tau n_{th}(j/j_{th} - 1)/\tau_s \tag{10.47}$$

erhält.

10.2.4 Ausgangsleistung

Wir betrachten einen Resonator der Länge L mit dem Volumen $V_R = Lbd$. Die gesamte gespeicherte Photonenenergie in einer Resonatormode beträgt

$$W_{Ph} = N_{ges}\hbar\omega \quad , \tag{10.48}$$

wobei $\hbar\omega$ wie gewohnt die Energie eines Photons bezeichnet. Für den Energieabfall von W_{Ph0} auf W_{Ph} während eines Umlaufs der Photonen im Resonator in der Umlaufzeit $\Delta t = 2\bar{n}L/c$ können wir bei intrinsischen Verlusten α_i und Intensitätsreflexionsfaktoren R der beiden Spiegel schreiben

$$W_{Ph} = W_{Ph0}R^2 \exp\{-2\alpha_i L\} = W_{Ph0} \exp\{-\Delta t/\tau\} \quad . \tag{10.49}$$

Hierbei ist die Resonatorphotonenlebensdauer τ nach (10.41) durch intrinsische Verluste und Auskoppelverluste bestimmt.

Die Verlustrate durch Auskopplung W_{Ph}/τ_R ist offenbar gleich der durch beide Spiegel austretenden Ausgangsleistung P des Lasers. Damit haben wir

$$P = W_{Ph}/\tau_R = N_{ges}\hbar\omega/\tau_R \quad . \tag{10.50}$$

Mit dem Strom $i = bLj$ und dem Schwellstrom $i_{th} = bLj_{th}$ ergibt sich unter Berücksichtigung von (10.30) und (10.45)

$$\begin{aligned} P &= \frac{\hbar\omega}{q}(i - i_{th})\frac{\tau}{\tau_R} \\ &= \frac{\hbar\omega}{q}(i - i_{th})\frac{-(1/L)\ln R}{\alpha_i - (1/L)\ln R} \quad . \end{aligned} \tag{10.51}$$

Bild 10.8 zeigt die typische Ausgangsleistung einer Laserdiode von ca. 2.6 μm Breite und 167 μm Länge als Funktion des Pumpstroms. Eingetragen ist auch die an der Diode anliegende Spannung. Die Steigung der Laserkennlinie definiert den differentiellen Quantenwirkungsgrad

$$\eta_d = \frac{d(P/\hbar\omega)}{d(i/q)} = \frac{\tau}{\tau_R} = \frac{1}{1 - \alpha_i L/\ln R} \quad , \tag{10.52}$$

der den Bruchteil der injizierten Elektronen angibt, der oberhalb der Laserschwelle in Photonen umgesetzt im Ausgangslicht der Mode erscheint. Aus der Kennlinie in Bild 10.8 entnimmt man $\eta_d = 0.6$, wobei die Emission aus beiden Endflächen berücksichtigt wurde. Wenn man die spontane Emission nicht mehr vernachlässigt, geht nur ein Bruchteil der insgesamt erzeugten Photonen in die lasernde Mode. Außerdem gibt es nichtstrahlende Übergänge und Leckströme. Man führt deshalb in (10.51) einen internen Wirkungsgrad η_i ein, der dieser

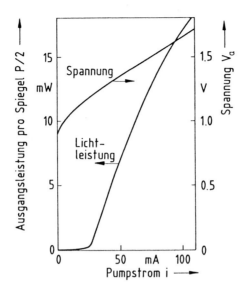

Bild 10.8: Typischer Verlauf der Ausgangsleistung und der Spannung als Funktion des Pumpstroms einer InGaAsP-Laserdiode bei $\lambda = 1.3$ μm Wellenlänge bei Raumtemperatur. Die Geometriedaten sind $d = 0.14$ μm Wellenleiterdicke, $L = 167$ μm Länge und $b = 2.6$ μm Breite (nach [10.4])

Tatsache Rechnung trägt

$$P = \frac{\hbar\omega}{q}(i - i_{th})\eta_i \frac{1}{1 - \alpha_i L / \ln R} \quad . \tag{10.53}$$

Mit (10.52) folgt dann

$$\eta_d = \eta_i / (1 - \alpha_i L / \ln R) \quad . \tag{10.54}$$

Trägt man für sonst gleiche Laserdioden $1/\eta_d$ als Funktion der Laserlänge L auf, so läßt sich aus der Steigung der Kurve der Verlustparameter $\alpha_i / \ln R$ und aus dem extrapolierten Wert bei $L = 0$ der interne Wirkungsgrad η_i bestimmen. η_d liegt zwischen 50 % und 80 %, η_i zwischen 65 % und 90 %.

Interessant ist noch der Konversionswirkungsgrad η einer Laserdiode, der den in kohärente Strahlung umgesetzten Bruchteil der elektrischen Pumpleistung angibt. Die elektrische Pumpleistung ist iV_a, wobei V_a die an der Diode liegende

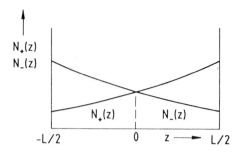

Bild 10.9: Exponentielle Photonendichteverteilung der hin- und rücklaufenden Wellen im Resonator

Versorgungsspannung ist. Für den Konversionswirkungsgrad erhält man

$$\eta = \frac{P}{iV_a} = \eta_i \frac{i - i_{th}}{i} \frac{\hbar\omega}{qV_a} \frac{1}{1 - \alpha_i L/\ln R} \quad . \tag{10.55}$$

Die Versorgungsspannung fällt bei zu vernachlässigenden Bahnwiderständen fast vollständig am pn-Übergang ab, und man hat mit $qV_a \approx \hbar\omega$ zu rechnen. Weit oberhalb der Schwelle $i \gg i_{th}$ und bei geringen intrinsischen Verlusten $\alpha_i L \ll \ln R$ nähert sich η dem internen Wirkungsgrad η_i. Für die Laserdiode in Bild 10.8 erhält man für $i = 100$ mA einen Wirkungsgrad von 20 % . Wirkungsgrade η von über 50 % wurden bereits erreicht. Halbleiterlaser haben damit den höchsten Konversionswirkungsgrad aller Lasertypen.

10.2.5 Axialer Intensitätsverlauf

Wie in Bild 10.9 dargestellt ist, setzt sich die über den Querschnitt bd der aktiven Zone gemittelte Photonendichte im Resonator aus einer vorlaufenden und einer rücklaufenden Welle zusammen

$$N(z) = N_+(z = 0) \exp\{(g - \alpha_i)z\} + N_-(z = 0) \exp\{-(g - \alpha_i)z\} \quad . \tag{10.56}$$

Hierbei bezeichnen $N_+(0)$ und $N_-(0)$ die Photonendichten der vor- bzw. rücklaufenden Welle in der Mitte des Resonators bei $z = 0$. Die Photonenflußdichte S' durch einen Spiegel mit dem Intensitätsreflexionsfaktor R ist

$$\begin{aligned} S' &= (1 - R)(c/\bar{n}) \, N_+(L/2) \\ &= (1 - R)(c/\bar{n}) \, N_+(0) \exp\{(g - \alpha_i)L/2\} \quad . \end{aligned} \tag{10.57}$$

Mit der Anschwingbedingung $R\exp\{(g-\alpha_i)L\} = 1$ kann man auch schreiben

$$S' = \frac{(1-R)}{\sqrt{R}}\frac{c}{\bar{n}}N_+(0) \quad . \tag{10.58}$$

Mit $N(z=0) = N_+(0) + N_-(0)$ und $N_+(0) = N_-(0) = N(0)/2$ folgt weiter

$$S' = \frac{1}{2}\frac{(1-R)}{\sqrt{R}}\frac{c}{\bar{n}}N(0) \quad . \tag{10.59}$$

Aus der Energieflußdichte ergibt sich die Ausgangsleistung P durch Integration über den Querschnitt und Addition über beide Spiegel. Unter Beachtung von (10.30) erhält man

$$P = \frac{2S'bd\hbar\omega}{\Gamma} = bd\frac{1-R}{\Gamma\sqrt{R}}\frac{c}{\bar{n}}N(0)\hbar\omega \quad . \tag{10.60}$$

Dieses exakte Ergebnis stimmt nur für $R \approx 1$ näherungsweise mit der früher benutzten Beziehung (10.50) überein und zeigt die Grenzen des dort diskutierten Modells. Man hat sowieso zu bedenken, daß die Photonendichte entlang der Resonatorachse nicht konstant ist. Die Dichte ist in der Mitte kleiner als in der Nähe der beiden Spiegel

$$\frac{N(L/2)}{N(0)} = \frac{1}{2}\left(\sqrt{R} + \frac{1}{\sqrt{R}}\right) \quad . \tag{10.61}$$

Zum Beispiel hat man für $R = 0.3, N(L/2)/N(0) \approx 1.2$ und für $R = 0.9, N(L/2)/N(0) = 1.001$. Große Verhältnisse ergeben sich für besonders kleine Reflexionsfaktoren.

10.3 Laserstrukturen

Bisher haben wir die Laserdiode in einem eindimensionalen Modell beschrieben und angenommen, daß in dem aktiven Filmwellenleiter in Bild 10.3 nur eine einzige Mode ausbreitungsfähig ist. Üblicherweise schwingen aber in einer solchen planaren Struktur zahlreiche transversale Moden unabhängig voneinander an, die durch geringfügig unterschiedliche Ausbreitungsrichtungen gekennzeichnet sind. Um gewissermaßen eine einzige Richtung und damit eine einzige transversale Mode zu bevorzugen, braucht man eine seitliche Wellenführung in der Filmebene. Man unterscheidet Indexführung und Gewinnführung.

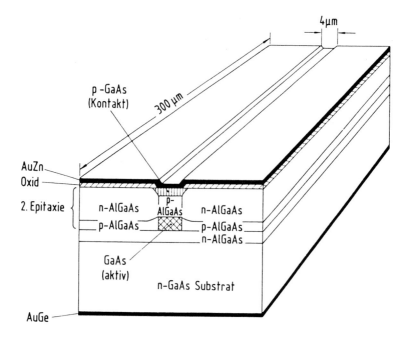

Bild 10.10: BH (buried heterostructure)-Laserdiode in AlGaAs-GaAs

10.3.1 Indexgeführte Laserstrukturen

In indexgeführten Strukturen erfolgt die Wellenführung durch Einbringen der aktiven Zone in einen Streifenwellenleiter. Als Streifenwellenleiter kommen vergrabene Streifenwellenleiter, Rippenwellenleiter oder verschiedene Formen von streifenbelasteten Filmwellenleitern in Frage.

Bild 10.10 zeigt eine BH-Laserdiode (buried heterostructure), aufgebaut in AlGaAs-GaAs. Die als Streifen angelegte aktive GaAs-Zone ist vollständig von AlGaAs umgeben, das einen kleineren Brechungsindex besitzt. Damit ist optische Wellenführung gewährleistet. Um den Pumpstrom auf den aktiven Streifen zu konzentrieren, benutzt man eine Passivierung der Deckschicht mit SiO_2 und sorgt dafür, daß sich seitlich von dem aktiven Kanal eine rückwärts vorgespannte Diodenstruktur befindet. Eine stark p-dotierte GaAs-Schicht direkt unter der p-seitigen Metallelektrode erleichtert die Kontaktierung. Die Herstellung der Struktur nach Bild 10.10 ist technologisch aufwendig, da zwei Epitaxieschritte erforderlich sind. Zunächst werden auf einem n^+-Substrat alle Schichten bis zur p^+-Kontaktschicht aufgewachsen. Anschließend werden diese Schichten bis auf einen wenige μm breiten mesaförmigen Streifen abgeätzt. In einem zweiten Epitaxieschritt werden die Bereiche seitlich des Mesas erst mit p-AlGaAs, dann

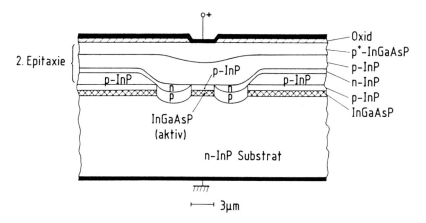

Bild 10.11: Frontansicht einer DCPBH (double-channel planar buried heterostructure)-Laserdiode in InGaAsP-InP

mit n-AlGaAs mit der einebnend wirkenden Flüssigphasenepitaxie aufgefüllt. Der Al-Anteil der Seitenschichten sollte nur zu einem relativ kleinen lateralen Brechungsindexsprung führen, damit auch bei Streifenbreiten von ca. 3 μm laterale Einmodigkeit gewährleistet ist. Der Brechungsindexsprung in vertikaler Richtung ist wegen der geringen Dicke der aktiven Zone dagegen unkritisch im Hinblick auf vertikale Einmodigkeit. Hier ist vielmehr ein großer Sprung im Al-Gehalt von durchaus 60 % beim Übergang von der aktiven Zone zu den begrenzenden Lagen erwünscht, um eine gute Ladungsträgerspeicherung zu bekommen. BH-Laserdioden lassen sich in ähnlicher Weise auch im InGaAsP-InP-System verwirklichen.

Technologisch unkritischer als der BH-Laser ist der DCPBH-Laser (double-channel planar buried heterostructure). Bild 10.11 zeigt die Frontansicht dieses Lasers, aufgebaut in InGaAsP-InP. Im ersten Epitaxieschritt werden die aktive InGaAsP-Schicht und eine p-InP-Deckschicht aufgewachsen. Dann werden zwei ca. 10 μm breite parallele Kanäle bis in das Substrat geätzt. Der ca. 2 bis 3 μm breite Steg zwischen den Kanälen enthält die lasernde Zone. Im zweiten Epitaxieschritt, der notwendigerweise mit der einebnend wirkenden Flüssigphasenepitaxie auszuführen ist, erfolgt das Wachstum zunächst in den Kanälen, bevor der innere Steg aufgefüllt wird. Die Wachstumssequenz p-InP, n-InP, p-InP und p$^+$-InGaAsP in der zweiten Epitaxie ergibt dann sperrende Diodenstrukturen außerhalb des inneren Stegs. Die obere p$^+$-InGaAsP-Schicht erleichtert die ohmsche Kontaktierung auf der p-Seite. Der Stromfluß erfolgt durch den schmalen Bereich des inneren Stegs. Inversion bildet sich im InGaAsP aus, dessen Bandlücke kleiner, dessen Brechungsindex aber größer ist als die entsprechenden Größen im umgebenden InP. Damit ist optische Wellenführung in der aktiven Zone gewährleistet.

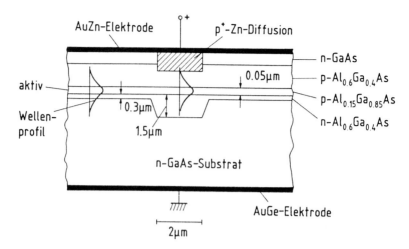

Bild 10.12: CSP (channeled substrate planar)-Laserdiode in AlGaAs-GaAs (nach [10.6])

Laserstrukturen, die zwei Epitaxieschritte erfordern, sind üblicherweise aufwendig und kompliziert. Wir diskutieren im folgenden Laserstrukturen, die mit einem Epitaxieschritt auskommen. Der CSP-Laser (channeled substrate planar) in Bild 10.12 ist eine sehr erfolgreiche Struktur für das Materialsystem AlGaAs-GaAs. Zuerst wird ein Kanal von ca. 2 bis 3 μm Breite und ca. 1 μm Tiefe in das GaAs-Substrat geätzt. Die erste n-AlGaAs-Epitaxieschicht, aufgebracht mit Flüssigphasenepitaxie, ebnet den Kanal weitgehend ein. Die typische Dicke dieser Schicht ist 1.5 μm im Kanalbereich und 0.3 μm außerhalb. Die aktive GaAs-Wellenleiterschicht ist nur 0.05 μm dick. Die exponentiellen Ausläufer der Filmwelle dringen tief in die Randschichten ein. Außerhalb des Kanals reichen sie weit in das GaAs-Substrat hinein und führen zur Absorption der Welle, da der Bandabstand geringer ist als in der aktiven Zone. Diese Dämpfung der Welle außerhalb des Kanals ist die Hauptursache für die laterale Wellenführung. Die quantitative Analyse des lateralen Verstärkungs-Verlust-Wellenleiters ergibt einen höheren effektiven Brechungsindex im Kanalbereich als außerhalb. Zur lateralen Strombegrenzung verwendet man manchmal eine Passivierung mit Al$_2$O$_3$. Lokale Zn-Diffusion zur Ausbildung guter ohmscher Kontakte durch Überkompensation der n-GaAs-Deckschicht sorgt dafür, daß die Stromführung bis dicht an den aktiven Kanal heranreicht. Die genaue Justierung des Zn-Diffusionsstreifens über den geätzten Kanal ist nicht unproblematisch.

Technologisch noch einfacher zu realisieren ist der MCRW (metal clad ridge waveguide)-Laser in Bild 10.13. Nach dem Aufwachsen der vier Epitaxieschichten wird seitlich eines schmalen Streifens von ca. 4 μm die p$^+$-GaAs-Deck-

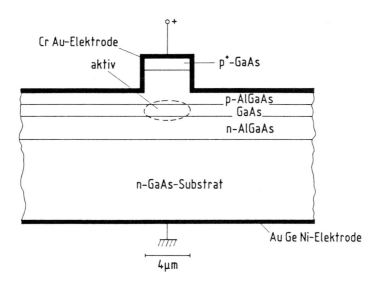

Bild 10.13: MCRW (metal clad ridge waveguide)-Laserdiode in AlGaAs-GaAs (nach [10.1,7])

schicht vollständig und die darunter liegende p-AlGaAs-Schicht teilweise abgeätzt. Man erhält einen streifenbelasteten Fimwellenleiter. Aufbringen einer
CrAu-Elektrode erzeugt einen gut leitenden ohmschen Kontakt auf der p^+-Deck-
schicht, aber einen sperrenden Kontakt auf der niedriger dotierten p-AlGaAs-
Schicht. Hierdurch wird der Stromfluß seitlich begrenzt. Manchmal verwendet
man zusätzlich SiO_2 oder Al_2O_3 zur lateralen Passivierung.

Ebenfalls einfach herzustellen ist der Pilzlaser nach Bild 10.14. Auf p^+-dotiertes
InP-Substrat werden eine p-InP-Pufferschicht, die undotierte aktive InGaAsP-
Schicht, sowie eine n^+-dotierte InP-Deckschicht aufgebracht. In die Deckschicht
werden Mesas geätzt, die bis auf die InGaAsP-Schicht reichen. Mit einer selek-
tiven Ätze wird dann das quaternäre InGaAsP-Material entfernt. Im Mesabe-
reich kommt es zu einer Unterätzung, die so ausgeführt wird, daß ein ca. 2 μm
breiter quaternärer Bereich im Zentrum des Mesas stehenbleibt. Die unterätzten
Hohlräume werden durch pyrolytisch abgeschiedenes SiO_2 aufgefüllt. Der AuGe-
Kontaktstreifen auf dem nur etwa 6 μm breiten Dach des Mesas ist unproblema-
tischer als vergleichbare p-Streifenkontaktierungen. Besonders hervorzuheben
ist die äußerst geringe parasitäre Kapazität der Struktur. Sie ermöglicht Modulation bei Frequenzen von einigen zehn Gigahertz.

Mit den vorgestellten Strukturen erreicht man zuverlässige Oszillation in der
transversalen Grundmode. Die Phasenfronten der Wellen sind gut durch Ebenen
anzunähern, die Feldverteilungen lassen sich durch die in Kapitel 4 angegebe-

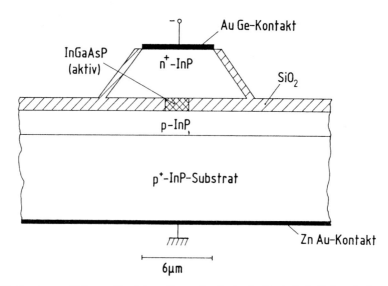

Bild 10.14: Pilzstreifenleiter-Laserdiode in InGaAsP-InP (nach [10.4])

nen Profile für Streifenwellenleiter gut approximieren. Die Schwellstromdichten liegen bei ca. 1 kA/cm². Schwellströme von unter 20 mA bei 300 μm langen Lasern sind ohne großen Aufwand zu erreichen. Typische Ausgangsleistungen sind 5 mW. Die Kennlinien in Bild 10.8 stammen von einer Pilzstruktur nach Bild 10.14.

10.3.2 Oxidstreifenlaser und Gewinnführung

Technologisch einfach zu realisieren ist der Streifengeometrie-Laser nach Bild 10.15. Die Strominjektion erfolgt innerhalb eines schmalen Streifens. In lateraler y-Richtung verteilen sich die injizierten Elektronen durch Diffusion. Es stellt sich ein laterales Ladungsträgerprofil ein, das in der Nähe der Achse durch

$$n(y) = \hat{n} - b' y^2 \qquad (10.62)$$

mit einem konstanten Koeffizienten $b' = -\frac{1}{2}\partial^2 n/\partial y^2$ zu approximieren ist. Nach (10.8) erhält man den ortsabhängigen Gewinnkoeffizienten

$$g_p = \alpha_i - \alpha = a\hat{n} - ab' y^2 - an_t \quad , \qquad (10.63)$$

der nach (10.3) mit dem Imaginärteil des optischen Brechungsindex gemäß

$$\bar{\kappa} = -(g_p - \alpha_i)\lambda/(4\pi) \qquad (10.64)$$

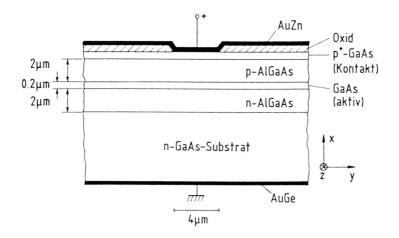

Bild 10.15: Gewinngeführte Oxidstreifen-Laserdiode

zusammenhängt. Wir nehmen an, daß durch die Strominjektion der Realteil des Brechungsindex in erster Näherung unverändert bleibt, um die weiteren Rechnungen nicht zu umständlich zu gestalten. Der komplexe Brechungsindex ist damit

$$\bar{\eta}(y) = \bar{n} - i\bar{\kappa}(y) = \bar{n} + i\big(g_p(y) - \alpha_i\big)\lambda/(4\pi) \quad . \qquad (10.65)$$

Für die Ausbreitung einer Welle gilt in x-Richtung die von den Filmwellenleitern her bekannte Abhängigkeit. Wir wollen an dieser Stelle aber der Einfachheit halber von der x-Abhängigkeit der Felder völlig absehen. Für die Abhängigkeit von der y- und z-Koordinate nehmen wir eine Helmholtz-Gleichung der Form

$$\frac{d^2 E_y}{dy^2} = \big(\gamma^2 - \bar{\eta}^2 k^2\big) E_y \qquad (10.66)$$

an, wobei eine linear polarisierte Welle mit

$$E_y(y, z) = E_y(y) \exp\{-i\gamma z\} \qquad (10.67)$$

zugrunde gelegt wird. Da $|\bar{\kappa}| \ll |\bar{n}|$ gilt, kann man nähern

$$\bar{\eta}^2 = \bar{n}^2 + 2i\bar{n}(g_p - \alpha_i)\lambda/(4\pi) = n_f^2(1 - y^2/y_0^2) \quad , \qquad (10.68)$$

wobei zur Abkürzung die komplexen Konstanten

$$n_f^2 = \bar{n}^2 + i\bar{n}[a(\hat{n} - n_t) - \alpha_i]\lambda/(2\pi) \qquad (10.69)$$

und

$$y_0^2 = 2\pi n_f^2/(iab'\bar{n}\lambda) \tag{10.70}$$

eingeführt wurden. Die Helmholtz-Gleichung mit dem Brechungsindexprofil (10.68) ist formal identisch mit der Helmholtz-Gleichung für einen Filmwellenleiter mit parabolischem Brechzahlverlauf, der in Abschnitt 3.6 ausführlich behandelt wurde. Der Grundmodus als Lösung von (10.66) ist demnach eine in z-Richtung anwachsende oder abklingende Welle mit Gauß-Profil in y-Richtung

$$E_y(y,z) = \hat{E}_y \exp\{-y^2/w^2\}\,\exp\{-i\gamma_0 z\} \quad . \tag{10.71}$$

Der komplexe Fleckradius ist durch

$$w^2 = \lambda y_0/(\pi n_f) = \sqrt{2\lambda/(i\pi ab'\bar{n})} \tag{10.72}$$

bestimmt und die Ausbreitungskonstante durch $(2\pi n_f/\lambda \gg y_0^{-1})$

$$\gamma_0^2 = 4\pi^2 n_f^2/\lambda^2 - 2\pi n_f/(\lambda y_0) \approx 4\pi^2 n_f^2/\lambda^2 \quad . \tag{10.73}$$

Weiter folgt

$$1/w^2 = \frac{1}{2}\sqrt{\pi ab'\bar{n}/\lambda} + \frac{i}{2}\sqrt{\pi ab'\bar{n}/\lambda} \tag{10.74}$$

und

$$\gamma_0 \approx 2\pi\bar{n}/\lambda + i\left[a(\hat{n}-n_t) - \alpha_i\right]/2 \quad . \tag{10.75}$$

Die Feldverteilung ist damit

$$E_y(y,z) = \hat{E}_y \exp\left\{-\frac{1}{2}\sqrt{ab'\bar{n}\pi/\lambda}\,y^2 + \frac{1}{2}\left[a(\hat{n}-n_t)-\alpha_i\right]z\right\}$$
$$\cdot \exp\left\{-\frac{i}{2}\sqrt{ab'\bar{n}\pi/\lambda}\,y^2 - 2\pi i\bar{n}z/\lambda\right\} \quad . \tag{10.76}$$

Die Intensität der Welle ist proportional zu

$$|E_y(y,z)|^2 = |\hat{E}_y|^2 \exp\{-\sqrt{ab'\bar{n}\pi/\lambda}\,y^2 + [a(\hat{n}-n_t)-\alpha_i]z\} \tag{10.77}$$

und nimmt in z-Richtung exponentiell zu oder ab, während in y-Richtung ein Gauß-Profil vorliegt. Die Konzentration des Feldes in y-Richtung ist ganz wesentlich durch den seitlichen Abfall des Gewinns, ausgedrückt durch $a \cdot b'$ in (10.63), bestimmt. Man spricht deshalb von Gewinnführung. In indexgeführten Strukturen kann man meistens den Einfluß der Ladungsträgerdichteverteilung und

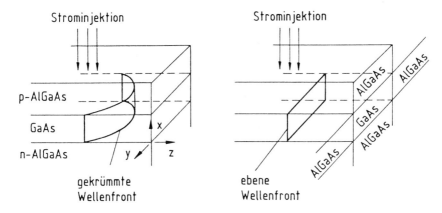

Bild 10.16: Krümmung der Wellenfront in einem gewinngeführten Streifenlaser (links) und ebene Wellenfront in einer indexgeführten Struktur (rechts) zum Vergleich

damit die laterale Abhängigkeit des Gewinns vernachlässigen. Die Halbwertsbreite $\bar{y}$ der Intensität des gewinngeführten Strahls ist durch

$$\bar{y}^2 = 4\,\ln 2/\sqrt{ab'\bar{n}\pi/\lambda} \tag{10.78}$$

gegeben. Mit zunehmender differentieller Verstärkung $a = \partial g_p/\partial n$ und mit zunehmender Krümmung des Ladungsträgerdichteprofils $b' = |\frac{1}{2}\partial^2 n/\partial y^2|$ nimmt die Stärke der Führung zu. Die Halbwertsbreite kann durchaus kleiner werden als die Breite des Kontaktstreifens. Bei höheren Pumpströmen können dann höhere Transversalmoden des Lasers anschwingen.

Die Flächen konstanter Phase sind nach (10.76) durch

$$z = const\ -\ \frac{1}{4}\sqrt{ab'\lambda/(\pi\bar{n})}\ y^2 \tag{10.79}$$

gegeben. Sie sind in Ausbreitungsrichtung zylindrisch vorgewölbt. In Bild 10.16 ist die Krümmung der Wellenfront illustriert. Zum Vergleich ist auch die ebene Wellenfront einer indexgeführten Struktur dargestellt. Bei sphärischen Abbildungen der Laserendfläche treten deshalb astigmatische Bildfehler auf. Eine andere Konsequenz der gekrümmten Wellenfront ist, daß die Moden des Systems nicht mehr orthogonal sind. Letzteres hat wichtige Konsequenzen für das Emissionsspektrum aber auch für das Rauschverhalten.

Wegen fehlender guter seitlicher Führung der Welle und wegen mangelnder Ladungsträgerkonzentration liegen die Schwellströme gewinngeführter Streifen-

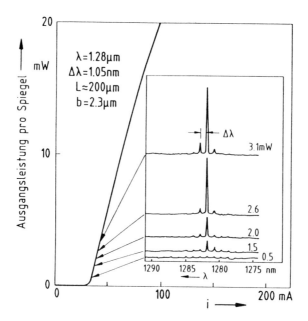

Bild 10.17: Ausgangsleistung einer indexgeführten Laserdiode mit Pilzstruktur als Funktion des Pumpstroms und Emissionsspektren (nach [10.4])

laser relativ hoch bei etwa 100 mA. Bei Streifenbreiten kleiner 3 μm läßt sich das Anschwingen höherer Transversalmoden bis etwa zum zweifachen Schwellstrom noch gut unterdrücken.

10.4   Emissionsspektrum

10.4.1   Experimentelle Ergebnisse

Wir beschränken unsere Betrachtungen auf Laserdioden, die im transversalen Grundmodus schwingen. Dies ist für die vorgestellten indexgeführten Strukturen gewährleistet, wenn die aktive Zone nur genügend schmal ist. Experimentell findet man die in Bild 10.17 dargestellte Ausgangskennlinie und beobachtet Spektren, bei denen mit zunehmender Ausgangsleistung eine longitudinale Mode mehr und mehr dominiert. Für kleine Ströme unterhalb der Laserschwelle überwiegt die spontane Emission. Für den steilen Anstieg der Kennlinie oberhalb der Schwelle ist die stimulierte Emission verantwortlich. Der Schwellstrom wird durch den Schnittpunkt der extrapolierten Kennlinie im Anlauf- und Laserbereich bestimmt. Für die Abrundung der Kennlinie an der Laserschwelle ist die spontane Emission verantwortlich. Sie bewirkt auch, daß in der Nähe der Laserschwelle zunächst noch mehrere Longitudinalmoden in der Emission auftreten. Je höher man den Laser oberhalb der Schwelle betreibt, desto stärker werden die Nebenmoden relativ zur zentralen Mode unterdrückt. Weit oberhalb der Schwelle schwingt praktisch nur noch die TE-Welle. TM-Moden finden vor allem wegen der höheren Spiegelverluste ungünstigere Anschwingbedingungen vor.

Praktisch nicht zu vermeidende Inhomogenitäten in den Filmdicken und Schichtzusammensetzungen führen zu Abweichungen vom idealen Verhalten und so zu Asymmetrien im Spektrum. Temperatur und Elektronendichte ändern den Brechungsindex und verschieben die Resonanzwellenlängen der Moden. Wenn bevorzugt eine dominierende Mode schwingt, kann es zu einem Sprung der Hauptemission auf eine benachbarte Mode kommen.

10.4.2 Mehrmodenratengleichungen

Das Emissionsverhalten läßt sich recht gut durch Mehrmodenratengleichungen beschreiben. Die Resonanzwellenlängen sind bekanntlich durch $\lambda_m = 2\bar{n}L/m$ gegeben. Der Index m gibt die Ordnungszahl der Mode an. Den Gewinn des Mediums nach Bild 10.2 nähern wir in der Nähe des Maximums durch einen parabolisch von der Wellenlänge abhängigen Verlauf an. Die maximale Verstärkung g_p bei der Wellenlänge λ_p soll wie bei den Einmodenbilanzgleichungen linear von der injizierten Trägerdichte abhängen

$$g_p = a(n - n_t) \quad . \tag{10.80}$$

Für die Verstärkung bei den Modenwellenlängen λ_m schreiben wir

$$g_m = g_p - (\delta g)^2 (\lambda_p - \lambda_m)^2 \quad , \tag{10.81}$$

wobei $(\delta g)^2$ ein Maß für die spektrale Breite des Verstärkungsprofils darstellt. Für die Aufstellung der Bilanzen nehmen wir an, daß die Moden untereinander nicht wechselwirken, aber gemeinsam an der Ladungsträgerdichte zehren. Letzteres ist typisch für einen homogen verbreiterten Übergang. Bei einer inhomogen verbreiterten Linie würden bestimmte Elektronengruppen jeweils mit bestimmten Lasermoden wechselwirken, wie dies zum Beispiel beim HeNe-Laser der Fall ist. Die Bilanzgleichungen für homogene Verbreiterung lauten

$$\frac{dn}{dt} = \frac{j}{qd} - \frac{n}{\tau_s} - \frac{c}{\bar{n}} \sum_m g_m N_m \tag{10.82}$$

für die Elektronendichte n und

$$\frac{dN_m}{dt} = \Gamma\frac{\bar{\beta}n}{\tau_s} + \frac{c}{\bar{n}}\Gamma g_m N_m - \frac{N_m}{\tau_m} \tag{10.83}$$

für die Photonendichte N_m in der Mode m. Zusätzlich haben wir noch berücksichtigt, daß die optischen Verluste in den einzelnen Moden unterschiedlich sein können und dann durch eine Photonenlebensdauer τ_m zu charakterisieren sind.

Die parabolische Annäherung des Gewinns ist befriedigend für den Bereich $g_p = 40$ - 300 cm^{-1}. Aus experimentellen Daten von InGaAsP-Lasern bei $\lambda = 1.3\,\mu\text{m}$ bestimmt man $(\delta g)^{-1} \approx 2\,\text{nm}\sqrt{\text{cm}}$, $n_t \approx 1\cdot 10^{18}\,\text{cm}^{-3}$ und $a \approx 3\cdot 10^{-16}\,\text{cm}^2$ als typische Werte. Der Modenabstand eines $L = 250\,\mu\text{m}$ langen Lasers beträgt $\Delta\lambda = 0.85\,\text{nm}$.

Für die stationäre Photonendichte folgt aus (10.83)

$$N_m = \frac{\Gamma\bar{\beta}n/\tau_s}{(c/\bar{n})(\bar{n}/(\tau_m c) - \Gamma g_m)} \quad . \tag{10.84}$$

Mit (10.60) erhält man dann die durch beide Spiegel abgestrahlte Ausgangsleistung der Mode m

$$P_m = R^{-1/2}(1 - R)\, bd\, \hbar\omega_m (c/\bar{n}) N_m/\Gamma \quad , \tag{10.85}$$

wobei b die Streifenbreite und $\hbar\omega_m$ die Photonenenergie bezeichnen. Aus (10.84) erkennt man, daß der spontane Emissionsfaktor $\bar{\beta}$ eine entscheidende Rolle für die Modenleistung spielt.

Die Formeln lassen sich übersichtlicher gestalten, wenn man annimmt, daß die zentrale Mode $m = 0$ gerade mit der Peak-Wellenlänge λ_p des Gewinns zusammenfällt. Die Moden $m = \pm 1, \pm 2, \dots$ liegen dann symmetrisch im Abstand $|m\Delta\lambda|$ um diese Wellenlänge herum. Die Photonendichte schreibt sich damit

$$N_m = \frac{\Gamma\bar{\beta}n/\tau_s}{(c/\bar{n})[\bar{n}/(\tau_m c) - \Gamma g_p + \Gamma(m\Delta\lambda\delta g)^2]} \quad . \tag{10.86}$$

Unter Berücksichtigung von (10.80) kann man die Trägerdichte durch die Photonendichte der stärksten Mode $m = 0$ ausdrücken

$$n = \frac{\bar{n}/(\tau_0 c) + \Gamma a n_t}{\Gamma a + \Gamma\bar{\beta}\bar{n}/(N_0 c\tau_s)} \quad . \tag{10.87}$$

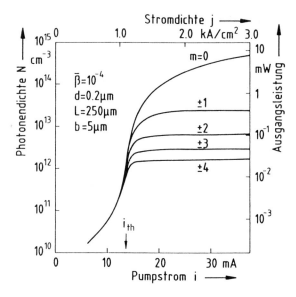

Bild 10.18: Photonendichte für die zentrale Mode ($m = 0$) und acht Nachbar-moden als Funktion des Injektionsstroms für eine Laserdiode von $L = 250$ μm Länge. Die rechte Ordinate gibt die Ausgangsleistung durch einen Endspiegel an (nach [10.5])

Für die Photonendichte in einer Nachbarmode $m = \pm 1, \pm 2, \ldots$ erhält man dann

$$N_m = \frac{\bar{\beta}/(\tau_s \tau_0) + \bar{\beta} \Gamma c a n_t/(\tau_s \bar{n})}{[ac/\bar{n} + \bar{\beta}/(N_0 \tau_s)] \left[\frac{1}{\tau_m} + \frac{\Gamma c a n_t}{\bar{n}} + \frac{c}{\bar{n}} \Gamma (m \Delta \lambda \delta g)^2 - a \frac{1/\tau_0 + c \Gamma a n_t/\bar{n}}{a + \bar{\beta} \bar{n}/(N_0 c \tau_s)}\right]} \cdot$$

$$(10.88)$$

Im Grenzfall sehr hoher Photonendichte $N_0 \to \infty$ vereinfacht sich dieser Aus-druck beträchtlich und führt zu einer endlichen Sättigungsdichte in den Nach-barmoden

$$N_{m\,sat} = \lim_{N_0 \to \infty} N_m = \frac{\bar{\beta}}{\tau_s} \frac{\bar{n}/(c a \tau_0) + n_t \Gamma}{\Gamma c (m \Delta \lambda \delta g)^2/\bar{n} + 1/\tau_m - 1/\tau_0} \cdot \qquad (10.89)$$

Bild 10.18 zeigt berechnete Photonendichten als Funktion des Pumpstroms. Deutlich ist die Sättigung der Photonendichten in den Nebenmoden zu erkennen. Mit (10.85) erhält man aus (10.88) und (10.89) die Gesamtausgangsleistung und die Sättigungsleistung, die man der rechten Ordinate in Bild 10.18 entnehmen kann. Für die relativen Ausgangsleistungen der Moden ergibt sich die einfache Beziehung

$$P_m/P_0 = 1/(1 + P_0/P_{m\,sat}) \quad . \qquad (10.90)$$

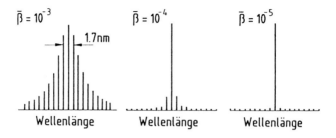

Bild 10.19: Vergleich der Emissionsspektren für verschiedene Werte des spontanen Emissionsfaktors $\bar{\beta}$ für einen Laser nach Bild 10.18 bei einer Ausgangsleistung von 2 mW (nach [10.5])

Aus (10.88) erkennt man die Auswirkungen des spontanen Emissionsfaktors $\bar{\beta}$ auf das Emissionsspektrum. Bild 10.19 zeigt berechnete Spektren für verschiedene Größen des spontanen Emissionsfaktors. Da die Sättigungsleistung nach (10.89) direkt proportional zum spontanen Emissionsfaktor ist, wird die fallende Nachbarmodenunterdrückung mit wachsendem Einfluß der spontanen Emission gut verständlich. Offenbar bevorzugt eine geringe Sättigungsleistung $P_{m\,sat}$ die Nebenmodenunterdrückung und sorgt für eine möglichst reine Emission der Zentralmode. Aus Formel (10.89) lassen sich unmittelbar die Sättigungsleistungen der Nachbarmoden berechnen.

10.4.3   Spontaner Emissionsfaktor

Der spontane Emissionsfaktor $\bar{\beta}$ gibt den Bruchteil der spontanen Emissionsübergänge an, die in eine Mode des Resonators fallen. Zur Abschätzung des Faktors nehmen wir vereinfachend an, daß die spontane Emission mit konstanter Stärke über einen Wellenlängenbereich $\Delta\lambda_c$ um die Mittenwellenlänge λ_p herum erfolgt. Wegen $k = 2\pi/\lambda$ entspricht dies im Vakuum einem Wellenzahlbereich

$$|\Delta k| = 2\pi\,\Delta\lambda_c/\lambda_p^2 \qquad (10.91)$$

um $k_p = 2\pi/\lambda_p$ herum. Die möglichen Ausbreitungsrichtungen erfassen den gesamten Raumwinkelbereich. Demnach ist die Kugelschale der Dicke Δk mit dem Radius k_p im k-Raum ein Maß für die Gesamtzahl der möglichen Strahlungsmoden

$$V_k = \int_0^\pi \int_0^{2\pi} \int_{kp-\Delta k/2}^{kp+\Delta k/2} k^2 \sin\vartheta\, dk d\varphi d\vartheta \approx 4\pi k_p^2 \Delta k \quad . \qquad (10.92)$$

Die Moden eines rechteckförmigen Resonators der Länge L, Breite b und Höhe d in einem Medium mit Brechungsindex $\bar{n}$ besitzen Vakuumwellenvektoren

$$\mathbf{k} = \left(2\pi m_x/(\bar{n}d),\ 2\pi m_y/(\bar{n}b),\ 2\pi m_z/(\bar{n}L)\right) \tag{10.93}$$

mit ganzen Zahlen m_x, m_y, m_z. Einer Resonatormode muß man im k-Raum das Volumen

$$V_{kR} = (2\pi)^3/(bdL\bar{n}^3) \tag{10.94}$$

zuordnen. Eine Mode des Resonators erfaßt demnach den Bruchteil

$$\bar{\beta} = \frac{V_{kR}}{V_k} = \frac{\lambda_p^4}{4\pi\bar{n}\Delta\lambda_c\,bdL} \tag{10.95}$$

der gesamten spontanen Strahlung in dem betrachteten Wellenlängenbereich. Dieser Bruchteil $\bar{\beta}$ wird als spontaner Emissionsfaktor bezeichnet.

Wenn die Moden des Resonators wie bei gewinngeführten Laserdioden nichtorthogonal sind, beanspruchen sie ein größeres Modenvolumen als in (10.94) angegeben. Man kann schreiben

$$V_{kR} = K_a(2\pi)^3/(bdL\bar{n}^3) \quad , \tag{10.96}$$

wobei der Astigmatismusfaktor durch [10.30]

$$K_a = \left| \int |E(y)|^2 dy \right|^2 \Big/ \left| \int E(y)^2 dy \right|^2 \tag{10.97}$$

gegeben ist. $E(y)$ bezeichnet hierbei die laterale Feldverteilung in der Ebene des pn-Übergangs. Für indexgeführte Wellen ist $E(y)$ reell und damit $K_a = 1$. Bei gewinngeführten Wellen wie in (10.76) hat man eine komplexe Funktion $E(y)$, und man bekommt $K_a > 1$. Werte $K_a \approx 10$ oder noch größer werden bei gewinngeführten Laserdioden durchaus beobachtet.

Schließlich hat man genaugenommen bei der Bestimmung von V_k noch einen Faktor 2 für die beiden Polarisationsrichtungen in Rechnung zu stellen. Insgesamt erhält man damit für den spontanen Emissionsfaktor

$$\bar{\beta} = \frac{K_a\,\lambda_p^4}{8\pi\,\bar{n}^3\,\Delta\lambda_c\,bdL} \quad . \tag{10.98}$$

Der Faktor ist damit umgekehrt proportional zum Volumen des aktiven Bereichs und zur Breite $\Delta\lambda_c$ des spontanen Emissionsspektrums. Typische Werte sind $\bar{\beta} = 10^{-5}$ für indexgeführte und $\bar{\beta} = 10^{-4}$ für gewinngeführte Laserdioden. Die Breite $\Delta\lambda_c$ ist im wesentlichen durch die Fermi-Verteilung der Elektronen bestimmt. Der Abfall der Verteilung von Eins auf Null erfolgt näherungsweise in einem Intervall der Breite $\Delta\hbar\omega_c = 2kT$. Damit läßt sich abschätzen

$$\Delta\lambda_c = |\Delta\omega_c\lambda_p/\omega_p| = 2kT\lambda_p^2/(hc) \quad . \tag{10.99}$$

Bei Raumtemperatur ist $\Delta\lambda_c \approx 40$ nm für eine Mittenwellenlänge von $\lambda_p = 1\ \mu$m.

10.5 Modulationsverhalten

Halbleiterlaser lassen sich bis in den Gigahertzbereich sehr bequem durch den Pumpstrom modulieren. Neben Amplitudenänderungen der Ausgangsleistung treten Phasen- und Frequenzschwankungen in der Emissionslinie auf. Außerdem verbreitert sich das Emissionsspektrum, weil neben der Hauptmode zahlreiche Nachbarmoden anschwingen können.

10.5.1 Kleinsignalnäherungen für die Bilanzgleichungen

Durch Terme mit dem Produkt nN werden die Bilanzgleichungen (10.33) und (10.34) nichtlinear, und es ist keine geschlossene analytische Lösung möglich. Wir beschränken unsere Betrachtungen zunächst auf eine Mode und untersuchen kleine Abweichungen $\Delta n(t)$ und $\Delta N(t)$ von den stationären Lösungen $\hat{n} \equiv const$ und $\hat{N} \equiv const$, die bereits in Abschnitt 10.2.1 angegeben wurden. Wir schreiben

$$n(t) = \hat{n} + \Delta n(t) \ , \quad |\Delta n(t)| \ll \hat{n} \tag{10.100}$$

und

$$N(t) = \hat{N} + \Delta N(t) \ , \quad |\Delta N(t)| \ll \hat{N} \quad . \tag{10.101}$$

Einsetzen in die Bilanzgleichungen (10.33) und (10.34) liefert dann die Ratengleichungen für die Störungen der Photonendichte

$$\frac{d\Delta N}{dt} = \frac{\Gamma\bar{\beta}\Delta n}{\tau_s} + \Gamma a(\hat{n} - n_t)\Delta N\frac{c}{\bar{n}} + \Gamma a\Delta n\hat{N}\frac{c}{\bar{n}} - \frac{\Delta N}{\tau} \tag{10.102}$$

und für die Störungen für die Elektronendichte

$$\frac{d\Delta n}{dt} = \frac{\Delta j}{qd} - \frac{\Delta n}{\tau_s} - a\Delta n\hat{N}\frac{c}{\bar{n}} - a(\hat{n} - n_t)\Delta N\frac{c}{\bar{n}} \quad . \tag{10.103}$$

Hierbei wurden Produkte kleiner Größen $\Delta n \Delta N$ vernachlässigt, und es wurde $j = \hat{j} + \Delta j(t)$ gesetzt. Das Differentialgleichungssystem (10.102) und (10.103) ist linear. Wir lösen es durch Fourier-Transformation, weil wir diesen Formalismus später noch benötigen. Die Fourier-Transformierten sind definiert durch

$$\Delta \tilde{n}(\nu) = \int_{-\infty}^{\infty} \Delta n(t) \, \exp\{-2\pi i \nu t\} dt \quad , \tag{10.104}$$

$$\Delta \tilde{N}(\nu) = \int_{-\infty}^{\infty} \Delta N(t) \, \exp\{-2\pi i \nu t\} dt \tag{10.105}$$

und

$$\Delta \tilde{j}(\nu) = \int_{-\infty}^{\infty} \Delta j(t) \, \exp\{-2\pi i \nu t\} dt \quad . \tag{10.106}$$

Aus (10.102) und (10.103) folgt damit

$$2\pi i \nu \Delta \tilde{N} = \frac{\Gamma \bar{\beta}}{\tau_s} \Delta \tilde{n} + \Gamma a (\hat{n} - n_t) \Delta \tilde{N} \frac{c}{\bar{n}} + \Gamma a \Delta \tilde{n} \hat{N} \frac{c}{\bar{n}} - \frac{\Delta \tilde{N}}{\tau} \tag{10.107}$$

und

$$2\pi i \nu \Delta \tilde{n} = \frac{\Delta \tilde{j}}{qd} - \frac{\Delta \tilde{n}}{\tau_s} - a \Delta \tilde{n} \hat{N} \frac{c}{\bar{n}} - a(\hat{n} - n_t) \Delta \tilde{N} \frac{c}{\bar{n}} \quad . \tag{10.108}$$

Dies ist ein einfaches lineares Gleichungssystem für die Spektralkomponenten der Abweichungen $\Delta \tilde{N}$ und $\Delta \tilde{n}$.

10.5.2 Kleinsignalamplitudenmodulation

Durch Zusammenfassen von (10.107) und (10.108) erkennt man, daß das Spektrum der Pumpstromdichte das Photonendichtespektrum

$$\Delta \tilde{N} = \frac{\Delta \tilde{j} \left(\bar{\beta}/\tau_s + a \hat{N} c/\bar{n} \right) \Gamma/(qd)}{(2\pi i \nu + \frac{1}{\tau_s} + a \hat{N} \frac{c}{\bar{n}})(2\pi i \nu + \frac{1}{\tau} - \frac{\Gamma a c}{\bar{n}}(\hat{n} - n_t)) + (\frac{\bar{\beta}}{\tau_s} + a \hat{N} \frac{c}{\bar{n}}) \frac{\Gamma a c}{\bar{n}}(\hat{n} - n_t)} \tag{10.109}$$

und das Elektronendichtespektrum

$$\Delta \tilde{n} = \frac{\Delta \tilde{j}(2\pi i \nu + 1/\tau - \Gamma a (\hat{n} - n_t) c/\bar{n})/(qd)}{(2\pi i \nu + \frac{1}{\tau_s} + a \hat{N} \frac{c}{\bar{n}})(2\pi i \nu + \frac{1}{\tau} - \frac{\Gamma a c}{\bar{n}}(\hat{n} - n_t)) + (\frac{\bar{\beta}}{\tau_s} + a \hat{N} \frac{c}{\bar{n}}) \frac{\Gamma a c}{\bar{n}}(\hat{n} - n_t)} \tag{10.110}$$

bestimmt. Verwendet man die nach (10.37) bei vernachlässigbarer spontaner Emission gültige Beziehung

$$\hat{n} - n_t \approx \bar{n}/(ca\tau\Gamma) \tag{10.111}$$

und führt die Resonanzfrequenz

$$\nu_r = \frac{1}{2\pi}\sqrt{\frac{a\hat{N}c}{\bar{n}\tau} + \frac{\bar{\beta}}{\tau\tau_s}} \tag{10.112}$$

und die Dämpfungskonstante

$$\bar{\gamma} = 1/\tau_s + a\hat{N}c/\bar{n} \tag{10.113}$$

ein, dann lassen sich (10.109) und (10.110) in eine übersichtliche Form bringen. Man erhält als Ergebnis

$$\Delta\tilde{N} = \frac{4\pi^2\nu_r^2\tau\Gamma/(qd)}{4\pi^2\nu_r^2 + 2\pi i\bar{\gamma}\nu - 4\pi^2\nu^2}\,\Delta\tilde{j} \tag{10.114}$$

und

$$\Delta\tilde{n} = \frac{2\pi i\nu/(qd)}{4\pi^2\nu_r^2 + 2\pi i\bar{\gamma}\nu - 4\pi^2\nu^2}\,\Delta\tilde{j} \quad . \tag{10.115}$$

Diese Übertragungskurven entsprechen denen eines Tiefpasses zweiter Ordnung. Für sinusförmige Modulation des Pumpstroms $j(t) = \hat{j} + \Delta\hat{j}e^{2\pi i\nu_0 t} = \hat{j} + \Delta j(t)$ um die konstante Vorstromdichte $\hat{j}$ werden in linearer Näherung auch die Photonendichte und die Elektronendichte sinusförmig fluktuieren mit $N(t) = \hat{N} + \Delta\hat{N}e^{2\pi i\nu_0 t}$ und $n(t) = \hat{n} + \Delta\hat{n}e^{2\pi i\nu_0 t}$. Für die Fourier-Transformierten der Schwankungen gilt folglich $\Delta\tilde{j} = \Delta\hat{j}\delta(\nu - \nu_0), \Delta\tilde{N} = \Delta\hat{N}\delta(\nu - \nu_0)$ und $\Delta\tilde{n} = \Delta\hat{n}\delta(\nu - \nu_0)$, und für die Schwankungsamplituden $\Delta\hat{j}, \Delta\hat{N}$ und $\Delta\hat{n}$ gelten offenbar dieselben Relationen (10.114) und (10.115) wie für die Spektralkomponenten $\Delta\tilde{j}, \Delta\tilde{N}$ und $\Delta\tilde{n}$. Typische Frequenzabhängigkeiten der Photonendichte sind in Bild 10.20 dargestellt. Die Resonanzfrequenz ν_r verschiebt sich mit wachsender Photonendichte $\hat{N}$, also mit wachsender mittlerer Lichtausgangsleistung, zu höheren Werten. Bei vernachlässigbarer spontaner Emission folgt aus (10.112)

$$\nu_r \approx \frac{1}{2\pi}\sqrt{\frac{ac}{\bar{n}}\frac{\hat{N}}{\tau}} \quad . \tag{10.116}$$

Nach (10.8) ist der erste Faktor in der Wurzel proportional zum differentiellen Gewinn $a = \partial g_p/\partial n$. Um hochfrequent modulieren zu können, benötigt man demnach Strukturen mit großer differentieller Verstärkung $\partial g_p/\partial n$ und kleiner

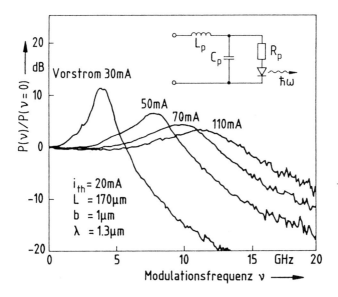

Bild 10.20: Frequenzgang der Lichtleistung eines InGaAsP-Pilzlasers bei Kleinsignalpumpstrommodulation für verschiedene Vorströme bei $T = 20°C$ (nach [10.8]). Angegeben ist auch ein einfaches Ersatzschaltbild, das Zuleitungsinduktivitäten und parasitäre Kapazitäten berücksichtigt

Photonenlebensdauer τ, also kurzer Resonatorlänge. Außerdem ist eine hohe mittlere Photonendichte $\hat{N}$ wünschenswert. Dies hat nach (10.113) auch eine große Dämpfung zur Folge, und die Resonanzüberhöhung wird unterdrückt. Mit (10.37) und (10.47) kann man die Resonanzfrequenz durch die Stromdichte ausdrücken

$$\nu_r = \frac{1}{2\pi} \sqrt{\frac{\Gamma n_t \tau ac/\bar{n} + 1}{\tau \tau_s} \left(\frac{\hat{j}}{\hat{j}_{th}} - 1 \right)} \quad . \qquad (10.117)$$

Der Term $\Gamma n_t \tau ac/\bar{n}$ muß berücksichtigt werden, er liegt bei Raumtemperatur typisch zwischen 4 und 5. Für $\tau_s = 2$ ns, $\tau = 2.5$ ps und $\hat{j} = 2\hat{j}_{th}$ ist $\nu_r \approx 5$ GHz. Das Maximum der Übertragungsfunktion in (10.114) liegt bei der Frequenz $\nu = \sqrt{4\pi^2\nu_r^2 - \bar{\gamma}^2/2}/(2\pi)$. Mit steigender Vorstromdichte verschiebt es sich zu größeren Frequenzen.

In der Praxis sind auch die elektrischen Eigenschaften des Ansteuerkreises zu berücksichtigen. In Bild 10.20 ist ein einfaches Ersatzschaltbild eingetragen. Die Laserzone selbst kann man als Kurzschluß ansehen. Die Induktivität L_p des Bonddrahtes bleibt unter 0.1 nH, wenn man einen 0.3 mm langen Golddraht von 50 μm Durchmesser verwendet. Der parasitäre Widerstand R_p beruht

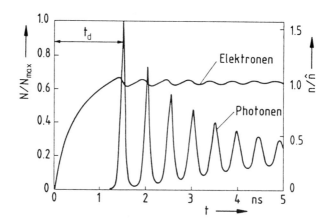

Bild 10.21: Zeitliche Entwicklung der Photonendichte N und der Elektronendichte n bei sprunghafter Änderung der Pumpstromdichte von $j = 0$ auf einen konstanten Endwert $j > j_{th}$ zum Zeitpunkt $t = 0$ (nach [10.3])

hauptsächlich auf der geringen Leitfähigkeit der p-Kontaktzone und dem endlichen Kontaktwiderstand. Die parasitäre Kapazität C_p stammt vor allem von der Kapazität des Bondflecks und der Kapazität des pn-Übergangs. In Laserdioden mit Pilzstruktur hat man $C_p < 1$ pF und $R_p < 8\ \Omega$ erreicht, so daß die elektrische 3 dB-Grenzfrequenz größer als 20 GHz ist und der in Bild 10.20 dargestellte Frequenzgang der Lichtleistung beobachtet werden kann.

Nach einer sprunghaften Änderung des Pumpstroms stellt sich der Laser im Falle $\bar{\gamma} > 4\pi\nu_r$ aperiodisch auf seinen neuen Gleichgewichtswert ein. Für $\bar{\gamma} < 4\pi\nu_r$ erfolgt dagegen nach einer Störung ein gedämpft periodisches Einschwingen. Wegen $\bar{\gamma} \approx 1/\tau_s + \tau 4\pi^2\nu_r^2$ relaxiert der Laser nur für kleine Photonendichten dicht oberhalb der Schwelle aperiodisch, während bei hohen Photonendichten periodische Einschwingvorgänge zu beobachten sind.

10.5.3   Großsignalamplitudenmodulation

Im allgemeinen Fall einer beliebigen Pumpstromänderung müssen die Bilanzgleichungen (10.33) und (10.34) numerisch gelöst werden. Besonders übersichtlich sind die Verhältnisse, wenn zum Zeitpunkt $t = 0$ der Pumpstrom von $j = 0$ sprungartig auf den dann konstanten Wert $j > j_{th}$ eingeschaltet wird. Bild 10.21 zeigt die zeitliche Entwicklung der Elektronen- und Photonendichte. Die Elektronendichte steigt ausgehend von ihrem Ausgangswert auf etwa die Schwellendichte n_{th} an. Die Laseremission setzt erst ein, wenn nach einer Verzögerungszeit

t_d die Schwelle erreicht ist. Anfangs beobachtet man gedämpfte Relaxationsschwingungen in der Emission. Schwingungsfrequenz und Dämpfung sind näherungsweise durch die (linearen) Beziehungen (10.117) und (10.113) gegeben.

Bei der Bestimmung der Verzögerungszeit t_d geht man davon aus, daß anfangs stimulierte Prozesse noch keine Rolle spielen. Man kann sie in (10.34) vernachlässigen und erhält für die Überschußdichte n die lineare Beziehung

$$\frac{dn}{dt} = \frac{j}{qd} - \frac{n}{\tau_s} \quad . \tag{10.118}$$

Die Lösung dieser Differentialgleichung mit der Randbedingung $n(t=0) = 0$ ist

$$n(t) = \frac{j\tau_s}{qd}(1 - \exp\{-t/\tau_s\}) \tag{10.119}$$

oder

$$t = \tau_s \cdot \ln\left[\frac{j}{j - qn(t)d/\tau_s}\right] \quad . \tag{10.120}$$

Laseremission setzt ein, wenn die Schwelldichte n_{th} nach der Verzögerungszeit $t = t_d$ erreicht ist. Unter Beachtung von (10.46) kann man schreiben

$$t_d = \tau_s \ln\left(\frac{j}{j - j_{th}}\right) \quad . \tag{10.121}$$

Im übrigen läßt sich die Verzögerungszeit verkürzen, wenn man den Laser mit der Stromdichte j_0 knapp unterhalb der Schwelle vorspannt. Für die Anfangsbedingung $n(t=0) = j_0\tau_s/(qd)$ erhält man die Verzögerungszeit

$$t_d = \tau_s \ln[(j - j_0)/(j - j_{th})] \quad , \tag{10.122}$$

die im Vergleich zu (10.121) stark vermindert sein kann. Gleichzeitig werden die Relaxationsschwingungen stärker gedämpft.

Die Formel (10.121) kann zur Messung der Minoritätsträgerlebensdauer τ_s herangezogen werden. Bei bekanntem τ_s läßt sich dann gemäß (10.46) aus

$$n_{th} = j_{th}\tau_s/(qd) \tag{10.123}$$

die Überschußkonzentration an der Laserschwelle bestimmen. Typische Größen sind $\tau_s = 3$ ns, $j_{th} \approx 1$ kA/cm^2 und $n_{th} \approx 2 \cdot 10^{18}$ cm^{-3} für AlGaAs-Laser und $n_{th} \approx 1 \cdot 10^{18}$ cm^{-3} für InGaAsP-Laser. Die Verzögerungszeiten liegen typisch zwischen 0.5 ns und 5 ns. Interessant ist zu bemerken, daß eine niedrige Schwellstromdichte nach (10.121) auch die Verzögerungszeit klein hält.

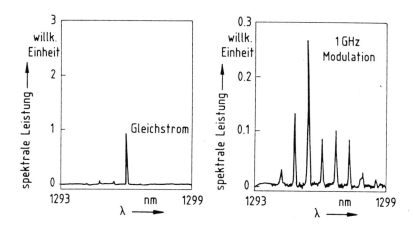

Bild 10.22: Typisches Emissionsspektrum einer Fabry-Perot-Laserdiode bei Gleichstromanregung (links) und bei hochfrequenter Pumpstrommodulation ohne Vorstrom (rechts)

10.5.4   Mehrmodenoszillation bei Pumpstrommodulation

Pumpstrommodulation hat zwangsläufig eine Modulation der Trägerdichte n zur Folge. Betrachten wir der Einfachheit halber eine sinusförmige Modulation $n(t) = n_{th} + \Delta\hat{n}\sin(2\pi\nu_0 t)$. In der positiven Halbwelle gelangt die Dichte über den Schwellwert, der nach (10.6) und (10.8) durch

$$r_1 r_2 \, \exp\{a(n_{th} - n_t)L - \alpha_i L\} = 1 \qquad (10.124)$$

bestimmt ist. Bei einem flachen parabolischen Verstärkungsprofil nach (10.81) bedeutet dies, daß während der positiven Halbwelle neben der zentralen Hauptmode noch Nachbarmoden über die Laserschwelle gelangen und anschwingen. Bei Pumpstrommodulation erwarten wir demnach eine schwächere Sekundärmodenunterdrückung als im statischen Fall, der in Abschnitt 10.4.2 quantitativ behandelt wurde. Bei Modulation nahe der Resonanzfrequenz ν_r werden die Elektronendichteschwankungen besonders groß. Es treten besonders viele Nebenmoden im Emissionsspektrum auf. Dies zeigt der Vergleich der in Bild 10.22 dargestellten experimentellen Spektren für Gleichstromanregung und hochfrequente Pumpstrommodulation.

Zur theoretischen Berechnung des Emissionsspektrums kann man die Mehrmodenratengleichungen (10.82) und (10.83) heranziehen. Wir untersuchen der Einfachheit halber einen Sprung im Pumpstrom von $j = 0$ auf das eineinhalbfache des Schwellwertes $j = 1.5j_{th}$. Wir unterscheiden die in Bild 10.23 dargestellten zwei Fälle. Im ersten Fall gewöhnlicher Laserdioden mit Fabry-Perot-Resonator

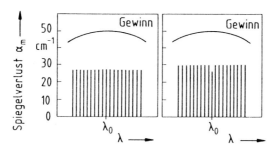

Bild 10.23: Spiegelverluste einer gewöhnlichen Laserdiode mit Fabry-Perot-Resonator (links) und eines idealisierten wellenlängenselektiven Resonators (rechts)

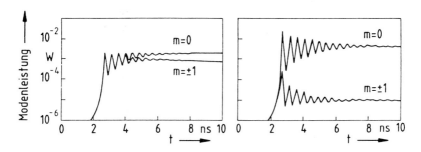

Bild 10.24: Relaxationsschwingungen der zentralen Moden nach einem Sprung im Pumpstrom von $j = 0$ auf $j = 1.5 j_{th}$, Fabry-Perot-Resonator links und wellenlängenselektiver Resonator rechts (nach [10.9])

nehmen wir an, daß alle Moden dieselben inversen Photonenlebensdauern

$$\frac{1}{\tau_m} = \frac{1}{\tau_i} - \frac{1}{\tau_{Rm}} = \frac{c}{\bar{n}} \left(\alpha_i - \frac{\ln R_m}{L} \right) \qquad (10.125)$$

besitzen. Hierbei charakterisiert $1/\tau_i = c\alpha_i/\bar{n}$ die intrinsischen Verluste, und die Spiegelverluste sind durch

$$\alpha_m = -\frac{\ln R_m}{L} \qquad (10.126)$$

gegeben. Im zweiten Fall möge die zentrale Mode einen um 10 % geringeren Spiegelverlust aufweisen, was man, wie in Abschnitt 10.7 näher erläutert wird, durch wellenlängenselektive Reflexion erreichen kann. Bild 10.24 zeigt die numerisch berechneten Relaxationsschwingungen für die zentralen Moden. In Bild 10.25 sind die zugehörigen zu verschiedenen Zeitpunkten auftretenden Emissionsspektren dargestellt. Im Fabry-Perot-Laser schwingen zu Beginn der Relaxationsschwingung, also auch bei hochfrequenter Modulation, viele Moden an. Mit

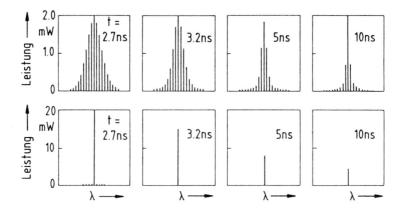

Bild 10.25: Emissionsspektren zu verschiedenen Zeitpunkten nach einem Sprung im Pumpstrom von $j = 0$ auf $j = 1.5 j_{th}$, Fabry-Perot-Resonator oben und wellenlängenselektiver Resonator unten (nach [10.9])

zunehmender Zeit werden die Nebenmoden allmählich immer besser unterdrückt. Ist dagegen die zentrale Mode gegenüber den übrigen Moden in den Spiegelverlusten bevorzugt, dann findet man bereits im ersten Relaxationsschwingungsmaximum eine starke Sekundärmodenunterdrückung. Unter Hochfrequenzmodulation des Pumpstroms emittieren gewöhnliche Laserdioden offenbar mehrmodig, während Laserdioden mit ausreichender wellenlängenselektiver Rückkopplung auch im dynamischen Betrieb einmodig schwingen. Ein Unterschied von 10 % in den Spiegelverlusten reicht aus, um eine Mode in der Emission deutlich zu bevorzugen. Stärkere Unterschiede führen zu besserer Sekundärmodenunterdrückung.

10.5.5 Frequenzmodulation

Änderungen der Elektronendichte n führen zu einer Variation des optischen Brechungsindex $\bar{n}$. Nach Abschnitt 2.12 gilt für Wellenlängen in der Nähe der Bandlücke von GaAs bei Raumtemperatur $\partial \bar{n}/\partial n \approx -1.5 \cdot 10^{-21}$ cm^3. Direkt im Laserübergang findet man Werte von $-1 \cdot 10^{-20}$ cm^3 für AlGaAs- und $-2.5 \cdot 10^{-20}$ cm^3 für InGaAsP-Laser. Außer durch Elektroneninjektion ändert sich der Brechungsindex bei Pumpstrommodulation auch noch durch Temperaturänderungen, wobei nach Abschnitt 2.12 $\partial \bar{n}/\partial T \approx 4 \cdot 10^{-4}$ K^{-1} anzusetzen ist. Wir wollen im folgenden der Einfachheit halber voraussetzen, daß die Pumpstromänderungen so schnell erfolgen, daß Temperatureffekte gegenüber elektronischen Effekten zu vernachlässigen sind.

Änderungen des Brechungsindex $\Delta\bar{n}(t)$ verschieben die Resonanzwellenlänge $\lambda = \lambda_m$ einer Mode im Fabry-Perot-Resonator, die durch (10.7) gegeben ist. Die relative Wellenlängen- bzw. Frequenzänderung erhält man für homogene Verhältnisse durch Differenzieren von (10.7) zu

$$\frac{\Delta\bar{n}(\lambda)}{\bar{n}(\lambda)} = \frac{\Delta\lambda}{\lambda} = -\frac{\Delta\omega}{\omega} \quad , \qquad (10.127)$$

wobei wir bei der zweiten Gleichheit die Dispersion $d\bar{n}/d\lambda$ vernachlässigt haben und den effektiven Brechungsindex des Wellenleiters durch $\bar{n}$ approximiert haben. Die Änderung $\Delta\omega$ der Kreisfrequenz kann man als zeitliches Differential der Phasenänderung schreiben, und die Brechungsindexänderung $\Delta\bar{n}$ läßt sich durch die Elektronendichte ausdrücken. Die räumlich inhomogene Injektion wird durch den Füllfaktor Γ berücksichtigt. Damit ergibt sich die folgende Differentialgleichung für die Phasenänderung

$$\frac{d\phi(t)}{dt} = \Delta\omega(t) = -\frac{\omega\Gamma}{\bar{n}}\frac{\partial\bar{n}}{\partial n}\Delta n(t) \quad , \qquad (10.128)$$

wobei $\partial\bar{n}/\partial n$ die Brechungsindexänderung in der aktiven Zone bezeichnet. Bei der Ableitung dieser Gleichung ist vorausgesetzt, daß die Schwankungen in $\Delta n(t)$ langsam sind im Vergleich zur Resonatorumlaufzeit. Mit der Variation der Elektronendichte kommt es nach (10.128) unmittelbar zu einer Modulation der Lichtkreisfrequenz. Elektronendichteänderungen von $\Delta n = 10^{16}$ cm^{-3} verschieben die Emissionsfrequenz bereits um $\Delta\nu = \Delta\omega/(2\pi) \approx 3$ GHz.

Die Elektronendichtemodulation hat zur Folge, daß mit einer Amplitudenmodulation der Photonendichte und damit der Ausgangslichtintensität immer eine Frequenzmodulation verbunden ist. Dies wird im folgenden weiter verdeutlicht. Vernachlässigt man in der Bilanzgleichung (10.33) die spontane Emission und benutzt (10.100) und (10.101), dann folgt unmittelbar unter Beachtung von (10.111)

$$\Delta n(t) = \frac{dN/dt}{N(t)\Gamma ac/\bar{n}} \quad . \qquad (10.129)$$

Mit (10.37) kann man diese Beziehung weiter umschreiben in

$$\Delta n(t) = \frac{\tau(n_{th} - n_t)dN/dt}{N(t)} = \frac{\tau(n_{th} - n_t)dP/dt}{P(t)} \quad . \qquad (10.130)$$

Bei der zweiten Gleichheit wurde berücksichtigt, daß die Ausgangsleistung P proportional zur Photonendichte N ist. Mit (10.130) lassen sich Elektronendichteänderungen durch Messung der zeitabhängigen Ausgangsleistung bestimmen. Zu beachten ist hierbei, daß die angegebene Beziehung wegen der vernachlässigten spontanen Emission nur oberhalb der Laserschwelle gilt. Einsetzen von (10.130) in (10.128) ergibt die Frequenzänderung

$$\Delta\nu(t) = \Delta\omega(t)/(2\pi) = -\frac{\alpha_H}{4\pi}\frac{dP/dt}{P(t)} \quad , \tag{10.131}$$

wobei zur Abkürzung der sogenannte Henry-Faktor

$$\alpha_H = \frac{2\omega\tau\Gamma}{\bar{n}}\frac{\partial\bar{n}}{\partial n}(n_{th} - n_t) \tag{10.132}$$

eingeführt wurde. Dieser Faktor bestimmt offenbar die Kopplung von Frequenzmodulation und relativer Amplitudenmodulation. Für gewöhnliche Laserdioden liegt α_H zwischen -1 und -7.

10.6 Rauschverhalten einmodiger Laserdioden

Ursache für das Rauschen des Laserlichts ist die spontane Emission. Die Beschreibung der Rauschvorgänge in mehrmodigen Lasern ist überaus kompliziert. Wir untersuchen hier die Fluktuationen in der dominierenden Hauptmode und vernachlässigen die Wechselwirkung mit den schwächeren Nebenmoden. Die spontane Emission führt zu Amplituden- und Phasenschwankungen der Lichtwelle und bestimmt damit die spektrale Breite der Emissionslinie. Genügend weit oberhalb der Laserschwelle sind die Fluktuationen klein im Vergleich zum Signal, so daß die Kleinsignalnäherungen der Bilanzgleichungen das Rauschen beschreiben. Hiermit lassen sich explizite Ausdrücke für die Rauschgrößen berechnen.

10.6.1 Schwankungen durch spontane Emission

Spontane Emission in eine Mode, die mit statistisch gleichverteilter Phase erfolgt, führt zu einer regellosen Änderung der komplexen elektrischen Feldstärke. Bild 10.26 zeigt die x-Komponente des Phasors $\mathbf{E}$ des Modenfeldes. Bezeichnet $\hat{\mathbf{E}}$ den Phasor für das Feld eines Photons und sind M Photonen in der Mode vorhanden, so kann man das Feld schreiben als $\mathbf{E} = \sqrt{M}\hat{\mathbf{E}}$. Nach m spontanen Emissionsprozessen in die Mode, die mit statistischer Phase θ_j erfolgen, lautet das Gesamtfeld

$$\mathbf{E}_{ges} = \sqrt{M}\hat{\mathbf{E}} + \hat{\mathbf{E}}\sum_{j=1}^{m}\exp\{i\theta_j\} \quad . \tag{10.133}$$

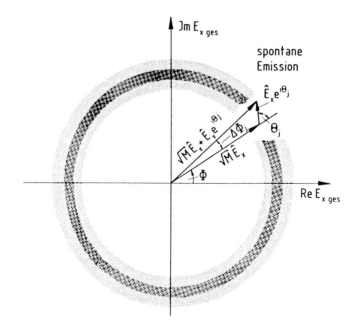

Bild 10.26: Änderung des Phasors einer Mode durch einen spontanen Emissionsprozeß mit statistischer Phase θ_j (schematisch)

Die Gesamtzahl der Photonen in der Mode ist folglich

$$N_{ges} = \left| \sqrt{M} + \sum_{j=1}^{m} \exp\{i\theta_j\} \right|^2 \qquad (10.134)$$

$$= M + 2\sqrt{M} \sum_{j=1}^{m} \cos\theta_j + \left(\sum_{j=1}^{m} \cos\theta_j \right)^2 + \left(\sum_{j=1}^{m} \sin\theta_j \right)^2 \quad .$$

Der Mittelwert dieser Zufallsgröße ist

$$< N_{ges} >= M + m \quad , \qquad (10.135)$$

da die Phasen θ_j gleichverteilt sind im Intervall $0 \le \theta_j \le 2\pi$ und alle spontanen Emissionsprozesse voneinander unabhängig sind. Für das zweite Moment erhält man entsprechend

$$. < N_{ges}^2 >= (M + m)^2 + 4Mm < \cos^2\theta_j >= (M + m)^2 + 2mM \quad . \quad (10.136)$$

In der Meßzeit T hat man

$$m = \frac{\bar{\beta} < n_{ges} > T}{\tau_s} \qquad (10.137)$$

spontane Emissionsprozesse in die Mode. Für $m \ll M$ ergibt sich damit für die Varianz der Photonenzahl die Beziehung

$$< (N_{ges} - < N_{ges} >)^2 > = 2mM = \frac{2\bar{\beta} < n_{ges} >< N_{ges} > T}{\tau_s} \qquad . \qquad (10.138)$$

Mit der Einführung der Erwartungswerte $< n_{ges} >$ und $< N_{ges} >$ bringen wir explizit zum Ausdruck, daß es sich bei den früher in den Bilanzgleichungen benutzten Größen n_{ges} und N_{ges} genaugenommen um Mittelwerte von statistisch schwankenden Zufallsgrößen handelt.

Nach Bild 10.26 zieht die spontane Emission auch statistische Phasenänderungen nach sich, die für $m \ll M$ durch

$$\Delta\phi = \frac{1}{\sqrt{M}} \, \text{Im} \left\{ \sum_{j=1}^{m} e^{i\theta_j} \right\} \qquad (10.139)$$

gegeben sind. Der Mittelwert der Phasenfluktuation verschwindet

$$< \Delta\phi > = 0 \quad , \qquad (10.140)$$

und für die Varianz gilt

$$< (\Delta\phi)^2 > = \frac{1}{M} \sum_{j=1}^{m} < \sin^2 \theta_j > = \frac{m}{2M} = \frac{\bar{\beta} < n_{ges} > T}{2\tau_s < N_{ges} >} \qquad . \qquad (10.141)$$

Fluktuationen der Photonenzahl führen unmittelbar auch zu Schwankungen der Elektronenzahl. Da die Emission eines Photons der betrachteten Mode unweigerlich mit der Rekombination eines Elektron-Loch-Paares verbunden ist, gilt unter Beachtung von (10.138) für die Korrelation von Photonen- und Elektronenzahl

$$< (N_{ges} - < N_{ges} >)(n_{ges} - < n_{ges} >) > = -\frac{2\bar{\beta} < n_{ges} >< N_{ges} > T}{\tau_s} \qquad . \qquad (10.142)$$

Hierbei wurde angenommen, daß die spontane Emission in die interessierende Mode unabhängig von Emissionsprozessen in andere Moden ist.

Fluktuationen der Elektronenzahl werden verursacht durch spontane Emission in die lasernde Mode und durch spontane Emission in die übrigen Moden. Wir nehmen an, daß beide Prozesse unabhängig voneinander sind und erhalten für die Varianz

$$< (n_{ges} - < n_{ges} >)^2 > = \frac{2\bar{\beta} < n_{ges} >< N_{ges} > T}{\tau_s} + \frac{< n_{ges} > T}{\tau_s} \quad . \quad (10.143)$$

Der erste Term resultiert in Übereinstimmung mit (10.138) aus Schwankungen der Photonenzahl in der lasernden Mode. Der zweite Term ergibt sich unter der Annahme einer Poisson-Verteilung für die Elektronenzahl. Wir interessieren uns nur für den Fall einer großen Photonenzahl in der lasernden Mode, $\bar{\beta} < N_{ges} > \gg 1$, so daß sich die Varianz (10.143) zu

$$< (n_{ges} - < n_{ges} >)^2 > = \frac{2\bar{\beta} < n_{ges} >< N_{ges} > T}{\tau_s} \quad (10.144)$$

vereinfacht.

10.6.2 Rauscheinströmungen und Bilanzgleichungen

Die durch spontane Emission verursachten Zufallsprozesse lassen sich durch sogenannte Langevin-Kräfte $F(t)$ beschreiben, die additiv in die Bilanzgleichungen eingehen. Aus (10.31) ergibt sich für die Bilanz der Photonenzahl

$$\frac{dN_{ges}}{dt} = \frac{\bar{\beta} n_{ges}}{\tau_s} + \Gamma \frac{a}{bdL} (n_{ges} - n_{t\,ges}) N_{ges} \frac{c}{\bar{n}} - \frac{N_{ges}}{\tau} + F_N(t) \quad , \quad (10.145)$$

wobei in Übereinstimmung mit (10.134) und wegen $m \ll M \approx < N_{ges} >$ die Fluktuationen durch spontane Emission durch die Langevin-Kraft

$$F_N(t) = \sum_j 2\sqrt{< N_{ges} >} \cos \theta_j \, \delta(t - t_j) \quad (10.146)$$

erfaßt werden. Die δ-Funktion produziert abrupte Änderungen in der Photonenzahl und in der Phase zu zufälligen Zeitpunkten t_j. Die zufälligen Winkel θ_j sind gleichverteilt im Intervall $0 \leq \theta_j \leq 2\pi$. Deshalb verschwindet der Mittelwert der Langevin-Kraft

$$< F_N(t) > = 0 \quad . \quad (10.147)$$

Bei der Berechnung der Korrelation $< F_N(t)F_N(u) >$ verschwinden alle Kreuzterme der Summanden, und es ist

$$< F_N(t)F_N(u) > = \sum_j 4 < N_{ges} >< \cos^2 \theta_j >< \delta(t - t_j)\delta(u - t_j) > \quad .$$

$$(10.148)$$

Für das Produkt der δ-Funktionen kann man schreiben

$$\delta(t - t_j)\delta(u - t_j) = \delta(t - u)\delta(t - t_j) \quad , \tag{10.149}$$

da dieser Ausdruck nur für $t = u = t_j$ nicht verschwindet. Mit $< \cos^2 \theta_j >= 1/2$ bekommt man damit

$$< F_N(t)F_N(u) >= 2 < N_{ges} >< \sum_j \delta(t - t_j) > \delta(t - u) \quad . \tag{10.150}$$

Das Ensemblemittel über die Summe der δ-Funktionen ist offenbar gleich der mittleren Zahl der spontanen Emissionsprozesse, die pro Zeiteinheit in die betrachtete Mode erfolgen

$$< \sum_j \delta(t - t_j) >= \frac{\bar{\beta} < n_{ges} >}{\tau_s} \quad . \tag{10.151}$$

Unter der Annahme stationärer Verhältnisse schreibt sich die Korrelationsfunktion mit $u - t = \Delta t$ dann

$$< F_N(t + \Delta t)F_N(t) >= \frac{2\bar{\beta} < N_{ges} >< n_{ges} >}{\tau_s}\delta(\Delta t) \quad . \tag{10.152}$$

Die Bilanz der Elektronen läßt sich auf dieselbe Weise behandeln. Bezugnehmend auf (10.32) lautet die Rategleichung bei Berücksichtigung von Rauschvorgängen

$$\frac{dn_{ges}}{dt} = \frac{i}{q} - \frac{n_{ges}}{\tau_s} - \Gamma\frac{a}{bdL}(n_{ges} - n_{t\,ges})N_{ges}\frac{c}{\bar{n}} + F_n(t) \quad , \tag{10.153}$$

wobei für die Langevin-Kraft

$$F_n(t) = -F_N(t) \tag{10.154}$$

gilt. Die letzte Gleichung bringt zum Ausdruck, daß Photonenzahlen und Elektronenzahlen genau gegenläufig schwanken, wenn man die Fluktuationen durch spontane Emission in die übrigen Moden vernachlässigen kann. Für den Mittelwert folgt $< F_n(t) >= 0$, und die Korrelationsfunktionen sind einfach

$$< F_n(t)F_n(t + \Delta t) >= \frac{2\bar{\beta} < N_{ges} >< n_{ges} >}{\tau_s}\delta(\Delta t) \tag{10.155}$$

und

$$< F_n(t)F_N(t + \Delta t) >= -\frac{2\bar{\beta} < N_{ges} >< n_{ges} >}{\tau_s}\delta(\Delta t) \quad . \tag{10.156}$$

10.6.3   Kleinsignalnäherungen mit Rauschen

Wir setzen zur Abkürzung $a^* = \Gamma ac/(bdL\bar{n})$ und betrachten kleine Abweichungen vom Gleichgewicht

$$\Delta N_{ges}(t) = N_{ges}(t) - \;< N_{ges} > \tag{10.157}$$

und

$$\Delta n_{ges}(t) = n_{ges}(t) - \;< n_{ges} > \quad . \tag{10.158}$$

Den Pumpstrom nehmen wir als zeitlich konstant an, $i(t) = < i >$, und erhalten wie bei der Ableitung von (10.102) und (10.103) bei Vernachlässigung von Produkten kleiner Größen

$$\frac{d\Delta N_{ges}}{dt} = \frac{\bar{\beta}\Delta n_{ges}}{\tau_s} + a^*\Delta n_{ges} < N_{ges} >$$

$$+ \; a^*(< n_{ges} > - n_{t\,ges})\Delta N_{ges} - \frac{\Delta N_{ges}}{\tau} + F_N(t) \tag{10.159}$$

und

$$\frac{d\Delta n_{ges}}{dt} = -\frac{\Delta n_{ges}}{\tau_s} - a^*\Delta n_{ges} < N_{ges} > -a^*(< n_{ges} > - n_{t\,ges})\Delta N_{ges} + F_n(t) \quad . \tag{10.160}$$

Nach (10.128) ist die Phasen- bzw. Frequenzabweichung unter Berücksichtigung von Rauschvorgängen durch

$$\frac{d\phi}{dt} = \Delta\omega(t) = -\frac{\omega\Gamma}{\bar{n}}\frac{\partial\bar{n}}{\partial n_{ges}}\Delta n_{ges}(t) + F_\phi(t) \tag{10.161}$$

zu beschreiben. Für die Langevin-Kraft gilt gemäß (10.139)

$$F_\phi(t) = \frac{1}{\sqrt{< N_{ges} >}}\sum_j \sin\theta_j\delta(t - t_j) \quad . \tag{10.162}$$

Ihr Mittelwert verschwindet, $< F_\phi(t) > = 0$, und für die Korrelation erhält man

$$< F_\phi(t + \Delta t)F_\phi(t) > = \frac{\bar{\beta} < n_{ges} >}{2\tau_s < N_{ges} >}\delta(\Delta t) \quad . \tag{10.163}$$

Die Kreuzkorrelationen mit Langevin-Kräften der Photonen bzw. Elektronen verschwinden

$$< F_\phi(t + \Delta t)F_N(t) > = < F_\phi(t + \Delta t)F_n(t) > = 0 \quad . \tag{10.164}$$

Die Lösung der linearisierten Kleinsignalbilanzgleichungen (10.159-161) erfolgt am einfachsten durch Fourier-Transformation entsprechend den Definitionen (10.104) und (10.105). Wie bei der Ableitung von (10.107) und (10.108) erhält man

$$2\pi i \nu \,\Delta\tilde{N}_{ges} \;=\; \frac{\bar{\beta}}{\tau_s}\Delta\tilde{n}_{ges} + a^*\Delta\tilde{n}_{ges} <N_{ges}>$$

$$+ \; a^*(<n_{ges}> - n_{t\,ges})\Delta\tilde{N}_{ges} - \frac{\Delta\tilde{N}_{ges}}{\tau} + \tilde{F}_N \;, (10.165)$$

$$2\pi i \nu \,\Delta\tilde{n}_{ges} = \; - \; \frac{\Delta\tilde{n}_{ges}}{\tau_s} - a^*\Delta\tilde{n}_{ges} <N_{ges}>$$

$$- \; a^*(<n_{ges}> - n_{t\,ges})\Delta\tilde{N}_{ges} + \tilde{F}_n \quad , \quad (10.166)$$

$$2\pi i \nu \tilde{\phi} = \Delta\tilde{\omega}(\nu) = - \frac{\omega\Gamma}{\bar{n}} \frac{\partial\bar{n}}{\partial n_{ges}}\Delta\tilde{n}_{ges} + \tilde{F}_\phi \quad . \qquad (10.167)$$

Größen mit Tilde bezeichnen Fourier-Transformierte der entsprechenden Zeitfunktion, z.B. $\tilde{F}_N = \tilde{F}_N(\nu)$ als Fourier-Transformierte von $F_N = F_N(t)$. Setzt man wie in (10.111-113)

$$a^*(<n_{ges}> - n_{t\,ges}) \approx 1/\tau \quad , \qquad (10.168)$$

$$4\pi^2\nu_r^2 = \bar{\beta}/(\tau_s\tau) + a^* <N_{ges}> /\tau \qquad (10.169)$$

und

$$\bar{\gamma} = a^* <N_{ges}> +1/\tau_s \quad , \qquad (10.170)$$

dann bekommt man die übersichtlichen Ergebnisse

$$\Delta\tilde{N}_{ges} = \frac{4\pi^2\nu_r^2\tau\tilde{F}_n + (2\pi i\nu + \bar{\gamma})\tilde{F}_N}{4\pi^2\nu_r^2 + 2\pi i\bar{\gamma}\nu - 4\pi^2\nu^2} \qquad (10.171)$$

und

$$\Delta\tilde{n}_{ges} = \frac{2\pi i\nu\tau\tilde{F}_n - \tilde{F}_N}{(4\pi^2\nu_r^2 + 2\pi i\bar{\gamma}\nu - 4\pi^2\nu^2)\tau} \quad . \qquad (10.172)$$

Da $F_N(t)$ und $F_n(t)$ Zufallsvariablen sind, gilt dasselbe für deren Fourier-Transformierte $\tilde{F}_N(\nu)$ und $\tilde{F}_n(\nu)$. Formel (10.172) kann man benutzen, um Phasenbzw. Frequenzfluktuationen gemäß (10.167) zu berechnen.

10.6.4 Leistungsspektren von Rauschsignalen

Wir betrachten einen stationären Rauschprozeß $F(t)$ und dessen Fourier-Transformierte $\tilde{F}(\nu)$, die über

$$\tilde{F}(\nu) = \int_{-\infty}^{\infty} F(t) \exp\{-2\pi i\nu t\} dt \qquad (10.173)$$

und

$$F(t) = \int_{-\infty}^{\infty} \tilde{F}(\nu) \exp\{2\pi i\nu t\} d\nu \qquad (10.174)$$

zusammenhängen. Als lineare Transformation eines Zufallsprozesses ist das Spektrum $\tilde{F}(\nu)$ ebenfalls ein Zufallsprozeß. Oft ist es sinnvoll, das Spektrum für ein Signal endlicher Dauer T zu definieren

$$\tilde{F}_T(\nu) = \int_{-T/2}^{T/2} F(t) \exp\{-2\pi i\nu t\} dt \quad , \qquad (10.175)$$

wobei T üblicherweise die Meßzeit ist. Da $F(t)$ reell ist, gilt $\tilde{F}_T(\nu) = \tilde{F}_T^*(-\nu)$. Die momentane Leistung des Rauschsignals kann man mit $F^2(t)$ identifizieren. Der Erwartungswert der mittleren Leistung ist demnach

$$
\begin{aligned}
< P > \quad &= \quad \frac{1}{T} \int_{-T/2}^{T/2} < F^2(t) > dt \qquad (10.176)\\[2mm]
&= \quad \frac{1}{T} < \int_{-T/2}^{T/2} F(t) \left[\int_{-\infty}^{\infty} \tilde{F}_T(\nu) \exp\{2\pi i\nu t\} d\nu \right] dt >\\[2mm]
&= \quad \frac{1}{T} < \int_{-\infty}^{\infty} \tilde{F}_T(\nu) \left[\int_{-T/2}^{T/2} F(t) \exp\{2\pi i\nu t\} dt \right] d\nu >\\[2mm]
&= \quad \frac{1}{T} \int_{-\infty}^{\infty} < |\tilde{F}_T(\nu)|^2 > d\nu = \int_{0}^{\infty} \frac{2 < |\tilde{F}_T(\nu)|^2 >}{T} d\nu \quad ,
\end{aligned}
$$

wobei die Integrationsreihenfolge vertauscht wurde. Für positive Frequenzen definieren wir

$$S_T(\nu) = \frac{2 < |\tilde{F}_T(\nu)|^2 >}{T} \qquad (10.177)$$

als spektrale Leistungsdichte. $S_T(\nu)\Delta\nu$ gibt den Anteil der Signalleistung an, der in das Frequenzintervall $\Delta\nu$ um ν fällt. Dies ist auch gerade die Leistung, die nach Durchgang durch ein Filter der Bandbreite $\Delta\nu$ gemessen wird. Die spektrale Leistungsdichte steht im Zusammenhang mit der Autokorrelationsfunktion

$$< \quad F(t)F(t+\Delta t) \quad > = \frac{1}{T} < \int_{-T/2}^{T/2} F(t)F(t+\Delta t)dt >$$

$$= \quad \frac{1}{T} < \int_{-\infty}^{\infty} \int_{-\infty}^{\infty} \tilde{F}_T(\nu)\tilde{F}_T(\nu')e^{2\pi i\nu\Delta t} \left(\int_{-T/2}^{T/2} e^{2\pi i(\nu+\nu')t}dt \right) d\nu d\nu' >$$

$$\approx \quad \int_{-\infty}^{\infty} \frac{<|\tilde{F}_T(\nu)|^2>}{T} e^{2\pi i\nu\Delta t}d\nu \quad , \qquad\qquad (10.178)$$

wobei wir für die letzte näherungsweise Gleichheit die für große T gültige Beziehung

$$\int_{-T/2}^{T/2} e^{2\pi i(\nu+\nu')t}dt \approx \delta(\nu+\nu') \qquad\qquad (10.179)$$

ausgenutzt haben. Die Autokorrelationsfunktion und die spektrale Leistungs-dichte bilden für große Meßzeiten T ein Fourier-Transformationspaar. Dies ist das Wiener-Chintchin-Theorem.

Da die Langevin-Kräfte δ-korreliert sind, sind ihre spektralen Leistungsdichten einfach anzugeben. Bei einer Meßbandbreite $\Delta\nu$ und $-\infty < \nu < \infty$ ist (vgl. (10.152))

$$\frac{<|\tilde{F}_N(\nu)|^2>}{T}\Delta\nu = \frac{<|\tilde{F}_n(\nu)|^2>}{T}\Delta\nu = \frac{2\bar{\beta}<n_{ges}><N_{ges}>}{\tau_s}\Delta\nu \quad (10.180)$$

und (vgl. (10.163))

$$\frac{<|\tilde{F}_\phi(\nu)|^2>}{T}\Delta\nu = \frac{\bar{\beta}<n_{ges}>}{2\tau_s<N_{ges}>}\Delta\nu \quad . \qquad\qquad (10.181)$$

10.6.5   Intensitätsrauschen

Das Leistungsspektrum des Intensitätsrauschens ergibt sich aus dem Betrags-quadrat des Spektrums $\Delta\tilde{N}_{ges}(\nu)$ nach (10.171). Besonders einfach auszuwerten ist das Leistungsspektrum im Falle kleiner Frequenzen ν und Dämpfungen $\bar{\gamma}$, d.h. $\nu_r^2\tau \gg \nu, \bar{\gamma}$. Hierfür folgt ($-\infty < \nu < \infty$)

$$\frac{<|\Delta\tilde{N}_{ges}(\nu)|^2>\Delta\nu}{T} = \frac{(4\pi^2\nu_r^2\tau)^2 2\bar{\beta}<n_{ges}><N_{ges}>\Delta\nu/\tau_s}{(4\pi^2\nu_r^2 - 4\pi^2\nu^2)^2 + 4\pi^2\bar{\gamma}^2\nu^2} \quad . \qquad (10.182)$$

Oberhalb der Laserschwelle ist die Elektronendichte nahezu konstant. Folglich kann man setzen $< n_{ges} >= n_{ges\,th}$. Außerdem erhält man mit (10.29) und (10.30) aus (10.47) für die Gesamtzahl der Photonen

$$< N_{ges} >= n_{ges\,th}\tau(j/j_{th} - 1)/\tau_s \quad . \tag{10.183}$$

Hiermit ergibt sich für die auf den Mittelwert bezogene spektrale Rauschleistung

$$\frac{< |\Delta \tilde{N}_{ges}(\nu)|^2 > \Delta\nu/T}{< N_{ges} >^2} = \frac{2\bar{\beta}\Delta\nu\tau(4\pi^2\nu_r^2)}{(j/j_{th} - 1)\left[(4\pi^2\nu_r^2 - 4\pi^2\nu^2)^2 + 4\pi^2\bar{\gamma}^2\nu^2\right]} \quad . \tag{10.184}$$

Dieser Ausdruck wird (abgesehen von einem Faktor 2) auch als RIN (relative intensity noise) bezeichnet. Der Photostrom eines Detektors ist proportional zur auftreffenden Lichtleistung. Folglich stimmt die relative spektrale Rauschleistung der Photonenzahl mit der relativen spektralen Rauschleistung des Photostroms einer Photodiode überein $(0 < \nu < \infty)$

$$\text{RIN} = \frac{2 < |\Delta \tilde{N}_{ges}(\nu)|^2 > \Delta\nu/T}{< N_{ges} >^2} = \frac{2 < |\Delta\tilde{i}_{Ph}(\nu)|^2 > \Delta\nu/T}{< i_{Ph} >^2} \tag{10.185}$$

und ist damit einfach zu messen. Die Beziehung gilt nur für genügend kleine Frequenzen, für die das Tiefpaßverhalten des Detektors noch keine Rolle spielt. Für Frequenzen $\nu \ll \nu_r$ bekommt man das einfache Ergebnis

$$\text{RIN} = \frac{2 < |\Delta\tilde{i}_{Ph}(\nu)|^2 > \Delta\nu/T}{< i_{Ph} >^2} = \frac{4\bar{\beta}\Delta\nu\tau}{(j/j_{th} - 1)} \quad . \tag{10.186}$$

Für $\bar{\beta} = 10^{-5}, \tau = 2$ ps, $j/j_{th} = 2$ und eine Meßbandbreite $\Delta\nu = 1$ Hz erhält man RIN $= 8 \cdot 10^{-17}$, was mit rauscharmen Detektoren zu messen ist. In der Nähe der Resonanz bei $\nu \approx \nu_r$ ergibt sich eine Erhöhung des Rauschpegels, weiter oberhalb folgt dann ein rascher Abfall.

10.6.6   Frequenz- und Phasenrauschen

Das Leistungsspektrum des Frequenz- und Phasenrauschens erhält man aus (10.167). Da F_ϕ mit F_n und F_N unkorreliert ist, gilt dasselbe für $\tilde{F}_\phi$ und $\tilde{F}_n$ bzw. $\tilde{F}_N$. Aus (10.172) folgt damit, daß $\Delta\tilde{n}_{ges}$ und $\tilde{F}_\phi$ auch unkorreliert sind, und man bekommt $(-\infty < \nu < \infty)$

$$\frac{4\pi^2\nu^2 < |\tilde{\phi}|^2 > \Delta\nu}{T} = \frac{< |\Delta\tilde{\omega}(\nu)|^2 > \Delta\nu}{T} \tag{10.187}$$

$$= \left(\frac{\omega\Gamma}{\bar{n}}\frac{\partial\bar{n}}{\partial n_{ges}}\right)^2 \frac{< |\Delta\tilde{n}_{ges}|^2 >}{T}\Delta\nu + \frac{< |\tilde{F}_\phi| >}{T}\Delta\nu \quad .$$

Für kleine Frequenzen $\nu \ll 1/\tau$ folgt mit (10.172)

$$\frac{<|\Delta\tilde{n}_{ges}|^2>}{T}\Delta\nu = \frac{2\bar{\beta}<n_{ges}><N_{ges}>\Delta\nu}{\tau^2\tau_s\left[(4\pi^2\nu_r^2 - 4\pi^2\nu^2)^2 + 4\pi^2\bar{\gamma}^2\nu^2\right]} \quad , \qquad (10.188)$$

und aus der Korrelation (10.163) erhält man durch Fourier-Transformation

$$\frac{<|\tilde{F}_\phi|^2>}{T}\Delta\nu = \frac{\bar{\beta}<n_{ges}>}{2\tau_s<N_{ges}>}\Delta\nu \quad . \qquad (10.189)$$

Unter Berücksichtigung von (10.183) und $n_{ges}\partial\bar{n}/\partial n_{ges} = n\partial\bar{n}/\partial n$ läßt sich dann schreiben

$$\frac{<|\Delta\tilde{\omega}(\nu)|^2>\Delta\nu}{T} = \bar{\beta}\Delta\nu\left[\frac{1}{2\tau(j/j_{th}-1)} + \frac{2(j/j_{th}-1)\left(\frac{\Gamma\omega n}{\bar{n}}\frac{\partial\bar{n}}{\partial n}\right)^2}{\tau_s^2\tau\left[(4\pi^2\nu_r^2 - 4\pi^2\nu^2)^2 + 4\pi^2\bar{\gamma}^2\nu^2\right]}\right] .$$
$$(10.190)$$

Mit Gleichung (10.117) folgt weiter

$$\frac{<|\Delta\tilde{\omega}(\nu)|^2>\Delta\nu}{T} = \frac{\bar{\beta}\Delta\nu}{2\tau(j/j_{th}-1)}\left[1 + \frac{\alpha_H^2}{(1-\nu^2/\nu_r^2)^2 + \bar{\gamma}^2\nu^2/(4\pi^2\nu_r^4)}\right] \quad ,$$
$$(10.191)$$

wobei wir den Henry-Faktor

$$\alpha_H = \frac{2\Gamma\omega\tau n\partial\bar{n}/\partial n}{\bar{n}(1+\Gamma n_t\tau ac/\bar{n})} = \frac{2\Gamma\omega\tau(n-n_t)\partial\bar{n}/\partial n}{\bar{n}} \qquad (10.192)$$

benutzt haben. Bei der zweiten Gleichheit wurde (10.37) berücksichtigt. Für kleine Frequenzen $\nu \ll \nu_r$ ist das meßbare Leistungsspektrum der Kreisfrequenzabweichung $(0 < \nu < \infty)$ einfach

$$\frac{2<|\Delta\tilde{\omega}(\nu)|^2>\Delta\nu}{T} = \frac{\bar{\beta}\Delta\nu(1+\alpha_H^2)}{\tau(j/j_{th}-1)} \quad . \qquad (10.193)$$

Die Schwankungen der Emissionsfrequenz sind durch zwei Faktoren bestimmt. Einerseits führen Phasenfluktuationen durch spontane Emission zu Frequenzänderungen. Andererseits ziehen Teilchenzahländerungen bei nicht verschwindender Ableitung $\partial\bar{n}/\partial n$ ebenfalls Frequenzänderungen nach sich, die in ihrer Größe durch α_H^2 charakterisiert sind. Da für übliche Laserdioden der Wert für α_H typisch zwischen -1 und -7 liegt, überwiegt durchaus der zweite Mechanismus. Mit $\alpha_H = -3$, $\bar{\beta} = 10^{-5}$, $\tau = 2$ ps, $j/j_{th} = 2$ und $\Delta\nu = 1$ Hz ergibt sich aus (10.193) eine mittlere Frequenzabweichung von $\sqrt{2<|\Delta\tilde{\omega}(\nu)|^2>\Delta\nu/T}/(2\pi) \approx 1.1$ kHz.

Die Messung der Frequenzabweichung kann in einem Michelson-Interferometer erfolgen, bei dem die Wegdifferenz zwischen beiden Strahlen gerade genau ein ungeradzahliges Vielfaches der halben Mittenwellenlänge beträgt. Hierdurch wird das Frequenzrauschen in ein Intensitätsrauschen umgewandelt und kann detektiert werden. Durch die Umweglänge läßt sich die Empfindlichkeit einstellen. Eine Umwandlung der Frequenz- in eine Amplitudenmodulation kann auch an den Flanken einer Fabry-Perot-Durchlaßkurve erfolgen.

Der Vollständigkeit halber geben wir noch das aus (10.191) folgende Leistungsspektrum der Phasenabweichung an

$$\frac{<|\tilde{\phi}|^2>}{T}\Delta\nu = \frac{\bar{\beta}\Delta\nu}{4\pi^2\nu^2 2\tau(j/j_{th}-1)}\left[1+\frac{\alpha_H^2}{(1-\nu^2/\nu_r^2)^2+\bar{\gamma}^2\nu^2/(4\pi^2\nu_r^4)}\right] .$$
$$(10.194)$$

10.6.7 Mittlere quadratische Phasenabweichung

Die mittlere quadratische Phasenabweichung bestimmt wesentlich die Linienbreite der Emission, wie in den beiden folgenden Abschnitten noch genauer gezeigt wird. Die Differenz der Phasen läßt sich über das Spektrum berechnen

$$\Delta\phi(t) = \phi(t) - \phi(t=0) = \int_{-\infty}^{\infty}\tilde{\phi}(\nu)\left(\exp\{2\pi i\nu t\}-1\right)d\nu .\qquad(10.195)$$

Da die Langevin-Kräfte δ-korreliert sind und außerdem die Langevin-Kraft der Phase mit den Langevin-Kräften der Photonenzahl und Elektronenzahl unkorreliert ist, folgt für die Korrelation im Spektralbereich im Grenzfall unendlich langer Meßdauer

$$<\tilde{\phi}(\nu)\tilde{\phi}^*(\nu')>$$

$$= \frac{\bar{\beta}}{4\pi^2\nu^2 2\tau(j/j_{th}-1)}\left[1+\frac{\alpha_H^2}{(1-\nu^2/\nu_r^2)^2+\bar{\gamma}^2\nu^2/(4\pi^2\nu_r^4)}\right]\delta(\nu-\nu') .$$
$$(10.196)$$

Diese δ-Funktion im Spektrum vereinfacht die Berechnung der mittleren quadratischen Phasenabweichung entscheidend

$$<(\Delta\phi(t))^2> = <\Delta\phi(t)\,\Delta\phi^*(t)>$$

$$= \int_{-\infty}^{\infty}\int_{-\infty}^{\infty}<\tilde{\phi}(\nu)\,\tilde{\phi}^*(\nu')>(\exp\{2\pi i\nu t\}-1)(\exp\{-2\pi i\nu' t\}-1)d\nu d\nu'$$

$$= \int_{-\infty}^{\infty}\frac{\bar{\beta}(1-\cos\{2\pi\nu t\})}{4\pi^2\nu^2\tau(j/j_{th}-1)}\left[1+\frac{\alpha_H^2}{(1-\nu^2/\nu_r^2)^2+\bar{\gamma}^2\nu^2/(4\pi^2\nu_r^4)}\right]d\nu(10.197)$$

Der Hauptbeitrag des Integrals resultiert von Beiträgen in der Nähe des Pols bei

$\nu = 0$ im Integranden. Deshalb approximieren wir

$$< (\Delta\phi(t))^2 > \approx \int_{-\infty}^{\infty} \frac{\bar{\beta}(1 + \alpha_H^2)}{4\pi^2\nu^2\tau(j/j_{th} - 1)} \left(1 - \exp\{2\pi i\nu t\}\right) d\nu = \frac{\bar{\beta}(1 + \alpha_H^2)|t|}{\tau(j/j_{th} - 1)} .$$

$$(10.198)$$

Das mittlere Quadrat der Phasendifferenz nimmt also linear mit dem zeitlichen Abstand zu. Beim Übergang von (10.197) nach (10.198) haben wir die cos-Funktion durch die komplexe Exponentialfunktion ersetzt, was aber den Wert des Integrals nicht verändert. Die Auswertung des Integrals in (10.198) schließlich kann mit Konturintegration erfolgen. Berechnet man das Integral in (10.197) ohne die durchgeführte Näherung, dann bekommt man Informationen über die spektrale Feinstruktur der Emission.

10.6.8 Feldkorrelation

Wegen der spontanen Emission ist die elektrische Feldstärke in der emittierten Strahlung eines Einmodenlasers ein stochastischer Prozeß, der sowohl Fluktuationen der Amplitude wie der Phase beinhaltet. Für die reelle elektrische Feldstärke einer linear polarisierten Welle bekommt man

$$\tilde{E}_y(t) = E_y(t) \exp\{i\omega t + i\phi(t)\} + E_y^*(t) \exp\{-i\omega t - i\phi(t)\} . \qquad (10.199)$$

Hierbei ist $E_y(t)$ eine langsam veränderliche stochastische komplexe Amplitude, und $\phi(t)$ beschreibt statistische Phasenfluktuationen. Für die Korrelation der Feldstärke kann man schreiben

$$< \tilde{E}_y(t)\tilde{E}_y(t + \Delta t) >$$

$$= < E_y(t)E_y^*(t + \Delta t) \exp\{i\phi(t) - i\phi(t + \Delta t) - i\omega\Delta t\} >$$

$$+ < E_y^*(t)E_y(t + \Delta t) \exp\{i\phi(t + \Delta t) - i\phi(t) + i\omega\Delta t\} > , (10.200)$$

da sich bei der Bildung des Ensemblemittels einige Terme wegmitteln. Für das weitere Vorgehen nehmen wir an, daß Amplituden- und Phasenfluktuationen unkorreliert sind und daß die Amplitudenfluktuationen vernachlässigbar klein sind. Letzteres ist wegen der Gewinnsättigung oberhalb der Laserschwelle sicherlich gerechtfertigt. Mit den gemachten Annahmen vereinfacht sich (10.200) zu

$$< \tilde{E}_y(t)\tilde{E}_y(t + \Delta t) >$$

$$= < |E_y(t)|^2 > \left[e^{-i\omega\Delta t} < e^{-i\Delta\phi(t,\Delta t)} > + e^{i\omega\Delta t} < e^{i\Delta\phi(t,\Delta t)} > \right] , \quad (10.201)$$

wobei in einem stationären stochastischen Prozeß $< |E_y(t)|^2 >$ zeitunabhängig ist und Phasendifferenzen

$$\Delta\phi(t, \Delta t) = \phi(t + \Delta t) - \phi(t) \tag{10.202}$$

eingeführt wurden. Die Phasendifferenzen resultieren aus der Summe statistisch unabhängiger spontaner Emissionsprozesse. Nach dem Zentralen Grenzwertsatz der Statistik ergibt sich demnach eine gaußsche Wahrscheinlichkeitsdichtefunktion für die Phasendifferenzen

$$p(\Delta\phi) = \frac{1}{\sqrt{2\pi < (\Delta\phi)^2 >}} \exp\left\{-\frac{(\Delta\phi)^2}{2 < (\Delta\phi)^2 >}\right\} \quad . \tag{10.203}$$

Für die Varianz gilt nach (10.198)

$$< (\Delta\phi(\Delta t))^2 > = < (\Delta\phi(t, \Delta t))^2 > = \frac{\bar{\beta}(1 + \alpha_H^2)}{\tau(j/j_{th} - 1)}|\Delta t| \quad , \tag{10.204}$$

wobei die erste Gleichung der Sequenz explizit die Stationarität des Prozesses ausdrückt. Der Erwartungswert einer beliebigen Funktion $f(\Delta\phi)$ der Phase $\Delta\phi$ ist nach den Regeln der Wahrscheinlichkeitsrechnung durch

$$< f(\Delta\phi) > = \int_{-\infty}^{\infty} f(\Delta\phi)p(\Delta\phi)d(\Delta\phi) \tag{10.205}$$

gegeben. Dementsprechend folgt

$$< \exp\{i\Delta\phi\} > = \int_{-\infty}^{\infty} \exp\{i\Delta\phi\}p(\Delta\phi)d(\Delta\phi) = \exp\{- < (\Delta\phi)^2 > /2\} \quad . \tag{10.206}$$

Unter Berücksichtigung von (10.204) erhält man damit aus (10.201) das übersichtliche Ergebnis

$$< \tilde{E}_y(t)\tilde{E}_y(t + \Delta t) > = < |E_y|^2 > \exp\left\{-\frac{\bar{\beta}(1 + \alpha_H^2)|\Delta t|}{2\tau(j/j_{th} - 1)}\right\}[e^{i\omega\Delta t} + e^{-i\omega\Delta t}] \quad . \tag{10.207}$$

Abgesehen von einem Kosinusfaktor, dessen Argument durch die Emissionsfrequenz ω bestimmt ist, fällt die Korrelationsfunktion exponentiell mit der Zeitdifferenz Δt ab. Zu beachten ist allerdings, daß zur Ableitung dieses Resultats an verschiedenen Stellen eine Reihe vereinfachender Annahmen notwendig waren.

10.6.9   Emissionsspektrum und Linienbreite

Die Fourier-Transformierte der Feldkorrelation (10.207) liefert nach dem Wiener-Chintchin-Theorem das Leistungsspektrum der Emission, wie es etwa mit einem

Gitter- oder Fabry-Perot-Spektrometer aufgezeichnet werden kann. Die Fourier-Transformierte von (10.207) ergibt das lorentzförmige Leistungsspektrum (vgl. (10.178))

$$\frac{|\tilde{E}_{yT}(\nu)|^2}{T} = \frac{\bar{\beta}(1 + \alpha_H^2)}{2\tau(j/j_{th} - 1)} \tag{10.208}$$

$$\cdot \left[\frac{<|E_y|^2>}{\left(\frac{\bar{\beta}(1+\alpha_H^2)}{2\tau(j/j_{th}-1)}\right)^2 + (2\pi\nu - \omega)^2} + \frac{<|E_y|^2>}{\left(\frac{\bar{\beta}(1+\alpha_H^2)}{2\tau(j/j_{th}-1)}\right)^2 + (2\pi\nu + \omega)^2} \right] \cdot$$

Hieraus folgt die Halbwertsbreite der Laseremission zu

$$\delta\nu_{Laser} = \frac{\bar{\beta}(1 + \alpha_H^2)}{2\pi\tau(j/j_{th} - 1)} \quad . \tag{10.209}$$

Beispielsweise erhält man für eine typische indexgeführte Laserdiode mit $\bar{\beta} = 10^{-5}, \tau = 2$ ps, $\alpha_H = -3$ und $j/j_{th} = 2$ eine Emissionslinienbreite von $\delta\nu_{Laser} = 8$ MHz. Deutlich ist der Einfluß des Henry-Faktors α_H auf die Linienbreite zu erkennen. Führt man mit

$$\delta\nu_{FP} = 1/(2\pi\tau) \tag{10.210}$$

die Halbwertsbreite des passiven Laserresonators ein, läßt sich (10.209) umschreiben in

$$\delta\nu_{Laser} = \frac{\bar{\beta}(1 + \alpha_H^2)\delta\nu_{FP}}{(j/j_{th} - 1)} \quad . \tag{10.211}$$

Durch den Pumpstrom wird der passive Resonator entdämpft, und die Durchlaß-kurve des Fabry-Perot-Resonators verschmälert sich. Für das obige Beispiel verringert sich die Halbwertsbreite von $\delta\nu_{FP} \approx 80$ GHz auf $\delta\nu_{Laser} = 8$ MHz.

Drückt man die gesamte Ausgangsleistung in der Mode durch

$$P = < N_{ges} > \hbar\omega/\tau_R \tag{10.212}$$

aus und benutzt (10.183), dann kann man (10.211) umformen in

$$\delta\nu_{Laser} = \frac{\bar{\beta}(1 + \alpha_H^2)n_{ges\,th}}{2\pi\tau_s < N_{ges} >} = \frac{\bar{\beta}(1 + \alpha_H^2)bdL\,n_{th}\hbar\omega\,\tau\delta\nu_{FP}}{\tau_R\tau_s P} \quad , \tag{10.213}$$

wobei für geringe intrinsische Verluste noch mit $\tau/\tau_R \approx 1$ gerechnet werden kann. Die inverse Abhängigkeit der Linienbreite von der Ausgangsleistung findet man auch experimentell, wie in Bild 10.27 dargestellt ist. Allerdings beobachtet man im Grenzfall sehr großer Ausgangsleistungen eine Restlinienbreite, die theo-

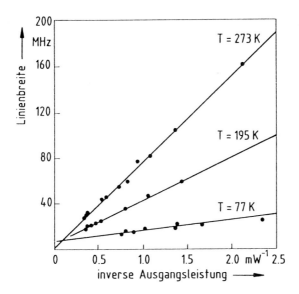

Bild 10.27: Linienbreite eines Einmoden-AlGaAs-Lasers als Funktion der inversen Ausgangsleistung bei verschiedenen Betriebstemperaturen (nach [10.14])

retisch noch nicht vollkommen verstanden ist. Es wurde vorgeschlagen, das Auftreten der Restlinienbreite durch Funkelrauschen, das mit $1/\nu$ abfällt und meistens durch Traps verursacht wird, oder durch Fluktuationen der Teilchenzahl n_{ges} zu erklären.

10.7 Spezielle Laserdioden

Gewöhnliche Laserdioden mit Fabry-Perot-Resonator sind für viele Anwendungen nicht optimal. Sie emittieren vielmodig unter Hochfrequenzmodulation des Pumpstroms, sie reagieren empfindlich auf Temperaturänderungen mit Modensprüngen in der Emission, sie sind elektronisch in der Emissionswellenlänge nicht durchstimmbar, und sie sind in der Ausgangsleistung auf etwa 100 mW begrenzt. Laserdioden mit wellenlängenselektiver Rückkopplung emittieren dagegen einmodig unter Modulation und bleiben wellenlängenstabil, gekoppelte Systeme lassen sich elektronisch durchstimmen, und in Laserdiodenarrays erzielt man kontinuierliche Ausgangsleistungen von mehreren Watt. In diesem Abschnitt werden spezielle Bauformen für Laserdioden vorgestellt.

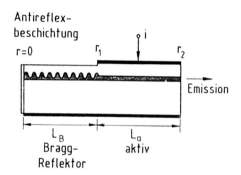

Bild 10.28: Laserdiode mit integriertem Bragg-Reflektor (schematisch)

10.7.1   Halbleiterlaser mit integriertem Bragg-Reflektor (DBR-Laser)

Bild 10.28 zeigt schematisch den Aufbau einer Laserdiode mit integriertem Bragg-Reflektor. Das Bauelement wird als DBR-Laserdiode bezeichnet (distributed Bragg reflector). Der aktive Bereich ist wie bei einer gewöhnlichen Laserdiode als indexgeführter Streifenwellenleiter ausgebildet. Der Bragg-Reflektor ist in seiner Wirkungsweise aus Kapitel 5 bekannt. Um parasitäre Reflexionen vom offenen Ende des Brechungsindexgitters auszuschließen, kann man eine Antireflexbeschichtung verwenden, oder man kann die Endfläche schräg zum Wellenleiter abschneiden.

Den komplexen Amplitudenreflexionsfaktor $r_1 = r_1(\lambda)$ des als verlustfrei angenommenen Bragg-Gitters erhält man aus Abschnitt 5.1.3, wobei der Koppelfaktor bei einem reinen Brechungsindexgitter durch (5.54) gegeben ist. Bild 10.29 zeigt in Anlehnung an Bild 5.3 den wellenlängenabhängigen Intensitätsreflexionsfaktor $|r_1(\lambda)|^2$. Die Laseranschwingbedingung nach (10.5) schreibt sich jetzt

$$r_1(\lambda) r_2 \exp\{(g - \alpha_i)L_a\} \exp\{4\pi i \bar{n} L_a/\lambda\} = 1 \quad . \tag{10.214}$$

Die Phase φ des komplexen Reflexionsfaktors r_1 kann man durch eine effektive Gitterlänge L_{eff} ausdrücken

$$\varphi = 4\pi \bar{n} L_{eff}/\lambda \quad , \tag{10.215}$$

wobei $0 \leq L_{eff} \leq L_B$ gilt. Gleichung (10.214) liefert dann als Resonanzbedingung für die Phase

$$4\pi \bar{n}(L_a + L_{eff})/\lambda_m = 2m\pi \quad \text{mit } m = 1, 2, 3, \dots \quad . \tag{10.216}$$

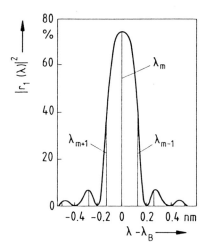

Bild 10.29: Reflexionsfaktor des Bragg-Gitters in der Nähe der Bragg-Wellenlänge λ_B. Eingetragen sind Reflexionsfaktoren für verschiedene Moden des Laserresonators, wenn die Länge $(L_a + L_{eff})$ so eingestellt wird, daß eine Mode in das Reflexionsmaximum fällt

Hierdurch sind die Emissionswellenlängen der Moden festgelegt, die in Bild 10.29 eingetragen sind. Gemäß (10.43) erhält man für die Schwellverstärkung der Moden

$$\Gamma g_{th}(\lambda_m) = \alpha_i - \frac{1}{L_a} \ln |r_1(\lambda_m) r_2| = \frac{\bar{n}}{\tau_m c} \quad . \qquad (10.217)$$

Man erkennt, daß eine Mode in der Nähe der Bragg-Wellenlänge λ_B deutlich bevorzugt wird. Allein diese Mode wird anschwingen und nach den Überlegungen in Abschnitt 10.5.4 auch unter Hochfrequenzmodulation des Pumpstroms dominieren. Die Nebenmoden lassen sich besser als 30 dB unterdrücken. Die Laserdiode mit integriertem Bragg-Reflektor eignet sich also für Einmodenemission bei dynamischem Betrieb. Die Emissionswellenlänge ist durch die Gitterperiode vorgegeben.

10.7.2 Halbleiterlaser mit verteilter Rückkopplung (DFB-Laser)

Wenn man das Bragg-Gitter in den aktiven Streifen einer Laserdiode einbaut, spricht man von verteilter Rückkopplung oder distributed feedback (DFB). Bild 10.30 zeigt ein Schema der Struktur. Im Bereich der Gitterstörung ändert sich der effektive Brechungsindex des Streifenwellenleiters periodisch. In der Nähe der Bragg-Wellenlänge kommt es zum Energieaustausch von vor- und rücklaufenden Wellen, wie dies in Abschnitt 5.1.2 behandelt wurde. Jetzt hat

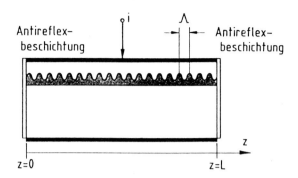

Bild 10.30: Laserdiode mit verteilter Rückkopplung (DFB-Laser)

man aber noch zusätzlich Verstärkung in der gestörten Zone. Reflexionen von den Enden lassen sich durch geeignete Endflächenbeschichtungen entweder unterdrücken oder gezielt einstellen.

Zur quantitativen Beschreibung der Wellenausbreitung nehmen wir an, daß die Gitterstruktur eine reine Brechungsindexstörung darstellt, also räumliche Schwankungen des Gewinnkoeffizienten zu vernachlässigen sind. Nahe der Bragg-Wellenlänge werden sich im wesentlichen eine vorlaufende Welle B und eine rücklaufende Welle A ausbreiten, deren Amplituden sich gemäß (5.46) durch gekoppelte Wellengleichungen der Form

$$\frac{dA}{dz} \;=\; i\kappa B \exp\{-i(2\beta - K)z\} - \bar{g}A \quad , \qquad (10.218)$$

$$\frac{dB}{dz} \;=\; -i\kappa A \exp\{i(2\beta - K)z\} + \bar{g}B \qquad (10.219)$$

mit reellem Koppelfaktor κ beschreiben lassen. Den möglichen Gewinn für die Amplituden haben wir durch einen zusätzlichen Term $-\bar{g}A$ bzw. $\bar{g}B$ berücksichtigt. Für vor- und rücklaufende Wellen haben wir betragsmäßig gleiche Phasenkonstanten angenommen, so daß die Phasendifferenz für die Bragg-Reflexion erster Ordnung einfach durch

$$2\delta = 2(\beta - K/2) = 2(\beta - \pi/\Lambda) = 2(\omega - \omega_B)n_{eff}/c \qquad (10.220)$$

gegeben ist, wobei Λ die Gitterperiode, ω_B die Bragg-Kreisfrequenz und $n_{eff} \approx \bar{n}$ den effektiven Brechungsindex bezeichnen. Durch die Transformationen

$$A(z) \;=\; A'(z)\exp\{-\bar{g}z\} \quad , \qquad (10.221)$$

$$B(z) \;=\; B'(z)\exp\{\bar{g}z\} \qquad (10.222)$$

gehen (10.218) und (10.219) über in

$$\frac{dA'}{dz} = i\kappa B' \exp\{-2i(\delta + i\bar{g})z\} \quad , \tag{10.223}$$

$$\frac{dB'}{dz} = -i\kappa A' \exp\{2i(\delta + i\bar{g})z\} \quad . \tag{10.224}$$

Dieses Differentialgleichungssystem ist von derselben Form wie (5.2) für kontradirektionale Kopplung, wenn der Übergang

$$\delta \to \delta + i\bar{g} \tag{10.225}$$

gemacht wird. Wir untersuchen nun gemäß Bild 5.2 eine von links auf das Gitter einfallende Testwelle $B_0 = B(z = 0) = B'(z = 0)$. Setzen wir voraus, daß die rücklaufende Welle am Ende des Gitters verschwindet, $A(z = L) = A'(z = L) = 0$, dann können wir für die rücklaufende Welle am Anfang des Gitters aus der ersten der beiden Gleichungen (5.10) ablesen

$$A(z = 0) = A'(z = 0) =$$

$$\frac{i\kappa \sinh\left[L\sqrt{\kappa^2 + (\bar{g} - i\delta)^2}\right] B_0}{(\bar{g} - i\delta) \sinh\left[L\sqrt{\kappa^2 + (\bar{g} - i\delta)^2}\right] - \sqrt{\kappa^2 + (\bar{g} - i\delta)^2} \cosh\left[L\sqrt{\kappa^2 + (\bar{g} - i\delta)^2}\right]} \cdot \tag{10.226}$$

Im Gegensatz zu passiven Strukturen kann der Reflexionsfaktor $r(\lambda) = A(z = 0)/B_0$ bei ausreichendem Gewinn betragsmäßig größer als Eins werden. Wenn der Nenner für

$$(\bar{g} - i\delta) \sinh\left[L\sqrt{\kappa^2 + (\bar{g} - i\delta)^2}\right] = \sqrt{\kappa^2 + (\bar{g} - i\delta)^2} \cosh\left[L\sqrt{\kappa^2 + (\bar{g} - i\delta)^2}\right] \tag{10.227}$$

Null ist, erhält man sogar für eine verschwindend kleine einfallende Welle eine endlich große reflektierte Welle. Dies ist nur möglich, wenn die Struktur als Oszillator arbeitet. Gleichung (10.227) stellt dann die Anschwingbedingung des Oszillators dar, ähnlich wie Gleichung (10.5) für den Fall eines Fabry-Perot-Resonators.

Im allgemeinen ist die Schwellbedingung (10.227) nur numerisch zu lösen. Für einen vorgegebenen Koppelfaktor κ erhält man diskrete Lösungsvektoren $(\delta_m, \bar{g}_m), m = 0, \pm 1, \pm 2, ...$, die den Moden des Oszillators entsprechen. Im Grenzfall großen Gewinns $\bar{g}^2 \gg \kappa^2, \delta^2$ läßt sich eine einfache Näherungslösung ableiten. Hierzu wird (10.227) umgeschrieben in

$$\frac{(\bar{g}_m - i\delta_m) - \sqrt{\kappa^2 + (\bar{g}_m - i\delta_m)^2}}{(\bar{g}_m - i\delta_m) + \sqrt{\kappa^2 + (\bar{g}_m - i\delta_m)^2}} \exp\{2L\sqrt{\kappa^2 + (\bar{g}_m - i\delta_m)^2}\} = 1 \quad . \tag{10.228}$$

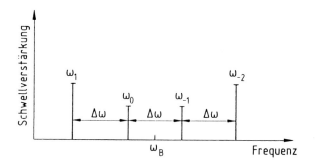

Bild 10.31: Emissionsfrequenzen und Schwellverstärkungen der Moden eines DFB-Lasers in der Nähe der Bragg-Kreisfrequenz ω_B

Mit der Approximation

$$\sqrt{\kappa^2 + (\bar{g}_m - i\delta_m)^2} \approx (\bar{g}_m - i\delta_m)\left(1 + \frac{\kappa^2}{2(\bar{g}_m - i\delta_m)^2}\right) \qquad (10.229)$$

ergibt sich dann der näherungsweise gültige Zusammenhang

$$\frac{\kappa^2}{4(\bar{g}_m - i\delta_m)^2}\exp\{2L(\bar{g}_m - i\delta_m)\} = -1 \quad . \qquad (10.230)$$

Da die Phase des ersten Faktors unter der Annahme $\bar{g}_m^2 \gg \delta_m^2$ nahezu Null ist, folgt notwendigerweise für die Phase des zweiten Faktors

$$-2L\delta_m = (2m + 1)\pi \quad . \qquad (10.231)$$

Diese Beziehung legt die möglichen Emissionsfrequenzen des Oszillators fest

$$\omega_m = \omega_B - \left(m + \frac{1}{2}\right)\frac{\pi c}{Ln_{eff}}, \quad m = 0, \pm 1, \pm 2,\dots \quad . \qquad (10.232)$$

Die zugehörige Schwellverstärkung erhält man aus dem Betrag von (10.230) zu

$$\frac{\exp\{2\bar{g}_m L\}}{\bar{g}_m^2 + \delta_m^2} = \frac{4}{\kappa^2} \quad . \qquad (10.233)$$

In Bild 10.31 sind die Lage und Schwellverstärkung der Moden eingetragen. Die Moden liegen symmetrisch um die Bragg-Kreisfrequenz ω_B. Ihre Schwellverstärkung nimmt mit wachsendem Abstand von der Bragg-Frequenz zu. Der Modenabstand ist ähnlich wie bei einem Fabry-Perot-Laser durch

$$\Delta\omega = |\omega_{m+1} - \omega_m| = \frac{\pi c}{Ln_{eff}} \qquad (10.234)$$

gegeben.

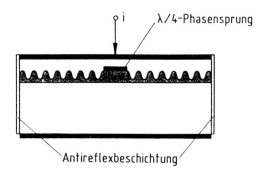

Bild 10.32: DFB-Laserdiode mit $\lambda/4$-Phasenverschiebung zwischen den Teilgittern (schematisch)

Anschwingen werden nur die Moden mit den geringsten Verlusten. Liegt das Verstärkungsprofil des Materials symmetrisch zur Bragg-Wellenlänge, dann treten bei der vorausgesetzten vollständigen Entspiegelung der Endflächen zwei Moden minimaler Schwellverstärkung auf. Diese Entartung läßt sich aufheben, wenn gemäß Bild 10.32 ein $\lambda/4$-Sprung in das Brechungsindexgitter eingebaut wird. In diesem Fall gibt es nur eine Mode minimaler Schwellverstärkung genau bei der Bragg-Wellenlänge. Nach (10.233) ist die Schwellverstärkung geringer als ohne $\pi/2$-Phasensprung. Alternativ zum $\lambda/4$-Phasensprung kann man eine Mode durch unterschiedliche Verspiegelung der beiden Endflächen oder durch räumliche Bragg-Modulation des Gewinns bevorzugen. In allen Fällen ist Einmodenoszillation des DFB-Lasers zu erwarten, die auch unter Hochfrequenzmodulation aufrechterhalten bleibt.

Bild 10.33 vergleicht die Temperaturabhängigkeit der Emissionswellenlänge einer DFB-Laserdiode und einer gewöhnlichen Laserdiode mit Fabry-Perot-Resonator. Der DFB-Laser oszilliert über einen weiten Temperaturbereich stabil in einer Mode. Die Wellenlängendrift von $\delta\lambda/\delta T \approx 0.1$ nm/^{0}C ist durch den Temperaturgang des effektiven Brechungsindex zu erklären. Im Fabry-Perot-Laser beobachtet man eine gleich große Drift der Moden. Zusätzlich treten aber noch Modensprünge auf, die vom Temperaturgang des Verstärkungsprofils herrühren. Dies führt insgesamt zu einer größeren Drift von $\delta\lambda/\delta T \approx 0.5$ nm/^{0}C.

10.7.3 Halbleiterlaser mit gekoppelten Resonatoren

Außer mit Gitterstrukturen läßt sich auch mit gekoppelten Fabry-Perot-Elementen Modenselektion in Laserdioden erzielen. Bild 10.34 zeigt schematisch

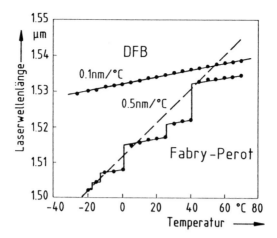

Bild 10.33: Temperaturabhängigkeit der Emissionswellenlänge eines DFB-Lasers und einer gewöhnlichen Laserdiode mit Fabry-Perot-Resonator. Im Fabry-Perot-Laser treten Modensprünge auf (nach [10.17])

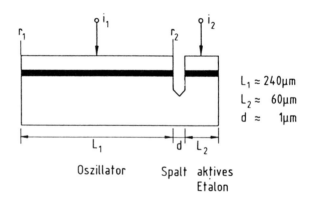

Bild 10.34: Zweielementlaser mit einem langen und einem kurzen Segment (schematisch)

einen Streifenlaser mit einer längeren und einer kürzeren aktiven Zone, die durch einen (geätzten) Luftspalt von etwa 1 μm Dicke getrennt sind. Der Spalt stellt eine Diskontinuität dar, an der die optischen Wellen gestreut werden. Gleichzeitig bewirkt er eine elektrische Trennung, so daß der gekoppelte Laser einen elektrischen Dreipol darstellt. Die Gesamtlänge des Systems beträgt typisch 300 bis 400 μm. In einer Lang-Kurz-Konfiguration beobachtet man eine gute Modenselektion, wenn die Längenverhältnisse der aktiven Bereiche etwa 1:4 bis 1:6 betragen.

Für eine quantitative Analyse kann man das kurze Segment als aktives Etalon für den längeren lasernden Abschnitt auffassen. Diese Vorstellung führt auf einen wellenlängenabhängigen Reflexionsfaktor r_2 am rechten Ende des langen Segments. Die Berechnung von r_2 erfolgt am einfachsten unter Zuhilfenahme einer Widerstandstransformation. Der Luftspalt, die aktiven Bereiche und der rechte Außenraum werden durch komplexe Wellenwiderstände der Form

$$Z = \frac{E_y}{H_x} = \sqrt{\frac{\mu_0}{\tilde{\epsilon}\epsilon_0}} = \frac{Z_0}{\sqrt{\tilde{\epsilon}}} = \frac{Z_0}{\bar{n} - i\alpha\lambda/(4\pi)} \qquad (10.235)$$

charakterisiert, wobei wir den effektiven Brechungsindex vereinfachend als $\bar{n}$ angenommen haben. Durch die Widerstandstransformation

$$Z_{in} = Z\frac{Z_{out} + Z\tanh(\gamma l)}{Z + Z_{out}\tanh(\gamma l)} \qquad (10.236)$$

mit γ aus (10.3) läßt sich der Ausgangswiderstand Z_{out} am Ende einer homogenen Zone der Länge l mit Wellenwiderstand Z auf den Eingangswiderstand Z_{in} transformieren. Wendet man diese Transformation zweimal an, dann bekommt man ausgehend vom rechten Ende des kurzen Etalons ($Z_{out} = \sqrt{\mu_0/\epsilon_0} \approx 377\,\Omega$) im ersten Iterationsschritt den Widerstand $Z_{in}^{(1)}$ am linken Ende des Etalons und im zweiten Iterationsschritt den Widerstand $Z_{in}^{(2)}$ am linken Ende des Luftspalts. Der Reflexionsfaktor r_2 berechnet sich dann zu

$$r_2 = r_2(\lambda) = \frac{Z_{in}^{(2)} - Z_{as}}{Z_{in}^{(2)} + Z_{as}} \quad , \qquad (10.237)$$

wobei Z_{as} den Wellenwiderstand des aktiven Oszillatorsegments bezeichnet. In Bild 10.35 sind der wellenlängenabhängige Reflexionsfaktor $|r_2|^2$ und mögliche Emissionswellenlängen des gekoppelten Systems schematisch dargestellt. Über die Pumpströme der beiden aktiven Elemente lassen sich deren effektive Brechungsindizes so einstellen, daß eine Mode in das Reflexionsmaximum von $|r_2(\lambda)|^2$ und auch in die Nähe des Verstärkungsmaximums fällt. Diese Mode wird dann in der Emission dominieren, denn Nachbarmoden werden weniger verstärkt und im allgemeinen auch schlechter rückgekoppelt. Bei Hochfrequenzmodulation bleibt die Emission der zentralen Mode stabil, wenn die Modulationsströme geeignet auf beide aktiven Segmente aufgeteilt werden. Gleichzeitig läßt sich hierdurch der Wellenlängenchirp, also die Drift der Emissionsfrequenz unter Modulation, minimieren.

Das Konzept gekoppelter Resonatoren läßt sich unmittelbar auf weitere Elemente ausdehnen. Solche Mehrelementlaser zeigen ebenfalls modenselektive Emission mit noch verbesserter Sekundärmodenunterdrückung.

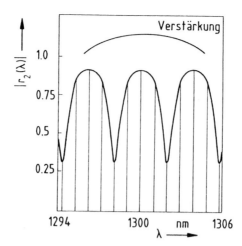

Bild 10.35: Betrag des Reflexionsfaktors r_2 als Funktion der Wellenlänge für ein verlustfreies Etalon der Länge $L_2 \approx 60$ μm. Die Lage der Moden und das Verstärkungsprofil sind schematisch eingetragen

10.7.4   Elektronisch durchstimmbare Laserdioden

Wir unterscheiden Laserdioden, die sich kontinuierlich in ihrer Emissionswellenlänge durchstimmen lassen, und einfachere, deren Emission in diskreten Schritten im wesentlichen durch Modensprünge geändert werden kann. Die letztgenannten Systeme eignen sich beispielsweise als Sender für konventionelle Multiplexübertragung optischer Signale. Die zuerst erwähnten Oszillatoren sind wegen der möglichen Feinabstimmung besonders für heterodyne Übertragung zu nutzen, wo die Emissionsfrequenz des Lokaloszillators genau an die Trägerfrequenz des übertragenen Signals angepaßt werden muß.

Diskret durchstimmbare Laser lassen sich einfach mit gekoppelten Resonatorsystemen verwirklichen, wie es in Bild 10.36 dargestellt ist. Man wählt die Längen L_1 und L_2 der beiden aktiven Elemente nahezu, aber nicht genau gleich. Betrachtet man die Modenkämme der zunächst ungekoppelt angenommenen Resonatoren, so unterscheiden sich die Modenabstände geringfügig. Stark vereinfacht kann man nun annehmen, daß bei Vorliegen einer Kopplung gerade solche Moden bevorzugt anschwingen werden, für die eine Koinzidenz der Resonanzwellenlängen vorliegt. Dieser Fall ist in Bild 10.36b) durch den durchgezogenen Pfeil illustriert. Wegen des Abfalls der Verstärkung findet man nur eine oszillierende Mode im gekoppelten System. Wird der Resonator L_2 unterhalb der Schwelle betrieben, so führt eine Erhöhung des Pumpstroms in diesem Segment zu einer vergrößerten Elektronendichte und damit, soweit thermische Effekte zu vernachlässigen sind, zu einer Verringerung des effektiven Brechungsindex.

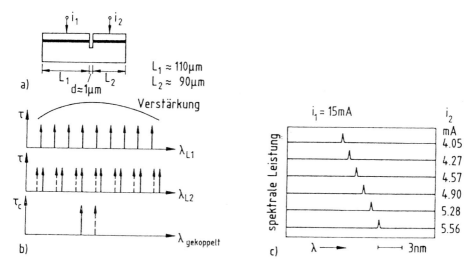

Bild 10.36: Durchstimmbarkeit einer Laserdiode mit gekoppelten Resonatoren. a) Lasersystem mit nahezu gleich langem Oszillator- und Modulatorsegment, b) Modenlebensdauern, c) experimentelle Spektren für konstanten Oszillatorstrom $i_1 = 15$ mA

Damit verschiebt sich, in Bild 10.36b) gestrichelt gezeichnet, der Modenkamm zu kleineren Wellenlängen, und im Gesamtsystem schwingt eine Nachbarmode an.

Das beschriebene Verhalten wird experimentell tatsächlich beobachtet, wie in Bild 10.36c) zu sehen ist. Das Oszillatorsegment wird mit einem Pumpstrom von $i_1 = 15$ mA oberhalb der Schwelle betrieben. Durch kleine Änderungen des recht weit unterhalb der Schwelle liegenden Etalonstroms i_2 kann man die Emissionswellenlänge ($\lambda \approx 1.3$ μm) in diskreten Schritten über die durch das Verstärkungsprofil vorgegebene Weite von etwa 5 nm verschieben. Die Emission ist einmodig mit einer Nebenmodenunterdrückung von mehr als 27 dB. Das System schwingt auch unter Hochfrequenzmodulation des Pumpstroms einmodig, wenn man beide aktiven Elemente im geeigneten Verhältnis moduliert. Variiert man die Pumpströme im Oszillator- und Etalonsegment unabhängig voneinander, kann man im statischen Betrieb jede gewünschte Emissionswellenlänge innerhalb der Schwellenverstärkungsbandbreite einstellen.

Bild 10.37 illustriert die Emissionseigenschaften eines Mehrelementlasers ($\lambda \approx 1.5$ μm) mit integriertem Bragg-Reflektor. Durch Stromfluß in das Bragg-Reflektor-Segment ($L_B = 700$ μm) kann man über die Trägerdichte die Wellenlänge maximaler Reflexion einstellen. Das mittlere Segment ($L_P = 70$ μm) dient zur Einstellung der optimalen Phase der Bragg-Reflexion und damit zur Vermeidung von Modensprüngen bei der Rückkopplung in das Oszillatorsegment

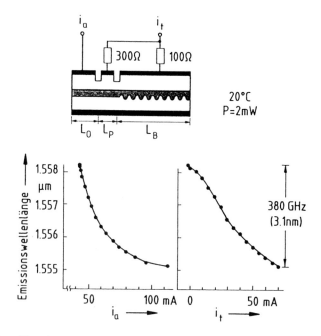

Bild 10.37: Kontinuierliche Durchstimmung einer Laserdiode mit Bragg-Reflektor und separatem Segment zur Phasenverschiebung. Die Längen der Segmente sind $L_O = 190 \ \mu$m, $L_P = 70 \ \mu$m und $L_B = 700 \ \mu$m für die aktive Zone, den Phasenschieber und den Bragg-Reflektor (nach [10.20])

($L_O = 190 \ \mu$m). Durch einfache Aufteilung der Stromversorgung auf den Bragg-Reflektor und Phasenschieber und geeignete Regelung des Oszillatorstroms erreicht man eine kontinuierliche Durchstimmung der Emission über mehr als 3 nm bei einer konstanten Ausgangsleistung von $P = 2$ mW und einer Nebenmoden-unterdrückung von mehr als 30 dB. Die Emissionslinienbreite ist abhängig von den spezifischen Betriebsbedingungen und liegt zwischen etwa 30 und 70 MHz bei 2 mW Ausgangsleistung.

10.7.5 Laserdiodenarrays und Abstrahlungs-charakteristik

Halbleiterlaserarrays können überall dort Verwendung finden, wo hohe Strahlungsleistungen und Strahlungsdichten oder große Wirkungsgrade erforderlich sind. Beispiele sind Punkt-zu-Punkt-Kommunikation im Weltraum, Laserdrucken oder Laserstrahlschreiben und nicht zuletzt auch optisches Pumpen von Festkörperlasern wie Nd-YAG. Man hat bislang Ausgangsleistungen von 6 W

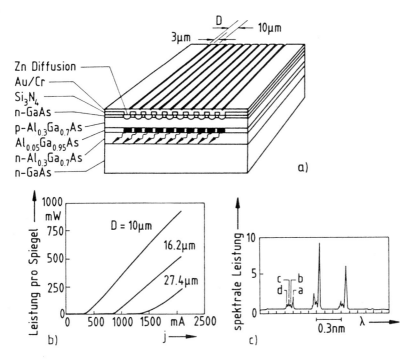

Bild 10.38: Laserdiodenarray. a) Schematischer Aufbau, b) typische Lichtaus-
gangsleistungskennlinie für verschiedene Abstände D der Streifenwellenleiter, c)
typisches Emissionsspektrum dicht oberhalb der Laserschwelle; die Buchstaben
kennzeichnen verschiedene Supermoden (nach [10.22])

im kontinuierlichen Betrieb erreicht. Laserdiodenarrays bestehen aus mehreren
lateral gekoppelten Streifenwellenleitern, die, wie Bild 10.38 zeigt, in bekannter
Weise gepumpt werden. Passive Systeme dieser Art wurden bereits in Abschnitt
6.3.2 behandelt. Die Laserschwelle sinkt mit abnehmendem Abstand D, also
zunehmender Kopplung der einzelnen Wellenleiter. Bei genügend großer Verstärkung können Supermoden des Wellenleitersystems anschwingen, die nach (6.108),
abhängig von der Ordnung ν, geringfügig unterschiedliche Ausbreitungskonstanten besitzen. Die Fabry-Perot-Resonanzbedingung der longitudinalen Moden
erfordert bei M gekoppelten Streifen

$$\left(\beta'_{m\nu} + 2\kappa \cos \frac{\nu \pi}{M+1} \right) L = \pi m, \quad m = 1, 2, \ldots \quad , \qquad (10.238)$$

wobei $\beta'_{m\nu} = \beta_{m\nu} + \delta\beta_{m\nu}$ die Ausbreitungskonstante in den gestörten Einzelwellenleitern bezeichnet. Die Abstände aufeinanderfolgender Fabry-Perot-Moden

$$\Delta\beta_{FP} = \beta_{(m+1)\nu} - \beta_{m\nu} = \pi/L \qquad (10.239)$$

sind üblicherweise groß gegen die Abstände der Supermoden

$$\Delta\beta_{SM} = \beta_{m\nu} - \beta_{m(\nu+1)} = 2\kappa \left(\cos\frac{\nu\pi}{M+1} - \cos\frac{(\nu+1)\pi}{M+1} \right) \quad . \qquad (10.240)$$

Im Emissionsspektrum dicht oberhalb der Laserschwelle beobachtet man deshalb eine Folge (äquidistanter) Fabry-Perot-Moden, die eine durch die Supermoden eingeprägte Feinstruktur besitzen. Wie aus Bild 10.38 zu erkennen ist, beträgt der Modenabstand der Fabry-Perot-Moden in dem dargestellten Beispiel $\Delta\lambda_{FP}$ = 0.32 nm, während die Supermoden etwa $\Delta\lambda_{SM} \approx 0.03$ nm auseinanderliegen. Offenbar wird diejenige Supermode am besten verstärkt, deren Intensitätsprofil am besten mit dem Pumpstromdichteprofil überlappt. Meistens handelt es sich hierbei um die Supermode, bei der die Wellen in aufeinanderfolgenden Streifen eine Phasenverschiebung von π aufweisen $(+ - + - +)$. Diese besitzen nach Bild 6.19 einen Nulldurchgang des Feldes zwischen den Wellenleitern. Durch asymmetrische Elektrodenanordnungen kann man andere Supermoden bevorzugen. Weit oberhalb der Laserschwelle erfolgt die Emission überwiegend in der Supermode mit der größten Verstärkung. Verspiegelt man die hintere Spiegelendfläche ($R > 95$ %) und entspiegelt die Vorderseite ($R \leq 5$ %), kann man optimale Auskopplung auf einer Seite erzielen.

Supermoden, die man auch als transversale Moden des Systems bezeichnen kann, unterscheiden sich durch ihre Fernfeldintensitätsverteilung. Wir betrachten die Kopplung von M identischen Wellenleitern, in denen TE-Wellen mit den Feldverteilungen

$$E_y^0(x,y) = |E_y^0(x,y)|e^{-i\varphi} \qquad (10.241)$$

angeregt sind. Die Nahfeldverteilung auf der Laserendfläche bei $z = 0$ läßt sich dann gemäß Abschnitt 6.3.2 ausdrücken durch

$$E_y(x,y) = \sum_{l=1}^{M} A_l \exp\{-i\varphi_l\}|E_y^0(x,y-lD)| \quad , \qquad (10.242)$$

wobei die A_l die Amplituden in den Einzelwellenleitern bezeichnen. Die Fernfeldverteilung ergibt sich durch Fourier-Transformation der Nahfeldverteilung. Für separable Felder $E_y^0(x,y) = E_y^0(x)E_y^0(y)$ erhält man für das Fernfeld $\tilde{E}(\Theta)$ in der Ebene $x = 0$, in der die pn-Übergänge liegen, die Beziehung

$$\tilde{E}_y(\Theta) \propto \cos\Theta \int_{-\infty}^{\infty} E_y(y) \exp\left\{-\frac{2\pi i y \sin\Theta}{\lambda}\right\} dy \quad . \qquad (10.243)$$

Der Beugungswinkel Θ wird in der yz-Ebene gegen die z-Achse gemessen, wie aus Bild 10.39 hervorgeht. Wir setzen die Proportionalitätskonstante willkürlich gleich Eins. Durch Anwendung des Verschiebungssatzes der Fourier-Transfor-

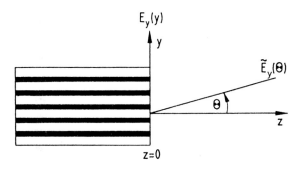

Bild 10.39: Zur Berechnung der Fernfeldverteilung in der Ebene $x = 0$, in der die pn-Übergänge liegen (Aufsicht)

mation erhalten wir dann

$$\tilde{E}_y(\Theta) = \cos\Theta \int_{-\infty}^{\infty} |E_y^0(y)| \exp\left\{-\frac{2\pi i y \sin\Theta}{\lambda}\right\} dy$$

$$\cdot \sum_{l=1}^{M} A_l \exp\{-i\varphi_l\} \exp\left\{-\frac{2\pi i l D \sin\Theta}{\lambda}\right\} \quad . \qquad (10.244)$$

Die ersten beiden Faktoren der rechten Seite beschreiben das Fernfeld eines einzelnen isolierten Wellenleiters

$$\tilde{E}_y^0(\Theta) = \cos\Theta \int_{-\infty}^{\infty} |E_y^0(y)| \exp\left\{-\frac{2\pi i y \sin\Theta}{\lambda}\right\} dy \quad . \qquad (10.245)$$

Der Summenterm erfaßt Interferenzen bei der Überlagerung der Einzelstrahler im Fernfeld. Wir setzen zur Abkürzung

$$G(\Theta) = \sum_{l=1}^{M} A_l \exp\{-i\varphi_l\} \exp\left\{-\frac{2\pi i l D \sin\Theta}{\lambda}\right\} \quad . \qquad (10.246)$$

Die Fernfeldintensität ist dann

$$I(\Theta) \propto |\tilde{E}_y(\Theta)|^2 = |\tilde{E}_y^0(\Theta)|^2 |G(\Theta)|^2 \quad . \qquad (10.247)$$

Die Fernfeldintensität in der Ebene des pn-Übergangs ist also das Produkt der durch den Einzelwellenleiter bestimmten Einhüllenden $|\tilde{E}_y^0(\Theta)|^2$ und der durch das Array festgelegten Interferenzfunktion $|G(\Theta)|^2$.

Zur näherungsweisen Berechnung der Einhüllenden wollen wir innerhalb der Wellenleite der Breite $d < D$ eine cosinusförmige Feldverteilung $E_y^0(y) =$

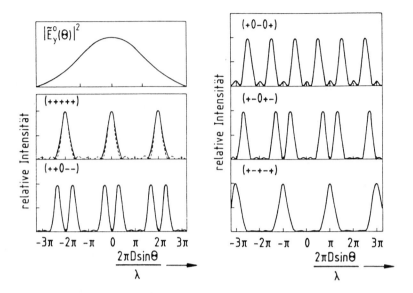

Bild 10.40: Einhüllende $|\tilde{E}_y^0(\Theta)|^2$ und Interferenzfunktion $|G(\Theta)|^2$ für die Fernfeldintensitätsverteilung der Supermoden eines Laserdiodenarrays aus fünf identischen gekoppelten Wellenleitern nach Bild 6.19. Es wurde angenommen, daß $d = 3D/4$ gilt

$\cos(\pi y/d)$ zugrundelegen und das Feld außerhalb des Wellenleiters vernachlässigen. Hierfür bekommen wir

$$\tilde{E}_y^0(\Theta) = \cos\Theta \int_{-d/2}^{d/2} \cos\left(\frac{\pi y}{d}\right) \exp\left\{-\frac{2\pi i y \sin\Theta}{\lambda}\right\} dy$$

$$= \cos\Theta \left(\frac{\cos\frac{\pi d \sin\Theta}{\lambda}}{\frac{\pi}{d} + \frac{2\pi\sin\Theta}{\lambda}} - \frac{\cos\frac{\pi d \sin\Theta}{\lambda}}{\frac{\pi}{d} - \frac{2\pi\sin\Theta}{\lambda}}\right) \quad . \tag{10.248}$$

Die ersten beiden Nullstellen dieser Funktion ergeben sich für $3\lambda < 2d$ zu

$$\sin\Theta_0 = \pm\frac{3\lambda}{2d} \quad . \tag{10.249}$$

Die Einhüllende $|\tilde{E}_y^0(\Theta)|^2$ ist im linken oberen Teil von Bild 10.40 für den Fall $d = 3D/4$ eingetragen.

Die Interferenzfunktion $G(\Theta)$ ist im allgemeinen numerisch auszuwerten. Wir interessieren uns speziell für den Fall von fünf identischen gekoppelten Wellenleitern, der bereits in Abschnitt 6.3.2 behandelt wurde. Bild 10.40 zeigt die berechneten Interferenzfunktionen $|G(\Theta)|^2$ für die in Bild 6.19 angegebenen Supermoden. Zur Bestimmung der Fernfeldintensität ist die Interferenzfunktion mit der Einhüllenden zu multiplizieren. Man erkennt, daß nur die symmetrische Mode $(+++++)$ ein einziges zentrales Maximum bei $\Theta = 0$ auf der z-Achse aufweist. Die anderen Moden haben mehrere Maxima, die symmetrisch zur z-Achse liegen.

Um eine Übersicht über die Form der Interferenzfunktion zu gewinnen, wollen wir eine analytische Lösung für den Spezialfall $A_l = 1$ und $\varphi_l = l\varphi$ für alle l angeben. Hierfür reduziert sich (10.246) auf eine geometrische Reihe, und wir erhalten nach der Betragsquadratbildung

$$|G(\Theta)|^2 = \frac{\sin^2\left[\frac{1}{2}M\left(\varphi + \frac{2\pi D}{\lambda}\sin\Theta\right)\right]}{\sin^2\left[\frac{1}{2}\left(\varphi + \frac{2\pi D}{\lambda}\sin\Theta\right)\right]} \quad . \tag{10.250}$$

Man kann diese Formel mit $\varphi = 0$ als Näherungslösung für eine symmetrische Supermode $(+++++)$ und entsprechend mit $\varphi = \pi$ für eine antisymmetrische Supermode $(+-+-+)$ verwenden. Die Näherungslösung für $(+++++)$ ist in Bild 10.40 gestrichelt eingetragen. Aus (10.250) folgt für die Lage des ersten Hauptmaximums

$$\Theta_{max} = \arcsin\left(-\frac{\lambda\varphi}{2\pi D}\right) \quad . \tag{10.251}$$

Für $\varphi = \pi$ ergeben sich zwei Maxima bei

$$\Theta_{max} = \pm\arcsin\left[\lambda/(2D)\right] \quad . \tag{10.252}$$

Die Intensität im Maximum wächst quadratisch mit der Zahl M der gekoppelten Wellenleiter, $I(\Theta) \propto M^2$. Die Breite der Maxima ist nach (10.250)

$$\delta\Theta \approx \lambda/(MD) \quad . \tag{10.253}$$

Sie ist umgekehrt proportional zum Abstand D und zur Anzahl M der gekoppelten Wellenleiter.

Betrachten wir als Beispiel $M = 5, D = 10\ \mu m$, $d = 5\ \mu m$ und $\lambda = 0.8\ \mu m$. Die ersten beiden Nullstellen der Einhüllenden liegen bei $\Theta = \pm 14°$, der Abstand der beiden Fernfeldmaxima der antisymmetrischen Supermode beträgt etwa 5°, und die Halbwertsbreite der Maxima ist $\delta\Theta \approx 1°$.

In praktischen Systemen oszillieren häufig mehrere Moden, und es kommt zu einer Verbreiterung des Fernfeldintensitätsprofils. Um die Mode mit einem Fernfeldhauptmaximum bei $\Theta = 0$ zu bevorzugen, muß man das Pumpstrommuster optimal an das Profil der Supermode anpassen. Möglichkeiten hierzu sind unterschiedlich starke Kopplung der Wellenleiter durch variierende Abstände oder unterschiedlich starkes Pumpen einzelner Wellenleiter.

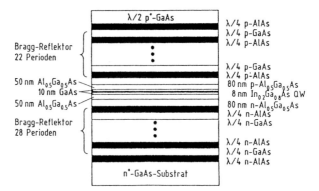

Bild 10.41: Epitaktische Schichtstruktur einer oberflächenemittierenden Laserdiode (nach [10.25])

10.7.6 Oberflächenemittierende Laserdioden und Schwellstromanalyse

Konventionelle Halbleiterlaser sind Kantenemitter. Die Lichtausbreitung erfolgt parallel zur Fläche des pn-Übergangs. Das Licht tritt senkrecht aus den Spaltflächen des Chips aus. Oberflächenemitter strahlen dagegen senkrecht zur Waferoberfläche ab. Die Resonatorachse steht nun senkrecht auf der Fläche des pn-Übergangs. Dies bedeutet, daß die aktive Länge des Resonators sehr kurz ist und typisch nur wenige Mikrometer beträgt. Es sind hochreflektierende Resonatorspiegel erforderlich, um kleine Schwellströme zu bekommen.

Oberflächenemittierende Laserdioden haben zahlreiche interessante Eigenschaften. Durch den extrem kurzen Resonator ($L < 10$ μm) erreicht man einen großen longitudinalen Modenabstand, der oberhalb der Laserschwelle Einmodenemission fördert. Durch den rotationssymmetrischen Resonator von typisch 6 bis 8 μm Durchmesser erhält man ein kreisrundes Nahfeld und - durch den relativ großen Durchmesser bedingt - eine kleine Strahldivergenz. Die Einkopplung in Einmodenfasern kann mit einem Wirkungsgrad von mehr als 90 % erfolgen. Die Bauform des Lasers erlaubt darüberhinaus eine einfache monolithische Integration zweidimensionaler Laserdiodenarrays, die interessante Lichtquellen darstellen für zweidimensionale optische Datenverarbeitung. Schließlich ist ein Testen der Laser unmittelbar auf der Waferscheibe möglich.

Bild 10.41 zeigt den typischen Schichtaufbau eines oberflächenemittierenden Lasers. Die Struktur besteht aus einem auf n$^+$-GaAs-Substrat mit Molekularstrahlepitaxie aufgebrachten n-dotierten AlAs-GaAs Bragg-Reflektor, einer Zwischenschicht mit der aktiven undotierten InGaAs-Zone und einem oberen p-dotierten Bragg-Reflektor ebenfalls aus AlAs-GaAs. Die InGaAs-Schicht wächst bis zu einer kritischen Dicke gitterangepaßt auf GaAs und weist eine geringere Bandlückenenergie als GaAs auf. Die Bragg-Reflektoren enthalten λ/4-

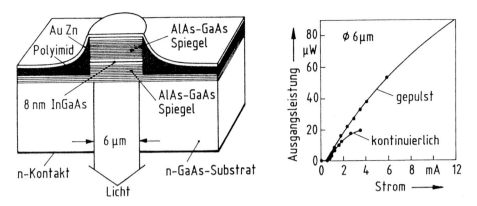

Bild 10.42: Oberflächenemittierende Laserdiode und Ausgangsleistung als Funktion des Pumpstroms (nach [10.25])

Schichten aus AlAs von ca. 80 nm Dicke und GaAs von ca. 56 nm Dicke, wobei zur Reduzierung des elektrischen Widerstands an den GaAs/AlAs Heteroübergängen noch Übergitter eingefügt sind. Die maximale Reflektivität der beiden Spiegel von über 99 % ist an die Emissionswellenlänge von 979 nm des aktiven undotierten $In_{0.2}Ga_{0.8}As$-Quantenfilms von 8 nm Dicke angepaßt. Der Quantenfilm ist beidseitig von undotierten GaAs-Barrieren und $Al_{0.5}Ga_{0.5}As$-Abstandsschichten umgeben, so daß die optische Dicke zwischen beiden Spiegeln gerade eine Wellenlänge beträgt. Die Gesamtdicke der Resonatorstruktur beträgt ca. 8 μm. Zur lateralen Sturkturierung werden wie in Bild 10.42 dargestellt Mikroresonatoren mit typisch 6-8 μm Durchmesser geätzt. Die seitliche Passivierung erfolgt mit Polyimid, die oberseitige p-Kontaktierung mit AuZn. Eine $\lambda/2$-Schicht unmittelbar unter dem Oberseitenkontakt sorgt zusätzlich für eine phasenrichtige Reflexion der optischen Welle an der Metallschicht. Der unkritische Rückseitenkontakt wird am Substrat angebracht. Ladungsträgerinjektion in die aktive InGaAs-Zone dient zur Laseranregung. Die Lichtauskopplung erfolgt durch das Substrat, das für die Emissionswellenlänge transparent ist. Die Lichtausgangskennlinien in Bild 10.42 ergeben für kontinuierliche und gepulste Anregung Schwellströme von unter 1 mA bei anliegenden Spannungen von 3.5 V. Erreicht werden Emissionslinienbreiten von weniger als 0.1 nm und Nebenmodenunterdrückungen von besser als 30 dB. Die hohe Reflektivität des Auskoppelspiegels begrenzt den differentiellen Quantenwirkungsgrad auf ca. 4 % und damit wegen der unvermeidlichen Erwärmung der Probe die maximale Ausgangsleistung auf einige zehn Mikrowatt. Höhere Ausgangsleistungen von einigen Milliwatt kann man in durch Ionenimplantation passivierten gewinngeführten Oberflächenemittern beobachten, die allerdings höhere Schwellströme aufweisen.

Die im folgenden präsentierte Schwellstromanalyse zeigt, daß zum Betrieb oberflächenemittierender Laserdioden hochreflektierende Spiegel unbedingt notwendig sind. Strominjektion erfolgt in einen Bereich der Dicke $d < 1\,\mu$m, die gesamte

Resonatorlänge beträgt typisch $L \approx 7$ μm. Wir wollen in der vereinfachten Analyse Reflexionen an den Grenzflächen, die die aktive Schicht von den Deckschichten trennen, vernachlässigen. Beim Rundumlauf im Resonator muß sich das Feld reproduzieren. Nach (10.6) ergibt diese Forderung ($\Gamma = 1$)

$$R_1 R_2 \exp\{2(g_{th} - \alpha_{i1})d - 2\alpha_{i2}(L - d)\} = 1 \quad , \qquad (10.254)$$

wobei R_1 und R_2 die Intensitätsreflexionsfaktoren der beiden Spiegel sind und α_{i1} und α_{i2} intrinsische Verluste im aktiven und passiven Bereich bezeichnen. Man kann mit $\alpha_{i1} \approx \alpha_{i2} \approx 5$ - 10 cm^{-1} rechnen. Für die Schwellverstärkung folgt

$$g_{th} = \alpha_{i1} + \frac{1}{d}\left[\alpha_{i2}(L - d) + \ln\frac{1}{\sqrt{R_1 R_2}}\right] \quad . \qquad (10.255)$$

Benutzt man eine lineare Approximation der Verstärkung nach (10.8), die bis zur Laserschwelle gültige Gleichgewichtsbeziehung (10.38) zwischen Stromdichte und Trägerdichte sowie den Zusammenhang (8.45) zwischen injizierter Trägerdichte und spontaner Lebensdauer, dann ergibt sich für die Schwellverstärkung

$$g_{th} = \frac{a}{\sqrt{qA_{21}}}\sqrt{\frac{j_{th}}{d}} - an_t \quad , \qquad (10.256)$$

wobei $a \approx 3 \cdot 10^{-16}$ cm^2 den differentiellen Verstärkungskoeffizienten, $n_t \approx 1 \cdot 10^{18}$ cm^{-3} die Transparenzdichte und $A_{21} \approx 10^{-10}$ cm^3/s die Rekombinationskonstante bezeichnen. Mit der mittleren Spiegelreflektivität $R = \sqrt{R_1 R_2}$ erhält man aus den beiden letzten Gleichungen die nur aus Materialparametern bestehende Beziehung für die Schwellstromdichte

$$j_{th} = \frac{qdA_{21}}{a^2}\left[an_t + \alpha_{i1} + \frac{1}{d}\left(\alpha_{i2}(L - d) + \ln\frac{1}{R}\right)\right]^2 \quad . \qquad (10.257)$$

In Bild 10.43 ist die Schwellstromdichte als Funktion der Länge d der aktiven Zone für eine Resonatorlänge von $L = 7$ μm und verschiedene Größen der mittleren Reflektivität R aufgetragen. Bei einer Reflektivität von $R = 0.99$ erreicht man minimale Schwellstromdichten von $j_{th} \approx 7$ kA/cm^2 für Dicken $d < 1$ μm. In dem vorgestellten oberflächenemittierenden Laser mit vergrabener aktiver Zone und elektrisch sperrender Umgebung kann man Leckströme weitgehend vernachlässigen. Bei einem Radius der aktiven Zone von $r = 3$ μm errechnet sich der Schwellstrom im betrachteten Beispiel zu $i_{th} = j_{th}\pi r^2 \approx 2$ mA. Bei höheren Spiegelreflektivitäten oder geringeren Durchmessern der aktiven Zone sind entsprechend kleinere Schwellströme zu erreichen.

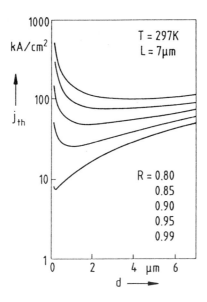

Bild 10.43: Abhängigkeit der Schwellstromdichte j_{th} von der Länge d der aktiven Zone bei einer Resonatorlänge von $L = 7$ μm für verschiedene mittlere Intensitätsreflexionsfaktoren R (nach [10.26])

10.7.7 Quantenfilmlaser

Wird die Dicke der aktiven Zone in Doppelheterostrukturlasern auf wenige zehn Nanometer reduziert, treten Quanteneffekte auf, die in Abschnitt 8.3.6 diskutiert wurden. Man spricht von Quantenfilmlasern. Im Quantenfilm beobachtet man im Vergleich zu konventionellen Systemen höhere Verstärkungen. Allerdings wird der Füllfaktor sehr klein. Für einen GaAs-Film von $d = 10$ nm Dicke mit $Al_{0.2}Ga_{0.8}As$-Berandungen erhält man nach (10.28) den Wert $\Gamma = 0.0026$. Bei intrinsischen Verlusten von $\alpha_{ac} \approx \alpha_{ex} \approx 10$ cm^{-1}, die für Trägerdichten von etwa 10^{18} cm^{-3} im aktiven Material und in den Randschichten beobachtet werden, und bei Spiegelverlusten von $-L^{-1}\ln R \approx 30$ cm^{-1} hat die Schwellverstärkung nach (10.43) den Wert $g_{th} \approx 1.5 \cdot 10^4$ cm^{-1} und ist damit unzulässig hoch.

Abhilfe schafft eine extra Zone mit erhöhtem Brechungsindex zur optischen Wellenführung. Bild 10.44 zeigt einen GaAs-Quantenfilm, der in eine $Al_xGa_{1-x}As$-Wellenführungszone mit parabolischem Brechzahlprofil eingebettet ist. In der Wellenführungszone nimmt der Al-Gehalt mit wachsendem Abstand vom Quantenfilm von $x = 0.2$ auf $x = 0.5$ kontinuierlich zu. Die Gesamtdicke der Wellenführungszone ist etwa $2D \approx 500$ nm. Man verwendet undotiertes Material, um die intrinsischen Verluste der Zone mit ca. 3 cm^{-1} klein zu halten.

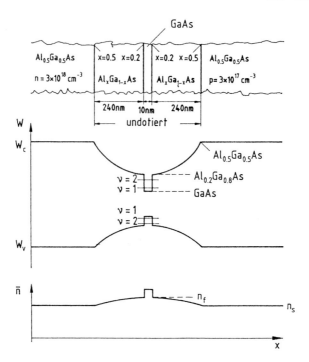

Bild 10.44: AlGaAs-GRINSCH-Struktur (graded index separate confinement heterostructure) mit GaAs-Quantenfilm und undotierter $Al_xGa_{1-x}As$-Wellenführungszone, in der der Al-Gehalt mit wachsendem Abstand vom Quantenfilm kontinuierlich von $x = 0.2$ auf $x = 0.5$ anwächst

Die Dicke des Quantenfilms von ca. 10 nm ist gegenüber dem Profildurchmesser $2D$ der wellenführenden Zone zu vernachlässigen. Bei parabolischem Brechzahlprofil ist nach Abschnitt 3.6 die geführte Grundwelle durch das gaußförmige Feldprofil

$$E_y(x) = E_f \exp\{-x^2/w^2\} \tag{10.258}$$

mit dem Fleckradius

$$w^2 = \lambda D/(\pi\sqrt{n_f^2 - n_s^2}) \quad . \tag{10.259}$$

gegeben. Bei der vorgegebenen Brechzahldifferenz zwischen $Al_{0.2}Ga_{0.8}As$ im Scheitel und $Al_{0.5}Ga_{0.5}As$ am Rand ist der Profildurchmesser $2D \approx 500$ nm gerade noch größer als der Fleckdurchmesser $2w$, und die Theorie des Abschnitts 3.6 ist anwendbar. Wir können im Optimalfall $D \approx w$ annehmen und erhalten mit $d \ll w$ für den Füllfaktor

$$\Gamma = \frac{\int_{-d/2}^{d/2} E_f^2 \exp\{-2x^2/w^2\}dx}{\int_{-\infty}^{\infty} E_f^2 \exp\{-2x^2/w^2\}dx} \approx \frac{E_f^2 d}{E_f^2 w\sqrt{\pi/2}} = \sqrt{\frac{2}{\pi}}\frac{d}{w} \approx \sqrt{\frac{2}{\pi}}\frac{d}{D} \quad . \tag{10.260}$$

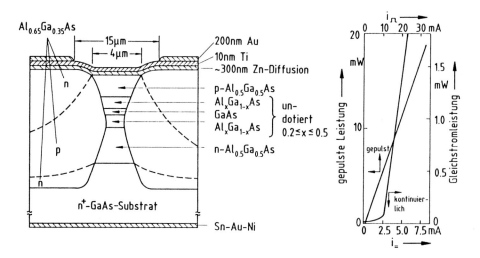

Bild 10.45: Aufbau einer GRINSCH-BH-Laserdiode und Ausgangskennlinien für kontinuierlichen und gepulsten Betrieb (nach [10.28])

Für $d = 10$ nm und $D = 250$ nm ist $\Gamma = 0.032$ und damit etwa um den Faktor 12 größer als ohne wellenführenden Bereich. Nimmt man an, daß die gesamte Energie der Welle in der undotierten Zone geführt wird, kann man mit externen intrinsischen Verlusten von $\alpha_{ex} \approx 3$ cm^{-1} rechnen, die zu den intrinsischen Verlusten der aktiven Zone von $\alpha_{ac} \approx 10$ cm^{-1} hinzukommen. Gleichung (10.43) liefert dann mit Spiegelverlusten von 30 cm^{-1} die Schwellverstärkung $g_{th} = 1040$ cm^{-1}. Nach Bild 8.16 ist die zugehörige Schwellstromdichte $j_{th} \approx 330$ A/cm^2 und damit deutlich geringer als in konventionellen Systemen, wo bei gleichen Spiegelverlusten mit $j_{th} \approx 1$ kA/cm^2 zu rechnen ist.

Bild 10.45 zeigt Aufbau und Ausgangskennlinien eines BH-Quantenfilmlasers mit GRINSCH-Struktur (graded index separate confinement heterostructure) zur Wellenführung. Die Herstellung erfolgte im ersten Epitaxieschritt mit Molekularstrahlepitaxie, im zweiten zum Überwachsen mit Flüssigphasenepitaxie. Bei einer Breite von ca. 3 μm und einer Länge von 250 μm ist der Schwellstrom bei Raumtemperatur nur 2.5 mA. Der differentielle Quantenwirkungsgrad beträgt $\eta_d = 0.8$. Im Impulsbetrieb zur Vermeidung von Erwärmung erreicht man etwa 20 mW Ausgangsleistung pro Spiegel bei einem Konversionswirkungsgrad von $\eta \approx 50$ %. Die Emission ist in der Ebene des pn-Übergangs polarisiert, da die Verstärkung im Quantenfilm für diese Schwingungsrichtung des elektrischen Feldes am größten ist.

Neben dem parabolischen Brechzahlprofil verwendet man nach Bild 10.46 auch Rechteckprofile für die wellenführende Zone. Bringt man insgesamt M Quantenfilme ($M = 2, ..., 5$) in die wellenführende Zone, die bei genügendem Abstand

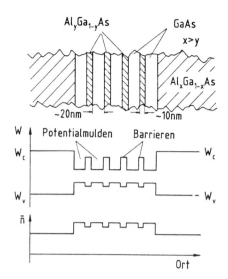

Bild 10.46: Mehrfachquantenfilmstruktur aus AlGaAs, Verlauf der Bandkanten und des Brechungsindex (schematisch)

quantenmechanisch alle entkoppelt sind, vermindert sich die Schwellverstärkung in erster Näherung bei unveränderter Schwellstromdichte auf den Bruchteil g_{th}/M. Dies bedeutet nach Bild 8.15, daß die Schwelle jetzt in einen Bereich steileren Anstiegs $a = \partial g_p/\partial n$ der Kennlinie fällt. Damit erwartet man nach (10.116) eine höhere Resonanzfrequenz und folglich eine höhere Grenzfrequenz für Modulation als in konventionellen Lasern. Experimentell hat man eine Verdopplung der Relaxationsfrequenz beobachtet.

Durch den relativ kleinen Füllfaktor Γ von Quantenfilmlasern wirkt sich nach (10.128) die Abhängigkeit des Brechungsindex in der aktiven Zone von der injizierten Elektronendichte weniger stark aus. Dies führt im Vergleich zu konventionellen Lasern zu einem reduzierten Frequenzziehen (Chirp) unter Hochfrequenzmodulation des Pumpstroms, was auch experimentell festgestellt wird.

Die Temperaturabhängigkeit des Laserschwellstroms ist in AlGaAs-Quantenfilmlasern geringer als in konventionellen AlGaAs-Lasern. Die Temperaturabhängigkeit der Schwellstromdichte folgt dem empirischen Gesetz

$$j_{th} = j_{th0} \exp\{T/T_0\} \quad , \tag{10.261}$$

wobei T_0 eine charakteristische Temperatur bezeichnet. Typische Werte für konventionelle AlGaAs-Doppelheterostrukturlaser liegen bei $T_0 \approx 150$ K. In AlGaAs-Quantenfilmlasern kann man höhere Werte $T_0 \approx 220$ K erzielen. In InGaAsP-Doppelheterostrukturlasern findet man erheblich kleinere T_0-Werte im Bereich um $T_0 = 70$ K, was auf die in diesem Materialsystem besonders starke

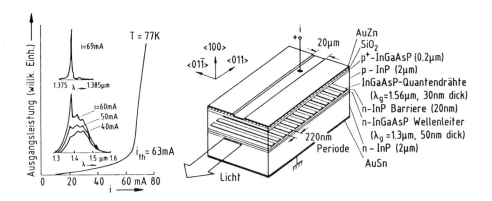

Bild 10.47: Aufbau, Ausgangskennlinie und spektrale Emission eines Quantendrahtlasers in Oxidstreifengeometrie (nach [10.29]). Der Betrieb erfolgte bei 77 K

Auger-Rekombination zurückgeführt wird. In InGaAsP-Quantenfilmlasern hat man keine Verbesserung des Temperaturverhaltens beobachten können.

10.7.8 Quantendrahtlaser

Wegen der Singularitäten in der Zustandsdichte erwartet man für Quantendrahtlaserstrukturen eine hohe spektrale Verstärkung an den unteren Kanten der Subbänder. Bei der Herstellung von Quantendrähten geht man aus von epitaktischen Filmen. Die Drähte werden durch holographische Lithographie und naßchemisches Ätzen definiert. Bild 10.47 zeigt das Schema eines der ersten Quantendrahtoxidstreifenlaser , die Ausgangskennlinie für kontinuierliche Emission bei $T = 77$ K und Spektren oberhalb und dicht unterhalb der Laserschwelle. Die Quantendrähte sind 30 nm dick, 120 nm schmal und periodisch senkrecht zur Lichtausbreitungsrichtung angeordnet. Für TE-Filmwellen schwingt das elektrische Feld in der Achse der Quantendrähte, und die Verstärkung ist maximal. Die Schwellstromdichte liegt bei 810 A/cm² und ist damit etwa 2.6-fach höher als theoretisch zu erwarten. Im spontanen Emissionsspektrum unterhalb der Laserschwelle treten mehrere Spitzen auf, die als Verstärkungsmaxima an den Sprungstellen der Zustandsdichte des 30 nm dicken Quantenfilms zu interpretieren sind. Lasertätigkeit wird bei $\lambda = 1.38$ μm an der Kante des vierten Subbandes beobachtet, was bislang noch nicht voll verstanden ist. Wegen der noch relativ großen Breite der Drähte von 120 nm treten charakteristische Effekte eindimensionaler Quantendrahtstrukturen im spontanen Emissionsspektrum nicht deutlich hervor. Die kleine Spitze im Spektrum bei $\lambda = 1.52$ μm stimmt mit der Bragg-Wellenlänge der periodischen Anordnung der Drähte überein und deutet an, daß Struktur mit periodischem Gewinn für Lasertätigkeit nützlich sein können.

11 Photodetektoren

Zur Detektion optischer Strahlung wandelt man die Strahlungsenergie in elektrische Signale und zeigt deren Amplitude mit konventionellen Techniken an. Man kann verschiedene Mechanismen ausnutzen, wie die Erzeugung freier, beweglicher Ladungsträger in Halbleitern, thermische Änderung der Spannung über einem pn-Übergang durch Strahlungsabsorption oder das Freisetzen von Ladungsträgern durch den photoelektrischen Effekt, also Photoemission. Wir werden Photodioden, Lawinenphotodioden und Photoleiter behandeln.

11.1 Grundlagen

In Photodetektoren werden Photonen der Strahlung in Elektronen elektrischer Signale gewandelt. Die Photonen treffen in regelloser Abfolge ein und erzeugen Stromstöße im elektrischen Kreis. Die Überlagerung der statistischen Stromsignale führt zu Schrotrauschen. In diesem Abschnitt stellen wir Methoden zur Beschreibung des Detektionsprozesses und der begleitenden Rauschvorgänge vor.

11.1.1 Photostrom und Lichtintensität

Bei allen zu diskutierenden Detektionsmechanismen regen optische Felder Elektronen an, und die entstehende Stromänderung ist proportional zur Anregungsrate der Elektronen. Bei der Anregung gehen Elektronen von einem gebundenen Anfangszustand in einen Endzustand über, in dem sie frei beweglich sind. Anfangszustände in einem n-Typ Halbleiter können zum Beispiel Elektronen im gefüllten Valenzband oder Elektronen in einem lokalisierten Donatorzustand sein. Der Endzustand liegt im Leitungsband. Beim Übergang des Elektrons vom gebundenen in den freien Zustand wird ein Photon der Energie $\hbar\omega$ absorbiert, die der Energiedifferenz der Zustände entspricht. Die Elektronen in freien Endzuständen geben einen Beitrag zum Stromfluß.

Für quasimonochromatisches Licht, dessen spektrale Bandbreite $\Delta\omega$ klein ist gegen die Kreisfrequenz ω des Lichts ($\Delta\omega \ll \omega$), kann man das reelle Lichtfeld durch

$$\tilde{E}(t) = E(t)\, e^{i\omega t} + E^*(t)\, e^{-i\omega t} \tag{11.1}$$

beschreiben, wobei die komplexen Phasoren $E(t)$ im Vergleich zu $e^{i\omega t}$ langsam zeitlich veränderlich sind. Wie wir in Kapitel 8 ausführlich unter Zuhilfenahme quantenmechanischer Störungsrechnung abgeleitet haben, gilt für die Übergangsrate der Elektronen die Proportionalität

$$P_{1\to 2} \;\propto\; E(t)\, E^*(t) = |E(t)|^2 \quad . \tag{11.2}$$

Das Betragsquadrat der komplexen Feldstärke ist wiederum proportional zur zeitlich über einige Lichtperioden gemittelten Intensität. Da der Photostrom $i(t)$ proportional zur Übergangsrate ist, ergibt sich insgesamt der Zusammenhang

$$i(t) \;\propto\; |E(t)|^2 \quad . \tag{11.3}$$

Dieser einfache nichtlineare Zusammenhang zwischen Strom und Feldstärke der Strahlung hat wichtige Konsequenzen. Betrachten wir als Beispiel die Überlagerung zweier Lichtwellen mit geringfügig verschiedenen Frequenzen ω_1 und ω_2

$$\tilde{E}(t) = [E_1 \exp\{i\omega_1 t + i\phi_1\} + E_2 \exp\{i\omega_2 t + i\phi_2\}] + c.c. \quad , \tag{11.4}$$

wobei $c.c.$ das konjugiert Komplexe des ersten Summanden bezeichnet. Führen wir die Differenzfrequenz $\Delta\omega = \omega_2 - \omega_1$ ein, so können wir den langsam veränderlichen komplexen Phasor mit

$$E(t) = E_1\, e^{i\phi_1} + E_2\, e^{i\Delta\omega t + i\phi_2} \tag{11.5}$$

identifizieren, und für den Photostrom folgt

$$i(t) \;\propto\; |E(t)|^2 = E_1^2 + E_2^2 + 2E_1 E_2 \cos\left(\Delta\omega t + \phi_2 - \phi_1\right) \quad . \tag{11.6}$$

Im Photostrom tritt demnach neben dem zeitlich konstanten Term $E_1^2 + E_2^2$ ein zeitlich mit der Differenzfrequenz veränderlicher Beitrag auf, dessen Phase durch die Differenz der Originalphasen gegeben ist. Die Erzeugung der Zwischenfrequenz quasi durch die Mischung an der nichtlinearen Kennlinie (11.3) bildet die Grundlage für die heterodyne Detektion.

11.1.2 Spektrale Leistungsdichte des Photostroms

Die Erzeugung von Photoelektronen ist ein stochastischer Prozeß. Jedes Photoelektron gibt einen zeitlich veränderlichen Beitrag $i_e(t)$ zum elektrischen Strom $i(t)$, der aus der Superposition der Einzelkomponenten entsteht. Die Elementarsignale entstehen zu regellosen Anfangszeiten t_i. Infolgedessen ist das Überlagerungssignal verrauscht, was letztlich zu endlichen spektralen Breiten der elektrischen Signale führt.

Das Amplitudenspektrum des Stroms ist durch die Fourier-Transformationsbeziehung

$$\tilde{i}(\nu) = \int_{-\infty}^{\infty} i(t)\, \exp\{-2\pi i\nu t\}dt \qquad (11.7)$$

definiert, wobei ν die Frequenz bezeichnet. Umgekehrt gilt

$$i(t) = \int_{-\infty}^{\infty} \tilde{i}(\nu)\, \exp\{2\pi i\nu t\}d\nu \quad . \qquad (11.8)$$

In der Praxis haben wir kein unendliches Intervall zur Verfügung, um das Spektrum $\tilde{i}(\nu)$ aus dem zeitlichen Verlauf $i(t)$ zu bestimmen. Bei einer endlichen Meßzeit T können wir $i(t) = 0$ annehmen für $t \leq -T/2$ und $t \geq T/2$. Wir bekommen damit

$$\tilde{i}_T(\nu) = \int_{-T/2}^{T/2} i(t)\, \exp\{-2\pi i\nu t\}dt \quad . \qquad (11.9)$$

T ist die Integrationszeit des Meßsystems. Da $i(t)$ reell ist, folgt

$$\tilde{i}_T(\nu) = \tilde{i}_T^*(-\nu) \quad . \qquad (11.10)$$

Für die mit dem Signal $i(t)$ verbundene augenblickliche Leistung $P(t)$ kann man ansetzen

$$P(t) = Ri^2(t) \quad , \qquad (11.11)$$

wenn der Strom durch einen ohmschen Widerstand R fließt, an dem die Spannung $V = Ri$ abfällt. Die zeitlich gemittelte Leistung ist

$$P = \frac{R}{T}\int_{-T/2}^{T/2} i^2(t)dt = \frac{R}{T}\int_{-T/2}^{T/2} i(t)\int_{-\infty}^{\infty} \tilde{i}_T(\nu)\, \exp\{2\pi i\nu t\}d\nu\, dt \quad . \qquad (11.12)$$

Vertauscht man die Reihenfolge der Integration und beachtet (11.9) und (11.10), folgt unmittelbar

$$P = \frac{R}{T} \int_{-\infty}^{\infty} |\tilde{i}_T(\nu)|^2 d\nu \quad , \tag{11.13}$$

was sich mit (11.10) noch umschreiben läßt zu

$$P = \frac{2R}{T} \int_{0}^{\infty} |\tilde{i}_T(\nu)|^2 d\nu \quad . \tag{11.14}$$

Legt man eine positive Frequenzachse zugrunde, so ist wie in Abschnitt 10.6.4

$$S_T(\nu) d\nu = \frac{2R}{T} |\tilde{i}_T(\nu)|^2 d\nu \tag{11.15}$$

der Anteil der mittleren Leistung, die in den Frequenzbereich zwischen ν und $\nu + d\nu$ fällt. Entsprechend läßt sich die spektrale Leistungsdichte $S_T(\nu)$ bestimmen, indem das Signal durch ein Filter der Bandbreite $\Delta\nu$ geschickt wird und die Leistung $S_T(\nu)\Delta\nu$ hinter dem Filter gemessen wird.

11.1.3 Spektrale Leistungsdichte zufälliger Impulsfolgen

Wir betrachten eine zeitabhängige Zufallsvariable $i_T(t)$, die aus der Überlagerung von Elementarereignissen $i_e(t - t_i)$ mit statistisch verteilten Anfangszeitpunkten t_i entsteht

$$i_T(t) = \sum_{i=1}^{N_T} i_e(t - t_i) \quad . \tag{11.16}$$

Hierbei bedeutet N_T die Gesamtzahl der Ereignisse im Beobachtungszeitraum T. Ein typisches Beispiel für $i_T(t)$ ist der Photostrom, der sich aus den Einzelbeiträgen der photogenerierten Ladungsträger zusammensetzt.

Nach (11.7) gilt für die Fourier-Transformierten

$$\tilde{i}_T(\nu) = \sum_{i=1}^{N_T} \tilde{i}_i(\nu) \quad , \tag{11.17}$$

wobei

$$\begin{aligned} \tilde{i}_i(\nu) &= \int_{-\infty}^{\infty} i_e(t - t_i) e^{-2\pi i \nu t} dt = e^{-2\pi i \nu t_i} \int_{-\infty}^{\infty} i_e(t) e^{-2\pi i \nu t} dt \\ &= e^{-2\pi i \nu t_i} \tilde{i}_e(\nu) \end{aligned} \tag{11.18}$$

gilt. Für das Leistungsspektrum folgt

$$|\tilde{i}_T(\nu)|^2 \;=\; |\tilde{i}_e(\nu)|^2 \sum_{i=1}^{N_T} \sum_{j=1}^{N_T} \exp\{-2\pi i\nu(t_i - t_j)\}$$

$$=\; |\tilde{i}_e(\nu)|^2 \left[N_T + \sum_{i\neq j}^{N_T} \sum_{j}^{N_T} \exp\{-2\pi i\nu(t_i - t_j)\} \right] \quad . \quad (11.19)$$

Bilden wir das Ensemblemittel über eine große Zahl von Einzelereignissen, deren Anfangszeitpunkte t_i im Beobachtungszeitraum gleichverteilt sind (und deren Dauer klein ist gegen die Beobachtungsdauer), so kann man den zweiten Summanden auf der rechten Seite von (11.19) gegenüber N_T vernachlässigen. Man bekommt

$$< |\tilde{i}_T(\nu)|^2 > = N_T |\tilde{i}_e(\nu)|^2 \quad . \quad\quad (11.20)$$

Das Ensemblemittel des Leistungsspektrums des statistischen Überlagerungssignals ist also ein Vielfaches vom Leistungsspektrum des Einzelereignisses, das ja deterministisch ist. Im übrigen bedeutet die Annahme einer Gleichverteilung der Zeitpunkte t_i, daß die Wahrscheinlichkeit für das Auftreten von m Ereignissen im Beobachtungszeitraum T gerade durch die Poisson-Verteilung ($< m > = N_T$)

$$p(m) = (N_T)^m e^{-N_T}/m! \quad\quad (11.21)$$

gegeben ist. Führt man noch eine mittlere Gesamtrate $G_{ges} = N_T/T$ der Ereignisse ein, kann man mit (11.20) und (11.15) für die spektrale Leistungsdichte des Signals schreiben

$$< S_T(\nu) > = 2RG_{ges}|\tilde{i}_e(\nu)|^2 \quad . \quad\quad (11.22)$$

Die mittlere spektrale Leistungsdichte wächst demnach proportional mit der mittleren Zahl G_{ges} der pro Zeiteinheit erzeugten freien Ladungsträger. Die Form des Spektrums ist durch das Einzelereignis bestimmt.

11.1.4 Schrotrauschen

Wir untersuchen die spektrale Leistungsdichte des Stromes, der durch zufällige Generation von Ladungsträgern erzeugt wird. Wir betrachten den in Bild 11.1 dargestellten Fall, daß die Ladungsträger an der Kathode erzeugt werden und dann durch ein elektrisches Feld zur im Abstand d befindlichen Anode driften.

Während ein Ladungsträger mit der Elementarladung q und der Geschwindigkeit $v(t)$ zwischen Kathode und Anode driftet, influenziert er im äußeren Kreis den

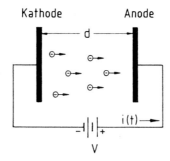

Bild 11.1: Elektronenfluß von an der Kathode zufällig erzeugten Elektronen zur Anode als Ursache für das Schrotrauschen

Strom

$$i_e(t) = qv(t)/d \quad .$$ (11.23)

Die mittlere Gesamterzeugungsrate G_{ges} ist durch den mittleren Gesamtstrom $< i >$ und die Elementarladung q bestimmt

$$G_{ges} = < i > /q \quad .$$ (11.24)

Die Fourier-Transformierte eines einzelnen Stromimpulses mit der Anfangszeit $t_i = 0$ und der Ankunftszeit t_e ist

$$\tilde{i}_e(\nu) = \frac{q}{d} \int_0^{t_e} v(t) e^{-2\pi i \nu t} dt \quad .$$ (11.25)

Für Frequenzen, die kleiner sind als die inverse Transitzeit der Elektronen, $2\pi\nu t_e \ll 1$, kann man die Exponentialfunktion in (11.25) durch Eins approximieren und erhält näherungsweise mit $v = dx/dt$ und $x(t_e) = d$

$$\tilde{i}_e(\nu) = \frac{q}{d} \int_0^{t_e} \frac{dx}{dt} dt = q \quad .$$ (11.26)

Aus (11.22) folgt damit unter Beachtung von (11.24) das Ergebnis

$$< S_T(\nu) > = 2qR < i > \quad .$$ (11.27)

Die mit dem Strom verbundene Leistung im Frequenzbereich zwischen ν und $\nu + \Delta\nu$ ist damit gegeben durch $< S_T(\nu) > \Delta\nu$. Im Ersatzschaltbild kann man dieses Schrotrauschen durch eine äquivalente Stromrauschquelle erfassen, wie in Bild 11.2 dargestellt ist. Für die mittlere quadratische Amplitude der

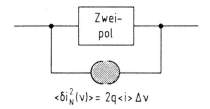

Bild 11.2: Ersatzschaltbild für einen Zweipol mit Schrotrauschen

Stromrauschquelle hat man anzusetzen

$$< \delta i_N^2(\nu) > = < S_T(\nu) > \Delta\nu/R = 2q < i > \Delta\nu \quad . \tag{11.28}$$

Es ist bemerkenswert, daß das Schrotrauschen von der Ladung der Träger abhängt. Es würde verschwinden, wenn bei demselben mittleren Strom $< i >$ die Elementarladung gegen Null ginge und würde sich verdoppeln, wenn die Elementarladung den zweifachen Wert hätte. Insofern spiegelt das Schrotrauschen die diskrete Natur des Erzeugungsprozesses und des Ladungstransports wider. Bei der Rauschstromkomponente $\delta i_N(\nu)$ handelt es sich um eine fluktuierende Wechselstromkomponente. Das Verhältnis von Fluktuation zu Signal nimmt mit zunehmender Erzeugungsrate G_{ges} ab. Genauer gilt bei Poisson-Prozessen (11.21) für die relativen Schwankungen

$$\frac{< (\Delta m)^2 >}{< m >^2} = \frac{< (m - < m >)^2 >}{< m >^2} = \frac{1}{< m >} \quad , \tag{11.29}$$

wobei m die Zahl der Ereignisse im Beobachtungszeitraum ist. Da die Proportionalitäten $< m > \propto < i >$ und $< (\Delta m)^2 > \propto < \delta i_N^2(\nu) >$ gelten, läßt sich (11.29) umschreiben in

$$\frac{< \delta i_N^2(\nu) >}{< i >^2} = \frac{2q\Delta\nu}{< i >} \quad . \tag{11.30}$$

Die relative Rauschleistung wächst linear mit der Meßbandbreite $\Delta\nu$ und ist umgekehrt proportional zum mittleren Strom.

11.1.5 Thermisches Widerstandsrauschen

Über das gesamte Volumen eines elektrischen Widerstands gemittelt, verhält sich das Bauelement elektrisch neutral. Mikroskopisch gesehen führt die zufällige thermische Bewegung der Ladungsträger aber zu Dichtegradienten und demzufolge auch zu fluktuierenden Wechselspannungen. Es gibt zahlreiche Möglichkei-

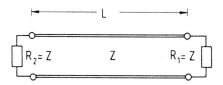

Bild 11.3: Zur Berechnung des thermischen Widerstandsrauschens. Die Leitung der Länge L hat den Wellenwiderstand $Z = R_1 = R_2$

ten, dieses thermische Rauschen eines Widerstands zu berechnen. Wir betrachten nach Bild 11.3 zwei identische ohmsche Widerstände R, die über eine verlustfreie Leitung mit dem Wellenwiderstand $Z = R$ verbunden sind, so daß keine Reflexionen auftreten. Auf der Leitung können sich Spannungswellen der Form

$$V(t) = V_0 \, \cos(2\pi\nu t \pm kz) \tag{11.31}$$

ausbreiten. Wir führen, ähnlich wie in Kapitel 7, eine mit der Leitungslänge L periodische Randbedingung ein und verlangen, daß die Wellen die Bedingung

$$V(t) = V_0 \, \cos\{2\pi\nu t \pm k(z + L)\} = V_0 \, \cos(2\pi\nu t \pm kz) \tag{11.32}$$

erfüllen. Dies ist der Fall für

$$kL = 2\pi \, m \quad , \quad m = 1, 2, 3, \dots \quad . \tag{11.33}$$

Der Abstand benachbarter Moden ist

$$\Delta k = 2\pi/L \quad , \tag{11.34}$$

und die Zahl der Moden zwischen 0 und k ist

$$M(k) = k/\Delta k = kL/(2\pi) \quad , \tag{11.35}$$

wobei wir nur in positive Richtung laufende Wellen mitgezählt haben. Entsprechend gilt auf der Frequenzachse wegen $k = 2\pi\nu/c$

$$M(\nu) = \nu L/c \tag{11.36}$$

für die Zahl der Moden zwischen 0 und ν. Die Zahl der Moden pro Frequenzintervall ist damit

$$dM(\nu)/d\nu = L/c \quad . \tag{11.37}$$

Im thermischen Gleichgewicht gehorcht die Zahl der Photonen in jeder Mode einer Bose-Einstein-Verteilung. Für die elektromagnetische Energie in der Mode gilt folglich

$$W = \frac{\hbar\omega}{\exp\{\hbar\omega/(kT)\} - 1} \quad . \qquad (11.38)$$

Betrachten wir nun den Leistungsfluß von links nach rechts über den Querschnitt der Leitung, so ist wegen der zu vernachlässigenden Reflexionen der Widerstand R_2 die Quelle des Energieflusses. Die Leistung berechnet sich aus dem Produkt aus (eindimensionaler) Energiedichte der angeregten Moden und der Gruppengeschwindigkeit. Die Energie pro Mode und Längeneinheit ist W/L, die Zahl der Moden zwischen ν und $\nu + \Delta\nu$ ist $\Delta\nu L/c$, und als Gruppengeschwindigkeit setzen wir die Lichtgeschwindigkeit c an, wobei wir Dispersion vernachlässigt haben. Die von links nach rechts fließende mittlere Leistung in den Moden zwischen ν und $\nu + \Delta\nu$ ist folglich

$$< P > = \left(\frac{W}{L}\right)\left(\frac{L}{c}\Delta\nu\right)c = \frac{\hbar\omega\,\Delta\nu}{\exp\{\hbar\omega/(kT)\} - 1} \approx kT\,\Delta\nu \quad , \qquad (11.39)$$

wobei die Näherung auf der rechten Seite für $kT \gg \hbar\omega$ gültig ist. Im rechten Widerstand in Bild 11.3 wird natürlich genau dieselbe Rauschleistung generiert, so daß die durch einen Querschnitt der Leitung fließende Nettoleistung im thermischen Gleichgewicht verschwindet.

Die maximale Leistung einer Spannungsquelle $\delta V_0 = \delta\hat{V}_0\cos(2\pi\nu t)$ mit ohmschem Innenwiderstand R wird an einen angepaßten Widerstand derselben Größe abgegeben. Die verfügbare Leistung am Lastwiderstand R ist

$$P = \left(\frac{\delta V}{2R}\right)^2 R = \frac{\delta V^2}{4R} \quad , \qquad (11.40)$$

wenn $\delta V = \delta V_0/2$ die Spannung am Lastwiderstand bezeichnet. Der entsprechende Ausdruck für den Strom lautet

$$P = \delta i^2 R/4 \quad . \qquad (11.41)$$

Die Relationen (11.40) und (11.41) gelten für jedes Frequenzintervall $\Delta\nu$. Der Vergleich mit (11.39) liefert dann

$$< \delta V_N^2 > \approx 4kT\,R\,\Delta\nu \qquad (11.42)$$

oder

$$< \delta i_N^2 > \approx 4kT\,\Delta\nu/R \quad . \qquad (11.43)$$

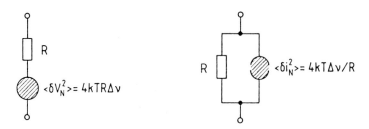

Bild 11.4: Spannungs- und Strom-Rauschersatzschaltbild eines ohmschen Widerstands

Diese einfachen Ausdrücke für die quadratischen Mittelwerte von Strom- und Spannungsfluktuationen führen auf die Rauschersatzschaltbilder eines ohmschen Widerstands, die in Bild 11.4 dargestellt sind. Der Index N deutet auf die Rauschursache des Stroms oder der Spannung hin.

11.2 Photodioden

11.2.1 Wirkungsweise

Halbleiter-pn-Übergänge eignen sich zur Detektion optischer Strahlung, deren Photonenenergie größer ist als die Bandlücke. Der zugrundeliegende physikalische Mechanismus der Detektion soll anhand von Bild 11.5 erläutert werden. Dargestellt ist der Bandverlauf eines in Sperrichtung vorgespannten pn-Übergangs. Photonen können an verschiedenen Stellen des Übergangs Elektron-Loch-Paare erzeugen. Am wichtigsten ist die Paarerzeugung im elektrischen Feld der Sperrschicht, also etwa bei B in Bild 11.5. Elektronen driften im Feld zur n-Seite, Löcher dagegen zur p-Seite des Übergangs. Bei der Drift durch die Raumladungszone influenzieren beide Ladungsträger (unter Beachtung von (11.23) und (11.26)) zusammen einen Stromimpuls, dessen Zeitintegral gerade einer Elementarladung q entspricht. Die Dauer des Impulses ist durch Driftgeschwindigkeit und Driftlänge in der Sperrschicht bestimmt. Wenn das Ladungsträgerpaar am Rande der Sperrschicht im Bahngebiet etwa bei A in Bild 11.5 erzeugt wird, kann das Elektron mit großer Wahrscheinlichkeit in die Raumladungszone diffundieren und driftet dann im elektrischen Feld der Sperrschicht in den n-Bereich, wo es als Majoritätsträger einen Beitrag q zum äußeren Ladungsfluß liefert. Erreicht das bei A generierte Elektron nicht die Sperrschicht, so wird es im p-Bereich rekombinieren, und das absorbierte Photon gibt keinen Beitrag zum Stromfluß im äußeren Kreis. Am Rande der Sperrschicht bei C erzeugte Löcher verhalten sich ganz entsprechend wie Elektronen, die

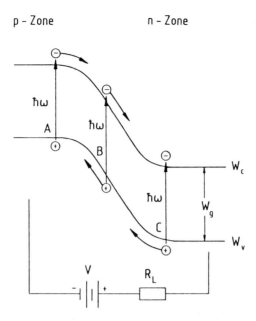

Bild 11.5: Elektron-Loch-Erzeugung durch Absorption eines Photons in der Sperrschicht eines pn-Übergangs

im Diffusionsbereich bei A erzeugt werden. Für gutes dynamisches Verhalten stört diese relativ langsame Bewegung der Ladungsträger in der Diffusionszone. Ladungsträgerpaare, die außerhalb der Diffusionszone erzeugt werden, rekombinieren im n- oder p-Bereich und tragen zum äußeren Stromfluß nicht bei.

Zum äußeren Strom tragen nur Ladungsträger bei, die durch die Sperrschicht driften. Die Situation ist ähnlich wie in Abschnitt 11.1.4 und Bild 11.1. Entsprechend (11.24) ist der mittlere Photostrom $< i_{Ph} >$ maßgeblich durch die Erzeugungsrate G_{ges} bestimmt

$$< i_{Ph} >= q G_{ges} \quad . \tag{11.44}$$

Bei einer Lichtleistung P_0 treffen $P_0/(\hbar\omega)$ Photonen pro Sekunde auf die Halbleiteroberfläche auf. Aber nur der in der pn-Sperrschicht absorbierte Teil ηP_0 führt zu einem Stromfluß im äußeren Kreis. Die interessierende Erzeugungsrate ist demnach

$$G_{ges} = \eta P_0/(\hbar\omega) \quad , \tag{11.45}$$

wobei η als Quantenausbeute bezeichnet wird. Für den mittleren Photostrom gilt folglich

$$< i_{Ph} >= \eta q P_0/(\hbar\omega) \quad . \tag{11.46}$$

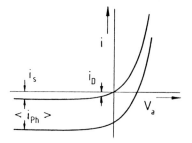

Bild 11.6: Kennlinie einer Photodiode mit Photostrom $< i_{Ph} >$ und Dunkel-strom i_D

Der Photostrom überlagert sich additiv dem ohne Lichteinstrahlung vorhande-nen Diodenstrom. Die Diodenkennlinie bekommt die Form

$$i = i_s \left(\exp\{ q V_a / (kT) \} - 1 \right) - < i_{Ph} > = i_D - < i_{Ph} > \quad , \qquad (11.47)$$

wobei i_s den Sättigungsstrom, i_D den Dunkelstrom und V_a die angelegte Span-nung bezeichnet. Die Photodiodenkennlinie ist in Bild 11.6 dargestellt.

11.2.2 Quantenausbeute und pin-Diode

Von den generierten Ladungsträgern tragen nur solche zum Stromfluß im äußeren Kreis bei, die im elektrischen Feld der Sperrschicht erzeugt werden. Um die Driftzone lang und damit die Absorptionswahrscheinlichkeit groß zu machen, benutzt man eine pin-Struktur, wie sie in Bild 11.7 dargestellt ist. Auf einem n-Substrat wird die eigenleitende i-Schicht epitaktisch aufgewachsen. Die p-Zone wird meistens durch flache Diffusion erzeugt. Bild 11.7 zeigt auch das Bandschema und den Verlauf der eingestrahlten optischen Leistung über dem Ort.

Für die folgende Diskussion wird zunächst die Elektronen- bzw. Löcherdiffusion aus den Bahngebieten vernachlässigt. Für die i-Zone gelten die Kontinuitätsglei-chungen für Elektronen und Löcher

$$\frac{\partial n}{\partial t} = \frac{1}{q} \frac{\partial j_n}{\partial z} + G(z) \quad , \qquad (11.48)$$

$$\frac{\partial p}{\partial t} = -\frac{1}{q} \frac{\partial j_p}{\partial z} + G(z) \quad , \qquad (11.49)$$

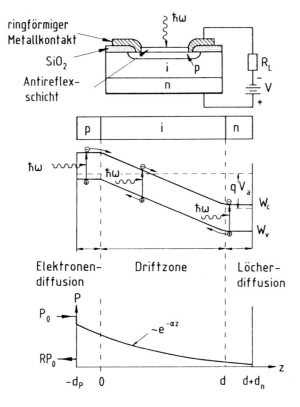

Bild 11.7: Pin-Diode mit Bandverlauf und Ortsabhängigkeit der Strahlungsleistung P

wobei $G(z)$ die Generationsrate pro Volumenelement bezeichnet und j_n und j_p Elektronen- und Löcherstromdichten sind. Bei Vernachlässigung von Rekombinationsprozessen ist $G(z)$ durch die Zahl der lokal absorbierten Photonen gegeben

$$G(z) = \frac{P(z) - P(z + dz)}{dz} \frac{1}{A\hbar\omega} \quad . \qquad (11.50)$$

Hierbei bedeutet A die Querschnittsfläche. Von der auftreffenden Leistung P_0 wird nach Maßgabe des Reflexionsfaktors R der Anteil RP_0 reflektiert. Innerhalb des Halbleiters erfolgt der Leistungsabfall nach dem Exponentialgesetz $P(z) \propto \exp\{-\alpha z\}$. Die in der p-Zone absorbierte Leistung steht nicht zur Stromerzeugung im äußeren Kreis zur Verfügung. Damit ergibt sich für die Generationsrate

$$G(z) = (1 - R)P_0 e^{-\alpha d_p}\alpha e^{-\alpha z}/(A\hbar\omega) = G_0 e^{-\alpha z} \quad , \qquad (11.51)$$

wobei die Konstante G_0 zur Abkürzung eingeführt wurde und d_p die Dicke der p-Zone bezeichnet.

Im stationären Zustand $(\partial/\partial t = 0)$ gelten die Gleichungen

$$\frac{\partial j_n}{\partial z} = -qG_0 \exp\{-\alpha z\} \tag{11.52}$$

und

$$\frac{\partial j_p}{\partial z} = qG_0 \exp\{-\alpha z\} \quad . \tag{11.53}$$

Mit den Randbedingungen $j_n(0) = 0$ und $j_p(d) = 0$ hat man damit

$$j_n(z) = -qG_0(1 - e^{-\alpha z})/\alpha \tag{11.54}$$

und

$$j_p(z) = qG_0(e^{-\alpha d} - e^{-\alpha z})/\alpha \quad . \tag{11.55}$$

Die gesamte Konvektionsstromdichte in der Driftzone ist die Summe der Elektronen- und Löcherstrombeiträge

$$j_c(z) = j_n(z) + j_p(z) = -q(1 - R)(1 - e^{-\alpha d})e^{-\alpha d_p}P_0/(A\hbar\omega) \quad . \tag{11.56}$$

Sie ist offenbar unabhängig von z. Der Konvektionsstrom influenziert im Außenkreis den Photostrom

$$< i_{Ph} >= Aj_c = -(1 - R)(1 - e^{-\alpha d})e^{-\alpha d_p}qP_0/(\hbar\omega) \quad . \tag{11.57}$$

Der Vergleich mit (11.46) liefert bis auf das willkürlich gewählte Vorzeichen für die Quantenausbeute

$$\eta = (1 - R)(1 - e^{-\alpha d})e^{-\alpha d_p} \quad . \tag{11.58}$$

Für große Quantenausbeuten $(\eta \to 1)$ ist eine reflexionsmindernde Antireflexschicht an der Diodenoberfläche erforderlich, so daß $R \to 0$ geht. Als Antireflexschicht verwendet man ein Dielektrikum wie SiO_2 oder Si_3N_4, dessen Brechungsindex $\bar{n}_A$ etwa dem geometrischen Mittel der Brechzahlen von Luft und dem verwendeten Halbleitermaterial entspricht. Die erforderliche Dicke ist $\lambda/(4\bar{n}_A)$. Außerdem sollte die Tiefe d_p der p-Diffusion klein sein, damit $\alpha d_p \ll 1$ gilt. Sind diese beiden Bedingungen erfüllt, hat man

$$\eta \approx (1 - e^{-\alpha d}) \quad . \tag{11.59}$$

Jetzt muß man verlangen, daß die Dicke d der intrinsischen Zone möglichst groß ist, damit möglichst alle Photonen absorbiert werden, also $\alpha d \gg 1$ gilt. Eine

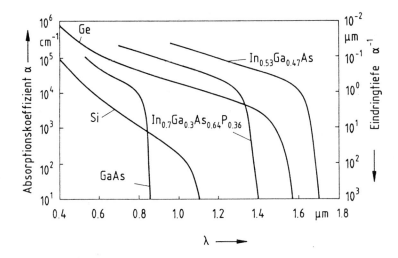

Bild 11.8: Absorptionskoeffizient α und Eindringtiefe α^{-1} von einigen Halbleitern als Funktion der Wellenlänge

zu große Dicke der intrinsischen Zone bedeutet aber auch, daß die Driftzeit der Ladungsträger groß wird und die Grenzfrequenz der Diode sinkt. Die optimale Dicke hängt stark vom wellenlängenabhängigen Absorptionskoeffizienten ab. Bild 11.8 zeigt den Absorptionskoeffizienten für verschiedene Materialien. Starke Absorption und damit kurze Längen d sind nur für Wellenlängen möglich, die kleiner sind als die Bandlückenwellenlänge. Dies erkennt man besonders gut an der auf der rechten Ordinate eingetragenen Eindringtiefe der Strahlung, die durch den inversen Absorptionskoeffizienten α^{-1} definiert ist.

Die Tiefe der p-Diffusionszone sollte gering sein, um die Zahl der dort erzeugten und in die intrinsische Zone diffundierenden Ladungsträger möglichst klein zu halten. Dieser Diffusionsvorgang beeinträchtigt das Frequenzverhalten. Die in der n-Diffusionszone erzeugten Ladungsträger stellen bei hinreichender Dicke der i-Zone kein Problem dar, da wegen der abgeklungenen Strahlungsstärke die Generationsrate dort sowieso gering ist.

Bei geeigneter Bemessung kann man pin-Dioden mit einer Quantenausbeute von über 80 % oder sogar über 90 % erhalten. Bild 11.9 zeigt den typischen Aufbau einer pin-Photodiode in Mesaform.

11.2.3 Einfluß der Driftzeit

Die in der i-Zone erzeugten Ladungsträger influenzieren während der gesamten Driftzeit einen Photostrom im äußeren Kreis. Bei Anregung mit einem kurzen

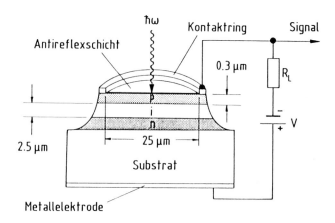

Bild 11.9: Typischer Aufbau einer pin-Photodiode in Mesaform

Lichtimpuls ist die Dauer des Stromimpulses maßgeblich durch die Driftzeit festgelegt. Für unsere Überlegungen wollen wir annehmen, daß Diffusion aus den Bahngebieten zu vernachlässigen ist. Außerdem wollen wir voraussetzen, daß die Absorption in der i-Zone so stark ist ($\alpha d \gg 1$), daß die Trägergeneration im wesentlichen nur in einer dünnen Schicht in unmittelbarer Nähe der p-Zone erfolgt. Bei Impulsanregung $P(t) = W\delta(t)$ wollen wir die volumenbezogene Generationsrate auch durch eine δ-Funktion approximieren

$$G(z,t) = \bar{G}_0 \delta(z)\delta(t) \quad . \tag{11.60}$$

Die räumliche Verteilung der generierten Ladungsträger ist in Bild 11.10 dargestellt. Unter dem Einfluß des Feldes verschwinden die Löcher sofort in der p-Zone. Die Elektronen driften durch die i-Zone und influenzieren einen Strom im äußeren Kreis. Näherungsweise werden die Elektronen mit der Sättigungsgeschwindigkeit v_s driften. Sie erreichen nach der Driftzeit $\tau_d = d/v_s$ das n-Gebiet. Der im Zeitintervall $0 \leq t \leq \tau_d$ influenzierte Strom ist zeitlich konstant. Das Zeitintegral des Stroms ist durch $\eta qW/(\hbar\omega)$ gegeben, da jedes erzeugte Trägerpaar einen Ladungsbeitrag q zum äußeren Strom liefert. Die Stromimpulsantwort ist demnach rechteckförmig (vgl. Bild 11.10b))

$$i_{Ph}(t) = \begin{cases} \eta qW/(\hbar\omega\tau_d) & \text{für} \quad 0 \leq t \leq \tau_d \quad , \\ 0 & \text{sonst.} \end{cases} \tag{11.61}$$

Die Antwort auf einen Sprung von 0 auf P_0 in der Lichteinstrahlung ergibt sich einfach aus dem Integral der δ-Impulsantwort (vgl. Bild 11.10c))

$$i_{Ph}(t) = \begin{cases} \eta qP_0 t/(\hbar\omega\tau_d) & \text{für} \quad 0 \leq t \leq \tau_d \quad , \\ \eta qP_0/(\hbar\omega) & \text{für} \quad t \geq \tau_d \quad . \end{cases} \tag{11.62}$$

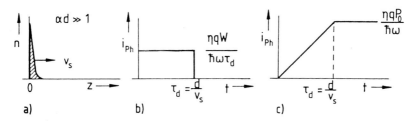

Bild 11.10: Anregung einer pin-Diode ($\alpha d \gg 1$) mit einem kurzen Lichtimpuls. a) Elektronenverteilung unmittelbar nach der Anregung, b) Impulsantwort des Photostroms, c) Antwort auf einen Sprung im Anregungslicht

Die Impulsantwort ist durch die Driftzeit $\tau_d = d/v_s$ festgelegt. Maximale Driftgeschwindigkeiten der Elektronen in GaAs und InP liegen bei Feldern von $F \approx 10^3$ V/cm bei etwa $v_s = 10^7$ cm/s. Bei höheren Feldstärken gibt es "overshoot"-Effekte und "intervalley"-Streuung. Der angegebene Wert von v_s führt auf Laufzeiten pro Länge von $1/v_s = 10$ ps/μm. Dies bedeutet, daß bei 3 μm dicken i-Zonen Laufzeiteffekte bei Lichtimpulsen von etwa 300 ps Dauer zu einem um 10 % verlängerten Stromimpuls führen.

Gleichung (11.46) beschreibt einen linearen Zusammenhang zwischen Photostrom und Lichtleistung. Bei sinusförmigen Signalen der Frequenz ν erwartet man eine Abhängigkeit der Form

$$\tilde{i}_{Ph}(\nu) = \frac{\eta q}{\hbar\omega} H(\nu)\tilde{P}(\nu) \qquad (11.63)$$

für die komplexen Amplituden $\tilde{i}_{Ph}(\nu)$ und $\tilde{P}(\nu)$ der Fourier-Komponenten von Photostrom und Lichtleistung. Die komplexe Übertragungsfunktion $H(\nu)$ ist dabei als Fourier-Transformierte der δ-Impulsantwort (11.61) gegeben

$$H(\nu) = \frac{\hbar\omega}{q\eta W}\int_{-\infty}^{\infty} i_{Ph}(t)e^{-2\pi i\nu t}dt = e^{-i\pi\nu\tau_d}\frac{\sin(\pi\nu\tau_d)}{\pi\nu\tau_d} \qquad . \qquad (11.64)$$

Betrag und Phase dieser Übertragungsfunktion sind in Bild 11.11 dargestellt. Mit zunehmender Frequenz verursacht die Verzögerung der Ladungsträger durch Drift einen Abfall der Übertragungsfunktion. Der Photowechselstrom nimmt hierdurch bei der Frequenz

$$\nu_g = 0.6/\tau_d \qquad (11.65)$$

auf die Hälfte ab im Vergleich zu Photowechselströmen sehr niedriger Frequenz.

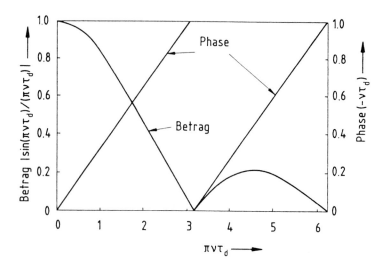

Bild 11.11: Betrag und Phase der idealisierten Übertragungsfunktion $H(\nu)$ einer pin-Photodiode

Die Phasenverzögerung zwischen Photostrom und Anregungslicht wächst linear mit der Frequenz. Bei Phasenverzögerungen, die einem ganzzahligen Vielfachen von π entsprechen, verschwindet die Amplitude des Photostroms. Dann hebt sich die influenzierende Wirkung der driftenden Elektronenverteilung, über die gesamte Driftstrecke d gemittelt, gerade auf.

11.2.4 Frequenzverhalten

Die Ladungsträgerdrift beeinflußt maßgeblich das Frequenzverhalten einer pin-Photodiode. Aber es kommen noch andere Effekte hinzu. In einem äußeren Stromkreis mit einem Lastwiderstand R_L führt der Spannungsabfall an diesem Widerstand auch zu einer Umladung der Sperrschichtkapazität der Diode. Bild 11.12 zeigt eine einfache Ersatzschaltung der Photodiode. Diodenkapazität und Lastwiderstand sind mit C_D und R_L bezeichnet. R_s charakterisiert den Bahn- und Zuleitungswiderstand und ist bei guten Dioden gegenüber R_L zu vernachlässigen. Der Parallelwiderstand R_D berücksichtigt Oberflächenströme, L_p Induktivitäten hauptsächlich in den Zuleitungen und C_p Streukapazitäten in den Stromzuführungen. Üblicherweise spielen die letztgenannten Effekte nur eine untergeordnete Rolle, so daß $R_s \approx 0$, $L_p \approx 0$, $C_p \approx 0$ und $R_D \approx \infty$ gesetzt werden darf. Die verbleibende Parallelschaltung von R_L und C_D bestimmt die Zeitkonstante

$$t_D = R_L C_D \tag{11.66}$$

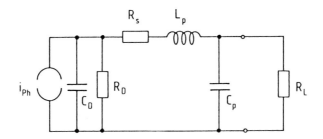

Bild 11.12: Elektrisches Ersatzschaltbild einer pin-Diode

des Tiefpasses. Für die Diodenkapazität gilt

$$C_D = \epsilon\epsilon_0 A/d \quad . \tag{11.67}$$

Für kleine elektrische Zeitkonstanten sind kleine Querschnittsflächen A und große Weiten d der i-Zone erforderlich. Minimierung der Kapazität und der Laufzeit der Träger sind nicht gleichzeitig möglich. Eine optimale Dicke d_{opt} findet man für $\tau_d = t_D$ mit

$$d_{opt} = \sqrt{\epsilon\epsilon_0 A v_s R_L} \quad . \tag{11.68}$$

Für $\epsilon\epsilon_0 \approx 10^{-10}$ As/(Vm), $A = 10^{-4}$ cm^2, $v_s = 10^7$ cm/s und $R_L = 50 \ \Omega$ erhält man $d_{opt} \approx 2.2 \ \mu$m. Die Zeitkonstante hierfür ist $\tau_d = t_D \approx 22$ ps.

Schließlich wird das Frequenzverhalten durch Diffusion von Elektronen aus dem p-Gebiet beeinträchtigt. Üblicherweise ist die Dicke d_p der p-Zone sehr viel kleiner als die Diffusionslänge der Elektronen. Für eine mittlere Diffusionslänge d_p in der Zeit t_{Diff} gilt

$$d_p = \sqrt{D_n t_{Diff}} \quad , \tag{11.69}$$

wobei $D_n = \mu_n kT/q$ die Diffusionskonstante bezeichnet. Hiermit folgt für die charakteristische Diffusionszeit über die Strecke d_p

$$t_{Diff} = d_p^2 q/(\mu_n kT) \quad . \tag{11.70}$$

Bei Dicken $d_p \approx 0.3 \ \mu$m und Elektronenbeweglichkeiten $\mu_n \approx 2500$ cm^2/(Vs) (für GaAs oder InP) ergeben sich Diffusionszeiten von etwa $t_{Diff} \approx 20$ ps, die kleiner sind als typische Driftzeiten oder RC-Zeitkonstanten. Da die Dicke d_p quadratisch eingeht, kann man sich aber nicht allzuviel dickere p-Diffusionszonen erlauben.

11.2.5   Rauschen und Detektionsempfindlichkeit

Wir untersuchen ein cosinusförmig intensitätsmoduliertes Lichtsignal der Form

$$P(t) = P_0(1 + m\cos(2\pi\nu t)) \tag{11.71}$$

mit dem Modulationshub $m \leq 1$. Wir nehmen an, daß die Modulationsfrequenz ν klein genug ist, so daß Transiteffekte und RC-Zeitkonstanten keine Rolle spielen. Das Lichtsignal (11.71) erzeugt den Photostrom

$$i_{Ph}(t) = \frac{\eta q}{\hbar\omega} P_0 + \frac{m\eta q}{\hbar\omega} P_0 \cos(2\pi\nu t) \quad . \tag{11.72}$$

Die Amplitude der Wechselstromkomponente bei der Frequenz ν ist $m\eta q P_0/(\hbar\omega)$. Die zugehörige mittlere elektrische Signalleistung der Wechselstromkomponente ist durch

$$< i_S^2 >= (m\eta q P_0/(\hbar\omega))^2/2 \tag{11.73}$$

charakterisiert. Die Drift der Ladungsträger durch die Sperrschicht erzeugt einen Beitrag zum Schrotrauschen (siehe (11.28))

$$< \delta i_{N1}^2 >=< 2q\, i_{Ph}(t)\, \Delta\nu >= 2\eta q^2 P_0 \Delta\nu/(\hbar\omega) \quad , \tag{11.74}$$

wobei das zeitliche Mittel der Wechselkomponente verschwindet. Auch ohne Lichteinstrahlung passieren durch thermische Hintergrundstrahlung angeregte Ladungsträger die Sperrschicht und ergeben einen Dunkelstrom i_D, den man aus der Diodenkennlinie in Bild 11.6 entnehmen kann. Der Dunkelstrom führt zu dem Schrotrauschen

$$< \delta i_{N2}^2 >= 2q\, i_D\, \Delta\nu \quad . \tag{11.75}$$

Schließlich gibt es noch einen Beitrag durch das thermische Rauschen des Lastwiderstands (vgl. (11.43))

$$< \delta i_{N3}^2 >= 4kT\Delta\nu/R_L \quad . \tag{11.76}$$

Das Signal-Rausch-Verhältnis ist damit gegeben durch

$$\begin{aligned} S/N &= < i_S^2 > /(< \delta i_{N1}^2 > + < \delta i_{N2}^2 > + < \delta i_{N3}^2 >) \\[2mm] &= \frac{[m\eta q P_0/(\hbar\omega)]^2}{4\eta q^2 P_0 \Delta\nu/(\hbar\omega) + 4q i_D \Delta\nu + 8kT\Delta\nu/R_L} \quad . \end{aligned} \tag{11.77}$$

Das Signal-Rausch-Verhältnis wächst mit abnehmendem Dunkelstrom und thermischem Widerstandsrauschen. Vernachlässigt man diese beiden Rauschanteile einmal vorübergehend, so erhält man das Signal-Rausch-Verhältnis für Schrotrauschen allein

$$\frac{S}{N} = \frac{m^2 \eta P_0}{4\Delta\nu\hbar\omega} \quad . \tag{11.78}$$

Die minimal detektierbare Leistung erhält man definitionsgemäß für $S/N = 1$. Man erhält für $m = 1$ und $\eta = 1$ für sinusförmig intensitätsmodulierte Signale

$$P_{0\ min} = 4\Delta\nu\hbar\omega \tag{11.79}$$

als Quantengrenze durch Schrotrauschen, wobei $\Delta\nu$ die Meßbandbreite bedeutet.

In der Praxis ist nun vor allem das thermische Rauschen des Lastwiderstandes nicht zu vernachlässigen, zumal man im Hinblick auf eine kleine Zeitkonstante R_L möglichst klein wählen wird. Bei einer eingestrahlten Leistung P_0, die nahe an der Detektionsgrenze liegt, und bei vernachlässigbarem Dunkelstromrauschen wird das thermische Rauschen in (11.77) den Hauptbeitrag liefern. Unter diesen Umständen erhält man aus (11.77)

$$S/N = [m\eta q P_0/(\hbar\omega)]^2/(8kT\Delta\nu/R_L) \quad . \tag{11.80}$$

Für ein großes Signal-Rausch-Verhältnis hat man große Lastwiderstände zu wählen. Für $m = 1$ und $\eta = 1$ ergibt sich aus $S/N = 1$ die minimal zu detektierende Leistung zu

$$P_{0\ min} = \frac{2\hbar\omega}{q} \sqrt{\frac{2kT\Delta\nu}{R_L}} \quad . \tag{11.81}$$

Oft ist die Detektionsbandbreite $\Delta\nu$ durch die RC-Zeitkonstante festgelegt

$$\Delta\nu = (2\pi R_L C_D)^{-1} \quad . \tag{11.82}$$

In diesem Fall gilt

$$P_{0\ min} = \frac{4\hbar\omega\Delta\nu}{q} \sqrt{\pi kTC_D} \quad . \tag{11.83}$$

Für empfindlichen breitbandigen Empfang sind demnach Photodioden mit kleiner Sperrschichtkapazität, also kleiner Querschnittsfläche, einzusetzen.

Für eine pin-Photodiode, die bei $\lambda = 1.3\ \mu$m Wellenlänge betrieben wird, erhält man mit $C_D = 0.1$ pF, $\Delta\nu = 2$ GHz und $\eta = 1$ bei $T = 290$ K eine minimal detektierbare Leistung von $P_{0\ min} = 0.3\ \mu$W. In der Praxis muß man noch das Rauschen des nachfolgenden Verstärkers berücksichtigen (siehe Kapitel 13). Dadurch erhöht sich die minimal detektierbare Leistung.

11.2.6 Rechteckmodulation und Quantenrauschgrenze

Wir untersuchen ein Signal, bei dem die Intensität rechteckförmig mit der Frequenz ν moduliert ist

$$P(t) = \begin{cases} P_0(1+m) & \text{für} \quad 2l\pi/\nu \leq t < (2l+1)\pi/\nu \quad , \\ P_0(1-m) & \text{für} \quad (2l+1)\pi/\nu \leq t < (2l+2)\pi/\nu \quad . \end{cases} \tag{11.84}$$

Hierbei ist $l = 0, \pm 1, \pm 2, \ldots$ eine beliebige ganze Zahl. Wir vernachlässigen das Tiefpaßverhalten der Photodiode und schreiben für den Photostrom

$$i_{Ph}(t) = \frac{\eta q}{\hbar \omega} P_0 \pm \frac{m \eta q}{\hbar \omega} P_0 \quad , \tag{11.85}$$

wobei das Pluszeichen für $2l\pi/\nu \leq t < (2l+1)\pi/\nu$ und das Minuszeichen für $(2l+1)\pi/\nu \leq t < (2l+2)\pi/\nu$ zu nehmen ist. Die mittlere elektrische Leistung des gesamten rechteckförmigen Signals ist durch das Stromquadrat

$$< i_S^2 > = \frac{(1+m)^2 + (1-m)^2}{2} \left(\frac{\eta q P_0}{\hbar \omega} \right)^2 = (1+m^2) \left(\frac{\eta q P_0}{\hbar \omega} \right)^2 \tag{11.86}$$

gegeben. Sie ist um den Faktor $2(1+m^{-2})$ größer als bei einer cosinusförmigen Signalkomponente. Der zeitliche Mittelwert des Photostroms bleibt dagegen unverändert, und folglich ist das Schrotrauschen weiterhin durch (11.74) gegeben. Da sich auch am Dunkelstromrauschen und am Widerstandsrauschen nichts ändert, ist das Signal-Rausch-Verhältnis

$$\frac{S}{N} = \frac{(1+m^2)[\eta q P_0/(\hbar \omega)]^2}{2\eta q^2 P_0 \Delta \nu/(\hbar \omega) + 2q i_D \Delta \nu + 4kT \Delta \nu/R_L} \tag{11.87}$$

auch um den Faktor $2(1+m^{-2})$ größer als bei cosinusförmiger Modulation. Das größtmögliche Signal-Rausch-Verhältnis ergibt sich für $m=1$ und $\eta=1$ nach Eliminieren des thermischen Rauschens und des Dunkelstromrauschens. In diesem Grenzfall gilt

$$S/N = P_0/(\Delta \nu \, \hbar \omega) \quad . \tag{11.88}$$

Die minimal detektierbare Leistung ist folglich

$$P_{0\,min} = \Delta \nu \, \hbar \omega \quad . \tag{11.89}$$

Die Bandbreite $\Delta \nu$ ist so zu wählen, daß das Signal in seiner Form möglichst unverfälscht übertragen wird. Für die Detektion einer cosinusförmigen Signalkomponente kommt man mit einer schmalen Filterbreite $\Delta \nu$ aus. Bei einer Rechteckimpulsfolge müssen zahlreiche Fourier-Komponenten detektiert werden, und die erforderliche Bandbreite wächst entsprechend.

Es stellt sich die Frage, welchen Einfluß die Partikelnatur der Strahlung auf das Signal-Rausch-Verhältnis hat. Die Photonen in einem monochromatischen Laserstrahl sind poissonverteilt. Dies bedeutet, daß die Zahl N_T der Photonen in einem vorgegebenen Zeitintervall der Länge T durch die Verteilung

$$p(N_T) = < N_T >^{N_T} e^{-<N_T>} / N_T! \qquad (11.90)$$

mit dem Mittelwert $< N_T >$ gegeben ist. Die Varianz der Photonenzahl als mittlere quadratische Schwankung ist

$$< (\Delta N_T)^2 > = \sum_{N_T=0}^{\infty} (N_T - < N_T >)^2 p(N_T) = < N_T > \quad . \qquad (11.91)$$

Die Standardabweichung $\sqrt{< (\Delta N_T)^2 >}$ charakterisiert die Größe der Photonenzahlfluktuation, mit anderen Worten das Rauschen. Die mittlere Photonenzahl ist als Signal zu interpretieren. Definiert man als Detektionsgrenze

$$\sqrt{< (\Delta N_T)^2 >} = < N_T > \quad , \qquad (11.92)$$

folgt mit (11.91) unmittelbar die minimale mittlere Photonenzahl im Intervall zu

$$< N_T >_{min} = 1 \quad . \qquad (11.93)$$

Hiernach reicht im Mittel ein Photon im Intervall der Länge T zur Detektion aus. Für die mittlere Lichtleistung gilt $P_0 = < N_T > \hbar\omega / T$. Interpretiert man die inverse Beobachtungszeit als Bandbreite $\Delta\nu = T^{-1}$, ergibt sich aus (11.93)

$$P_{0\,min} = \Delta\nu\,\hbar\omega \quad . \qquad (11.94)$$

Dies bedeutet, daß der Ursprung des Schrotrauschens in der Partikelnatur der elektromagnetischen Strahlung zu suchen ist. Man bezeichnet deshalb (11.94) als Quantengrenze der Detektion. Streng genommen gilt (11.94) für sogenannte kohärente Zustände des Strahlungsfeldes, wie sie in ideal monochromatischen Lasern vorkommen. Heutzutage kennt man aber auch Quantenzustände des Lichts, sogenannte "squeezed states", mit denen man Rauschen unterhalb der Quantengrenze beobachtet hat.

Eigentliches Problem in der Praxis ist, daß man die Quantengrenze bei direkter Detektion, auch Videodetektion genannt, wegen des Dunkelstromrauschens und des thermischen Widerstandsrauschens kaum erreichen kann. Die im nächsten Abschnitt zu besprechende heterodyne Detektion kann hier Abhilfe schaffen.

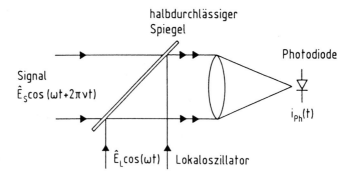

Bild 11.13: Anordnung zum Überlagerungsempfang

11.2.7 Heterodyne Detektion

Bei der heterodynen Detektion wird die Signalwelle $\hat{E}_S \exp\{i\omega t + 2\pi i\nu t\}$, die wir frequenzmoduliert mit $\nu = \nu(t)$ annehmen wollen, mit einer sogenannten Lokaloszillatorwelle $\hat{E}_L \exp\{i\omega t\}$ gemäß Bild 11.13 kohärent überlagert. Bei der kohärenten Überlagerung kommt es darauf an, daß über die gesamte Detektorfläche eine räumlich konstante Phase des Lichtwellenfeldes vorliegt.

Das Überlagerungsfeld können wir schreiben

$$\tilde{E}(t) = \left(\hat{E}_S e^{i\omega t + 2\pi i\nu t} + \hat{E}_L e^{i\omega t}\right) + c.c. \quad , \tag{11.95}$$

wobei wir der Einfachheit halber $\hat{E}_L$ und $\hat{E}_S$ reell annehmen. Nach (11.3) folgt für den Photostrom

$$i_{Ph}(t) \propto [\hat{E}_L^2 + \hat{E}_S^2 + 2\hat{E}_L\hat{E}_S \cos(2\pi\nu t)] \quad . \tag{11.96}$$

Üblicherweise macht man das Lokaloszillatorfeld sehr viel größer als das Signalfeld $\hat{E}_L \gg \hat{E}_S$ und hat damit

$$i_{Ph}(t) = \frac{\eta q P_L}{\hbar\omega}\left[1 + 2\sqrt{\frac{P_S}{P_L}} \cos(2\pi\nu t)\right] \quad . \tag{11.97}$$

Hierbei ergibt sich die Proportionalitätskonstante zwischen Photostrom und Lichtleistung für $P_S = 0$ unmittelbar aus (11.46), und außerdem wurde $P_S/P_L = \hat{E}_S^2/\hat{E}_L^2$ beachtet. Die mittlere Signalleistung der Wechselstromamplitude bei der

Frequenz ν ist

$$< i_S^2 > = \left(\frac{2q\eta\sqrt{P_S P_L}}{\hbar\omega} \right)^2 \Big/ 2 \quad . \qquad (11.98)$$

Das zeitlich gemittelte Schrotrauschen ist durch

$$< \delta i_{N1}^2 > = 2q^2\eta P_L \Delta\nu/(\hbar\omega) \qquad (11.99)$$

bestimmt. Das Schrotrauschen des Dunkelstroms i_D ist

$$< \delta i_{N2}^2 > = 2qi_D \, \Delta\nu \quad , \qquad (11.100)$$

und das thermische Rauschen ist

$$< \delta i_{N3}^2 > = 4kT \, \Delta\nu/R_L \quad . \qquad (11.101)$$

Damit erhält man das Signal-Rausch-Verhältnis

$$\frac{S}{N} = \frac{q^2\eta^2 P_S P_L/(\hbar\omega)^2}{q^2\eta P_L \Delta\nu/(\hbar\omega) + qi_D \Delta\nu + 2kT \, \Delta\nu/R_L} \quad . \qquad (11.102)$$

Der Vorteil der heterodynen Empfangstechnik ist nun, daß man die Lokaloszillatorleistung P_L so groß wählen kann, daß das Schrotrauschen (11.99) sehr viel größer wird als das thermische Rauschen (11.101) und das Dunkelstromrauschen (11.100). Unter dieser Voraussetzung bekommt man aus (11.102) die einfache Beziehung

$$\frac{S}{N} = \frac{\eta P_S}{\Delta\nu\hbar\omega} \quad . \qquad (11.103)$$

Für die minimale zu detektierende Signalleistung folgt damit ($\eta = 1$)

$$P_{Smin} = \Delta\nu \, \hbar\omega \quad . \qquad (11.104)$$

Mit der heterodynen Technik erreicht man also bei hinreichender Leistung des Lokaloszillators die Quantengrenze der Detektion. Für $\lambda = 1 \ \mu$m, $\Delta\nu = 1$ Hz und $\eta = 1$ ist die minimale zu detektierende Leistung $P_{Smin} = 2 \cdot 10^{-19}$ W. Dies ist genau die Leistung, die ein Fluß von einem Photon pro Sekunde produziert.

11.2.8   InGaAs-pin-Photodioden

Bild 11.14 zeigt typische Bauformen von pin-Dioden in Mesageometrie und planarer Bauweise auf InP-Substrat. Man verwendet hier InGaAs als i-Zone, um

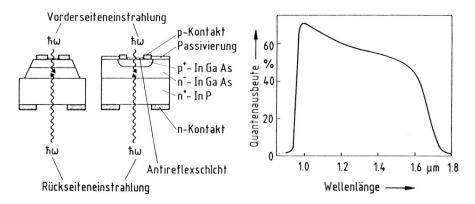

Bild 11.14: InGaAs-pin-Photodioden in Mesaform und planarer Bauweise (schematisch) und Wellenlängenabhängigkeit der Quantenausbeute bei rückseitiger Einstrahlung durch das transparente InP-Substrat

große Quantenausbeute im Wellenlängenbereich von 1 bis 1.6 μm zu erhalten. Um den Dunkelstrom möglichst klein zu halten, ist beim epitaktischen Wachstum der Schichten auf höchste Reinheit zu achten. Bei gewachsenen ni- bzw. pi-Übergängen findet man häufig unerwünscht kleine Durchbruchspannungen im Vergleich mit thermisch diffundierten Übergängen. Eine Temperaturnachbehandlung gewachsener Übergänge kann die Durchbruchspannung erhöhen, wenn der Übergang dabei von der epitaktischen Grenzfläche wegdiffundiert.

Die rückseitige Einstrahlung durch das InP-Substrat mit größerem Bandabstand sorgt dafür, daß alle Strahlung in der i-Zone absorbiert werden kann, da InP für Wellenlängen größer 1 μm als Fenster wirkt. Es gibt damit auch keine Verschlechterung der Dynamik durch Diffusion photogenerierter Ladungsträger aus dem n^+-Bahngebiet in die Raumladungszone.

Bei planaren Photodioden wird der pi-Übergang durch selektive Diffusion durch eine Maske hergestellt. Das dielektrische Material der Maske (oft SiO_2 oder Si_3N_4) dient gleichzeitig zur Passivierung der Oberfläche. Die Bauelemente in Mesaform können direkt durch geeignete Dotierung der Stoffe durch epitaktisches Wachstum aufgebaut werden. Alternativ kann die p^+-Zone auch eindiffundiert werden, entweder durch thermische Diffusion oder Ionenimplantation beispielsweise von Be. Die Mesa selbst wird durch chemisches Ätzen erzeugt. Typische Durchmesser reichen von 25 μm für schnelle Detektoren bis ca. 1 mm für Monitordioden. Mit kleinen Diodenflächen bekommt man kleine Kapazitäten und Dunkelströme.

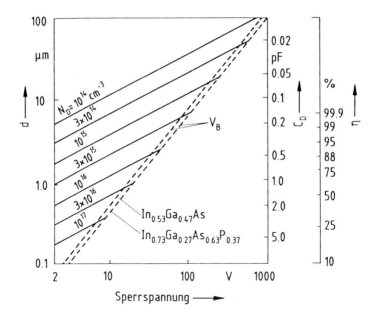

Bild 11.15: Sperrschichtweite d, Kapazität C_D und Quantenausbeute η als Funktion der Sperrspannung für verschiedene Restdonatorkonzentrationen der n^--Schicht für eine pin-Diode nach Bild 11.14. Die gestrichelten Kurven geben die Durchbruchspannungen V_B an. Für die Bestimmung der Kapazität wurde eine Querschnittsfläche $A = 10^{-4}$ cm^2 angesetzt, für die Berechnung der Quantenausbeute ein Absorptionskoeffizient $\alpha = 10^4$ cm^{-1} (nach [11.10])

Ebenfalls in Bild 11.14 ist die Quantenausbeute η bei Rückseiteneinstrahlung dargestellt. Der Abfall bei Wellenlängen $\lambda < 0.95$ μm wird durch Absorption im InP-Substrat verursacht, während für $\lambda > 1.65$ μm die InGaAs-Sperrschicht transparent ist.

Bild 11.15 zeigt die Weite d der pi-Sperrschicht als Funktion der Sperrspannung für verschiedene Restdonatorkonzentrationen N_D. Die Kurvenscharen enden bei der Lawinendurchbruchspannung V_B, die für InGaAs und eine spezielle InGaAsP-Schicht angegeben ist. Dargestellt als rechte Ordinate ist auch die Diodenkapazität $C_D = \epsilon\epsilon_0 A/d$, die auf eine Fläche von $A = 100$ μm $\times$ 100 μm bezogen ist. Die Quantenausbeute $\eta = 1 - \exp\{-\alpha d\}$ ist ebenfalls als Ordinate angegeben, wobei $\alpha = 10^4$ cm^{-1} angesetzt wurde.

Aus Bild 11.15 kann man ablesen, daß man für 90 % Quantenausbeute und eine Kapazität von 0.5 pF eine Sperrschichtweite von $d = 2$ μm benötigt. Um dies bei einer Sperrspannung von weniger als 10 V zu erreichen, darf die Restkonzentration in der i-Zone nicht größer sein als $3 \cdot 10^{15}$ cm^{-3}. Die maximale Geschwindig-

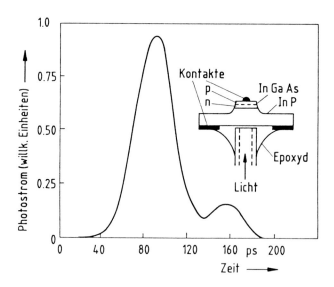

Bild 11.16: Schnelle pin-Photodiode in Mesaform mit Faseranschluß und Stromimpulsantwort auf die Einstrahlung eines Laserlichtimpulses von wenigen Pikosekunden Dauer (nach [11.11])

keit einer pin-Diode hängt nur von der Diodenkapazität und der Sperrschicht-dicke ab, wenn man wie bei Rückseiteneinstrahlung Trägerdiffusion aus den Bahngebieten vermeidet. Bei Photodioden mit 25 μm Durchmesser kann man eine Diodenkapazität von 0.1 pF erhalten. Die RC-Zeitkonstante an $R = 50 \; \Omega$ gibt einen Wert von 5 ps, während die Transitzeit der Träger durch die 2 μm dicke Sperrschicht bei einer Sättigungsgeschwindigkeit von $v_s \approx 10^7$ cm/s bereits 20 ps beträgt. Bild 11.16 zeigt eine ultraschnelle Mesa-pin-Photodiode mit Faseran-schluß und die Stromimpulsantwort mit einer Halbwertsbreite von 40 ps. Um die kurzen Impulszeiten zu erzielen, ist darauf zu achten, daß die Dioden geeignet elektrisch hochfrequenzmäßig angeschlossen werden, um Streukapazitäten und Zuleitungsinduktivitäten klein zu halten. Die Gehäusekonstruktion ist eine nicht zu vernachlässigende Aufgabe bei der Konzeption besonders schneller Photodi-oden.

Der dominierende Beitrag des Dunkelstroms bei geringen Sperrspannungen stammt von thermischer Generation und Rekombination freier Ladungsträger über Störstellen, die in der Raumladungszone vorhanden sind. Wenn n_i' die Dichte der angeregten tiefen Störstellen bezeichnet (die damit bei Störstellen vom Donatortyp ein Elektron an das Leitungsband abgegeben haben) und τ_e die Lebensdauer der Träger für Störstellenrekombination, dann ist der Dunkelstrom durch

$$i_D = - \left(q n_i' A d / \tau_e \right) \left(1 - \exp\{ q V_a / (kT) \} \right) \tag{11.105}$$

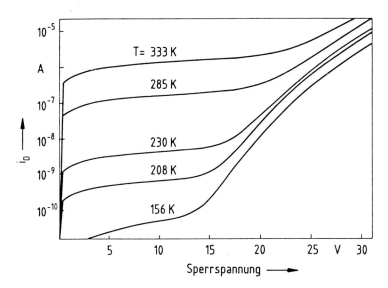

Bild 11.17: Dunkelstrom i_D als Funktion der Sperrspannung für eine InGaAs-pin-Diode mit Fläche $A = 3 \cdot 10^{-4}$ cm^2 und Restdonatorkonzentration $N_D = 1.5 \cdot 10^{16}$ cm^{-3} (nach [11.12])

gegeben, wobei nach (11.47) der erste Faktor mit i_s zu identifizieren ist. Hierbei bezeichnet d die Sperrschichtweite, und der zweite Faktor ist von der Diodenkennlinie bekannt. Der Dunkelstrom ist also proportional zum Volumen der Raumladungszone. Zu den in der Sperrschicht generierten Ladungsträgern kommen noch solche hinzu, die in Nachbarbereichen thermisch erzeugt werden und in die Raumladungszone diffundieren. Für Spannungen $-V_a$, die ein Vielfaches von kT/q (≈ 25 mV bei Raumtemperatur) sind, kann man die Exponentialfunktion in (11.105) vernachlässigen. Da die Sperrschichtweite mit der Quadratwurzel der Spannung wächst, erwartet man eine entsprechende Dunkelstromabhängigkeit. Nach der Boltzmann-Statistik ist die Temperaturabhängigkeit der Dichte der angeregten Störstellen von der Form

$$n_i' \propto \exp\{-\Delta W/(kT)\} \quad , \tag{11.106}$$

wobei ΔW den Energieabstand der Störstelle zum Band bedeutet. Für kleine Dunkelströme muß man τ_e maximieren. Dies gelingt durch die Verwendung besonders reinen Materials und die Vermeidung von Oberflächenrekombinationen. Für größere Sperrspannungen, aber noch bevor Lawinendurchbruch erfolgt, treten Tunnelprozesse auf, die zu einem nahezu exponentiellen Anstieg des Dunkelstroms führen ($V_a < 0$)

$$i_D \propto \exp\{V_c/V_a\} \quad . \tag{11.107}$$

V_c bezeichnet eine charakteristische Spannung. Bild 11.17 zeigt Strom-Spannungs-Kennlinien einer InGaAs-pin-Diode bei verschiedenen Temperaturen. Die

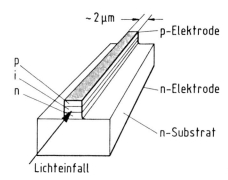

Bild 11.18: Doppelheterostruktur-Photodiode in Rippenwellenleiterform für seitliche Einstrahlung in den pn-Übergang (schematisch)

Diodenfläche ist $A = 3 \cdot 10^{-4}$ cm^2, und die Restkonzentration in der i-Zone ist $N_D = 1.5 \cdot 10^{16}$ cm^{-3}. Deutlich sind der Generations-Rekombinationsbereich und der Tunnelbereich zu unterscheiden. Auch kommt die exponentielle Temperaturabhängigkeit des Stroms bei kleinen Sperrspannungen klar zum Ausdruck. Für Anwendungen ist es erforderlich, den Dunkelstrom klein zu halten, damit das Schrotrauschen dieses Stroms nicht dominierend für das Signal-Rausch-Verhältnis wird.

Seitliche Einstrahlung in eine Photodiode ist besonders interessant für Dioden, die in eine integriert optische Schaltung eingebaut sind. Bild 11.18 zeigt ein Beispiel. Die i-Zone ist als Wellenleiter ausgebildet, und die p- und n-Zonen sind aus einem Material mit größerem Bandabstand, das die Strahlung nicht absorbiert. Damit entfällt die Diffusion von Ladungsträgern aus den Bahngebieten in die Raumladungszone. Die Driftzeiten in dem üblicherweise sehr dünnen Wellenleiter ($d \approx 0.3$ μm) sind sehr klein. Um die Kapazität zu minimieren, muß man schmale Streifenwellenleiter wählen. In Rippenwellenleiterstrukturen erreicht man Anstiegszeiten im Subnanosekundenbereich.

11.2.9   Schottky-Photodioden

Eine Metall-Halbleiterdiode kann als effizienter Photodetektor eingesetzt werden. Die Diode wird üblicherweise durch die sehr dünne, nur ca. 10 nm dicke und damit semitransparente Metall-Deckelektrode beleuchtet. Außerdem ist eine (dielektrische) Antireflexionsschicht notwendig. Bild 11.19 zeigt den schematischen Aufbau und das Energiebanddiagramm mit photogenerierten Ladungsträgern.

Man kann zwei verschiedene Funktionsweisen der Diode unterscheiden. Ist die Photonenenergie größer als die Barrierenhöhe $q\phi_B$, aber kleiner als die Bandlük-

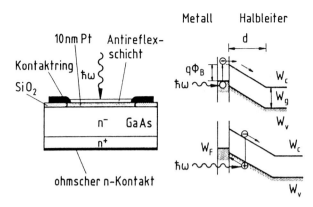

Bild 11.19: Schematischer Aufbau und Energiebanddiagramm einer Pt-n-GaAs Schottky-Photodiode

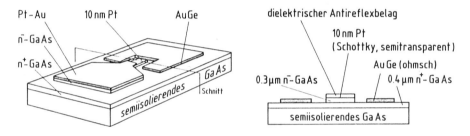

Bild 11.20: Pt-GaAs-Schottky-Photodiode mit 5 μm $\times$ 5 μm Fläche (nach [11.13])

ke, $W_g > \hbar\omega > q\phi_B$, können nur photoangeregte Elektronen des Metalls in die Sperrschicht diffundieren und dann als Photoelektronen in den n-Halbleiter driften. Auf diese Weise läßt sich zum Beispiel auch die Schottky-Barrierenhöhe bestimmen oder der Transport angeregter (heißer) Elektronen im Metall studieren. Für $\hbar\omega > W_g$ können zusätzlich auch Photonen in der Sperrschicht des Übergangs absorbiert werden, und die Eigenschaften sind ähnlich wie bei einer pin-Diode.

Bild 11.20 zeigt den Aufbau einer Pt-GaAs-Schottky-Photodiode mit einer Grenzfrequenz von über 100 GHz. Die hohe Grenzfrequenz wird durch verschiedene Maßnahmen erreicht. Die Fläche ist mit 5 μm $\times$ 5 μm extrem klein, was C_D minimiert, sehr kurze Zuleitungen reduzieren R_s und L_p (im Ersatzschaltbild in Bild 11.12), der Aufbau auf semiisolierendem Substrat minimiert die Streukapazität C_p, und die dünne n$^-$-GaAs-Driftzone verringert die Transitzeit der

Ladungsträger. Die n^+-GaAs-Schicht hat eine Dicke von 0.4 μm. Um die parasitären Kapazitäten zu minimieren, wird der Halbleiterchip außerhalb der Zonen für den ohmschen Kontakt und den Schottky-Kontakt durch Protonenbeschuß passiviert.

Die Platinelektrode von nur 10 nm Dicke läßt bei Antireflexionsbeschichtung mehr als 90 % des einfallenden Lichts in das GaAs eindringen. Bei einem Absorptionskoeffizienten von $\alpha = 2 \cdot 10^4$ cm^{-1} im GaAs ist die Quantenausbeute $\eta = 0.9(1 - \exp\{-\alpha d\}) = 40$ % bei der Sperrschichtweite $d = 0.3$ μm.

Die Übertragungsfunktion der Photodiode ist flach mit einem 3 dB-Abfall bei über 100 GHz. Diese große Bandbreite erfordert eine besondere Meßtechnik. Üblicherweise bestimmt man den Frequenzgang als Fourier-Transformierte der Impulsantwort. Die Photodiode wird mit extrem kurzen Lichtimpulsen (Dauer $\leq$ 1 ps) eines modengekoppelten Lasers angeregt, und die elektrische Messung des Photostroms erfolgt mit einer höchstauflösenden optoelektronischen Sampling-Technik.

Zur Abschätzung der Diodendaten rechnen wir mit der Diodenfläche $A = 25$ μm^2, der relativen Dielektrizitätskonstanten $\epsilon_{GaAs} = 13.1$, der Sättigungsgeschwindigkeit $v_s \approx 10^7$ cm/s, der Sperrschichtweite $d = 0.3$ μm und dem Lastwiderstand $R_L = 10$ Ω. Die Transitzeit ist damit $\tau_d = 3$ ps, die Diodenkapazität etwa $C_D = 0.01$ pF. Auch bei einer angenommenen Streukapazität von $C_p = 0.1$ pF ist die RC-Zeitkonstante $t_{RC} = R_L C_p = 1$ ps noch kleiner als die Transitzeit. Die Schnelligkeit der Diode ist damit durch die Laufzeit τ_d begrenzt. Die 3 dB-Grenzfrequenz erhält man aus dem Abfall der Übertragungsfunktion $|\sin(\pi\nu\tau_d)/(\pi\nu\tau_d)|$ in Bild 11.11 auf den Wert $1/\sqrt{2}$. Diese Bedingung ergibt den Wert $\nu_{gr} = 0.44/\tau_d \approx 150$ GHz.

11.3   Lawinenphotodioden

11.3.1   Wirkungsweise und Ionisierungskoeffizient

Erhöht man die Sperrspannung an einer pn-Diode, nimmt das elektrische Feld in der Raumladungszone schließlich so stark zu, daß die Geschwindigkeit der beschleunigten Elektronen und Löcher ausreicht, um neue Ladungsträgerpaare zu erzeugen. Das erzeugende Teilchen gibt dabei seine kinetische Energie größtenteils ab, durchquert aber weiter die Sperrschicht. Dieser Prozeß der Lawinenmultiplikation ist in Bild 11.21 illustriert. Ein bei A absorbiertes Photon erzeugt ein Elektron-Loch-Paar. Das Loch gelangt unmittelbar in das Bahngebiet der p-Zone. Das Elektron driftet im Feld von B nach C und gewinnt genügend Energie, um bei C durch Stoßionisation ein neues Trägerpaar EF zu generieren. Das

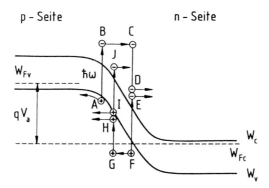

Bild 11.21: Veranschaulichung der Lawinenmultiplikation im rückwärts vorgespannten pn-Übergang

zur p-Zone driftende Loch kann seinerseits nach genügender Energieaufnahme
ebenfalls ein neues Trägerpaar erzeugen. Es kommt ein Lawinenprozeß in Gang,
der zur Ladungsträgervervielfachung führt.

Um den Lawineneffekt zu berechnen, geht man von den pro Volumen- und Zeiteinheit erzeugten Ladungsträgern aus

$$G = \frac{1}{q}\left(\alpha_n |j_n| + \alpha_p |j_p|\right) \quad .$$ (11.108)

Die Generationsrate G hängt von den Stromdichten j_n und j_p der Elektronen
und der Löcher ab. Beachtet man

$$j_n = -qn v_n \quad , \quad j_p = qp v_p \quad ,$$ (11.109)

so kann man die inversen Ionisierungskoeffizienten α_n^{-1} bzw. α_p^{-1} als diejeni-
gen Laufstrecken interpretieren, nach denen im Mittel etwa eine Stoßionisation
durch das Elektron bzw. das Loch erfolgt. Die Ionisierungslängen sind vom
Material und von der elektrischen Feldstärke abhängig. In GaAs bei 300 K
und der Feldstärke $F = 250$ kV/cm gilt zum Beispiel $\alpha_n = 2 \cdot 10^3$ cm^{-1} und
$\alpha_p = 8 \cdot 10^2$ cm^{-1}. Mit den materialabhängigen Parametern $F_{n,p}$ läßt sich die
Abhängigkeit von der Feldstärke recht gut durch die Beziehung

$$\alpha_{n,p} = \alpha_{n,p \, \infty} \exp\{-F_{n,p}/F\}$$ (11.110)

approximieren, die aus der Fermi-Statistik folgt. Bild 11.22 zeigt die Abhängigkeit für GaAs, InP und InGaAs. Für viele Materialien sind die Ionisierungskoeffizienten für Elektronen größer als für Löcher. InP bildet hier eine Aus-
nahme. Besonders effektiv ist die Ionisierung in Hochfeldregionen. Dies bedeutet aber auch, daß mit zunehmender Sperrspannung die Lawinenmultiplika-

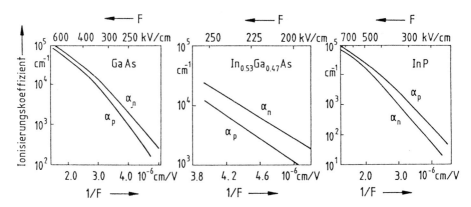

Bild 11.22: Ionisierungskoeffizienten in Abhängigkeit von der Feldstärke für GaAs, InGaAs und InP. Bei GaAs und InP weist das Feld in [100]-Richtung (nach [11.14, 15, 16])

tion und damit die Zahl der Ladungsträger und der Diodenstrom zunimmt. Die Strommultiplikation im Feld eines p^+n-Übergangs ist in Bild 11.23 in Abhängigkeit von der Sperrspannung V dargestellt. Für den Multiplikationsfaktor gilt die empirische Abhängigkeit

$$M = \frac{1}{1 - (V/V_B)^\varsigma} \quad .$$
(11.111)

Hierbei bezeichnet V_B die Durchbruchspannung, und der Exponent ς liegt zwischen 1.5 und 6. Wie ebenfalls aus Bild 11.23 zu entnehmen ist, wächst der Dunkelstrom nahe des Durchbruchs stark an.

11.3.2   Strommultiplikation

In diesem Abschnitt leiten wir explizite Ausdrücke für die bereits in Bild 11.23 angegebene Strommultiplikation her. Die Zusammenfassung der Gleichungen (11.48, 49, 108, 109) liefert Differentialgleichungen für den Elektronen- und Löcherstrom $i_n = Aj_n, i_p = Aj_p$ unter der Annahme, daß die Teilchen mit den zeitlich konstanten Geschwindigkeiten v_n bzw. v_p laufen

$$\frac{\partial i_n}{\partial t} + v_n \frac{\partial i_n}{\partial z} = -\alpha_n v_n i_n - \alpha_p v_n i_p \quad ,$$
(11.112)

$$\frac{\partial i_p}{\partial t} + v_p \frac{\partial i_p}{\partial z} = \alpha_n v_p i_n + \alpha_p v_p i_p \quad .$$
(11.113)

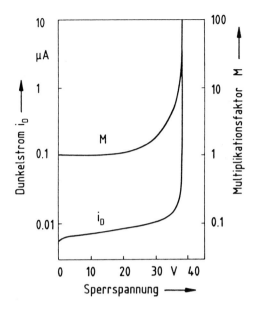

Bild 11.23: Typischer Verlauf der Strommultiplikation in einer InGaAs-p$^+$n-Diode in Abhängigkeit von der Sperrspannung. Eingetragen ist auch die Dunkelstromabhängigkeit. Der Diodendurchmesser beträgt ca. 50 μm

Hierbei haben wir angenommen, daß in der Lawinenzone keine zusätzliche Generation etwa durch Lichtabsorption erfolgt. Für die Summe der Elektronen- und Löcherströme wird räumliche Stationarität verlangt

$$i(t) = i(z,t) = i_n(z,t) + i_p(z,t) \quad . \tag{11.114}$$

Der Strom an jedem Ort z der Lawinenzone ist damit identisch mit dem Strom im Außenkreis.

Für den zeitlich stationären Fall $\partial/\partial t = 0$ ergibt sich aus (11.113) eine gewöhnliche Differentialgleichung für die Ortsabhängigkeit des Löcherstroms

$$\frac{di_p}{dz} - (\alpha_p - \alpha_n)i_p = \alpha_n i \quad . \tag{11.115}$$

Wir nehmen an, daß sich die Ionisationszone von $z = 0$ bis $z = w$ erstreckt. Bei $z = 0$ treffe der Löcherstrom i_{p0} ein, der durch Multiplikation bis $z = w$ auf den Wert $i_p(w) = M_p i_{p0}$ verstärkt wird. M_p wird als Multiplikationsfaktor für Löcher bezeichnet. Bei $z = w$ soll außerdem kein Elektronenstrom fließen $i_n(w) = 0$, also $i = M_p i_{p0}$. Bild 11.24 illustriert die Verhältnisse. Die Lösung von (11.115) mit den angegebenen Randbedingungen ist ($\alpha_n = \alpha_n(z), \alpha_p = \alpha_p(z)$)

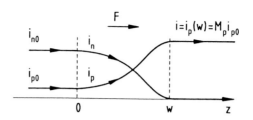

Bild 11.24: Stromverläufe in der Lawinenzone $0 \leq z \leq w$. F bezeichnet die Richtung des elektrischen Feldes

$$i_p(z) = i \left[\frac{1}{M_p} + \int_0^z \alpha_n \exp\left\{ \int_0^{z'} (\alpha_n - \alpha_p) dz'' \right\} dz' \right] \Big/ \exp\left\{ \int_0^z (\alpha_n - \alpha_p) dz' \right\}.$$

(11.116)

Diese Formel gilt für Injektion von Löchern in die Hochfeldzone. Wenn α_n und α_p ortsunabhängig sind, folgt aus (11.116) für $z = w$

$$M_p = \frac{(1 - \alpha_n/\alpha_p)\exp\{\alpha_p w(1 - \alpha_n/\alpha_p)\}}{1 - (\alpha_n/\alpha_p)\exp\{\alpha_p w(1 - \alpha_n/\alpha_p)\}} \quad .$$

(11.117)

Entsprechend gilt für den Multiplikationsfaktor M_n bei Elektroneninjektion

$$M_n = \frac{(1 - \alpha_p/\alpha_n)\exp\{\alpha_n w(1 - \alpha_p/\alpha_n)\}}{1 - (\alpha_p/\alpha_n)\exp\{\alpha_n w(1 - \alpha_p/\alpha_n)\}} \quad .$$

(11.118)

Lawinendurchbruch erwartet man für $M_n, M_p = \infty$.

Werden Elektronen injiziert und verschwindet der Ionisierungskoeffizient für Löcher ($\alpha_p = 0$), bekommt man aus (11.118)

$$M_n = \exp\{\alpha_n w\} \quad .$$

(11.119)

Der Elektronenstrom wächst räumlich exponentiell an, wie auch aus der Veranschaulichung des Lawinenprozesses in Bild 11.25 hervorgeht. Laufen alle Träger mit derselben Sättigungsgeschwindigkeit $v = v_n = v_p$ und erfolgt die Anregung mit einem δ-Impuls, so ist die Dauer der Impulsantwort durch $t_L = 2w/v$ gegeben.

Der Fall gleicher Ionisierungskoeffizienten $\alpha_n = \alpha_p$ ist ebenfalls in Bild 11.25 veranschaulicht. Jetzt kommt ein Ping-Pong-Effekt ins Spiel, und die Impulsantwort kann umso länger sein, je größer der Multiplikationsfaktor ist. Aus (11.118) bekommt man im Grenzübergang

$$M_n = 1/(1 - \alpha_n w) \quad .$$

(11.120)

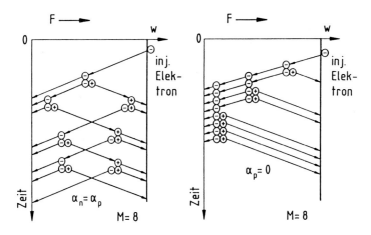

Bild 11.25: Veranschaulichung der Lawinenmultiplikation für $\alpha_n = \alpha_p$ und $\alpha_p = 0$ bei Elektroneninjektion

Durchbruch erfolgt für $\alpha_n w = 1$. Für $\alpha_n w < 1$ kann man $p = \alpha_n w$ als Wahrscheinlichkeit interpretieren, daß ein Teilchen auf der Strecke w der Hochfeldzone ein Trägerpaar erzeugt. Der Multiplikationsfaktor ergibt sich damit aus der Summe der Teilchen der verschiedenen Generationen

$$M_n = \sum_{\nu=0}^{\infty} p^{\nu} = \frac{1}{1-p} \quad . \tag{11.121}$$

Die Lebensdauer einer Generation ist mit $\Delta t = (\alpha_n v)^{-1}$ anzusetzen. Zur Abschätzung nehmen wir an $v = 10^7$ cm/s und $\alpha_n = 2 \cdot 10^4$ cm^{-1} und erhalten $\Delta t = 5$ ps. Das Produkt $w = v\Delta t = 0.5$ μm ergibt dann einen groben Richtwert für die erforderliche Weite der Lawinenzone.

11.3.3 Getrennte Absorptions- und Multiplikationszone

Bild 11.26 zeigt links den prinzipiellen Aufbau und den Feldstärkeverlauf einer $p^+p^-pn^+$-Lawinenphotodiode. Die eigentliche lichtabsorbierende Schicht ist die p^--Zone, die in ihrer Dicke entsprechend dimensioniert ist. Die in ihr erzeugten Elektronen, die den primären Photostrom i_{Ph} ausmachen, driften in das hohe Feld der p-Zone und erzeugen dort Sekundärelektronen. In Bild 10.26 rechts ist der entsprechende Aufbau einer $p^+nn^-n^+$-Lawinenphotodiode für Löcherinjektion dargestellt. An den Rändern der Absorptionszone treten wegen der unterschiedlichen Dielektrizitätskonstanten Sprünge im Feldstärkeverlauf auf. Typische Dicken der Absorptions- und Multiplikationszone sind jeweils ca. 2 μm (bei GaAs oder InP).

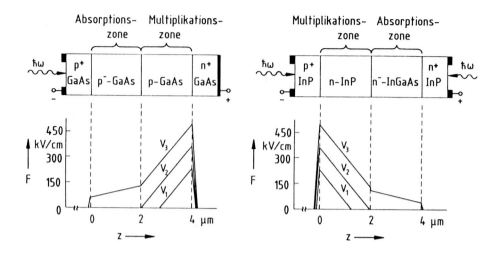

Bild 11.26: Schematischer Aufbau und Feldstärkeverlauf einer Lawinenphotodiode für Elektroneninjektion (links, z.B. GaAs) und Löcherinjektion (rechts, z.B. InP) für verschiedene Spannungen V_1, V_2, V_3

Um Lawinenmultiplikation zu erzielen, müssen die Dioden in Sperrichtung betrieben werden. Man benötigt höhere Sperrspannungen als bei der pin-Diode. Bild 11.27 zeigt die typische Abhängigkeit des Multiplikationsfaktors M von der Sperrspannung für eine Lawinendiode. Der erste Anstieg erfolgt, wenn die Löcher aus der p-Zone ausgeräumt sind, das Feld in die i-Zone übergreift und damit durch Absorption erzeugte Ladungsträger in die Multiplikationszone driften können. Für weiter zunehmende Sperrspannung wird die i-Zone allmählich ausgeräumt, bis es schließlich zum Durchbruch kommt. Im Bereich oberhalb des ersten Knies gilt die empirische Abhängigkeit (11.111). Die Lawinendurchbruchspannung wächst (absolut gesehen) mit steigender Temperatur. Dies wirkt selbststabilisierend auf das Durchbruchverhalten, da der Lawinenstrom in der Nähe des Durchbruchs lokal sehr viel Wärme erzeugt.

11.3.4 Dynamik der Lawinenmultiplikation

Für das Frequenzverhalten einer Lawinenphotodiode sind mehrere Faktoren maßgeblich. Bei gut dimensionierten Strukturen kann man allerdings davon ausgehen, daß Trägerdiffusion aus den Bahngebieten oder Trägerspeicherung an Heterogrenzflächen ebenso wie die elektrische RC-Zeitkonstante nur eine untergeordnete Rolle spielen. Entscheidend ist dagegen die Transitzeit der Träger durch die Verarmungszone und vor allem die Aufbauzeit der Lawine durch

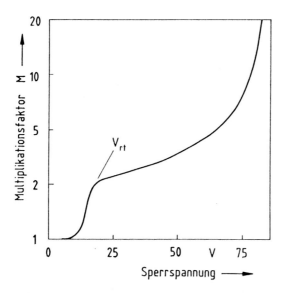

Bild 11.27: Multiplikationsfaktor einer p^+ipn^+-Lawinendiode als Funktion der Sperrspannung. V_{rt} bezeichnet die "reach through"-Spannung, bei der die Absorptionszone ausgeräumt ist

Vervielfachung in der Hochfeldzone. Insbesondere bei nahezu gleichen Ionisierungskoeffizienten $\alpha_n \approx \alpha_p$ kann die Aufschaukelung durch Rückkopplung (siehe auch Bild 11.25) eine viel größere Zeit in Anspruch nehmen als die Trägerdrift durch die feldärmere Absorptionszone. Wir wollen im folgenden stark vereinfachten Modell nur die Begrenzung der Dynamik durch Trägermultiplikation berücksichtigen.

Wir gehen nach Bild 11.24 aus von einer Löcherinjektion in die Lawinenzone $0 \leq z \leq w$. Zu Beginn eines rechteckförmigen Impulses i_{p0} ist die Generation neuer Ladungsträger allein durch den injizierenden Strom i_{p0} bestimmt. Während der Stoßzeit $\Delta t = (\alpha_p v)^{-1}$ werden zwei zusätzliche Ladungsträger, nämlich ein Elektron und ein Loch, erzeugt. Die anfängliche Zunahme des Stromes, wenn noch $i \approx i_{p0}$ gilt, ist demnach durch

$$di = 2\, i_{p0} \frac{dt}{\Delta t} = 2i \frac{dt}{\Delta t} \tag{11.122}$$

gegeben. Im Laufe der Zeit wird die Trägererzeugung immer mehr durch die bereits durch den Lawineneffekt generierten Teilchen bestimmt, und der kleine Injektionsstrom spielt nur noch eine untergeordnete Rolle. Schließlich geht der Strom auf seinen stationären Endwert

$$i = M_p\, i_{p0} \quad . \tag{11.123}$$

Die Differentialgleichung

$$\frac{\Delta t}{2}\frac{di}{dt} + \frac{i}{M_p} = i_{p0} \tag{11.124}$$

beschreibt das Kurz- und Langzeitverhalten richtig. Wir nehmen vereinfachend an, daß sie auch in den Übergangsbereichen gültig ist.

Lösung von (11.124) für einen Sprung des Injektionsstroms von 0 auf i_{p0} zum Zeitpunkt $t = 0$ ist

$$i(t) = M_p\, i_{p0}\left[1 - \exp\{-2t/(M_p\Delta t)\}\right] \quad . \tag{11.125}$$

Die Stoßzeit $\Delta t = (\alpha_p v)^{-1}$ ist nach (11.117) selbst noch vom Multiplikationsfaktor M_p abhängig. Um die Zeitkonstante

$$t_L = M_p\,\Delta t/2 \tag{11.126}$$

zu erhalten, bemerken wir, daß mit (11.117) gilt

$$\Delta t\, v = \alpha_p^{-1} = \frac{w(\alpha_n/\alpha_p - 1)}{\ln\left[1/M_p + \alpha_n(M_p - 1)/(\alpha_p M_p)\right]} \quad . \tag{11.127}$$

Spezialfälle sind für $\alpha_n = 0$

$$\Delta t\, v = \alpha_p^{-1} = w/\ln M_p \tag{11.128}$$

und für $\alpha_n = \alpha_p$ (vgl. (11.120))

$$\Delta t\, v = \alpha_p^{-1} = w\, M_p/(M_p - 1) \quad . \tag{11.129}$$

Für $M_p(\alpha_n/\alpha_p) \gg 1$ folgt aus (11.127)

$$\Delta t\, v = \alpha_p^{-1} \approx w\left(\frac{\alpha_n}{\alpha_p} - 1\right)\big/\ln\left(\alpha_n/\alpha_p\right) \quad . \tag{11.130}$$

Unter dieser Bedingung ist mit der Bandbreite $\Delta\nu = t_L^{-1}$ das Verstärkungs-Bandbreite-Produkt des Lawinenprozesses eine Konstante

$$\Delta\nu\, M_p = \frac{2}{\Delta t} = \frac{2v}{w}\frac{\ln(\alpha_n/\alpha_p)}{\alpha_n/\alpha_p - 1} \approx \frac{2v}{w}\frac{\alpha_p}{\alpha_n} \quad , \tag{11.131}$$

wobei die Näherung auf der rechten Seite nur für $\alpha_n/\alpha_p > 1/2$ gilt ($\ln x \approx (x-1)/x$). Mit anderen Worten, die Bandbreite ist umgekehrt proportional zur Verstärkung. Im anderen Extremfall, solange $M_p(\alpha_n/\alpha_p) \ll 1$ ist, wächst das

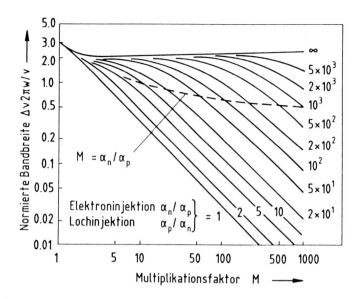

Bild 11.28: Normierte Bandbreite $\Delta\nu 2\pi w/v$ als Funktion des Multiplikationsfaktors für verschiedene Verhältnisse der Ionisierungskoeffizienten. Für Löcherinjektion ist α_p/α_n zu nehmen, für Elektroneninjektion α_n/α_p (nach [11.17])

Verstärkungs-Bandbreite-Produkt nahezu logarithmisch mit dem Multiplikationsfaktor

$$\Delta\nu\, M_p = \frac{2}{\Delta t} = \frac{2v}{w}\ln M_p \quad . \tag{11.132}$$

Die abgeleiteten Resultate sind nur Näherungen. Bild 11.28 zeigt die mit der mittleren Laufzeit w/v normierte Bandbreite $\Delta\nu 2\pi w/v$ als Funktion des Verstärkungsfaktors nach einer genaueren Rechnung. Um eine hohe Bandbreite zu erzielen, sollte die Weite w der Multiplikationszone klein und die Geschwindigkeit v der Träger groß sein. Bei Löcherinjektion sollte das Ionisierungsverhältnis α_n/α_p klein sein. Bei Elektroneninjektion muß man entsprechend fordern $\alpha_p/\alpha_n \ll 1$. Bei großen Injektionsströmen wird die Multiplikation durch den Spannungsabfall am Bahnwiderstand begrenzt, der das Feld in der Multiplikationszone vermindert.

Nachdem wir die Reaktion auf einen Injektionsstromsprung ausführlich diskutiert haben, wollen wir noch bemerken, daß das Kleinsignalverhalten für sinusförmige Injektion $i_{p0} = \hat{i}_{p0}\sin(2\pi\nu t)$ in der gewohnten Weise durch Lösung der Differentialgleichung (11.124) zu gewinnen ist.

11.3.5 Zusatzrauschen durch Lawinenmultiplikation

Zur Vereinfachung wollen wir annehmen, daß in der dünnen Lawinenzone keine optische Trägergeneration erfolgt. Der Strom i_{em} jedes einzelnen primären Photoelektrons erzeugt dann durch die Lawinenmultiplikation eine Serie elementarer Stromstöße im äußeren Kreis

$$i_e(t) = \sum_{m=1}^{M} i_{em}(t - t_m) \quad , \tag{11.133}$$

wobei die t_m zufällige Ionisierungszeitpunkte bezeichnen. Jedes einzelne irgendwie erzeugte Ladungsträgerpaar driftet durch die Raumladungszone und gibt einen Beitrag zum Strom, dessen Zeitintegral nach Abschnitt 11.1 gerade durch die Elementarladung q gegeben ist. Insofern ist ein durch Absorption entstandenes Trägerpaar überhaupt nicht von einem durch die Ionisierung generierten zu unterscheiden. Allerdings ist in (11.133) zu beachten, daß die Zahl M der Summanden selbst eine Zufallszahl ist, die von einem Photoelektron zum nächsten stark schwanken kann. Dies gibt Anlaß zu Schwankungen und Rauscherscheinungen, die zusätzlich zum Schrotrauschen der Einzelträger auftreten. Das Zusatzrauschen wird als Lawinenrauschen bezeichnet. Vergleicht man anhand von Bild 11.25 die Multiplikation für verschiedene Ionisierungsverhältnisse, so ist intuitiv verständlich, daß für $\alpha_n = \alpha_p$, also bei starker Rückkopplung (und Aufschaukelung) größeres Lawinenrauschen zu erwarten ist als bei $\alpha_n \gg \alpha_p$ bzw. $\alpha_p \gg \alpha_n$, wo die Trägermultiplikation im wesentlichen nur in einer Richtung erfolgt.

Für die Zeitintegrale der Stromstöße, also die mit der Ladung multiplizierte Trägerzahl jedes einzelnen Primärträgers gilt

$$Q_l = \sum_{m=1}^{M} Q_{lm} \quad , \tag{11.134}$$

und für die Mittelwerte

$$< Q_l > = < M > q \quad . \tag{11.135}$$

Nun wird in der Beobachtungszeit $T = 1/\Delta\nu$ nicht nur ein primäres Photoelektron injiziert, sondern sagen wir L. Der mittlere primäre Photostrom ist damit

$$< i_{Ph} > = q < L > /T \quad , \tag{11.136}$$

und das zweite Moment

$$< i_{Ph}^2 > = q^2 < L^2 > /T^2 \quad . \tag{11.137}$$

Das gesamte Zeitintegral des Stromes nach der Multiplikation ist

$$Q = \sum_{l=1}^{L} Q_l \quad , \tag{11.138}$$

der Strom folglich

$$i = \frac{1}{T} \sum_{l=1}^{L} \sum_{m=1}^{M} Q_{lm} \quad . \tag{11.139}$$

Für den Mittelwert gilt

$$<i> = \frac{1}{T} <L><M> q = <M><i_{Ph}> \quad . \tag{11.140}$$

Zur Berechnung der Schwankungen benötigt man das zweite Moment

$$<i^2> = \frac{1}{T^2} < \left(\sum_{l=1}^{L} Q_l \right)^2 > \quad , \tag{11.141}$$

wobei Q_l und L als statistisch unabhängige Zufallsvariablen angesehen werden können und alle Q_l derselben Wahrscheinlichkeitsverteilung gehorchen. Hierfür gilt [11.8, S. 248]

$$<i^2>$$

$$= \frac{1}{T^2} \left[<Q_l>^2 <L^2> + \left(<Q_l^2> - <Q_l>^2 \right) <L> \right]$$

$$= \frac{q^2}{T^2} \left[<M>^2 <L^2> + \left(<M^2> - <M>^2 \right) <L> \right] \tag{11.142}$$

$$= <M>^2 <i_{Ph}^2> + \left(<M^2> - <M>^2 \right) \frac{q}{T} <i_{Ph}> \quad .$$

Die Stromschwankungen sind demnach

$$<(\delta i)^2> = <i^2> - <i>^2 = <M>^2 <(\delta i_{Ph})^2> + <(\delta M)^2><i_{Ph}> \frac{q}{T} \quad . \tag{11.143}$$

Diese Varianz charakterisiert das Rauschen des Gesamtstroms. Für einen deterministischen Multiplikationsprozess würde die Varianz $<(\delta M)^2>$ verschwinden, und es gäbe keinen Anlaß zu einem zusätzlichen Rauschen. Nach (11.28) ist das Schrotrauschen des Photostroms

$$<(\delta i_{Ph})^2> = 2q <i_{Ph}> \frac{1}{T} \quad . \tag{11.144}$$

Damit hat man

$$< (\delta i)^2 >= 2q < M >^2 < i_{Ph} > \; \Delta\nu \left[1+ < (\delta M)^2 > /(2 < M >^2) \right] \quad .$$
(11.145)

Man definiert

$$F_M = 1+ < (\delta M)^2 > /(2 < M >^2)$$
(11.146)

als Zusatzrauschfaktor. Dieser Faktor hängt nach (11.139) ganz entscheidend von den Fluktuationen des Multiplikationsfaktors M im Lawinenprozeß ab. Diese sind wiederum durch das Verhältnis der Ionisierungskoeffizienten bestimmt. Wenn $\alpha_n = \alpha_p$ gilt, sind im Mittel nur etwa drei Ladungsträger in der Multiplikationszone, der primäre und das sekundäre Elektron und Loch. Eine Fluktuation der Ladungsträgerzahl um Eins ist bereits ein großer relativer Anteil, und dementsprechend ist das Zusatzrauschen groß. Wenn demgegenüber ein Ionisierungskoeffizient verschwindet, beträgt die Ladungsträgerzahl in der Multiplikationszone im Mittel ln M, und Schwankungen der Ladungsträgerzahl um Eins fallen weit weniger ins Gewicht.

Den Zusatzrauschfaktor kann man berechnen, wenn man den Rauschprozeß für die Lawinenmultiplikation kennt. Nimmt man an, daß die Ionisierung der Teilchen völlig statistisch nach Art des "Münzwurfs" geschieht (mit einer mittleren Erfolgszahl $< M >$ bei unendlich vielen Ionisierungsversuchen), kann man zeigen, daß bei Elektroneninjektion [11.18]

$$F_M = < M > \alpha_p/\alpha_n + (2 - 1/ < M >)(1 - \alpha_p/\alpha_n)$$
(11.147)

und bei Löcherinjektion

$$F_M = < M > \alpha_n/\alpha_p + (2 - 1/ < M >)(1 - \alpha_n/\alpha_p)$$
(11.148)

gültig ist. In Bild 11.29 ist der Zusatzrauschfaktor für verschiedene Ionisierungsverhältnisse als Funktion des Multiplikationsfaktors dargestellt. Für rauscharmen Betrieb kommt es darauf an, den stärker ionisierenden Träger in die Lawinenzone zu injizieren und das Ionisierungsverhältnis möglichst klein zu halten.

11.3.6 Signal-Rausch-Verhältnis

Wir behandeln das Signal-Rausch-Verhältnis ähnlich wie in Abschnitt 11.2.5. Wir betrachten ein cosinusförmig intensitätsmoduliertes Signal. Durch die Multiplikation des Photostroms mit dem Faktor $< M >$ wird die Signalleistung mit dem Faktor $< M >^2$ multipliziert

$$< i_S^2 >= (< M > m\eta q P_0/(h\nu))^2 /2 \quad ,$$
(11.149)

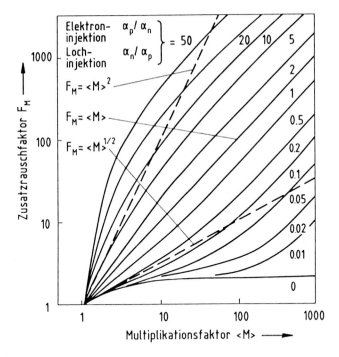

Bild 11.29: Zusatzrauschfaktor F_M als Funktion des Multiplikationsfaktors für verschiedene Verhältnisse der Ionisierungskoeffizienten bei Elektronen- bzw. Löcherinjektion (nach [11.19])

was unmittelbar aus (11.73) folgt. Die Schrotrauschleistungen von Signalstrom und Dunkelstrom nehmen aber, wie im letzten Abschnitt gezeigt, um den Faktor $< M >^2 F_M$ zu, da das Zusatzrauschen des Lawinenprozesses zu berücksichtigen ist. Das thermische Rauschen des Lastwiderstandes bleibt dagegen unverändert. Die Formel (11.77) wird folgendermaßen modifiziert

$$\frac{S}{N} = \frac{< M >^2 \, [m\eta q P_0/(\hbar\omega)]^2}{< M >^2 F_M[4\eta q^2 P_0 \Delta\nu/(\hbar\omega)] + < M >^2 F_M 4q i_D \Delta\nu + 8kT\Delta\nu/R_L} \cdot \tag{11.150}$$

Für $< M >= 1$ ist $F_M = 1$, und (11.150) ist mit (11.77) identisch. Unter diesen Bedingungen ist das thermische Rauschen $4kT\Delta\nu/R_L$ üblicherweise viel größer als die beiden Schrotrauschterme. Durch Erhöhen der Sperrspannung kann man den Multiplikationsfaktor $< M >$ vergrößern und damit das Signal-Rausch-Verhältnis verbessern. Diese Verbesserung ist solange wirkungsvoll, bis das Schrotrauschen vergleichbar ist mit dem thermischen Rauschen. Optimales Rauschverhalten findet man, wenn Schrotrauschen und thermisches Rauschen gleich groß sind. Diese Bedingung bestimmt den optimalen Verstärkungsfaktor

$$< M_{opt} >^2 = \frac{2kT/R_L}{F_{M_{opt}}[\eta q^2 P_0/(\hbar\omega) + q i_D]} \cdot \tag{11.151}$$

Die minimal detektierbare Leistung erhält man definitionsgemäß für $S/N = 1$.
Mit $m = 1$ und $\eta = 1$ ergibt sich

$$P_{0\,min} = \frac{4\hbar\omega}{<M_{opt}>q} \sqrt{\frac{kT\,\Delta\nu}{R_L}} \quad . \tag{11.152}$$

Die Verbesserung der Empfindlichkeit ist $<M_{opt}>/\sqrt{2}$ gegenüber pin-Dioden,
wenn thermisches Rauschen größer ist als das Schrotrauschen des Primärstroms.

11.3.7 Bauformen von InGaAs-InP-Lawinendioden

In homotypen Lawinendioden, bei denen Absorptions- und Vervielfachungszone
aus InGaAs bestehen, findet man in der Nähe des Durchbruchs einen recht
großen Anteil an Tunnelstrom, der den Dunkelstrom und damit das Rauschen
stark anwachsen läßt. Solche Lawinenphotodioden sind für die Praxis wenig
geeignet. Verbesserungen erzielt man mit Heterostrukturdioden, bei denen wie
in Bild 11.26 (rechts) die Absorptionszone aus InGaAs, die Vervielfachungszone
dagegen aus InP besteht. Man spricht von Lawinendioden mit separaten Absorptions- und Multiplikationszonen. Da der Ionisierungskoeffizient in InP für Löcher
größer ist als für Elektronen, müssen, wie in Bild 11.26 dargestellt, Löcher in die
Multiplikationszone injiziert werden. In Bild 11.26 sind auch die Feldstärkewerte
eingetragen, die für besonders rauscharme Verstärkung eingehalten werden sollten. Die Feldstärke in der InGaAs-Absorptionszone sollte unter $1.5 \cdot 10^5$ V/cm
bleiben, um die Tunnelströme klein zu halten. Für eine hohe Quantenausbeute
muß die Absorptionszone andererseits genügend dick und vollständig ausgeräumt
sein. Außerdem sollte die maximale Feldstärke im p^+n-Übergang mehr als
$4.5 \cdot 10^5$ V/cm betragen, damit wirkungsvoll Lawinenmultiplikation stattfindet.
Die Anforderungen sind recht kritisch, denn es soll kein Durchbruch stattfinden,
bevor die n-InGaAs-Zone ausgeräumt ist. Eine möglichst niedrig dotierte n^--
InGaAs-Zone mit einer Konzentration von $n \leq 10^{15}$ cm^{-3} ist wünschenswert.
Bei einer Dicke von 2 μm für die n-InP-Zone sollte die Dotierung zwischen
$1 \cdot 10^{16}$ und $1.5 \cdot 10^{16}$ cm^{-3} liegen. Damit erreicht man den erforderlichen
Feldstärkeabfall, und der Tunnelstrom im InP selbst, der bei höheren Dotierungen rasch zunimmt, ist noch zu vernachlässigen. Die Herstellungstoleranzen
guter InGaAs-InP-Lawinenphotodioden sind also sehr eng.

Bild 11.30 zeigt schematisch eine InGaAs-InP-Lawinenphotodiode in Mesaform
und daneben den typischen Verlauf des Dunkelstroms und des Multiplikationsfaktors. Die Herstellung der Schichtstruktur kann mit Flüssigphasen- oder Gasphasenepitaxie erfolgen. Für kleine Sperrspannungen sind der Dunkelstrom und
der Photostrom zu vernachlässigen. Unter diesen Bedingungen dehnt sich die
Raumladungszone noch nicht in den InGaAs-Bereich aus, und der Generations-
Rekombinationsdunkelstrom aus dem n-InP, das einen vergleichsweise großen
Bandabstand hat, ist gering. Photogenerierte Löcher aus der InGaAs-Zone

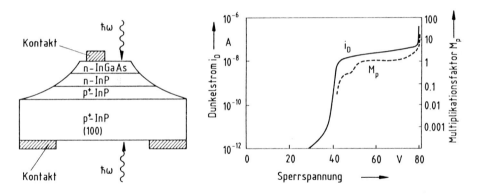

Bild 11.30: InGaAs-InP-Lawinendiode in Mesaform und typischer Verlauf des Dunkelstroms i_D und des Multiplikationsfaktors M_p als Funktion der Sperrspannung (nach [11.20])

erreichen den pn-Übergang nicht, da sie die Valenzbandbarriere am n-InP-n-InGaAs-Übergang nicht überwinden können. Bei höheren Sperrspannungen, in Bild 11.30 bei ca. 40 V, dehnt sich die Sperrschicht in das InGaAs-Gebiet hinein aus. Mit zunehmender Sperrspannung wächst der Photostrom rasch an, da alle photogenerierten Löcher nun in die p-Zone driften können. Die Quantenausbeute nähert sich 100 %. Gleichzeitig nimmt aber auch der Dunkelstrom zu, denn das Generations-Rekombinationsvolumen erstreckt sich nun auch auf das InGaAs-Material, das einen kleinen Bandabstand besitzt, so daß bereits thermische Band-Band-Anregung neben der Anregung tiefer Störstellen den Dunkelstrom maßgeblich bestimmt. Bei ca. 79 V Sperrspannung setzt die Lawinenverstärkung ein. Photostrom und Dunkelstrom steigen steil an. Man findet Multiplikationen von 20 bis 30, in einigen Dioden manchmal auch von 100, bevor der Durchbruch passiert. Die ziemlich kleine Zunahme des Dunkelstroms vom Durchgreifen der Sperrschicht durch die InGaAs-Zone bis zum Einsatz der Vervielfachung mit dem rasch folgenden Durchbruch zeigt an, daß der Tunnelstrombeitrag zu vernachlässigen ist. Dies gilt für geeignet gewählte Dicken und Dotierprofile. Der absolute Wert des Dunkelstroms ist vor allem durch die Materialqualität und die Güte der Heteroübergänge festgelegt, die die Generations- und Rekombinationseffekte entscheidend mitbestimmen. Außerdem geben Oberflächenleckströme, aber auch Defektleckströme einen prozeßbedingten Beitrag zum Dunkelstrom. Bei Mesaformen ist eine gute, meistens dielektrische Passivierung der Oberfläche unverzichtbar.

Bild 11.31 zeigt die Bandstruktur des InP-InGaAs-Übergangs mit der Ausbildung der Löcherbarriere im Valenzband. Diese Barriere bildet eine Falle für Löcher, die ja bestrebt sind, sich möglichst direkt unterhalb der Valenzbandkante aufzuhalten. Die Potentialtopftiefe nimmt mit wachsender Sperrspannung ab. Der Potentialtopf wirkt als Speicher für driftende Löcher und ver-

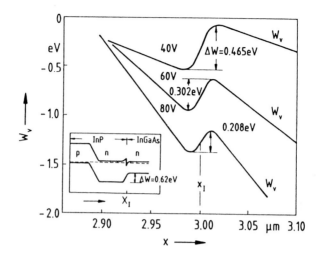

Bild 11.31: Bandverlauf eines pn-InP-n-InGaAs-Übergangs und Verlauf der Valenzbandkante im Bereich des n-InP-n-InGaAs-Übergangs für verschiedene Sperrspannungen (nach [11.21])

schlechtert die Dynamik des Bauelements. Die Ausbildung eines Potentialtopfes für Löcher kann man vermeiden, wenn der Übergang vom InP zum InGaAs allmählich erfolgt. Dies erreicht man zum Beispiel durch Einbringen von sehr dünnen (ca. 100 nm) InGaAsP-Zwischenschichten, wie zum Beispiel in der planaren Lawinendiode in Bild 11.32. Alle Schichten werden zunächst vom n-Typ gewachsen, und die p-Zone wird durch Zn-Diffusion erzeugt. Besonders zu beachten ist die Peripherie des pn-Übergangs und der Kontakt des Übergangs mit der Oberfläche. Man benötigt Schutzringstrukturen, um Spannungsspitzen und damit Durchbrüche im Randbereich zu vermeiden. Als Schutzringe dienen hochdotierte Zonen, entweder thermisch diffundiert (Zn) oder ionenimplantiert (Be). Der Kontakt des pn-Übergangs mit der Oberfläche erfordert eine gute Passivierung mit einem Dielektrikum. Insofern sind planare Strukturen anspruchsvoller als Mesaformen. Anzustreben ist auf jeden Fall eine homogene Lawinenverstärkung im zentralen Bereich mit höheren Durchbruchspannungen in den Randzonen.

In InP sind die Ionisierungskoeffizienten für Löcher nur wenig größer als für Elektronen, $\alpha_n/\alpha_p \approx 0.5$. In der Praxis hat man bei Vervielfachungen von $< M >$ kleiner 25 einen Zusatzrauschfaktor gemessen, den man gut durch $F_M = 0.5 < M >$ annähern kann. Dies ist in guter Übereinstimmung mit Bild 11.29.

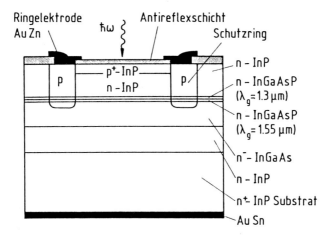

Bild 11.32: Planare InP-InGaAs-Lawinendiode mit zwei InGaAsP-Puffer-schichten. Der p-Schutzring dient zur Verhinderung von Randdurchbrüchen

11.4 Photodetektoren mit Vielschichtstruktur

11.4.1 Ionisierung in Schichten mit veränderlichem Bandabstand

Um das Zusatzrauschen in Lawinendioden klein zu halten, ist es erforderlich, daß das Ionisierungsverhältnis stark von Eins abweicht. Dies ist leider für das üblicherweise für langwellige Detektoren im Wellenlängenbereich zwischen 1.3 μm und 1.6 μm eingesetzte Multiplikationsgebiet aus InP mit $\alpha_n/\alpha_p \approx 0.5$ nicht der Fall und gilt in ähnlicher Weise für GaAs. Es stellt sich die Frage, ob es Möglichkeiten gibt, das Ionisierungsverhältnis künstlich zu verändern.

Die einfachste Lösung hierzu ist eine Schicht mit veränderlichem Bandabstand, wie sie in Bild 11.33 schematisch dargestellt ist. Die Ionisierungskoeffizienten fallen exponentiell mit dem Bandabstand. Nehmen wir an, daß bei A in Bild 11.33 durch Photonabsorption ein Elektron erzeugt wird. Unter dem Einfluß des elektrischen Feldes driftet das Elektron nach rechts in den Bereich kleineren Bandabstands, das Loch dagegen nach links in eine Zone mit größerem Bandabstand. Der Ionisierungskoeffizient des Elektrons wächst, während der des Loches abnimmt. Damit das Zusatzrauschen durch Multiplikation in der Zone mit veränderlichem Bandabstand klein bleibt, müssen die Träger mit dem größeren Ionisierungskoeffizienten injiziert werden.

In der Praxis hat man Systeme in AlGaAs bereits verwirklicht. Über eine Strecke von 0.4 μm wurde die Zusammensetzung von $Al_{0.45}Ga_{0.55}As$ auf GaAs allmählich verändert. Obwohl die Ionisierungskoeffizienten in den massiven Ma-

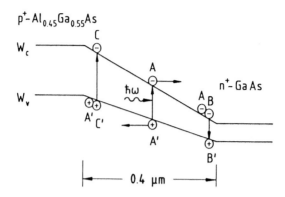

Bild 11.33: Stoßionisation in einer Schicht mit räumlich veränderlichem Bandabstand. Die Ionisierungswahrscheinlichkeit des Elektrons ist größer als die des Lochs

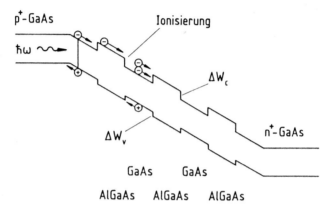

Bild 11.34: Ionisierung in einer AlGaAs-GaAs-Übergitterstruktur

terialien nahezu gleich sind, findet man in der Struktur mit variablem Bandabstand für die mittleren Ionisierungskoeffizienten das Verhältnis $< \alpha_n > /$ $< \alpha_p > \approx 7$ bei einem Multiplikationsfaktor von 5.

11.4.2 Vervielfachung in Strukturen mit Übergittern

Verstärkte Ionisierung erwartet man auch an Banddiskontinuitäten. Dieses wird deutlich, wenn man Bild 11.34 betrachtet. Ein Elektron, das in einer AlGaAs-Schicht beschleunigt wird, gewinnt plötzlich die Energie ΔW_c der Banddiskontinuität, wenn es in die GaAs-Zone eintritt. Die Ionisierungswahrscheinlichkeit wächst sprunghaft an. Da die Banddiskontinuität im Valenzband im AlGaAs-System geringer ist, steigt die Ionisierungswahrscheinlichkeit für Löcher nicht im

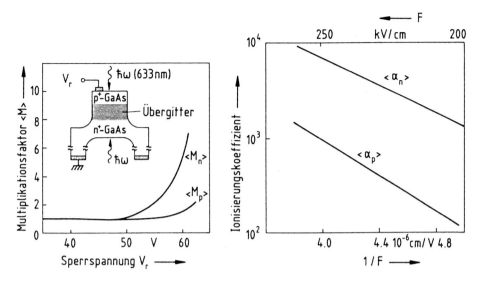

Bild 11.35: Übergitterphotodetektor, Multiplikationsfaktoren für Elektronen und Löcher und mittlere Ionisierungskoeffizienten (nach [11.22])

selben Maße. Das Verhältnis der effektiven Ionisierungskoeffizienten nimmt in der Übergitterstruktur nach Bild 11.34 einen von Eins verschiedenen Wert an.

Nachteilig in der dargestellten Struktur wirkt sich aus, daß die Ladungsträger in den betreffenden Potentialtöpfen gefangen werden. Diesen Effekt hatten wir bereits bei der InGaAsP-InP-Lawinenphotodiode in Abschnitt 11.3.7 kennengelernt. Die Ladungsträger müssen die Energie der Banddiskontinuität (je nach Zusammensetzung zwischen 0.1 und 0.3 eV) aufnehmen, um zum Strom in den Zonen mit größerem Bandabstand beitragen zu können. Sorgt man für einen allmählichen Übergang der Zusammensetzung am rechten Rand des Potentialtopfes, dann läßt sich der Einfangeffekt für Elektronen vermindern.

Bild 11.35 zeigt eine Photodiode mit Übergitter, die Multiplikationsfaktoren $< M_n >$ und $< M_p >$ für Elektronen und Löcher und die mittleren Ionisierungskoeffizienten. Das Übergitter besteht aus 50 Schichten mit 45 nm dicken GaAs- und 55 nm dicken $Al_{0.45}Ga_{0.55}As$-Zonen. Die Restdotierung liegt unter $5 \cdot 10^{14}$ cm^{-3}. Aus der Differenz der Multiplikationsfaktoren ergibt sich unmittelbar der Unterschied der Ionisierungskoeffizienten.

11.4.3 Festkörper-Photovervielfacher

Dieses Bauelement beruht ebenfalls auf der erhöhten Ionisierung in unmittelbarer Nähe einer Banddiskontinuität. Wie in Bild 11.36 dargestellt, wird die

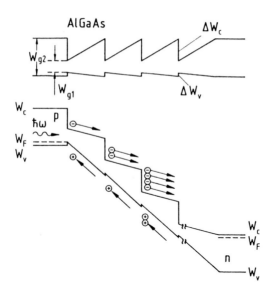

Bild 11.36: Bandverlauf einer Treppenstufen-Lawinendiode über dem Ort. In den Treppenstufen ändert sich der Al-Gehalt allmählich, um den dargestellten Bandverlauf zu erzeugen. Oben: undotierte Schichten, unten: pn-Übergang unter Sperrspannung (Festkörper-Photomultiplier) (nach [11.5])

Zusammensetzung so eingestellt, daß sich unter Vorspannung in Rückwärtsrichtung ein treppenstufenförmiger Verlauf der Leitungsbandkante ergibt. Die Dotierung in den Stufen sollte möglichst niedrig sein. Die Stufenhöhe sollte möglichst so hoch sein wie die Ionisierungsenergie im Material mit dem kleineren Bandabstand. In diesem Fall gibt es bei jedem Elektronenübertritt über die Stufenkante mit hoher Wahrscheinlichkeit einen Ionisierungsprozeß. Man wählt die angelegte Spannung so, daß die Neigung der Stufe gering ist und noch keine Ionisierung stattfindet, bevor das Elektron die Kante erreicht. Die Ionisierungswahrscheinlichkeit der Löcher ist damit auch gering, zumal auch die Valenzbanddiskontinuitäten so gerichtet sind, daß eher ein Locheinfang als eine Ionisierung erfolgt.

Typische Stufenbreiten sind 300 nm, die Übergänge an den Kanten sollten nicht breiter als 5 bis 10 nm sein, damit die Vervielfachung an genau definierten Stellen erfolgt und die Energieabgabe der Elektronen durch Phononenemission zu vernachlässigen ist. Im Idealfall erfolgt eine Verdoppelung der Elektronenzahl an jeder Stufe. Bei m Stufen ist die Vervielfachung also $M = 2^m$. In der Praxis wird nicht genau an jeder Stufe eine Verdoppelung stattfinden, sondern es wird Schwankungen geben, die zu Zusatzrauschen führen.

Bild 11.37 zeigt den Zusatzrauschfaktor als Funktion der mittleren Vervielfachung pro Stufe. Parameter ist die Zahl m der Stufen. Für eine Vervielfachung von 2 an jeder Stufe tritt kein Zusatzrauschen auf, da die Verstärkung völlig

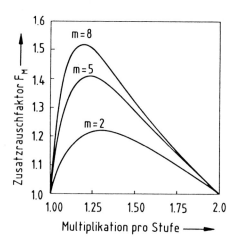

Bild 11.37: Zusatzrauschfaktor einer Treppenstufen-Lawinendiode mit m Stufen als Funktion der Multiplikation pro Stufe (nach [11.5])

regelmäßig erfolgt. Der Vervielfältigungsprozeß ist in diesem Fall völlig rauschfrei. Aber auch sonst ist der Vervielfältigungsprozeß nicht so unregelmäßig wie in einer konventionellen Lawinendiode, was sich in dem vergleichsweise geringeren Zusatzrauschen ausdrückt. Die Multiplikation erfolgt vornehmlich an genau definierten Stellen, und die meisten Elektronen ionisieren bei richtigem Design tatsächlich an der Kante. Damit sind statistische Fluktuationen, die in konventionellen Strukturen hauptsächlich durch regellose Energieabgabe der Träger durch Phononenemission hervorgerufen werden, von weit geringerer Bedeutung. Wichtig ist allerdings, daß die Grenzflächen der Stufenkanten defektfrei sind, damit keine Rekombination stattfinden kann.

Eine Lawinendiode mit treppenstufenförmigem Bandverlauf hat in mancher Hinsicht Ähnlichkeit mit einem Photomultiplier. In beiden Bauelementen kann das Zusatzrauschen auch bei hoher Verstärkung gering bleiben. In einem Lawinendiodenvervielfacher ist die Verstärkung pro Stufe maximal 2, während in Photomultipliern pro Dynode viel größere Werte auftreten können. Dementsprechend sind auch die Details des Rauschverhaltens verschieden.

11.4.4 Periodische pn-Strukturen

Periodische pn-Strukturen, wie sie in Bild 11.38 dargestellt sind, lassen sich durch Epitaxie herstellen. Neben der Dotierung kann man auch den Bandabstand aufeinanderfolgender Schichten periodisch variieren. Zur elektrischen Kontaktierung bringt man transversale p^+- bzw. n^+-Zonen an, was zum Beispiel durch Ionenimplantation oder thermische Diffusion in vorgeätzte Kanäle erfol-

a)

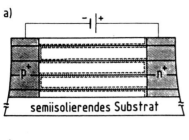

semiisolierendes Substrat

b)

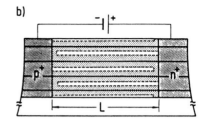

c)

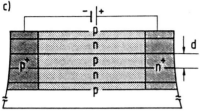

Bild 11.38: Periodische pn-Struktur mit seitlichen Kontaktzonen bei verschiedenen Vorspannungen. a) $V = 0$, b) Rückwärtsspannung $0 < V < V_{rt}$, c) $V = V_{rt}$ für vollständige Ausräumung der Schichten (nach [11.5])

gen kann. Wir nehmen an, daß die inneren Schichten alle dieselbe Dicke d haben und auch dieselbe p- bzw. n-Dotierung N_A bzw. N_D besitzen. Die obere und untere Schicht haben dagegen die Dicke $d/2$. Ohne äußere Spannung sind die p- und n-Schichten im allgemeinen nur teilweise ausgeräumt, wie durch die gepunkteten Raumladungszonen in Bild 11.38a) angedeutet ist. Die nicht ausgeräumten Bereiche stehen mit den p^+- bzw. n^+-Kontaktzonen elektrisch in Verbindung. Die einzelnen pn-Übergänge sind über die lateralen Kontaktzonen parallel geschaltet. Bei Anlegen einer Spannung in Sperrichtung dehnen sich die Raumladungszonen weiter aus, und es kommt bei der Durchgriffspannung V_{rt} zur vollständigen Ausräumung der Zonen. In diesem Fall wirkt die Struktur wie eine laterale p^+in^+-Diode, eine Erhöhung der Sperrspannung bewirkt nur noch eine Zunahme des Feldes in lateraler Richtung. Aber es gibt in der gesamten von beweglichen Ladungsträgern verarmten Zone wegen der Raumladung der Donatoren und Akzeptoren starke elektrische Felder. Im allgemeinen Falle unterschiedlicher Dotierung der inneren p- und n-Schichten muß die Bedingung

$$d_n\, N_D = d_p\, N_A \qquad (11.153)$$

erfüllt sein, um vollständige Ausräumung zu gewährleisten. Die oberste und unterste p-Schicht muß $d_p/2$ dick sein.

Die Kapazität der Struktur hat eine interessante Spannungsabhängigkeit. Für Sperrspannungen $0 \le V < V_{rt}$ setzt sich die Kapazität additiv aus den Diodenkapazitäten der einzelnen pn-Übergänge zusammen. Bezeichnet m die Zahl der Übergänge, d_w die Sperrschichtweite, L die Diodenlänge und b die Breite, so

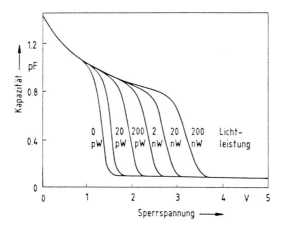

Bild 11.39: Kapazität einer periodischen pn-Struktur als Funktion der Sperr-spannung. Eingestrahltes Licht verschiebt die Durchgriffspannung (nach [11.23])

ergibt sich die Kapazität zu

$$C_V = m\epsilon\epsilon_0 \, bL/d_w \quad , \tag{11.154}$$

wobei in der Nähe der Durchgriffspannung $d_w \approx d$ anzusetzen ist. Bei vollstän-diger Ausräumung der Zonen gilt hingegen

$$C_{V\,rt} = m\epsilon\epsilon_0 \, bd/L \quad , \tag{11.155}$$

weil jetzt nur die Kapazität der lateralen $p^+ i n^+$-Diode wirkt. Wegen $d \ll L$ gibt es einen drastischen Abfall der differentiellen Diodenkapazität um den Faktor $(L/d)^2$, der durchaus in der Größenordnung von 100 liegen kann.

Bild 11.39 zeigt die Kapazität der periodischen pn-Struktur als Funktion der Sperrspannung. Für kleine Sperrspannungen gilt näherungsweise $C_V \propto V^{-1/2}$, wie für abrupte pn-Übergänge zu erwarten. Bei der Durchgriffspannung V_{rt} erfolgt eine sprunghafte Abnahme auf den Wert der lateralen Diodenkapazität. Eingestrahltes Licht erhöht die Zahl der freien Ladungsträger, und es ist eine größere Sperrspannung zum vollständigen Ausräumen erforderlich. Abhängig von der Vorspannung kann man die Struktur als photokapazitiven Detektor oder laterale pin-Photodiode einsetzen.

11.4.5 Lawinenmultiplikation in periodischen pn-Strukturen

Wir untersuchen eine periodische Hetero-pn-Struktur nach Bild 11.38, bei der die n-Zonen einen kleineren Bandabstand aufweisen als die p-Zonen. Wir nehmen

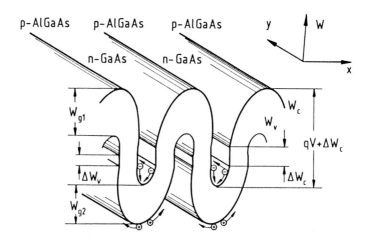

Bild 11.40: Bandverlauf einer periodischen AlGaAs-GaAs-pn-Heterostruktur mit Bandabständen W_{g1} und W_{g2} und Banddiskontinuitäten ΔW_c und ΔW_v (nach [11.23])

weiterhin an, daß die Sperrspannung größer ist als die Durchgriffspannung, und zwar so groß, daß die laterale Beschleunigung ausreicht, um Lawinenmultiplikation zu gestatten. Wir erhalten einen Energiebandverlauf, der schematisch in Bild 11.40 dargestellt ist.

Wir nehmen an, daß Licht geeigneter Wellenlänge auf die Struktur einfällt, das nur in den Zonen mit kleinerem Bandabstand absorbiert wird und dort Elektron-Loch-Paare erzeugt. Die Elektronen werden durch den Potentialverlauf in den n-Bereichen mit kleinerem Bandabstand gefangen gehalten. Die Löcher driften feldunterstützt in die benachbarten p-Zonen. Das elektrische Feld längs der p- bzw. n-Schichten beschleunigt die Teilchen. Die Elektronen laufen in den n-Zonen mit kleinerem Bandabstand, die Löcher dagegen in den p-Zonen mit größerem Bandabstand. Das Feld längs der Zonen wird so stark eingestellt, daß Stoßionisation stattfindet. Die Ionisation der Elektronen und Löcher erfolgt in verschiedenen Materialien. Da der Ionisierungskoeffizient exponentiell von der Bandlücke abhängt, ist die Ionisationsrate für Elektronen sehr viel größer als für Löcher. Das Verhältnis α_n/α_p wird groß gegen Eins, und wir erhalten auch bei großer Lawinenmultiplikation nur ein geringes Zusatzrauschen.

Damit die Lawinenmultiplikation in der gewünschten Weise erfolgt, müssen mehrere Nebenbedingungen eingehalten werden. Zunächst sollten die Barrieren zur Führung der Elektronen und Löcher höher als die betreffenden Ionisierungsenergien der Teilchen sein, damit die Teilchen nicht durch Streuung den Potentialwall verlassen, bevor sie ionisieren. Außerdem sollte das Feld senkrecht zu den Schichten kleiner sein als die Schwellenfeldstärke für die Ionisation, damit keine Lawinenmultiplikation erfolgt, bevor die Schichten bei $V = V_{rt}$ vollständig

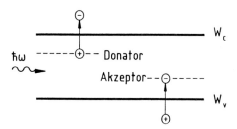

Bild 11.41: Erzeugung freier Ladungsträger durch Anregung von Störstellen-niveaus

ausgeräumt sind. Schließlich sollten die durch Photonenabsorption in der n-Zone erzeugten Löcher die benachbarten p-Zonen erreichen, bevor sie selbst in der n-Zone ionisieren. Wählt man GaAs für die n-Zonen und $Al_{0.45}Ga_{0.55}As$ für die p-Zonen, erzielt man das gewünschte Verhalten bei n-Schichten mit einer Dicke von ca. 1 μm und bei p-Schichten mit einer Dicke von ca. 2 μm bei Konzentrationen von $n = 1 \cdot 10^{16}$ cm^{-3} und $p = 5 \cdot 10^{15}$ cm^{-3}. Das Feld senkrecht zu den Schichten ist dabei etwa $8 \cdot 10^4$ V/cm, was auf eine Ionisationslänge für Löcher von etwa 8 μm im n-GaAs führt. Die Potentialtopfhöhen quer zu den Schichten sind einige Elektronenvolt für Elektronen und Löcher. Für ein longitudinales Feld (parallel zu den Schichten) von $F = 2.5 \cdot 10^5$ V/cm erhält man bei einer Länge $L = 25$ μm zwischen den n$^+$- und p$^+$-Kontakten eine Multiplikation für Elektronen von etwa 60. Die erforderliche Spannung ist etwa 600 V zwischen beiden Kontakten.

Ähnliche Lawinenverstärkung läßt sich auch in geschichteten pn-Strukturen aus anderen Materialsystemen wie z.B. InGaAs/InP erzielen. Man kann Verhältnisse $\alpha_n/\alpha_p > 100$ erwarten, aber die technologischen Anforderungen an die Bauelemente sind so hoch, daß man bislang noch keine hohe Verstärkung erzielen konnte.

11.5 Photoleiter

11.5.1 Störstellenphotoleitung

Durch optische Anregung können Störstellenatome ionisiert werden. Die Elektronen gelangen ins Leitungsband und erhöhen die Leitfähigkeit. Andererseits können Elektronen aus dem Valenzband durch optische Anregung in ein Akzeptorniveau gelangen und lassen ein Loch im Valenzband zurück. Bild 11.41 illustriert die Anregungsmechanismen.

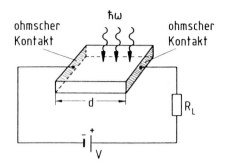

Bild 11.42: Photoleiter (schematisch)

Nach der Anregung werden die freien Ladungsträger nach einer mittleren Lebensdauer τ_s mit der Störstelle rekombinieren. Im Gleichgewicht ist die Zahl G_{ges} der pro Zeiteinheit generierten Träger gleich der Zahl der pro Zeiteinheit rekombinierenden

$$n_{ges}/\tau_s = G_{ges} = \eta P/(\hbar\omega) \quad . \tag{11.156}$$

Hierbei ist n_{ges} die mittlere Gesamtzahl der vorhandenen freien Ladungsträger und P die auftreffende optische Leistung. Wir betrachten nach Bild 11.42 einen rechteckförmigen Photoleiter, in dem die erzeugten freien Ladungsträger homogen verteilt sind. Durch das angelegte Feld driften die Ladungsträger mit einer Geschwindigkeit v. Ist d die Strecke zwischen beiden Elektroden, so ist der Beitrag eines generierten Trägers zum äußeren Strom

$$i_e = qv/d = q/\tau_d \quad , \tag{11.157}$$

wobei τ_d die Driftzeit zwischen den Elektroden bezeichnet. Verschwindet ein Elektron in der Anode, wird ein anderes in der Kathode freigesetzt.

Der mittlere Photoleitungsstrom ist demnach

$$<i> = n_{ges}\, i_e = \frac{q\eta P}{\hbar\omega}\frac{\tau_s}{\tau_d} \quad . \tag{11.158}$$

Er ist also um den Verstärkungsfaktor

$$M = \tau_s/\tau_d \tag{11.159}$$

größer als der primäre Photostrom. Für große Verstärkung sollte die Rekombinationslebensdauer τ_s lang und die Transitzeit τ_d kurz sein. Für nicht zu hohe elektrische Felder $F = V/d$ ist die Geschwindigkeit der Träger durch die Beweglichkeit μ bestimmt

$$v = \mu F = \mu V/d \quad , \tag{11.160}$$

und somit ist

$$M = \tau_s \mu V / d^2 \quad . \tag{11.161}$$

Hohe Beweglichkeit und kleiner Elektrodenabstand können dazu beitragen, daß man Verstärkungen $M > 10^5$ erzielen kann. Für große Feldstärken $F \geq 3 \, \text{kV/cm}$ beobachtet man eine Sättigung der Driftgeschwindigkeit. Mit der Sättigungsdriftgeschwindigkeit $v_s \approx 10^7 \, \text{cm/s}$ ist

$$M = \tau_s v_s / d \quad , \tag{11.162}$$

was wiederum auf die Vorteile kleiner Elektrodenabstände hinweist.

Der vorgestellte Störstellen-Photoleitungsmechanismus wird zum Beispiel zur Infrarotdetektion ausgenutzt. Besonders bewährt haben sich Systeme auf der Basis von Germanium. Man verwendet Hg, Au oder Zn als Störstellen. Die Photoleiter Ge mit Hg sind im Wellenlängenbereich von 4 bis 13 μm, Ge mit Au von 10 bis 23 μm und Ge mit Zn von 20 bis 40 μm am empfindlichsten. Sie werden bei Temperaturen zwischen 4 K und 60 K betrieben, um die thermische Anregung der Störstellen klein zu halten.

11.5.2 Eigenphotoleitung

Photoleitung in intrinsischer Form ist auch für Detektionsanwendungen von Interesse. Hierbei werden freie Ladungsträger durch Elektron-Loch-Paar-Erzeugung generiert. Ist die Beweglichkeit eines Trägers (meistens des Loches) sehr viel geringer als die des anderen, kann man die Photoleitung dieses Trägers vernachlässigen und den oben vorgestellten Formalismus übernehmen. Dies ist zum Beispiel für Photoleiter aus InGaAs (auf InP) der Fall, bei denen die Beweglichkeit der Elektronen typisch mehr als einen Faktor 20 größer ist als die der Löcher.

InGaAs-Photoleiter können durch Ätzen von n$^-$-InGaAs-Epitaxieschichten auf semiisolierendem InP-Substrat hergestellt werden. Als Kontakte kann man AuGe/Ti/Au verwenden. Typische Abmessungen sind 50 μm $\times$ 50 μm $\times$ 1 μm, wobei die Schichtdicke 1 μm und der Elektrodenabstand 50 μm beträgt.

Bild 11.43 zeigt den typischen Verlauf der Verstärkung eines InGaAs-Photoleiters ($n = 1 \cdot 10^{15}$ cm^{-3}) als Funktion der eingestrahlten Lichtleistung. Grundsätzlich ist die Form des Verstärkungsverlaufs durch eine dichteabhängige Trägerlebensdauer zu erklären. Die Oberflächenrekombination beeinflußt die Verstärkung nur bei sehr geringen Leistungen, die Oberflächenrekombinationszentren werden schnell abgesättigt. Der Abfall der Verstärkung mit wachsender Lichtleistung ist durch die abnehmende Lebensdauer bestimmt.

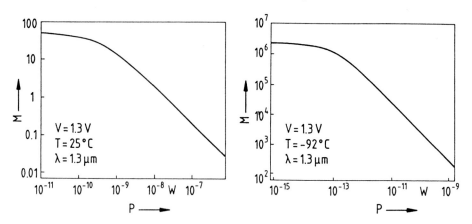

Bild 11.43: Verstärkung eines InGaAs-Eigenphotoleiters auf semiisolierendem InP als Funktion der eingestrahlten Lichtleistung. Die Abmessungen des Photoleiters sind 50 μm × 50 μm × 1 μm bei 1 μm Dicke und 50 μm Elektrodenabstand. Links $T = 25\ °C$, rechts $T = -92\ °C$ (nach [11.9])

In einem n-Typ-Halbleiter ist die Rekombinationsrate R der Überschußladungsträger (ähnlich wie in Abschnitt 8.1.7) durch

$$R^e = \Delta p/\tau_s \tag{11.163}$$

gegeben, wobei Δp die Überschußlöcherdichte und τ_s die Trägerlebensdauer bedeuten. Andererseits ist die Gesamtrate der Rekombinationsprozesse R durch

$$R = A_{21}\, np = A_{21}(n_0 + \Delta n)(p_0 + \Delta p) \tag{11.164}$$

gegeben, wobei n_0 bzw. p_0 Gleichgewichtskonzentrationen bedeuten und die Konstante A_{21} bei strahlender spontaner Rekombination mit dem in Kapitel 8 eingeführten Einstein-Koeffizienten übereinstimmt. Bei optischer Anregung gilt $\Delta n = \Delta p$. Die Rekombinationsrate der Überschußladungsträger ist damit

$$R^e = A_{21}\, np - A_{21}\, n_0 p_0 = A_{21}(n_0\Delta p + p_0\Delta n + \Delta n\Delta p)\quad . \tag{11.165}$$

Der Vergleich mit (11.163) liefert unter Berücksichtigung von $\Delta n = \Delta p$ die trägerdichteabhängige Lebensdauer

$$\tau_s^{-1} = A_{21}(n_0 + p_0 + \Delta p)\quad . \tag{11.166}$$

Im Gleichgewicht ist die Überschußrekombinationsrate gleich der optischen Generationsrate, also

$$R^e = \eta P/(Ad\hbar\omega) = \Delta p/\tau_s\quad , \tag{11.167}$$

wobei A die Querschnittsfläche des Lichtstrahls und d die Probendicke bezeichnen. Aus (11.167) folgt mit (11.165) für kleine Lichtintensitäten ($\Delta n \ll n_0$) die Proportionalität $\Delta p \propto P$, während für große Intensitäten ($\Delta n \Delta p \gg n_0 \Delta p + p_0 \Delta n$) die Wurzelbeziehung $\Delta p \propto \sqrt{P}$ gültig ist. In allen Fällen ergibt sich aber nach (11.166) eine Abnahme der Lebensdauer mit zunehmender Lichtleistung, wie sie sich auch in Bild 11.43 zeigt. Die Anpassung von Experiment und Theorie liefert $A_{21} = 3 \cdot 10^{-9}$ cm^3/s.

Um eine möglichst hohe Verstärkung zu erhalten, muß die Überschußträgerdichte klein bleiben. Dies bedeutet, daß für große Lichtleistungen große Detektorvolumina vorteilhaft sind. Andererseits muß aber die Transitzeit τ_d und damit der Elektrodenabstand klein bleiben. Da die Eindringtiefe α^{-1} der Strahlung vorgegeben ist, gelingt eine Vergrößerung des Volumens nur durch eine Verbreiterung der Struktur. Hierdurch wächst zwangsläufig die Kapazität, da sich die Elektrodenflächen vergrößern.

Die experimentell beobachtete starke Zunahme der Verstärkung mit sinkender Temperatur wird durch Haftstellen (traps) erklärt. Wenn zum Beispiel ein flacher Akzeptor ein Loch einfängt, steht dieses für die Elektron-Loch-Rekombination nicht mehr zur Verfügung, und die Lebensdauer der Elektronen nimmt ebenso wie die Verstärkung zu. Bei höheren Temperaturen sind die Haftstellen bereits thermisch besetzt und stehen für eine Verlängerung der Lebensdauer nicht mehr zur Verfügung. Schließlich sei angemerkt, daß man die Besetzung der Haftstellen durch Einstrahlung von Infrarotlicht steuern kann. Auf diese Weise läßt sich die Lebensdauer der Träger und damit die Verstärkung des Photoleiters beeinflussen. Die Lebensdauer der Träger in den Haftstellen kann durchaus Stunden betragen.

11.5.3 Dynamik

Im einfachsten Fall wird die Lebensdauer τ eines freien Ladungsträgers einer Exponentialverteilung gehorchen. Die Verteilung

$$p(\tau)d\tau = \tau_s^{-1} \exp\{-\tau/\tau_s\}d\tau \qquad (11.168)$$

gibt die Wahrscheinlichkeit dafür an, daß die Lebensdauer zwischen τ und $\tau + d\tau$ liegt. Betrachten wir nun eine zeitlich impulsförmige optische Anregung des Photoleiters, so wird jeder einzelne Ladungsträger nach Maßgabe der Wahrscheinlichkeitsdichte (11.168) zum Strom beitragen. Über alle Träger gemittelt ergibt sich eine Impulsantwort der Form

$$h(t) = const \cdot \tau_s^{-1} \exp\{-t/\tau_s\} \text{ für } t > 0 \quad , \qquad (11.169)$$

wobei *const* eine noch zu bestimmende Konstante ist. Die Übertragungsfunktion ist die Fourier-Transformierte der Impulsantwort und ergibt die Frequenzkomponenten des Photoleitungsstroms

$$i(\nu) = \int_0^\infty h(t) \exp\{-2\pi i\nu t\} \, dt = \frac{const}{1 + 2\pi i\nu\tau_s} \quad . \tag{11.170}$$

Die Konstante läßt sich für $\nu = 0$ durch Vergleich mit (11.158) bestimmen, und man erhält die frequenzabhängige Verstärkung

$$M(\nu) = \frac{\tau_s}{\tau_d(1 + 2\pi i\nu\tau_s)} \quad . \tag{11.171}$$

Man findet also das typische RC-Tiefpaßverhalten. Bei $\nu = 1/(2\pi\tau_s)$ fällt die Verstärkung auf den $1/\sqrt{2}$-fachen Wert des Niederfrequenzwertes. Mit der $1/\sqrt{2}$-Bandbreite $\Delta\nu = 1/(2\pi\tau_s)$ ist das Verstärkungs-Bandbreite-Produkt

$$M(\nu = 0) \cdot \Delta\nu = 1/(2\pi\tau_d) \tag{11.172}$$

nur noch abhängig von der Transitzeit τ_d. In ca. 3 µm langen InGaAs-InP-Photoleitern hat man Verstärkungs-Bandbreite-Produkte von etwa 100 GHz erreicht. Bei noch kürzeren Elementen vermindert die Rekombination an den Elektroden die Verstärkung. Die elektrische Beschaltung (vgl. Bild 11.42) hat so zu erfolgen, daß die RC-Zeitkonstante des Bauelements nicht begrenzend wirkt. Wie im letzten Abschnitt bereits andiskutiert, können sich hier Probleme ergeben, vor allem wenn größere Lichtintensitäten detektiert werden sollen.

11.5.4 Generations-Rekombinationsrauschen

Bei der Photoleitung tritt aus zweierlei Gründen Rauschen auf. Zum einen werden die Ladungsträger zu statistischen Zeitpunkten erzeugt, zum anderen ist die Lebensdauer der Träger auch zufällig. Wir betrachten zunächst die Untergruppe der Träger, deren Lebensdauer gerade τ ist. Später werden wir dann über τ integrieren und alle Ladungsträger erfassen.

Ein einzelner Ladungsträger mit der Lebensdauer τ, zur Zeit t_i erzeugt, gibt den Strombeitrag

$$i_e(t - t_i) = q\upsilon/d \quad \text{für} \quad t_i < t < t_i + \tau \quad . \tag{11.173}$$

Ist nun $\Delta G_T^\tau d\tau$ die Gesamtzahl der im Beobachtungszeitraum $T \gg \tau$ erzeugten Ladungsträger mit der Lebensdauer zwischen τ und $\tau + d\tau$ und $\Delta G^\tau d\tau = \Delta G_T^\tau d\tau/T$ deren Rate, so erhält man wie in Abschnitt 11.1.3 das mittlere differentielle Leistungsspektrum am Widerstand R

$$< S_\tau(\nu) > d\tau = 2\Delta G^\tau R \, |\tilde{i}_e(\nu)|^2 d\tau \quad . \tag{11.174}$$

Hierbei ist

$$\tilde{i}_e(\nu) = \int_0^\tau \frac{qv}{d} e^{-2\pi i\nu t} dt = \frac{qvi}{2\pi\nu d} \left(e^{-2\pi i\nu\tau} - 1\right) \qquad (11.175)$$

das Spektrum eines einzelnen Trägers. Folglich ist dessen Leistungsspektrum

$$|\tilde{i}_e(\nu)|^2 = \left(\frac{qv}{2\pi\nu d}\right)^2 \left[2 - e^{2\pi i\nu\tau} - e^{-2\pi i\nu\tau}\right] \qquad . \qquad (11.176)$$

Ist nun G_{ges} die mittlere Gesamtzahl der pro Zeiteinheit erzeugten Ladungsträger und $p(\tau)$ nach Gleichung (11.168) deren Lebensdauerverteilung, so kann man schreiben

$$\Delta G^\tau d\tau = G_{ges}\, \tau_s^{-1}\, \exp\{-\tau/\tau_s\} d\tau \qquad . \qquad (11.177)$$

Summation über die Lebensdauer liefert damit das Leistungsspektrum

$$\begin{aligned}
< S(\nu) > &= \int_0^\infty < S_\tau(\nu) > d\tau \\
&= 2R\left(\frac{qv}{2\pi\nu d}\right)^2 \frac{G_{ges}}{\tau_s} \int_0^\infty [2 - 2\cos(2\pi\nu\tau)]\exp\{-\tau/\tau_s\} d\tau \\
&= 4R\left(\frac{qv}{d}\right)^2 G_{ges}\, \tau_s^2\, \frac{1}{1 + 4\pi^2\nu^2\tau_s^2} \qquad . \qquad (11.178)
\end{aligned}$$

Führt man nun noch $\tau_d = d/v$ ein und beachtet, daß die mittlere Ladung eines Trägers durch den äußeren Stromkreis gerade durch $q\tau_s/\tau_d$ gegeben ist, so kann man den mittleren Strom ausdrücken durch

$$< i >= G_{ges}\, q\, \tau_s/\tau_d \qquad . \qquad (11.179)$$

Das mittlere Leistungsspektrum ist damit

$$< S(\nu) >= \frac{4qR < i > (\tau_s/\tau_d)}{1 + 4\pi^2\nu^2\tau_s^2} \qquad . \qquad (11.180)$$

Wie in (11.28) hat man damit für die mittleren quadratischen Stromschwankungen im Frequenzintervall zwischen ν und $\nu + \Delta\nu$ den Wert

$$< \delta i_N^2(\nu) >=< S(\nu) > \Delta\nu/R = \frac{4q < i > (\tau_s/\tau_d)\Delta\nu}{1 + 4\pi^2\nu^2\tau_s^2} \qquad (11.181)$$

anzusetzen. Aus dem Verlauf des Rauschspektrums läßt sich die mittlere Lebensdauer τ_s der Träger ermitteln.

Bei der Berechnung des Rauschspektrums haben wir Haftstellen vernachlässigt und uns auf einen Rekombinationsmechanismus konzentriert. Im allgemeinen muß man im Rauschspektrum mit der Überlagerung mehrerer Lorentz-Kurven rechnen, die durch unterschiedliche Lebensdauern charakterisiert sind.

11.5.5   Signal-Rausch-Verhältnis

Wir untersuchen wie in Abschnitt 11.2.5 ein cosinusförmig moduliertes Lichtsignal der Form

$$P(t) = P_0 \left[1 + m\, \cos(2\pi\nu t) \right] \quad . \tag{11.182}$$

Wir nehmen an, daß für die Modulationsfrequenz $\nu \ll \tau_s^{-1}$ gilt. Dann ist der Photoleitungsstrom

$$i_{PL}(t) = \frac{\eta q}{\hbar\omega}\, \frac{\tau_s}{\tau_d}\, P_0 + \frac{m\eta q}{\hbar\omega}\, \frac{\tau_s}{\tau_d}\, P_0 \cos\left(2\pi\nu t\right) \quad . \tag{11.183}$$

Die Amplitude des Wechselstromsignals bei der Frequenz ν ist $m\eta q P_0 \tau_s / (\tau_d \hbar\omega)$. Die mittlere Signalleistung ist durch

$$< i_S^2 > = \left[m\eta q\, P_0\tau_s / (\tau_d\hbar\omega) \right]^2 / 2 \tag{11.184}$$

charakterisiert. Für Frequenzen $\nu \ll \tau_s^{-1}$ erhält man aus (11.181) für das mittlere quadratische Stromrauschen

$$< \delta i_N^2(\nu) > = 4q < i_S > (\tau_s/\tau_d)\Delta\nu = 4q^2\eta P_0 (\tau_s/\tau_d)^2 \Delta\nu/(\hbar\omega) \quad . \tag{11.185}$$

Vernachlässigt man alle anderen Rauschmechanismen, insbesondere das meistens recht starke Dunkelstromrauschen, dann ist das Signal-Rausch-Verhältnis

$$\frac{S}{N} = \frac{< i_S^2 >}{< \delta i_N^2 >} = \frac{m^2 \eta P_0}{8\,\Delta\nu\,\hbar\omega} \quad . \tag{11.186}$$

Das Signal-Rausch-Verhältnis ist im Idealfall also um den Faktor 2 schlechter als bei der Photodiode. Dies gilt im übrigen auch für kohärente Detektion. Die Ursache hierfür läßt sich einfach einsehen. Betrachtet man das Rauschen für den Sonderfall $\tau_s = \tau_d$, so ist nach Gleichung (11.181) das Photoleitungsrauschen für kleine Frequenzen gerade doppelt so groß wie das Schrotrauschen. Offenbar führt die Überlagerung von Generationsrauschen und Rekombinationsrauschen bei kleinen Frequenzen gerade zu einer Verdoppelung des Rauschpegels. Dies gilt aber auch für $\tau_s \neq \tau_d$, denn Signalleistung und Rauschleistung werden gleichartig verstärkt.

12 Optoelektronische Modulatoren

In den Kapiteln 5 und 6 wurden bereits Phasenmodulatoren und Richtkoppler-modulatoren vorgestellt, denen der lineare elektrooptische Effekt zugrundeliegt. In Halbleitern lassen sich noch andere Effekte zur Modulation ausnutzen. Hierzu zählen Elektroabsorption und Elektrorefraktion sowie absorptive und refraktive Effekte durch Änderung der Elektronendichte oder durch Bandauffüllung. Neben elektrischer Ansteuerung ist eine optische Anregung der Modulatoren möglich. Man kann auch Selbststeuerung des Lichtsignals beobachten, wenn beispielsweise das Licht selbst Ladungsträger erzeugt und damit die Transmission verändert oder wenn in einem pn-Übergang durch Ladungsträgergeneration eine Änderung der elektrischen Feldstärke hervorgerufen wird. Schließlich können in niedrig dotierten Halbleitern mit Quantenfilmstruktur exzitonische Effekte zur Modulation beitragen. Optisch gesteuerte Modulatoren finden zunehmend Interesse für eine rein optische Signalverarbeitung.

12.1 Elektrisch gesteuerte Modulatoren

12.1.1 Elektroabsorption

Die Änderung der fundamentalen Absorption eines Halbleiters wird als Elektroabsorption oder Franz-Keldysh-Effekt bezeichnet. In einem elektrischen Feld F, das homogen in x-Richtung weisen möge, kommt es zu einer Verkippung der Bandkanten, die in Bild 12.1 dargestellt ist. Im Bereich der Bandlücke wird ein Elektron, das sich in einem Energieeigenzustand mit der Energie W befindet, durch eine exponentiell abklingende Funktion $\psi = u(\mathbf{r})e^{ikx}$ mit imaginärem k beschrieben. Ein Elektron des Valenzbandes muß durch eine dreieckförmige Barriere tunneln, um im Leitungsband zu erscheinen. Die Höhe der Energiebarriere

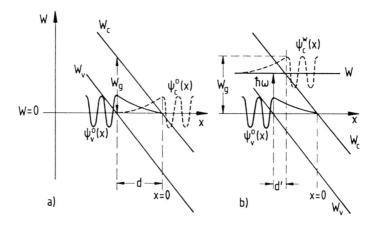

Bild 12.1: Elektronentunneln zwischen Valenz- und Leitungsband bei anliegendem elektrischen Feld F in x-Richtung. a) ohne Änderung der Elektronenenergie, b) mit Energieänderung durch Photonenabsorption. Die Elektronenwellenfunktionen ψ sind schematisch mit eingetragen

ist gerade gleich der Bandlücke W_g, und die Weite ist

$$d = W_g/(qF) \quad .$$ (12.1)

Mit zunehmender Feldstärke F nimmt die Tunnelstrecke ab.

Das Tunneln vom Valenzband ins Leitungsband kann durch Absorption eines Photons der Energie $\hbar\omega$ unterstützt werden. Ein Elektron, das die Strecke

$$d' = (W_g - \hbar\omega)/(qF)$$ (12.2)

in die verbotene Zone hineingetunnelt ist, kann durch Absorption eines Photons in das Leitungsband angehoben werden. Genauer gesagt bestimmt die Überlappung der Wellenfunktionen des Ausgangs- und Endzustands die Absorptionswahrscheinlichkeit. Jedenfalls reduziert die Absorption eines Photons die effektive Barrierenweite für den Tunnelprozeß.

Umgekehrt ist auch festzustellen, daß sich durch das Verkippen der Bänder die Absorptionswahrscheinlichkeit für Photonen mit Energien, die kleiner sind als die Bandlücke, erhöht, da sich Valenzband- wie Leitungsbandelektronen mit einer gewissen Wahrscheinlichkeit in der verbotenen Zone aufhalten können. Elektroabsorption läßt sich als tunnelunterstützte Photonenabsorption deuten.

Wir wollen die Abhängigkeit der Absorption von der Feldstärke in einem vereinfachten quantenmechanischen Modell beschreiben. Wesentlich hierbei ist die

Bestimmung der Wahrscheinlichkeitsdichte $|\psi(x)|^2$ eines Elektrons in der verbotenen Zone, denn der Absorptionskoeffizient ist sicher maßgeblich durch diese Größe bestimmt. Die potentielle Energie eines Elektrons im elektrischen Feld F ist durch $-qFx$ gegeben, wenn der Energienullpunkt an die Stelle $x = 0$ gelegt wird. Ein Elektron mit der effektiven Masse m_e, das sich in dem Eigenzustand mit der Energie W befindet, wird durch die zeitunabhängige Schrödinger-Gleichung

$$-\frac{\hbar^2}{2m_e}\frac{d^2\psi(x)}{dx^2} - qFx\psi(x) = W\psi(x) \qquad (12.3)$$

beschrieben, wenn man der Einfachheit halber ein eindimensionales Modell zugrunde legt. Durch Einführung einer dimensionslosen Koordinate

$$\xi = -[x + W/(qF)]/l \qquad (12.4)$$

mit der charakteristischen Länge

$$l = [\hbar^2/(2m_e qF)]^{1/3} \qquad (12.5)$$

läßt sich (12.3) zur Airyschen Differentialgleichung

$$\frac{d^2\tilde{\psi}(\xi)}{d\xi^2} = \xi\tilde{\psi}(\xi) \qquad (12.6)$$

vereinfachen. ξ entspricht einer normierten kinetischen Energie. Lösungen dieser Differentialgleichung sind Airy-Funktionen, die keine einfache geschlossene Darstellung erlauben. Eine asymptotische Lösung für große positive ξ ist

$$\tilde{\psi}(\xi) \propto \xi^{-1/4} \exp\left\{-\frac{2}{3}\xi^{3/2}\right\} \quad , \qquad (12.7)$$

denn es gilt

$$\frac{d^2\tilde{\psi}}{d\xi^2}\tilde{\psi}^{-1} = \xi + \frac{5}{16}\xi^{-2} \approx \xi \qquad (12.8)$$

für große ξ. Die Lösung (12.7) ist für festes W eine im wesentlichen mit zunehmendem Argument exponentiell abfallende Funktion. Eine asymptotische Lösung für große negative Werte von ξ erhält man, wenn in (12.7) die Größe ξ durch $-\xi$ ersetzt wird. Dies führt auf einen rein imaginären Exponenten und schließlich eine Lösung der Form

$$\tilde{\psi}(\xi) \propto |\xi|^{-1/4}\left[\cos\left(\frac{2}{3}|\xi|^{3/2}\right) + \sin\left(\frac{2}{3}|\xi|^{3/2}\right)\right] \quad , \qquad (12.9)$$

die Wellencharakter besitzt. Die Lösung (12.9) ist asymptotisch innerhalb des

Bandes gültig, während (12.7) asymptotisch für Elektronen innerhalb der verbotenen Zone gilt. Die exakten Lösungen sind Airy-Funktionen.

Lösungen der Differentialgleichung (12.6) erfüllen die Relation

$$\int |\tilde{\psi}(\xi)|^2 d\xi = |\tilde{\psi}|^2 \xi - \left|\frac{d\tilde{\psi}}{d\xi}\right|^2 \quad , \tag{12.10}$$

wovon man sich am einfachsten durch Differenzieren überzeugen kann.

Durch Photonenabsorption erfolgen Übergänge von einem Zustand W_1 des Valenzbandes in einen Zustand W_2 des Leitungsbandes, wobei $W_2 - W_1 = \hbar\omega$ gilt. Für $\hbar\omega < W_g$ überlappen nach Bild 12.1 nur die exponentiell abklingenden Schwänze der Wellenfunktionen. Für die Übergangsrate in den Leitungsbandzustand ist näherungsweise eine Proportionalität der Form

$$P_{1\to 2} \propto \int_{-\infty}^{x=-d'-\frac{W}{qF}} |\psi^W(x)|^2 dx \tag{12.11}$$

zu erwarten. Das Integral auf der rechten Seite gibt die Aufenthaltswahrscheinlichkeit eines Leitungsbandelektrons der Energie W für den Raumbereich an, in den Elektronen aus dem voll besetzten Valenzband durch Photonabsorption bei der Energie $\hbar\omega$ angehoben werden können. Durch die Transformation (12.4) läßt sich das Integral umformen, was mit (12.10) auf

$$P_{1\to 2} \propto \int_{\xi=d'/l}^{\infty} \left|\tilde{\psi}(\xi)\right|^2 d\xi = \frac{d'}{l}\left|\tilde{\psi}\left(\frac{d'}{l}\right)\right|^2 + \left|\tilde{\psi}'\left(\frac{d'}{l}\right)\right|^2 \tag{12.12}$$

führt, wobei zur Abkürzung $\tilde{\psi}' = d\tilde{\psi}/d\xi$ gesetzt wurde. Auswertung der Funktionen auf der rechten Seite ergibt mit (12.7) für große positive Werte d'/l

$$P_{1\to 2} \propto \exp\left\{-\frac{4}{3}\left(\frac{d'}{l}\right)^{3/2}\right\} \quad , \tag{12.13}$$

wenn man nur die exponentielle Abhängigkeit berücksichtigt und alle Potenzen in d'/l vernachlässigt. Unter den gemachten Annahmen ist die Übergangsrate $P_{1\to 2}$ unabhängig vom zunächst betrachteten Endzustand. Die Übergangsrate ist dann sicher proportional zum Absorptionskoeffizienten α, und man kann mit (12.2) und (12.5) schreiben

$$\alpha \propto \exp\left\{-\frac{4}{3}\left(\frac{d'}{l}\right)^{3/2}\right\} = \exp\left\{-\frac{4\sqrt{2m_e}(W_g - \hbar\omega)^{3/2}}{3qF\hbar}\right\} \quad . \tag{12.14}$$

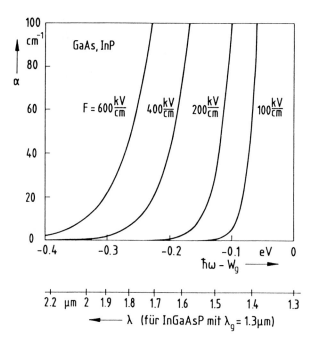

Bild 12.2: Absorptionskoeffizient als Funktion der Photonenenergie bei anliegendem äußeren Feld F. Die Kurven gelten für GaAs, InP und deren ternäre oder quaternäre Derivate. Die untere Wellenlängenskala gilt für InGaAsP mit einer Bandlückenwellenlänge von $\lambda_g = 1.3$ μm (nach [12.3])

Für vorgegebene Photonenenergie $\hbar\omega < W_g$ nimmt die Absorption mit wachsender Feldstärke F zu. Man kann diese Zunahme interpretieren als Verschiebung ΔW der Absorptionskante zu kleineren Photonenenergien. Aus dem Exponenten in (12.14) liest man ab

$$\Delta W = \frac{1}{2} \left(\frac{3}{2} \right)^{2/3} (qF\hbar)^{2/3}\, m_e^{-1/3} \quad . \tag{12.15}$$

Aus (12.14) geht hervor, daß der Absorptionskoeffizient in der verbotenen Zone exponentiell anwächst. Bild 12.2 zeigt den nach einer verfeinerten Theorie berechneten Absorptionsverlauf für vier verschiedene Feldstärken. Die dargestellten Kurven gelten mit guter Genauigkeit für GaAs und InP und deren ternäre und quaternäre Derivate. Bei der Berechnung wurde ausgegangen von exakt parabolischen Bändern ohne Feld, so daß für $F = 0$ gilt

$$\alpha_0 = \begin{cases} const \cdot \omega^{-1} \sqrt{\hbar\omega - W_g} & \text{für} \quad \hbar\omega \geq W_g \\ 0 & \text{für} \quad \hbar\omega < W_g \end{cases} \quad . \tag{12.16}$$

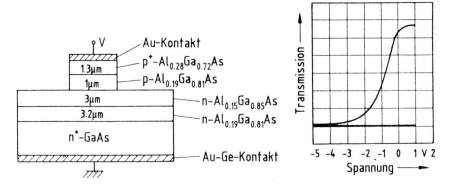

Bild 12.3: Frontansicht eines typischen AlGaAs-Elektroabsorptionsmodulators und spannungsabhängige Transmission. Der streifenbelastete Filmwellenleiter enthält einen pn-Übergang. Die transmittierte Lichtleistung ($\lambda = 790$ nm) fällt mit zunehmender Sperrspannung ab. Die Länge des Modulators beträgt 350 μm

Die für die Zeichnung zugrunde gelegten Feldstärken von 100 bis 600 kV/cm erreicht man besonders leicht in rückwärts vorgespannten pn-Übergängen.

Bild 12.3 zeigt die Frontansicht eines streifenbelasteten Filmwellenleiters, in den ein pn-Übergang eingebettet ist. Ohne angelegtes Feld passiert Licht der Wellenlänge $\lambda = 790$ nm praktisch ungedämpft den Wellenleiter von $L = 350$ μm Länge. Durch Anlegen eines Feldes in Sperrichtung nimmt aufgrund des Franz-Keldysh-Effektes die Dämpfung im Wellenleiterbereich stark zu, und die transmittierte Lichtleistung sinkt, wie ebenfalls in Bild 12.3 dargestellt ist, auf wenige Prozent ab. Die Dynamik des Modulators ist durch die elektrische RC-Zeitkonstante bestimmt. Bei kleinen Kontaktwiderständen erreicht man 3 dB-Grenzfrequenzen von über 3 GHz.

12.1.2   Elektrorefraktion

Real- und Imaginärteil der Dielektrizitätskonstante hängen über die Kramers-Kronig-Relation zusammen. Dasselbe gilt für Änderungen der Dielektrizitätskonstante. Da die Dielektrizitätskonstante sich in nichtmagnetischen Stoffen durch das Quadrat des komplexen Brechungsindex ausdrücken läßt, $\tilde{\epsilon} = \tilde{\eta}^2 = (\bar{n} - i\bar{\kappa})^2$, gilt für die Änderungen (vgl. Abschnitt 2.4)

$$\Delta\tilde{\epsilon} = \Delta\epsilon' - i\Delta\epsilon'' = 2\tilde{\eta}\Delta\tilde{\eta} \approx 2\bar{\eta}_0\left(\Delta\bar{n} - i\Delta\bar{\kappa}\right) = 2\bar{\eta}_0\Delta\bar{n} - i\bar{\eta}_0\lambda\Delta\alpha/(2\pi) \quad . \quad (12.17)$$

Wir wollen der Einfachheit halber annehmen, daß der Brechungsindex des ungestörten Systems reell ist, $\bar{\eta}_0 = \bar{n}_0$, und erhalten damit nach Abschnitt 2.1

$$\Delta\bar{n}(\hbar\omega) = \frac{2}{\pi} P \int_0^\infty \frac{\hbar\omega' \Delta\bar{\kappa}(\hbar\omega')}{(\hbar\omega')^2 - (\hbar\omega)^2} d(\hbar\omega')$$

$$= \frac{hc}{2\pi^2} P \int_0^\infty \frac{\Delta\alpha(\hbar\omega')}{(\hbar\omega')^2 - (\hbar\omega)^2} d(\hbar\omega') \quad . \tag{12.18}$$

Die durch den Franz-Keldysh-Effekt hervorgerufene Änderung der Absorption
zieht damit eine Änderung des reellen Brechungsindex nach sich, die man als
Elektrorefraktion bezeichnet. Die Elektrorefraktion läßt sich berechnen, wenn
das gesamte Spektrum der Elektroabsorption bekannt ist. In der Praxis bestimmt man

$$\Delta\alpha(\hbar\omega) = \alpha(\hbar\omega, F) - \alpha(\hbar\omega, F = 0) \tag{12.19}$$

über einen begrenzten Bereich und extrapoliert die Werte unter vernünftigen
Annahmen.

Wegen der Singularität bei $\omega = \omega'$ ist das Integral in (12.18) numerisch schwer
zu berechnen. Eine einfache Transformation schafft Abhilfe. Man addiert und
subtrahiert $\Delta\alpha(\hbar\omega)$ zum Integranden und kann schreiben

$$\Delta\bar{n}(\hbar\omega) = \frac{hc}{2\pi^2} P \int_0^\infty \frac{1}{\hbar\omega' + \hbar\omega} \left(\frac{\Delta\alpha(\hbar\omega') - \Delta\alpha(\hbar\omega)}{\hbar\omega' - \hbar\omega} \right) d(\hbar\omega')$$

$$+ \Delta\alpha(\hbar\omega) \frac{hc}{2\pi^2} P \int_0^\infty \frac{d(\hbar\omega')}{(\hbar\omega')^2 - (\hbar\omega)^2} \quad . \tag{12.20}$$

Der Hauptwert des zweiten Integrals verschwindet, wie sich durch Ausführen der
Integration einfach beweisen läßt. Der Integrand des ersten Integrals geht im
Grenzfall $\omega' \to \omega$ gegen den Differentialquotienten $(2\hbar\omega)^{-1} d\Delta\alpha(\hbar\omega)/d(\hbar\omega)$ und
ist damit nicht mehr singulär. Das Ergebnis ist

$$\Delta\bar{n}(\hbar\omega) = \frac{hc}{2\pi^2} \int_0^\infty \frac{1}{\hbar\omega' + \hbar\omega} \left(\frac{\Delta\alpha(\hbar\omega') - \Delta\alpha(\hbar\omega)}{\hbar\omega' - \hbar\omega} \right) d(\hbar\omega') \quad . \tag{12.21}$$

Bild 12.4 zeigt berechnete Brechungsindexänderungen für dieselben Felder wie
in Bild 12.2. Dargestellt ist nur der Verlauf innerhalb der Bandlücke. Es ergibt
sich ein Maximum in der Brechungsindexänderung, das sich mit zunehmendem
Feld zu kleineren Photonenenergien verschiebt. Die beachtlichen maximalen
Brechungsindexänderungen von einigen Promille für Feldstärken von einigen 100
kV/cm fallen allerdings in den Bereich relativ starker Absorption, wie der Vergleich mit Bild 12.2 zeigt. Sie sind deshalb für eine Phasenmodulation nicht
ohne weiteres zu nutzen. Für Photonenenergien weit unterhalb der Bandkante

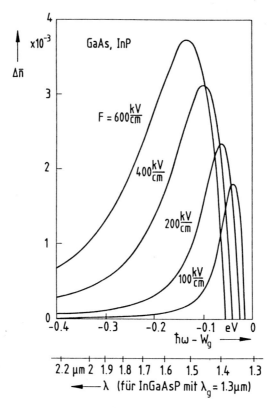

Bild 12.4: Änderung des Brechungsindex durch Elektrorefraktion. Die Parameter sind dieselben wie in Bild 12.2 (nach [12.3])

wächst die Brechungsindexänderung quadratisch mit dem angelegten Feld

$$\Delta\bar{n}(\hbar\omega) = const \cdot F^2 \quad . \tag{12.22}$$

Dies ist ein Beitrag zum Kerr-Effekt. Der Wert der Konstanten nimmt mit fallender Photonenenergie ab und liegt für GaAs und InP noch in der Größenordnung von 10^{-15} cm^2/V^2 ca. 400 meV unterhalb der Bandkante.

12.1.3 Ladungsträgerinjektion

In Kapitel 2 wurde bereits der Einfluß freier Ladungsträger auf den Brechungsindex und den Absorptionskoeffizienten beschrieben. Injektion freier Ladungsträger in einen Wellenleiter über einen pn-Übergang läßt sich zur Lichtmodulation nutzen. Im Prinzip sind Phasen- oder Amplitudenmodulatoren möglich. Betreibt man die Diode in Vorwärtsrichtung, kann man innerhalb der Sperrschicht durchaus Dichteänderungen von $\Delta n = 1 \cdot 10^{18}$ cm^{-3} erzielen. Die zugehörige

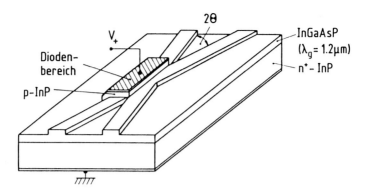

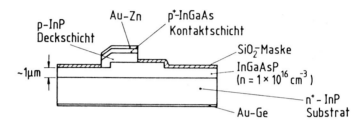

Bild 12.5: InGaAsP-Richtkopplermodulator. Ladungsträgerinjektion auf einer Seite des Koppelbereichs dient zum Umschalten (nach [12.5])

Brechungsindexänderung ist durch

$$\Delta \bar{n} = - \frac{\lambda^2 q^2 \Delta n}{8 \pi^2 \epsilon_0 c^2 \bar{n} m_e} \tag{12.23}$$

gegeben und liegt für $\lambda = 1.5$ μm etwa bei $\Delta \bar{n} = -4 \cdot 10^{-3}$. Die Absorptionsänderung ist

$$\Delta \alpha = \frac{\lambda^2 q^2 \Delta n}{4 \pi^2 \epsilon_0 c^3 \bar{n} \tau_{in} m_e}. \tag{12.24}$$

Sie ist meistens bei Wellenleiterlängen von wenigen hundert Mikrometern zu vernachlässigen (vgl. Bild 2.13).

Phasenänderungen durch den Plasmaeffekt lassen sich zum Beispiel für Richtkopplermodulatoren nutzen. Bild 12.5 zeigt eine Rippenwellenleiterstruktur aus InGaAsP ($\lambda_g = 1.2$ μm) auf n$^+$-InP-Substrat. Im Wechselwirkungsbereich ist auf einer Seite eine p-InP-Deckschicht mit einer p$^+$-InGaAs-Kontaktierschicht selektiv aufgewachsen, die zur Ladungsträgerinjektion dient. AuZn bzw. AuGe bilden die p- bzw. n-seitigen Kontakte. Der Öffnungswinkel 2θ der Koppler-

arme beträgt 3°, die Wechselwirkungslänge ca. 1 mm. Die Breite der Rippenwellenleiter ist etwa 10 μm. Nur die Grundmode wird geführt. Der Rippenwellenleiter ist mit einem SiO_2-Film überzogen, der als Maske für das selektive
Wachstum genutzt wird. Durch Ladungsträgerinjektion kann der Richtkoppler
umgeschaltet werden, wie dies in Kapitel 6 ausführlich erläutert wurde. Betriebswellenlänge ist $\lambda = 1.5$ μm.

12.1.4 Sperrschichtweitenmodulation

Wir untersuchen nach Bild 12.6 einen invertierten Rippenwellenleiter von ca. 0.2
μm Dicke aus InGaAsP mit einer Bandlückenwellenlänge $\lambda_g = 1.25$ μm und
einer Trägerdichte $n = 1 \cdot 10^{16}$ cm^{-3}, der sich in der Nähe eines pn-Übergangs
befindet. Durch selektive Zn-Diffusion in die InP-Deckschicht wird der pn-
Übergang so dicht an die InGaAsP-Schicht herangebracht, daß sich bei Anlegen
einer Sperrspannung die Raumladungszone in den Wellenleiterbereich erstreckt.
Durch die Ausdehnung der Raumladungszone ändert sich die Trägerdichte aber
auch die elektrische Feldstärke im Wellenleiter. Geführtes Licht erfährt eine
Amplituden- und Phasenänderung. Ursache für Absorptionsänderungen sind
Ladungsträgereffekte und zusätzlich in der Nähe der Bandkante Elektroabsorption und Auffüllung des Leitungsbandes. Letztere wird im folgenden Abschnitt
noch genauer untersucht. Bei Betriebswellenlängen λ, die etwas größer sind als
die Bandlückenwellenlänge λ_g, z.B. $\lambda = 1.5$ μm bei $\lambda_g = 1.25$ μm, kann man
für Modulatorlängen von wenigen hundert Mikrometern Absorptionsänderungen
durch Sperrschichtweitenmodulation vernachlässigen. Allerdings treten Phasenänderungen auf. Ursache hierfür ist die Überlagerung von vier Einzelbeiträgen,
nämlich dem linearen elektrooptischen Effekt, der Elektrorefraktion, der freien
Ladungsträgerdispersion und den dispersiven Effekten durch Bandauffüllung.

Der lineare elektrooptische Effekt wurde in Kapitel 5 bereits ausführlich behandelt. Die Brechungsindexänderung ist polarisationsabhängig. In der Geometrie des Bildes 12.6 tritt für TM-Wellen keine Phasenverschiebung auf, die
Brechungsindexänderung für TE-Wellen ist dagegen durch

$$\Delta \bar{n} = \bar{n}^3 r_{41} F / 2 \qquad (12.25)$$

gegeben. Der elektrooptische Modul r_{41} ist im interessierenden Bereich zwischen
$\lambda = 1$ μm und $\lambda = 1.6$ μm nahezu wellenlängenunabhängig. Eine schwache
spektrale Abhängigkeit ergibt sich nur durch die Zunahme des Brechungsindex
$\bar{n}$ in der Nähe der Bandkante. Mit $\bar{n} = 3.42$ für $\lambda = 1.5$ μm und $r_{41} = 1.3 \cdot 10^{-12}$
m/V erhält man beispielsweise $\Delta \bar{n} = 5 \cdot 10^{-4}$ bei der Feldstärke $F = 200$ kV/cm.

Der Einfluß freier Ladungsträger, die bei Ausweitung der Sperrschicht aus dem
Wellenleiter entfernt werden, auf die Brechungsindexänderung ist durch (12.23)
gegeben. Die maximale Dichteänderung ist bei   nichtkompensiertem Ma-

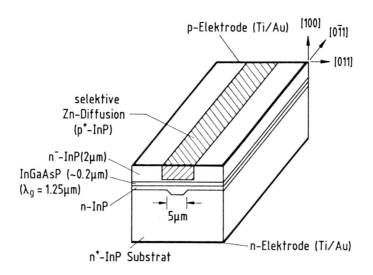

Bild 12.6: InGaAsP-InP-Sperrschichtweiten-Phasenmodulator

terial praktisch durch die Trägerdichte der InGaAsP-Wellenleiterschicht von $n = 1 \cdot 10^{16}$ cm^{-3} gegeben. Die Brechungsindexänderung bleibt damit für $\lambda = 1.5$ μm unter $\Delta\bar{n} = 10^{-4}$ (vgl. Bild 2.14). Sie ist polarisationsunabhängig.

Der Beitrag der Elektrorefraktion ist aus Bild 12.4 abzulesen. Er ist polarisationsunabhängig, aber stark wellenlängenabhängig. Er erreicht Werte von $\Delta\bar{n} = 1 \cdot 10^{-3}$ für Feldstärken $F = 200$ kV/cm bei Betriebswellenlängen von $\lambda = 1.5$ μm und Bandlückenwellenlängen von $\lambda_g = 1.3$ μm. Dispersive Effekte durch die bereits in Kapitel 8 diskutierte Bandauffüllung sind ebenfalls polarisationsunabhängig und nur in der Nähe der Bandlückenwellenlänge wirksam. Bei Ausdehnung der Sperrschicht handelt es sich um eine Abnahme der Bandauffüllung. Bei einer Trägerdichte von $n = 1 \cdot 10^{16}$ cm^{-3} im Wellenleiterbereich bleibt der Beitrag allerdings klein, da sich die Besetzung des Leitungsbandes bei Betrieb in Sperrichtung maximal um den Wert der Dotierung ändern kann.

In einem Sperrschichtweiten-Phasenmodulator wählt man die Orientierung des Wellenleiters und des externen Feldes so, daß sich alle Beiträge zur Brechungsindexänderung additiv überlagern. Bild 12.7 zeigt die Phasenverschiebung bei $\lambda = 1.53$ μm Wellenlänge für einen Modulator nach Bild 12.6 als Funktion der angelegten Spannung. Der Unterschied zwischen TE- und TM-Polarisation ist durch den Beitrag des linearen elektrooptischen Effektes zu erklären. Die Elektrorefraktion ist überwiegend für die Phasenverschiebung der TM-Welle verantwortlich. Bei einer Modulatorlänge von $L = 360$ μm erreicht man für TE-Wellen eine Phasenverschiebung $\Delta\varphi = 2\pi\Delta\bar{n}L/\lambda$ von π bei Sperrspannungen von 25 V. Die Brechungsindexänderung beträgt in diesem Fall etwa $\Delta\bar{n} = 2 \cdot 10^{-3}$. Durch höhere Dotierung im Wellenleiter läßt sich die Betriebsspannung vermindern. Da Plasmadispersion und Bandauffüllung nur eine untergeordnete Rolle

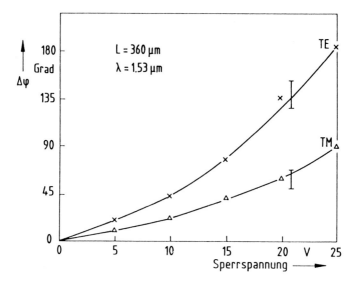

Bild 12.7: Phasenverschiebung $\Delta\varphi$ als Funktion der Sperrspannung in einem InGaAsP-Sperrschichtweiten-Phasenmodulator der Länge $L = 360$ μm nach Bild 12.6. Die Bandlückenwellenlänge ist $\lambda_g = 1.25$ μm, die Betriebswellenlänge $\lambda = 1.53$ μm (nach [12.6])

spielen, ist die Dynamik des Modulators im wesentlichen durch die elektrische RC-Zeitkonstante bestimmt.

12.2 Optisch gesteuerte Modulatoren

12.2.1 Bandauffüllung

Durch Anregung von Elektronen vom Valenzband ins Leitungsband ändert sich der Absorptionskoeffizient eines Halbleiters. Dies ist in Bild 12.8 dargestellt. Die Änderung der Elektronendichte Δn und der Löcherdichte Δp kann durch Trägerinjektion oder optische Anregung erfolgen.

Für die Verteilung der Elektronen und Löcher in den Bändern kann man Quasifermi-Verteilungen ansetzen. Die Lage der Quasifermi-Niveaus ist nach (7.132) und (7.133) für nichtentartete Halbleiter durch

$$W_{Fc} = W_F + kT \ln\{(n_0 + \Delta n)/n_0\} \qquad (12.26)$$

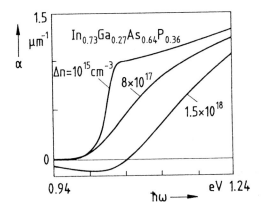

Bild 12.8: Änderung der Absorption durch freie Ladungsträger (nach [12.7])

und

$$W_{Fv} = W_F - kT \ln\{(p_0 + \Delta p)/p_0\} \qquad (12.27)$$

gegeben, wobei man bei optischer Anregung noch Neutralität der Überschußladungsträger

$$\Delta n = \Delta p \qquad (12.28)$$

voraussetzen kann. Für den Absorptionskoeffizienten kann man nach (8.110) schreiben $(W_c - W_v = W_g)$

$$\alpha(\hbar\omega) = \alpha_0(\hbar\omega) \left[\frac{1}{1 + \exp\{\frac{m_e}{m_e+m_h} \frac{W_g - \hbar\omega}{kT} - \frac{W_{Fv} - W_v}{kT}\}} \right.$$

$$\left. - \frac{1}{1 + \exp\{\frac{m_h}{m_e+m_h} \frac{\hbar\omega - W_g}{kT} - \frac{W_{Fc} - W_c}{kT}\}} \right] . \qquad (12.29)$$

Benutzt man effektive Zustandsdichten N_c und N_v nach (7.125) und (7.126), kann man (12.29) durch die Trägerdichten ausdrücken

$$\alpha(\hbar\omega) = \alpha_0(\hbar\omega) \left[\frac{1}{1 + \frac{p_0+\Delta p}{N_v} \exp\{\frac{m_e}{m_e+m_h} \frac{W_g - \hbar\omega}{kT}\}} \right.$$

$$\left. - \frac{1}{1 + \frac{N_c}{n_0+\Delta n} \exp\{\frac{m_h}{m_e+m_h} \frac{\hbar\omega - W_g}{kT}\}} \right] . \qquad (12.30)$$

Diese Beziehung beschreibt den in Bild 12.8 dargestellten Einfluß der Trägerdichteänderung $\Delta n = \Delta p$ auf den Absorptionskoeffizienten quantitativ. Durch

die erzeugten Überschußladungsträger kommt es in der Nähe der Bandkante zum
Ausbleichen der Absorption und bei höheren Trägerdichten sogar zur Verstärkung, wie dies bereits aus Kapitel 8 bekannt ist. Die Absorptionsänderung führt
über die Kramers-Kronig-Relation unmittelbar zu einer Brechungsindexänderung, die ähnlich wie bei der Elektrorefraktion hauptsächlich in der Nähe der
Bandlücke wirksam ist.

Zur optischen Generation freier Ladungsträger strahlt man Licht ein, dessen
Wellenlänge λ_c meistens etwas kürzer ist als die Bandlückenwellenlänge. Dieses
Pumplicht (mit der Photonendichte N) klingt im Halbleiter exponentiell ab, und
für die Generationsrate der Elektronen kann man schreiben

$$G = -\frac{dN}{dt} = -\frac{dN}{dx}\frac{c}{\bar{n}} = \alpha(\lambda_c)N\frac{c}{\bar{n}} \quad . \tag{12.31}$$

Unter Vernachlässigung stimulierter Effekte ist die Generationsrate im Gleichgewicht gleich der Rekombinationsrate durch spontane Emission

$$G = \Delta n / \tau_s \quad , \tag{12.32}$$

wobei nichtstrahlende Rekombination vernachlässigt wurde und τ_s die Elektronenlebensdauer bezeichnet. Aus (12.31) und (12.32) folgt der Zusammenhang
zwischen Überschußträgerdichte und eingestrahlter Photonendichte

$$\Delta n = N\alpha(\lambda_c)\tau_s c / \bar{n} \quad . \tag{12.33}$$

Die Elektronendichteänderung ist also proportional zur Pumpphotonendichte
N, zum Absorptionskoeffizienten $\alpha(\lambda_c)$ und zur Elektronenlebensdauer τ_s. Mit
(8.101) kann (12.33) auf Intensitäten oder Feldstärkeamplituden umgeschrieben
werden.

12.2.2   Transmissionsmodulatoren in InGaAsP

Optisch gesteuerte Absorptionsmodulation durch Bandauffüllung ist besonders
interessant im InGaAsP-InP-Halbleitersystem, da das InP-Substrat einen grös-
seren Bandabstand aufweist als die InGaAsP-Epitaxieschicht und damit einen
transparenten Träger darstellt. Das Modulationsprinzip ist schematisch in Bild
12.9 dargestellt. Die Wellenlänge $\lambda_t = 1.3$ μm des zu modulierenden Teststrahls
liegt an der Bandkante der quaternären Schicht $In_{0.73}Ga_{0.27}As_{0.64}P_{0.36}$. Der
Absorptionskoeffizient bei dieser Wellenlänge beträgt etwa $\alpha(\lambda_t) = 6000$ cm^{-1}.
Das Testlicht wird also in der Epitaxieschicht von $d = 2$ μm Dicke teilweise
absorbiert, passiert aber das InP-Substrat ohne weitere Dämpfung wegen der
kleineren Bandlückenwellenlänge des InP von $\lambda_g = 920$ nm. Dem Teststrahl wird
ein (kurzwelligerer) Steuerstrahl der Wellenlänge λ_c überlagert. Er wird in der
epitaktischen Schicht absorbiert und generiert Überschußladungsträger, die zur

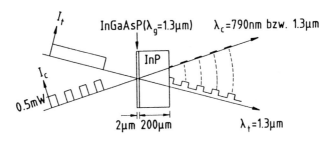

Bild 12.9: Prinzip der optisch gesteuerten Transmissionsmodulation durch dynamische Bandauffüllung

Transmissionsänderung des Teststrahls führen. Impulsförmige Änderungen des Steuerstrahls übertragen sich naturgetreu auf den Teststrahl, wenn die Impulse lang sind im Vergleich zur Trägerlebensdauer.

Wegen des exponentiell abklingenden Steuerstrahls ist eine Überschußträgerdichte der Form

$$\Delta n(x) = N_0 \, e^{-\alpha(\lambda_c)x}\alpha(\lambda_c)\tau_s c/\bar{n} \qquad (12.34)$$

zu erwarten, wobei N_0 proportional zur eingestrahlten Steuerleistung P_c ist. Die Diffusion der Elektronen führt auf eine mittlere Dichteänderung von

$$< \Delta n >= \frac{1}{d}\int_0^d \Delta n(x)dx \approx \frac{1}{d}\int_0^\infty \Delta n(x)dx = \frac{N_0\tau_s c}{\bar{n}d} = \frac{P_c\tau_s}{A\hbar\omega d} \quad . \qquad (12.35)$$

Hierbei wurde beim näherungsweisen Übergang vom zweiten zum dritten Term angenommen, daß der Steuerstrahl nahezu vollständig auf der Strecke der Länge d absorbiert wird. A bezeichnet eine effektive Querschnittsfläche, die außer durch den Querschnitt des Steuerstrahls noch durch die seitliche Diffusion der Ladungsträger bestimmt wird. In dem verwendeten InGaAsP-Material mit einer Elektronendichte von $n_0 \approx 10^{16}$ cm^{-3} kann man mit einer ambipolaren Diffusionslänge von etwa 2 μm rechnen.

Im Experiment werden Steuerstrahl und Teststrahl fokussiert und überlagert, wie in Bild 12.10 zu sehen ist. Die Transmissionsänderung des Teststrahls wächst nahezu linear mit der eingestrahlten Steuerleistung an. Bei einer effektiven Fläche von ca. $A = 30 \ \mu$m^2 erreicht man bei einem kurzwelligen Steuerstrahl (λ_c = 790 nm) von $P_c = 1$ mW Leistung mehr als 50 % Transmissionsänderung. Bei einer Dicke von $d = 2 \ \mu$m ergibt sich nach (12.35) eine mittlere Überschußträgerdichte von $< \Delta n >= 2.5 \cdot 10^{17}$ cm^{-3}, wenn eine Trägerlebensdauer von $\tau_s = 3.5$ ns angenommen wird, die sich aus Messungen der Dynamik ergibt. Mit einer effektiven Elektronenmasse von $m_e \approx 0.05m_0$ und einer effektiven (schwe-

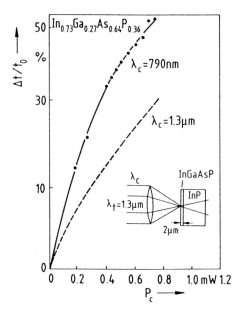

Bild 12.10: Relative Transmissionsänderung $\Delta t/t_0$ bei der Testwellenlänge $\lambda_t = 1.3\ \mu\text{m}$ als Funktion der Steuerleistung P_c bei der Wellenlänge $\lambda_c = 790$ nm (durchgezogen) und $\lambda_c = 1.3\ \mu\text{m}$ (gestrichelt) (nach [12.8])

ren) Lochmasse von $m_h \approx 0.5 m_0$ ergeben sich für das quaternäre Material die effektiven Zustandsdichten ($T = 293$ K)

$$N_c = 2(2\pi m_e kT/h^2)^{3/2} \approx 3.0 \cdot 10^{17} \text{cm}^{-3} \qquad (12.36)$$

und

$$N_v = 2(2\pi m_h kT/h^2)^{3/2} \approx 8.9 \cdot 10^{18} \text{cm}^{-3} \quad . \qquad (12.37)$$

Hierbei wurde der Beitrag der leichten Löcher vernachlässigt. Die Überschußträgerdichten erfüllen demnach $< \Delta n > = < \Delta p > \ll N_v$, und für n-dotierte Proben gilt auch $n_0 = 1 \cdot 10^{16}$ cm$^{-3} \gg p_0$. Somit erhält man aus (12.30) näherungsweise ($p_0 \ll N_v, m_e \ll m_h$)

$$\alpha(\hbar\omega) \approx \alpha_0(\hbar\omega) \left[1 - \frac{1}{1 + \frac{N_c}{n_0 + <\Delta n>} \exp\{\frac{\hbar\omega - W_g}{kT}\}} \right] \quad . \qquad (12.38)$$

Absorptionsänderungen bei der Testwellenlänge $\lambda_t = 2\pi c/\omega$ sind demnach durch

$$\frac{\Delta\alpha(\lambda_t)}{\alpha(\lambda_t)} = \frac{\alpha(P_c) - \alpha(P_c = 0)}{\alpha(P_c = 0)} \approx - \frac{<\Delta n>}{n_0 + <\Delta n> + N_c \exp\{\frac{hc/\lambda_t - W_g}{kT}\}} \qquad (12.39)$$

zu beschreiben, wobei $\alpha(\lambda_t)$ den Absorptionskoeffizienten unter Gleichgewichtsbedingungen bezeichnet. Wegen der relativ starken Dämpfung in der epitaktischen Schicht kann man Vielfachreflexionen vernachlässigen. Für die transmittierten Testleistungen gilt dann

$$P'_t(P_c = 0) = P_t \exp\{-\alpha(\lambda_t)d\} \qquad (12.40)$$

und

$$P'_t(P_c) = P_t \exp\{-[\alpha(\lambda_t) + \Delta\alpha(\lambda_t)]d\} \quad . \qquad (12.41)$$

Die Transmission der Epitaxieschicht ist durch $t = P'_t/P_t$ definiert, und die relative Transmissionsänderung ist näherungsweise

$$\frac{\Delta t}{t_0} = \frac{t(P_c) - t(P_c = 0)}{t(P_c = 0)} \approx \frac{\alpha(\lambda_t)d < \Delta n >}{n_0 + < \Delta n > + N_c \exp\{\frac{hc/\lambda_t - W_g}{kT}\}} \quad . \qquad (12.42)$$

Dieser Ausdruck beschreibt die durchgezogene Kurve in Bild 12.10, wobei $hc/\lambda_t \approx W_g$ angesetzt wurde. Große Transmissionsänderungen sind sowieso nur für Testwellenlängen nahe der Bandlücke zu erwarten. Für größere Wellenlängen fällt $\alpha(\lambda_t)$ rasch ab, während für kleinere Wellenlängen der Exponentialterm im Nenner von (12.42) sehr groß wird. Die experimentell beobachteten Halbwertsbreiten der Transmissionsänderung von etwa 40 nm sind vergleichbar mit der spektralen Breite der Emission einer Leuchtdiode.

Ebenfalls in Bild 12.10 gestrichelt eingetragen ist die relative Transmissionsänderung für einen Steuerstrahl, dessen Wellenlänge ($\lambda_c = 1.3 \mu$m) mit der des Teststrahls übereinstimmt. Die geringere Transmissionsänderung ist auf die vergleichsweise schwächere Absorption des Steuerstrahls zurückzuführen. Steuerlicht und Testlicht lassen sich bei orthogonaler Polarisation einfach trennen.

Die Dynamik der Transmissionsmodulation ist begrenzt durch die Lebensdauer der Überschußladungsträger. Sie ist nur bedingt theoretisch vorhersagbar, da sie wesentlich durch Rekombinationszentren und damit durch die Kristallqualität bestimmt ist. In unstrukturierten InGaAsP-Schichten wurden 3 dB-Grenzfrequenzen von $\nu_{gr} = 80$ MHz beobachtet, die auf Lebensdauern $\tau_s = \sqrt{3}/(2\pi\nu_{gr})$ $= 3.5$ ns führen. Oberfächenrekombination bei lateral strukturierten Proben kann die Lebensdauer drastisch reduzieren, erfordert dann gemäß (12.35) aber eine erhöhte Steuerleistung.

Die vorgestellten optisch gesteuerten Transmissionsmodulatoren sind besonders interessant für eine parallele Modulation mehrerer Signalkanäle. Die Anordnung ist schematisch in Bild 12.11 dargestellt. Der kleinste Abstand benachbarter Kanäle ist durch Trägerdiffusion bestimmt. Die Maximalzahl der möglichen Kanäle pro Flächeneinheit ist durch Wärmedissipation vorgegeben. Geht man davon aus, daß pro Quadratmikrometer Fläche ein Mikrowatt Wärme abgeführt

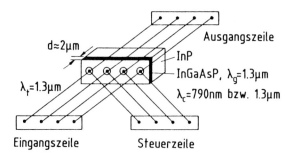

$d \approx 2\mu m$

$\lambda_f = 1.3\mu m$

Ausgangszeile

InP

InGaAsP, $\lambda_g = 1.3\mu m$

$\lambda_c = 790nm$ bzw. $1.3\mu m$

Eingangszeile   Steuerzeile

Bild 12.11: Schema einer parallelen Signalverarbeitung

werden kann (entsprechend 100 W/cm^2), dann lassen sich problemlos 1000 Kanäle pro Quadratzentimeter Fläche betreiben. Anwendungen liegen im Bereich der Vermittlungstechnik oder der Bildverarbeitung.

12.2.3   Bandauffüllung in Quantenfilmen

In Quantenfilmen hat die Zustandsdichte der Elektronen einen stufenförmigen Verlauf. Dies ist für die Bandauffüllung vorteilhaft, da die energetische Verteilung der Ladungsträgerdichte in den Bändern deutlich höhere Werte erreicht als unter gleichen Bedingungen in dreidimensionalen Systemen. Dies hatte sich bereits in Abschnitt 8.3 bei der Behandlung der Verstärkung in Quantenfilmstrukturen gezeigt. Im folgenden diskutieren wir den Unterschied der Bandauffüllung in zwei- und dreidimensionalen Systemen.

Die spektrale Elektronendichte im Leitungsband dreidimensionaler Systeme ist nach (7.99) durch

$$\frac{dn}{dW} = D_c(W)f_c(W) = \sqrt{\frac{2}{\pi}}\left(\frac{m_e}{\pi\hbar^2}\right)^{3/2}\frac{(W-W_c)^{1/2}}{1+\exp\{(W-W_{Fc})/(kT)\}} \qquad (12.43)$$

gegeben. In Quantenfilmen ist die Bewegung der Elektronen in Richtung senkrecht zu den Potentialbarrieren quantisiert. Im ersten Subband für Elektronenenergien $W_{c1} \leq W < W_{c2}$ ergibt sich die spektrale Elektronendichte aus (7.139) zu

$$\frac{dn}{dW} = D_{c1}(W)f_c(W) = \left(\frac{m_e}{a_x\pi\hbar^2}\right)\frac{1}{1+\exp\{(W-W_{Fc})/(kT)\}} \quad , \qquad (12.44)$$

wobei a_x die Dicke des Quantenfilms bezeichnet. Die Volumendichte n hängt mit der Flächendichte n_S im Quantenfilm über die Relation

$$n_S = na_x \qquad (12.45)$$

zusammen. Die spektrale Flächendichte ist damit

$$\frac{dn_S}{dW} = \left(\frac{m_e}{\pi\hbar^2}\right)\frac{1}{1 + \exp\{(W - W_{Fc})/(kT)\}} \quad . \tag{12.46}$$

Im folgenden Beispiel untersuchen wir eine Anregung, die auf eine Elektronenkonzentration von $n = 10^{17}$ cm^{-3} führt ($T = 293$ K). Aus (7.125) erhalten wir für dreidimensionale Systeme den Abstand des Quasifermi-Niveaus von der Leitungsbandkante $W_c - W_{Fc} = 36.2$ meV, wobei wir die für GaAs gültigen Materialparameter $m_e = 0.067m_0$ und $N_c = 4.26 \cdot 10^{17}$ cm^{-3} verwendet haben und Nichtentartung vorausgesetzt wurde. Die Energieabhängigkeit der Elektronendichte folgt unmittelbar aus (12.43). Das Maximum der Verteilung ist $(dn/dW)_{max} = 1.7 \cdot 10^{18}$ cm^{-3}eV^{-1}. Es liegt etwa 15 meV oberhalb der Leitungsbandkante W_c.

In Quantenfilmen der Breite $a_x = 20$ nm erhält man für die Volumendichte $n = 10^{17}$ cm^{-3} die Flächendichte $n_S = na_x = 2 \cdot 10^{11}$ cm^{-2}. Bei diesen geringen Dichten ist bei Potentialtopfbreiten von 20 nm, wie in Bild 7.26 veranschaulicht, praktisch nur das erste Subband besetzt. Die Lage des Quasifermi-Niveaus bestimmt sich deshalb einfach aus

$$n_S = \int_{W_{c1}}^{\infty} \frac{dn_S}{dW}dW = \frac{m_e}{\pi\hbar^2}kT\ln\left\{1 + \exp\frac{W_{Fc} - W_{c1}}{kT}\right\} \quad . \tag{12.47}$$

Das Ergebnis ist $W_{c1} - W_{Fc} = 27.6$ meV. Das Maximum der Verteilung (12.47) liegt an der Subbandkante bei $W = W_{c1}$ und beträgt $(dn_S/dW)_{max} = 7.0 \cdot 10^{12}$ cm^{-2}eV^{-1}. Dies entspricht einer spektralen Volumendichte von $(dn_S/dW)_{max}a_x^{-1} = 3.5 \cdot 10^{18}$ cm^{-3}eV^{-1}, die mehr als doppelt so groß ist wie im dreidimensionalen Fall. Die äquivalente spektrale Elektronendichte wächst in engeren Potentialtöpfen noch weiter an. Ähnliche Feststellungen gelten für die spektralen Verteilungen der Löcherdichten. Somit kann man erwarten, daß Ausbleichen durch Bandauffüllen in zweidimensionalen Quantenfilmen effektiver ist als in massiven dreidimensionalen Systemen.

12.2.4 Exzitonische Effekte

Neben der Fundamentalabsorption durch Erzeugung freier Elektronen und Löcher trägt in Quantenfilmstrukturen die Anregung gebundener Elektron-Loch-Paare, die man als Exzitonen bezeichnet, maßgeblich zur Absorption nahe der Bandkante bei. Im Exziton sind Elektron und Loch durch Coulomb-Kräfte gebunden. Es bildet sich ein wasserstoffähnliches System, das in Bild 12.12 veranschaulicht ist. Die Energien der gebundenen Zustände sind in dreidimensio-

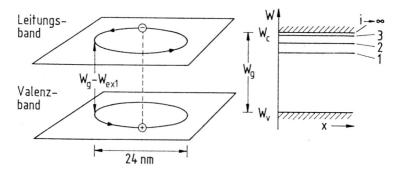

Bild 12.12: Exziton (schematisch) und Exzitonenniveaus. Der eingetragene Bahndurchmesser gilt für GaAs

nalen Systemen ähnlich wie bei gebundenen Donatorelektronen (vgl. Abschnitt 7.4.4) durch

$$\Delta W_{ex\ i} = -\frac{m_r q^4}{2\hbar^2 (4\pi\epsilon\epsilon_0 i)^2}, \quad i = 1, 2, \ldots \tag{12.48}$$

gegeben. In GaAs ist die reduzierte Masse $m_r = \left(m_e^{-1} + m_h^{-1}\right)^{-1} = 0.059 m_0$, und die Energie des Grundzustands $i = 1$ ist $\Delta W_{ex\ 1} = -4.7$ meV.

Durch die Kopplung ist zur Anregung exzitonischer Zustände eine geringere Energie erforderlich als zur Erzeugung freier Elektron-Loch-Paare. Exzitonische Zustände sind deshalb im Energiebandschema unterhalb der Leitungsbandkante einzuzeichnen

$$W_i = W_g + \Delta W_{ex\ i} \quad . \tag{12.49}$$

Der Radius der ersten Bohrschen Bahn beträgt

$$r_B = \frac{4\pi\epsilon\epsilon_0 \hbar^2}{m_r q^2} = 12 \text{ nm} \quad , \tag{12.50}$$

wobei der Zahlenwert für massives GaAs gültig ist. Höhere Zustände besitzen größere Bahndurchmesser.

Neben freien Exzitonen treten gebundene auf. Beispielsweise kann ein Loch mit dem Elektron eines (neutralen) Donators wechselwirken und exzitonische Zustände bilden. Elektron und Loch kreisen hierbei gemeinsam um das ortsfeste Donatoratom. Gebundene und freie Exzitonen unterscheiden sich geringfügig in ihren Bindungsenergien.

Exzitonische Zustände zeigen sich im Absorptionsspektrum als Resonanzmaxima unmittelbar unterhalb der Bandlücke freier Teilchen. Die Resonanzen entstehen durch die Erzeugung neuer Teilchen, der Exzitonen, und nicht durch An-

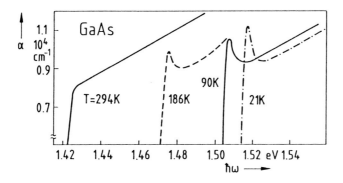

Bild 12.13: Exzitonische Resonanzen im Absorptionsspektrum von massivem GaAs bei verschiedenen Temperaturen

regung bereits existierender Teilchen. Dies ist ähnlich wie bei der Erzeugung von Positronium, also Elektron-Positron-Paaren, durch Vernichtung hochenergetischer Photonen. Wie aus Bild 12.13 hervorgeht, beobachtet man Exzitonenresonanzen in massivem GaAs nur bei tiefen Temperaturen. Bei höheren Temperaturen ionisieren die elektrischen Felder longitudinal-optischer Phononen die erzeugten, aber nur schwach gebundenen Exzitonen so schnell, daß sich keine Resonanzen ausbilden können.

In Quantenfilmen bilden sich durch die Coulomb-Wechselwirkung ebenfalls Exzitonen. Die Bewegung der Elektronen und Löcher ist allerdings auf den Filmbereich beschränkt. Bei genügend kleiner Filmdicke ergeben sich praktisch Teilchenbahnen, die in einer Ebene verlaufen. Die Bindungsenergie zweidimensionaler Exzitonen ist im Idealfall viermal so groß wie im dreidimensionalen System. Demzufolge werden Exzitonenresonanzen noch, wie bereits in Bild 8.11 dargestellt, in Absorptionsspektren bei Raumtemperatur beobachtet. Da in Quantenfilmen die Bänder schwerer und leichter Löcher im Γ-Punkt nicht mehr entartet sind, treten zwei Exzitonresonanzen jeweils an den Kanten der stufenförmigen Absorptionskurve auf. Die Verbreiterung der Resonanzen ist auf die Wechselwirkung mit longitudinal-optischen Phononen zurückzuführen. Aus der Temperaturabhängigkeit der Linienbreite kann man auf Exzitonenlebensdauern in GaAs-Quantenfilmen von etwa einer halben Pikosekunde schließen. Die Exzitonen leben gerade lange genug, daß sich die Resonanzen ausbilden können.

Wenn freie Elektron-Loch-Paare oder Exzitonen generiert werden, induziert dies Änderungen des Absorptionskoeffizienten und auch des Brechungsindexes. Bild 12.14 zeigt die Wellenlängenabhängigkeit der Absorption einer Struktur mit 65 AlGaAs-GaAs-Quantenfilmen. Die ausgeprägten Exzitonresonanzen verschwinden, wenn die Probe mit Licht ($\lambda = 830$ nm, $I = 800$ W/cm^2) bestrahlt wird. Durch die Bestrahlung wird in der Probe eine Ladungsträgerdichte von einigen 10^{17} cm^{-3} erzeugt. Diese freien Ladungsträger schirmen das Coulomb-Feld ab

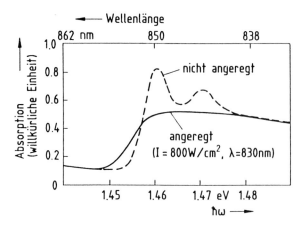

Bild 12.14: Unterdrückung von Exzitonresonanzen in Quantenfilmen durch freie Ladungsträger, die durch kontinuierliche Lichteinstrahlung ($\lambda = 830$ nm, $I = 800$ W/cm^2) erzeugt werden (nach [12.9])

und reduzieren die Bindungsenergie der Exzitonen. Die rasche Zerstörung der Exzitonen durch polare Phononen bringt die Resonanzen zum Verschwinden. Durch die erhöhte Trägerdichte verringert sich gleichzeitig der Bandabstand. Beide Effekte, das Verschwinden der Exzitonenresonanz wie die Abnahme des Bandabstandes, werden auch in dotierten Halbleitern beobachtet.

Interessanterweise wurde festgestellt, daß die Abschirmung der Coulomb-Wechselwirkung in Quantenfilmen besonders effektiv einsetzt, wenn die Trägerdichte so groß wird, daß mit der Wahrscheinlichkeit 1/2 ein Elektron oder ein Loch innerhalb der Exzitonbahn zu finden ist.

Die Lebensdauer der generierten freien Ladungsträger von 10 bis 20 ns bestimmt das Zeitverhalten des Absorptionsverlaufs. Dies gilt auch bei resonanter Anregung, denn die in diesem Fall generierten Exzitonen zerfallen bei Raumtemperatur in etwa einer halben Pikosekunde in freie Elektron-Loch-Paare, die dann ihrerseits die Dynamik festlegen.

12.2.5   AlGaAs-GaAs-Quantenfilm-Reflexionsmodulator

GaAs-Quantenfilme mit AlGaAs-Barrieren besitzen eine Absorptionskante, die energetisch höher liegt als die der Fundamentalabsorption im GaAs-Substrat. Licht mit interessierenden Wellenlängen nahe der Absorptionskante der Quantenfilme wird im Substrat absorbiert. Zur Untersuchung von Quantenfilmmodulatoren muß deshalb das Substrat unter Verwendung einer Ätzstopschicht selektiv abgeätzt werden, oder es muß ein dielektrischer Spiegel gitterangepaßt auf das Substrat aufgewachsen werden, der dann Betrieb in Reflexion gestattet.

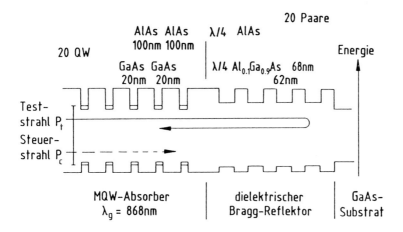

Bild 12.15: Aufbau eines AlGaAs-Multiquantenfilm-Reflexionsmodulators (nach [12.10])

Bild 12.15 zeigt schematisch den Aufbau eines AlGaAs-Multiquantenfilm-Reflexionsmodulators und illustriert auch die Funktionsweise. Die ca. 20 nm dicken GaAs-Quantenfilme mit 100 nm starken AlAs-Barrieren sind auf einem Bragg-Reflektor bestehend aus 20 Paaren von $\lambda/4$-Schichten aus AlAs und $Al_{0.1}Ga_{0.9}As$ angebracht. Im Quantenfilmsystem bilden sich Exzitonresonanzen bei der Wellenlänge $\lambda = 868$ nm aus. Ein Teststrahl P_t und ein stärkerer Steuerstrahl P_c, beide bei derselben Wellenlänge $\lambda = 868$ nm der Exzitonresonanz, aber senkrecht zueinander polarisiert, werden unter senkrechtem Einfall auf denselben Punkt der Oberfläche fokussiert. Der Fokusdurchmesser beträgt etwa 2 μm. Der stärkere Steuerstrahl vor allem erzeugt freie Ladungsträger in den Quantenfilmen. Die laterale (ambipolare) Ladungsträgerdiffusion verbreitert die angeregte Zone auf einen Bereich mit ca. 5 μm Durchmesser. Der Teststrahl, vom Bragg-Reflektor mit mehr als 85 % reflektiert, registriert Änderungen der Absorption in den Quantenfilmen, die durch die vom Steuerstrahl erzeugten Ladungsträger und die damit verbundene Unterdrückung der Exzitonresonanz hervorgerufen werden. Zusätzlich können neben den exzitonischen Effekten noch modulationsverstärkende Interferenzeffekte auftreten, die ihre Ursache in dem von der Probenoberfläche und dem Bragg-Reflektor gebildeten Fabry-Perot-Resonator haben.

Auch ohne Steuerstrahl kann der Teststrahl durch Absorption in der Quantenfilmschicht Ladungsträger erzeugen und dadurch bereits die Reflexion verändern. Bild 12.16 zeigt die Abhängigkeit des Reflexionsfaktors $R = P_{tr}/P_t$ bei der Exzitonresonanz als Funktion der eingestrahlten Leistung. Man beobachtet ein stark nichtlineares Verhalten, das durch eine charakteristische Leistung von

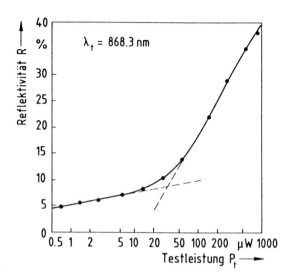

Bild 12.16: Nichtlineare intensitätsabhängige Reflexion bei der Exziton-Resonanzwellenlänge $\lambda_t = 868$ nm. Die charakteristische Leistung von $P_{ts} = 35$ μW entspricht einer kritischen Schwellintensität von 100 W/cm^2

$P_{ts} = 35$ μW, entsprechend einer Intensität $I_{ts} = 100$ W/cm^2, zu beschreiben ist. Wahrscheinlich ist die Sättigung nichtstrahlender Übergänge die Ursache für das Auftreten des Knicks. Die nichtlineare Kennlinie eignet sich zum Aufbau kaskadierbarer optischer Schalter, die alle bei derselben Wellenlänge arbeiten.

Die Schaltgeschwindigkeit des vorgestellten Quantenfilmmodulators ist durch die Lebensdauer der generierten freien Ladungsträger bestimmt, die durchaus 20 ns betragen kann. Die Lebensdauer läßt sich auf Kosten der Steuerleistung beträchtlich verkürzen, wenn Mikroresonatorstrukturen nach Bild 12.17 verwendet werden. Hierbei werden die Überschußladungsträger wirksam durch Oberflächenrekombination an den Mantelflächen der Mikroresonatoren abgebaut. Man hat Schaltzeiten von weniger als 200 ps erzielt.

In zweidimensionalen Mikroresonatoranordnungen lassen sich zahlreiche Signalkanäle parallel verarbeiten. Die Mikroresonatoren verhindern die laterale Trägerdiffusion und wirken wegen der Totalreflexion der eingestrahlten Wellen an den Mantelflächen als Wellenleiter, die laterales optisches Übersprechen unterdrücken. Die Herstellung erfolgt durch reaktives Ionenätzen.

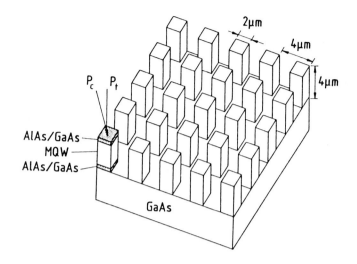

Bild 12.17: Zweidimensionale Anordnung von Mikroresonatoren (nach [12.11])

12.3 Feldinduzierte Modulation in Quantenfilmen

12.3.1 Stark-Effekt

Wirkt ein statisches elektrisches Feld $F_\perp$ senkrecht zur Ebene eines Quantenfilms, so verkippen die Bänder, und der Potentialverlauf ändert sich, wie es in Bild 12.18 dargestellt ist. Durch die Deformation verschieben sich auch die Energien der gebundenen Elektron- bzw. Lochzustände, und zwar so, daß ihre Energiedifferenz geringer wird. Die Absenkung der Energieniveaus führt dazu, daß sich unter der Wirkung des Feldes die Absorptionskante zu größeren Wellenlängen verschiebt.

In einem Quantenfilm mit unendlicher Barrierenhöhe läßt sich die Verschiebung der Energieniveaus im elektrischen Feld, die man als Stark-Effekt bezeichnet, relativ einfach berechnen. Wir behandeln hier nur die Verschiebung der Elektronenniveaus, die Berechnung für Löcher verläuft analog. Innerhalb des Quantenfilms für $|x| \leq a_x/2$ gilt die Schrödinger-Gleichung

$$-\frac{\hbar^2}{2m_e}\frac{d^2\psi(x)}{dx^2} - qF_\perp x\psi(x) = W\psi(x) \quad . \tag{12.51}$$

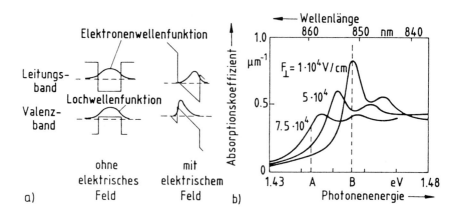

Bild 12.18: Auswirkung eines elektrischen Feldes $F_\perp$ senkrecht zur Ebene eines Potentialtopfes. a) Verkippung der Bandkanten und Wellenfunktionen (schematisch), b) Verschiebung der Absorptionskante (nach [12.12])

Ohne Feld, $F_\perp = 0$, sind die Eigenzustände und Eigenfunktionen aus Abschnitt 7.1.4 bekannt. Die Eigenwerte der Energie sind

$$W_i = \frac{\hbar^2}{2m_e}\left(i\frac{\pi}{a_x}\right)^2 \quad . \tag{12.52}$$

Die zugehörigen Eigenfunktionen sind innerhalb des Potentialtopfes harmonische Funktionen,

$$\psi_i(x) = \left(\frac{2}{a_x}\right)^{1/2}\cos\left(i\frac{\pi}{a_x}x\right) \tag{12.53}$$

für ungerades i und

$$\psi_i(x) = \left(\frac{2}{a_x}\right)^{1/2}\sin\left(i\frac{\pi}{a_x}x\right) \tag{12.54}$$

für gerades i. Außerhalb des Potentialtopfes sind die Eigenfunktionen null. Auch mit Feld verschwindet die Aufenthaltswahrscheinlichkeit des Elektrons außerhalb des unendlich hohen Potentialtopfes, und die Randbedingung ist

$$\psi_i(x_\pm) = \psi_i(x = \pm a_x/2) = 0 \quad . \tag{12.55}$$

Wir führen als Energieeinheit die Energie des Grundzustands

$$W_1 = \frac{\hbar^2}{2m_e}\left(\frac{\pi}{a_x}\right)^2 \tag{12.56}$$

ein und messen das Feld in Einheiten von

$$F_1 = W_1/(qa_x) \quad .$$ (12.57)

Wir transformieren die Differentialgleichung (12.51) mit (12.4) und (12.5) auf die Airysche Form

$$d^2 \tilde{\psi}(\xi)/d\xi^2 = \xi \tilde{\psi}(\xi)$$ (12.58)

und erhalten als allgemeine Lösung

$$\tilde{\psi}(\xi) = a\mathrm{Ai}(\xi) + b\mathrm{Bi}(\xi) \quad .$$ (12.59)

Hierbei sind a und b Konstanten, und $\mathrm{Ai}(\xi)$ und $\mathrm{Bi}(\xi)$ bezeichnen linear unabhängige, tabellierte Airy-Funktionen. Die Randbedingung (12.55) erfordert

$$\tilde{\psi}(\xi_\pm) = a\mathrm{Ai}(\xi_\pm) + b\mathrm{Bi}(\xi_\pm) = 0 \quad ,$$ (12.60)

wobei mit (12.4) und (12.5) die Randkoordinaten durch

$$\xi_\pm = \xi(x_\pm) = -\left(\frac{\pi F_1}{F_\perp}\right)^{2/3} \left(\frac{W}{W_1} \pm \frac{F_\perp}{2F_1}\right)$$ (12.61)

ausgedrückt werden können. Aus (12.60) folgt

$$\mathrm{Ai}(\xi_+)\mathrm{Bi}(\xi_-) - \mathrm{Ai}(\xi_-)\mathrm{Bi}(\xi_+) = 0 \quad .$$ (12.62)

Zur numerischen Lösung von (12.62) kann man Reihenentwicklungen für $\mathrm{Ai}(\xi)$ und $\mathrm{Bi}(\xi)$ benutzen. Man setzt ξ_+ und ξ_- aus (12.61) ein und bestimmt die Eigenenergie W so, daß (12.62) möglichst gut erfüllt wird. Bild 12.19 zeigt die normierte Eigenenergie des Grundzustands als Funktion der normierten Feldstärke. Aus der Summe der Verschiebung der Elektronenenergie und der Lochenergie ergibt sich die Verschiebung der Absorptionskante.

Die Abhängigkeit der Lage der Absorptionskante von der Feldstärke ist sehr viel stärker als bei der Elektroabsorption in massivem GaAs. Mit den Elektron- und Lochniveaus verschieben sich auch die Exzitonresonanzen. Allerdings verringert sich die Bindungsenergie der Exzitonen geringfügig mit zunehmender Feldstärke, was zu einer Verbreiterung der Resonanz führt. Interessant ist, daß man noch ausgeprägte Resonanzen für Felder beobachtet, die das fünfzigfache des klassischen Ionisierungsfeldes

$$F_{ion} = |\Delta W_{ex\ 1}|/(2qr_B) \approx 2000 \text{ V/cm}$$ (12.63)

betragen, wobei der angegebene Zahlenwert für massives GaAs gilt. Offenbar verhindert der Potentialwall die Dissoziation des Exzitons in Feldrichtung.

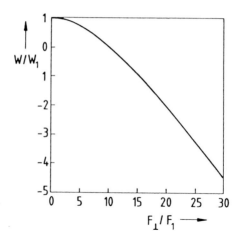

Bild 12.19: Energie W des Grundzustands in einem Quantenfilm unendlicher Höhe in einem homogenen elektrischen Feld $F_\perp$, das senkrecht zu den Grenzflächen des Films gerichtet ist. Zur Normierung dienen die Energie W_1 des Grundzustands ohne Feld und die Feldstärke $F_1 = W_1/(q a_x)$

Wird dagegen das elektrische Feld parallel zu den Grenzflächen des Quantenfilms angelegt, verbreitert sich die Exzitonresonanz rasch und ist bei Feldern von $1 \cdot 10^4$ V/cm vollständig verschwunden. Außerdem verläuft die Absorptionskante bei parallelem Feld viel flacher als bei senkrechtem. Offenbar verursacht die Feldionisierung der Exzitonen das beschriebene Verhalten.

Der Einfluß eines elektrischen Feldes auf den Absorptionsverlauf ist bei senkrechter Feldrichtung in Quantenfilmen erheblich stärker als nach dem klassischen Franz-Keldysh-Effekt zu erwarten. Man bezeichnet den Effekt deshalb auch als quantenunterstützten Stark-Effekt (QCSE, quantum confined Stark effect).

12.3.2 Pin-Absorptionsmodulator

Der quantenunterstützte Stark-Effekt läßt sich zum Aufbau leistungsarmer, schneller Absorptionsmodulatoren ausnutzen. Verwendet man GaAs-Quantenfilme mit AlGaAs-Barrieren, die sich zum Beispiel mit Molekularstrahlepitaxie einfach herstellen lassen, wird es notwendig, das GaAs-Substrat zu entfernen oder einen dielektrischen Reflektor vorzusehen. Andernfalls würde die Absorption des Substrats, dessen Bandlücke kleiner ist als die Energie der Subbandübergänge im Quantenfilm, zu sehr stören.

Bild 12.20 zeigt den Aufbau des Modulators. Das Substrat ist weggeätzt, das Licht läuft senkrecht durch die Quantenfilme. Die Quantenfilme befinden sich zwischen zwei hochdotierten n^+- bzw. p^+-$Al_{0.32}Ga_{0.68}As$-Schichten. Sie bilden

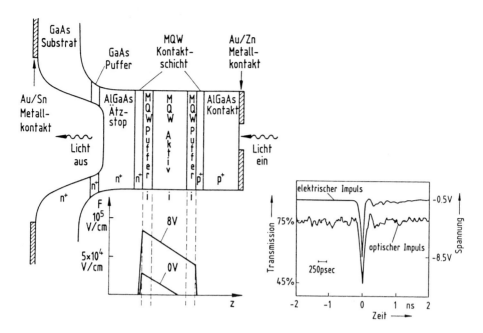

Bild 12.20: Aufbau eines Mehrfachquantenfilm (MQW, multiple quantum well)-Absorptionsmodulators im AlGaAs-Materialsystem, Verlauf des elektrischen Feldes in der intrinsischen Zone unter Sperrspannung und elektrooptische Impulsmodulation (nach [12.13])

mit zwei Pufferzonen den intrinsischen Bereich einer pin-Diodenstruktur. Der Quantenfilmbereich umfaßt 50 Potentialtöpfe aus GaAs mit jeweils 9.5 nm Breite und 51 Barrieren mit 9.8 nm Breite aus $Al_{0.32}Ga_{0.68}As$. Die Pufferschichten bzw. Kontaktschichten bestehen ebenfalls aus dünnen undotierten bzw. hochdotierten Mehrfach-Quantenfilmstrukturen von 30 bzw. 20 Perioden mit geringen Topfbreiten von 2.9 nm GaAs und Barrierenbreiten von 6.9 nm $Al_{0.32}Ga_{0.68}As$. Der Subbandabstand in diesen Übergitterzonen ist höher als in der eigentlich interessierenden Mehrfach-Quantenfilmzone. Durch die Quantenfilm-Pufferschichten verspricht man sich eine geringere Hintergrunddotierung und eine verbesserte Qualität der breiteren Quantenfilme als mit einfachen AlGaAs-Pufferschichten. Die Überstruktur verhindert jedenfalls leichter eine Verschleppung von Verunreinigungen beim Wachstum. Die untere n^+-AlGaAs-Schicht wirkt als selektiver Ätzstop. Die Zink-Gold- bzw. Zinn-Gold-Kontakte sind aufgedampft, einlegiert und später elektrolytisch verstärkt, um eine bessere Kontaktierung zu ermöglichen. Der Mesadurchmesser beträgt üblicherweise ca. 100 μm.

Durch Anlegen einer Sperrspannung an die Diode baut sich ein elektrisches Feld in der Quantenfilmzone auf. Für Wellenlängen dicht unterhalb der Exzitonenresonanz läßt sich mit der beschriebenen Struktur die Transmission maximal von 75 % auf 45 % reduzieren. Die erforderliche Sperrspannung beträgt 8 V.

Ein größerer Hub läßt sich zum Beispiel in Wellenleiterstrukturen bei größerer Wechselwirkungslänge erreichen.

Die Dynamik des Modulators ist experimentell bislang durch RC-Zeitkonstanten begrenzt. Im rechten Teil von Bild 12.20 ist die Antwort auf einen Spannungsimpuls von 125 ps Halbwertsbreite dargestellt. Nach Entfaltung des Photodiodensignals ergibt sich eine Halbwertsbreite von 131 ps für den optischen Impuls. Die fundamentale Grenze der Dynamik scheint durch die Geschwindigkeit gegeben zu sein, mit der die quantenmechanische Wellenfunktion auf die Feldänderung reagieren kann. Diese ist durch die Unschärferelation

$$\Delta W \Delta t \geq \hbar/2 = 5.27 \cdot 10^{-35} \text{ Ws}^2 \qquad (12.64)$$

bestimmt. Setzt man eine notwendige Verschiebung der Absorptionskante von $\Delta W = 4$ meV durch das elektrische Feld voraus, kann die Wirkung frühestens nach $\Delta t = 82$ fs eintreten. Die Dynamik des Modulators ist jedenfalls nicht durch Trägerlebensdauern begrenzt.

12.3.3   Selbststeuerung im SEED

Die pin-Struktur in Bild 12.20 kann auch als Photodiode wirken. Jedes im Quantenfilm absorbierte Photon sorgt für den Fluß eines Ladungsträgers in einem äußeren Stromkreis. Das Bauelement kann damit gleichzeitig als Detektor und Modulator arbeiten. Man kann einen geeigneten elektrischen Schaltkreis verwenden, um eine optoelektronische Rückkopplung für den Modulator aufzubauen. Mit positiver Rückkopplung erreicht man optisch bistabiles Schalten, negative Rückkopplung kann man zur Stabilisierung nutzen.

Bild 12.21 zeigt den kombinierten Detektor-Modulator-Baustein in einem einfachen elektrischen Schaltkreis. Man bezeichnet dieses selbststeuernde Element als SEED für self-electrooptic effect device. Wir untersuchen die Funktion für Wellenlängen in der Nähe der Exzitonresonanz, die in Bild 12.18 durch B markiert ist. Für geringe Lichtintensität fließt nur ein geringer Photostrom, und die gesamte Versorgungsspannung V_0 in Sperrichtung fällt über dem pn-Übergang ab. In diesem Hochfeldzustand ist (bei der mit B markierten Wellenlänge) die Absorption relativ gering. Mit zunehmender Lichtleistung wächst der Photostrom, und der zunehmende Spannungsabfall am Lastwiderstand R_L sorgt für eine abnehmende Feldstärke in der Quantenfilmzone. Damit nimmt aber die Absorption weiter zu und führt zu einem weiter anwachsenden Photostrom. Diese positive Rückkopplung kann zu Bistabilitäten führen, die in den Kennlinien in Bild 12.21 zu sehen sind. Ursache für das Auftreten der Bistabilität ist offenbar eine mit zunehmender Lichtleistung auch zunehmende Absorption. Dieses durch hybride Rückkopplung erzeugte Verhalten ist ungewöhnlich. Üblicherweise beobachtet man, wie bei der in Bild 12.18 mit A bezeichneten Wellenlänge, ein

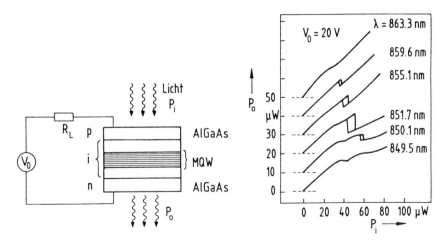

Bild 12.21: Quantenfilm-Absorptionsmodulator mit optoelektronischer Rückkopplung (SEED) und Kennlinien für verschiedene Wellenlängen (nach [12.13])

Ausbleichen der Absorption, also eine Abnahme der Absorption mit zunehmender Lichtleistung, die stabilisierend wirkt.

Interessant ist das Schalten zwischen den beiden bistabilen Zuständen. Bei Elementen von 100 μm Durchmesser erreicht man Schaltzeiten von $\Delta t = 30$ ns bei Lastwiderständen von $R_L = 50$ kΩ und Eingangslichtleistungen von $P_i = 1.6$ mW. Schaltzeit und Schaltlichtleistung sind umgekehrt proportional. Die Schaltzeit ist durch die RC-Zeitkonstante des Systems bestimmt. Die für das Schalten erforderlichen Lichtleistungen wachsen umgekehrt proportional mit dem Lastwiderstand. Die Schaltenergie beträgt unabhängig von der RC-Zeitkonstanten etwa 5 fJ/μm^2, was der Energie von etwa 20 000 Photonen pro μm^2 entspricht.

Als Lastelemente im elektrischen Kreis kann man eine Diode oder auch ein weiteres SEED verwenden. Den Arbeitswiderstand der Diode oder des SEED kann man durch Lichteinstrahlung einstellen. Die Elemente lassen sich in integrierter Form unmittelbar auf den Quantenfilmmodulatoren anbringen. Damit wird die Anordnung mehrerer Modulatoren in einer zweidimensionalen Matrixstruktur einfach möglich.

12.3.4 Modulation mit dynamischem Stark-Effekt

Auch das elektrische Wechselfeld einer Lichtwelle kann eine Verschiebung von Energieniveaus verursachen. Dieser Effekt tritt jedoch erst merklich bei Intensitäten von 10^9 bis 10^{10} W/cm^2 in Erscheinung. Er erlaubt jedoch Schaltzeiten im Subpikosekundenbereich. Bild 12.22 zeigt ein zeitaufgelöstes Transmissions-

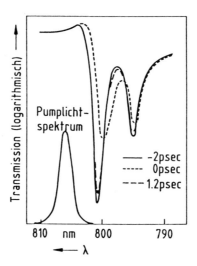

Bild 12.22: Zeitaufgelöste Absorptionsspektren einer GaAs-AlGaAs-Mehrfach-quantenfilmstruktur, aufgezeichnet an drei verschiedenen Zeitpunkten 2 ps vor, während und 1.2 ps nach einem nichtresonanten optischen Anregungsimpuls von einigen GW/cm^2 Intensität und 250 fs Dauer. Die Potentialtopf- und Barrieren-dicken betragen jeweils 10 nm (nach [12.14])

spektrum eines AlGaAs-GaAs-Mehrfachquantenfilmsystems 2 ps vor, während und 1.2 ps nach der Anregung durch einen optischen Pumpimpuls von 250 fs Dauer. Das Spektrum des Pumpimpulses liegt wenige Nanometer über der durch die Exzitonenresonanz definierten Absorptionskante. Unter der Wirkung des Pumpimpulses kommt es momentan zu einer Blauverschiebung der Absorptions-kante und einer Unterdrückung der Exzitonresonanz. Etwa 1 ps nach Beendi-gung des Pumpimpulses beobachtet man wieder den ursprünglichen Absorp-tionsverlauf.

Dieser dynamische Stark-Effekt ist nur quantenmechanisch zu erklären. Er er-laubt den Aufbau sehr schneller Absorptionsmodulatoren für Wellenlängen, die dicht oberhalb der Bandlückenwellenlänge liegen. Es ist interessant zu bemerken, daß der Pumpimpuls praktisch nicht absorbiert wird, so daß zum Beispiel die Aufheizung der Probe kein Problem darstellt. Regt man mit dem Pumpim-puls dagegen resonant beim Exzitonniveau an, erzeugt man Exzitonen durch Absorption des Pumplichts. Man beobachtet zwar in diesem Fall auch eine anfängliche Blauverschiebung der Absorptionskante, aber wegen der Lebens-dauer der Teilchen relaxiert das System sehr viel langsamer. Modulatoren in Fabry-Perot-Resonatorform, die den nichtresonanten dynamischen Stark-Effekt ausnutzen, haben Anstiegs- und Abfallzeiten von weniger als 500 fs gezeigt.

13 Optoelektronische Integration

Die monolithische Integration von Lasern und Photodioden mit Transistoren, Widerständen oder Kondensatoren erweist sich als äußerst kompliziert. Die Optimierung der Einzelbauelemente verlangt technologische Maßnahmen gegenläufiger Art, die mit einer Integration sehr unterschiedlicher Strukturen nur schwer zu vereinbaren ist. Dennoch erwartet man letztlich Vorteile von optoelektronisch integrierten Schaltkreisen, weil parasitäre Kapazitäten und Induktivitäten auf ein Minimum zu begrenzen sind. Die Integration fördert sicherlich auch eine Massenproduktion.

Im folgenden wird zunächst die Integration in optischen Sendern und Empfängern behandelt und schließlich Integrationsformen mit anderen Bauelementen wie Modulatoren exemplarisch vorgestellt. Eine kurze Darstellung zur Integration auf Silizium, die sicher in Zukunft stärkere Bedeutung erlangen wird, rundet das Kapitel ab.

13.1 Laser-Transistor-Integration

Bei der Integration von Laserdioden mit Transistoren im AlGaAs-System haben sich MESFET (Metall-Halbleiter-Feldeffekttransistoren) bewährt. Im InGaAsP-System reicht dagegen die Höhe der Schottky-Barriere einfacher MESFET nicht aus. Man bevorzugt Sperrschicht-Feldeffekttransistoren (JFET), Metall-Isolator-Halbleiter-Feldeffekttransistoren (MISFET) oder Heterobipolartransistoren (HBT) oder weicht auf InAlAs-InGaAs-Halbleitersysteme aus.

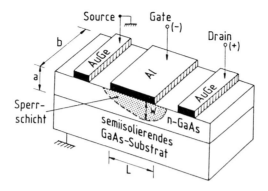

Bild 13.1: Aufbau eines GaAs-MESFET

13.1.1 MESFET auf semiisolierendem GaAs

Bild 13.1 zeigt die perspektivische Ansicht eines typischen GaAs-MESFET. Das
Bauelement ist sehr einfach aufgebaut. Es besteht aus einer n-dotierten Schicht
($N_D \approx 10^{17}$ cm^{-3}) der Dicke $a \approx 200$ nm auf semiisolierendem Cr- oder Fe-
dotierten GaAs-Substrat mit einem spezifischen Widerstand von ca. 10^7 Ωcm.
Die epitaktische Schicht verbindet die beiden ohmschen Source- und Drainkon-
takte aus AuGe, die einen Abstand von 3 bis 5 μm haben und durch die ca.
$L = 1$ μm lange Schottky-Gate-Elektrode aus Al getrennt sind. Typische
Elektrodenbreiten sind $b = 100$ μm. Durch Anlegen einer Spannung V_{gs} zwischen Gate und Source ändert sich die Sperrschichtweite

$$w = \sqrt{\frac{2\epsilon\epsilon_0(V_D - V_{gs})}{qN_D}} \qquad (13.1)$$

des Schottky-Übergangs und damit auch die Dicke $(a-w)$ des leitfähigen Kanals.
V_D bezeichnet die Diffusionsspannung. Für $w = a$ ist der Kanal abgeschnürt,
und es kann praktisch kein Strom zwischen Drain und Source fließen. Die zugehörige Spannung bezeichnet man als Schwellspannung V_T. Offenbar gilt

$$V_T = V_D - qN_Da^2/(2\epsilon\epsilon_0) \quad . \qquad (13.2)$$

Für eine feste Spannung V_{gs} zwischen Gate und Source steigt der Strom i_{ds} zwischen Drain und Source mit wachsender Drain-Source-Spannung V_{ds} zunächst
an, wie im Kennlinienfeld des Bildes 13.2 dargestellt ist, um dann in die Sättigung
zu gehen. Die Abhängigkeit des Sättigungsstroms $\hat{i}_{ds}$ von der Gatespannung
wird näherungsweise durch

$$\hat{i}_{ds} = \frac{b\mu_n\epsilon\epsilon_0}{2aL}\left(V_{gs} - V_T\right)^2 \qquad (13.3)$$

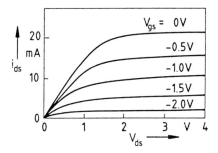

Bild 13.2: Drainstrom i_{ds} als Funktion der Drainspannung V_{ds} eines GaAs-MESFET für verschiedene Gatespannungen V_{gs}. Die Gatelänge beträgt $L = 2\ \mu$m, die Gatebreite $b = 150\ \mu$m und die Dotierung der n-GaAs-Epitaxieschicht $N_D = 1 \cdot 10^{17}\ \text{cm}^{-3}$

beschrieben, wobei μ_n die Elektronenbeweglichkeit im Kanal bezeichnet. Im Sättigungsbereich läßt sich der Drainstrom einfach durch die Gatespannung steuern. Die FET-Steilheit (Transkonduktanz)

$$\hat{g}_m = \frac{d\hat{i}_{ds}}{dV_{gs}} = \frac{b\mu_n \epsilon\epsilon_0}{aL}\,(V_{gs} - V_T) \qquad (13.4)$$

charakterisiert die Empfindlichkeit der Steuerung. Die Steilheit ist geometrieabhängig. Deshalb gibt man meistens den auf die Gatebreite bezogenen Wert $\hat{g}'_m = \hat{g}_m/b$ an. Die breitenbezogene Transkonduktanz kann Werte von über 100 mS/mm erreichen.

Bei hohen Drainspannungen und kurzen Gatelängen werden die Elektronen auf dem Weg zwischen Source und Drain so stark beschleunigt, daß sie bei Feldstärken von etwa 10^4 V/cm die Sättigungsgeschwindigkeit von $v_s \approx 9 \cdot 10^6$ cm/s (in GaAs) erreichen. Der Sättigungsstrom wird in diesem Fall linear abhängig von der Gatespannung

$$\hat{i}_{ds} = \epsilon\epsilon_0 v_s b(V_{gs} - V_T)/a \quad , \qquad (13.5)$$

und die dazugehörige Steilheit ist

$$\hat{g}_m = \epsilon\epsilon_0 v_s b/a \quad . \qquad (13.6)$$

Bei einer Dicke $a = 200$ nm und einer relativen Dielektrizitätskonstante $\epsilon = 13$ ist die breitenbezogene Steilheit $\hat{g}'_m \approx 500$ mS/mm.

Die Schaltgeschwindigkeit des Transistors wird maßgeblich bestimmt durch die Auf- und Entladung der Gate-Source-Kapazität C_{gs} über den Leitwert $\hat{g}_m$. Die

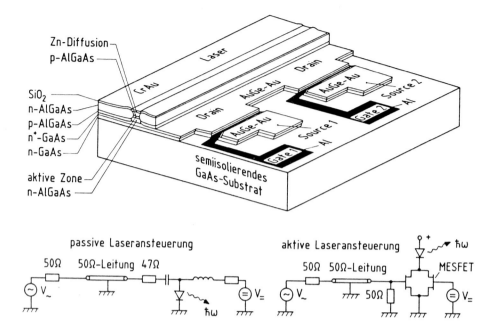

Bild 13.3: Integration einer Laserdiode mit zwei GaAs-MESFET und Vergleich eines passiven und aktiven Schaltkreises zur Hochfrequenzmodulation der Laserdiode um einen durch den Gleichstrom festgelegten Arbeitspunkt (nach [13.3])

Kleinsignalgrenzfrequenz ist demnach

$$\nu_{gr} = \hat{g}_m/(2\pi C_{gs}) \quad . \tag{13.7}$$

Experimentell hat man für $b = 150$ μm und $L = 2$ μm eine Gate-Source-Kapazität $C_{gs} = 0.24$ pF und eine Steilheit $\hat{g}_m = 11$ mS gemessen. Daraus ergibt sich die Grenzfrequenz $\nu_{gr} = 7.3$ GHz.

13.1.2   MESFET-Laser-Integration auf GaAs

Bild 13.3 zeigt eine einfache Kombination eines MESFET mit einem BH-Laser. Auf einem semiisolierenden GaAs-Substrat wird zuerst eine n-dotierte Epitaxieschicht für den Gatekanal aufgewachsen. Die folgende n^+-Schicht verbindet die Drainelektrode mit der n-Seite der Laserdiode. Die Gateelektrode wird in zwei Bereiche geteilt. Wie aus dem Schaltbild zu entnehmen ist, kann man mit der Spannung an Gate 1 den gewünschten Vorstrom der Laserdiode einstellen

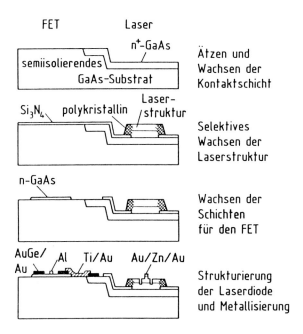

Bild 13.4: Prozeßfolge zur Laserdioden-Feldeffekttransistor-Integration (nach [13.4])

und mit Gate 2 den Modulationsstrom einprägen. Diese Schaltung ersetzt die üblicherweise benutzte Frequenzweiche zum Einstellen des Modulationsstroms. Aus dem Vergleich der in Bild 13.3 angegebenen Schaltungen geht unmittelbar hervor, daß die Anpassung an die 50 Ω-Leitung über die kapazitätsarmen Gateelektroden vor allem bei hohen Frequenzen besser gelingt als mit dem passiven T-Netzwerk. Die gezeigte integrierte Struktur arbeitet problemlos bis 4 GHz.

Für eine Großintegration erweist sich die unterschiedliche Höhe der optischen und elektronischen Bauelemente als überaus schädlich, da sie höchstauflösende photolithographische Prozesse stark erschwert, wenn nicht sogar unmöglich macht. Bild 13.4 zeigt eine Prozeßsequenz, die zu einer nahezu ebenen Oberfläche führt, die insbesondere auch die elektrische Verbindung der Elemente einfacher und zuverlässiger gestaltet. Zuerst wird ein Graben für den Laser geätzt und selektiv zum Beispiel mit Molekularstrahlepitaxie die Laserstruktur gewachsen. Die für die elektronischen Bauelemente vorgesehenen Bereiche werden dabei mit SiO_2 oder Si_3N_4 passiviert. Nach der Fertigstellung der Laserstruktur wird diese dann passiviert und die n-Epitaxieschicht für den FET-Kanal auf der unberührten Oberfläche des semiisolierenden Substrats erzeugt, nachdem vorher an den betreffenden Stellen die ursprüngliche Passivierungsschicht entfernt wurde. Schließlich werden die Metallisierungen aufgebracht. Besonders kritisch für

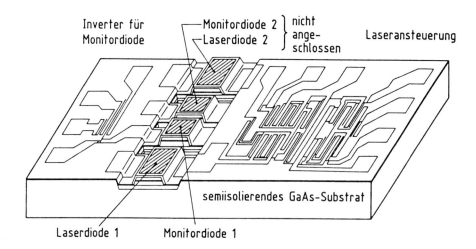

Inverter für Monitordiode — Monitordiode 2 — Laserdiode 2 — nicht ange- schlossen — Laseransteuerung — semiisolierendes GaAs-Substrat — Laserdiode 1 — Monitordiode 1

Bild 13.5: Integration von Laserdiode und Monitorphotodiode mit dreistufiger MESFET-Lasertreiberschaltung und Inverterstufe für die Monitordiode. Eine weitere Laserdiode und Monitordiode sind elektrisch nicht angeschlossen (nach [13.11])

die Leiterbahnführung sind scharfe Kanten, die man durch Verwendung von Ionenstrahlätzen mit flachem Einstrahlwinkel weitestgehend vermeiden kann. Der untere Teil des Bildes 13.4 gibt eine Übersicht über den charakteristischen Querschnitt der Laser-Treiber-Struktur.

Bild 13.5 gibt ein Beispiel für horizontale Integration. Der Chip enthält zwei Laserdioden und zwei Monitordioden, einen dreistufigen Differenzverstärker mit zehn MESFET zum Treiben eines Lasers und einen Inverter mit zwei MESFET für eine Monitordiode. Die Kanäle der MESFET sind durch Ionenimplantation ins Substrat erzeugt. Laserdioden und Monitordioden sind auf einer Achse angeordnet und haben dieselbe Struktur. Die Trennung der Elemente erfolgt durch Ätzen. Reaktives Ionenätzen liefert qualitativ hochwertige Laserendflächen. Allerdings sind die Schwellwerte im Vergleich zu gespaltenen Laserendflächen geringfügig erhöht. Unerwünschte Rückreflexionen von der Monitordiodenendfläche in den Laser lassen sich durch schräg geätzte Monitorendflächen vermeiden. Wegen der guten Einkopplung und der großen Absorptionslänge durch die Kanteneinstrahlung erzielt man hohe Detektor-Wirkungsgrade bei geringen Vorspannungen in Sperrichtung.

Die Herstellung der Endflächen ist ein zentrales Problem bei der Integration von Laserdioden mit Fabry-Perot-Resonatorstruktur. Neben Ätzen kann man Mikrospaltungstechniken verwenden. Hierbei wird der Endbereich des Lasers selektiv naßchemisch unterätzt, so daß ein überhängender Mikrobalken entsteht. Dieser läßt sich dann durch Einwirkung mechanischer Spannung, etwa durch

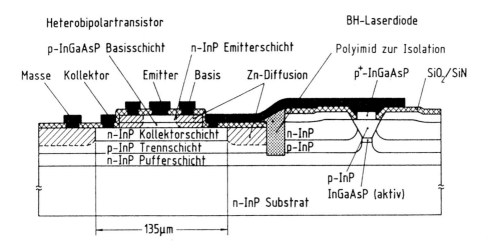

Bild 13.6: Integration einer InGaAsP-BH-Laserdiode mit einem Heterobipolartransistor (nach [13.12])

Ultraschall, glatt abspalten. Die erzeugten Laserlängen sind allerdings nicht gut reproduzierbar. Für die Integration besser geeignet erscheinen DBR- oder DFB-Laser, die Gitterstrukturen zur Rückkopplung verwenden.

13.1.3   Transistor-Laser-Integration auf InP

Bislang konnten Schaltungen in der Komplexität des Bildes 13.5 in InGaAsP auf InP noch nicht verwirklicht werden, obwohl für die optische Nachrichtenübertragung bei 1.3 μm und 1.55 μm Wellenlänge ein großes Interesse besteht. Die Hauptursache hierfür ist sicher, daß auf InP-Basis einfache hochwertige MESFET wie auf GaAs nicht hergestellt werden können. Die Barrierenhöhen der Schottky-Kontakte liegen für n-InP zwischen 0.45 eV und 0.5 eV und führen zu unzulässig hohen Gate-Leckströmen im Vergleich zu GaAs mit einer Barrierenhöhe von 0.85 eV. Die Barrierenhöhe von $In_{0.53}Ga_{0.47}As$ mit einer Bandlückenwellenlänge von $\lambda_g = 1.65$ μm liegt mit 0.2 bis 0.3 eV noch wesentlich tiefer. Damit scheidet dieses Material trotz seiner hohen Elektronenbeweglichkeit für einfache MESFET aus. Bei Metall-Isolatorstrukturen etwa von SiO_2 oder SiO_xN_y auf InP beobachtet man üblicherweise sehr hohe Oberflächenzustandsdichten von 10^{12} bis 10^{13} cm^{-2}, die zu kleinen FET-Steilheiten führen und sich bislang auch wegen Driftproblemen nicht gut bewährt haben. Vorgezogen werden deshalb Sperrschichtfeldeffekttransistoren im Zusammenhang mit pin-Photodetektoren (siehe Abschnitt 13.2.3) oder Heterobipolartransistoren zur Ansteuerung von Laserdioden.

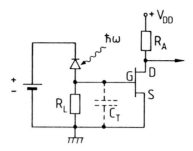

Bild 13.7: Photodiodenvorverstärker mit Feldeffekttransistor. Die parasitäre Kapazität C_T umfaßt die Photodiodenkapazität, die Zuleitungskapazität und die Gate-Source-Kapazität des Transistors

Bild 13.6 zeigt die Integration einer InGaAsP-BH-Laserdiode mit einem Hetero-bipolartransistor auf einem n^+-InP-Substrat. Im ersten Epitaxieschritt wird wie üblich die Mesastruktur des BH-Lasers gewachsen. Im zweiten Epitaxieschritt werden mit Flüssigphasenepitaxie die Randbereiche des Mesas aufgefüllt und gleichzeitig die Lagen des Transistors gewachsen. Die Laserschwelle liegt zwischen 20 und 30 mA. Der hohe Injektionswirkungsgrad des Heterobipolartransistors sorgt für eine hohe Stromverstärkung. Experimentell wurde der Wert 400 erreicht, der die Modulation des Lasers bis zu Frequenzen von 1.6 GHz gestattete.

13.2   Detektor-Transistor-Integration

Hier interessiert insbesondere die Integration im Materialsystem AlGaAs und InGaAsP, weil damit die Integration von Empfängern und Sendern zum Beispiel für optische Signalregeneratoren möglich wird. Wir konzentrieren uns auf die Kombination von Detektoren mit Feldeffekttransistoren. Für Detektoren mit Bipolartransistorvorverstärkern ist zwar bei hohen Frequenzen im Gigahertzbereich ein rauschärmerer Betrieb prinzipiell möglich, monolithisch integrierte Versionen solcher Empfänger konnten die theoretisch zu erwartenden Vorteile bislang aber nicht erfüllen.

13.2.1   Rauschen einer Photodiode mit FET-Vorverstärker

Bild 13.7 zeigt das Schaltbild eines FET-Photodiodenverstärkers. Der ohmsche Widerstand R_L dient zur Vorspannung des Gates und zur Rückführung des

Detektorgleichstroms. Die gestrichelt eingezeichnete parasitäre Kapazität C_T ist die Summe aus der Diodenkapazität C_d, der Gatekapazität C_{gs} und der Zuleitungskapazität C_s, also

$$C_T = C_d + C_{gs} + C_s \quad . \tag{13.8}$$

Hierbei haben wir die Gate-Drain-Kapazität gegenüber der Gatekapazität vernachlässigt. Die Hauptrauschquellen in dem Schaltkreis sind das thermische Rauschen des Widerstandes R_L, das Schrotrauschen durch den Gateleckstrom i_L und das Rauschen durch die thermischen Fluktuationen der Sperrschicht im Gatekanal. Für das thermische Widerstandsrauschen gilt (vgl. Kapitel 11)

$$< \delta i_{th}^2(\nu) > \Delta\nu = \frac{4kT}{R_L}\Delta\nu \quad , \tag{13.9}$$

und das Schrotrauschen ist

$$< \delta i_s^2(\nu) > \Delta\nu = 2qi_L\Delta\nu \quad . \tag{13.10}$$

Die Schwankungen des Kanalwiderstands geben den Beitrag

$$< \delta i_{Ko}^2(\nu) > \Delta\nu = 4kT\Gamma_F \hat{g}_m \Delta\nu \tag{13.11}$$

zur spektralen Rauschleistung des Stroms am Ausgang des Feldeffekttransistors. Der Rauschfaktor ist $\Gamma_F \approx 1.1$ für GaAs-MESFET. Bezieht man das Kanalrauschen auf den Eingang des Verstärkers, bedeutet dies eine äquivalente Spannungsfluktuation von

$$< \delta V_{Ki}^2(\nu) > \Delta\nu = \left(4kT\Gamma_F/\hat{g}_m\right)\Delta\nu \quad , \tag{13.12}$$

die am Widerstand R_L und der Kapazität C_T abfällt. Die zugehörige äquivalente spektrale Stromfluktuation ergibt sich durch Multiplikation mit dem Betragsquadrat des komplexen Leitwerts

$$< \delta i_{Ki}^2(\nu) > \Delta\nu = < \delta V_{Ki}^2(\nu) > \left[\frac{1}{R_L^2} + (2\pi\nu C_T)^2\right]\Delta\nu \quad . \tag{13.13}$$

Das gesamte spektrale Schwankungsquadrat des äquivalenten Rauschstroms am Eingang setzt sich aus der Summe der Einzelbeiträge zusammen

$$< \delta i^2(\nu) > \Delta\nu = < \delta i_{th}^2 + \delta i_s^2 + \delta i_{Ki}^2 > \Delta\nu \tag{13.14}$$

$$= \left[\frac{4kT}{R_L}\left(1 + \frac{\Gamma_F}{\hat{g}_m R_L}\right) + 2qi_L + 16\pi^2 kT\Gamma_F \nu^2 \frac{C_T^2}{\hat{g}_m}\right]\Delta\nu \quad .$$

Man wird die Schaltung so auslegen, daß $\hat{g}_m R_L \gg 1$ gewährleistet ist. Wenn außerdem noch das Schrotrauschen des Gateleckstroms zu vernachlässigen ist, vereinfacht sich (13.14) zu

$$< \delta i^2(\nu) > \Delta\nu = \left[4kT \left(\frac{1}{R_L} + 4\pi^2\nu^2\Gamma_F \frac{C_T^2}{\hat{g}_m} \right) \right] \Delta\nu \ . \tag{13.15}$$

Diese Beziehung zeigt, daß das Eingangsrauschen insbesondere bei hohen Frequenzen durch den Faktor $C_T^2/\hat{g}_m$ bestimmt wird. Kleine Kapazitäten im Eingangskreis sind folglich für rauscharmen Betrieb des Vorverstärkers unbedingt erforderlich. Hierin liegt die besondere Bedeutung einer integrierten Detektor-Vorverstärker-Kombination, bei der die parasitäre Leitungskapazität auf ein Minimum reduziert werden kann.

Da C_T Beiträge vom Detektor, von den Zuleitungen und dem Transistor enthält, und weil $\hat{g}_m$ und C_{gs} nicht unabhängig, sondern beide etwa proportional zur Breite des Gates sind, kann man den Faktor $C_T^2/\hat{g}_m$ für Gatekapazitäten $C_{gs} = C_d + C_s$ minimieren. Für einen GaAs-MESFET mit $N_D \approx 1 \cdot 10^{17} \text{cm}^{-3}$ Kanaldotierung und 2 μm Gatelänge sind die auf die Kanalbreite bezogene Transkonduktanz typisch $\hat{g}_m/b \approx 76$ mS/mm und die Kapazität $C'_{gs} = C_{gs}/b \approx 1.9$ pF/mm. Eine GaAs-pin-Photodiode von 25 μm Durchmesser und 3 μm Sperrschichtweite hat eine sehr kleine Kapazität von ca. 0.06 pF, so daß die parasitäre Zuleitungskapazität C_s die optimale Gatebreite maßgeblich bestimmt. Für $C_d + C_s = 0.1$ pF erhält man eine optimale Gatebreite von $b \approx 50$ μm. Das thermische Rauschen des Widerstands nimmt mit wachsender Größe R_L ab. Dadurch verringert sich gleichzeitig die Grenzfrequenz $\nu_{gr} = (2\pi R_L C_T)^{-1}$ des Eingangskreises. Für $C_T = 2(C_d + C_s) = 0.2$ pF und $R_L = 1$ kΩ erhält man $\nu_{gr} = 800$ MHz.

13.2.2 Detektionsempfindlichkeit für digitale Signale

Wir untersuchen ein binäres optisches Signal, das nach Bild 13.8 zu zwei diskreten Photoströmen $< i_0 >$ und $< i_1 >$ führt. Der Erwartungswert $< i_0 >$ repräsentiert die logische Null, während $< i_1 >$ für die logische Eins steht. Man kann $< i_1 >$ größer $< i_0 >$ annehmen. Das Photostromsignal schwankt um den jeweiligen Mittelwert $< i_1 >$ oder $< i_0 >$, verursacht durch das in Abschnitt 13.2.1 behandelte Stromrauschen und auch durch die statistische Natur der auf den Detektor einfallenden Strahlung. Für praktisch benutzte Detektor-Vorverstärker-Stufen ist das Photonenrauschen klein gegen das Empfängerrauschen, und wir wollen es demzufolge vernachlässigen. Die Periodenlänge T des rechteckförmigen Zeitsignals definiert die Bitrate $B = 1/T$. Wir untersuchen einen Empfänger mit idealer Tiefpaßcharakteristik

$$H(\nu) = \begin{cases} 1 & \text{für} \quad -B/2 \leq \nu \leq B/2 \\ 0 & \text{sonst} \end{cases} \tag{13.16}$$

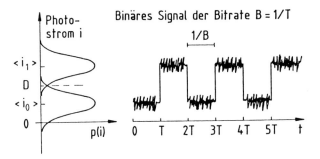

Bild 13.8: Verrauschtes Photostromsignal der Bitrate B und Verteilung $p(i)$ der Momentanwerte um die Logikniveaus $< i_0 >$ und $< i_1 >$

zur Abschätzung des Rauschens. Die Varianz des Eingangsrauschstroms δi_{ges} ergibt sich durch Integration der spektralen Leistung (13.14) zu

$$< \delta i_{ges}^2 > = \int_0^{B/2} < \delta i^2(\nu) > d\nu = \frac{2kTB}{R_L} + q i_L B + \frac{2kTT_F \pi^2 C_T^2 B^3}{3 \hat{g}_m} \ , \quad (13.17)$$

wobei $\hat{g}_m R_L \gg 1$ vorausgesetzt wurde. Wir nehmen an, daß sich die momentanen Stromwerte i gaußförmig um die Erwartungwerte $< i_0 >$ bzw. $< i_1 >$ für logisch Null bzw. logisch Eins verteilen. Die Wahrscheinlichkeitsdichte für eine logische Null ist folglich

$$p_0(i) = \frac{1}{\sqrt{2\pi < \delta i_{ges}^2 >}} \exp \left\{ -\frac{(i - < i_0 >)^2}{2 < \delta i_{ges}^2 >} \right\} \ , \quad (13.18)$$

und für eine logische Eins erhält man entsprechend

$$p_1(i) = \frac{1}{\sqrt{2\pi < \delta i_{ges}^2 >}} \exp \left\{ -\frac{(i - < i_1 >)^2}{2 < \delta i_{ges}^2 >} \right\} \ . \quad (13.19)$$

Wenn wie üblich logische Nullen und logische Einsen im Mittel gleich häufig gesendet werden, ist der zeitliche Mittelwert des Stroms durch

$$D = (< i_1 > + < i_0 >)/2 \quad (13.20)$$

gegeben. Diesen Wert wird man als Entscheidungsschwelle definieren. Für $i \leq D$ ordnet man dem detektierten Signal eine logische Null zu. Die Wahrscheinlichkeit für eine falsche Zuordnung ist durch die Bitfehlerrate für die logische Null

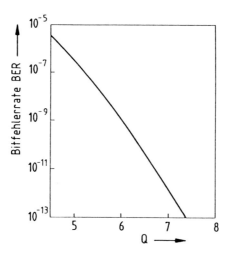

Bild 13.9: Bitfehlerrate BER als Funktion des Störabstands Q

$$\mathrm{BER}_0 = \int_D^\infty p_0(i)di = \frac{1}{\sqrt{2\pi}} \int_Q^\infty \exp\{-u^2/2\}du \qquad (13.21)$$

bestimmt, wobei zur Abkürzung $u = (i- <i_0>)/\sqrt{<\delta i_{ges}^2>}$ gesetzt und der Störabstand

$$Q = (<i_1> - <i_0>) \Big/ \left(2\sqrt{<\delta i_{ges}^2>}\right) \qquad (13.22)$$

eingeführt wurde. Man kann unter den gemachten Voraussetzungen einfach zeigen, daß die Bitfehlerrate für die logische Eins ebenso groß ist wie für die logische Null

$$\mathrm{BER}_1 = \int_{-\infty}^D p_1(i)di = \mathrm{BER}_0 = \mathrm{BER} \quad . \qquad (13.23)$$

Damit ist die Bitfehlerrate ganz allgemein durch

$$\mathrm{BER} = \frac{1}{\sqrt{2\pi}} \int_Q^\infty \exp\{-u^2/2\}du \approx \frac{1}{\sqrt{2\pi}Q} \exp\left\{-\frac{Q^2}{2}\right\} \left(1-\frac{1}{Q^2}\right) \qquad (13.24)$$

gegeben. Der Fehler der Näherung ist für $Q > 2$ kleiner als ein Prozent. Der Zusammenhang zwischen der Bitfehlerrate BER und dem Störabstand Q ist in Bild 13.9 dargestellt. Zum Beispiel ist BER $= 10^{-9}$ bei $Q = 6$ und BER $\approx 1.3 \cdot 10^{-12}$ für $Q = 7$.

Gleichung (13.22) läßt sich noch weiter umschreiben. Wir drücken die Entscheidungsschwelle D durch die zeitlich gemittelte optische Leistung $\eta < P >$ aus, die in Photostrom umgesetzt wird,

$$D = \frac{< i_1 > + < i_0 >}{2} = \eta \frac{q}{\hbar\omega} < P > \quad , \tag{13.25}$$

und bilden das Verhältnis

$$r = < i_0 > / < i_1 > \quad . \tag{13.26}$$

Hiermit ergibt sich dann die für eine vorgegebene Bitfehlerrate notwendige optische Leistung eines binären Signals zu

$$\eta < P >= \frac{1+r}{1-r} \frac{\hbar\omega}{q} Q \sqrt{< \delta i_{ges}^2 >} \quad . \tag{13.27}$$

Diese Größe wird als Empfängerempfindlichkeit bezeichnet. Sie wird optimal, wenn für die logische Null die gesendete optische Leistung und damit auch $< i_0 >$ verschwindet. In diesem Fall gilt

$$\eta < P >= \frac{\hbar\omega}{q} Q \sqrt{< \delta i_{ges}^2 >} \quad . \tag{13.28}$$

Setzt man (13.17) ein, erhält man die für die Empfindlichkeit einer pin-FET-Eingangsstufe gültige Beziehung

$$\eta < P >= \frac{\hbar\omega}{q} Q \sqrt{\frac{2kTB}{R_L} + q i_L B + \frac{2kT\Gamma_F \pi^2 C_T^2 B^3}{3\hat{g}_m}} \quad . \tag{13.29}$$

In Bild 13.10 ist die Empfindlichkeit in Abhängigkeit von der Bitrate B für die Bitfehlerrate BER $= 10^{-9}(Q = 6)$ dargestellt. Für die Berechnung wurden ein Dunkelstrom $i_L = 50\,\text{nA}$, eine FET-Steilheit $\hat{g}_m = 40\,\text{mS}$, ein FET-Rauschfaktor $\Gamma_F = 1.5$ und ein Produkt $BR_L = 2.5$ Mbit MΩ/s, z.B. $R_L = 50$ kΩ für $B = 50$ Mbit/s, angenommen. Bei einer parasitären Kapazität $C_T = 0.5$ pF ist die für $B = 1$ Gbit/s notwendige Detektorleistung $\eta < P >= -39$ dBm $= 0.13$ μW. Die experimentellen Ergebnisse für hybride pin-FET-Vorverstärker werden gut durch die Theorie beschrieben. Eingetragen in Bild 13.10 ist auch die Empfindlichkeitskurve für eine APD-FET-Kombination. Wegen der inneren Verstärkung der APD erreicht man eine größere Empfindlichkeit, hat wegen der komplexeren Struktur der APD aber Schwierigkeiten, die theoretischen Grenzwerte experimentell zu erreichen.

Die in Bild 13.10 ebenfalls eingezeichnete Quantenrauschgrenze wird für vollkommen rauschfreie elektronische Bauelemente berechnet. Sie ergibt sich aus den Schwankungen der Zahl der Photonen, die während der Bitdauer $T = 1/B$ auf den Detektor auftreffen und Photoelektronen erzeugen. Für ideal monochro-

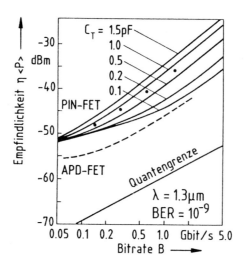

Bild 13.10: Empfindlichkeit als Funktion der Bitrate bei der Bitfehlerrate BER = 10^{-9} für eine pin-FET- und APD-FET-Kombination. Die Meßpunkte wurden mit einem hybriden pin-FET-System erzielt. Eingetragen ist auch die Quantenrauschgrenze (nach [13.5])

matisches Licht ist die Zahl m der in der Zeit T generierten Elektronen poisson-verteilt mit der Wahrscheinlichkeitsdichte

$$p(m) = <m>^m e^{-<m>}/m! \quad . \tag{13.30}$$

Für logisch Eins wurde irgendeine endliche optische Leistung gesendet, für logisch Null dagegen überhaupt keine Leistung. Wenn im Bitintervall mindestens ein Photoelektron generiert wird, wird dem Bit logisch Eins zugeordnet. Wenn im Mittel $<m>$ Photoelektronen für die logische Eins generiert werden, ist die Wahrscheinlichkeit für die Erzeugung von null Photoelektronen

$$p(m = 0) = \exp\{-<m>\} \quad . \tag{13.31}$$

Diese Größe ist als Bitfehlerrate für die logische Eins zu interpretieren. Für die Übertragung der logischen Null haben wir nach Voraussetzung $<m> = 0$ und folglich nach (13.30) $p(0) = 1$ und $p(m \neq 0) = 0$. Die logische Null wird demnach ohne Fehler übertragen. Wenn Nullen und Einsen gleich häufig im Sendersignal vorkommen, ist die mittlere Fehlerwahrscheinlichkeit pro Bit BER $= \exp\{-<m>\}/2$. Für eine Bitfehlerrate von BER $= 10^{-9}$ ist demnach eine mittlere Photoelektronenzahl $<m> = 20$ pro Bit erforderlich. Die mittlere empfangene Leistung ist damit

$$\eta <P> = 20\hbar\omega B/2 = 10hcB/\lambda \quad . \tag{13.32}$$

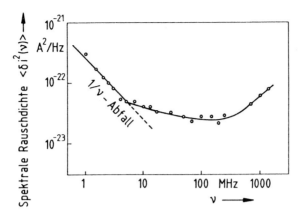

Bild 13.11: Typische spektrale Rauschdichte $< \delta i^2(\nu) >$ eines Photodetektors mit FET-Vorverstärker als Funktion der Frequenz ν (nach [13.2])

Bei einer Bitrate $B = 1$ Gbit/s beträgt die minimale Leistung 1.5 nW oder -58 dBm bei 1.3 μm Wellenlänge. Das Quantenrauschen liegt damit mehr als 10 dB unter dem Rauschen eines pin-FET-Empfängers mit einer parasitären Kapazität von $C_T = 0.1$ pF. Die Vernachlässigung des Quantenrauschens bei der Berechnung des elektronischen Rauschens des pin-FET ist also gerechtfertigt.

Da nach (13.17) und (13.27) die Empfindlichkeit nach einem Quadratwurzelgesetz vom Rauschen abhängt, erfordert eine Verbesserung der Empfindlichkeit um 10 dB eine Verringerung der elektronischen Rauschleistung um 20 dB. Wenn das Schrotrauschen des Leckstroms die Hauptrauschursache darstellt, erreicht man die 10 dB-Verbesserung bei einer Reduktion des Leckstroms auf 1 %. Ähnliches gilt für die Reduktion des Faktors $C_T^2/\hat{g}_m$.

Es sei besonders erwähnt, daß wir in diesem und dem vorangehenden Abschnitt das Funkelrauschen, zum Beispiel hervorgerufen durch tiefe Haftstellen, vollkommen vernachlässigt haben. Dieses Rauschen, dessen Stärke umgekehrt proportional zur Frequenz ist, dominiert in FET-Verstärkern bei Frequenzen unterhalb von etwa fünf Megahertz und führt vor allem bei Detektor-Vorverstärker-Kombinationen relativ kleiner Bandbreite zu veränderten Ergebnissen. Bild 13.11 zeigt beispielhaft die Frequenzabhängigkeit von $< \delta i^2(\nu) >$ für einen Photodioden-MESFET-Vorverstärker. Das Minimum des Eingangsrauschens findet man zwischen 10 und 300 MHz. Es beträgt $2.5 \cdot 10^{-23}$ A^2/Hz, entsprechend einem äquivalenten Eingangsrauschstrom von 5 pA Hz$^{-1/2}$. Für tiefe Frequenzen beobachtet man $1/\nu$-Rauschen, für hohe Frequenzen oberhalb 300 MHz überwiegt das Kanalrauschen, das mit ν^2 ansteigt.

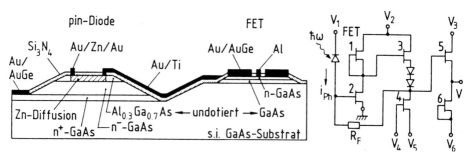

Bild 13.12: Schema der Integration einer GaAs-pin-Diode mit einem GaAs-MESFET und realisierter Transimpedanzverstärker mit Treiberstufe (nach [13.4])

13.2.3 GaAs-pin-Diode mit MESFET-Vorverstärker

Bild 13.12 zeigt beispielhaft das Aufbauschema der integrierten Einheit und das Schaltbild des zugehörigen Transimpedanzverstärkers. Die Photodiode ist empfindlich für Wellenlängen kleiner 870 nm. Der Rückkopplungswiderstand $R_F = 1.3$ kΩ des zweistufigen Transimpedanzverstärkers wirkt als ohmscher Eingangswiderstand R_L, der für das Rauschen verantwortlich ist. Die Quantenausbeute der Photodiode beträgt $\eta = 80$ %. Die breitenspezifische Steilheit der Feldeffekttransistoren ist $\hat{g}'_m \approx 75$ mS/mm bei einer Kanaldotierung von $1 \cdot 10^{17}$ cm^{-3} und einer Gatelänge von 2 μm. Die Gatebreiten in der Treiberstufe sind mit $b \approx 300$ μm so ausgelegt, daß ein Ausgangswiderstand von $(b\hat{g}'_m)^{-1} \approx 50$ Ω resultiert. Die Anstiegs- und Abfallzeit des Schaltkreises beträgt 400 ps. Die Empfindlichkeit wurde bei einer Wellenlänge von 830 nm und einer Bitrate von 400 Mbit/s zu $\eta < P > = -18$ dBm bestimmt. Aus Bild 13.10 ist zu entnehmen, daß in sehr guten hybriden Empfängern viel bessere Werte erreicht werden.

Auch bei vielen anderen integrierten Detektor-Empfängereinheiten hat man die Beobachtung gemacht, daß die integrierten Versionen um weit mehr als 10 dB weniger empfindlich sind als hybride Schaltungen von Photodiode und Vorverstärker. In integrierten Einheiten können einzelne Bauelemente wegen ihrer Verschiedenartigkeit nicht so gut optimiert werden wie das Einzelbauelement. Hiermit ließe sich sicher eine Empfindlichkeitseinbuße von wenigen Dezibel erklären, aber es ist unwahrscheinlich, daß die großen gemessenen Diskrepanzen von 15 bis 20 dB so zu deuten sind. Als alternative Erklärung ist denkbar, daß die in engster Nachbarschaft angeordneten optischen und elektronischen Komponenten über parasitäre Wege unerwünscht wechselwirken und dadurch die Empfindlichkeit der Schaltung drastisch reduzieren. Ein erhöhtes Funkelrauschen wäre eine weitere Erklärungsmöglichkeit. Um das Potential integrierter Detektor-

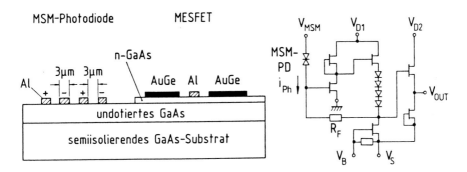

Bild 13.13: Laterale Metall-Halbleiter-Metall (MSM) Schottky-Diode, GaAs-MESFET und realisierter Transimpedanzverstärker mit Treiberstufe (nach [13.2])

Vorverstärkereinheiten voll ausschöpfen zu können, sind noch erhebliche Verbesserungen sowohl auf der Materialseite wie bei der Bauelementetechnologie nötig.

13.2.4 GaAs-Schottky-Diode mit MESFET-Vorverstärker

Diese in Bild 13.13 dargestellte Kombination zeichnet sich durch die einfache Herstellung aus. Der Photodetektor besteht aus Interdigitalelektroden aus Aluminium auf einer 3 μm dicken undotierten GaAs-Schicht ($n < 10^{15}$ cm^{-3}). Der Abstand und die Fingerbreite der Elektroden beträgt 3 μm, die gesamte Fläche des Interdigitalkontakts etwa 100 μm $\times$ 100 μm. Bei Vorspannungen von 2 bis 3 V wird die undotierte GaAs-Schicht zwischen den Elektroden ausgeräumt, und die Struktur verhält sich ähnlich wie eine gewöhnliche pin-Diode. Allerdings ist die Quantenausbeute ($\eta \approx 30$ %) etwa auf die Hälfte reduziert, da die halbe Photoabsorptionsfläche durch die Interdigitalelektroden abgeschattet wird. Die Kapazität der Diode (100 μm $\times$ 100 μm) beträgt nur ca. 0.1 pF und erlaubt hochfrequenten Betrieb im Gigahertzbereich. Mit nachgeschaltetem integriertem Transimpedanzverstärker mit einem Rückkopplungswiderstand $R_F \approx 1.3$ kΩ wurden Anstiegszeiten von 300 ps am Ausgang gemessen. Die Empfindlichkeit des Empfängers beträgt -26 dBm für eine Bitrate von $B = 1$ Gbit/s bei 830 nm Wellenlänge.

13.2.5 InGaAs-pin-Diode mit MESFET-Vorverstärker

Pin-Dioden aus In$_{0.53}$Ga$_{0.47}$As, gitterangepaßt auf InP, haben sich für Detektion im Wellenlängenbereich von 1.0 bis 1.65 μm ausgezeichnet bewährt. Der Aufbau

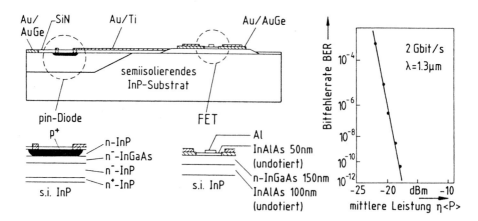

Bild 13.14: InGaAs-pin-FET-Integration und Bitfehlerrate als Funktion der mittleren empfangenen Leistung für binäre Signale mit einer Datenrate von 2 Gbit/s (nach [13.8])

hochwertiger MESFET ist wegen der geringen Barrierenhöhe und den damit verbundenen hohen Leckströmen nicht unmittelbar möglich. Abhilfe schafft eine typisch 60 nm dicke $In_{0.52}Al_{0.48}As$-Schicht zwischen der Al-Gateelektrode und dem InGaAs-Kanal. Al bildet auf undotiertem InAlAs einen Schottky-Kontakt mit einer akzeptablen Barrierenhöhe von 0.8 eV. Die Sperrschicht des Kontakts dehnt sich über die InAlAs-InGaAs-Heterogrenzfläche in den InGaAs-Kanal aus und steuert den Drainstrom. Um den Gateleckstrom klein zu halten, ist für eine geringe Oberflächenzustandsdichte an der Heterogrenzfläche zu sorgen. Hierfür ist eine gute Gitteranpassung zwischen InAlAs und InGaAs unverzichtbar.

Bild 13.14 zeigt das Schema eines pin-FET-Empfängers auf der Basis von semiisolierendem InP. Die aktive Fläche der pin-Photodiode hat einen Durchmesser von 20 μm. Durch die planarisierte Oberfläche lassen sich Gatebreiten von 1.2 μm und Drain-Source-Abstände von 5 μm reproduzierbar herstellen. Bei Dioden-Sperrspannungen größer als 10 V und für Gatespannungen von -3 V ist die Eingangskapazität des Vorverstärkers $C_T \approx 0.2$ pF, so daß mit Widerständen $R_L = 5$ kΩ Signale mit Datenraten im Gbit/s-Bereich noch gut übertragen werden können. Im rechten Teil von Bild 13.14 ist die Bitfehlerrate für binäre Signale mit Raten von 2 Gbit/s und gleichen Häufigkeiten von Nullen und Einsen dargestellt. Die Bitfehlerrate 10^{-9} wird bei einer mittleren empfangenen Signalleistung von -18.5 dBm erreicht. Der Vergleich dieser Empfindlichkeit mit den Werten in Bild 13.10 zeigt an, daß der integrierte pin-FET-Empfänger bei weitem noch nicht die Daten hybrider Systeme erreicht. Offenbar sind insbesondere noch erhebliche technologische Verbesserungen erforderlich.

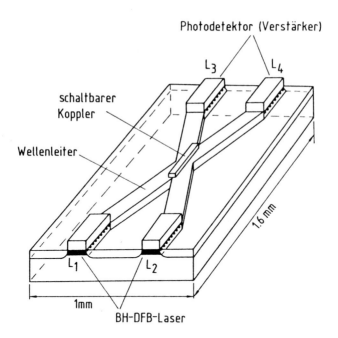

Bild 13.15: Verbindung von Laserdioden mit Detektoren oder Verstärkern über einen steuerbaren Wellenleiterkoppler (schematisch) (nach [13.9])

13.3 Andere Integrationsformen

Die optoelektronische Integration gewinnt zunehmend an Bedeutung für die Signalverarbeitung in (zweidimensionalen) integriert-optischen Schaltkreisen aber auch für nichtlineare Transmissionsmatrizen, die als Logikgatter für massiv parallele optische Datenverarbeitung in dreidimensionalen optischen Abbildungssystemen eingesetzt werden. Die sehr vielversprechende optische Verbindungstechnik mikroelektronischer Systeme schließlich erfordert die Integration effizienter optischer Wandler insbesondere auf Silizium als dem bevorzugten Material für elektronische Prozessor- und Speicherschaltungen. In diesem Abschnitt werden Beispiele aus den angesprochenen Anwendungsfeldern exemplarisch vorgestellt.

13.3.1 DFB-Laserdiode mit Modulator und Detektor

Bild 13.15 zeigt die monolithische Integration von vier DFB-Laserdioden, die über Rippenwellenleiter und einen schaltbaren X-Koppler verbunden sind. Die Schaltung kann für verschiedene Zwecke der optischen Kommunikationstechnik Anwendung finden. Der X-Koppler läßt sich durch Trägerinjektion steuern. Er

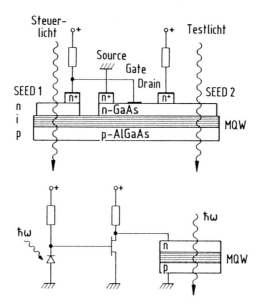

Bild 13.16: Kopplung zweier Mehrfachquantenfilm-Absorptionsmodulatoren über einen Feldeffekttransistor. Das linke Element wirkt als Detektor und steuert nach Verstärkung durch den Feldeffekttransistor das Modulatorelement rechts. Das Ersatzschaltbild des optischen Dreitors ist im unteren Teil dargestellt

kann in den Rippenwellenleitern geführtes Licht zwischen den Kopplerarmen umschalten und damit auch modulieren. Jeder der vier DFB-Laser läßt sich als Sender, optischer Verstärker oder sogar als sehr effektiver Wellenleiterphotodetektor betreiben. Dies unterstreicht die prinzipielle Vielseitigkeit der in Bild 13.15 vorgestellten integriert-optischen Schaltung. Die Herstellung erfordert allerdings eine sehr aufwendige und komplizierte Technologie, die sich für die Ausbeute bei der Großintegration noch komplexerer Schaltungen eher nachteilig auswirkt. Außerdem hat man zu bedenken, daß bislang noch kein wirkungsvoller optischer Isolator existiert, der sich für die monolithische Integration in AlGaAs- oder InGaAsP-Systemen eignet. Damit bleibt die optische Rückwirkung ein ernsthaftes Problem in allen integriert-optischen Schaltungen.

13.3.2   Pin-FET-SEED-Kombination

In Abschnitt 12.3.3 hatten wir einfache bistabile SEED-Schalter kennengelernt. Besonders interessant erscheint die Verwendung einer zweiten identischen pin-Modulatorstruktur als Last. Die notwendige Verbindung der p- und n-Kontakte ist in integrierter Form aber nicht problemlos. Hier bietet sich, wie in Bild 13.16 dargestellt, die Zwischenschaltung eines integrierten Feldeffekttransistors an, dessen elektrische Verstärkung gleichzeitig kleinere optische Steuerleistungen im Lastelement zuläßt. Die Kombination der Elemente stellt damit ein optisches

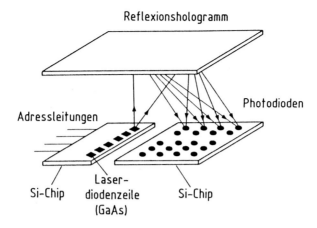

Reflexionshologramm

Adressleitungen

Photodioden

Si-Chip Laser- Si-Chip
diodenzeile
(GaAs)

Bild 13.17: Optische Verbindung zweier Si-Schaltkreise über ein Hologramm. Der Aufbau der GaAs-Laserdioden erfolgt vorteilhaft mit Heteroepitaxie. Die Photodioden können aus Si bestehen

Dreitor dar. Ein Steuerstrahl kontrolliert die Ausgangsleistung eines einfallenden Signalstrahls. Alle Strahlen haben dieselbe Wellenlänge, einer Kaskadierung der Elemente steht nichts im Wege. Die Analogie zum elektronischen Transistor ist offensichtlich.

13.3.3 Integration auf Silizium

Halbleiterlaser oder Leuchtdioden können wegen der indirekten Bandstruktur in Si nicht verwirklicht werden. Als Ausweg bemüht man sich um das epitaktische Aufwachsen von AlGaAs oder InGaAsP auf Si-Substraten und realisiert die aktiven optoelektronischen Bauelemente in den aufgewachsenen Kristallschichten. Probleme treten auf, weil die aufgebrachten Materialien vom Si abweichende Gitterkonstanten und auch unterschiedliche thermische Ausdehnungskoeffizienten besitzen. Trotz der Schwierigkeiten gelingt es, Schichten zufriedenstellender Kristallqualität mit Molekularstrahlepitaxie oder Niederdruckgasphasenepitaxie herzustellen. Hierbei erweist sich das Wachstum auf den Kristallebenen des Si als besonders günstig, die etwa 2° zur (100)-Ebene geneigt sind. Es zeigt sich, daß das Einfügen einer Mehrfachquantenfilmstruktur z.B. aus dünnsten AlAs-GaAs-Schichtpaaren als Puffer das Eindringen von Versetzungslinien aus dem verspannten Bereich nahe der Si-Grenzfläche an die Oberfläche der Epitaxieschicht weitgehend verhindert. Monolithisch integrierte AlGaAs- und InGaAsP-Bauelemente auf Si-Substrat wie zum Beispiel InGaAs-pin-Dioden, AlGaAs- oder InGaAsP-Laserdioden wurden erfolgreich demonstriert. Die Langzeitstabilität der Elemente muß sicher noch verbessert werden. Aber aktive optoelektronische Transmitter auf elektronischen Si-Schaltkreisen eröffnen völlig neue Möglichkeiten bei der optischen Dateneingabe und Datenausgabe. Bild 13.17 illustriert beispielhaft eine Verbindung, die holographische Verteilung der optischen Signale vorsieht. Viele andere Konzepte optischer Vermittlungstechniken zwischen elektronischen Komponenten sind denkbar.

Anhang A

Physikalische Konstanten

Name	Symbol	Wert	Einheit
Avogadro-Konstante	N_{Avo}	$6.02204 \cdot 10^{23}$	mol^{-1}
Bohrscher Radius	r_B	$5.2917 \cdot 10^{-11}$	m
Boltzmann-Konstante	k	$1.38066 \cdot 10^{-23}$	Ws/K
Dielektrizitätskonstante	ϵ_0	$8.85418 \cdot 10^{-12}$	As $V^{-1}m^{-1}$
Elektronenruhemasse	m_0	$9.1095 \cdot 10^{-31}$	kg
Elektronenvolt	eV	$1.60218 \cdot 10^{-19}$	Ws
Elementarladung	q	$1.60218 \cdot 10^{-19}$	As
Lichtgeschwindigkeit im Vakuum	c	$2.99792 \cdot 10^8$	m/s
Permeabilitätskonstante	μ_0	$1.25663 \cdot 10^{-6}$	Vs $A^{-1}m^{-1}$
Plancksche Konstante	h	$6.62617 \cdot 10^{-34}$	Ws^2
	$\hbar = h/2\pi$	$1.05459 \cdot 10^{-34}$	Ws^2
Thermische Spannung bei 300 K	kT/q	$2.58522 \cdot 10^{-2}$	V
Wellenlänge eines 1eV-Photons	λ	$1.23986 \cdot 10^{-6}$	m

Anhang B

Wichtige Daten einiger indirekter Halbleiter (bei Raumtemperatur)

	Si	Ge	AlP	AlAs	AlSb	GaP
Dichte (g/cm^3)	2.328	5.327	2.40	3.7	4.26	4.13
Atome/cm^3 bzw. Moleküle/cm^3	$5.0 \cdot 10^{22}$	$4.42 \cdot 10^{22}$	$2.46 \cdot 10^{22}$	$2.2 \cdot 10^{22}$	$1.73 \cdot 10^{22}$	$2.48 \cdot 10^{22}$
Gitterstruktur	Diamant	Diamant	Zinkblende	Zinkblende	Zinkblende	Zinkblende
Gitterkonstante (nm)	0.543	0.565	0.546	0.5660	0.6135	0.5451
Schmelzpunkt (°C)	1420	937	2550	1740	1065	1467
Wärmeleitfähigkeit (W/cm°C)	1.5	0.6	0.9	0.91	0.57	0.77
rel. stat. Dielektrizitätskonstante	11.9	16.0	9.8	10.1	14.4	11.1
Bandabstand (eV)	1.12	0.66	2.45	2.163	1.58	2.261
rel. effekt. Masse Elektronen m_e/m_0	1.0	1.3		0.15	0.12	0.82
Löcher m_h/m_0	0.5	0.3	0.70	0.8	0.98	0.6
Eigenleitungskonzentration (cm^{-3})	$1.5 \cdot 10^{10}$	$2.4 \cdot 10^{13}$				
Beweglichkeit (cm^2/Vs)						
Elektronen	1500	3900	60	200	200	110
Löcher	450	1900			400	75
Durchbruchfeldstärke (V/cm)	$\simeq 3 \cdot 10^5$	$\simeq 10^5$				$\simeq 5 \cdot 10^5$
Brechungsindex bei W_{gap}	3.5	4.2	3.03	3.178	3.4	3.45
Typ der Bandlücke	indirekt	indirekt	indirekt	indirekt	indirekt	indirekt

Anhang C

Wichtige Daten einiger direkter Halbleiter (bei Raumtemperatur)

	GaAs	GaSb	InP	InAs	InSb
Dichte (g/cm^3)	5.32	5.61	4.79	5.67	5.77
Atome/cm^3 bzw. Moleküle/cm^3	2.22 $\cdot10^{22}$	1.76 $\cdot10^{22}$	2.0 $\cdot10^{22}$	1.8 $\cdot10^{22}$	1.39 $\cdot10^{22}$
Gitterstruktur	Zinkblende	Zinkblende	Zinkblende	Zinkblende	Zinkblende
Gitterkonstante (nm)	0.5653	0.6096	0.5869	0.6058	0.6479
Schmelzpunkt (°C)	1238	712	1058	937	523
Wärmeleitfähigkeit (W/cm°C)	0.46	0.33	0.68	0.27	0.17
rel. stat. Dielektrizitätskonstante	13.1	15.7	12.4	14.6	17.7
Bandabstand (eV)	1.424	0.726	1.351	0.360	0.172
rel. effekt. Masse Elektronen m_e/m_0	0.067	0.042	0.077	0.023	0.015
Löcher m_h/m_0	0.48	0.44	0.64	0.40	0.40
Eigenleitungskonzentration (cm^{-3})	1.8 $\cdot10^6$	$\simeq 10^{14}$	1.2 $\cdot10^8$	1.2 $\cdot10^{15}$	5 $\cdot10^{17}$
Beweglichkeit (cm^2/Vs) Elektronen	8500	2500	4600	27000	77000
Löcher	400	1420	150	450	1250
Durchbruchfeldstärke (V/cm)	$\simeq 4 \cdot 10^5$		$\simeq 5 \cdot 10^5$		
Brechungsindex bei W_{gap}	3.655	3.82	3.45	$\simeq 3.52$	$\simeq 4.0$
Typ der Bandlücke	direkt	direkt	direkt	direkt	direkt

Literaturverzeichnis

Kapitel 1

1.1 Kittel, C.: *Einführung in die Festkörperphysik.* München-Wien: R. Oldenbourg Verlag 1969

1.2 Madelung, O.: *Grundlagen der Halbleiterphysik.* Berlin: Springer 1970

1.3 Harth, W.: *Halbleitertechnologie.* Stuttgart: Teubner 1981

1.4 Streetman, B.G.: *Solid State Electronic Devices.* Englewood Cliffs: Prentice Hall 1980

1.5 Sze, S.M.: *Semiconductor Devices.* New York: Wiley 1985

1.6 Casey, H.C.; Panish, M.B.: *Heterostructure Lasers.* Part A and B. New York: Academic Press 1978

1.7 Kressel, H.; Butler, J.K.: *Semiconductor Lasers and Heterojunction LEDs.* New York: Academic Press 1977

1.8 Pearsall, T.P. (Ed.): *GaInAsP Alloy Semiconductors.* New York: Wiley 1982

1.9 Madelung, O. (Ed.): *Physics of Group IV elements and III-V compounds.* Landoldt-Börnstein, Vol. 17a. Berlin: Springer 1982

1.10 Nahory, R.E.; Pollack, M.A.; Johnston, W.D; Barns, R.L.: *Band gap versus composition and demonstration of Vegard's law for InGaAsP lattice matched to InP.* Appl. Phys. Lett. **33** (1978) 659-661

1.11 Naese, C.J.: *III-V-alloys for optoelectronic applications.* J. Electron. Mat. 6 (1977) 253-293

Kapitel 2

2.1 Casey, H.C.; Panish, M.B.: *Heterostructure Lasers, Part A and B.* New York: Academic Press 1978

2.2 Kressel, H.; Butler, J.K.: *Semiconductor Lasers and Heterojunctions LEDs.* New York: Academic Press 1977

2.3 Jackson, J.D.: *Classical Electrodynamics.* New York: Wiley 1962

2.4 Meyer, E.; Pottel, R.: *Physikalische Grundlagen der Hochfrequenztechnik.* Braunschweig: Vieweg 1969

2.5 Unger, H.-G.: *Elektromagnetische Theorie für die Hochfrequenztechnik.* Heidelberg: Hüthig 1981

2.6 Harrington, R.F.: *Time-harmonic electromagnetic fields.* New York: McGraw-Hill 1961

2.7 Pankove, J.I.: *Optical Processes in Semiconductors.* New York: Dover 1971

2.8 Seeger, K.: *Semiconductor Physics.* Berlin: Springer 1985

2.9 Pearsall, T.P. (Ed.): *GaInAsP Alloy Semiconductors.* New York: Wiley 1982

2.10 Kowalsky, W.; Wehmann, H.H.; Fiedler, F.; Schlachetzki, A.: *Optical absorption and refractive index near the bandgap for InGaAsP.* Phys. stat. sol. (a) **75** (1983) K75-K77

2.11 Spitzer, W.G.; Whelan, J.M.: *Infrared Absorption and Electron Effective Mass in n-Type Gallium Arsenide.* Phys. Rev. **114** (1959) 59-63

2.12 Fiedler, F.; Schlachetzki, A.: *Optical Parameters of InP-Based Waveguides.* Solid State Electronics **30** (1987) 73-83

2.13 Adachi, S.: *GaAs, AlAs, and $Al_x Ga_{1-x} As$: Material Parameters for use in research and device applications.* J. Appl. Phys. **58** (1985) R1-R29

Kapitel 3

3.1 Kogelnik, H.: *Theory of Dielectric Waveguides.* In T. Tamir (Ed.): Integrated Optics. Berlin: Springer 1979

3.2 Marcuse, D.: *Theory of Dielectric Optical Waveguides.* New York: Academic Press 1974

3.3 Unger. H.-G.: *Optische Nachrichtentechnik.* Heidelberg: Hüthig 1984

3.4 Chang, W.S.C.; Muller, M.W.; Rosenbaum, F.J.: *Integrated Optics.* In: Ross (Ed.): Laser Applications, Vol. 2. New York: Academic Press 1974, S. 227 - 344

3.5 Unger, H.-G.: *Planar optical waveguides and fibres.* Oxford: Clarendon Press 1977

3.6 Kogelnik, H.; Ramaswamy, V.: *Scaling rules for thin-film optical waveguides.* Appl. Opt. **13** (1974) 1857-1862

3.7 Marcatili, E.A.J.: *Bends in optical dielectric guides.* Bell Syst. Techn. J. **48** (1969) 2103-2132

3.8 Tien, P.K.: *Light Waves in Thin Films and Integrated Optics.* Appl. Opt. **10** (1971) 2395 - 241

3.9 Schiff, L.I.: *Quantum Mechanics.* Tokyo: McGraw-Hill 1968

3.10 Marcuse, D. (Ed.): *Integrated optics.* New York: IEEE Press 1972

Kapitel 4

4.1 Kogelnik, H.: *Theory of Dielectric Waveguides,* in T. Tamir (Ed.): Integrated Optics. Berlin: Springer 1979

4.2 Kogelnik, H.: *An introduction to integrated optics.* IEEE Trans. Microwave Theory Techn. MTT-23 (1975) 2-16

4.3 Marcuse, D.: *Theory of Dielectric Optical Waveguides.* New York: Academic Press 1974

4.4 Unger, H.-G.: *Optische Nachrichtentechnik.* Heidelberg: Hüthig 1984

4.5 Unger, H.-G.: *Planar optical waveguides and fibres.* Oxford: Clarendon Press 1977

4.6 Marcatili, E.A.J.: *Dielectric rectangular waveguide and directional coupler for integrated optics.* Bell Syst. Techn. J. **48** (1969) 2071-2102

4.7 Goell, J.E.: *A circular-harmonic computer analysis of rectangular dielectric waveguides.* Bell Syst. Techn. J. **48** (1969) 2133-2160

4.8 Ullrich, R.; Martin, R.J.: *Geometrical optics in thin film light guides.* Appl. Opt. **10** (1971) 2077-2085

4.9 Snyder, A.W.; Love, J.D.: *Optical waveguide theory.* New York: Chapman and Hall 1983

4.10 Harrington, R.F.: *Time-harmonic electromagnetic fields.* New York: McGraw-Hill 1961

4.11 Ebeling, K.J.: *Statistical properties of random wave fields.* In: Mason, W.P.; Thurston, R.N. (Eds.): Physical Acoustics, Vol. 17. New York: Academic Press 1984

4.12 Sporleder, F.; Unger, H.-G.: *Waveguide tapers, transitions, and couplers.* London: P. Peregrinus 1979

Kapitel 5

5.1 Pierce, J.R.: *Coupling of modes of propagation.* J. Appl. Phys. **25** (1954) 179-183

5.2 Yariv, A.: *Coupled-mode theory for guided-wave optics.* IEEE J. Quant. Electron. QE-9 (1973) 919-933

5.3 Kogelnik, H.: *Theory of Dielectric Waveguides.* In: T. Tamir (Ed.): Integrated Optics. Berlin: Springer 1975

5.4 Unger, H.G.: *Optische Nachrichtentechnik.* Heidelberg: Hüthig 1984

5.5 Born, M.: *Optik.* Berlin: Springer 1972

5.6 Nye, J.F.: *Physical properties of crystals.* New York: Oxford University Press 1957

5.7 Yariv, A.: *Quantum electronics.* 2nd edition. New York: John Wiley 1975

Kapitel 6

6.1 Unger, H.G.: *Planar optical waveguide and coupler analysis.* In: Martelucci, S.; Chester, A.N. (Eds.): Integrated Optics, NATO ASI Series B 91. New York: Plenum Press 1983, pp. 11-48

6.2 Yariv, A.: *Optical Electronics,* 3rd Edition. New York: Holt, Rinehart and Winston 1985

6.3 Shelton, J.C.; Reinhart, F.K.; Logan, R.K.: *Rib waveguide switches with MOS electrooptic control for monolithic integrated optics in GaAs-$Al_xGa_{1-x}As$.* Applied Optics **17** (1978) 2548-2555

6.4 Kogelnik, H.; Schmidt, R.V.: *Switched directional couplers with alternating $\Delta\beta$.* IEEE J. Quant. Electron. QE-**12** (1976) 396-401

6.5 Schmidt, R.V.: *Integrated optics switches and modulators.* In: S. Martelucci, A.N. Chester (Eds.): Integrated Optics, Physics and Applications, NATO ASI Series B 91, New York: Plenum Press 1983, pp. 181-210

6.6 Kogelnik H.: *Coupled wave devices.* In: Ostrowsky, D. B. (Ed.): Fiber and Integrated Optics, NATO ASI Series B41. New York: Plenum Press 1979, pp. 281-300

6.7 Kapon, E.; Katz, J.; Yariv, A.: *Supermode analysis of phase-locked arrays of semiconductor lasers,* Optics Letters **19** (1984) 125-127

6.8 Alferness, R.C.: *Guided-wave devices for optical communication.* IEEE J. Quant. Electron. QE-**17** (1981) 946-959

Kapitel 7

7.1 Kittel, C.: *Einführung in die Festkörperphysik*. München: R. Oldenbourg-Verlag 1969

7.2 Ashcroft, N.W.; Mermin, N.D.: *Solid State Physics*. Tokyo: Holt-Saunders 1976

7.3 Madelung, O.: *Grundlagen der Halbleiterphysik*. Berlin: Springer 1970

7.4 Paul, R.: *Halbleiterphysik*. Heidelberg: Hüthig 1975

7.5 Schiff, L.I.: *Quantum Mechanics*. Tokyo: McGraw-Hill 1968

7.6 Streetman, B.G.: *Solid state electronic devices*. Englewood Cliffs: Prentice Hall 1980

7.7 Müller, R.: *Grundlagen der Halbleiterelektronik*. Berlin: Springer 1984

7.8 Pearsall, T.P. (Ed.): *GaInAsP Alloy Semiconductors*. New York: Wiley & Sons 1982

7.9 Chelikowsky, J.R.; Cohen, M.L.: *Nonlocal pseudopotential calculations for the electronic structure of eleven diamond and zinc-blende semiconductors*. Physical Review B **14** (1976) 556-582

7.10 Madelung, O.; Schulz, M.; Weiss, H.: *Physics of Group IV Elements and III-V Compounds*. Landolt-Börnstein, Band 17a. Berlin: Springer 1982

Kapitel 8

8.1 Madelung, O: *Grundlagen der Halbleiterphysik*. New York: Springer 1970

8.2 Yariv, A.: *Quantum Electronics*. 2nd edition. New York: Wiley & Sons 1975

8.3 S.M. Sze: *Physics of Semiconductor Devices*. New York: Wiley & Sons 1981

8.4 Kittel, C.: *Einführung in die Festkörperphysik*. München: R. Oldenbourg Verlag 1969

8.5 Gooch, C.H. (Ed.): *Gallium Arsenide Lasers*. New York: Wiley-Interscience 1969

8.6 Thompson, G.H.B.: *Physics of semiconductor Laser Devices*. New York: Wiley-Interscience 1980

8.7 Casey, H. C.; Panish, M.B.: *Heterostructure Lasers*. Part A. New York: Academic Press 1978

8.8 Kressel, H.; Butler, J.K.: *Semiconductor Lasers and Heterojunction LEDs*. New York: Academic Press 1977

8.9 Schiff, L.I.: *Quantum mechanics*. Third edition. Tokyo: McGraw-Hill 1968

8.10 Ashcroft, N.W.; Mermin, N.D.: *Solid State Physics*. Tokyo: Holt Saunders 1976

8.11 Yamada, M.; Suematsu, Y.: *Analysis of gain suppression in undoped injection lasers*. J. Appl. Phys. **52** (1981) 2653-2664

8.12 Asada, M.; Kameyama, A.; Suematsu, Y.: *Gain and intervalence band absorption in quantum-well lasers*. IEEE J. Quant. Electron. **QE-20** (1984) 745-753

8.13 Asada, M.; Miyamoto, Y.; Suematsu, Y.: *Gain and the threshold of three-dimensional quantum-box lasers*. IEEE J. Quant. Electron. QE-22 (1986) 1915-1921

Kapitel 9

9.1 Casey, H.C.; Panish, M.B.: *Heterostructure Lasers*. Part A. New York: Academic Press 1978

9.2 Unger, H.-G.; Schultz, W.; Weinhausen, G.: *Elektronische Bauelemente und Netzwerke*. Braunschweig: Vieweg 1979

9.3 Sze, S.M.: *Physics of semiconductor devices*. New York: Wiley & Sons 1981

9.4 Kroemer, H.: *Theory of heterojunctions: A critical review*. In: Chang, L.L.; Ploog, H. (Eds.): Molecular Beam Epitaxy and Heterostructures. Dordrecht: Martinus Nijhoff Publishers 1985

9.5 Anderson, R.L.: *Experiments on Ge-GaAs Heterojunctions*. Solid State Electronics 5 (1962) 341-351

9.6 Michalzik, R.: *Charakteristiken von Heteroübergängen im $Al_{0.3}Ga_{0.7}As$-GaAs System*. Studienarbeit. Institut für Hochfrequenztechnik, Technische Universität Braunschweig 1989

Kapitel 10

10.1 Harth, W.; Grothe, H.: *Sende- und Empfangsdioden für die optische Nachrichtentechnik*. Stuttgart: Teubner 1984

10.2 Casey, H.C.; Panish, M.B.: *Heterostructure Lasers*. Part A. New York: Academic Press 1978

10.3 Tsang, W.T. (Ed.): *Lightwave Communications Technology*. Part B. Semiconductors and Semimetals, Vol. 22. R.K. Willardson, A.C. Beer (Eds.). New York: Academic Press 1985

10.4 Burkhard, H.; Kuphal, E.: *Three- and four-layer LPE InGaAs(P) mushroom stripe lasers for $\lambda = 1.30, 1.54,$ and $1.66\mu m$*. IEEE J. Quant. Electron. QE-21 (1985) 650-657

10.5 Lee, T.P.; Burrus, C.A.; Copeland, J.A.; Dentai, A.G.; Marcuse, D.: *Short-cavity InGaAsP injection lasers: Dependence of mode spectra and single-longitudinal-mode-power on cavity length*. IEEE J. Quant. Electron. QE-18 (1982) 1101-1112

10.6 Kuroda, T.; Nakamura, M.; Aiki, K.; Umeda, J.: *Channeled-substrate-planar structure $Al_x Ga_{1-x}As$ lasers: An analytical waveguide study*. Appl. Opt. 17 (1978) 3264-3267

10.7 Amann, M.C.: *Lateral waveguiding analysis of $1.3\mu m$ InGaAsP-InP metal-clad ridge-waveguide (MCRW) lasers*. AEÜ 39 (1985) 311-316

10.8 Bowers, J.E.; Hemenway, B.R.; Gnauck, A.H.; Wilt, D.P.: *High-speed In-GaAsP constricted-mesa lasers*. IEEE J. Quant. Electron. QE-22 (1986) 833-843

10.9 Ebeling, K.J.; Coldren, L.A.; Miller, B.I.; Rentschler, J.A.: *Single-mode operation of coupled-cavity GaInAsP/InP semiconductor lasers.* Appl. Phys. Lett. **42** (1983) 6-8

10.10 Manning, J.; Olshansky, R; Su, C.B.: *The carrier-induced index change in AlGaAs and 1.3μm InGaAsP* diode lasers.* IEEE J. Quant. Electron. QE-19 (1983) 1525-1530

10.11 Schimpe, R.; Harth, W.: *Theory of FM noise of single-mode injection lasers.* Electron. Lett. **19** (1983) 136-137

10.12 Henry, C.H.: *Theory of the linewidth of semiconductor lasers.* IEEE J. Quant. Electron. QE-18 (1982) 259-264

10.13 Henry, C.H.: *Theory of the phase noise and power spectrum of a single-mode injection lasers.* IEEE J. Quant. Electron. QE-19 (1983) 1391-1397

10.14 Mooradian, A.: *Laser linewidth.* Physics Today, May 1985, 43-48

10.15 Kogelnik, H.; Shank, C.V.: *Coupled-wave theory of distributed feedback lasers.* J. Appl. Phys. **43** (1972) 2327-2335

10.16 Suematsu, Y.: *Long-wavelength optical fiber communication.* IEEE Proceedings **71** (1983) 692-721

10.17 Utaka, K.; Akiba, S.; Sakai, K.; Matsushima, Y.: *Room-temperature CW operation of distributed-feedback buried-heterostructure InGaAsP/InP lasers emitting at 1.57μm.* Electron. Lett. **17** (1981) 961-963

10.18 Ebeling, K.J.; Coldren, L.A.: *Optoelectronic properties of coupled cavity semiconductor lasers.* Appl. Phys. Lett. **44** (1984) 735-737

10.19 Coldren, L.A.; Ebeling, K.J.; Rentschler, J.A.; Burrus, C.A.; Wilt, D.P.: *Continuous operation of monolithic dynamic-single-mode coupled-cavity lasers.* Appl. Phys. Lett. **44** (1984) 368-370

10.20 Murata, S.; Mito, I.; Kobayashi, K.: *Over 720 GHz (5.8 nm) frequency tuning by a 1.5μm DBR laser with phase and Bragg wavelength control regions.* Electron. Lett. **23** (1987) 403-405

10.21 Scifres, D.R.; Streifer, W.; Burnham, R.D.: *Experimental and analytic studies of coupled multiple stripe diode lasers.* IEEE J. Quant. Electron. QE-15 (1979) 917-922

10.22 Streifer, W.; Burnham, R.D.; Paoli, T.L.; Scifres, D.R.: *Phased array diode lasers.* Laser Focus, June 1984, pp. 100-107

10.23 Kapon, E.; Katz, J.; Yariv, A.: *Supermode analysis of phase-locked arrays of semiconductor lasers.* Optics Lett. **10** (1984) 125-127

10.24 Goodman, J.W.: *Introduction to Fourier Optics.* New York: McGraw-Hill 1968

10.25 Geels, R.S.; Coldren, L.A.: *Submilliamp threshold vertical-cavity laser diodes.* Appl. Phys. Lett. 57 (1990) 1605-1607

10.26 Iga, K.; Koyama, F.; Kinoshita, S.: *Surface emitting semiconductor lasers.* IEEE J. Quant. Electron. QE-24 (1988) 1845-1854

10.27 Kasemset, D.; Hong, C.S.; Patel, N.B.; Dapkus, P.D.: *Very narrow graded-barrier single quantum well lasers grown by metalorganic chemical vapor deposition.* Appl. Phys. Lett. **41** (1982) 912-914

10.28 Tsang, W.T.: *Heterostructure semiconductor lasers prepared by molecular beam epitaxy.* IEEE J. Quant. Electron. QE-20 (1984) 1119-1132

10.29 Cao, M.; Daste, P.; Miyamoto, Y.; Miyake, Y.; Nogiwa, S.; Arai, S.; Furuya, K.; Suematsu, Y.: *GaInAsP/InP single-quantum-well (SQW) laser with wire-like active region towards quantum wire laser.* Electron. Lett. **24** (1988) 824-825

10.30 Petermann, K.: *Laser Diode Modulation and Noise.* Tokyo: Kluwer Academic Publishers 1988

Kapitel 11

11.1 Unger, H.-G.: *Optische Nachrichtentechnik.* Teil II: Komponenten, Systeme, Meßtechnik. Heidelberg: Hüthig 1985

11.2 Grau, G.: *Optische Nachrichtentechnik.* Berlin: Springer 1981

11.3 Harth, W.; Grothe, H.: *Sende- und Empfangsdioden für die Optische Nachrichtentechnik.* Stuttgart: Teubner 1984

11.4 Yariv, A.: *Optical Electronics.* Third Edition. New York: Holt, Rinehart and Winston 1985

11.5 Capasso, F.: *Physics of Avalanche Photodiodes.* In: Willardson, R.K.; Beer, A. C. (Eds.): Semiconductors and Semimetals, Vol. 22, Part D, S. 2-173. New York: Academic Press 1985

11.6 Pearsall, T.P.; Pollack, M.A.: *Compound Semiconductor Photodiodes.* In: Willardson, R.K.; Beer, A.C. (Eds): Semiconductors and Semimetals, Vol. 22, Part D, S. 174-246. New York: Academic Press 1985

11.7 Seeger, K.: *Semiconductor Physics.* Berlin: Springer 1985

11.8 Papoulis, A.: *Probability, Random Variables, and Stochastic Processes.* New York: McGraw Hill 1965

11.9 Wehmann, H.H.: *Technologien für die Integration eines optischen Empfängers auf Indiumphosphid-Basis.* Braunschweig: Dissertation 1987

11.10 Forrest, S.R.: *Performance of $In_x Ga_{1-x} As_y P_{1-y}$ photodiodes with dark current limited by diffusion, generation, recombination and tunneling.* IEEE J. Quant. Electron. QE-17 (1981) 217-226

11.11 Stone, J.; Cohen, L.G.: *Tunable InGaAsP Lasers for spectral measurements of high bandwidth fibers.* IEEE J. Quant. Electron. QE-18 (1982) 511-513.
Lee, T.P.; Burrus, C.A.; Dentai, A.G.: *InGaAsP/InP p-i-n photodiodes for lightwave communications at the 0.95 - 1.65 μm wavelength.* IEEE J. Quant. Electron. QE-17 (1981) 232-238

11.12 Forrest, S.R.; Leheny, R.F.; Nahory, R.E.; Pollack, M.A.: *$In_{0.53} Ga_{0.47} As$ photodiodes with dark current limited by generation-recombination and tunneling.* Appl. Phys. Lett. **37** (1980) 322-325

11.13 Wang, S.Y.; Bloom, D.M.: *100 GHz bandwidth planar GaAs Schottky photodiode.* Electronics Lett. **19** (1983) 554-555
Wang, S.Y.: *Ultra-high speed photodiode.* Laser Focus/Electro-Optics, Dec. 1983, 99-106

11.14 Bulman, G.E.; Robbins, U.M.; Brennan, K.F.; Hess, K.; Stillman, G.E.: *Experimental determination of impact ionization coefficients in (100) GaAs.* IEEE Electron. Dev. Lett. EDL-4 (1983) 181-185

11.15 Pearsall, T.P.: *Impact ionization rates for electrons and holes in* $Ga_{0.47}In_{0.53}As$. Appl. Phys. Lett. **36** (1980) 218-220

11.16 Cook, L.W.; Bulman, G.E.; Stillman, G.E.: *Electron and hole impact ionization coefficients in InP determined by photomultiplication measurements.* Appl. Phys. Lett. **40** (1982) 589-591

11.17 Emmons, R.B.: *Avalanche-photodiode frequency response.* J. Appl. Phys. **38** (1967) 3705-3714

11.18 McIntyre, R.J.: *Multiplication noise in uniform avalanche diodes.* IEEE Transactions on Electron Devices ED-**13** (1966) 164-168

11.19 Webb, P.P.; McIntyre, R.J.; Conradi, J.: *Properties of avalanche photodiodes.* RCA Review **35** (1974) 234-278

11.20 Forrest, S.R.; Smith, R.G.; Kim, O.K.: *Performance of* $In_{0.53}Ga_{0.47}As/InP$ *avalanche photodiodes.* IEEE J. Quant. Electron. QE-**18** (1982) 2040-2048

11.21 Forrest, S.R.; Kim, O.K.; Smith, R.G.: *Optical response time of* $In_{0.53}Ga_{0.47}As/InP$ *avalanche photodiodes.* Appl. Phys. Lett. **41** (1982) 95-98

11.22 Capasso, F.; Tsang, W.T.; Hutchinson, A.L.; Williams, G.F.: *Enhancement of impact ionization in a superlattice: A new avalanche photodiode with a large ionization rate ratio.* Appl. Phys. Lett. **40** (1982) 38-40

11.23 Capasso, F.: *Multilayer avalanche photodiodes and solid state photomultipliers.* Laser Focus/Electro-Optics, July 1984, 84-101

Kapitel 12

12.1 Pankove, J.I.: *Optical Processes in Semiconductors.* New York: Dover 1971

12.2 Seeger, K.: *Semiconductor Physics.* Berlin: Springer 1985

12.3 Alping, A.; Coldren, L.A.: *Electrorefraction in GaAs and InGaAsP and its application to phase modulators.* J. Appl. Phys. **61** (1987) 2430-2433

12.4 Henry, C.H.; Logan, R.A.; Bertness, K.A.: *Spectral dependence of the change in refractive index due to carrier injection in GaAs lasers.* J. Appl. Phys. **52** (1981) 4457-4461

12.5 Mikami, O.; Nakagome, H.: *Waveguided optical switch in InGaAsP/InP using free-carrier plasma dispersion.* Electron. Lett. **20** (1984) 228-229

12.6 Maehnss, J.; Kowalsky, W.; Ebeling, K.J.: *Optical waveguide phase modulator in GaInAsP using depletion edge translation.* Electron. Lett. **24** (1988) 518-519

12.7 Banyai, L.; Koch, S.W.: *A simple theory for the effects of plasma screening on the optical spectra of highly excited semiconductors.* Z. Phys. B - Condensed Matter **63** (1986) 283-291

12.8 Kowalsky, W.; Ebeling, K.J.: *Optically controlled transmission of In GaAsP epilayers.* Optics Letters **12** (1987) 1053-1055

12.9 Chemla, D.S.; Miller, D.A.B.: *Room-temperature excitonic nonlinear-optical effects in semiconductor quantum-well structures.* J. Opt. Soc. Am. **B2** (1985) 1155-1173

12.10 Kowalsky, W.; Hackbarth, Th.; Ebeling, K.J.: *Optically controlled GaAs-AlAs multiple quantum well modulators employing integrated dielectric reflectors.* Appl. Phys. Lett. **52** (1988) 1933-1935

12.11 Jewell, J.L.; Scherer, A.; McCall, S.L.; Gossard, A.C.; English, J.H.: *GaAs-AlAs monolithic microresonator arrays.* Appl. Phys. Lett. **51** (1987) 94-96

12.12 Miller, D.A.B.; Chemla, D.S.; Damen, T.C.; Gossard, A.C.; Wiegmann, W.; Wood, T.H.; Burrus, C.A.: *Electric field dependence of optical absorption near the band gap of quantum-well structures.* Physical Review **B 32** (1985) 1043-1060

12.13 Miller, D.A.B.; Chemla, D.S.; Damen, T.C.; Wood, T.H.; Burrus, C.A.; Gossard, A.C.; Wiegmann, W.: *The quantum well self-electrooptic effect device: Optoelectronic bistability and oscillation, and self-linearized modulation.* IEEE J. Quant. Electronics QE-21 (1985) 1462-1475

12.14 Mysyrowicz, A.; Hulin, D.; Antonetti, A.; Migus, A.; Masselink, W.T.; Morkoc, H.: *Dressed excitons in a multiple-quantum-well-structure: Evidence for an optical Stark effect with femtosecond response time.* Phys. Rev. Lett. 56 (1986) 2748-2751

Kapitel 13

13.1 Sze, S.M.: *Semiconductor Devices.* Physics and Technology. New York: Wiley & Sons 1985

13.2 Wada, O.; Hamaguchi, H.; Makiuchi, M.; Kumai, T.; Ito, M.; Nakai, K.; Horimatsu, T.; Sakurai, T.: *Monolithic four-channel photodiode/amplifier receiver array integrated on a GaAs substrate.* IEEE J. Lightwave Technol. LT-4 (1986) 1694-1702

13.3 Margalit, S.; Yariv, A.: *Integrated Electronic and Photonic Devices.* In: Tsang, W.T. (Ed.): Semiconductors and Semimetals, Vol. 22, Part E, p. 203-263. New York: Academic Press 1985

13.4 Wada, O.; Sakurai, T.; Nakagami, T.: *Recent progress in optoelectronic integrated circuits (OEICs).* IEEE J. Quantum Electron. **QE-22** (1986) 805-821

13.5 Forrest, S.R.: *Monolithic optoelectronic integration: A new component technology for lightwave communications.* IEEE J. Lightwave Technol. LT-3 (1985) 1248-1263

13.6 Smith, R.G.; Personick, S.D.: *Receiver design for optical fiber communication systems.* In: Kressel, H. (Ed.): Topics in Applied Physics, Vol. 39, p. 89-160. Berlin: Springer 1982

13.7 Forrest, S.R.: *Optoelectronic integrated circuits.* Proceedings IEEE **75** (1987) 1488-1497

13.8 Miura, S.; Hamaguchi, H.; Mikawa, T.; Fujii, T.; Aoki, O.; Wada, O.: *High-speed GaInAs monolithic PIN/FET receiver.* Proceedings Thirteenth European Conference on Optical Communication. Helsinki 1987, pp. 66-69

13.9 Sakano, S.; Inoue, H.; Nakamura, H.; Katsuyama, T.; Matsumura, H.:
      InGaAsP/InP monolithic integrated circuit with lasers and an optical switch.
      Electronics Letters **22** (1986) 594-596

13.10 Razeghi, M.; Maurel, P.; Defour, M.; Omnes, F.; Acher, O.: *MOCVD
      growth of III-V heterojunctions and superlattices on Si substrates for pho-
      tonic devices.* Proc. Fourteenth European Conference on Optical Com-
      munication, Brighton 1988, Part 2, p. 74-82. Institution of Electrical
      Engineers, Exeter 1988

13.11 Matsueda, H.; Hirao, M.; Tanaka, T.P.; Nakamura, M.: *Integration of op-
      tical devices with electronic circuits for high speed optical communications.*
      In: Proc. 12th Int. Symp. Gallium Arsenide and Related Compounds,
      Karuizawa, Japan 1985, Inst. Phys., Conf. Ser. No. 79, p. 655-660.
      Bristol: Adam Hilger 1986

13.12 Shibata, J.; Nakao, I.; Sakai, Y.; Kimura, S.; Hase, N.; Serizawa, H.:
      *Monolithic integration of an InGaAsP/InP laser diode with heterojunction
      bipolar transistor.* Appl. Phys. Lett. **45** (1984) 191-193

Verzeichnis wichtiger Formelzeichen

Mathematische Symbolik

$< a >$	Mittel, Ensemblemittel von a
$\text{Re}(a), \text{Im}(a)$	Realteil von a, Imaginärteil von a
a^*	konjugiert komplexer Wert zu a
$\dot{a}$	zeitliche Ableitung von a, $\partial a/\partial t$
$\mathbf{a} = (a_x, a_y, a_z)$	Vektor, kartesische Komponenten
∇	Nabla-Operator
∇_t	transversaler Nabla-Operator
∇a	Gradient, grad a
$\nabla \cdot \mathbf{a}$	Divergenz, div $\mathbf{a}$
$\nabla \times \mathbf{a}$	Rotation, rot $\mathbf{a}$
∇^2	Laplace-Operator Δ
$\vec{\vec{a}}$	Tensor
i	imaginäre Einheit
$J_\nu(x)$	Bessel-Funktion 1. Art und ν-ter Ordnung
$H_m(x)$	Hermitesches Polynom m-ten Grades
$F_{1/2}(x)$	Fermi-Integral
$\delta(x)$	Diracsche δ-Funktion
$\text{Ai}(x), \text{Bi}(x)$	Airy-Funktionen

Formelzeichen

In Klammern sind Gleichungsnummern angegeben, in denen das Zeichen auftritt.

$A, \Delta A$	Fläche
$A(z)$	komplexe Amplitude einer Mode (5.1)
A_{21}	Einstein-Koeffizient für spontane Emission (8.8)
$\mathbf{A}$	magnetisches Vektorpotential (8.50)
$a = \partial g/\partial n$	differentieller Gewinnkoeffizient (10.8)
a_m, a_{-m}	Entwicklungskoeffizient der vorlaufenden Mode m bzw. rücklaufenden Mode $-m$ (4.102)
a_x	Quantenfilmdicke (7.138)
B	Bitrate (13.16)
BER	Bitfehlerrate (13.21)
$B(z)$	komplexe Amplitude einer Mode (5.1)
B_{21}, B_{12}	Einstein-Koeffizient für stimulierte Emission bzw. Absorption (8.7), (8.2)

$\bar{B}$	Phasenparameter (3.8)
$\mathbf{B}$	komplexe magnetische Induktion (2.6 folgend)
$\tilde{\mathbf{B}}$	Vektor der reellen magnetischen Induktion (2.1)
$b, \Delta b$	Breite
C	Kapazität
c	Vakuumlichtgeschwindigkeit (1.5)
$D(\mathbf{k})$	Zustandsdichte im k-Raum (7.82)
$D_c(W)$	Zustandsdichte der Elektronen im Leitungsband (7.88)
$D_{c\nu}(W)$	Zustandsdichte im ν-ten Subband eines Quanten-films (7.139)
$D_v(W)$	Zustandsdichte der Löcher im Valenzband (7.89)
$D_{Ph}(\hbar\omega)$	Zustandsdichte der Photonen (8.9)
D_n, D_p	Diffusionskonstante für Elektronen bzw. Löcher (9.10), (9.9)
$\mathbf{D}$	komplexe dielektrische Verschiebung (2.6 folgend)
$\tilde{\mathbf{D}}$	Vektor der reellen dielektrischen Verschiebung (2.3)
d	Breite, Dicke
$\mathbf{E}$	komplexe elektrische Feldstärke (2.6)
$\tilde{\mathbf{E}}$	Vektor der reellen elektrischen Feldstärke (2.1)
$\mathbf{E}_m$	komplexe elektrische Feldstärke der Mode m (4.34)
$\mathbf{E}_t, \mathbf{E}_z$	transversaler bzw. longitudinaler elektrischer Feldvektor (4.36), (4.37)
$\hat{\mathbf{E}}_{tm}$	normiertes transversales elektrisches Feld der Mode m (4.96)
$\hat{\mathbf{E}}_a, \hat{\mathbf{E}}_b$	normierte elektrische Felder im Wellenleiter a, b (5.1)
$\mathbf{E}^\nu$	elektrischer Feldstärkevektor der Supermode ν (6.79)
E_f, E_s, E_c	Feldstärkeamplitude im Film, Substrat, Deckmaterial (3.27)
F_M	Zusatzrauschfaktor (11.147), (11.148)
$F_N(t), F_n(t), F_\phi(t)$	Langevin-Rauscheinströmungen für die Photonendichte N, Elektronendichte n und Phase ϕ (10.145), (10.154), (10.162)
$\tilde{F}_N(\nu), \tilde{F}_n(\nu), \tilde{F}_\phi(\nu)$ $\tilde{\mathbf{F}}$	Fourier-Transformierte von $F_N(t), F_n(t), F_\phi(t)$ (10.165), niederfrequenter reeller elektrischer Feldstärkevektor (5.74), (10.166)
$f(W)$	Besetzungswahrscheinlichkeit (7.98)
$f_c(W)$	Quasifermi-Verteilung für Elektronen im Leitungsband (7.123)
$f_v(W)$	Quasifermi-Verteilung für Elektronen im Valenzband (7.124)
$f_{Ph}(\hbar\omega)$	Besetzungswahrscheinlichkeit für Photonen im thermo-dynamischen Gleichgewicht (8.13)
G	Generationsrate (11.48)
g	Verstärkungskoeffizient (10.4)
g_m	Verstärkungskoeffizient der Mode m (10.81)

g_p	maximaler Verstärkungskoeffizient (8.103)
g_{th}	Schwellverstärkungskoeffizient (10.9)
$\hat{g}_m$	FET-Steilheit (13.4)
g_{ij}	Elemente des inversen Dielektrizitätstensors (5.88)
H	Hamilton-Operator (7.9)
$H', \hat{H}'$	Störanteil des Hamilton-Operators (8.56), (8.73)
$H_{jm}, \hat{H}_{jm}$	Energie-Matrixelemente (8.66), (8.74)
$H(\nu)$	Übertragungsfunktion (11.63)
$\mathbf{H}$	komplexe magnetische Feldstärke (2.6 folgend)
$\tilde{\mathbf{H}}$	Vektor der reellen magnetischen Feldstärke (2.2)
$\mathbf{H}_m$	komplexe magnetische Feldstärke der Mode m (4.34)
$\mathbf{H}_t, \mathbf{H}_z$	transversaler bzw. longitudinaler magnetischer Feldvektor (4.36), (4.37)
$\hat{\mathbf{H}}_{tm}$	normierte transversale magnetische Feldverteilung der Mode m (4.96)
h	Filmdicke (3.6)
Δh	Filmdickenvariation (3.51)
h_{eff}	effektive Wellenleiterdicke (3.33)
$h(t)$	Impulsantwort (11.169)
$\hbar = h/2\pi$	reduziertes Plancksches Wirkungsquantum (1.2)
I	Intensität (2.63)
I_p	Pumplichtintensität (8.138)
$i(t)$	Strom
$\tilde{i}(\nu)$	Fourier-Transformierte von $i(t)$ (11.7)
i_D	Dunkelstrom (11.75)
i_n, i_p	Elektronenstrom , Löcherstrom (11.112), (11.113)
$i_{Ph}(t)$	Photostrom (10.185)
$\tilde{i}_{Ph}(\nu)$	Fouriertransformierte von $i_{Ph}(t)$ (11.63)
i_{th}	Laserschwellstrom (10.51)
i_S	Signalstrom (11.73)
i_s	Sättigungsstrom (11.47)
$\hat{i}_{ds}$	Drain-Source-Sättigungsstrom (13.3)
$\delta i_N^2(\nu)$	Schwankungsquadrat des Rauschstroms (11.28), (11.43)
j_n, j_p	Elektronen- bzw. Löcherstromdichte (9.14), (9.15)
j_c	Sättigungsstromdichte (9.63)
j_{th}	Schwellstromdichte (10.44)
$\Delta j(t)$	Abweichung der Stromdichte vom Mittelwert (10.103)
$\Delta \tilde{j}(\nu)$	Fourier-Transformierte von $\Delta j(t)$ (10.106)
$\mathbf{j}$	komplexer Stromdichtevektor (2.6 folgend)
$\tilde{\mathbf{j}}$	reeller Stromdichtevektor (2.2)
$K_{\mu m}^x, K_{\mu m}^y, K_{\mu m}^z$	Koppelkoeffizienten (5.35)
k	Boltzmann-Konstante
k	Vakuumwellenzahl (2.81)
$\mathbf{k}$	Wellenvektor (2.81)
$\mathbf{k}_c, \mathbf{k}_v$	Elektronenwellenvektor im Leitungs- bzw. Valenzband (8.90), (8.91)

L	Länge
L_n, L_p	Diffusionslänge der Elektronen bzw. Löcher (9.52), (9.53)
$l, \Delta l$	Länge
M_δ	Transfermatrix eines Kopplers (6.23)
M_{21}, M_{cv}	Impuls-Matrixelement (8.89)
M_n, M_p	Multiplikationsfaktor für Elektronen bzw. Löcher (11.117), (11.118)
m_0	Ruhemasse des Elektrons (7.8)
m_e, m_h	effektive Masse eines Elektrons bzw. Lochs (7.55)
N	Photonendichte
N_m	Photonendichte der Mode m (4.70), (10.83)
N_{ges}	Gesamtzahl der Photonen im Resonator (10.30)
$\Delta N(t)$	Abweichung der Photonendichte vom Mittelwert (10.101)
$\Delta \tilde{N}(\nu)$	Fourier-Transformierte von $\Delta N(t)$ (10.101)
N_A, N_D	Dichte der Akzeptoren bzw. Donatoren (7.110)
N_c, N_v	effektive Zustandsdichte im Leitungsband (7.90) bzw. im Valenzband (7.91)
n	Elektronendichte (2.139)
dn/dW	spektrale Elektronendichte (7.99)
n_0	Gleichgewichtsdichte der Elektronen (7.129)
n_{0p}	Gleichgewichtselektronendichte im p-Halbleiter (9.56)
Δn	Überschußdichte der Elektronen (7.129)
$\Delta n(t)$	Abweichung der Elektronendichte vom Mittelwert (10.100)
$\Delta \tilde{n}(\nu)$	Fouriertransformierte von $\Delta n(t)$ (10.104)
n_i	intrinsische Ladungsträgerdichte (7.115)
n_{in}, n_{ip}	intrinsische Ladungsträgerdichte im n- bzw. p-Halbleiter (9.56), (9.57)
n_{ges}	Gesamtzahl der Elektronen im Resonator (10.29)
n_{th}	Elektronendichte an der Laserschwelle (10.37)
n_S	Flächendichte der Elektronen (12.45)
$\bar{n}$	reeller Brechungsindex (2.54)
n_{eff}	effektiver Brechungsindex (3.4)
n_f, n_s, n_c	Brechungsindex im Film, Substrat, Deckmaterial
P	Leistung
P_c	Steuerleistung (12.39)
P_m	Leistung der Mode m (4.55)
P_S, P_L	Signalleistung, Lokaloszillatorleistung (11.97)
P_t	Testleistung (12.40)
$P_{0\,min}$	minimal detektierbare Leistung (11.79)
$P_{m \to j}$	Übergangsrate von m nach j (8.81)
$\mathbf{P}$	Polarisation (5.18), Störpolarisation (5.28)
$\mathbf{P}_{pert}$	Störpolarisation (5.19)
p_0	Gleichgewichtsdichte der Löcher (7.129)
p_{0n}	Gleichgewichtslöcherdichte im n-Halbleiter (9.57)
Δp	Überschußdichte der Löcher (7.129)
$\mathbf{p} = \frac{\hbar}{i}\nabla$	Impulsoperator (Tabelle 7.1)

Q	Störabstand (13.22)
q	Elementarladung, Elektronenladung $-q$
R	Intensitätsreflexionsfaktor (2.95), (10.10)
R	Widerstand
R_L	Lastwiderstand (11.66)
R_{sp}	gesamte spontane Rekombinationsate (8.37)
RIN	relative spektrale Rauschleistung (10.185)
r, r_1, r_2	Amplitudenreflexionsfaktor (2.92), (10.1)
r_{21}, r_{12}	spektrale Übergangsrate für stimulierte Emission bzw. Absorption (8.7), (8.2)
r_{ij}	elektrooptische Module (5.74)
r_{sp}	spektrale Übergangsrate für spontane Emission (8.8)
$\mathbf{r}$	Ortsvektor (1.1)
S	zeitlich gemittelte elektromagnetische Energieflußdichte (2.48)
$\tilde{S}$	Vektor der elektromagnetischen Energieflußdichte, Poyntingvektor (2.54)
S_m	zeitlich gemittelter Poynting-Vektor der Mode m (4.54)
$S_T(v)$	spektrale Leistungsdichte (11.15), (10.177)
S/N	Signal-Rausch-Verhältnis (11.78)
T	Meßzeit (10.137)
T	absolute Temperatur
T_0	charakteristische Temperatur des Laserschwellstroms (10.260)
t	Zeit (2.1)
U	potentielle Energie (7.8)
$u_c(\mathbf{k}_c, \mathbf{r}), u_v(\mathbf{k}_v, \mathbf{r})$	Bolch-Funktion im Leitungsband bzw. Valenzband (8.90), (8.91)
$u_{n\mathbf{k}}(\mathbf{r})$	gitterperiodische Wellenfunktion im Band n (7.48)
V	Spannung
V_a	äußere Spannung (9.36)
V_{gs}	Gate-Source-Spannung (13.1)
V_T	Schwellspannung (13.2)
V_D	Diffusionsspannung (9.4)
$\delta V_N^2(\nu)$	Schwankungsquadrat der Rauschspannung (11.42)
V_K	Kristallvolumen (8.90)
$\bar{V}$	Frequenzparameter (3.7)
v, v_s	Geschwindigkeit, Sättigungsgeschwindigkeit
v_g	Gruppengeschwindigkeit (7.63)
v_{gm}	Gruppengeschwindigkeit der Mode m (4.69)
v_{ph}	Phasengeschwindigkeit (2.55)
W	Elektronenenergie
W_A, W_D	Energie der Akzeptor- bzw. Donatorniveaus (7.112)
W_F	Fermi-Energie (7.98)
W_{Fc}, W_{Fv}	Quasifermi-Energien im Leitungs- bzw. Valenzband (7.123), (7.124)
W_c	Elektronenenergie an der unteren Kante des Leitungsbandes (7.86)

$W_{c\nu}$	Elektronenenergie an der Kante des ν-ten Subbandes im Leitungsband eines Quantenfilms (7.134)
W_g	Bandlückenenergie
W_v	Elektronenenergie an der Oberkante des Valenzbandes (7.89)
$W_{v\nu}$	Elektronenenergie an der Kante des ν-ten Subbandes im Valenzband eines Quantenfilms (7.135)
ΔW	Energiedifferenz (1.2)
$\Delta W_c, \Delta W_v$	Banddiskontinuität im Leitungsband bzw. Valenzband (9.1)
ΔW_{ex}	Exzitonenenergie (12.48)
w	Weite der Lawinenzone (11.117)
w	Fleckradius (3.87)
w_n, w_p	Sperrschichtweite im n- bzw. p-Halbleiter (9.29), (9.30)
$w = w_n + w_p$	Gesamtsperrschichtweite (9.31)
w_m	elektromagnetische Energiedichte der Mode m (4.56)
x, y, z	kartesische Ortskoordinaten
Z	Wellenwiderstand (2.58)
α	Intensitätsabsorptionskoeffizient (2.53)
α_i	intrinsische Verluste (10.4)
α_m	Abklingskonstante der Mode m in z-Richtung (4.35)
α_m	Absorptionskoeffizient der Mode m durch Spiegelverluste (10.126)
α_s, α_c	Querdämpfung im Substrat, Deckmaterial (3.16), (3.18)
α_n, α_p	Ionisierungskoeffizient für Elektronen bzw. Löcher (11.108)
α_H	Henry-Faktor (10.132)
β	Ausbreitungskonstante, Phasenmaß (2.53)
β_a, β_b	Ausbreitungskonstanten im Wellenleiter a, b (5.1)
$\beta_f, \beta_s, \beta_c$	Querausbreitungskonstante im Film, Substrat, Deckmaterial (3.16), (3.17), (3.18)
β_{fx}, β_{fy}	Querausbreitungskonstante im Film in x- bzw. y-Richtung (4.3)
β_m	Ausbreitungskonstante der Mode m in z-Richtung (4.34)
$\beta_l' = \beta_l + \delta\beta_l$	gestörte Ausbreitungskonstante im Wellenleiter l (6.99)
$\bar{\beta}$	spontaner Emissionsfaktor (10.17)
Γ	Füllfaktor (10.22)
γ	komplexe Ausbreitungskonstante in z-Richtung (2.51)
$\bar{\gamma}$	Dämpfungskonstante bei Kleinsignalmodulation (10.113)
δ	halbe Phasenabweichung (5.2)
ϵ	relative Dielektrizitätskonstante (2.14)
$\tilde{\epsilon} = \epsilon' - i\epsilon''$	komplexe relative Dielektrizitätskonstante (nach (2.18))
ϵ_0	Dielektrizitätskonstante des Vakuums (2.12)
$\Delta\epsilon_{ij}$	Elemente des Dielektrizitätstensors (5.29)
η	Quantenausbeute (11.45)
η	Konversionswirkungsgrad (10.55)
η_d, η_i	differentieller bzw. interner Quantenwirkungsgrad (10.52), (10.51)
η_m	Kopplungswirkungsgrad für die Mode m (4.119)
$\bar{\eta} = \bar{\eta} + i\bar{\kappa}$	komplexer Brechungsindex (2.59)

Θ	Einfallswinkel (2.98)
θ	Phasenwinkel (2.66)
$\kappa_{ab}, \kappa_{ba}, \kappa$	Koppelfaktoren (5.2)
$\bar{\kappa}$	Extinktionskoeffizient (2.59)
Λ	Periode einer Störung (3.51), Gitterperiode (10.120)
λ	Vakuumwellenlänge (1.5)
λ_m	Wellenlänge der Mode m (10.7)
$\Delta\lambda_{FP}$	Wellenlängenabstand benachbarter Moden (10.12)
$\Delta\lambda_c$	spektrale Breite der spontanen Emission (10.91)
μ	relative Permeabilität (2.15)
μ_0	Permeabilität des Vakuums (2.13)
μ_n, μ_p	Beweglichkeit der Elektronen bzw. Löcher (9.13)
ν	Modulationsfrequenz (6.57)
ν_r	Resonanzfrequenz bei Kleinsignalmodulation (10.112)
ν_{gr}	Grenzfrequenz (6.58)
$\Delta\nu$	Meßbandbreite (10.180), Frequenzintervall (11.28)
$\delta\nu_{FP}$	Halbwertsbreite im passiven Resonator (10.210)
$\delta\nu_{Laser}$	Laserlinienbreite (10.209)
ρ	komplexe Ladungsdichte (2.6 folgend)
$\tilde{\rho}$	reelle Ladungsdichte (2.3)
σ	Leitfähigkeit (2.17)
τ	Photonenlebensdauer im Resonator (10.20)
τ_m	Photonenlebensdauer der Mode m (10.83)
τ_{in}	Intrabandrelaxationszeit (2.137)
τ_s	Lebensdauer für spontane Rekombination (8.42) bzw. Emission (10.19)
τ_R, τ_i	Photonenlebensdauer durch Auskopplung bzw. intrinsische Verluste (10.4)
Φ	skalares Potential (8.51)
Φ_{TE}, Φ_{TM}	halber Phasensprung bei Totalreflexion (2.119), (2.134)
$\Delta\phi(t)$	Phasenverschiebung (6.58), Phasenänderung (10.128)
$\Delta\tilde{\phi}(\nu)$	Fouriertransformierte von $\Delta\phi(t)$ (10.167)
φ	Einfallswinkel in der yz-Ebene
$\Psi(\mathbf{r}, t)$	orts- und zeitabhängige Materiewellenfunktion (7.1)
$\psi(\mathbf{r})$	ortsabhängige Materiewellenfunktion (7.10)
ψ_c, ψ_v	Elektronenwellenfunktion im Leitungsband bzw. Valenzband (8.90), (8.91)
Ω	Kreisfrequenz einer Schallwelle (5.56)
ω	Lichtkreisfrequenz (1.2)
ω_B	Bragg-Kreisfrequenz (10.232)
$\Delta\omega(t)$	Kreisfrequenzänderung (10.128)
$\Delta\tilde{\omega}(\nu)$	Fourier-Transformierte von $\Delta\omega(t)$ (10.190)
$\Delta\omega_{FP}$	Kreisfrequenzabstand benachbarter Moden (10.13)

Sachverzeichnis

A. Heuberger (Hrsg.)

Mikromechanik

Mikrofertigung mit Methoden der Halbleitertechnologie

1989. XVII, 501 S. 285 Abb. Geb. DM 178,–
ISBN 3-540-18721-9

W. Rosenstiel, R. Camposano

Rechnergestützter Entwurf hochintegrierter MOS-Schaltungen

Hochschultext

1989. VIII, 261 S. 172 Abb. Brosch. DM 39,–
ISBN 3-540-50278-5

J. H. Hinken

Supraleiter-Elektronik

Grundlagen Anwendungen in der Mikrowellentechnik

1988. VIII, 175 S.
94 Abb. Geb. DM 74,–
ISBN 3-540-18720-0

Springer-Verlag
Berlin
Heidelberg
New York
London
Paris
Tokyo
Hong Kong
Barcelona
Budapest